简明中国科学技术史话

Brief History of Science and Technology in China

陈美东　杜石然　金秋鹏　范楚玉　编著

中国青年出版社

（京）新登字083号

图书在版编目（CIP）数据

简明中国科学技术史话/陈美东主编；陈美东等编著. —北京：中国青年出版社，2009

ISBN 978-7-5006-8594-4

Ⅰ.简…　Ⅱ.①陈…②陈…　Ⅲ.自然科学史-中国　Ⅳ.N092

中国版本图书馆CIP数据核字（2008）第194534号

责任编辑：彭　岩

E-mail:peterpeng_98@yahoo.com

中国青年出版社出版 发行

社址：北京东四12条21号　邮政编码：100708

网址：www. cyp. com. cn

编辑部电话：（010）64034350　营销中心电话：（010）84039659

三河市君旺印装厂印刷　新华书店经销

*

787×1092　1/16　38.25印张　2插页　380千字

2009年2月北京第2版　2009年2月河北第1次印刷

印数：5001–10000册　定价：56.00 元

本图书如有印装质量问题，请凭购书发票与质检部联系调换

联系电话：（010)84047104

简明中国科学技术史话

Brief History of Science and Technology in China

陈美东　杜石然　金秋鹏　范楚玉　编著

中国青年出版社

（京）新登字083号

图书在版编目（CIP）数据

简明中国科学技术史话/陈美东主编；陈美东等编著. —北京：中国青年出版社，2009

ISBN 978-7-5006-8594-4

Ⅰ.简…　Ⅱ.①陈…②陈…　Ⅲ.自然科学史-中国　Ⅳ.N092

中国版本图书馆CIP数据核字（2008）第194534号

责任编辑：彭　岩

E-mail:peterpeng_98@yahoo.com

中国青年出版社 出版 发行

社址：北京东四12条21号　邮政编码：100708

网址：www. cyp. com. cn

编辑部电话：（010）64034350　营销中心电话：（010）84039659

三河市君旺印装厂印刷　新华书店经销

*

787×1092　1/16　38.25印张　2插页　380千字

2009年2月北京第2版　2009年2月河北第1次印刷

印数：5001-10000册　定价：56.00 元

两晋和南北朝时期。以科学技术的发展高峰阶段作为第三编，相当于封建社会中期，包括隋、唐、五代、两宋和辽、金、元时期。以科学技术的发展滞缓阶段作为第四编，相当于封建社会后期，包括明、清和民国初年时期，这一时期西方科学技术开始传入。在各个阶段，大体上按科学技术的门类分别叙述，并且注意同一科学技术门类在前后阶段之间的继承和发展。

中国科学技术史，是整个人类文化史的一部分。在它发展的过程中，不断吸取了世界各民族、地区和国家的许多成果，同时也把自己的许多成果传到国外，贡献给全人类。关于中外科技交流，本书也给予一定的注意。

尽管在中国科学技术发展过程中吸取了许多国外成果，但是，中国科学技术的发展道路、处理和解决问题的思维方法，却有不同于其他国家的、具有独立性和特异性的特殊传统。从这个意义上可以说，中国古代科学技术有它自己的体系。一般认为，所谓“体系”是指严密的理论体系，而中国古代科学技术在很大程度上带有经验性和实用性，恰好缺乏严密的理论体系。中国古代科学技术是否完全缺乏理论体系，这个问题也有不同意见，现在我们暂且撇开不说。但是，从中国古代科学技术独具一格的这一特点来看，不论是中国古代科学技术的整体或者是各个分支学科，也完全称得上是自成体系的。

在这本书的最后，我们还将试对中国科学技术史上若干规律性问题加以探讨。这些意见虽然还只是初步的，不成熟或者不完备，甚至有错误，但是可以引起大家去进一步研究，也有助于读者从中国科学技术发展的历史经验中获得有益的借鉴和启示。

前 言

中国古代的科学技术，在一个相当长的时期里居于世界领先地位，有过不少的辉煌成就，对世界文明发展史作出过杰出的贡献，这是值得我们中华民族引以自豪的。但是到了近代，中国科学技术却落后了。

“科学技术是第一生产力。”科学技术的发展，和人类社会的其他事物一样，是有一定的历史继承性的。今天的科学技术，正是由过去的科学技术发展而来的。中国科学技术为什么古代先进而近代落后，一定有社会的历史的原因。研究和了解中国科学技术发展的历史，探讨它的发展规律，将可以起到鉴古论今的作用。

我们这本书将向读者揭示中国科学技术发展的历史进程，不仅叙述中国古代科学技术的成就，也要探索近代中国科学技术落后的原因。

我们已经编著了《中国科学技术史稿》一书，由科学出版社于1982年出版。考虑到那本书篇幅比较大，内容也比较深一些；对于广大的中等程度的青年来说，还需要有一本更加简明的中国科学技术史。为此我们应中国青年出版社之约，在1982年出版的那本书的基础上，又编写了这本《简明中国科学技术史话》，力求内容更加精炼，文字更加浅显，以适应广大青年读者的需要。

这本书的体例，基本上和《中国科学技术史稿》相近。我们把整个科学技术发展的历史，按时代先后，分成若干阶段：以科学技术的萌芽和奠基阶段作为第一编，按社会形态说相当于原始社会、奴隶社会和从奴隶社会到封建社会的转变时期，按中国历史上惯用的王朝系统说相当于从远古历经夏、商、西周到春秋战国时期。以科学技术体系的形成和完善阶段作为第二编，相当于封建社会的前期，包括秦、汉、三国、

目录

第三编 中国科学技术发展的高峰

(隋唐到元代)

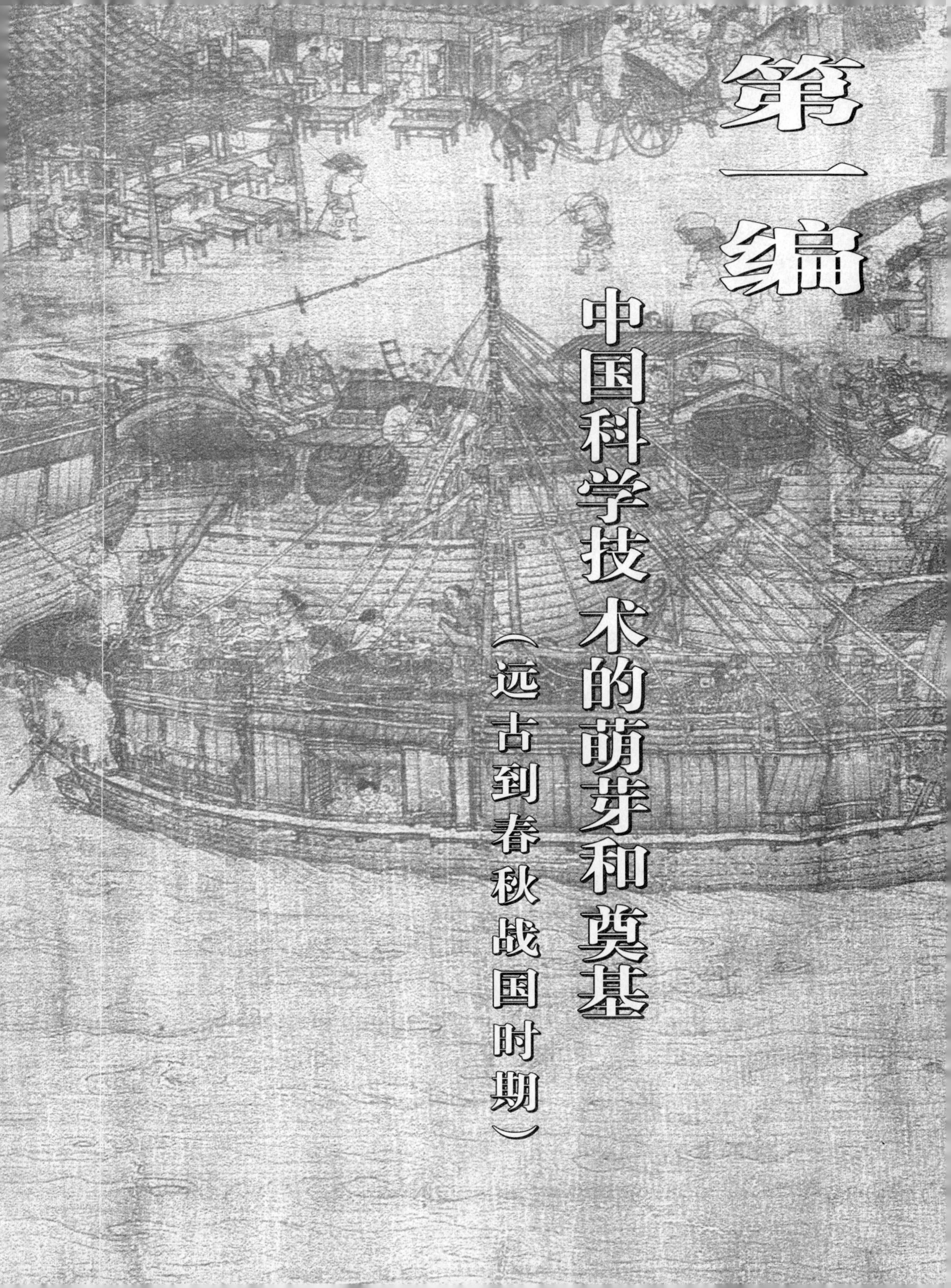

第一编

中国科学技术的萌芽和奠基

（远古到春秋战国时期）

第一章 原始社会时期

(远古到距今4000多年前)

壹 中国科学技术史的开端

科学技术史的开端就是人类史的开端

人类的历史是从制造工具开始的。人类利用自己制造的工具,就开始有意识的生产活动。从某种意义上说,也就开始了科学技术。

这就是说,人类科学技术史的开端也就是人类史的开端,人类在原始社会就有了科学技术。当然,这里是指从某种意义上说的。

严格说来,原始社会还只有原始的技术,还谈不上什么科学。

这个问题我们后面还要阐释。

猿人阶段

根据古人类学研究,世界上制造工具的人类的出现,最早大约在距今三四百万年前。

中国是发现古人类化石比较多的国家之一。

现在所知道的,中国最早的古人类化石是"元谋人"①。1965年,在云南金沙江畔的元谋县上那蚌村西北一个小山丘上发现一左一右上

①据1988年11月报道,中国科学院古脊椎动物与古人类研究所长江三峡考察队在四川三峡巫山县发现古人类的一颗门齿和带有两颗臼齿的一段下颌骨化石,经测定年代距今已有200万年,是我国迄今发现的最古老的人类化石。

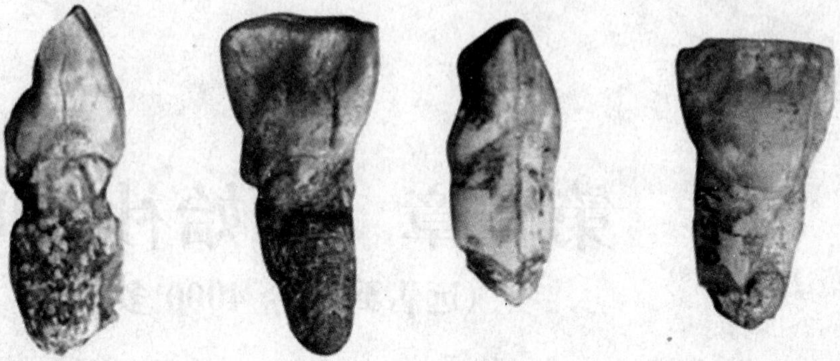

“元谋人”牙齿化石。

颌内侧的两颗门齿。在附近同一地层还发现了石器和炭屑。根据科学测定，“元谋人”生活在距今170万年前。从发现的石器看，“元谋人”已经知道选择质地坚硬的石料制造极其粗糙的原始工具。这一时期属于旧石器时代初期。

1963年和1964年，先后在陕西蓝田县陈家窝子和公王岭发现“蓝田人”化石，有一具残缺的头盖骨、一块上颌骨、一块下颌骨和十几枚牙齿。还发现有旧石器时代初期的打制石器，也找到一些炭屑。“蓝田人”生活年代，本来鉴定认为在距今大约69万年到95万年前，但是1987年重新鉴定，公王岭发现的头骨年代在距今110万年到115万年前。

早在20世纪20年代，在北京周口店发现“北京人”化石，曾经轰动一时。“北京人”生活在距今四五十万年前，使用的工具除打制石器外，还有骨器。“北京人”住过的山洞里有很厚的灰烬层，表明“北京人”已经有长期使用火和保存火种的经验。火的使用对于人类社会的发展意义非常重大，许多技术的产生、发展和火的利用有密切关系。

“元谋人”、“蓝田人”、“北京人”在人类发展史上属于猿人阶段。

在20世纪七八十年代，我国又在湖北郧县和郧西县、安徽和县、山东沂源县、辽宁营口金牛山先后发现猿人化石。“沂源人”生活年代和“北京人”相近，“和县人”生活在距今三四十万年前。

化石智人阶段

继猿人阶段之后，人类发展进入化石智人阶段。化石智人又分早期和晚期。

我国早期智人化石，有山西“丁村人”、湖北“长阳人”、广东“马坝人”、贵州“桐梓人”、北京“周口店新洞人”、山西“许家窑人”和陕西“大荔人”。其中，“马坝人”是我国已经发现的最早的智人化石，生活在距今大约10万年前。

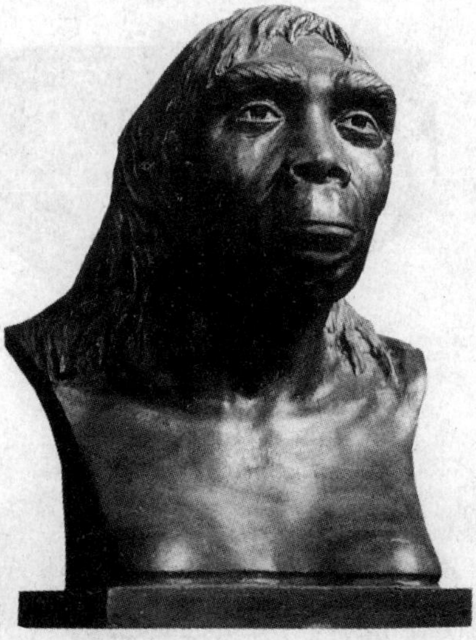

“北京人”复原头像。

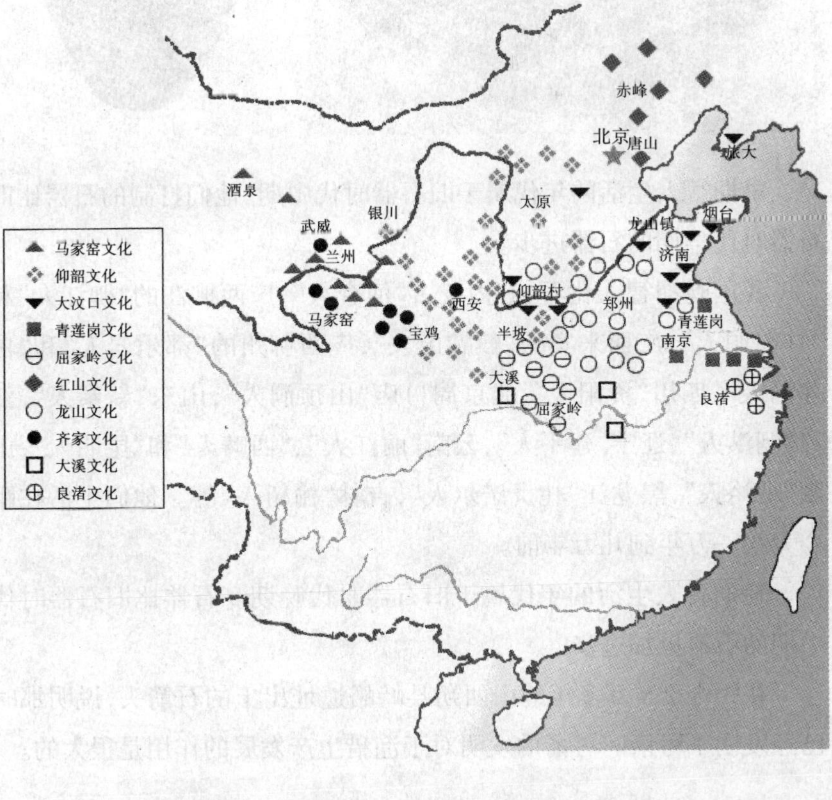

中国新石器时代遗址分布图。

壹 贰
叁 肆

壹 花瓣纹彩陶盆 仰韶文化庙底沟类型 河南陕县庙底沟出土。

贰 鹳鱼石斧图彩陶缸 仰韶文化庙底沟类型 河南临汝阎村出土。

叁 人面鱼纹彩陶盆 仰韶文化半坡类型 陕西西安半坡出土。

肆 漩涡纹彩陶瓮 马家窑文化石岭下类型。

早期智人生活的年代属于旧石器时代中期。他们打制的石器比旧石器时代早期的石器进步。

我国晚期智人化石，有内蒙古“河套人”，广西柳江的“柳江人”和“甘前洞人”，广西来宾的“麒麟山人”，广西柳州的“都乐岩人”和“白莲洞人”，四川“资阳人”，北京周口店“山顶洞人”，山东“新泰人”，江苏“泗洪人”，辽宁“建平人”，云南“丽江人”、“西畴人”和“昆明人”，山西“峙峪人”，黑龙江“札赉诺尔人”，吉林“榆树人”等。他们生活在距今大约一万年到几万年前。

晚期智人生活的年代属于旧石器时代晚期。石器比旧石器时代中期的石器更加进步。

在距今 2.8 万多年的山西朔县峙峪遗址出土的石箭头，说明那时已经发明了弓箭。弓箭的发明对于渔猎生产发展的作用是很大的。

新石器时代文化

大约在距今一万多年前，晚期智人在长期劳动实践中，智力进一步发展，劳动经验和技能，制作劳动工具的技术，都有显著的提高，这就发展成为现代人。

这时候，人类的历史进入了一个新的阶段——新石器时代。

新石器时代在技术上有许多新的突破，出现了形制准确合用和有锋利刃口的磨制石器，开始烧制陶器，产生了原始的畜牧业和种植业，并且利用野生葛、麻等纤维编织成织物，还建筑了住房。

到现在为止，我国已经发现距今4000年-7000年前的新石器时代文化遗址大约六七千处。

由于我国土地辽阔，地形复杂，各地区气候差异也比较大，在古代交通不便的情况下，各地区造成一定的隔阂、闭塞状态。我们的先民长期在不同的自然环境里生活和进行生产活动，生产工具，生产技术、住房、生活用品等各方面都形成了各自不同的地区特点。考古学家习惯上用某种特定文化遗存最初发现的地名给这种文化命名。

我国新石器时代文化著名的有河姆渡文化、大地湾文化、仰韶文化、红山文化、良渚文化、屈家岭文化、大汶口文化、龙山文化、马家窑文化、齐家文化等①。

原始公社制逐渐走向崩溃

原始社会时期，我们的先民在跟自然界作斗争的时候，是结成群体进行的。

四五十万年前的“北京人”，由于工具落后，生产技术水平十分低下，组织能力也很薄弱，只能几十人结成一伙，靠采集和渔猎维持生活。因为生活极端艰苦，大多数人都早年夭亡。有人曾经就所发掘到的22个“北京人”化石材料进行鉴定，在14岁以下死亡的就有15人之多，占68.2%。

到新石器时代，生产工具比几十万年前进步了。同时以血缘作为

①河姆渡文化遗址在浙江余姚市，是到现在为止在长江下游发现的最早的新石器时代遗址，年代距今大约7000年。大地湾文化遗址在甘肃秦安县，年代距今7000多年到5000年。仰韶文化遗址在河南渑池县，年代距今大约6000年到5600年；现在已经发现属于这种文化的大量其他遗址。红山文化遗址在内蒙古赤峰市郊区，年代距今大约5000多年；20世纪70年代以来又在辽西发现属于这种文化的大型祭坛、女神庙和积石冢群址。良渚文化遗址在浙江余杭县，年代距今大约5000年。屈家岭文化遗址在湖北京山县，年代比仰韶文化晚。大汶口文化遗址在山东泰安，大汶口文化的分布主要以泰山附近作为中心，包括山东省大部分地区和江苏北部。龙山文化遗址在山东章丘县龙山镇城子崖，山东、河南、河北、山西、陕西都发现具有这种文化基本特征的遗址，年代距今大约4000年。马家窑文化遗址在甘肃临洮，马家窑文化主要分布在甘肃的洮河、大夏河和青海的湟水流域，年代距今大约四五千年。齐家文化遗址在甘肃广河齐家坪，年代也在新石器时代晚期。

纽带的氏族公社制度高度发展，使人们有了比较牢固的结合，集团之间有了比较密切的联系，保证了持续不断的生产活动和劳动经验的世代继承，为生活的改善、提高以及生产技术的发展创造了有利条件。

到新石器时代晚期，人们又开始掌握了制造铜器的技术，于是人类文化进入了铜石并用时代。技术发明使生产力获得了前所未有的发展，社会面貌也随着发生了很大变化。社会物质财富开始有了剩余，贫富的差别产生了，原始公社制度逐渐走向崩溃，为阶级社会的到来准备了条件。

原始社会时期还只有技术

我们前面说过，原始社会时期还只有技术，没有严格意义的科学。不妨说，科学还寓于技术之中。

比如：人们在选择石料、打制和使用石器的过程中，就蕴含有力学和矿物学、地质学知识。在采集、狩猎和原始农牧业中，包含着植物学和动物学的知识。在火的使用、制陶和原始冶铜技术中，隐含有化学知识。而农牧业发展的需要又促成了物候、天文学和数学知识的萌芽。

所以恩格斯（1820–1895）说："科学的发生和发展一开始就是由生产决定的。"①

科学从技术中开始分化出来，那是进入阶级社会以后的事。这一点我们到以后再说。

由于原始社会时期还没有严格意义的科学，技术、生产力以至整个社会的发展都很缓慢，因而经历了几百万年的漫长岁月。

贰 原始社会时期几项具有重大意义的技术发明

技术进展缓慢却有几项重大发明

上一节我们概括地介绍了原始社会不同阶段的情况。原始社会经历了几百万年的漫长岁月，技术的进展很缓慢。

①《自然辩证法》，人民出版社1971年版，第162页。又见《马克思恩格斯全集·第二十卷》，人民出版社1971年版，第523页。

尽管这样，原始社会还是有不少具有重大意义的技术发明。这一节，我们将对几项重大的技术发明作进一步的阐述。它们包括：

石器的改进；

弓箭的出现；

火的使用；

陶器的发明；

农牧业的产生；

蚕丝的利用。

"北京人"使用的石器。

石器的改进

原始社会时期，人类最主要的工具是石器。

旧石器时代早期，人们主要靠采集野生植物或猎取小动物来生活，生产工具十分简陋。石器的制造一般是选用天然砾石加以敲击。击下的石片再稍稍加工就成，因而形状很不规整。一件石器通常兼作砍、砸、劈、刮等多种用途，可以说是"万能工具"。旧石器时代早期石器可以以"北京人"使用的石器作为代表。

旧石器时代中期，石器的形制已经比较复杂。以"丁村人"使用的

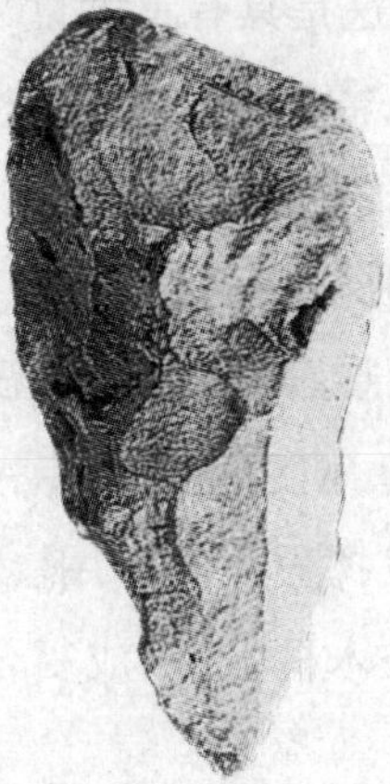

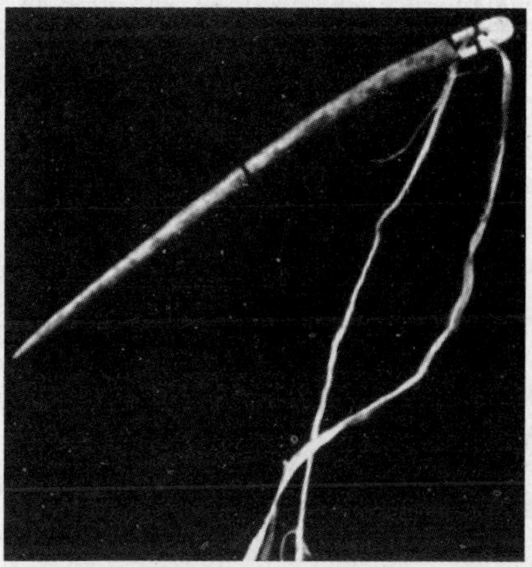

左 "丁村人"使用的尖状器。
右 "山顶洞人"使用的骨针（约前 2 万－前 1 万年）。

壹 贰
叁 肆

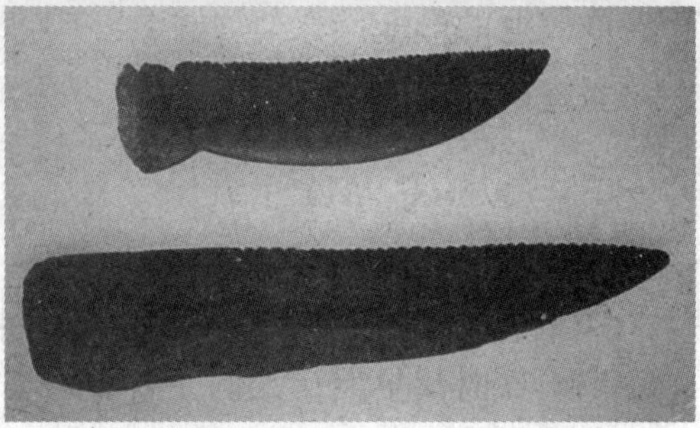

壹 穿孔石斧。
贰 石凿和石锛。
叁 石铲。
肆 石镰。

石器作为代表，就有多边砍砸器、大三棱尖状器以及作投掷武器用的石球等。石器的打制技术比早期有显著提高，加工也比较精细。

到旧石器时代晚期，“山顶洞人”的文化遗物中，已经有磨制精致的骨针和磨光的鹿角，还有钻孔的石珠、砾石、牙齿、海蚶壳、鱼骨等。这说明这时已经出现了穿孔和磨光技术。这是具有重大意义的进步。

新石器时代，农业和手工业生产发展，需要更多种类的工具。作为主要生产工具的石器，大多是经过磨光的，穿孔技术也应用得比较普遍。石料选定以后，先打制成石器的雏形，然后把刃部或整个表面放在砺石上加水和沙子磨光，这就成了磨制石器，和打制石器相比，磨制石器形制各部分的比例更加准确合理，使用途趋向专一；同时刃部的锋度增强，使用的时候阻力减小，能发挥更大的作用。穿孔技术的发展使石制工具能够比较牢固地捆缚在木柄上，制成复合工具，使用和携带方便，可以提高劳动效率。

弓箭的出现

旧石器时代晚期弓箭的出现，是原始人类生活中的一件大事。

我国山西朔县峙峪遗址中出土的石箭头，一端具有锋利的尖头，另一端的两侧经过加工，形成稍窄一些的箭座，以便和箭杆捆缚在一起。

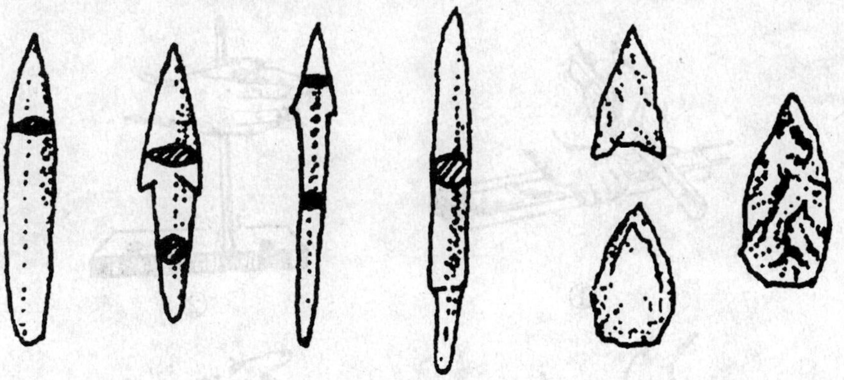

半坡出土的箭头：
①骨箭头；②石箭头。

只有人们具有了制造工具的丰富经验和比较高的技能，才可能发明弓箭。弓箭不是一般的工具，它已经具有马克思（1818–1883）所分析的机器的三个要素："发动机，传动机构，工具机或工作机。"[①]发动机就是动力，人拉弓弦做的功转化成为拉开了的弓弦的势能，起了动力或发动机的作用。拉开的弓弦弹回，势能转化成为动能，把箭弹出去，射到一定的距离，这起的是传动的作用。箭镞起了工具的作用，它射到猎物身上，等于人用石制工具打击猎物。

使用弓箭，人就可以从比较远的距离比较安全有效地打击野兽，因而大大促进了狩猎生产的发展。此外，弓箭还可以用来捕鱼。

恩格斯说过："弓箭对于蒙昧时代，正如铁剑对于野蛮时代和火器对于文明时代一样，乃是决定性的武器。"[②]所以，由石、骨和木质制造的复合工具——弓箭的发明，在技术史上，甚至在整个社会发展史中，都是一次革命。

①《资本论·第一卷》，见《马克思恩格斯全集·第二十三卷》，人民出版社1972年版，第410页。

②《家庭、私有制和国家的起源》，人民出版社1972年版，第21页。又见《马克思恩格斯全集·二十一卷》，人民出版社1965年版，第34页。恩格斯参考了美国进步的民族学家摩尔根（1818–1881）的原始社会分期，把人类历史分成三个主要时代：蒙昧时代、野蛮时代和文明时代。"蒙昧时代是以采集现成的天然产物为主的时期；人类的制造品主要是用作这种采集的辅助工具。野蛮时代是学会经营畜牧业和农业的时期，是学会靠人类的活动来增加天然产物生产的方法的时期。文明时代是学会对天然产物进一步加工的时期，是真正的工业和艺术产生的时期。"（《家庭、私有制和国家的起源》第25页，又见《马克思恩格斯全格·第二十一卷》第38页）

火的使用

火的使用是人类技术史上又一项伟大的发明。

有了火，人类才能从“茹毛饮血”的生食变成熟食，使食物范围扩大，对人的大脑和体质的发展有重要意义。

火给人以光亮和温暖，可以用来防止野兽的侵袭，又能用来围攻猎取野兽。

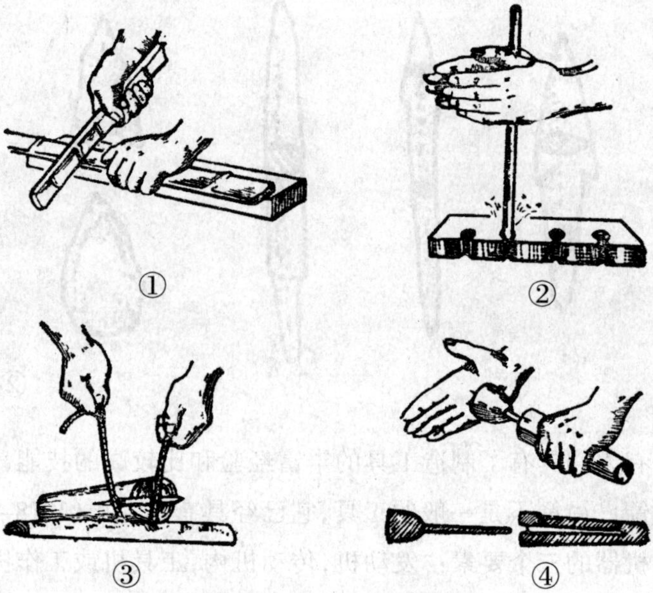

解放前我国少数民族的取火方法。
①苦聪人的锯竹法；
②黎族的钻木法；
③佤族的摩擦法；
④傣族的压击法。

火可以用来烘烤木料、烧裂石块来制作工具和武器。

火还可以用来开垦土地，烧制陶器，冶炼金属，等等。

总之，火对于人类的发展来说实在太重要了。可以说，没有火就不可能有文明世界的出现。

我国的“元谋人”和“蓝田人”已经留下了用火的遗迹。如果说他们用火的遗迹还嫌不够明确的话，那么，“北京人”使用火的遗迹却是证据确凿，无可怀疑的了。它是现有人类明确用火最早的遗迹之一。在“北京人”居住过的洞穴里，发现了几层灰烬，其中一层，最厚地方有 6 米厚，说明篝火在这里连续燃烧的时间很长。灰烬里有许多被火烧过的兽骨、石块和树籽。最上一层的灰烬还分成两大堆。灰烬成堆，说明“北京人”

不但懂得用火，而且已经有保存火种和管理火的能力了。

只有当人们不但利用自然火、保持火种不灭而且能够人工取火，才算是人类第一次真正控制了这种变革物质的、强大的自然力。

我们的先民到底是在什么时候发明人工取火的，现在还说不清楚。人工取火的发明，可能和制造工具、武器对木、石等加工过程中溅出火星有联系。我国古书《韩非子·五蠹》[①]里有“燧人氏”“钻燧取火，以化腥臊”的记载，在《庄子·外物》[②]里还有“木与木相摩则燃”的话。解放前，在我国一些兄弟民族里还保持着原始的人工取火方法，如黎族的钻木取火法，佤族的摩擦法，傣族的压击法，苦聪人的锯竹生火法，等等。钻、摩、压、锯这类取火方法都需要一定技巧，否则是取不出火来的。

陶器的发明

陶器的发明，在制造技术上是一项重大的突破。在这之前，人类只是把天然物质如石块、兽骨、木头的形态改变，并没有改变它们的性质。人们用粘土烧制成陶器，却改变了粘土的性质。粘土本来经水一浸泡就要散开，经过火烧成陶器，遇水就不会再散开。粘土和陶器的性质不同。这是人类自己制造的第一种新物质——第一种人造物质。

陶器既具有新的技术意义，又具有新的经济意义。它不仅使人们有了比较好的储存器，也使处理食物的方法从单纯的烧烤发展到盛在陶器里蒸煮。还出现了陶刀、陶锉和捻线用的工具陶质纺轮[③]，在生产上也发挥了重要作用。因此，它一出现很快就成为人们生活和生产的必需品，特别对于定居下来从事农业生产的人们，更是不可以须臾离开的。

陶器是我国新石器时代遗址中最常见的遗物，也是这一时期工艺技术水平的代表性器物。制作陶器，先选择粘土，和水制成坯。早期的陶器含的杂质多，后来学会了淘洗粘土，出现了“泥质陶”和“细泥陶”；还制成了“夹砂陶”，因为掺砂的陶器受热不容易裂。制坯的方法：最初

①《韩非子》是战国末的哲学家韩非（约前280－前233）所著，是集先秦法家学说大成的代表作。书里也加入了他人论述韩非学说的文章。

②《庄子》是战国时期哲学家庄周（约前369－前286）和他的后学所著。

③“纺轮”，我国古代叫“纺专”。

半坡仰韶文化陶窑复原图。

用手捏成器形，或者用泥条盘成器形，这是手制；后来发明了陶轮[1]，把坯料放在转动的陶轮上，制作圆形陶器，这叫轮制，使生产效率和产品质量大大提高。在陶坯没有干透的时候，用器物把坯表打磨光滑，可以使烧成的器物表面发亮，这叫"磨光陶"；也可以在坯表上施一薄层细泥浆，这叫"施加陶衣"；如果在陶坯上画出黑色或彩色花纹，可以烧制成"彩陶"；在烧制过程中还可以采用渗炭的方法烧成呈纯黑色的"黑陶"。烧制的方法：早期在露天用篝火烧，后来发明了陶窑。如西安属于仰韶文化的半坡遗址[2]，就发现有陶窑，有竖穴窑和横穴窑两种，都由火口、火膛、火道、窑室和窑箅组成。经陶窑烧制成的陶器，因为所受火力比较均匀，不容易变形龟裂，颜色也比较均匀。

我国新石器时代中期仰韶文化的彩陶，既是日常生活用品，也是很好的艺术品，当时制陶工艺已经相当成熟。晚期龙山文化的精美黑陶，器壁坚硬，厚度只一毫米到三毫米，薄如蛋壳，表面漆黑有光，造型优美，是制陶工艺已经达到比较高水平的代表作。

原始农牧业的产生

旧时器时代，人们主要靠采集野生植物和猎取野兽生活。进入新石器时代，人们开始有意识地栽培某些可吃的植物，使野生植物变成了栽培作物，并且把野兽驯养成为家畜。这就是农业和畜牧业的萌芽。

农业和畜牧业的产生必须在人类的生产技术和经济发展到一定的水平才有可能。而农业和畜牧业的产生使人类的食物有了更好的

①"陶轮"，我国古代叫"陶钧"。
②半坡遗址年代距今大约6000年到5600年。

保障，它的进一步发展使人们有可能生产出除满足生产者本身所需要之外的剩余食物，这最终会影响到社会形态的改变。所以农业和畜牧业的产生是具有划时代意义的大事。

我国是世界上产生农业最早的国家之一。栽培作物的农业经济是采集经济发展的结果。在我国的古书里，把“神农氏”这位神话人物看做我国最早发明农业和医药的英雄。如《周易·系辞》[1]里说：“神农氏作，斫木为耜，揉木为耒，耒耜之制，以教天下。”耒耜原来是一种翻土工具。又《越绝书》[2]里说：“神农尝百草水土甘苦。”其实真正发明农业的应该是原始社会里分工从事采集活动的妇女。考古资料证明，远在七八千年前，黄河、长江流域已经有了一定水平的原始农业，推测农业产生的时期可能在一万年前左右。黄河流域的河南新郑裴李岗[3]、河南密县峨沟、河北武安磁山等新石器时代早期遗址出土了比较多数量的农具和粮食加工工具。磁山和稍后的陕

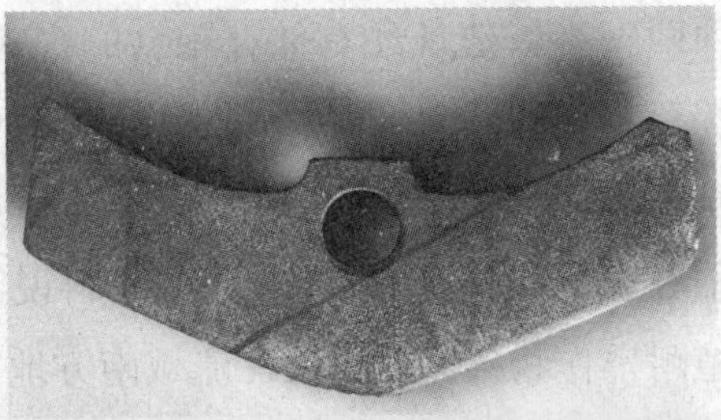

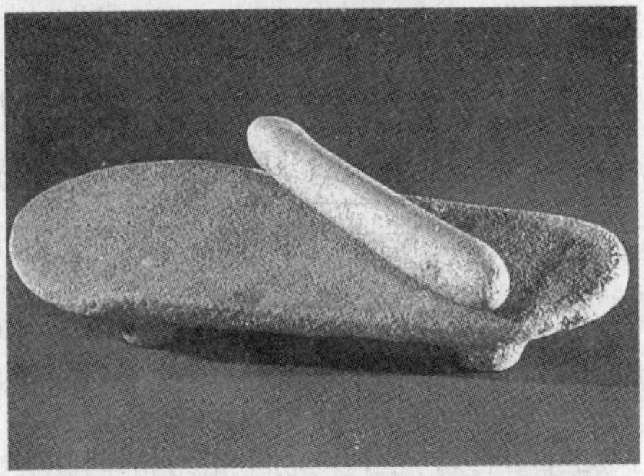

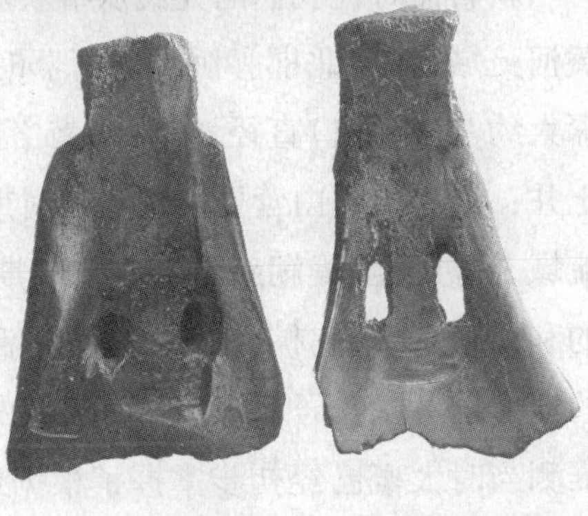

壹 石耘田器。
贰 石磨盘与石磨棒。
叁 河姆渡出土的碳化稻谷。
肆 河姆渡出土的骨耜。

①《周易》也简称《易》，内容包括《易经》和《易传》两部分。《易经》旧传伏羲和周文王所作，萌芽期可能早在商周之际。《易传》旧传春秋时期孔丘（前 551－前 479）所作，据近人研究，大抵是战国或秦汉之际的儒家作品，并非出自一时一人之手。《系辞》是《易传》中的篇名。参看第 61 页。

②《越绝书》，东汉袁康撰，主要记吴越两国的史地和一些重要人物的活动，多采传闻异说。

③河南新郑裴李岗遗址年代距今 7900 年。

西西安半坡遗址还有储存粮食的窖穴。半坡出土的一个带盖陶罐里保存有完好的粟粒，另一个陶罐里发现有白菜或芥菜一类的种子。在长江流域，浙江余姚河姆渡遗址出土了大量耕翻土地用的骨耜和大量稻谷、稻壳、稻秆、稻叶。这些资料说明，当时黄河流域北方地区以种植耐旱作物粟为主，长江流域南方地区以种植喜温湿作物水稻为主。又根据考古资料，在新石器时代晚期，高粱、大麻、苎麻、花生、芝麻、蚕豆、葫芦、菱角和一些其他豆类作物也可能开始种植了。

我国原始农业的耕作技术，不论是南方还是北方，最初大概都经过"火耕"的阶段。所谓"火耕"，就是用石斧等工具砍倒树木，披荆斩棘，待草木干后就放火焚烧。这样既垦辟了土地，灰烬又是天然肥料。经过焚烧的土壤比较疏松，人们就用木耒等工具掘洞点播。一块地种了几年，肥力完了，就抛荒另辟新耕地。所以这种耕作制也叫"原始生荒耕作制"。大约到五六千年前，我国有些地区已经脱离"原始生荒耕作制"阶段。人们在几块土地上轮流倒换种植，不必经常流动到别处去新开荒。这就进入了"熟荒耕作制"阶段，也叫"锄耕"或"耜耕"阶段。人们就可以过比较长期的定居生活，对农业的发展有利。

各遗址出土了大量不同类型的农业生产工具：有石铲、石锛、石耜和骨耜，都是翻土用的。有石锄、蚌锄和有两翼的石耘田器，用来中耕除草。有石镰、蚌镰，骨镰和穿孔半月形石刀，是收割工具，不但提高了收割效率，而且能连秆收割。有石磨棒和磨盘，是谷物脱壳工具。

新石器时代我们的先民从事农业生产，已经有一定的水利设施。黄河流域，在河北邯郸涧沟新石器时代晚期遗址曾经发现两眼水井，深大约 7 米，井口直径 2 米；河南洛阳矬李也发现新石器时代晚期的土井；河南汤阴白营更发现这一时期的深 11 米的木结构水井。长江流域，江苏吴县澄湖新石器时代晚期遗址也曾经发现土井①。地下水的利用很重要，它扩大了人们经济活动的区域，即使在远离河流湖泊的地方也可以安居下来。长江流域的"河姆渡人"已经从事水稻生产，推测当时大概已经初步掌握了根据地势高低开沟引水和做田埂等排

①据 1988 年 2 月报载，上海博物馆考古工作者在市郊青浦河段发现距今 6000 多年前的直筒形水井。

灌技术。

河姆渡出土的陶猪。

我国也是世界上产生畜牧业最早的国家之一。驯养家畜的畜牧经济是狩猎经济发展的结果。由于狩猎的需要，最先驯养的动物可能是狗，以后猪、羊、牛、马也相继被驯养。河南新郑裴李岗遗址已经出土有猪骨。浙江余姚河姆渡遗址出土一只小陶猪，整个形态已经和野猪相差很大。这表明我国养猪的历史应该早于七八千年前。河姆渡遗址还出土有水牛骨骼。山东章丘龙山镇城子崖遗址出土有大批兽骨，其中有马骨。河南三门峡市庙底沟[1]和辽宁大连羊头洼遗址都发现鸡骨。说明到四五千年前的新石器时代晚期，马、牛、羊、猪、狗、鸡（所谓“六畜”）都已经被我们的先民驯养了。

考古资料发现：凡是主要从事农业生产的新石器时代遗址，都饲养以猪为主的家畜；凡是以游牧生活为主的新石器时代遗址，发现比较多的是牛、羊、马的骨骼，而猪骨比较少见。

蚕丝的利用

我国原始社会后期，已经出现原始的纺织技术。分布在全国各地的新石器时代遗址，绝大部分都发现有纺轮，就是证明。

纺织原料主要是麻、葛等野生植物纤维。

特别值得一提的是，我国是世界上最早利用蚕丝的国家。这是我们先民对世界文明做出的一项重大贡献。

关于我国开始利用蚕茧抽丝的传说，古书里有好几种说法，最著名的是说黄帝的元妃嫘祖教民养蚕。考古资料证明，我国利用蚕丝的历史确实可以从原始社会晚期算起。

1927 年，考古工作者在山西夏县西阴村一处距今 4000 多年的遗址里，发现被切割过的半个蚕茧和一个石纺轮，它们之间可能有

①河南三门峡市庙底沟遗址包括仰韶文化和龙山文化两个时期的遗存，后一时期也叫庙底沟二期文化，属于龙山文化早期，年代在距今 4800 年。

某些联系。1958年，在浙江吴兴钱水漾一处距今5000多年的遗址中，发掘出麻布残片、细麻绳和一小块绢片、一段丝带。经鉴定，绢片和丝带所用的蚕丝是从家蚕蛾科的蚕茧用一定方法缫取出来的。绢片的经纬线都是每厘米48根，丝缕相当均匀，织得比较坚密平整。这说明我国在原始社会晚期，蚕丝纺织技术也已经达到了一定的水平。

叁 寓于技术中的科学

原始社会时期科学只以萌芽状态存在

我们在第一节里已经提到过，原始社会时期还只有技术，没有严格意义的科学。不妨说，科学还寓于技术之中，也就是说，只在生产技术中包含有科学知识的萌芽。这一节，我们就专门来讲一讲寓于技术之中的原始社会的科学知识的萌芽。

为什么原始社会还没有科学呢？原来自然科学是人们关于自然现象和规律的系统性知识。它虽然主要来源于人类的生产实践，但是只有当人们从生产实践积累起来的对自然界的感性认识达到一定程度，经过飞跃才能上升到理性认识，再经过系统化，才成为科学。而在原始社会，还没有这个条件。

但是，科学既然来源于生产技术，在原始社会必然已经有了科学知识萌芽的土壤，如工具的制造、火的使用、采集和渔猎、原始的农业和畜牧业以及建筑、生活日用品的制造等，都包含科学知识。

由于原始社会的科学知识直接依赖物质的生产活动，具有生产经验的形态，对于自然现象，往往知其然而不知其所以然，而且对自然的认识又和神话、原始宗教紧密交织在一起，因此，它虽然具有丰富的内容，却有很大的局限性。

下面我们就天文学、数学、力学、地学、生物科学和医药学几个方面作些简单的介绍。

天文学知识萌芽

人们对于天文现象的认识，它的萌芽要追溯到遥远的旧石器时代。当我们的先民还在靠采集渔猎生活的时候，已对自然界的寒来暑往、月圆月缺、动物活动规律、植物发芽生长成熟时间等有了一定的认识。到了新石器时代，社会经济进入以原始农牧业生产为主的时候，人们就需要掌握农时，探索日照强弱、气温高低、雨量多寡、霜期长短等自然规律。

人们掌握农时，起初是根据物候现象。解放前，我国有一些少数民族，社会发展还处在比较早期的阶段，就是根据物候来安排农活的。如拉祜族以蒿子花开作为春天耕翻土地的时间标志。

随着农业生产的发展，对农时的准确性提出了比较高的要求，加上人们对天象和物候之间关系的认识加深，于是人们就逐渐重视起观测天象。

大量考古资料说明，在新石器时代早期，我们的先民已经能比较准确地观测天象来定方位了。裴李岗和半坡等文化遗址里，房屋的座落和墓穴都有一定方向，或朝南方，或朝西北。江苏邳县大墩子的氏族墓地上下有五层墓葬，比较晚的重叠在比较早的之上，而方向都大体一致。这可见得当时人们已经有了确定方位的方法。最早大概是看日出日没，日出的一方是东，日没的一方是西。进一步观测发现，一年里日出日没的方位有比较大的变化，但是每天日影最短的时候太阳的方位总是不变的，于是就把这时太阳的方位作为定南北方向的依据。再后，就有更精确地定出各个方位的方法。

1960年，在山东莒县陵阳河出土了四件形体比较大的陶尊，每件尊的相同部位都刻有图案。一件刻的是斧，一件刻的是锄，一件刻的是，一件刻的是，这第三个图案表现的大概是太阳和云气，第四个图案表现的大概是太阳、云气和山冈。有人认为这两个图案都是复体的“旦”字。这些陶尊的年代距今大约4500年，可能是用来祭祀日出、祈保丰收的祭器。山东是古代东夷人氏族部落所居住的地方，也是和

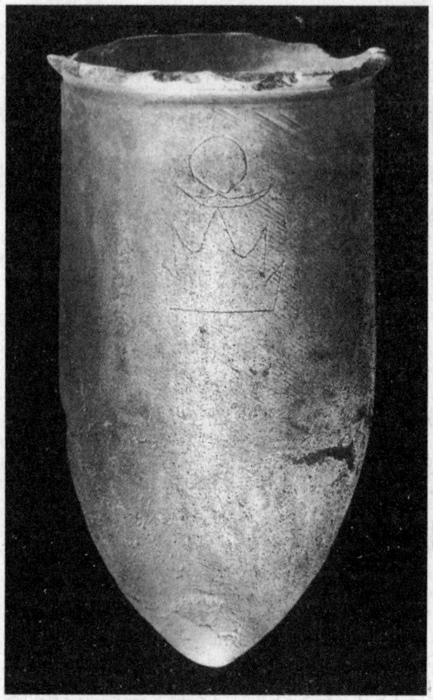
刻符陶尊　山东莒县凌阳河出土。

古代日出故事有关的地方。

在观察天象的过程中，我们的先民逐渐形成了“日”“月”“年”的概念。从今天日出到明天日出就是“一日”。少数民族遗留下来的记日法，如独龙族结绳记日，佤族刻竹记日，印证了古人最初始的记日法。从一次月圆到下一次月圆，或从一次新月到下一次新月，大约29天或30天，就是“一月”。阿细族现在还是每逢月圆就跳舞唱歌，藏族人约会还有“几次月圆之后”的说法，就是古人观察月相定时间的习俗的遗迹。

人们学会观察星辰来掌握季节变化也很早。我们的先民大概很重视对红色亮星“大火”的观测。“大火”据考证就是后来叫“心宿二”的那颗星，现代天文学里叫“天蝎座α星”。传说在距今4000多年的所谓颛顼(zhuānxù)时代，就设立了“火正”的官职，专门负责观测“大火”。还传说稍后的黄帝时代已经有了历法。古书《尚书·尧典》[①]里说，帝尧曾经组织了一批天文官到东南西北四个方向的地方去观测天象，以编制历法，向人们预报季节。

数学知识萌芽

我们的先民和世界其他地区的人类一样，从文化发展的最初阶段起，就不断积累着关于事物的数量和形状等萌芽时期的数学知识。

民族学资料告诉我们：解放前我国有的少数民族最多还只能数到“三”或“十”。三或十以上的数就数不清，统说成“多”。这大致反映各民族文化发展初期都必须经历的一般情况。仰韶文化和年代稍晚的

①《尚书》是我国上古历史文件的汇编，相传由春秋时期孔丘编选而成。有些篇是后人追述补充进去的，如《尧典》。现在引用这些材料大多经过具体分析考证。

马家窑文化等遗址出土的彩陶钵口沿上，发现有“|”、“||”、“|||”、“||||”、“㐅”、“十”等刻划符号，和甲骨文、金文①里的数字写法很相似，有人认为这些刻划符号可能是原始的数字。

我们的先民制造出了背厚刃薄的石斧、尖的骨针、圆的石球，弯的弓等形状各不相同的工具，表明他们对各种具体的几何图形已经有了一定的认识。从陶器的器形和纹饰，可以推断新石器时代人们已经有圆形、椭圆形、弧形、方形、菱形、三角形、等边三角形、五边形、六边形等多种几何图形的概念，并且注意到几何图形的对称、圆弧的等分等问题。湖北江陵毛家山和四川大溪等新石器时代晚期遗址出土的陶制空心球，球面上布满用三股一组的篾纹或刻划纹彼此相交构成的六个对称的“米”字纹，可见当时对几何图形的认识已经达到一定的水平。半坡等遗址出土的陶器上有相当匀称的同心圆纹饰，以及环形装饰品、圆形屋等，说明当时大概已经会使用简单的画几何图形的工具，就是最早的规和矩，否则就不可能把图形画得那样规整。

新石器时代开始出现的竹篾编织品和丝麻织物，织出的花纹和所含的经纬线数之间存在一定的关系，证明我们的先民对形和数之间的关系也已经有了进一步的认识。

力学知识萌芽

石器的制造和使用包含着许多力学知识。

如把石斧、石铲、石锛等磨制得背厚刃薄，这就符合尖劈原理：尖劈越尖，机械效益越大，使用的时候越省力。

又如打猎用的投掷武器石矛和流星索，要能使用有效，必须使它们在空间运动的时候暗合相当复杂的动力学和空气力学的原理。

仰韶文化遗址出土一种用来汲水的小口尖底瓶，由于器形制成尖底，空瓶进水后重心不断变化，仍能保持瓶口不断进水，解决了用平底罐汲水的时候遇到的麻烦，这一创造隐含着对物体平衡原理的应用。

①甲骨文是河南安阳小屯村殷商王朝都城遗址殷墟出土的龟甲兽骨上写刻的文字。金文也叫钟鼎文，是铸刻在殷、周到汉代青铜器上的文字。

左 双耳尖底罐。
右 尖底罐汲水示意图。

化学知识萌芽

使用火是人类控制自然能源的开始。燃烧使燃料所具有的化学能以热量的形式释放出来为人们服务。燃烧中就包含着物质变化的化学知识。

烧制陶器，以及原始社会晚期出现的铜的冶炼，就是我们先民利用火实现物质变化的重大成就。尤其值得一提的是龙山文化中的黑陶，是利用窑里燃料不完全燃烧而产生的炭粒渗入陶器制成的，反映当时人们已经从经验中掌握了适当调节窑温可以控制化学变化这一化学基本知识。

龙山文化遗址出土大量陶制酒器，说明原始社会晚期已经有了酒。酿酒过程中的关键是发酵，人们最初可能是从自然发酵现象而得到启发的，浆果等堆积一起在一定温度下可以产生出酒精。而用粮食酿酒，只有到农业生产有了一定发展才可能实现。酿酒工艺中既包含有化学知识，也包含有生物学知识。

地学知识萌芽

人类生活在大地上，生活条件就逼使人们首先要熟悉自己活动地区和周围的自然界，地理知识也就伴随着产生了。

国内外民族学资料都证明，一些民族虽然还处在靠采集渔猎生活的原始社会阶段，对自己的部落甚至比较远的地区的每一条山脉的走向，每一条河流的流向，都非常熟悉。

从采集和开采石料、打制石器中，人们还认识了矿物和岩石。“蓝田人”和“北京人”制造石器，选用脉石英、石英岩、石英砂岩和燧石等石料，它们的化学成分都是二氧化硅，物理性能上具有比较大的硬度，容易出现贝壳状断口，既符合制作石器质料必须坚硬的要求，又容易打制。

生物科学和医药学知识的萌芽

人类还在过着采集和狩猎生活的时候，就一定已经关心观察植物和动物的生活史。河姆渡、半坡等新石器时代遗址出土的陶器和骨器上，有些绘刻了鸟、蛙、龟、蜥蜴、鱼、鹿等动物，以及植物的图案，形态生动逼真。山西万荣荆村出土一件完整彩陶，上面绘有一株植物，根茎叶花齐全。这些都反映了当时人们已经具有一定的动植物形态知识。

人们还从宰割猎获的动物而获得解剖学的初步知识。

原始农业和畜牧业的出现，是我们的先民按照自己的需要应用了对于生物界的生殖规律知识来控制生物界的一个成果。

我国的医药知识也起源很早。我们的先民在采集的过程中，逐步认识了某些植物有毒，某些植物能治病医伤。我国古书《淮南子·务修训》①里提到神农氏尝百草，“一日而遇七十毒”，这种传说把我们的先民在长期采集过程中积累起关于植物药知识的功绩都归在一个英雄身上，当然是不符合实际的，但是反映我们的先民很早就有不少植物药知识。我们的先民还通过渔猎、畜牧和制造工具等生产实践，积累了不少动物药和矿物药的知识。

我们的先民还会使用某些医疗工具，掌握一些医疗方法。

人们通过烤火取暖，知道把烧热的石头或砂土用植物的茎，叶或动物的毛皮包裹起来以后放在身体的某些部位，能消除或减轻某些因

①《淮南子》是西汉淮南王刘安（前179－前122）和他的门客所著。《淮南子》成书在西汉，但是里面记载的某些神话传说是古代传下来的。

砭石。

受风寒而引起的腹痛和因冷湿而造成的关节痛，这就是最早的“热熨法”。经过反复实践和改进，懂得把干草点燃，进行局部固定的温热刺激，能医治更多的疾病。这就是灸法的开始。

此后，人们又逐渐掌握了运用一些简单工具治病的经验。最早的医疗工具有砭(biān)石。东汉的《说文解字》①一书里说：“砭，以石刺病也。”此外还有荆棘刺、骨针、竹针等，都可以挑破脓疡和刺激人体的某些部位。这种治疗方法是针术的开端。

当然，原始社会的医药水平还是很低下的，许多病还不能医治。进行原始宗教活动的所谓“巫”就同时用巫术来给人治病。在我国原始社会，医和巫是不分的。

肆 原始自然观

原始自然观主要寓于神话中

原始社会时期，我们的先民不仅从生产实践和对自然界的长期观察中逐渐认识到自然界里某些因果之间的简单联系，同时，随着思维、语言和推理能力的发展，他们还努力从当时的认识水平来对自然界加以说明和解释。

原始自然观主要寓于许多神话传说中。原始社会时期，人们运用推理和想像力对自然界做出解释，这就是神话。神话是人们借助于幻想企图征服自然力的表现，是积极的。不论是世界古文明发生最早地区的古代原始民族，还是现在世界上仍然存在的一些还处在原始社会时期的民族，都流传着许多动人的神话传说。虽然时间上相差几千年、上万年，地理上相隔几千里、上万里，原始时期的社会生产和思想发展历程大致相同，因此神话传说也大同小异。

①《说文解字》，东汉许慎(约65－约147)著，是我国第一部系统地分析字形和考究字原的字书。

万物起源和万物主宰的神话

天地万物和人本身是从哪里来的,大概是原始社会时期人们最关心的问题之一。

我国是疆域辽阔的多民族国家，对天地万物起源也有多种说法。最有名的是“盘古开天辟地说”。传说最初天地混沌如鸡蛋,盘古生在它里面,他力大无穷,用斧子把天和地劈开了。在他死后,据说头变成四岳,眼睛变成日月,脂膏变成江海,毛发变成草木。

关于人自身的由来,也有多种不同的神话传说。比较有代表性的是“女娲抟土做人说”。女娲是女性,说明这个神话大概产生在新石器时代的母系氏族公社制度阶段①。

这两个神话里都有一个原始神，它们创造了天地万物和人本身，还没有出现主宰一切的至高无上的神。他们在创造万物的时候离不开具体的物质，也反映了神话的原始性和含有一定的合理因素。

天上日月的运行,繁星的闪烁,风雨雷电的出现,四季的变迁,山林泉石的形成,草木禽兽的繁殖,这些自然现象,和人们的生产、生活有密切关系。解释这类自然现象的神话,世界各民族都有。我们的先民也不例外。如他们解释日月的运行,说是由于日神羲和、月神望舒乘坐驾着马或“三足乌”拉的车子在天空巡行。又说太阳里有只“金乌”。三足乌、金乌当是古人见到太阳圆面上的大黑子而产生的想像。我们的先民认为主宰风的风神叫飞廉,主宰云的云师叫丰隆,河有河伯,海有海神。我国自古南方多雨,北方常旱。我国古书《山海经·大荒北经》②里对这现象是这样解释的:南方是雨师应龙居住的地方,所以多雨;旱神女魃(bá)住在赤水之北(指现在河西走廊北面的大沙漠),所以那里终年不雨。《山海经》成书虽然已经在战国秦汉时期,但是内容主要是民间传说和远古的神话。总的说来,我们的先民认为自然界每一事物各有自己的神。

①原始社会氏族制度的产生和晚期智人的形成是大体一致的。氏旅公社分母系和父系两个互相衔接的阶段。我国原始社会从原始人群到氏族制度的转变经过了几十万年，大约从几万年以前开始，逐渐进入母系氏族公社时期。直到大约距今5000多年，我国黄河和长江流域的一些氏族部落，才先后进入了父系氏族公社时期。

②《山海经》是一部古代地理著作,作者不详,近代学者认为主要是战国时期作品，少数是西汉初年作品。

关于和自然斗争的神话

人们在原始社会通过生产改造自然，生产技术的发展虽然缓慢，但是在漫长岁月中，也有一些重大的发明创造，这一点我们在前面第二节已经讲过了。

这些发明创造，应该是原始社会人们长期集体的劳动经验和智慧的成果。但是在氏族公社制度时期，人们不仅把自然界的事物说成是由各自的神所创造和主宰，而且把人们自己的发明创造也归功于某些英雄人物，还把他们神化了。

前面已经提到过燧人氏和神农氏，就是这样的两个神话人物。传说燧人氏是火的发明者，神农氏是农业和医药的发明者，此外还有伏羲氏是渔猎的发明者，有巢氏是巢居的发明者。传说黄帝时代也有一些发明者，如前面提到过的嫘祖教民养蚕，还有史官仓颉造字等；此外算数、音律、舟车，传说也是在那时发明的，却把功绩都归在黄帝身上。

这些神话人物，原来也许是作出了有关发明的部落的酋长。由于这些发明给人们带来了巨大利益，人们就把发明的功绩归给他们个人来传颂。这些神话反映了在氏族社会里人们对于部落酋长的崇拜。

原始社会时期，生产力极端低下，人们征服自然的能力非常薄弱。但是生产劳动的实践以及和自然斗争的经验也使得人们对自然界抱着积极进取的态度。《淮南子·本经训》里讲到的“羿射十日”并且“下杀猰貐”和“断修蛇于洞庭，擒封豨于桑林”①的神话，反映了古代人们和大自然所作的艰巨斗争。《山海经》里讲到的“夸父逐日”和“精卫填海”②的神话，反映了人们幻想战胜自然的幼稚朴素的愿望。

原始自然观还常和原始宗教思想交织在一起

原始自然观借助于幻想企图征服自然力，表现为积极的方面，是神话。但是另一方面，在现实生活里，由于生产力低下，人类征服自然力的能力非常薄弱，在自然灾害面前无能为力，不得不屈从于

①传说唐尧的时候十日并出，植物枯死，羿（yì）射去九日；又当时猛兽长蛇为害，他射杀猛兽长蛇，为民除害。猰貐（yà yǔ）是传说中的一种吃人凶兽，修蛇就是长蛇，封豨（xī）是大猪。

②夸父是神话人物，他立志追赶太阳，赶到太阳入口处，感到焦渴，就喝干了黄、渭两河的水，还感不足，终于渴死。精卫是神话里鸟名，相传是炎帝女儿，名叫女娃，因游东海淹死，就化成精卫，每天衔西山木石去填东海。

大自然，采取对大自然顶礼膜拜的办法希冀得到自然神的保佑，这就产生了原始宗教。所以原始自然观还常和原始宗教思想一同发生，相互交织在一起。原始宗教思想是原始自然观的消极方面。

神农氏像。

根据考古发掘资料，旧石器时代晚期的“山顶洞人”已经注意埋葬氏族里的死者，尸体上撒着红色的赭石粉，随葬品有石器和大量装饰品。据现代民族学研究，现在有许多部落还很重视红色，认为红色代表血，是生命力的源泉。晚期智人尸体上撒上红色赭石粉，大概是想给死者以生命力，幻想人死后仍能在另一世界——阴间和生前一样生活，使用石器和装饰品。后来由于人们不能正确理解梦境、感觉、思维等精神现象，又产生了“灵魂”一类超现实的意识，认为人死后在另一世界不是以生前的肉体活动，而是以脱离肉体的“灵魂”活动。于是把原始神话里的以人作为原型所想像出来的主宰万物的原始神也和具有神秘性的“灵魂”或“幽灵”联系起来，形成了“万物有灵”的观念，产生了依赖神灵保佑的原始宗教迷信思想。

随后又出现了“图腾崇拜”，就是一些氏族或部落把某一种动物或其他自然物看成是自己氏族或部落的祖先或保护神。我国古代某些神话人物，如传说盘古是犬形，伏羲和女娲是蛇身人首。山东嘉祥县发掘出汉代武梁祠石室里有一幅石雕像，题名“伏羲氏手执矩，女娲氏手执规”，伏羲、女娲的下半身就是蛇身。这就反映我国古代也有图腾崇拜。

伏羲、女娲石像。

我们前面讲原始医药学的时候提到过巫术，那时医巫不分。巫术是人们幻想采用咒语、祈祷，祭祀等来影响自然或影响人的祸福的法术。

这些屈服于被神化了的自然界的思想，就形成了原始宗教思想。这一消极的宗教迷信思想，以后在社会发展到进入阶级社会以后，就被剥削阶级所利用了。

原始自然观是理论科学的萌芽

原始自然观，不论是表现为消极的原始宗教思想，还是表现为积极的远古神话传说，都是人们幻想的产物。

但是从科学史的角度来看，它却是当时人们企图从自已的认识水平来对自然加以说明和解释的一种成果。它并没有完全脱离自然界的客观实际。只是由于人们认识的发展依赖于社会实践的发展，而在原始社会时期低下的生产力水平限制下，这些说明和解释还不能科学地反映自然界的本来面貌，有的还带有宗教迷信的色彩。

尽管这样，原始自然观毕竟是人类科学思维的萌芽，也是理论科学的萌芽。所以理论科学从某种意义上说，是从原始的宗教、神话中萌发出来的。列宁（1870–1924）在《黑格尔〈哲学史讲演录〉一书摘要》里摘录有关毕达哥拉斯[①]派的灵魂观念的时候就曾经指出：这是“科学思维的萌芽同宗教、神话之类的幻想的一种联系。”[②]

①毕达哥拉斯（约前580–前500）是古希腊数学家、唯心主义哲学家，他把数的概念神秘化，宣扬神秘宗教和唯心主义。

②《列宁全集·第三十八卷》，人民出版社1959年版，第275页。

第二章 奴隶社会时期

（夏、商、西周）

壹 我国奴隶制度的出现

从原始社会过渡到奴隶社会

大约在公元前2000多年，我国原始社会已经发展到父系氏族公社末期。

由于农业生产技术的提高，当时粮食产量比以前增加了。农业的发展又促进了畜牧业和手工业生产的发展。剩余产品和社会分工的出现，逐渐产生了私有制和人们之间的贫富差别。部落之间发生战争，过去都把战俘杀死，现在却把一部分战俘留下来，供部落首领奴役，以便剥削他们维持最低限度生活所需要的以外的剩余产品。于是产生了奴隶和奴隶主。以后破产的小生产者也加入了奴隶的队伍。奴隶制度出现了。

我国历史上传说的黄帝时代经尧、舜、禹到夏代前期，经几百年之久，就是从原始社会到奴隶社会之间的过渡时期。

部落联盟首领禹死后，他的儿子启受新兴的奴隶主贵族的拥戴，继承了禹的职位，从此原先部落联盟首领由民主推举的“禅让”制变成家族的“世袭”制，出现了我国历史上第一个奴隶制国家。阶级社会的帷幕正式揭开了。

奴隶制度是人类历史上第一个剥削制度。在今天看来，这种剥削制度最粗暴野蛮。但是它的出现却是原始社会生产力发展的必然结果，是合乎社会发展规律的进步现象。由于大规模地利用奴隶的简单劳动协作，提高了劳动生产率，社会生产力进一步得到发展。

从原始社会进入奴隶社会的生产力发展标志

在考古学上，根据制造生产工具的原料不同，把人类社会文化分成三个历史发展阶段：石器时代、铜器时代和铁器时代。它也标志着生产力的三个不同发展阶段。

在我国历史上，漫长的原始社会都处在石器时代，这我们在前一章已经说了。我国从原始社会过渡到奴隶社会，在生产力发展阶段上正是从石器时代过渡到铜器时代。我们在第一章里也提到过，新石器时代的龙山文化时期，人们开始掌握制造铜器的技术，这是铜石并用时代。这时的铜器多利用红铜制成，所以铜石并用时代也叫红铜时代。以后又能冶炼含有锡、铅的铜的合金，叫做青铜，于是进入了青铜时代。一般所谓铜器时代就指青铜时代。而红铜时代或铜石并用时代是介于新石器时代和青铜时代之间的过渡时期。

我国的奴隶制出现在青铜时代，我国的奴隶社会以青铜器的制造和发展作为生产力发展的主要标志。古代东方国家也多在青铜时代就出现了奴隶制。这一点和古代西方国家不同。古希腊等国家的奴隶制却是随着铁器的出现而诞生的。

贰　我国奴隶社会青铜冶铸技术的发展

夏、商、周文化遗址里发现青铜器冶铸作坊

青铜是铜、锡、铅的合金。它跟纯铜相比，熔点比较低，硬度比较

高，因而具有比较好的铸造性能和机械性能。用青铜制造的工具比石器锋利耐用，破旧了还可以熔化重铸。

我国考古学家从新石器时代晚期的龙山文化和齐家文化一些遗址里，不仅发现了多件红铜器，也发现了一些青铜制成的小件器物。到夏代，青铜冶铸技术就比较发达。河南偃师二里头第一期堆积夏代文化遗址①里，出土有铸造铜器的陶范、坩埚残片，陶范就是陶制的铸造模具，坩埚是熔化青铜合金用的。此外还有铜渣和少量铜器，有一

壹	贰
叁	肆

壹 龙虎纹尊　商代前期　安徽阜南出土。

贰 莲鹤方壶　春秋中期　河南新郑出土。

叁 四羊方尊　商代后期　湖南宁乡出土。

肆 饕餮乳钉纹方鼎　商代前期　河南郑州杜岭张寨南街出土。

①二里头遗址地层堆积分四期，经科学测定，最下层（就是第一期堆积）的年代和夏代相当，上面三层属于商代早期。夏代的年代大约从公元前 21 世纪到公元前 16 世纪。

件铜爵[1]，经电子探针分析结果，含铜92%，锡7%。

商代和西周[2]可以说是达到了青铜时代的繁荣时期，这时出现了规模宏大的青铜冶铸作坊。如河南安阳殷墟[3]苗圃北地的铸铜作坊遗址，面积至少在10000平方米以上；洛阳北郊西周早期铸铜作坊遗址，面积估计大约有9万到12万平方米。除黄河流域外，长江流域也有比较发达的青铜文化。江西清江县吴城商代遗址出土的铜器和石范，说明当地有自己的青铜冶铸业，和北方只用陶范有不同的技术传统。江苏丹阳出土的一批西周青铜器，同样具有地方色彩。西南部的云南地区，这时也已经有了铜矿的开采和铜器的使用。

这一时期遗址和墓葬里出土的青铜器

这一时期所制造的青铜器，有农具，有工具，有兵器，有祭祀用的礼器，有生活用器，等等。

郑州商代中期铸铜作坊遗址里出土了大量镢范，占遗址里可以辨认的铸范的大多数，这些范没有花纹，当是铸造实用农具用的。在其他的商代遗址里也发现少量青铜农具，如铲等。

西周时候，考古和文献资料都证明，青铜农具的种类和数量比商代有增加，从翻土耕地、中耕除草到收割的农具，很多是用青铜制造的。由于古代礼制不用农具随葬，因而从墓葬里就很少见到青铜农具。

青铜工具使用更加广泛，种类有斧、斤、凿、钻、刀、削、锯、锥等。西周墓葬里常常随葬青铜制的斧，锛、凿之类的工具。

商、周时候，奴隶主控制着一支用青铜武器武装起来的军队。青铜武器出土的数量很大，有戈、矛、钺、剑、镞等，它们是维护奴隶制国家的重要物质力量。

出土的青铜礼器和生活用器种类繁多，还有乐器、车马器等，大都铸造精美，有的小巧精致，有的大而富有气势。如商代晚期的司母戊鼎，重875公斤，称得上是重器。

所以，商周时期的青铜器，典型地代表了奴隶制时代高度发展的

①爵是古代的一种酒器。

②商代的年代大约从公元前16世纪到公元前11世纪，西周的年代大约从公元前11世纪到公元前771年。

③殷墟是商代后期的都城遗址，在今河南安阳小屯村和它的周围，总面积24平方公里以上。商代从盘庚到帝辛（纣）12个国王都在这里建都，前后273年，已经发掘出宫殿、作坊、陵墓、居民点等大量遗迹和生产工具、生活用具、礼乐器和甲骨等遗物。商代原都奄（今山东曲阜），盘庚迁殷（今河南安阳），因而商代后期也叫殷代。整个商代也叫商殷或殷商。

科学技术和文化艺术水平，成为这一时代社会发展的鲜明标志。

青铜冶铸技术的发展过程

青铜冶铸是从石器加工和制陶业中产生和发展起来的。人们在寻找和加工石料的过程中，逐渐识别了自然铜和铜矿石。烧制陶器的丰富经验，又为铜的冶铸提供了必要的高温、耐火材料和造型材料以及造型技术等条件。

青铜冶铸技术有一个由低级到高级、由简单到复杂的发展过程。大体上可以分成五个阶段：

从新石器时代晚期到二里头文化早期（夏代），是开创阶段，使用石质和泥质的单面范、双面范，制作形制简单的小件器物。

从二里头文化晚期到二里岗文化[①]时期（商代早期），是形成阶段。这一阶段已经有锡青铜和铅青铜的区分，冶炼的方法是用铜矿石加锡矿石或铅矿石，也有用含有多种元素的铜矿石冶炼出青铜的。铸造上已经能使用多块范、芯装配而成的复合范，出现重近百公斤的大鼎和早期的器物组合，具有我国特色的陶范熔铸技术已经基本形成。

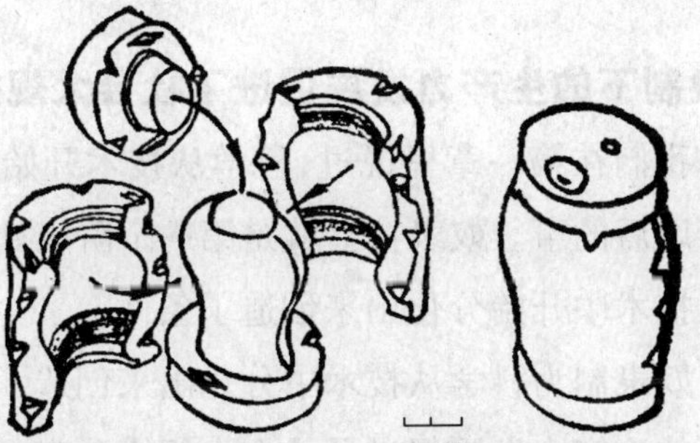

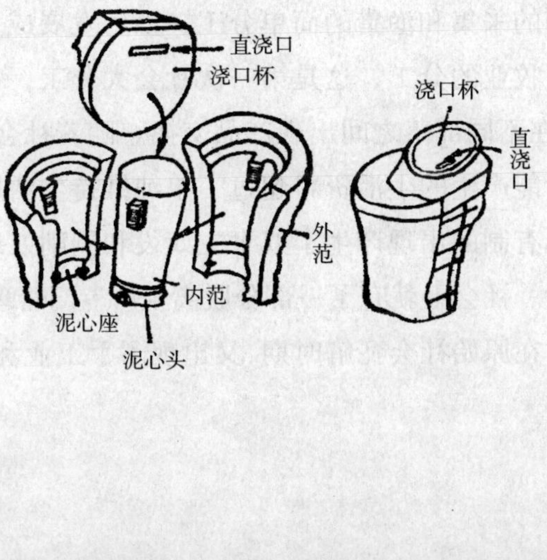

两种复合范示意图。

商代中期到西周早期是青铜冶铸的鼎盛阶段。大型熔铜炉内径达到 80 厘米，炉温高达 1200℃左右。

①二里岗文化遗址在河南郑州市东南郊，二里岗文化的时代大约相当于商代早期，是从二里头文化发展而来的，比河南安阳小屯的殷墟文化早。

殷墟铸铜作坊遗址里出土有一块纯铜，含铜量达到97.2%，说明它是由铜矿石先炼出纯铜作为冶炼青铜的原料，然后再加锡或铅矿一起冶炼；或者先炼出铜，然后加锡或铅或铅锡合金，按比例混合一起再熔炼。这样得到的青铜成分比较稳定，可以按不同器物的要求改变成分的配比，熔炼的时候比较容易控制。在冶铸方面，已经能够娴熟地使用分铸法等先进技术，制作出大量精美、形制复杂的青铜礼器、生活用具、兵器和车马器等。

西周中期以后，青铜冶铸的规模和分布地区继续扩大，是陶范熔铸技术的延展阶段。

春秋战国时期[①]，是青铜冶铸技术发展的第五阶段。关于这一阶段，我们到下一章再讲。

叁 奴隶制为科学从技术中分化出来创造了条件

奴隶制下的生产力发展促进了社会大规模分工

我们在第一章里说过，科学从技术开始分化出来，那是进入阶级社会以后的事。奴隶社会就是第一个阶级社会，所以正是奴隶制为科学从技术中开始分化出来创造了条件。

奴隶制为科学从技术中分化出来创造了什么条件呢?主要是奴隶制下的生产力发展促进了社会大规模分工。

在原始社会，也有社会分工。最初是同一氏族部落里女人和男人之间的采集和渔猎的简单分工，以后发展成为不同部落之间的农业和畜牧业的分工，这是第一次社会大分工，它促进劳动生产率的提高，在不同部落之间出现产品交换。随着社会生产力的提高，人的劳动所能产生的生活资料超过了单纯维持生活所必需的数量，于是通过私有制的出现产生了奴隶主奴役和剥削奴隶的剩余劳动产品的奴隶制。社会上就有了一部分脱离生产专门管理国事的特权分子。

在原始社会瓦解时期，又出现了手工业和农业分离，形成了第二

①春秋时期从公元前770年到公元前476年；战国时期从公元前475年到公元前221年。

次社会大分工。手工业劳动者可以自己不生产粮食，而用自己的手工业产品去交换农业劳动者生产的剩余粮食来维持生活。而进入奴隶社会以后，又使农业和手工业之间的更大规模的分工成为可能。

我国在夏、商、西周时期，农业已经越来越成为社会的基本生产部门，荒地被逐步开辟出来，农业生产技术有了比较大的提高，加上大规模地利用奴隶的简单劳动协作，能够提供比较多的剩余粮食，使社会上有更多的人可以脱离农业生产去专门从事手工业生产。

在商代，冶铸青铜是一种最先进的手工业生产技术。而青铜冶铸业始终是被王室和奴隶主贵族所垄断的一种官办手工业。据专家估算，铸造 875 公斤重的司母戊鼎，从制模、翻范、灌注、拆范后的修饰以及运输、管理等，总计至少需要 300 人以上。要这样众多的人进行操作，就需要有一套技术管理办法，如人员的分工，工作间的协作，事先都要有周密的计划和妥善的安排。这说明商代后期的青铜手工业作坊，不仅规模宏大，而且组织严密，内部分工很细。而这就只有在比较发达的奴隶制基础上才有可能做到。

制陶工业也是商代很重要的手工业生产部门，设有专门的作坊，内部有固定的分工。如考古工作者在郑州铭功路西侧发现的一处属于二里岗文化的商代早期比较大的制陶作坊遗址，从出土遗物看，这是专门烧制盆、甑等泥质陶的。

骨器业内部也有了专门分工。在殷墟就发现了制作骨锥和骨笄的作坊。

商代手工业除这三种外，还有皮革、纺织、玉石、竹木、舟车、建筑等。

古籍《左传·定公四年》[①]记载说，周初曾经俘虏了许多以职业作为氏姓的商王朝的手工业奴隶，有索氏（绳工）、长勺氏和尾勺氏（酒器工）、陶氏（陶工）、施氏（旗工）、繁氏（马缨工）、锜（qí）氏（锉刀工或釜工）、樊氏（篱笆工）、终葵氏（椎工）等。

周代对手工业者非常重视，如周公姬旦教康叔姬封（两人都是周武王姬发的弟弟）杀违禁饮酒的人，独对手工业者违禁可以宽恕不

①《左传》也叫《春秋左传》，是编年体史，旧传春秋时期鲁国太史左丘明所撰，近代史学家认为可能是战国初期的人据各国史料编成。纪事编年按鲁国纪年，鲁定公四年是公元前 506 年。

杀。这种重视专门技术的风气一直持续到春秋战国时候。周初的手工业基本上是承袭商代的，以后继续有所发展。

除了手工业和农业的分工，在奴隶社会时期，可能在商代，随着产品交换和商品生产的发展以及市场的扩大，还出现了不从事生产、专门经营商品买卖的商人阶级，这是第三次社会大分工。

随着私有制和阶级的出现，还产生了体力劳动和脑力劳动的分化和对立，这也是奴隶制下社会大规模分工后的必然现象。

脑力劳动者从体力劳动者中间分化出来是科学从技术中分化出来的直接条件

脑力劳动者从体力劳动者中间分化出来，是社会发展的历史上有十分重大意义的事件。

正是我国夏、商、周时期出现的这一重大事件，为我国的科学从技术中分化出来创造了直接条件。

在奴隶制社会条件下，由于生产力的提高，社会物质财富得到增长，使社会有可能供养一批脑力劳动者。而生产本身也提出了比以前复杂得多的组织管理以及交流、整理、提高技术经验等种种问题，这就使供养这么一批脑力劳动者成为社会的必需。另外，和经济基础相适应的上层建筑也越来越完备，出现了管理生产的政府部门，以及宗教、文化、教育等社会事业，这些也都需要脑力劳动者的参与和工作。

夏王朝的时候，除夏王外，已经有牧正、车正、庖正等一系列职官出现。

商代属于统治者的有王、诸侯、尹、卿士等，管理生产的有小臣、司工等，还有一批专为奴隶主贵族服务的从事商品交换的商人和专门从事宗教、文化、科学事业的卜、占、巫、史等。

到周代，更形成了一整套冗杂的官僚组织，在中央辅佐周王进行统治的官就有三公，三公之下还有六卿、五官之类。六卿就是太宰、太宗、太史、太祝、太士、太卜，是和宗教、文化有密切关系的官职。周代

刻于牛肩骨上的文字（商代武王时期，安阳殷墟出土）。

后期，脑力劳动者的人数比商代更增多了，“士”已经作为一个阶层在社会上出现。

而只有当出现了脑力劳动者，原始社会时期已经出现的结绳记事以及某些书写符号（多半是图画）才有可能被整理发展成为文字。

目前已经发现的有关这一时期的文字资料，主要有陶文、甲骨文、玉石文和金文几种，以商代中期以后的甲骨文最多。

甲骨文是占卜之后的刻写记录文字，就是卜辞，通常刻写在甲骨上。几十年来，从河南安阳殷墟出土的甲骨卜辞已经有十几万片。据统计，甲骨文中能认识和能断定是汉字的共有 1723 个字，未能认识和断定的单字有 2549 个字，另有合文 371 个字，总共计有单字 4000 多个。从文字结构来看，甲骨文已经使用了象形、会意、形

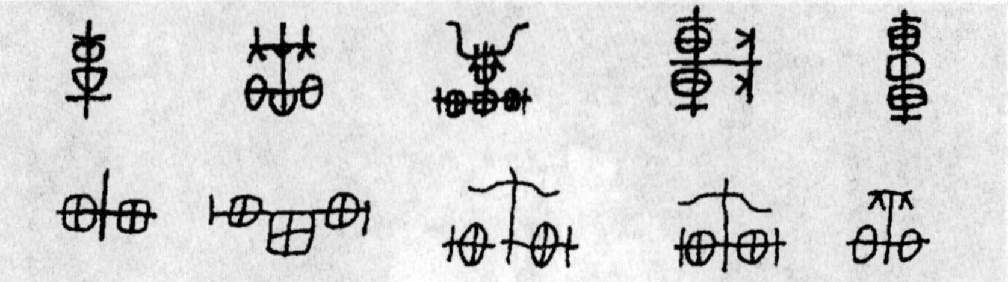

金文中的“车”字。
甲骨文中的“车”字。

声、假借四种造字法。甲骨文基本上是一种象形字，但是已经不是图画，而是把事物形象简化以后作为一种语言符号了。在四种造字法中，以形声造字法最进步，它克服了象形、会意造字法的局限性，可以用声符来注音，能造出许多新字。我们今天使用的汉字绝大多数是形声字，说明甲骨文已经是一种比较进步的文字了。

文字的出现，对科学从技术中开始分化出来，有决定的作用。有了文字，技术才脱离了口传身授的阶段，能够被记录下来。记录、积累、整理、总结、系统化，不但使生产技术免于失传中断，而且使后人根据记载，得以窥见当时技术发展的情况，来探索它所包含的原理。可以说人类从这时起才得以把对自然界的感性认识积累下来，为向理性认识的发展准备了条件，于是出现了经验科学或描述科学。

这就是科学从技术中分化出来的开始。虽然科学从技术中分化出来的过程要经历好几千年，但是没有开始，分化是无论如何也实现不了的。

这里，我们可以更好地理解社会发展的历史辩证法。今天，我们要为建设社会主义和共产主义而斗争，我们要消灭阶级对立，消灭脑力劳动和体力劳动的对立。而从原始社会进入奴隶社会，却是从无阶级社会进入阶级对立的社会，并且开始产生脑力劳动和体力劳动的对立，在当时的条件下，这些却是社会发展和进步的表现。正如恩格斯在《反杜林论》里所论证的：“当人的劳动生产率还非常低，除了必需的生活资料只能提供微少的剩余的时候，生产力的提高、交换的扩大、国家和法律的发展、艺术和科学的创立，都只有通过更大的分工才有可能，这种分工的基础是，从事单纯体力劳动的群众同管理劳动、经营商业和掌管国事以及后来从事艺术和科学的少数特权分子之间的大分工。这种分工的最简单的完全自发的形式，正是奴隶制。”“只有奴隶制才使农业和工业之间的更大规模的分工成为可能，从而为古代文化的繁荣……创造了条件。”“我们永远不应该忘记，我们的全部经济、政治和智慧的发展，是以奴隶制既为人所公认，同样又为人所必需这种状况为前提的。在这个意义上，我们有理由说：没有古代的奴隶制，就没有现代的社会主义。”①

肆 《夏小正》、甲骨卜辞、《诗经》等资料里反映的科学知识

商代、西周的数学知识

由于这一时期商品交换的扩大，防治洪水和开挖沟洫、建筑城市和宫殿、测量地亩、编制适合农时的历法等都需要数学知识和计算技能，因而数学知识获得比较大的发展。

商代的陶文和甲骨文里有很多记数文字。甲骨文里的数字是用横划记的，陶文却是用竖划记的。商代同后代一样，用一、二、三、四、五、六、七、八、九、十、百、千、万13个单字记10万以内的任何自然数，只不过记数文字的形体和后来的不一样罢了。列举甲骨文里的13个记数单字如下：

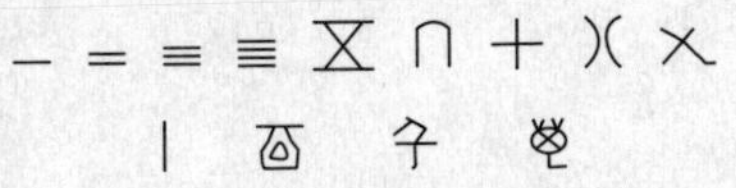

十、百、千、万的倍数在甲骨文里是用合文写的，例如：

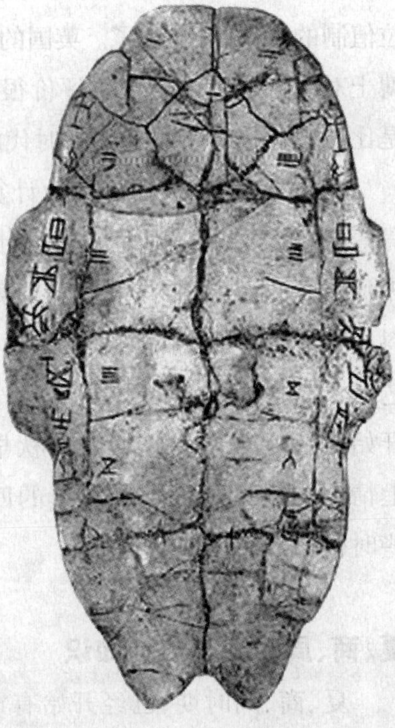

甲骨文中的数字。

①《反杜林论》，人民出版社1970年版，第178–179页。又见《马克思恩格斯全集·第二十卷》，人民出版社1971年版，第196–197页。

 表示二十； 表示四十；

 表示五十； 表示六十；

 表示八十； 表示二百；

 表示三百； 表示四百；

 表示五百； 表示九百；

 表示二千； 表示三千；

 表示五千； 表示八千；

等等。

甲骨文里已经发现的最大数字是，这是三万。复位数已经记到四位，如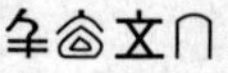，表示 2656。商人记数有时在百位数、十位数和单位数之间添一个“”字或“”字。

周代的记数法和商代相同，只是有的字形和甲骨文不同，如四除写作外，也写作或，十写作。

从上面所举复位数记数法来看，是遵循十进制的。这种记数法含有位值制的意义，简洁明了。英国的中国科技史专家李约瑟（1900–1995）博士对我国商代的记数法评价很高，说：“总的说来，商代的数字系统是比古巴比伦和古埃及同一时代的字体更为先进、更为科学的。”①

我国古代用小竹棍作为计算工具，叫做算筹，以后也有用木、骨等制作算筹的。用算筹进行计算，叫做筹算。筹算的发明对我国古代数学的发展影响很大。筹算的起源时间，现在还缺乏确实资料可以肯定。西周时期，数学是当时“士”阶层受教育的必修的“六艺”（礼、乐、射、御、书、数）之一。“九九”乘法口诀（从九九八十一开始到一一如一为止）在春秋早期就已经成为普通常识。根据以上情况看，算筹计数和简单的四则运算，很可能在西周或更早一些时候就已经发明了。

夏、商、周的天文历法知识

夏、商、周时期，已经开始有司掌天文的人员，他们往往是由巫、

①见《中国科学技术史》中译本第 3 卷，科学出版社 1978 年版，第 29 页。

祝、史、卜等主管宗教或记述历史的人员兼任的。他们进行系统的天象观测，并且把过去分散零星的天文历法知识加以整理，使天文历法得到比较大的发展，形成了我国初期的天文学。

我国现存最早一部记述天象和物候的著作是《夏小正》。这部书成书的年代虽然有不同说法，但是从它的内容和文字来看，可能反映了夏代的有关知识。书里记有一年里某些特定的时日在早晨或黄昏北斗斗柄的指向和若干恒星的见、伏或中天①，而且把这些天象同相应的物候糅合在一起，构成了天文历和物候历的结合体。

夏代后期几个帝王名叫孔甲、胤甲、履癸，说明夏代已经用甲、乙、丙、丁、戊、己、庚、辛、壬、癸十个天干周而复始地来记日的方法。十天是一旬这个概念，也是夏代产生的，直到今天仍在使用。

商代已经进一步使用干支记日，把甲、乙、丙，丁，……十个天干和子、丑、寅、卯、辰、巳、午、未、申、酉、戌、亥12个地支相配合，组成甲子、乙丑、丙寅、丁卯、……60干支用来记日，60日一个循环，叫60花甲子或60甲子。商代后期帝王武乙时候（大约公元前12世纪）的一块牛胛骨上就刻着完整的60甲子，两个月合计60天，很可能是当时的日历。另外有一组甲骨卜辞，算出来两个月共有59天，那么这两个月应该分别是30天和29天，就是说商代已经有了大月小月的分别。除大小月相间外，还有连续两个月都是大月的。甲骨卜辞里有一年12个月的月名，还多次出现“十三月”的记载。说明这时已经根据月相盈亏变化（就是月圆月缺）的周而复始来确定月份，用大小月和连续两个大月来调整朔（新月，就是初一日）望（满月，就是十五日），还用置闰来调整朔望月和回归年的长度。回归年就是根据太阳绕黄道一周的时间来确定的。所谓黄道就是地球上的人看太阳在恒星之间所走的视路径。回归年也叫太阳年，大约365天多。这正是阴阳合历的最大特点，它既重视月相盈亏变化，又照顾因太阳位置变化而产生的寒暑季节。这种阴阳合历在我国一直沿用了好几千年。

据研究，至迟到商末周初，人们已经采用观测四颗恒星在黄昏时

①“见”指从东方出现，“伏”指在西方隐没，“中天”指在正南方。

商代甲骨卜辞中的天象记录“癸酉贞日夕又食”拓本和“旬壬申月有食”拓本

候中天的日期来确定春夏秋冬四季的方法。这是在观象授时方面取得的重要成果。我国古籍《尚书·尧典》里有关于“四仲中星”的记载：黄昏时候见到鸟星（就是星宿一，或长蛇座 α 星）中天，就是仲春，这时昼夜长短相等；见到大火（就是心宿二，或天蝎座 α 星）中天，就是仲夏，这时白昼时间最长；见到虚星（就是虚宿一，或宝瓶座 β 星）中天，就是仲秋，这时昼夜长短又相等；见到昴（mǎo）星（就是昴宿，在金牛座里，有比较亮的星七颗，俗称“七姊妹星”）中天，就是仲冬，这时白昼时间最短。①所谓仲春、仲夏、仲秋、仲冬，就是后来叫春分、夏至、秋分、冬至四个节气。这是符合商末周初时候的实际天象的。看来这时观象授时的历法已经达到比较高的水平，能够比较好地为农业生产服务了。

甲骨卜辞里还有许多天象记录，远比世界其他地区的早。如有五次日食的记录，不少月食的记录，还有一些新星的记载，所谓新星就是一颗恒星因爆发而光度突然增加几万、几十万甚至几百万倍的现象。

①《尚书·尧典》原文是：“日中星鸟，以殷仲春，日永星火，以正仲夏；宵中星虚，以殷仲秋，日短星昴，以正仲冬。”“日中”“宵中”指昼夜平分，“日永”指白昼最长，“日短”指白昼最短。

周代的历法在商代基础上有所发展。一是发明了用圭表[①]测影的方法来确定冬至，因为冬至是一年里正午日影最长的日子。还有一个大的进步就是能定朔日，明确日食发生在朔日。《诗经·小雅·十月之交》[②]有这样的诗句："十月之交，朔日辛卯，日有食之，亦孔之丑。"这是我国文献里"朔日"两字的最早出现，也是我国有明确日期（周幽王六年〔公元前776年〕十月初一日辛卯）的最早一次日食记载。

"周公测景台"
西周时周公（姬旦）利用土堆、木杆进行测影，以土圭之法测日影，求地中，验四时季节变化。

夏、商、周的生物、物候、气象、地学知识

夏、商、周时期，已经积累了不少关于生物、物候、气象、地学方面的知识。

在生物知识方面，甲骨卜辞里已经有许多动物和植物的名称，而且从字形考察，或从隹形（鸟类），或从犬形，或从豕形，或从鹿形（犬、豕、鹿等字形都有"四足"这一外部形态的共同特征，表示兽类），或从虫形，或从鱼形，或从木形，或从禾形（禾谷类草本植物），反映出商代已经具有依据动植物的外部形态特征来进行分类的知识。周代《诗经》里所提及的动植物就各有100多种。

物候知识是人们对自然界的动植物和环境条件的周期变化之间所存在的关系的认识。我国现存最早文献之一的《夏小正》就记载着许多物候知识。远在3000多年前，我国的物候观察内容已经很丰富。动物方面的鸟兽虫鱼，植物方面的树木花草，都有观察记录。这部书

①圭表也叫土圭，古代用来测量日影长度，包括圭和表两部分：表是直立的标杆，圭是平卧的尺。

②《诗经》是我国最早的诗歌总集，春秋时期编成，分风、雅、颂三大类：风有15国风；雅又分大雅、小雅；颂有周颂、鲁颂、商颂。这些诗歌大概是周初到春秋中期的作品。

按月记载。如在正月里记载说：冬眠的虫苏醒了；大雁飞向北方；野鸡鸣叫求偶；水底的鱼向水面薄冰上浮；园子里的韭菜又长出来了；田鼠开始出穴活动；水獭捕食鱼类，把吃剩的鱼弃置水边；鹰变成鸠[1]；柳树抽出花序；梅、杏、山桃都开花了；缟草抽出褐色的穗；鸡开始产卵。[2]《夏小正》采用的是夏历，和我国现在的农历月份相当，正月相当于阳历二月。书里说梅、杏、山桃在正月开花，又提到淮河：（十月："玄雉入于淮为蜃"）、大海（"雀入于海为蛤"）[3]和扬子鳄（二月："剥鱓"，鱓（tuó）就是现在长江中下游一带的扬子鳄）等，说明当时观察的物候主要是淮河、长江流域沿海一带的情况。

《夏小正》里还有气象记载。如三月："越有小旱"；四月："越有大旱"；七月："时有霖雨"。关于风雨、晴阴、霾雪、虹霞的甲骨卜辞，比比皆是，甚至保留有连续十天的气象记录。这可以说是世界上最早的气象记录之一。周代人们对于风和云同雨雪的关系已经有比较正确的认识，认为：天上的红云密布，就要下雪了[4]；东风容易带来雨水[5]；早晨太阳东升的时候，西方看见有虹，不久就要下雨[6]等。人们把这些观察的经验知识编成了诗歌，后世的气象谚语大概就是从这个发端的。

商周时期，由于商品交换扩大，人们来往比较多，地理知识比以前大大丰富了。甲骨卜辞里记载的地名就大约有500以上，并且屡屡出现"东土"、"东鄙"、"西土"、"西鄙"、"北土"、"南土"、"南邦方"等的记载。商代帝王武丁的时候（大约公元前十三四世纪），卜辞所记征服的方国，有土方、邛（qióng）方、鬼方、羌（qiāng）方，尸方等29个。有的卜辞还记载了入侵的方向。可见商王朝对直接统治的地区和周围其他民族活动地区的地理方位已经有明确的概念和了解，如果要绘成简单的地图，应该是没有问题的。《尚书·洛诰》和《诗经·周颂·般》里都明确提到了地图，根据记载推测，3000年前的周初所绘的地图内容，已经有山川、城邑的位置，能够表示出地物的大致方位了。

①苍鹰等某些鹰科鸟类在北方繁殖，迁长江以南地区越冬，春季飞向北方。鸠，我国古代不仅指现在所谓鸠鸽科鸟类，还指非鸠鸽科鸟类如布谷，布谷春季来我国，越夏繁殖后，秋冬飞向南方。在长江流域一带，春季鹰去鸠来，古人误认为鹰变成鸠。

②《夏小正》正月物候原文："启蛰；雁北乡；雉震呴；鱼陟负冰；囿有见韭；田鼠出；獭祭鱼；鹰则为鸠；柳稊；梅杏杝桃则华；缇缟；鸡桴粥。"

③雉变蜃、雀变蛤反映古代认为不同种生物会互相变化的观点，是不正确观察的产物。

④《诗经·小雅·信南山》原文是："上天同云，雨雪雰雰。""同云"就是"彤云"，"彤"是红色的意思。

⑤《诗经·邶风·谷风》原文是："习习谷风，维风及雨。"

⑥《诗经·鄘风·蝃蝀》原文是："朝隮于西，崇朝其雨。"蝃蝀（dìdōng）是虹的别称。"隮"（jī）也指的是虹。"崇朝"的意思是"终朝"。

这一时期，人们对于地形变迁也有一定的认识，还留下一些地震记录。比较生动的一次地震描述见于《诗经·小雅·十月之交》："烨烨震电，不宁不令，百川沸腾，山冢崒崩，高岸为谷，深谷为陵。"查《史记·周本纪》[①]上说，周幽王二年（公元前780年）"周三川皆震，……三川竭，岐山崩。"《诗经》描述的可能就是这次地震。

夏、商、周的医药知识

夏商时期的医药知识，可能仍然处在巫和医不分的原始阶段。这时的巫除主持占卜、祭祀仪式和人们幻想中的神灵世界进行某种联系外，仍兼给人治病。

商代中叶，医药有了初步的发展。

甲骨卜辞里关于疾病记载的资料，有近500条之多，涉及头、眼、耳、口、齿、喉、鼻、腹、足、趾等10多个部位的疾病，叫做"疾首"、"疾目"、"疾耳"、"疾口"、"疾齿"、"疾身"、"疾足"等。见于卜辞里的病名，有外感头痛的"风疾"，商王武丁曾经患过"喑疾"（喉病），还知道有传染性的疟疾。关于病因，从卜辞看，总起来说有四个方面：一是天帝、祖先所降，其次是鬼神祟祸，再次是妖邪蛊毒，又次是气候变化的影响。

治疗疾病，除巫术外，也使用药物。相传"伊尹为汤药"，这个说法反映了由食物的烹调而逐渐认识某些动植物经煎熬后的汤液在医疗方面的效用的一个历程，并且说明汤液这种剂型的使用开始很早。

河南藁城台西村14号商墓出土一件装在漆盒里的石镰，据考证这是当时的一种医疗工具，叫做砭镰。砭镰是形似镰刀的一种砭石。开始可能是把生产工具石镰借用来做医疗手术工具，利用锋利的刃口切割肿疡、放血等。以后砭镰由石制发展成为金属制，历代医疗文献里有把它叫"针镰"的。战国时期成书的《黄帝内经》[②]里说，古代有"九针"：镵（chán）针、圆针、鍉（chí）针、锋针、铍（pī）针、圆利针、毫针、

①《史记》，西汉司马迁（约前145或前135-？）撰，是我国第一部纪传体通史。

②《黄帝内经》简称《内经》，是我国现存最早的一部重要医学文献。它汇集了古代人民长期和疾病作斗争的临床经验和理论知识，奠定了我国医学的理论基础。

长针、大针，这说明商周时期可能已经使用金属针了。金属针的出现是针术得到比较大的发展的标志。

周代的医药知识比商代又有进步。首先是医和巫已经分开了。《周礼》①一书里把“巫祝”列在“春官大宗伯”职官中，而“医师”却属“天官冢宰”管辖，官职分类也属于不同系统。

又据《周礼》记载，周代的医分成“食医”（替王室管理饮食卫生，相当于营养医生）、“疾医”（相当于内科医生）、“疡医”（相当于外科和伤科医生）、“兽医”（专门治疗牲畜疾病的医生）。同时还建立了一套医政组织和医疗考核制度，开始重视病历记录和报告。这些在医学史上都具有重要意义。

伍 《夏小正》、甲骨卜辞、《诗经》等资料里反映的农业生产和技术

夏、商的农业生产和技术

夏王朝的中心活动地区主要在黄河中下游的伊、洛、汾、济等河流冲积的黄土地带以及河、济平原上，这里是适合于农业生产的地方。传说禹的大臣仪狄开始造酒，夏王少康（大约公元前20世纪）又发明制造秫酒的方法②。用粮食酿酒，说明农业生产有了比较大的发展。

夏代的畜牧业也有发展。除了有一大批奴隶从事畜牧外，还有不少专门从事畜牧业的氏族部落。马是奴隶主贵族在战争和狩猎时候用来驾车的重要工具，受到奴隶主贵族的特别重视。因此，《夏小正》里关于马的饲养、管理和繁殖都有提到。四月：“攻驹”，就是指的阉马。

园艺和蚕桑在夏代也受到重视。《夏小正》里的“囿有见韭”、“囿有见杏”是目前已知最早的有关园艺的文字记载。养蚕的最早文字记载也见于《夏小正》。三月：“妾子始蚕”，“执养宫事”。“宫”据解释就指蚕室。《夏小正》还提到桑树。三月：“摄桑委扬”。

商部落的畜牧业比较发达，传说商王朝的祖先“相土作乘马”、“胲作服牛”③，又传说喂牛马的槽和养牛马的圈也是商的祖先发明的④。

①《周礼》经考证是战国时期的作品，是搜集周代官制和战国时期各国制度排比而成的汇编。

②据《世本》：“仪狄始作酒醪，变五味；少康作秫酒”。《世本》是战国时期史官所撰，记黄帝到春秋时期诸侯大夫的氏姓、世系、都邑、制作等。原书已经散佚，后人有辑本。

③据《世本·作篇》。相土是商汤十一世祖，“作乘马”意思是制作马车。胲指王胲，是商汤的七世祖，“作服牛”意思是驯服牛驾车。

④据《管子·轻重戊》。《管子》相传是春秋时期齐国管仲（？－前645）所撰，实际上是后人采拾管仲言行加上别的内容汇编而成。原文是：“立皂牢，服牛马，以为利。”“皂”指槽，“牢”指圈。

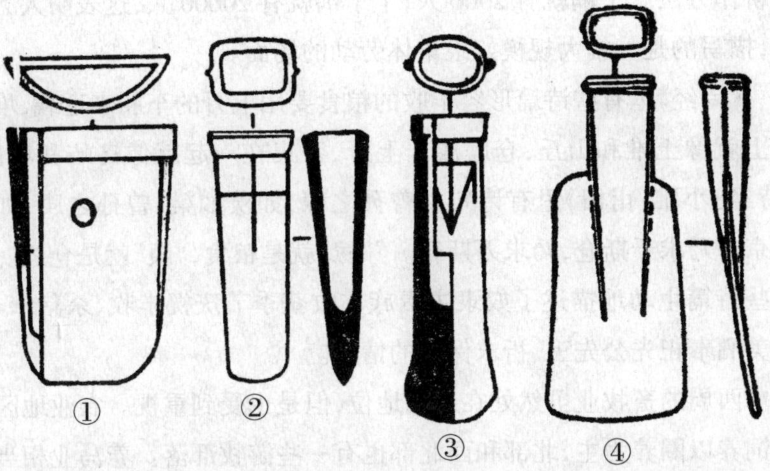

商代的青铜农具：
①锄；②镬；③铧；④铲。

到商代中期以后，农业已经发展成为重要的社会生产部门。商王很重视农业生产，经常卜问和农业生产有关的事项，并且主持农业生产方面的宗教仪式，还亲自督促奴隶劳动，视察农作物的生长情况。殷墟出土的甲骨片中，和农业有关的有四五千片之多，以占卜年成丰歉的最多，占卜畜牧的很少，说明当时农业的重要性已经超过了畜牧业。商代已经发明牛耕，卜辞里已经有"犁"字，象形牛拉犁起土。甲骨文里已经有不少关于农作物的文字，还有关于阉割过的猪的字符。

西周的农业生产规模

周王朝的祖先原来处在西北黄土高原，那里水深土厚，适宜种黍稷，很早就是一个以经营农业为主的部落。周王朝建立以后，农业生产得到进一步发展，成为社会生产的决定性部门，谷物成了大多数人食物的主要来源。《诗经》里有《载芟》、《良耜》、《甫田》、《楚茨》等十多篇专门描述农业生产的诗篇，充分反映了当时农业的状况。

西周时候，耕作规模很大，往往有成千上万人参加。《诗经·周颂》里的《载芟》篇有"千耦其耘"的诗句，《噫嘻》篇有"亦服尔耕，十千维耦"的诗句。所谓耦耕，指两人一组一人前拉一人后推合作使用一耜的耕作方法。千耦就有2000人，十千耦就有20000人，这表明人力之多，描写的是一幅大规模奴隶集体劳动的场面。

《诗经》里有些诗篇形容丰收的粮食要用上万的车厢来运载，堆在地上就像土堆和山丘，仓廪成千上万，密集在一起就像岛屿和城邑。《诗经·小雅·甫田》里有诗句："曾孙之稼，如茨如梁；曾孙之庾，如坻如京。乃求千斯仓，乃求万斯箱。""稼"就是粮食，"庾"就是仓廪。还有些诗篇生动地描述了奴隶主贵族在收获季节庆祝丰收、杀猪宰羊、用美酒奉祀先公先王、祈求保佑的情景。

西周的畜牧业虽然处在从属地位，但是也受到重视。农业地区家畜饲养以圈养为主，北部和西北部也有一些游牧部落。养马业相当发达。《周礼》里关于马的饲养管理有比较多的记载。周王有"考牧"的制度，甚至亲自举行"执驹"典礼。

至于采集渔猎，有关的诗句在《诗经》里还在在可见，但已经不占主要地位。采集主要作为人们日常生活用品的来源；渔业在近水域地区作为奴隶主贵族剥削奴隶劳动的一种手段；狩猎已经成了奴隶主消遣享乐的活动，而山区小民除了作为肉类食物的来源，还因此要负担向上纳贡的义务。

西周的农业耕作制度

西周实行井田制，井田就是方块田。其实商代已经实行井田制，甲骨文的田字就象形方块田。井田制就是把耕地划分成一定面积的方田，周围有大的经界，中间有沟洫，阡陌纵横，像个井字；耕田分配办法，西周每一主要男劳动力授田百亩（合现在31亩多），每隔三年在耕作者之间更换一次分配的田地。

从《诗经》有关农事的诗篇和零星章句里，我们可以看到从"相地"、垦辟耕地起直到收获的整个农事操作过程。

《诗经·大雅·生民》："诞后稷之穑，有相之道。"这里说的就是相地。它的主要内容包括考察田块方向、寒暖向背、河流水泉、土地肥美湿润等方面。在古代生产力比较低下的情况下，外部的自然条件，诸如土地的肥沃程度和是否利于灌溉等，对农业生产有比较大的决定性作用。相地实际上是因地制宜思想的初步反映。

当时熟荒耕作制已经得到进一步发展，已经比较普遍地有计划地进行耕种和撩荒。已经垦辟的农田种了几年以后，地力衰竭不能再种，就撩荒退耕。撩荒第一年，田里让它生长草本植物，如狗尾草等，以后就长出多年生草本植物，以至灌木。撩荒几年以后，准备再耕种，就是所谓“辟草莱”。辟草莱一般要花三年。第一年伐草木；第二年把伐倒的草木用火烧掉，草木灰就成了天然肥料，改良了土壤；第三年平整土地，扒高垫低，然后打垄挖沟，做成井田。

《诗经·小雅·信南山》：“畇畇原隰，曾孙田之。我疆我理，南东其亩。”这几句诗，为我们勾划出经过规划以后的土田面貌：新辟的田平平整整，周围划正经界，中间有纵横的垄亩。周代人们在农田规划里特别注意农田排水的措施。“亩”是高出地面的长条形垄。下雨之后，亩里的水多了，就渗流到亩和亩之间的纵长小沟，叫做“畎”，由畎再流入比较大的沟里，最后通到天然河流，起到排水的作用。周代初期经营农业常在肥沃湿润的地方，地下水位比较高，容易产生盐碱侵害，因此农田排水非常重要。

西周的农业技术

西周的农业技术，在《诗经》里也有所反映。

当时所用的农具主要还是耜，这是掘土和松土的工具，用耜耕作和今天使用铁锹翻地的情形相似。《诗经》里出现次数最多的农具就是耜。从考古出土的遗物看，当时木、石、骨、蚌制的农具还大量存在；不过当时已经有青铜制的农具，如钱、镈（bó）、铚（zhì）。这是三种农具的名字，钱像今天的铁铲，镈是锄田去草的农具，铚是一种收割谷穗的镰刀。《诗经·周颂·臣工》有“庤乃钱镈”的诗句，意思是储备好钱和镈这两种农具；又有“奄观铚艾”的诗句，“艾”通“刈”，“铚艾”就是用铚割

左 铜耜 右 双目纹椭圆銎溜肩铜铲
(商,1989年江西新干出土)。

下谷穗。钱、镈、铚三个字都从金旁,说明这些农具已经是用金属(当时指青铜)制造的了。当时虽然已经有青铜农具,而大量使用的还是木、石、骨、蚌制的落后农具,这是奴隶制社会的一种普遍现象,因为奴隶不会爱惜农具,奴隶主贵族不愿给一般奴隶使用贵重农具,而宁愿利用大量奴隶的劳动简单协作形式来提高农业生产力。

《诗经》里有许多农作物的名称。这些名称,有的是农作物的种名,有的却是品种名。农作物种名有黍、稷、禾、谷、麦、来、牟、粱、稻,菽、麻、纻等。关于品种,周代已有"嘉种"就是良种的概念。《诗经·大雅·生民》:"诞降嘉种,维秬维秠,维穈维芑。"秬(jù)和秠(pī)是黍的两个优良品种;穈(méi)和芑(qǐ)是稷的两个优良品种。《诗经·鲁颂·閟宫》:"黍稷重穋,稙稚菽麦。"这里"重"指后熟,"穋"(lù)指先熟;"稙"(zhí)指先种,"稚"指后种。可见这时已经有早熟品种和晚熟品种、生长期短和生长期长的品种等的分类。这反映出人们已经认识到选用良种和根据品种特性适时播种和收获的重要性了。

《诗经·大雅·生民》有一句诗:"禾役穟穟","禾役"意思是禾的行列,"穟穟"(suì)形容茂盛。它说明周代已经有了条播,而不只是原始的散播。条播是农业生产上的一项先进技术。它反映人们已经知道农作物植株的分布疏密对农作物生长好坏有关系。

播种以后的田间管理,包括间苗、施肥、培土、中耕除草、防治病虫害等工作，在《诗经》里也多少有所反映。值得提出的是周代人们对田间杂草和害虫危害农作物已经有比较深刻的认识。《诗经·周颂·良耜》有"以薅荼蓼"的诗句，荼蓼就指杂草。《诗经·小雅·大田》里有"秉畀炎火"的诗句，说的就是用火来诱杀害虫。《诗经·周颂·良耜》："荼蓼朽止，黍稷茂止。"这两句诗反映当时人们已经知道除下的杂草腐烂以后有肥效，可以使黍稷长得茂盛。

关于周代的园艺，《诗经》里也提到不少蔬菜瓜果的名字，不过还不能确定哪些是人工栽培的种类。

《诗经》里提到蚕桑的诗篇和诗句很多，说明周代蚕桑事业已经相当繁盛。《诗经·豳风·七月》里关于蚕桑的叙述最具体，从采桑养蚕到桑树修剪，甚至丝织、染色，也都写到了。"蚕月条桑，取彼斧斨，以伐远扬，猗彼女桑"，讲的就是桑树整枝的事，女桑是一种矮小的桑树，表明培育桑树的技术水平已经不低了。

陆 从商周时期的遗存看建筑、车辆、纺织等手工业技术

奴隶社会的建筑比原始社会大有进步

远古时候，我们的祖先曾经在树上"构木为巢"[①]，或利用天然的洞穴作为居住的地方。到新石器时代，许多地区已经普遍建筑了住房。在潮湿沼泽地带，从巢居发展成为干栏式房屋，就是把居住面架设在桩柱上。河姆渡遗址的建筑遗迹就显示它属于干栏式，木构件已经有榫卯。在黄土地带和地势高亢的地区，主要建造窑洞式或半地穴式房屋和原始地面建筑。1988 年在宁夏海原县菜园村发现四座距今 4000 多年前的窑洞式房屋（横穴）。半坡遗址的房屋是半地穴式的，有中柱和椽构成屋顶，内外都涂草筋泥。这种木骨涂泥的构筑方式，后来发展成为我国以土木混合结构为主的古代建筑传统。

到了奴隶社会，建筑比原始社会大有进步。

据《竹书纪年》[②]："夏桀作琼宫瑶台，殚百姓之私。"夏桀是夏王朝

①见《韩非子·五蠹》

②《竹书纪年》是晋代在汲郡（在今河南）的战国时期魏墓里出土的，是我国古代一部纪年体史书。原书已遗失，后人有辑本，书名《汲冢纪年存真》。另有《今本竹书纪年》，是后人编辑的伪书。

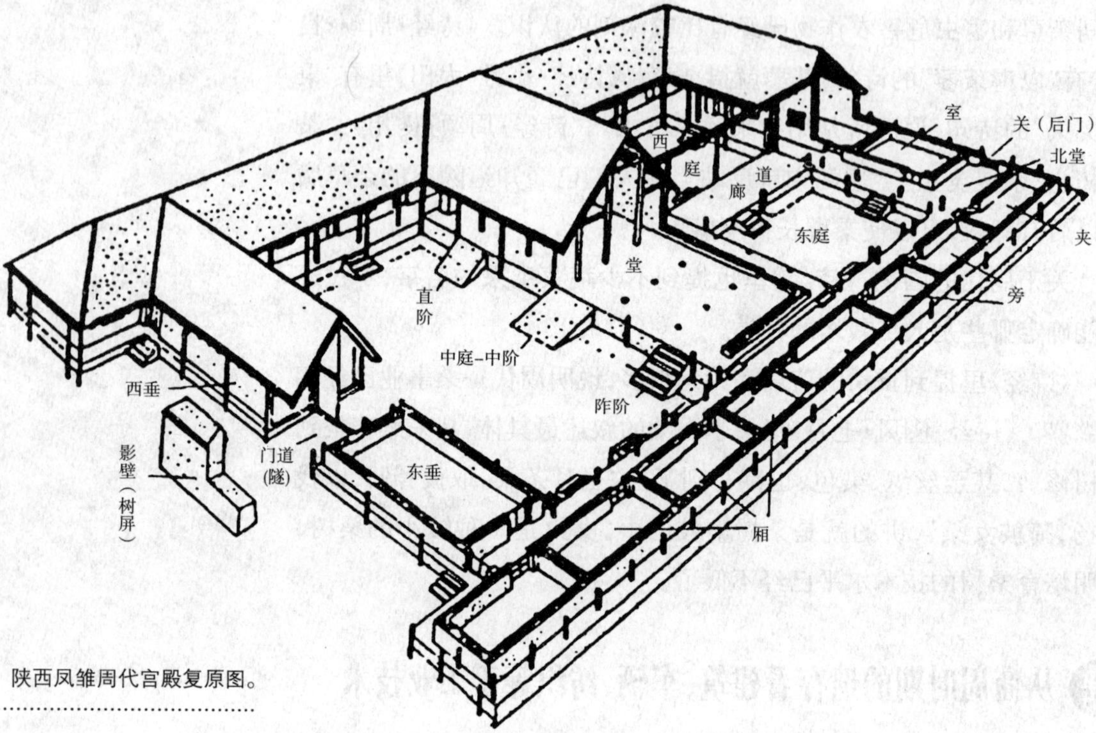

陕西凤雏周代宫殿复原图。

末代国王。这一记载反映了夏代在广大奴隶创造的物质财富基础上，已经兴建了相当规模的宫室。

在商代早、中期的建筑，从二里头遗址发现一组规模宏大、结构复杂的夯土台基看，这座廊庑形式的建筑群是由堂、庑、门、庭等单体建筑组成的，布局谨严，主次有别，基本上具备了宫殿建筑的特点和规模，开创了我国的宫殿建筑的先河。湖北黄陂盘龙城也发现有类似的宫室建筑基址。

河南安阳殷墟是商代中期以后的都城遗址。这一都城是当时最大的经济、政治、军事和文化中心。这里曾经发现过几十座宫殿遗址，根据基址的分析判定，建筑群的规划布局采用东西南北屋两两相对、中间是广庭的四合院形式。还发现一块涂有白灰面的彩绘墙皮。

河北藁城台西村商代晚期住宅遗存里发现用夯土和土坯混筑的

墙。土坯是以后烧砖出现的前奏。不过土坯的出现实际上比这还早[①]。

周代的建筑，已经发现的有陕西岐山凤雏村西周早期的宫殿（或宗庙）和扶风召陈村西周晚期的大型建筑群遗址。从建筑技术上看，和商代大致相同。《尚书·顾命》里有一段记载周康王（周武王的孙子）即位仪式的文字，提到当时宫殿建筑有“五宫三门”、“堂”、“室”、“东房”、“西房”、“庭”、“东序”、“西序”、“东垂”、“西垂”等繁多的名称。

商周时期各种手工业的进步不断给建筑业提供新的技术武装。青铜工具斧、凿、锥、锯等的使用，青铜建筑构件和各种雕刻品，丝织品用作建筑装饰，陶制水道管和屋瓦的发明应用，都从此相继流行。屋瓦的使用是从西周开始的。到西周晚期，召陈村遗址发现的瓦的种类、大小、形制、纹饰等已经各不相同，有板瓦、筒瓦等。西安客省庄遗址还发现有专门用在屋脊上的人字形瓦。瓦上都有瓦钉和瓦环，用来固定瓦的位置。瓦的使用，解决了屋顶防水的问题，延长了房屋使用的年限。

奴隶社会的城堡建筑

除了住宅宫室，奴隶制国家为了加强防御，还建筑大小城堡。

城堡的建筑早在原始社会末期已经开始，各氏族部落为了抵御别的部落入侵，也建筑了城堡。古史传说禹的父亲鲧开始筑城，实际上比这更早。不久前，河南睢阳平粮台发现一座属于龙山文化时期的古城堡遗址，可能就是传说的“太昊之墟”[②]。这座古城平面呈正方形，面积50000多平方米。城墙顶部宽大约10米，残高3米多。城墙的建造方法比较原始，是采用小版筑堆筑法建成的。小版筑堆筑法就是用小木板堵住两侧壁和一个横头，在这一段里堆上土，然后逐段上筑。在南城墙中段发现了南城门，门道两侧有土坯垒砌的门卫房。可知当时已经有了土坯，土坯的使用是建筑技术上的一个进步。南城门的路面埋有陶质的排水管道，烧制相当先进，两端有榫口可以套接。

近年，在河南登封王城岗和山西夏县东下冯村发现了时间相当于夏代的城堡遗址。墙体是用夯土修筑的，和以后商代的夯筑技术相

①参看下节关于“太昊之墟”遗址的叙述。1987年报载，上海市郊青浦县福泉山遗址发掘出距今4000多年前的良渚文化时期的三组红烧土块建筑物，类似低温砖块，关于这一发现，有待进一步研究。

②太昊，也作太皞、太皓，传说里古代东夷族首领，风姓，居陈。《左传·昭公十七年》：“陈，太皞之虚也。”“虚”通“墟”，陈在今河南睢阳县。

比，比较原始。

商代城堡遗址，已经发现的有河南郑州和湖北黄陂盘龙城两处，这些城堡的墙体都是夯土分段版筑而成的。

周代的洛阳王城，墙体采用方块夯筑的方法筑成，这种用木板隔成方块并且交错叠压的夯打方法，类似后来的砖墙把砖交错叠砌，增强了城墙的坚固性，这方法后世一直沿用。

从郑州商城遗址来看，城里已经有一定的区划布局：北中部高地上有大面积的夯土台基，是宫殿和宗庙的遗址；城的四周分布有各种手工业作坊和半穴居式住宅的遗址，还有墓葬区。

夏、商、周的车辆制造

我国幅员辽阔，陆上交通工具主要是车辆。我们的先民对轮子功能的认识和利用，可能是在原始社会晚期。最原始的车轮是没有轮辐的一块圆木。

相传车是夏代的奚仲创造的，奚仲曾经做过夏王朝的“车正”，就是掌管车的官。

商周时期，奴隶主贵族用来作战、狩猎和交通工具的车的形制已经比较精巧。安阳殷墟孝民屯发现了商代后期的车马坑和车马器，周代的车马坑也已经发现了好几处。

商代的车，主要由车架、车舆、轮、轭几部分构成。车架是车的主干部分，包括辕、衡（辕头上横木）和轴，全用木制。舆就是车厢，是载重部分，呈半圆形或簸箕形。轮和轭是车的传动和着力部分。每车有两轮，每轮一般有辐条18–26根不等。轭都包有铜饰，有一首两脚，首系在衡上，两脚架在马颈上。

周代的车，结构大体承袭商代的，但是稍有改进。如轴头部分除安上铜軎外，又增制了铜辖和其他轴饰；衡端增设了铜矛；木轭的上端按了铜銮等。稍后，又有輨、軕、軝的联用，能更好地保护车毂[①]。

有的专家根据车马坑出土实物，结合文献进行研究，认为我国商

①軎（wèi）是套在车轴末端的青铜制的圆筒状物，上有穿孔，以便插入辖。辖是青铜制的扁平长方形的插销，上有辖首。铜銮就是铜铃。车毂（gǔ）就是车轮中心的圆木，周围和车辐的一端相接，中间有圆孔，用来插轴。輨（guǎn）是车毂孔外四周用金属包裹的圆管状部分，軕（chūn）是缠束车毂的装置，軝（qí）是车毂两端有皮革装饰的部分。

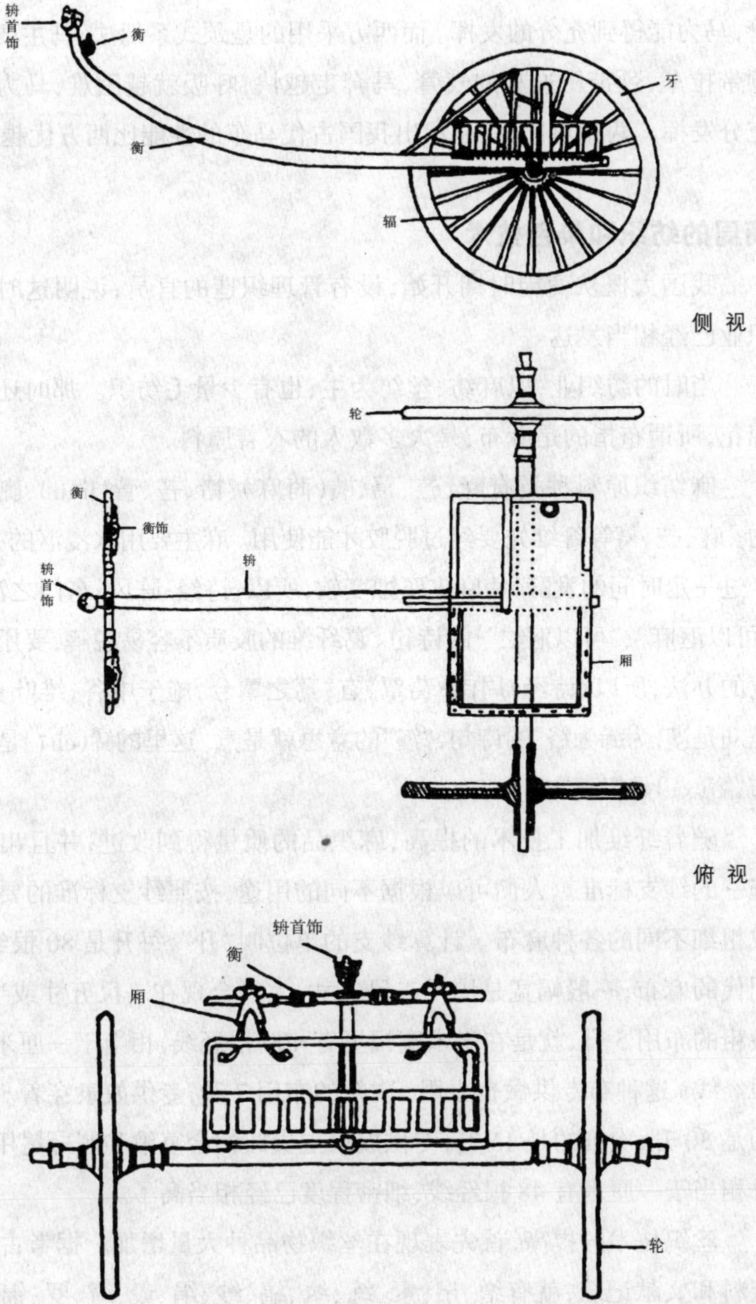

周代车辆结构图。

周时期采用的是胸式系驾法的高轮马车，这种系驾法不压迫马的气管，马力能得到充分的发挥。而西方采用的是颈式系驾法，马主要通过颈带拉车，颈带压迫马的气管，马奔走越快，呼吸就越困难，马力没法充分发挥。两相对比，就显示出我国古代马车的性能比西方优越。

商周的纺织和染色技术

我国大概从商周时期开始，设有管理织造的官员，说明这时候纺织业已经相当发达。

当时的纺织业，以麻纺、丝纺为主，也有少量毛纺织。那时还没有棉花，所谓布指的是麻布，是大多数人的衣着原料。

麻纺织原料种类有麻、苎、葛、蔄（茼麻）、楮、芒、菅（jiān）、蒯等植物。麻、苎、葛等纤维先要经过脱胶才能使用。麻主要用水浸沤的办法，经过一定时间的发酵，使麻皮腐蚀变软，所以《诗经·陈风·东门之池》有"可以沤麻"、"可以沤纻"[①]的诗句。葛纤维的胶质不容易脱解，要用沸水煮的办法，所以《诗经·周南·葛覃》有"葛之覃兮，施于中谷，维叶莫莫，是刈是濩，为絺为绤"的诗句，"濩"的意思就是煮。这里的絺（chī）是细葛布，绤（xì）是粗葛布。

随着纤维加工技术的提高，麻织品的质量得到改进，并且出现了统一的纱支标准。人们可以根据不同的用途，按照纱支标准的要求织成粗细不同的各种麻布。计算纱支的单位叫"升"，每升是 80 根经线。周代的麻布，一般幅宽是周尺二尺二寸，大约合现在一尺五寸或半米。最粗的布用 5 升，就是在半米宽幅里有 400 根经线，相当于一厘米有 8 根经线。这种布专供做丧服用。次粗的布用 7 升，专供奴隶穿着。最细的是 30 升，次细的是 15 升，专供奴隶主贵族朝会宴飨和制冠冕用。30 升相当于一厘米有 48 根经线，细密程度已经相当高了。

丝织技术的提高，首先表现在丝织物品种大量增加。据考古出土资料和文献记载，就有缯、帛、素、练、纨、缟、纱、绢、縠、绮、罗、锦、绡、绉等。其次，丝织物织造技术逐渐复杂，既有生织、熟织、素织、色织、

①"纻"有两义：一作苎麻讲；一作苎麻织成的粗布讲。这里是前一义。

多彩织，又有平纹、斜纹、变化斜纹、重经组织、重纬组织、提花组织等不同的织物组织①。最重要的是提花技术的出现。根据对有关织物的分析，这时已经有具备多综片的提花机，所以才能够织出这样复杂和华美的提花织物。提花技术是中国古代在织造技术上一项非常重要的发明，它不但给我国古代的纺织技术增光添彩，对于世界纺织技术的发展也有很大影响。西方的提花技术是在汉代以后由我国传去的。

随着纺织业的发展，染色技术也得到发展。商周时期，人们已经掌握利用多种矿物颜料给服装着色和利用植物染料染色的技术，能够着出或染出黄、红、紫、蓝、绿、黑等色。矿物颜料有赭石、朱砂、石黄、曾青、石青等。植物染料在周代以前已经使用，靛蓝是用得最早的一种。《夏小正》记载，五月："启灌蓼蓝"，说明夏代已经开始种植蓝草。茜草是商周时期染红色的主要染料，《诗经·郑风·东门之墠》有"茹藘在阪"的诗句，《诗经·郑风·出其东门》有《缟衣茹藘》的诗句，茹藘就是茜草。染紫色主要用紫草。染黄色用荩草、地黄、黄栌等。荩草也可以染绿色。染黑色主要用皂斗，就是橡碗，《诗经·唐风·鸨羽》有"集于苞栩"的诗句，《诗经·秦风·晨风》有"山有苞栎"的诗句，栩就是麻栎，麻栎的壳斗就是橡碗。这些植物染料，多需要配用不同金属盐如明矾、蓝矾、绿矾等；照现在的说法这些金属盐叫媒染剂，这种染料叫媒染染料，同一媒染染料用不同媒染剂可以染出不同色彩，如荩草就是用不同的媒染剂可以染出黄色和绿色。媒染染料和媒染剂的使用，在染色技术上是个重大的突破，我国早在商周时期就开始发现，一直沿用到现代。

夏、商、周的酿酒技术

我们在上一章讲原始社会化学知识萌芽的时候，提到龙山文化时期已经会酿酒，不过那时可能是利用浆果等自然发酵酿成的。

我国用谷物酿酒，当是在农业生产发展到粮食有富裕以后，最早可能在原始公社瓦解时期。前面提到过，传说禹的大臣仪狄开始造

①织物组织就是织物经纬纱线相互交织的规律。

酒，夏代国王少康发明制造秫酒的方法。到商周时期，农业生产更加发达，谷物酿酒就更加普遍了。

从商代遗址出土了大量酒器，可见当时饮酒的风气盛行。传说商末代国王纣"以酒为池，悬肉为林"，"为长夜之饮"[①]。

《尚书·说命》叙述商王武丁向臣下说的话："若作酒醴，尔惟曲糵。"醴是甜酒，相当于现在所谓"酒酿"。曲糵是酒药或酒母，说明那时已用曲糵酿酒。曲本来指经过处理生长有某些有益微生物的谷物，糵本来指发芽的谷物。不过后来我国酿酒一般不用发芽的谷物，而只用曲。现在也常用"曲糵"这个名词泛指酒母或酒曲。

只用曲来酿酒是我国特有的酿酒方法。用谷物酿酒，谷物里有淀粉质需要经过糖化和发酵两个步骤：糖化是靠糖化剂把淀粉转化成葡萄糖；发酵是靠酵母菌把葡萄糖分解成酒精。曲里同时含有糖化剂和酵母菌，能使酿酒的糖化和发酵两个过程连续而又交叉地进行。这种方法现在叫做复式发酵法，酿出来的酒别有风味。古代西方都用麦芽酿酒，到今天，西方的主要粮食酒仍然先用麦芽糖化，再加酵母发酵制成。

《礼记·月令》[②]里有一段文字，提到酿酒应该注意的六点："秫稻必齐，曲糵必时，湛炽必洁，水泉必香，陶器必良，火齐必得。"意思是用的谷物必须备齐，曲糵生产必须及时，浸谷蒸饭必须清洁，用水必须清澈无味，用的陶器必须精良，温度控制必须得当。这是重要的经验之谈，因为制酒用的微生物都很敏感，处理过程里如有杂菌产生，或者温度不当，就酿不成好酒。

商周制陶技术的进步和原始瓷器的出现

商代的制陶业有比较大的发展。制陶作坊除生产一般的灰陶、红陶和黑陶外，还生产少量供奴隶主贵族使用的白陶和釉陶。

从商代晚期遗址里出土了一种刻纹白陶器，用高岭土作坯胎，烧成温度在1000℃以上，陶质比较坚硬，色泽洁白，表面素净细腻，模仿

①见《史记·殷本纪》

②《礼记》是秦汉以前各种礼仪论著的选集，相传是西汉戴圣编纂，流传的是东汉郑玄（127－200）注本。

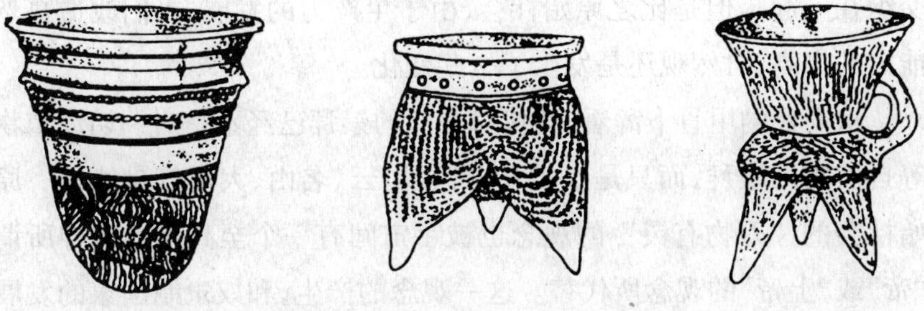

商代陶器(大口尊、鬲、鬶)。

青铜器的形制和纹饰。白陶器是和青铜器同样贵重的器物,代表了当时制陶工艺的最高水平。

青铜铸造对陶器制作技术的发展有一定的推动作用。因为铸造用的陶范是用砂土和粘土制成的，要求比较大的强度和比较高的透气性、耐热性,于是人们就在制范的原料和烧成温度上设法改进。

就在这样的基础上,制陶技术上创造成功了高温窑,并且运用了还原焰,结合白陶制造上利用高岭土,加上发明了在器表上施用青釉的方法,终于出现了“青釉器”。近二三十年来,在甘肃、陕西、河南、江西、江苏、安徽等黄河中游和长江下游广大地区的商代和西周遗址里,发现了完整的青釉器和残片。

青釉器胎质比陶器细腻坚硬,烧成温度在1100℃-1200℃,基本烧结,已经基本上具备了作为瓷器的条件,所以可以认为是瓷器而不是陶器。这是在陶瓷制造工艺上一次质的飞跃和突破。不过它和真正瓷器还有些差距,制胎原料不够精细,胎色不够白,烧结程度也不一致,有的还比较低,胎和釉结合比较差。所以人们一般把它叫原始瓷器。以后我国驰名世界的瓷器,就在这里起步。

柒 天命观和阴阳五行说

由“万物有灵”的观念转变到天命观

人类社会发展到奴隶社会,科学知识和宗教迷信仍然比较密切地交织在一起。但是比之原始社会，由于生产力的发展，人们改造自然能力的提高，自然观还是发生了一些变化。

从商代的甲骨卜辞看，商代对自然的崇拜已经不是对一切动植物等自然物的崇拜，而只是祭祀日、月、风、云、名山、大川等自然神。原始社会的“万物有灵”的观念也被宇宙间有一个至高无上的神所谓“帝”或“上帝”的观念所代替。这一观念的产生，和奴隶制国家的发展有关。奴隶制国家的国王自认为至高无上，要统治万民，因而在神的世界里也就有了主宰万物万事的至高无上的帝。奴隶主声称：生产的丰歉、人事的休咎、一切吉凶祸福都由帝支配；自然界的风、云、雷、电、山、川、水、火等现象也受帝主宰。因此，事无大小，不论是生产、战争，还是外出巡狩，以至疾病、建筑等事，都要占卜祈求帝指示吉凶。作为沟通神和人的中间人的，就是巫，他们以占卜作为手段，形成了一整套宗教神学思想体系。

这一整套宗教神学思想体系，就叫“天命观”。它已经和原始的宗教观念不同，它是阶级社会的产物，是奴隶主贵族用来进行统治和欺骗人民群众的工具。

周代沿袭商代的天命观，但是周代奴隶主贵族和商代统治者也有所不同。由于在周王朝取代商王朝的过程中商的士卒（实际上是奴隶和战俘）的临阵倒戈起了决定性的作用，周代统治者对人民的力量有所认识，提出了“天命靡常”[①]、“民之所欲，王必从之”[②]等观点。这一思想透露出了他们对天命神圣性的一些怀疑。这不是说他们放弃天命观，只是作出一些修正，汲取商代灭亡的教训，强调国王要行德政，就能求得上天保佑，保持王位长久，[③]实际上是讲究统治的方法罢了。

天命观束缚了科学技术的发展。如科学的天文学要摆脱以天命观作为基础的占星术的干扰，科学的医学要从巫术里解放出来，都需要经历长期的复杂的斗争。

天命观是奴隶社会自然观的消极方面，它是为统治阶级服务的宗教神学思想体系的一个重要组成部分。

①据《诗经·大雅·文王》。

②据《左传·襄公三十一年》引《尚书·泰誓》。《泰誓》据说是周武王伐纣时候的誓言。

③《尚书·周召·周诰》：“惟王其疾敬德，王其德之用，祈天永命。”

早期的阴阳学说是朴素的唯物辩证的自然观的反映

在奴隶社会，因生产力和社会分工的发展使人们对自然界的理性认识的能力提高，同时社会上的阶级斗争，主要是奴隶反抗奴隶主的斗争，给天命观一定的打击，这就给自然观方面突破宗教神学思想体系的羁绊以有力的推动，具有原始朴素的辩证法思想和唯物主义观点的有关自然观的某些理论就在商周之际开始酝酿了。

这种朴素的辩证唯物主义自然观的一个组成部分就是早期的阴阳学说，它的基本内容从稍后成书的《周易》可以见到。

据近代学者研究，《周易》大概是战国或秦汉之际的著作，不是一时一人所写，但是它的思想的萌芽期大概在商周之际，书里引用的事例有商周之际发生的重大政治事件和战争等，所以可以认为它反映周代的观点。

现存《周易》由两大部分组成，一部分是六十四卦的卦辞和三百八十四爻（yáo）的爻辞，叫做《易经》；另一部分是解释卦辞和爻辞的注释，统称《易传》，包括《彖上》、《彖下》、《象上》、《象下》、《系辞上》、《系辞下》、《文言》、《序卦》、《说卦》、《杂卦》十篇，所以也叫《十翼》。

《周易》里用一套符号象征自然现象和人事变化。这套符号用"—"和"--"作为基础，统称爻："—"叫阳爻，"--"叫阴爻。由三个爻或六个爻组成的一组符号叫卦。三个爻可以组成八个卦，叫"经卦"，通称八卦：☰叫乾卦，☷叫坤卦，☳叫震卦，☴叫巽卦，☵叫坎卦，☲叫离卦，☶叫艮卦，☱叫兑卦。六个爻可以组成六十四个卦，叫"别挂"。六十四个别卦一共就有三百八十四个爻。

《周易》涉及的内容有关于古代生产、战争、祭祀，婚姻等方面的，和甲骨卜辞有许多相似的地方。它的自然观内容，概括起来基本上有四点：

第一，它选取了自然界八种东西作为世界上许多东西的根源。这八种东西是天、地、雷、风、水、火、山、泽，分别和乾、坤、震、巽、坎、离、艮、兑八卦相联系。又认为天和地是总根源，天地是父母，所产生的其余六种东西是子女。这是朴素的关于万物生成的唯物主义观念。

第二，从复杂的自然现象和社会现象里抽象出阴、阳两个概念。据《易传·系辞》解释，这两个概念“近取诸身，远取诸物”。所谓“近取诸身”，指男女两性差别；“远取诸物”，当指动物的雌雄、生物的生死以及昼夜、寒暑等。一般说来，阴和阳分别代表消极、退守、柔弱和积极、进取、刚强等特性以及具有这些特性的事物。世界万物都受阴阳这两种对抗性的势力的推动，都在阴阳这一对矛盾的制约中。这是朴素的关于矛盾普遍性的辩证法思想。

第三，万物在阴阳两势力的推动、矛盾中孳生着、发展着、变化着，这一孳生、发展、变化的过程是通过交感实现的。这一观念可能是由男女或动物的雌雄交感产生后代的普遍现象概括出来的。从交感的观点可以观察万事万物的动静变化，认为：凡是动象、有交感的象，就是事物在变化发展的时候，是吉的，是有前途的；凡是静象、没有交感的象，就是事物在变化停滞的时候，是凶的，是没有前途的。这是朴素的关于对立统一的辩证法思想。

第四，事物的变化发展有阶段性，发展到极端会转向反面。事物的变化由不显著到显著，由显著到深入，由深入到剧烈，发展到最高阶段，就要超过它最适宜的界限，会带来相反的结果，就是所谓物极必反，本来是好事，过了一定界限就成了坏事。这是朴素的关于矛盾转化的辩证法思想。

《周易》里的朴素的唯物主义观念和辩证法思想，是先民们从自身的生产斗争和生活经验里提炼出来的。

早期的五行学说是对客观物质世界的朴素的唯物主义的概括

商周之际朴素的辩证唯物主义自然观的另一个组成部分是早期的五行学说。

五行学说的雏形，见于《尚书·大传》，记载这样一个传说：“武王伐纣，至于商郊。……士卒皆欢乐以达旦，……咸曰：‘孜孜无怠！水火者，百姓之所饮食也；金木者，百姓之所兴生也；土者，万物之所资生：是为人用。'"意思是说，武王伐纣到商的郊邑，士卒很高兴，都欢呼道："努力啊！水火金木是老百姓生活所需要的，土是万物所赖以出生的东西，都是给老百姓使用的。"这里把水火金木土并列，认为是几种重要的物质。

《国语·郑语》[1]里记载着周幽王（西周末代国王）时候史伯（名叫伯的史官）对郑桓公说的一段话：事物是由不同的基本物质合成的，在不同的各种成分之间，有互相适应的调节关系。如果只有一种基本物质，那就产生不出新的物质。用土和金、木、水、火相杂合，就生成百物。[2]这是把金木水火土看成是构成万物的五种基本物质。

关于五行，比较完整、系统的说法见于《尚书·洪范》。《洪范》篇旧传是商末箕子向周武王陈述的话，提出帝王统治人民的各项政治经济原则，分成九类，叫做"九畴"。九畴的第一项就提出"五行"："五行，一曰水，二曰火，三曰木，四曰金，五曰土。水曰润下，火曰炎上，木曰曲直，金曰从革，土爰稼穑。润下作咸，炎上作苦，曲直作酸，从革作辛，稼穑作甘。"这一段话是说，水、火、木、金、土五种基本物质是构成世界不可缺少的，也是人们日常生活里不可缺少的，并且简要地描述了它们的性质和作用。用水、火、木、金、土五种当时人们生活上不可缺少而生产上常用的物质形态来概括世界的复杂现象，这是在生产斗争中，通过当时农业、手工业的技术知识对水、火、木、金、土五种物质[3]比较深入观察和了解的基础上，对客观物质世界的一种概括。

特别要指出的是，我国的五行中有金。关于构成世界的基本物质，世界其他地区的古代文化里也有提到。古希腊人认为水、空气、火和土是"四元"，印度哲学家羯那陀认为地、水、火、风是"四大"，"四元"、"四大"也就是四种基本物质，但是它们都没有包括金。水、火、风（空气）、土（地）都是自然物，而金却是人工冶炼的产物。因此，我国五行中包括金，可以说是我国当时先进的金属冶铸生产技术在思想领域里的反映。

当然，在今天看来，按照基本物质或元素的科学意义来说，只有

①《国语》相传是春秋时期左丘明所著，记西周末年和春秋时期周王朝和晋、鲁、楚、齐、郑、吴、越等国贵族的言论为主。

②《国语·郑语》原文是："夫和实生物，同则不继。以他平他谓之和，故能丰长而物归之。若以同裨同，尽乃弃矣。故先王以土与金、木、水、火杂，以成百物。""和"是和合、"平"是调谐的意思。

③按照现在的认识，火并不是物质，而是物质燃烧时候产生的一种现象。但是古代人普遍把它当作一种物质，不仅我国，古希腊、印度等也是这样。这一点我们不能苛求于古人。

金属可以认为是元素，其余都不是。但是五行说是古代朴素的关于万物构成的唯物主义观念。

阴阳五行说的两面观

阴阳五行说是我国古代解释宇宙万物本质的最初尝试，在我国辩证法思想和唯物主义哲学的发展中有深远的影响。

阴阳五行说也是我国古代自然科学的重要理论基础，渗透到科学技术的许多方面。如天文学，就用阴阳来解释日月运行和四时变化。尤其在中医学里，它的影响和作用几乎无处不在，一直沿袭到现代。

但是，阴阳五行说毕竟是在奴隶社会宗教神学思想占统治地位的时候产生的，不可能完全冲破宗教神学思想的局限。

以《周易》作为代表的阴阳学说的朴素辩证法思想存在基本弱点，就在于神秘地抽象地脱离了具体条件去谈变化，结果变化发展就成了人们无法驾驭的神秘力量。人们不能自己掌握自己的命运，不得不靠占卦问卜，仍然跳不出神学的圈子。

五行学说虽然包含着自发的唯物主义因素，但是也没有能从宗教迷信的神学体系里摆脱出来。如在《洪范》篇里讲到箕子向周武王举例说明五行的作用的时候，仍然反映出认为世界万物和社会秩序都是上帝安排好的天命观思想。他认为鲧治水的办法是用土阻塞流水，而水本性润下，要向低处流动，鲧违反了水的本性，就是违犯了上帝的意志，惹得上帝震怒，而被殛死。这里虽然也透露了人们对于事物客观属性的认识，认为事物的客观规律不能违反，但是这些科学观点和宗教思想掺合在一起。

阴阳五行说到后来经过战国时期以邹衍（约前 305– 前 240）作为代表人物的阴阳家或阴阳五行学派的发挥，发展了它原有的弱点、缺点的一面，歪曲或抹煞了它原有的正确的因素，把它附会到社会历史变动和王朝兴替上，成为两汉谶纬之学①的主要来源之一。

①谶纬之学是汉代流行的宗教迷信。谶指巫师、方士制作的隐语或预言；纬指方士儒生编集的用神学附会儒家经典的各种书籍，如附会儒家七经就有七种纬书，总称七纬，有一种叫《易纬乾凿度》，是附会《易经》的。

第三章 奴隶社会向封建社会转变时期
（春秋战国时期）

壹 社会大变革对科学技术发展的影响

奴隶社会向封建社会转变是从科学技术发展开始的

西周末年，奴隶制开始出现崩溃的趋势。西周末代国王周幽王在公元前770年被西夷犬戎族所杀，西周灭亡。周平王从镐京迁都洛阳，这是东周。从此周王朝失去了控制四方诸侯的力量，进入了历史上所谓春秋时期，形成了齐、晋、楚等五个诸侯国先后称霸的局面①。

“春秋时期”取名于鲁国史官所修、后经孔丘删定的鲁国编年史《春秋》一书。这部史书从鲁隐公元年（周平王四十九年，公元前722年）写起，到鲁哀公十四年（周敬王三十九年，公元前481年）为止。现在我国史学家为了方便起见，改从周平王元年（公元前770年）东周立国起，到周敬王四十四年（公元前476年）止，作为春秋时期。

春秋时期以后，进入了魏、赵、韩、齐、秦、楚、燕七大诸侯国争雄的时期。这一时期历史上叫“战国时期”，取名于西汉刘向（约前77–前6）编纂的《战国策》一书。战国时期从周元王元年（公元前475年）起，到秦始皇二十六年（公元前221年）秦始皇嬴政（前259–前210）灭六国

①春秋五霸，旧说指齐桓公（?–前643）、宋襄公（?–前637）、晋文公（前697–前628）、秦穆公（?–前621）、楚庄王（?–前591），现在史学家认为应是齐桓公、晋文公、楚庄王、吴王阖闾（?–前496）、越王勾践（?–前465）。

统一中国为止。

春秋战国时期，是由奴隶社会向封建社会转变的大变革时期。这一转变是从科学技术的发展开始的，以铁器的出现，就是铁农具、铁工具、铁兵器的出现，作为它的标志。

铁农具的广泛使用，不仅使广辟草莱、扩大耕地成为可能，并且使农业耕作技术发生了变革。如牛耕和铁犁铧结合起来使用，促进了深耕；其他能提高农作物产量的各个操作环节也得到了改进和发展的条件，同时还促进了农田水利灌溉的发展。这一切都使农业生产获得迅速发展，并且使作为封建生产方式基础的一家一户的个体小农生产变成可能，采取新的剥削方式的封建地主也出现了。私田和佃耕制的发展结果，出现了私门富于公室的情况，迫使奴隶主贵族不得不承认私田的合法性，打破了公田和私田的界限，而一律按土地的肥瘠定赋税的等级。齐、鲁等国都先后实行这种办法。于是奴隶社会的井田制就逐渐瓦解了。

随着封建生产关系的逐步发展，新兴封建地主阶级在经济上首先取得了有利地位。新兴封建地主阶级顺应历史的潮流，同旧势力进行长期错综复杂的斗争，在经济上取得胜利的基础上，又进一步在政治上取得了统治权。到春秋战国之际，各诸侯国陆续变法，实现了向封建制度的转变。

封建制促进了生产力的发展

新的封建制度，基本上适应了当时社会生产力发展的要求。它使直接从事生产劳动的人从奴隶制的枷锁下解放出来，他们的劳动兴趣和生产积极性有了提高。新兴的封建地主阶级为了巩固它的统治，也需要发展生产。这就使社会生产力得到了前所未有的发展。

在农业上，各诸侯国变法的时候，几乎都实施了奖励耕战的政策。早在春秋时期，《管子》一书里就反映了齐国[1]的重农政策，反覆论证“务五谷”、“养桑麻”、“育六畜”的重要性，并且提出了具体的奖励办法。战国初期，魏相李悝（kuī）（约前455–前395）实行“尽地力之教”[2]，

①齐国在齐桓公时候已经废除公田制，当时管仲任齐国的卿，进行改革。

②据《汉书·食货志》。《汉书》，东汉班固（32–92）撰，是我国第一部纪传体断代史。

发挥土地的潜力，增加单位面积的产量。据李悝估计，魏国变法以后，一个农民耕种，收获的粮食可以供五口人食用。这使魏国一度强盛。秦国商鞅（前390-前338）变法，更把农业生产的发展放在国家大政的首要位置上。秦国还兴建了大规模的水利工程。秦相吕不韦（?-前235）集合宾客编纂《吕氏春秋》一书，书里提出这样的要求：一个头等强劳动力农民必须供养九人，中等劳动力供养七人，下等劳动力供养五人。可见农业劳动生产率已经不低。

手工业生产这时也获得迅速的发展。不但旧有的手工业部门有了新的发展，而且出现了新的部门，如冶铁业、煮盐业、漆器业等。春秋以前"工商食官"[①]的格局被打破了，在官府手工业之外，出现了私营手工业和独立的个体手工业生产者，封建制的生产关系在手工业里也逐渐形成和发展起来。作为手工业者利益的政治代表——墨家[②]的出现，是手工业者在社会生活里取得重要地位的说明。

农业和手工业的发展，促使商业也发达起来，城市随着增多和繁荣，人口大大增加。如当时齐国的都城临淄，有七万户人家，街上"车毂击，人肩摩，连衽成帷，举袂成幕，挥汗成雨"[③]，真是一派繁荣景象。

生产的发展和科学技术的发展相辅相成

奴隶社会向封建社会转变是从科学技术的发展开始的。封建制适应生产力发展的要求，促进了社会生产力发展。生产的发展又必然和科学技术的发展相辅相成，它们互为因果。

这一时期，在农业上，从耕地、整地、播种到定苗、中耕除草、收获，已经有一套完整而合理的技术措施。我国农业生产技术上的精耕细作、合理轮作、改良土壤、施肥保墒等优良传统开始形成。在总结长期农业生产经验基础上，逐步形成了有我国自己特点的农业科学体系。战国末期，《吕氏春秋》一书里有《上农》、《任地》、《辩土》、《审时》四篇，是现存最早的专讲农业政策和农业科学技术的著作。当时大规模水利工程的兴建，标志着水利水文科学已经达到了相当高的水平。

①见《国语·晋语四》。

②墨家是战国时期的一个学派，创始人是春秋战国之际的思想家墨翟（约前468-前376），主张改善劳动者、小生产者的社会地位和经济地位。墨家可以说是古代劳动群众最早的政治结社，表现出原始的组织性，领袖尊称巨子，第一任巨子可能就是墨翟本人，以后代代相传。

③见《战国策·齐策一》："临淄之中七万户，……临淄之途，车毂击，人肩摩，连衽成帷，举袂成幕，挥汗成雨。"但另据《晏子春秋·内篇杂下》："临淄三百闾，张袂成阴，挥汗成雨，比肩继踵而在，……"据《周礼》郑玄注："二十五家为闾。"按这计算，三百闾计7500户。《晏子春秋》旧传春秋时期齐国大夫晏婴（?-前500）所撰，实际上是后人采掇晏婴言行编成的。

这一时期，手工业生产技术也取得了很大进步，生产技术出现规范化，在生产实践中总结了丰富的经验，于是有可能对各种工艺进行科学的抽象的综述。春秋末年，我国第一部手工业技术规范的汇集《考工记》[1]一书就应运而生。

由于商业活动的扩大，人们的地理视野扩展了，地理知识更丰富了，于是出现了一些专门的地学著作。

农业生产的发展要求更准确地确定农时，这对历法和天文学的发展给予了巨大的推动力。这一时期，节气的推定已经基本上符合一年气候变化的实际情况。

历法和天文学需要复杂的计算，赋税和商业活动需要简捷的计算，这些都促进了数学的发展。

手工业生产者的代表墨家学派的著作《墨子》一书里，不仅有政治主张和哲学思想，还讲了有关几何学、力学、光学等数学和物理知识。

随着农业生产的发展，人们对于动植物的认识不断得到积累和丰富，产生了许多关于生物学的宝贵知识。战国时期，解释词义的《尔雅》[2]一书对于动植物分类有了明确的系统。

在医学方面，这一时期也出现了一系列专门的医药著作，并且初步建立了中国医学所特有的一套基础理论。

由于生产的发展和商业活动的扩大，还使华夏地区各民族进一步融合，这对科学技术的交流起到了良好的作用。

百家争鸣更为科学技术发展创造了有利条件

春秋时期的社会大变革，还打破了奴隶主贵族垄断文化教育的学在官府的局面。私学兴起，社会上涌现出大量的所谓“士”。士一般受过礼、乐、射、御、书、数所谓“六艺”的教育。各国诸侯为了维持统治和称霸的目的，大都采取了“礼贤下士”的政策，用优惠待遇收养士来为他们服务。

这些士不仅在政治、军事等方面出谋划策，有时也从事文化和科

①《考工记》作者不详，据近人考证，是春秋末年齐国人记录手工业技术的官书。

②《尔雅》是在战国时期开始汇集的一部词典，成书可能在西汉。

学技术的研究。齐威王（公元前336年到公元前320年在位）、齐宣王（公元前319年到公元前301年在位）时期形成的“稷下学派”①就是一个典型例子。前面提到过的《管子》一书，可能就是这一学派的著作。

战国时期，士对社会大变革中的许多问题都提出了自己的主张和见解，出现了当时学术上诸子百家争鸣的局面。他们为了论证各自的观点和实现自己的主张，都程度不同地关心科学技术的发展，以便从中汲取有力的论据，作为达到政治目的的手段。由于各家思想倾向的差异和对自然现象认识程度的不同，对许多科学技术问题，往往从不同的角度进行论述，或者相互补充，或者彼此辩难。这为科学技术的发展无疑地创造了有利条件。

春秋时期，反映新兴封建地主阶级反对奴隶制传统宗教思想体系的束缚、争取社会进步、适应生产发展要求的唯物主义无神论思想兴起。许多进步的思想家利用劳动群众在生产斗争中获得的对自然界的认识，力图对自然界的种种现象做出新的解释，向奴隶主贵族宣扬的唯心主义天命观提出了公开挑战。这表征着人们的思想已经或多或少地从仰赖上天、信奉鬼神的羁绊里解脱出来，发现了自身的力量，提高了探索自然界固有规律的积极性。战国时期，又进一步明确提出了“制天命而用之”②的人定胜天思想。新兴封建地主阶级的自信进取精神和思想，对于科学技术的发展有十分重要的意义。

总的说来，在春秋战国时期，我国科学技术发展迅速，所取得的成就可以和差不多同时期的西方古希腊时期的成就相媲美，并且出现了不少杰出的科学家和哲学家。

贰 青铜冶铸技术的发展和铁器的使用

青铜冶铸技术发展到更高阶段

在第二章里我们曾经说过，我国青铜冶铸技术的发展过程大体上可以分成五个阶段。第五阶段就在春秋战国时期。

①“稷下”指当时齐国都城临淄的稷门附近地区，齐国在这里设置学宫，招揽士几千人，在这里讲学议论。

②见《荀子·天论》。《荀子》是战国末期的思想家荀况（约前313－前238）的著作。

从春秋中期到战国时期，青铜冶铸已经从西周时期比较单一的陶范铸造发展到综合地使用多种金属工艺，创造了新的器形、纹饰，达到了新的技术高度。

从近年的考古发现材料来看，春秋战国时期的青铜冶铸工业的发达程度远远超出了以前人们的估计。晋国和它三分以后的韩、赵、魏三国是黄河流域中原地区的冶铸中心。山西侯马市晋国的铸铜作坊遗址分几个铸造区，有的主要铸造工具、钱币，有的以铸造礼器为主。楚国和长江下游的吴国、越国是南方的冶铸中心。1978 年，湖北随县曾侯乙墓出土的青铜器物反映了这一时期青铜冶铸业的生产能力和技术水平。据统计，这个墓里出土的青铜器物总重 10 吨左右，考虑到铸造过程中总有损耗，总共需要铜、锡、铅等金属原料大约 12 吨。曾国是一个不大的诸侯国，尚且能够制造这么大量的铸件，一些大国的青铜冶铸业的生产能力就可想而知了。

春秋战国时期，青铜农具、工具、兵器的使用比西周更加普遍。古代礼制不用农具随葬，所以从墓葬里很少找到农具。出土的青铜工具特别是青铜礼器和生活用品种类比较多。近年，浙江永嘉县出土一批青铜器物和残片以及铜块等，有铜铲、铜臿、铜耨各一件。江苏苏州从淤泥里挖出一只青铜鼎，鼎里放着青铜环、锛、锄、镰、矛、镞等 56 件，计工具 30 件，确定是农具的 20 来件。安徽贵池县也出土一批窖藏，计有工具斧、锯等 20 多件，确定是农具的 10 多件。这三批青铜器大致都是战国中期的制品，说明长江下游地区当时使用青铜农具是相当普遍的。这三批青铜器物种类庞杂，而且大多已经敝旧残毁，又和铜料放在一起，可能是准备销熔的处理品。这反映了当时把不能再使用的青铜器物拿去回炉这一事实。

这一时期，青铜兵器制造得比较多，尤其是青铜剑的炼制相当盛行。自古相传的干将、莫邪、巨阙、纯钧等名剑就是这个时期的制品。近年出土的越王勾践剑和吴王夫差剑，虽然在地下埋葬了 2500 多年，依然表面花纹清晰，光彩照人。

越王勾践剑（春秋）。

春秋战国时期的青铜冶铸技术，已经使用多种金属工艺，包括浑铸、分铸、失蜡法、锡焊、铜焊、红铜镶嵌等。铁器使用后，又出现了雕镂、金银错、针刻等新的装饰加工技术。曾侯乙墓出土的铜尊和铜盘可以作为这一阶段青铜铸造技术的代表作，造型错落有致，纹饰纤细清晰，既复杂又精美，反映了青铜冶铸技术的高度发展水平。

人们在长期的实践中，逐渐直观地认识到青铜的合金成分、性能和用途之间的关系，并且能够人工地控制铜、锡、铅的配比，得到性能各异、适合于不同用途的青铜。战国时期成书的《考工记》里已经总结出所谓“六齐”：“金有六齐。六分其金而锡居一，谓之钟鼎之齐。五分其金而锡居一，谓之斧斤之齐。四分其金而锡居一，谓一戈戟之齐。三分其金而锡居一，谓之大刃之齐。五分其金而锡居二，谓之削杀矢之齐。金锡半，谓之鉴燧之齐。”“齐”字是“剂”字的通假，是方剂、剂量的意思；“金”指赤铜。含锡量占 1/6 的青铜，颜色好看，声音响亮，用来铸造钟鼎最好。含锡量占 1/5 和 1/4 的青铜，有一定的韧性，适宜铸造斧、斤、戈、戟等工具和兵器。含锡量占 1/3 和 2/5 的青铜，有比较高的硬度，可以制大刃和削、杀、矢等兵器。铜镜需要磨出光亮的表面，还需要有比较好的铸造性能来保证花纹细致，因而要求青铜含锡量占到一半。[①]《考工记》的记述大体上正确地反映了青铜合金的配比规律，是世界上最早的合金配比的经验性科学总结。《考工记》还有关于观察炼铜时候的火焰来判定冶炼过程的记载，也大体上符合实际情况。现在在某些冶炼过程中，仍然有用观察火焰判定炉里化学反应的进程、配合监测仪表来进行操作的。

我国铁器的使用

我们前面说过，春秋战国时期，由奴隶社会向封建社会转变，从科学技术发展开始，以铁器的出现作为它的标志。我国铁器的开始使用，确切时间现在还不能断定，但是至迟是在春秋时期。在这之前，肯定已经使用过铁，它的历史甚至可以追溯到商代，如河北藁城县出土了一件商代的铁刃铜钺。但是，根据已经发现的几件商周实物鉴定，这种铁都是陨铁，对这些陨铁的加工和接铸，当时无疑是在青铜冶铸作坊里进行的。当时还不能从铁矿石冶炼铁。只有人们掌握了人工冶铁技术，才能比较广泛地使用铁器。

我国人工冶铁技术的发明，在世界上并不算早。世界上别的民族有在原始社会过渡到奴隶社会时期就掌握冶铁技术的。如居住在亚美尼亚山地的基兹温达部落，在公元前 2000 年就发明了一种炼铁的有效方法；小亚细亚的赫梯人，在公元前 1400 年左右也已经掌握了冶铁技术；美索不达米亚的亚述人，在公元前 1300 年已经进入铁器时代。这些年代相当于我国的夏商时期。我国却是在进入青铜时代就由原始社会转变成奴隶社会，到使用铁器已经由奴隶社会开始进入封建社会。所以我国铁器的使用虽然比西方晚，从社会发展阶段来说，从

①关于六齐的成分这几句话，有两种解释。一种认为“六分其金而锡居一”指六份青铜合金里有一份锡，“金锡半”指两份青铜合金里铜锡各半。一种认为“六分其金而锡居一”指七份青铜合金里有铜六份锡一份，“金锡半”指三份青铜合金里有两份铜和一份锡。

社会形态来看，我国还比同时期的西方更先进，我国的春秋战国时期年代相当于西方的古希腊、古罗马时期，古希腊、古罗马都还处在奴隶社会阶段。

我国春秋战国时期的铁器，据考古资料不完全统计，解放以来，在辽宁、河北、山西、陕西、山东、安徽、江苏、浙江、江西、河南、湖北、湖南、广东、广西、四川等省，自治区境里都有出土。种类有农具、手工业工具、兵器、生活用器和装饰品等，而生产工具是大宗。

春秋战国之际的铁器出土数量比较少，种类也不多。看来这时铁器的使用还处在初始阶段，没有在生产中占主导地位。到战国中期以后，情况就大不一样了。从地区上看，遍及战国时期的魏、赵、韩、齐、秦、楚、燕七国，甚至一些边远地区和少数民族地区，如西南的百越、北方的匈奴也进入了铁器时代。

战国中期以后，铁器的使用已经推广到社会生产和生活的各个方面。《管子·轻重乙》篇说：一个农民“必有一耜、一铫、一镰、一耨、一椎、一铚”等农具；一个工匠“必有一斤、一锯、一缸、一钻、一凿、一銶、一轲”等工具；一个妇女“必有一刀、一锥、一箴、一鉥”等做女红工具。这里铫（yáo）是大锄；褥（nòu）同耨，是除草的农具；铚是短镰刀；銶（qiú）是凿子一类的工具；轲是一种车；箴同针；鉥（shù）是长针。这些农具、工具都是铁制的。考古实物也证明了文献上所记载的情况是确实的。

这时铁农具已经取代了青铜和石、木、骨制的农具，在生产上占主导地位。河北石家庄市庄村赵国遗址出土的农具中铁农具占

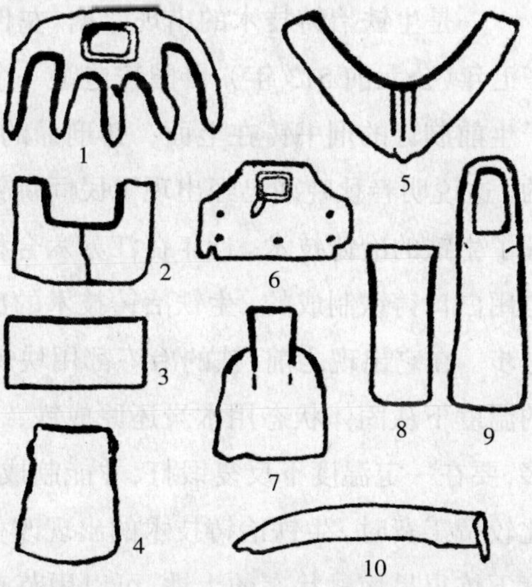

战国时期的铁制农业生产工具。①五齿耙；②臿；③臿；④斧；⑤犁铧；⑥锄；⑦锄；⑧镬；⑨镬；⑩镰。

65%。辽宁抚顺莲花堡燕国遗址出土的农具中铁农具占85%。河南辉县固围村发掘出战国晚期的五座魏墓，一号墓出土铁器一共65件，有农具58件，包括犁铧、镢、锄、铲、镰一整套。

在手工业里，铁制工具也逐渐取代了青铜工具。河北易县燕国下都遗址里的骨器制作场所发现的工具，几乎全部是铁制的。

冶铁业的发达和冶铁技术的进步

铁器的广泛使用，表明当时冶铁业已十分发达。在春秋战国之际，冶铁业还主要集中在几个地区。到战国中期以后。冶铁业已在广大地区普遍建立起来，成为手工业中最重要的部门，出现了许多著名的冶铁业中心，如宛（今河南南阳）、邓（今河南孟县东南）、邯郸等。除官营冶铁业外，各诸侯国都有一些靠冶铁致富的大工商业主。冶铁业的生产规模也很大，考古发现的制铁作坊遗址，如山东临淄齐国故都的冶铁遗址有四处，最大的一处面积大约有40多万平方米；河北易县燕国下都的冶铁遗址有三处，总面积30万平方米。

铁器的广泛使用和冶铁业的发达，和冶铁技术的进步密切相关。春秋战国之际和战国早期，冶铁技术先后出现了三项重大的突破。

一是生铁冶铸技术的出现。据《左传·昭公二十九年》记载，周敬王七年（公元前513年），晋国铸造了一个铁质大鼎，把晋国大臣范宣子生前制订的刑书铸在上面，铸刑鼎的铁是作为军赋向民间征集来的。这说明春秋晚期已经出现了民间炼铁作坊，而且已经比较好地掌握了生铁的冶铸技术。近年在江苏六合程桥吴墓出土的铁丸，经鉴定是用白口铸铁制成的。生铁冶铸技术的出现，在冶金史上是划时代的进步。在它出现之前，铁的冶炼都用块炼法，就是用铁矿石在比较低的温度下从固体状态用木炭还原成铁，炼得的铁质地疏松，含杂质多，要在一定温度下反复锻打，才能制成铁器。块炼法冶炼和加工都比较费工费时。生铁冶铸技术的出现改变了这种状况，在比较高的温度下炼得呈熔融状态的生铁，可以用范直接浇铸成器，这就提高了生产率，降低了成本，而且可以制成器形比较复杂的铁器。这就为铁器的普及打下了良好的基础，也开辟了我国古代冶铁技术发展的独特道路。欧洲一些国家虽然在公元前1000年前后已经能生产块炼铁，但是直到公元14世纪才使用铸铁，中间经历了漫长的发展道路。而我国只用比较短的时间就实现了这一技术突破，生产出铸铁，是和我国高度发展的青铜冶铸技术有密切的关系的。因为它从矿石、燃料、筑炉、熔炼、鼓风和范铸技术等方面，为生铁的冶铸打下了坚实的技术基础。

二是炼钢技术的出现。1976年，在湖南长沙出土了一口春秋晚期的钢剑，经取样分析，它的材料是一种含碳量5‰到6‰的中碳钢。从剑身的断面还可以看出反覆锻打的层次。炼钢技术的出现给人们提供了比铁更加坚韧、锋利的材料，对于生产工具尤其是兵器质量的提高有深远的影响。

三是铸铁柔化术的出现。最初生产的铸铁是白口铁，白口铁性脆，容易断裂。人们在不断的实践中，逐渐获得了通过一定的热处理可以改善白口铁性质的可贵认识，又经过一段摸索试验的过程，终于学会了热处理脱碳技术。就是铸铁柔化技术。增强了强度和韧性的韧性铸铁的出现，在冶金史上是又一个划时代的事件。它使生铁能广泛地用作优质的生产工具，大大增长了铁器的使用寿命，加快了铁工具代替青铜工具的历史进程。在河南洛阳水泥厂战国早期灰坑出土的铁锛和铁镈，是这一项重大技术突破的实物见证。铁锛是经过比较低的温度退火得到的，它是白心韧性铸铁铸件；而铁镈是经过比较高的温度和比较长的时间退火得到的，它是到现在为止我们所知道的最早出现的黑心韧性铸铁铸件。

河北易县燕国下都出土的战国晚期兵器，有不少经鉴定是经过淬火处理的，这证明当时已经广泛应用淬火技术。河北兴隆燕国遗址还发现了一批这一时期的铁范，这也是一个进步。战国时期已经能用铁范铸出壁厚只三毫米的薄壁铸铁件，是一项十分卓越的技术成就。

叁 从《考工记》看手工业技术的发展

《考工记》是我国第一部手工业技术规范汇集

上一节我们讲了青铜和铁的冶铸业，冶铁业是当时手工业中的最重要部门。除金属冶铸业之外，其他手工业生产也相当发达。

手工业内部分工细密化和手工业技术的规范化、科学化，是春秋战国时期手工业发展的突出特点。我们前面提到过的春秋末年齐国人的著作《考工记》，就充分地反映了这一发展趋势。

自商周到春秋战国时期，手工业者在社会上逐渐占有比较高的地位。《考工记》一开头说当时"国有六职"：王公、士大夫、百工、商旅、农夫、妇功。手工业者居第三位。

只据《考工记》记载，当时的官府手工业包括有 30 项专门的生产部门："凡攻木之工七，攻金之工六，攻皮之工五，设色之工五，刮摩之工五，抟埴之工二"，[①]涉及制作车辆、生产工具、兵器、乐器、生活用器、玉器、皮革制品以及染色，建筑等行业。每一行业又有更细的分工，如车辆制作，除"车人"外，还有专制轮子的"轮人"、造车箱的"舆人"和造车辕的"辀人"[②]等。分工细密是手工业生产发展的结果，反过来它对手工业技术的提高和生产的进一步发展起着深远的影响。

《考工记》记述了 30 种手工业生产的设计规范、制造工艺等技术问题。这是我国第一部手工业技术规范汇集。它对手工业生产有一定的制约和指导意义，是手工业生产发展到一定阶段的产物。更加可贵的是，它不限于一般经验的叙述，对若干技术环节还进行科学的概括，把人们的认识向前推进了一步。我们在上一节提到的"金有六齐"，就是一例。

车辆的制作工艺和规范

《考工记》记述了一套比较完整的车辆制作工艺和规范。它首先对车辆的关键部件轮子，提出了技术要求和进行检验的手段。我们试

①刮摩之工指玉工；抟(tuán)埴(zhí)意思是捏聚粘土，抟埴之工指陶工。

②辀(zhōu)指车辕。一说大车左右两木直而平的叫辕，小车居中的弯曲车杠叫辀，也叫轩辕。

加归纳，可以列出10点：

第一，制作轮子必须选用砍伐及时的木材，这样的木材质地坚实。

第二，轮子的整体结构必须坚固。

第三，要求轮子的直径适中。太大了，人上下不便；太小了，马拉起来吃力。

第四，毂的粗细、长短要适宜，根据对转动有利和车辆稳定的原则，对不同用途的车辆，选用不同尺寸的毂。

第五，用圆规来校验轮子外形是否正圆，正圆的轮子和地面接触的面积小，接触面积大车子就走不快。

第六，用矩来校验轮子平面是否平整，轮子弯曲就不行。

第七，用悬线来察看相对的两根辐条是否在一直线上。

第八，把轮子平放到水里，看轮子各个方向上的沉浮是否一致，来确定轮子各部分的重量（质量）分布是否均匀。

第九，车子的两轮大小要求相等。

第十，车子的两轮轻重也要求相等。

以上制作车轮工艺的十项准则，考虑周密严格，符合科学原理。如第三点和第五点，涉及轮子的滚动摩擦阻力问题。根据滚动摩擦原理，阻力和轮子的半径成反比，所以要求轮子不能太小，就是这一理论的直观经验的朴素描述；而正圆的轮子接地面积小，滚动就容易。第八点利用了浮力原理，浮体沉浮程度也就是排水量多少由浮体重量决定，如果轮子各部分质量分布不均匀，一侧重一侧轻，重的一侧下沉多，轻的一侧下沉少，轮子在水里就会倾侧。

《考工记》除了讲轮子制作外，还讲了不同用途的车辆的车箱规范，车轴、车辕的制作工艺等。

从已经发掘出土的商周时期的战车来看，有用材不合理、各部分尺寸比例不当、重心太高等制造设计方面的缺点。《考工记》的工艺规范已经消除了这些缺点，表明春秋时期的车辆制造已经比前一时期有很大进步。

制作弓箭的材料要求和技术要求

《考工记》讲到弓箭制作，有“弓人”、“矢人”、“冶氏”的专门分工。它对弓箭的各个部件分别作了深入的考察。

弓人制作弓干，书里特别提到材料的选择。它排比了七种材料的优劣，指出；“柘为上，檍次之，檿桑次之，橘次之，木瓜次之，荆次之，竹为下。”这是经过反覆摸索实践而得到的经验总结。对制造弓的程序也各有细致的技术规定。对于怎样增强弓干的弹力来增加射速和射程，怎样加固和保护弓体，也作了探索，反映了人们关于力学知识的增长。

矢人和冶氏都是制箭的，但也有分工：矢人制作战争用的兵矢和弋射用的田矢，冶氏制作田猎用的杀矢。关于镞的长短、大小，铤的长短，铁管的设置，都有不同的比例规定。特别值得一提的是，书里对于箭的重心和羽毛的设置，也作了探讨：仍用水里沉浮的方法来确定箭的重心是否适当，指出箭的重心和羽毛设置不当会使箭在飞行中产生不正常情况，细致分析箭干前轻后重、前重后轻、中间过轻、中间过重，箭尾羽毛多少等不同情况对箭的飞行轨迹、飞行稳度、飞行速度的影响。对比欧洲一直到中世纪认为抛射体总是沿直线前进的理论，我国在春秋时期实际上已经在研究飞行体的弹道问题了。

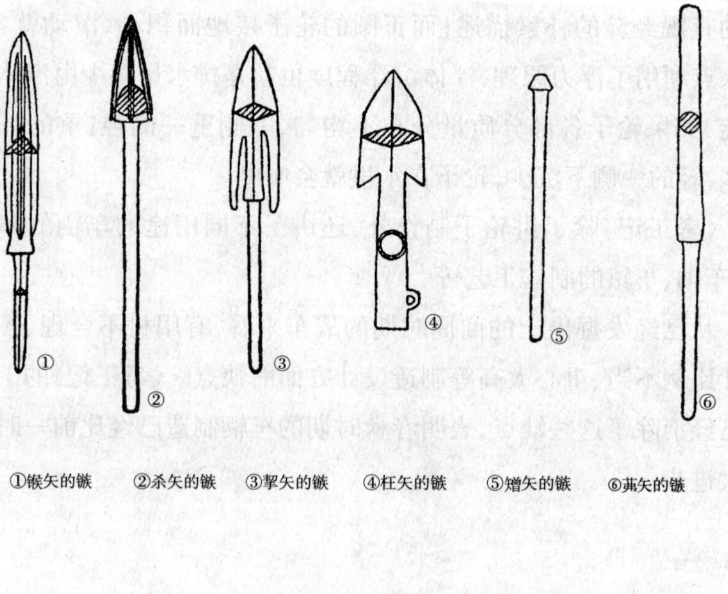

箭镞的种类。

①鍭矢的镞 ②杀矢的镞 ③茀矢的镞 ④枉矢的镞 ⑤矰矢的镞 ⑥茀矢的镞

乐器的制作和乐音知识

在《考工记》里，攻金之工的《凫氏》①、攻皮之工的《韗人》②、攻玉之工的《磬氏》各篇，记述了钟、鼓、磬等乐器的制作技术。

书里还根据音乐实践，对这些乐器的发声要素作了可贵的物理探讨。

书里指出，钟声的来源是钟的振动，钟声的音调（所谓清浊），音品（所谓疾舒）和钟的厚薄、形状、大小以及青铜合金的成分有关。

同样对磬也作了科学的总结，指出磬体的厚薄同发声高低的关系，并且明确提出调音的方法：如果音调太高，就把磬石磨得薄一些；如果音调太低，就磨它的两端，使磬体相对地变得短而厚。

这些从长期制作乐器过程中总结出来的乐音知识，已经远远超出为乐器规定某种尺寸等技术规范的范围，而为人们自觉地调整乐音要素提供了理论上的依据。

1978 年在湖北随县发掘出的曾侯乙墓里出土编钟 65 件，每一钟在规定的部位敲击，都能发出两个谐音，它们构成了一套齐备的可供旋宫转调的 12 个“半音”系统。各钟的口径大小不等，厚薄各异，柄的长短有别，就是为使各钟发出不同音调而设计的。有的钟口还留有经过磨刮的痕迹，大概是为了校准音阶。这些可以印证《考工记》记载的

①《考工记》里说“凫氏为声”，这里凫（fú）当是姓氏，以姓氏作为官名。

②韗（yùn）的意思就是制皮鼓的人。

湖北随县出土的曾侯乙编钟。

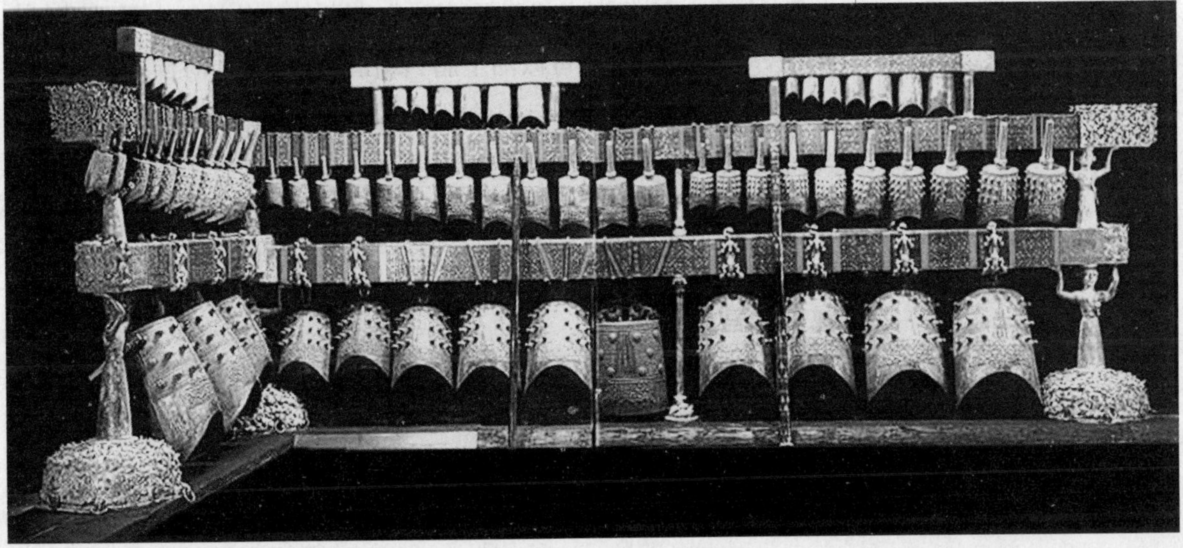

科学内容，而且还远远超过了《考工记》的认识。这个墓葬的年代在战国初期，说明这个时期人们的乐音知识和造钟技术都已经达到了相当高的水平。

练丝帛、染色和皮革加工技术

在《考工记》里，设色之工的《㡛氏》、《钟氏》和攻皮之工的《鲍人》[①]等篇里，记述了有关练丝帛、染色和皮革加工技术。

练丝的方法，是用温水（一说用灰水）沤七日七夜，"昼暴诸日，夜宿诸井，"就是白天放在太阳下晒，夜间悬在井里，这是浸渍脱胶的一道工序。练帛要用楝木灰和蜃灰（就是牡蛎壳烧成的灰）汁浸渍，也是白天在阳光里晒，夜间悬在井里，七日七夜。这是染色前的预处理脱胶工艺，叫做"水湅"[②]，对提高染色质量十分重要。

当时染色已经有多次浸染得到不同颜色的方法。如用红色染料，"三入为纁，五入为緅，七入为缁。"纁（xūn）是绛红色，緅（zōu）是黑里带红的红青色，缁（zī）是黑色。这种方法虽然麻烦，但是效果很好，所以直到近代，我国染色手工业还在沿用。

《考工记》记载了皮革质量的鉴定方法，进而提出了要得到高质量皮革的要领。要得到皮革色泽"荼白"（茅莠的颜色），就不要久浸在水里；要它质地柔而滑，可以沾上脂；要在拉伸皮革的时候各部分缓急均匀，如果缓急不均，以后用的时候，拉急的部分先裂，皮革厚薄要一致，卷起来才不会皱；缝合处的线要藏而不露，以后用旧了也不会伤线。这反映了当时皮革加工技术的进步。

城市和宫殿建筑

城市和宫殿建筑，到周代已经具有相当的规模，规划设计也已经有一定的准则。

《礼记》一书成书虽在西汉，相传由戴圣编纂，内容是孔子弟子和再传、三传弟子等所记的秦汉以前各种礼仪，也有些是根据更早的古

①㡛（máng）氏是古代漂练丝帛的工人。钟氏是古代染色的工人。"鲍"通"鞄"，鞄（bāo）指古代一种制革的工艺。

②湅（liàn）是练丝帛的意思。

书。《礼记》里就对周代的城市和宫殿建筑有完备的记述，有所谓“五门”和“三朝”。五门指皋门、应门、路门、库门、雉门；三朝指大朝、外朝、内寝。五门三朝制度，对后世的宫殿、寺院、庙宇、住宅的平面布局，有很大影响。

《考工记》对当时的城市宫殿的规划设计作了初步的总结。它在《匠人》篇里所记载的诸侯国都的制度是：“匠人营国，方九里，旁三门，国中九经九纬，经途九轨，左祖右社，面朝后市。”“祖”指祭祖先的宗庙，“社”指祭社稷的地方，“面朝后市”就是前面是国君的宫殿，后面是市场和居民住宅区。从已经发掘的春秋战国时期的故都遗址，如晋国的侯马①、古晋城，燕国的下都，赵国的邯郸，规划设计和记载上所说的基本相同。

1986 年发掘的秦国雍城（在陕西凤翔），已经发现了朝寝和宗庙等大型宫殿建筑群和市场、街道遗址。雍城朝寝是五门制，这表明秦国可能在秦穆公称霸的时期已经逾越了众诸侯国的三门制，而采用了天子朝寝的五门制。城里八条街道平直宽阔，南北向和东西向各四条，相交成“井”字形，总体布局和“面朝后市”完全符合。

1978 年，在河北平山县战国时期的中山王譽（xī）墓里出土了一块金银错的兆域图②铜版，版面纵横分别是 94 厘米和 48 厘米，按 1∶500 的比例尺绘制。这是一幅建筑中山王、后陵墓群的总体设计规划平面图，是到现在为止所看到的我国最早的一幅建筑组群的设计规划图。

①今山西侯马可能是晋都新田的故址。

②“兆”就是墓城的意思。

中山王陵兆域图。

《考工记》是我国最早一部经验科学著作

《考工记》除了上面所介绍的几方面工艺技术之外，还讲到制造刀、剑、矛，戟、甲等兵器，耒、耜等农具，所谓“嘉量”的标准量器，各种玉器、陶器以及治理沟洫井田的规范。

《考工记》比较全面地反映了春秋以前和春秋战国时期手工业生产发展的情况，对各种手工业技术，不仅记述它们的“然”，而且大多探索它们的“所以然”，使我们清楚地看到了我国手工业技术早期的总结提高过程，看到了生产发展、技术进步和科学理论概括之间相辅相成的辩证关系。

《考工记》可以说是我国最早的一部经验科学著作，而经验科学正是产生理论科学的必不可少的条件。

肆 从现存最早四篇农学论著看我国精耕细作传统的形成

我国农业进入了一个新的发展阶段

春秋战国时期，我国农业进入了一个新的发展阶段。铁农具在黄河、长江流域逐渐推广使用；以一家一户作为基础的个体小农经济开始出现并且逐渐发展；除一些边远地区以畜牧业为主外，广大地区基本形成以生产谷物为主、种植桑麻和饲养鸡犬豕等小家畜为辅的农业结构。

在耕作制度上开始出现复种轮作制。在黄河流域有的地方，“人善治之”可以“一岁而再获之”[①]，就是说可以一年两熟。技术上的精耕细作传统这时也开始建立。

总的说来，这一时期农业已经成为我国社会头等重要的生产部门，并且具有比较高的技术，为农学著作的产生创造了条件。

农家学派和专门农书的出现

我们从先秦诸子著作里都可以找到有关当时农业生产和技术知识的若干章句。除前引的《荀子》外，如《管子》、《孟子》[②]等书，也提到

①见《荀子·富国》。

②《孟子》是战国时期孟轲（约前372－前289）和他弟子万章等的著作。

当时的农业结构和耕作制度。

这时还出现了专门谈“神农之学”的农家学派，以楚国人许行为首。他们当中有的人是有造诣的农学家。

战国时期，著作的风气很盛。农家学派和农学家也像其他学派一样，为自己的主张著书立说，还总结了农业生产的技术经验，因而出现了专门的农书。

据《汉书·艺文志》记载，战国时期的农家著作有《神农》、《野老》两书。可惜它们都已经散佚无存了。现存最古老的农学著作就是我们前面提到的《吕氏春秋》一书里的《上农》、《任地》、《辩土》、《审时》四篇论著。《吕氏春秋》是在秦始皇八年(公元前239年)成书的。

阐述农业理论和政策的《上农》篇

《吕氏春秋》里的《上农》篇，讲的是农业理论和政策。“上农”就是“尚农”，反映了新兴地主阶级的重农思想。它阐述了奖励农桑的政策。

从地主阶级的利益出发，它提出了两条基本理由来说明农业的重要性。

首先是政治原因。《上农》篇认为，农民有小块土地，建立了小私有经济，不便迁徙流动。这样把他们长期固定在小块土地上，便于统治。如果老百姓“舍本事末”，不务农而去搞手工业或经商，就容易迁徙流动。一旦国家发生战争等事故，他们不想死守，光想逃走。同时，非农业人口多了，也不好管理。

其次，从经济上说，地主阶级主要是靠农民生产的粮食来养活的。《上农》篇里不仅提出了上、中、下等农业劳动力所要供养人数的标准，只许超过不许减少；而且为了提高生产，加重剥削，还强迫农民疾耕力作，要他们“非老不休，非疾不息，非死不舍”。

《任地》、《辩土》、《审时》三篇论述了一整套农业生产技术和原则

《任地》、《辩土》、《审时》三篇，论述了从耕地、整地、播种、定苗、

中耕除草、收获以及不违农时等一整套农业生产技术和原则。

《任地》篇提出耕作的基本理论，就是耕和耨的五项原则：土质硬的要把它变得柔和些，土质柔和的要把它变得硬些；休耕过的地要安排种植，连作久的地要安排休耕；瘠薄的地要施肥，肥沃的地要控制施肥（使作物不致因疯长而减产）；板结的土要锄松，过分疏松的土要镇压得紧密些（这关系到调节墒情），含水分过多的地要使它变得干燥些，干燥的地要浇水。①这些原则涉及到土质改良、轮作制度、施肥、保墒等多方面的技术。《任地》和《辩土》篇还提出耕作的具体办法，提出耕作应该注意的各点，如：先垆后靹（ruì），就是先耕粘性比较大的“垆土”，以免水分散失后变得坚硬了不好耕，然后耕比较松散的“靹土”；耕地必须在土地湿润的时候，要深耕见墒（阴土），使“大草不生，又无螟蜮”；干旱时候要注意锄地；等等。这些原则和办法，长期以来对我国的传统农业都有指导意义。《任地》篇还提到了“畦种法”：在高田旱地要把庄稼种在沟（低畦）里；在低湿田要把庄稼种在垄（高畦）上。

对于整畦、播种、除草，《辩土》篇提出要防止“三盗”，就是所谓“地窃”（指垄沟修整不好）、“苗窃”（指播种杂乱）、“草窃”（指杂草丛生）。免除三盗的办法是：垄要做得广而平，沟要做得小而深，在五尺（大约合现在一米多）宽的垄上种两行作物，行宽和行距各一尺，及时间苗定苗。这样，干旱的时候可以保墒，雨涝的时候可以排水，既有利于通风，又便于除草，可以保持比较适宜的田间小气候，这是一种水平比较高的农业技术。还指出播种量要合适；播种后覆土厚薄要得当；间苗要留强去弱；定苗要看土地肥瘠，肥地要密植，瘠地要适当疏植。这些方法都是合乎科学道理的。

关于不违农时，除《任地》篇有所论述外，还有一篇《审时》，专门讲六种作物禾、黍、稻、麻、菽、麦的耕作或及时或不及时、或先或后的得失成败（包括长势、病虫害、产量和产品质量），并且指出及时收获的重要性。《审时》篇还强调了人的因素：“夫稼，为之者人也，生之者地也，养之者天也。”

①《吕氏春秋·任地》原文是：“力者欲柔，柔者欲力；息者欲劳，劳者欲息；棘者欲肥，肥者欲棘；急者欲缓，缓者欲急，湿者欲燥，燥者欲湿。”

这四篇农学论著具有朴素的辩证思想

《上农》、《任地》、《辩土》、《审时》四篇农学论著，总结了战国时期以前的历代劳动人民的农业实践经验，反映了战国时期的农业科学技术水平，为发展我国农业生产带有自己特点的体系（主要是精耕细作优良传统）奠定了基础。

这四篇农学论著提出耕种要照顾到人力，地利、天时，强调了精耕细作和田间管理的重要性，注意到耕耘、施肥、保墒等人为因素和土壤、气候等自然因素之间的一系列辩证关系，并且从长期的生产实践中观察到这些矛盾在一定条件下可以转化。它在指导农业生产上具有朴素的辩证思想，这的确是难能可贵的。

伍 大型水利工程的兴建

兴建大型水利工程是时代的需要

在原始社会晚期，我们的先民就已经开始治理水害，开发水利。传说中尧的时候洪水为患。尧用鲧治水，鲧治水 9 年，用堵塞的方法防治水患，结果洪水冲垮堤坝。舜殛死鲧，又用鲧的儿子禹治水。禹改用疏导方法，治理了 10 年，取得成功。

经过夏、商和西周的发展，到了春秋战国时期，铁工具逐渐推广使用，社会大变革破坏了原有的井田制和井田上的沟洫工程，于是兴建新的比较大规模渠系来适应农田灌溉的需要就迫切地提到日程上来。一些大型渠系工程就在这样的历史背景下，适应时代的需要，兴建起来了。

这些大型渠系工程的兴建开始是在春秋末期，战国时期更加盛行。这是统治阶级施行重农政策的一项重大措施。著名的渠系工程有芍陂，漳水十二渠、都江堰和郑国渠。芍陂和都江堰到现在还在发挥作用。

春秋战国时期，由于航运的需要，还开挖人工运河，著名的有邗沟和鸿沟。

起源很早的堤防工程，春秋战国时期也有发展。

芍陂

陂(bēi)就是池塘的意思。芍(què)陂因引淠(pì)水经白芍亭东积水形成而得名。位置在今安徽寿县南，隋唐以后，又因在那里曾设置安丰县，所以又叫安丰塘。相传最初是在公元前6世纪末由楚国令尹

陂示意图。

孙叔敖领导兴建，一说是在战国时期创建的。

芍陂是一座大型陂塘蓄水工程，水库的设计巧妙地利用了当地东南西三面比较高而北面低洼的地形特点，因势筑成。它可能已经有水门和闸坝构设置。《永经注·肥水注》[①]说：“陂有五门，吐纳川流。”这里指的应该就是这一调节水量作用的设施。

陂周围大约100多里，东汉的时候可以灌田10000顷。由于芍陂和附近一系列陂塘的兴建，使它周围地区成为著名的产粮区。宋元以后，芍陂逐渐堙废，残存的部分就叫安丰塘。现在又成为淠史杭水利综合利用工程的一个组成部分。

漳水十二渠

漳水十二渠，位置在魏国的邺（今河北临漳县西南邺镇一带）。

邺正处在漳水由太行山区进入平原的地段，雨季河水宣泄不畅，时常泛滥成灾。当地土豪和女巫相勾结，搞“河伯娶妇”的迷信活动，残杀少女，向老百姓勒索钱财。魏文侯（公元前445年到公元前396年在位）的时候，派西门豹做邺令。他到了邺以后，首先带领老百姓破除了“河伯娶妇”的骗局，随后发动群众，开凿了12条大渠，这就是漳水十二渠，所以又叫西门渠。

漳水十二渠各设有调节水量的水门，既可以改善漳水宣泄不畅的状况，又可以引河水灌溉田地，使这一带田地成为膏腴，农作物产量大增。水利的发展加速了农业的发展，从秦汉到隋唐，这一带一直是我国重要的政治和经济上的发达地区。

都江堰

都江堰在四川灌县，是中外闻名的古老而宏伟的水利工程。它是秦昭襄王（公元前306年到公元前251年在位）的时候，蜀守李冰领导人民修建的。

李冰学识渊博，上知天文，下通地理，对岷江的水量变化和附近的

①《水经注》是北魏郦道元（约465—527）的著作，参看第二编第三章。

地形都相当了解，考虑怎样开渠引水灌溉田地以及遇洪排水等问题十分周到。

都江堰是由分水工程，开凿工程和闸坝工程所组成的一个有机整体。整个工程从总体布局到局部设计都十分合理、合乎科学道理。

分水工程，就是在灌县西北的江心洲筑分水鱼嘴，把岷江一分为二：东面是内江，供灌溉用；西面是外江，是岷江的主流。沿江筑有堤防。鱼嘴和堤防的修筑都就地取材，用装有卵石的大竹笼叠成。

开凿工程，指劈开玉垒山建成的渠首工程，叫做“宝瓶口”。宝瓶口的开凿使内江有足够水量通过这里，流入成都平原上密布的农田灌渠。

都江堰全景图。

闸坝工程，包括调节入渠水量的溢洪道“飞沙堰”，以及一整套闸坝设施，可以“旱则引水浸润，雨则杜塞水门”。在内江水口还“作三石人，立三水中”，起水尺的作用，要求“水竭不至足，盛不没肩”①，以测知内江的进水流量，为整个工程系统调节水位提供依据，以达到周密合理地分配洪、枯水流量的目的，既可以防洪，又有利于灌溉。

都江堰兴建以后，川西成都大平原300万亩良田得到灌溉，因而“水旱从人，不知饥馑，时无荒年，天下谓之天府也。”②

李冰石像。

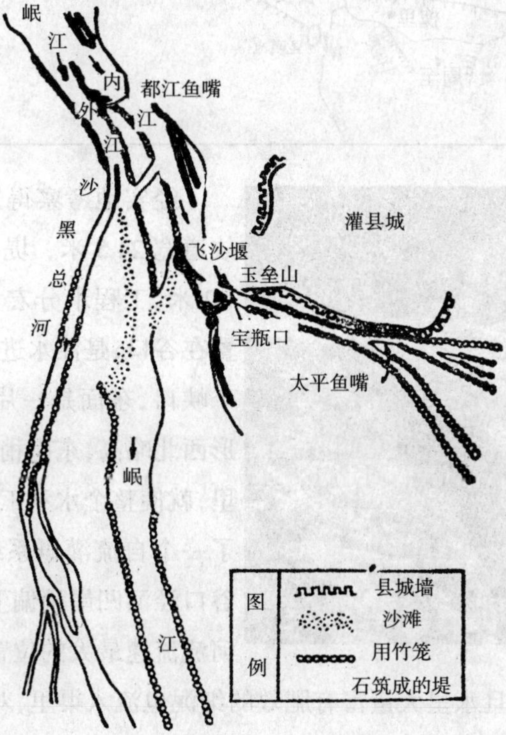

都江堰工程示意图。

郑国渠

郑国渠是秦国在秦始皇元年（公元前246年）兴建的另一大型水利工程，由韩国一位名叫郑国的水工设计开凿的。

郑国渠从现今陕西泾阳县境起，引泾水注入洛水，全长300多里。渠成之后，“关中为沃野，无凶年。”③

①②都引自东晋常璩撰的《华阳国志》。
③见《史记·河渠书》。

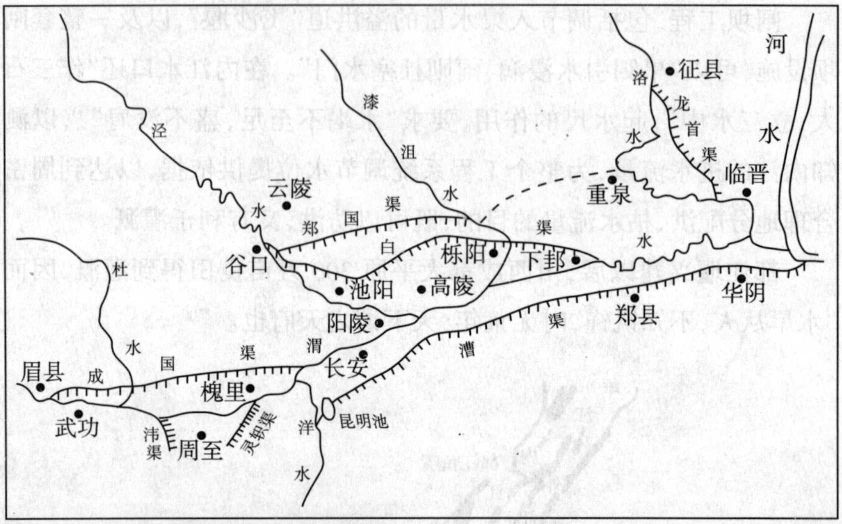

郑国渠图解。

郑国渠渠首遗址（陕西泾阳）。

经实地考察得知，郑国渠干渠故道宽 24.5 米，堤高 3 米，深大约 1.2 米，工程十分宏大。它的渠首位置在谷口，是泾水进入渭北平原的一个峡口，东面是一片广阔的平原，地形西北略高，东南稍低。渠首选在这里，就使整个水利工程从总体上形成了一个自流灌溉系统。引水口选在谷口泾河凹岸稍偏下游的地方，正是河流流速最大的位置，这样渠道进水量就大，而且水里大量富有肥效的细泥也流入渠里，对进行淤灌有利。这些都反映工程设计和技术上的科学性。

都江堰和郑国渠的兴建，使秦国的农业生产大发展，为秦称雄六国而最后统一大业打下了物质基础。

通航运河——邗沟和鸿沟

春秋战国时期，经济的发展和各国的兼并战争都对水上交通提出

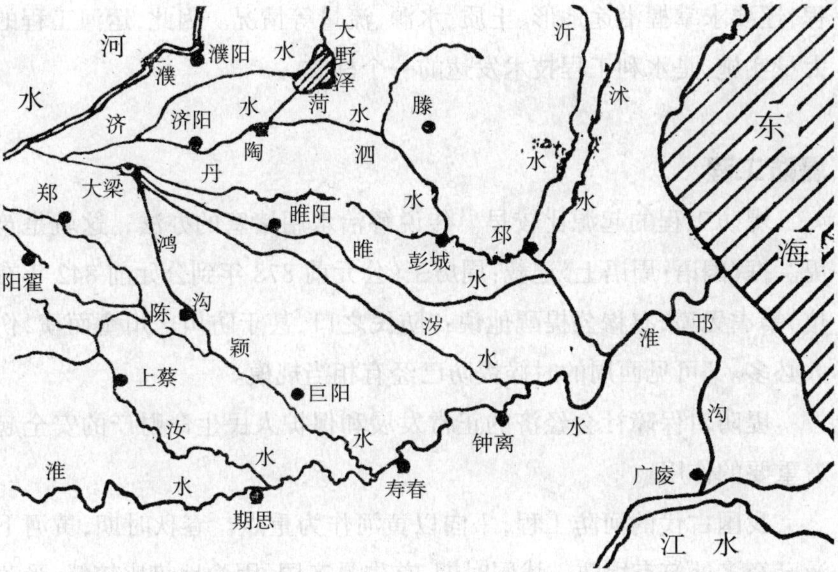

邗沟、鸿沟经行示意图。

了新的要求。于是,各国都重视开挖人工运河的工作,以克服天然河流本身条件的限制,扩大水运交通。

这时期，人工开凿的运河很多。最早的是沟通陈国和蔡国间的一条。以后楚国在汉水、云梦,吴国在江、淮、太湖,齐国在山东淄、济,魏国在黄河以南的荥阳等地,也开凿了运河。其中最为后世称道的,是吴国沟通长江和黄河的邗(hán)沟和魏国沟通黄河和淮河的鸿沟。

吴国为了北上和齐、晋争霸,炫耀自己的水军,在吴王夫差(?–前473,公元前495年到前473在位)十年(公元前486年),动员人力开凿邗沟。从邗(今江苏扬州东南)向北开凿,经射阳湖到末口(今江苏灌南县北)和淮河相通。吴国水军得以从长江经邗沟进入淮河,再沿淮河支流泗水,沂水,就可以到达齐国国境。后来隋代开凿大运河,就部分地利用了这条水道。它的经济价值在东汉以后逐渐显著。

鸿沟是战国中期魏惠王（公元前369年到公元前318年在位)兴建的一条人工运河,同样也是出于政治上的需要。鸿沟北接黄河,南和淮河北面的几条支流相联,在黄河和淮河之间构成了一个通航水系。

开凿人工运河是一项复杂的水利工程，不但需要设计闸坝等工程，还要求掌握沿途地形、土质、水源、流量等情况。因此，运河工程的大量实施，是水利工程技术发达的一个标志。

堤防工程

堤防工程的起源比较早。传说鲧治水用堵塞的办法，这就是筑堤。据《国语·周语上》记载：周厉王（公元前878年到公元前842年在位）暴虐无道，召穆公提醒他说："防民之口，甚于防川。川壅而溃，伤人必多。"可见西周的时候堤防已经有相当规模。

堤防对保障社会经济的正常发展和保护人民生命财产的安全起着重要的作用。

我国古代的河防工程，一向以黄河作为重点。春秋时期，黄河下游已经多处筑有堤防。战国时期，首先是齐国，因为地势比较低，受黄河洪害比较严重，于是筑堤以防洪。接着，赵、魏也效法筑堤保护自己国境的那一段地带。各国堤防相邻的部分，既有共同的利害，自然就相互衔接起来了。这样就初步形成了保护流域地区安全的比较连贯的黄河堤防。在当时群雄分立的情况下，堤防的系统修建具有重要的社会意义。

修筑和保护堤防的技术，这时也有明显的进步。如魏国的水利专家白圭，能及时发现堤防上白蚁的洞穴，并且能"塞其穴"①，解决了保证堤防安全的一个大问题。《管子·度地》篇里还系统地叙述了关于堤防的设计、施工、保护等技术问题，是对堤防工程技术的很好总结。

陆　区域地理著作的出现

地理知识增长达到一定的水平

大型水利工程的兴建，表明春秋战国时期人们对地形、地理知识已经增长达到一定的水平。

①见《韩非子》。

人们对地理知识的增长，和人们活动区域的扩大密切相关。夏代的政治、经济势力主要在黄河中游。商代已经从黄河中、下游向南扩展到长江以南，北面达到了现今的内蒙古、宁夏河套以北。到了周代，政治、经济势力影响所及的地域比商代更加扩展。春秋战国时期，列国争霸，东南沿海一带和西南地区都得到比较大的发展。由于不同地区之间加强了政治经济和文化的联系，人们对各地区的自然地理情况就有了更多的认识和了解，积累了大量耳闻目睹的有关资料。

就在这个时期，对这些资料进行某种形式的综合论述，以服务于生产和政治的需要，已经是水到渠成，势所必然的了。

于是，出现了我国最早的区域地理著作《山海经》和《禹贡》。此外，在《管子》等书里也有不少关于地理方面的知识。

《山海经》

《山海经》一书的作者和成书年代都没有考定。大约原来是口头传说，可能在战国时期记录成文，以后秦汉又有增补。

《山海经》由《山经》、《海经》、《大荒经》三部分组成。《山经》是写作时间最早，地理知识最多的部分。《海经》和《大荒经》是以后陆续增补而成的，如《海经》里就有汉代的地名。

《山经》从取材、内容到结构都比较朴素，第一次对黄河和长江流域以外的广大地区进行了自然环境方面的综合概括。

《山经》的特点是以山为纲展开叙述的。它先按方位分成中、南、西、北、东五大区，每一区又分成若干山系，每一山系按方向、道里把一个个山岳连接起来。就这样有条不紊地罗列出了 477 座山。

《山经》对每一山岳详略不同地记述了关于位置、水文（包括河流的发源、流向以及湖泊、沼泽等）、动植物（包括形态、性能和医疗功效）、矿产（包括产地和色泽等特点），以至神话传说等，构成了全书的主要内容。

《山经》还有不少有关各地自然地理特点的宝贵记述，如有关南方

《山海经》图。

的岩溶洞穴，北方的河水季节性变化和潜流现象，西部高山的寒冷气候。书里还记述了华北、华中、华南和东部沿海等地最有代表性的动植物，所举的动植物种类和产地自然条件的特点基本相符。例如：在《南山经》记有“多桂”、“多象”、“多白猿”，反映了热带和亚热带的特点；《中山经》记有“多桑”、“多竹箭”，“多漆”，反映了黄河以南和长江中游地区的特点；《北山经》记有“多马”、“多橐驼”，《西山经》记有“多松”、“多犀、兕、熊、罴”①，反映了温带和干旱地区的特点；而《东山经》记有“多茈鱼”②、“多文贝”，反映了我国东部沿海地区的特点。书里记载了金属矿产地 170 多处，有金、银、铜、锡等十多种金属矿；玉石的产地记述得更多。

《山经》里以《中山经》记述的最详细，它的地理范围主要是自古以来经济、文化比较发达的中原地区。可能作者就是这个地区的人。

《海经》和《大荒经》的内容，多是传闻和神话，在科学史上的学术价值远不如《山经》。

《禹贡》

《禹贡》是《尚书》里的一篇，但是它是后来增补进去的，成书也在战国时期，可能比《山经》稍晚。

《禹贡》在地理知识和地学思想方面都比《山经》前进了一步。《山经》还只是限于地理事实的罗列，《禹贡》已经从各种地理现象中选择某些因素做标志，进行分区和区域对比。作为一部地理学著作，它的价值远远超出《山经》。

《禹贡》文字简洁明确，全书只有 1200 字左右，主要由“九州”、“导山”、“导水”、“五服”四部分组成。

“九州”部分主要依据自然条件中的河流、山脉和大海的自然分界，把所描述的广大地区分做冀、兖、青、徐、扬、荆、豫、梁、雍九州。这种区分带有自然区划思想的萌芽，对各州的山川、湖泽、土壤、植被、田赋、特产和运输路线等方面的差异进行对比，大都能够比较好地说

①兕(sì)，古书上指雌的犀牛。罴(pí)指马熊。

②茈(zǐ)，原义是紫草，可以作紫色染料，因此泛指紫色。

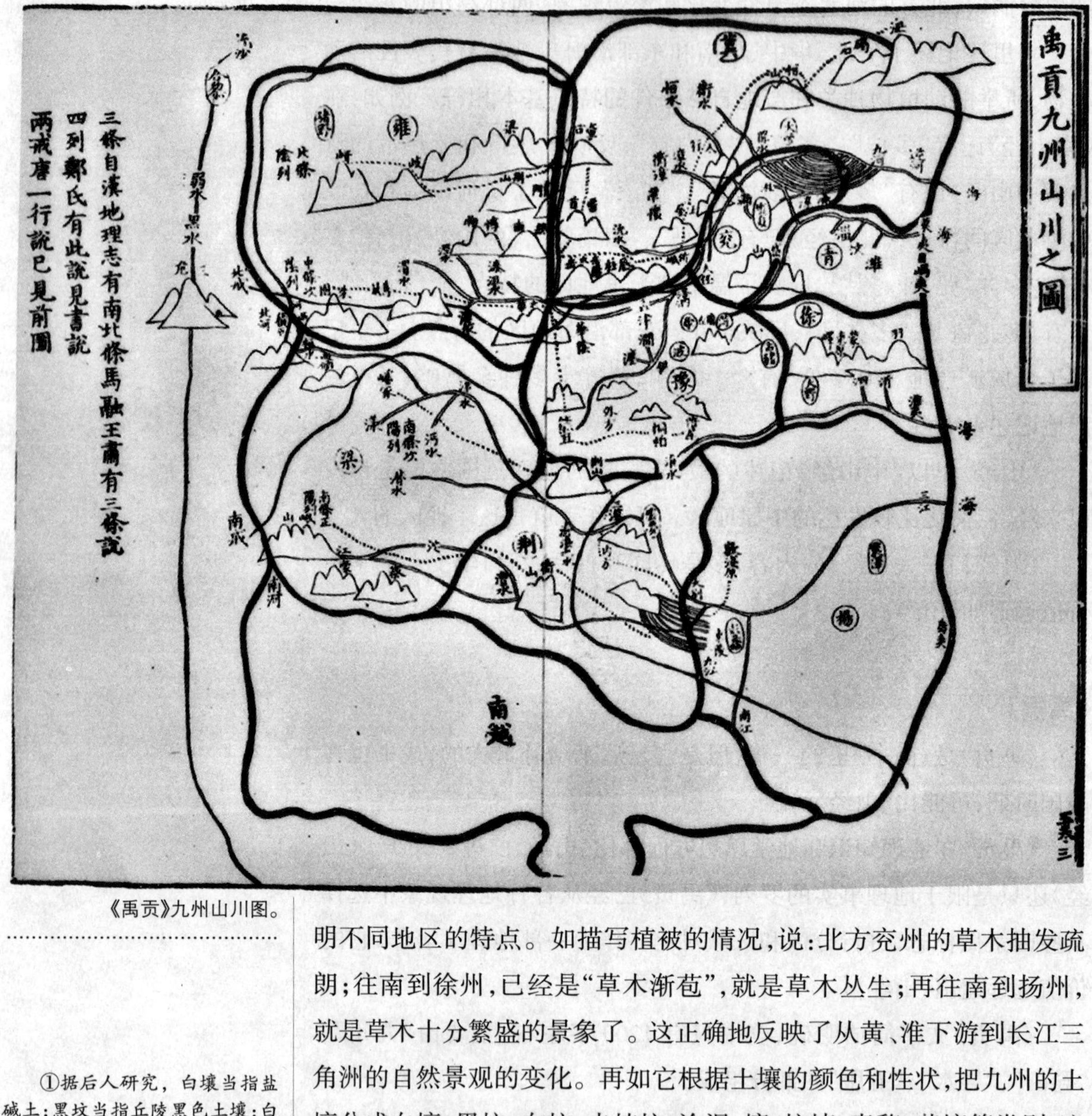

《禹贡》九州山川图。

明不同地区的特点。如描写植被的情况，说：北方兖州的草木抽发疏朗；往南到徐州，已经是“草木渐苞”，就是草木丛生；再往南到扬州，就是草木十分繁盛的景象了。这正确地反映了从黄、淮下游到长江三角洲的自然景观的变化。再如它根据土壤的颜色和性状，把九州的土壤分成白壤、黑坟、白坟、赤植坟、涂泥、壤、坟垆、青黎、黄壤等类别。这一分类是合乎科学道理的①。

“导山”部分，比《山经》具有更明确的山系概念。它从北而南顺序列出四条东西伸延的山列。先把渭水以北和潼关以东的黄河北部诸

①据后人研究，白壤当指盐碱土；黑坟当指丘陵黑色土壤；白坟当指丘陵灰壤；赤植坟当指丘陵红色粘土，“植”通“埴”；涂泥当指湿粘土；壤当指无块的柔土或冲积土；坟垆当指丘陵的坚硬土壤；青黎泛指黑色土壤；黄壤当指黄土。

山列作一条，包括从陕西的岍山[①]、岐山开始，向东到近渤海的碣石山，共12座山。其次把黄河南岸从青海的西倾山到山东的陪尾山，共8座山，列作一条。再把汉水流域从陕西嶓冢山[②]到湖北、河南交界的大别山，共4座山，列作一条。最后一条是由长江流域的岷山、衡山和敷浅原[③]三座山组成。所列各山系都是从西向东伸延，西部集中，东部分散，准确地反映了我国地形西部多高山，东部多平原的特点。

"导水"部分叙述了九条河流的水源，流向、流经地区、所纳支流和河口等，是我国水文地理的先河。各水系的叙述自北而南，先主流后支流，井然有序，使读者对九州之内河流水系的分布概况一目了然。它和"导山"两部分，是我国古代地理学对山脉和水系进行专门研究的肇端，对以后的研究影响很大。

"五服"部分表达了作者要求大一统的政治思想。这正是战国时期人们要求改变诸侯割据局面、实现国家统一的愿望的反映。而这也正是《禹贡》的作者能不受当时割据形势的局限把广大地区作为一个统一的整体来叙述的原因。

《管子》一书里的地理学知识

春秋战国时期，除上面所说的两部比较专门的地理著作外，在《周礼》、《左传》、《孙子兵法》[④]等书里，也保存有不少地理学方面的资料。《周礼·夏官》里有一篇《职方》，由职方氏所掌的职务进而说到九州的区划和九服[⑤]的远近，以及九州重要的山镇、泽薮、川浸、物产、男女、畜种和谷类，所记和《禹贡》不尽相同，却同样是古代有价值的地理著作。另外《管子》一书里也有许多关于地理学的知识。

《管子》里有《地图》篇，专论地图。此外，《地员》、《度地》等篇，也有关于土壤地理、植物地理、水文地理以及地理因素间相互关系的认识等方面的内容。

《地员》篇有一部分专论土壤，它比《禹贡》的论述更加深入详细。它根据土色、土质、结构、有机质，盐碱性、肥力等各方面特点，结合地形、

①岍(qiān)山在今陕西西部陇县西南。

②嶓(bō)冢在今陕西汉中地区宁强县北。

③敷浅原，《汉书·地理志》以为是今江西德安南博阳山，南宋朱熹(1130–1200)以为是今江西庐山。

④《孙子兵法》也称《孙子》，是我国最早的兵书，春秋时期吴国兵家孙武著。

⑤九服指京畿以外的九个分区，也叫九畿，以王畿作为中心，自内而外，每500里算一畿。

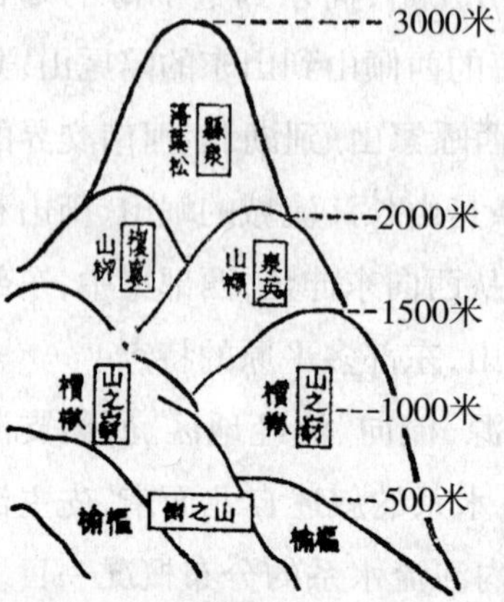

植物垂直分布现象示意图。

水文、植被等条件，把土壤分成“上土”、“中土”、“下土”三等，每一等又分成六类。如被认为是“群土之长”的“悉土”，具有排水良好、蓄水力强的特点；被认为是“下土”之一的“埴土”，是一种重粘土，加水才散，干后易裂。它把华北地区的土壤分成悉土、赤垆、黄唐、斥埴、黑埴五类，并且对这几类土壤作了深入的分析，考虑到土壤和地形、地势、地下水、成土母质以及因高度而变化的气候、植物等自然因素之间的相互影响。这是我国土壤地理学方面颇有价值的早期论述。

《地员》篇里还有极可宝贵的植物地理学知识。这是经过实地考察而记载下来的。通观它的内容，主要是讨论各种土地对于农林生产的优缺点，着眼点却在于土地和植物的关系上。它记述了在土质优劣、地势高低、水泉深浅不同的土地上所宜生长的各种不同植物，并且在这基础上得出了“凡草土之道，各有谷造，或高或下，各有草物”的重要结论。这个结论包含两层意思，一是说植物的生长同土壤性质有关，不同质的土壤，所宜生长的植物各不相同。二是说植物的分布和地势高下有关，已经注意到植物垂直分布的现象，还具体列举了一个山地植物垂直分布和一个小地区里植物分布的例子。这也是我国植物生态学方面颇有价值的早期论述。

《度地》篇专论水利，有一段关于水文地理的论述：天然河道的水流，流到弯曲的地方，会产生回水。回水滞留积聚，水势高涨，遇低平

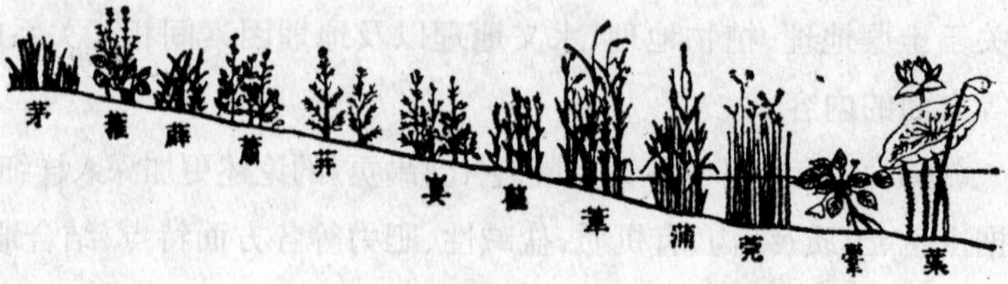

小地区里植物分布高下示意图。

河床，就平缓地向前流去，而碰到坡度比较大的河床，水流就湍急，流经弯曲河道的时候就会冲决。流经弯曲河道的时候水流激荡，水流激荡就会偏转，偏转就会打漩，水打漩就会向中间卷，产生泥沙沉积，造成河道堵塞。河道堵塞了，水流就要另找出路，冲决河道而泛滥成灾。这里已经提出了流水作用的规律。

柒 天文学和数学的进步

农业生产的发展促进天文历法的进步

由于农业生产的发展，春秋战国时期，天文历法有了明显的进步。在古代，天文学往往和占星术相联系。

春秋战国时期，各诸侯国都有自己有名的天文学家，其中以齐国的甘德和魏国的石申最知名。

甘德、石申的活动年代大约在战国中期（公元前 4 世纪）。甘德著有《天文星占》和《岁星经》等书，石申著有《天文》一书。原书虽然早已佚失，但是从《史记》、《汉书》和《开元占经》[1]等书的引文，还能了解它们的大概。

关于五大行星的知识

甘德、石申测定了几个行星的会合周期。所谓行星的会合周期，就是某一个行星前后两次和太阳在同一方向上（这叫“合”）或和太阳在相背方向上[2]（这叫“冲”）所间隔的时间。他们测定水星会合周期是 126 日（现在测定是 115.88 日），金星是 620 日和 732 日（现在测定是 583.92 日），木星是 400 日（现在测定是 398.88 日）。他们又测定火星的恒星周期是 1.9 年（现在测定是 1.88 年），木星是 12 年（现在测定是 11.86 年），所谓恒星周期就是某一行星前后两次和某一指定恒星在同一方向上所间隔的时间，也就是行星绕太阳公转一周的时间。这里有的误差虽然比较大，但是这表明当时对行星运动的研究已经向定量化方向发展了。

①《开元占经》是唐代开元年间（公元 713–741 年）编的一部历代天文学著作总集。

②这里所谓同一方向在天文学上就是说黄经相等，相背方向就是黄经相差 180°。黄经就是在天球上和黄道垂直的黄经圈的度数。

甘德、石申还发现了火星，金星等的逆行现象。这是因为地球和其他行星都在绕太阳公转，从地球上看行星在天空恒星间的运行，一般多是从西向东，这叫顺行，有时由于地球运行角度相对地比行星大，行星在天空恒星间的运行方向变成从东向西，这叫逆行。甘德说："去而复还为勾，再勾为巳。"石申说："东西为勾，南北为巳。"[①]这是说行星从顺行转到逆行的轨道描成一勾，从逆行又回到顺行，就把一勾变成一个"巳"字形。这是经过长期系统观测才能取得的成果。

据《开元占经》记载，甘德曾说木星"若有小赤星附于其侧，是谓同盟"。据研究，这可以理解做甘德已经发现了木星的卫星。甘德所说的"小赤星"，可能指的是木卫三。这说明甘德的观测是十分精细的。

二十八宿和关于恒星的观测

为了确定日月五星和其他天象所在的位置提供描述的依据，春秋战国时期，沿黄道和天赤道[②]把附近的天区划分成 28 个区域的所谓"二十八宿"（xiù）体系已经齐备了。近来考古工作者在湖北随县战国早期的墓葬里，出土了绘有二十八宿分布图象的漆箱盖，这是到现在为止已经发现的最早的关于二十八宿的实物佐证。

湖北随县曾侯乙墓出土的漆箱盖面星象图。

又据《开元占经》所引，甘德、石申以及另外的所谓"巫咸"三家，除有二十八宿的划分外，对天赤道以南和以北的其他天区也作了各自不同的划分，叫做"中官"、"外官"，并且指明了各星官的星数以及相邻星官之间的相对位置。特别值得注意的是，在所引石申论恒星的部分，载有 121 颗恒星的位置记载，这是世界上最早的恒星表，我们现在叫它"石氏星表"。这一星表可能是石氏学派在石申之后经四五百

①据《开元占经》引文。

②天赤道指地球赤道面和天球相交的大圆。黄道和天赤道之间的交角是 23 度 27 分。黄道和天赤道的两个文点，一个叫春分点，一个叫秋分点。过春分点的黄经圈的黄经是零度。

长沙马王堆3号汉墓出土的帛书《天文气象杂占》。

年长期观测的总汇，而它的肇始是石申所测定的二十八宿距度和若干恒星的入宿度①。

天象观测

春秋战国时期，人们已经十分重视对异常天象的观测，而且留下了记载。

关于日食的记录，在这一时期大约有50次，其中仅《春秋》一书，就载有鲁隐公元年（公元前722年）到鲁哀公十四年（公元前481年）间的37次日食。经分析，有33次是可靠的。

据《左传》记载："鲁庄公七年夏四月辛卯夜，恒星不见，夜中星陨如雨。"鲁庄公七年是公元前687年。这是世界历史上关于天琴座流

①每一宿里取作定位置的标志星叫做这一宿的距星。本宿距星和下宿距星之间的赤经差叫本宿的距度。二十八宿之外的其他恒星离本宿距星的赤经差叫这颗恒星的入宿度。一颗星的赤经就是过这颗星的赤经圈和过春分点的赤经圈在北天极所成的角度，或在天赤道上所夹的弧长。赤经圈是天球上和天赤道垂直的过天北极、天南极的大圆。

星雨的最早记录。从这以后，我国古代的流星雨记录，据不完全统计，有 180 次以上。

据《春秋》记载，“鲁文公十四年秋七月，有星孛入于北斗。”鲁文公十四年是公元前 613 年。这是世界历史上最早的一次哈雷彗星记录。我国历史上有哈雷彗星的最完整的记载，从战国末年秦始皇七年（公元前 240 年）到清宣统二年（1910 年），哈雷彗星共出现 29 次，在我国历史上每次都有记录可查。这些天象记录，为现代天文学的研究提供了十分珍贵的资料。

在长沙马王堆 3 号汉墓出土的帛书里，有画着形态各异的彗星图 29 幅。据考证，这些图大概是战国时期楚人汇集的对彗星观测的成果。图上彗尾有宽有窄，有长有短，有直有弯，条数有多有少，十分逼真地反映了彗尾的不同形态。彗头画成一个圆圈或圆形的点，有的圆圈中心又有一个小圆圈或圆点，这可能表明当时人们已经注意到彗头有彗发和彗核两个部分。这些都显示当时人们对彗星观测的精细程度和所获得的宝贵认识。

古四分历法

由于天文观测资料的积累，更由于农业生产对“天时”提出了更趋严格的要求，在春秋后期和战国时期，历法有了显著的进步。

当时各诸侯国分别使用黄帝、颛顼、夏、殷、周、鲁各种历法，一般叫做“古六历”。古六历并不真是黄帝、颛顼等古帝制定的，而是春秋战国之间的人伪托的。这六种历法其实所取的基本数据都相同，不同的只是各种历法规定的历法起算年份（所谓“历元”）和一年起始的月份（所谓“岁首”，如夏历建寅，殷历建丑，周历建子，就是分别以寅月、丑月，子月作为正月）。

古六历也叫“古四分历”，以别于东汉元和二年（公元 85 年）实施的四分历（也叫“后汉四分历”）。它测得一回归年长度是$365\frac{1}{4}$日，因为岁余是 1/4 日，所以叫四分历。它测得朔望月的长度是$29\frac{499}{940}$日，每 19

年插入七个闰月。这些数据在当时世界上都是十分先进的。

古四分历的出现，标志着我国古代历法已经进入比较成熟的阶段。它已能比较好地确定节气和朔望时刻,使回归年和朔望月的关系得到很好的调节，确立了我国古代传统的阴阳合历的严整的历法形式。二十四节气的独特创造,经历了长期的发展过程,到战国末期也已经齐备了,更加丰富了历法的内容。

秦国使用的颛顼历，到后期大概已经包括了推算行星位置的内容。长沙马王堆出土的帛书里,载有从秦始皇元年(公元前246年)到汉文帝前元三年(公元前177年)凡70年间木星、土星、金星和恒星的相对位置表,以及它们在一个会合周期里的动态表。如对金星,在一个会合周期里分做晨出东方、顺行、伏、夕出西方、顺行、伏然后再是晨出东方这样几个大的阶段,而且对第一次顺行给出先缓后急两个不同的速率,对第二次顺行更给出由疾到缓三个不同的速率,这是后世历法经过继续发展的五星动态表的先河。它所给出的金星会合周期是584.4日，比现在测定的值只大0.48日；土星的会合周期是377日,比现在测定的值只小1.09日。这说明战国后期人们对行星运动的研究比甘德、石申时代又有了比较大的进步。

天文观测仪器

春秋战国时期,漏壶的使用已经是习见的事。漏壶也叫漏刻或刻漏,是用来测时间的。

用圭表观测日影来确定季节的技术,在春秋战国时期也已经比较成熟了。

虽然现在还没有确切的文献资料或出土实物,但是从石申留下的关于行星和恒星位置的记载,可以推定,这时已经有了测定天体方位的仪器,这种仪器应该就是后来所谓"浑仪"的雏形。

正是这些虽然简陋却很有用的天文观测仪器,为春秋战国时期天文学走向定量化提供了条件。

筹算法的发展和十进位值制的确立

春秋战国时期，天文历法的进步需要复杂精确的计算；赋税和商业活动需要简捷的计算；工艺规范化和标准量器的使用，建筑工程和大型水利工程的兴建，也都对计算方法的改进和发展提出了要求。这一时期数学上进步的主要标志，是筹算法的发展和十进位值制的确立。

我们在上一章提起过，算筹作为计算工具，以及用算筹进行简单的四则运算，可能在西周或更早一些时候就已经产生了。《老子》[1]一书里有“善计者不用筹策”的说法，可见春秋战国时期算筹的使用已经相当普遍了。1954 年在湖南长沙一座战国晚期楚墓出土过算筹实物，1978 年在河南登封出土过战国早期刻有算筹记数的陶器，战国时期的货币也有用算筹记数作为纹饰的。

用筹来表示一个单位数，有纵式和横式两种，分别代表一、二、三、四、五、六、七、八、九：

纵式 𝍠 𝍡 𝍢 𝍣 𝍤 𝍥 𝍦 𝍧 𝍨

横式 𝍩 𝍪 𝍫 𝍬 𝍭 𝍮 𝍯 𝍰 𝍱

记数的时候，个位用纵式，十位用横式，百位又用纵式，千位又用横式，这样纵横相间，遇零空位，就可用筹摆出任何自然数。如 1986 可以摆成𝍩𝍨𝍰𝍥，2049 可以摆成𝍪 𝍬𝍨。这种记数法就叫十进位值制，“十进”是指逢十进一，“位值”是指同样的一个数在不同位置上表示不同的值，如同样是二，在个位表示 2，在十位表示 20，在百位表示 200，等等。十进位值制记数法既简洁，又便于计算，是一项杰出的创造。据考证，我国是使用十进位值制最早的国家。现在世界通用的阿拉伯数字的记数法也是十进位值制，那是印度在公元 6 世纪才开始使用的。

筹算的四则运算这时已经完备。上一章提到过，乘法口诀在春秋早期已经成为普通常识。这时已经有了分数运算的方法，如古四分历

①《老子》相传是春秋末期老聃(dān)所著，但是从书的思想内容和涉及的某些问题看来，这部书可能是在战国初期编定的，基本上保留了老聃本人的主要思想。老聃也称李聃或李耳。

里的基本数据就是用分数表示的，这就不能不有相应的运算方法。《考工记》一书里在讲到六齐和制造车辆、箭矢中都用到分数的概念。

《考工记》还涉及到角度和标准量器容积的计算。秦汉时期成书的《九章算术》[①]，内容包括方田、粟米、衰（cuī）分、少广、商功等章，所涉及的计算问题和方法绝大部分是在战国时期产生的。关于《九章算术》，我们将在第二编里加以论述。

另外，在《墨子》一书里也有关于数学的知识，我们留到下一节再讲。

捌《墨经》里的数学、力学和光学知识

《墨经》是《墨子》里的重要篇章

据《汉书·艺文志》，《墨子》全书共71篇，现存53篇。其中《经上》、《经下》、《经说上》、《经说下》四篇[②]，别称《墨经》，是《墨子》里的重要篇章。

墨翟本人曾经做过制作器具的工匠，他的门人弟子也多半是来自社会下层的能工巧匠。他们大多亲身参加劳动，广泛接触到生产实践中遇到的各种问题，并且善于总结，勇于创造，提炼出不少科学知识。

墨家对自然科学的研究成果，大多记录在《墨经》里，这方面的成就突出地表现在数学、时空观念、力学和光学知识方面。

数学知识和时空观念

关于数学，《墨经》里主要是在几何学方面，对一些几何概念作了抽象概括，提出了一些科学的定义。

《墨经》里用同样高低来定义“平”：“平，同高也。”又用三点共线来定义“直”：“直，相参也。”又说，当两直线的两个端点正相吻合的时候，这两直线的长度相等：“同长，以正相尽也。”

①《九章算术》系统总结了战国，秦、汉一段时期创立并巩固起来的数学成就，经多次增补，至迟在公元1世纪已经有了现传本的内容。参看第135-138页。

②一说《墨经》还包括《大取》、《小取》两篇，共6篇。

《墨经》里说："圜，一中同长也。"这相当于现代数学里圆的定义：圆是和中心一点等距离的动点的轨迹。

对点、线、面、体等概念，《墨经》也分别给予说明。《墨经》里还有类似于极限观念的思想，认为一件东西斫了一半再斫一半，这样一半一半斫下去，最后不能再斫了，就成了"点"。"非半弗新则不动，说在端[1]"。"新"（zhuó）同斫，"端"就是点。这些都可以算是数学理论的萌芽。

《墨经》还讨论了时间、空间和时空之间的关系。它说："久，弥异时也。""久"就是"宙"，"宙"包括所有不同的时间。又说"宇，弥异所也。"就是说，"宇"包括所有不同的场所。它指出，物体的移动必然经过一定的空间和时间，随时随地都有它特定的处所；空间位置的变迁是和时间的流逝紧密地结合在一起的。它把空间和时间统一于物质的运动之中，是有关时空之间的辩证统一关系的精采论述。

力学知识

墨家从对具体事物的观察和研究中，抽象出一些有意义的力学问题。

《墨经》里提出了力的定义，墨家是从人的体力概念中引伸出来的，说："力，刑之所以奋也。""刑"同"形"，指人体。这就是说，力是人体所具有的使运动发生转移变化的手段。他们用自下而上把重物举起的过程作为人体用力的例子，说："下举重，奋也。"对力的这一定义和说明既朴实，又确切。

春秋战国时期，杠杆和衡器的使用已经很普遍。墨家科学地分析了杠杆平衡的问题，指出杠杆的平衡不仅由加在力点和重点上的重量决定，而且和力臂、重臂的长短有关。他们把重臂叫做"本"，把力臂叫做"标"。比如一根杆秤，秤砣（权）可以看做是"力"，秤盘里的重物可以看做是"重"。在称重物的时候，秤盘悬挂点（重点）和秤纽（支点）的距离（重臂）短，秤砣悬挂点（力点）和秤纽（支点）的距离（力臂）长。所以《墨经》里说："权、重相若也，相衡，则本短标长。"意思是说秤砣和

①这里的"端"也可以理解成和现在的"原子"相当，表达了物质分到最后达到不可再分的"原子"的观点。

重物相当的时候，秤就平衡，这时就重臂短而力臂长。他们进而说明，如果在力点和重点再加上同样重的东西，那么力臂要下垂[①]，并且得出结论，臂长的、物体重的一端要下垂，臂短的、物体轻的一端要上翘[②]。这是有关力和力矩的定性总结。

此外，《墨经》还记述了其他一些力学原理和现象。比如讲到：就同样的载重量来说，浮体（如船）的形体小的时候，在水里沉下的部分深些；形体大的时候，在水里沉下的部分浅些[③]。也就是说，观察到浮体的形体大小和下沉深浅之间有一定的平衡关系。这是关于浮力原理的朴素直观的描述。又如直观地描述了运动物体停止的现象。《墨经》说："止，以久也。""无久之不止。"对于这两句话，有人认为只是说物体运动经过一定时间才停止，把"久"作经过一定时间解释；有人认为这里的"久"作撑住解，意思是运动物体只有加以阻止才停止，不加阻力就不停止。

光学知识

光的直线传播原理，是人们观察了大量事实得到的认识。为了阐明光的这一性质，墨家作了世界上第一个小孔成倒像的实验。在一间黑暗的小屋朝阳的一面墙上开一个小孔，人对着小孔站在屋外，屋里相对的墙上就会出现一个倒立的人影。对这一现象，墨家解释说：光照人犹如射箭一样，是直线进行的。人的足部遮住了下面来的光，穿过小孔成影在上边；人的头部遮住了上面来的光，穿过小孔成影在下边。这就形成了倒立的影。[④]这既明确地阐述了光直线传播的原理，又科学地解释了小孔成像的现象[⑤]。

《墨经》对运动着的物体影子动和不动的关系，作了辩证的说明。运动物体的影子看去仿佛随着物体运动而移动，实际上不是影子在移动，而是前一瞬间的影子随着物体移动到新的位置而消失，后一瞬间新的位置上的物体又形成新的影子。[⑥]墨家还解释了本影和半影的现象，认为是物体受到双重光源照射的结果。[⑦]

①《墨经》原文是，"两加焉，重相若，则标必下。"

②《墨经》原文是："长、重者下，短、轻者上。"

③《墨经》这段原文有几个误字，校正后应该是，"形之大，其沉浅也，说在衡。"

④《墨经》原文经校正误字后是："景倒"，"光之照人若射。下者之人也高，高者之人也下。足蔽下光，故成景于上，首蔽上光，故成景于下。""景"通"影"。

⑤这里由于是人遮住光线所产生的，所以实际上是"成影"而不是"成像"，但是原理是类似的。小孔成像是指由物体发射或反射的光线通过小孔而成倒像。

⑥《墨经》原文经校正误字后是，"景不徙，说在改为。""光至，景亡；若在，尽古息。""古"通"姑"。

⑦《墨经》原文是，"景二，说在重。""二光夹一光，一光者景也。"

我国制造铜镜的技术既古老，又发达。考古工作者在新石器晚期齐家文化遗存里已经发现一面比较原始的铜镜。商周时期的铜镜出土的很多，大多是平面镜，也有凸面镜和凹面镜。对于铜镜的成像原理，也是墨家感兴趣的一个课题。

《墨经》指出："临鉴而立，景倒。"这里的"鉴"指平面镜，书里也叫"正鉴"。"景"通"影"，但照现在物理学上的说法应该是"像"而不是"影"，在当时影、像不分。所谓"景倒"，一说是人站立在平面镜之上，他的像是倒立着的。一说这个"倒"字不必拘泥于"倒立"的意思，只是说人站在平面镜前面，像是相反的：比如人面南立，像面北立，人的左手在镜子里的像却在右边，等等，人和像的关系就像左手和右手的关系，可以手掌对手掌相对地叠合，却不能一只手掌压在另一只手背上同一方向地叠合，这个关系也是"倒"。《墨经》又指出："正鉴，景寡。"意思是平面镜只成一像。"鉴、景当俱就；去亦当俱，俱用背。"意思是说，镜子移近人，像也同时移近人；镜子离开人，像也同时离开人，而且是向背后退去的。

关于凸面镜，《墨经》指出："鉴团，景一。"鉴者近，则所鉴大，景亦大；其远，则所鉴小，景亦小；而必正。景过正，估炤。""鉴团"就是凸面镜，不管物体在镜前什么地方，都只有一个像。这个像总在镜后，是正立的（虚像），而且比实物小。这里"炤"是短的意思。不过镜前的实物离镜面近，所成的虚像就大些；镜前的实物离镜面远，所成的虚像就小些。

《墨经》对凹面镜成像说得更详细。"鉴洼，景，一小而易，一大而正，说在中之外、内。""中之内：鉴者近中，则所鉴大，景亦大；远中，则

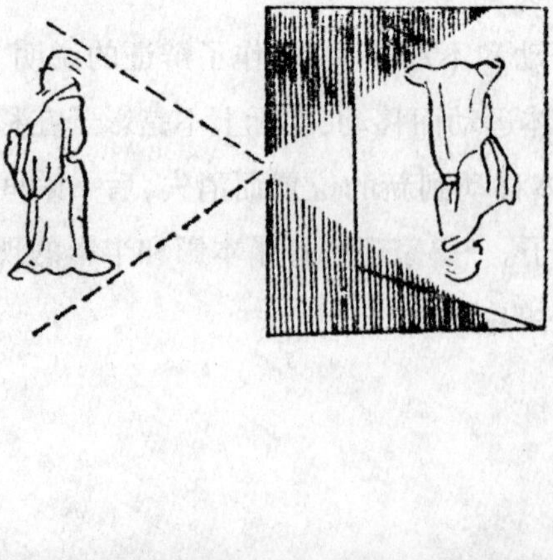

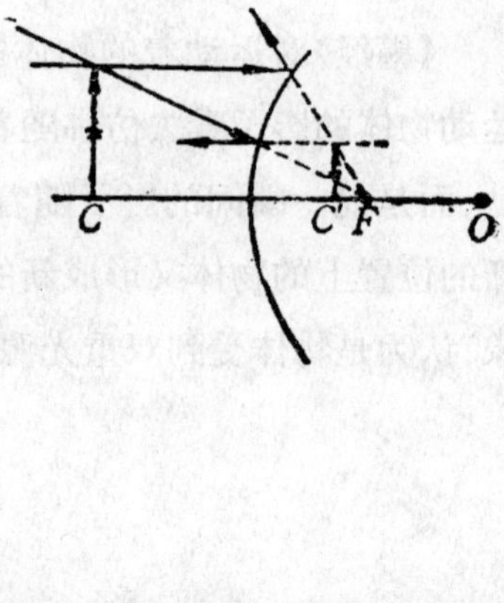

左 小孔成像示意图。
右 凸面镜成像示意图。

所鉴小，景亦小；而必正。”“中之外：鉴者近中，则所鉴大，景亦大；远中，则所鉴小，景亦小；而必易。”“鉴洼”就是凹面镜。凹面镜成像，要看实物放在球面中心之外还是之内而定，之外的是比实物小的倒像（“易”是倒的意思）；之内的是比实物大的正像。如果实物放在球面中心之内，离中心近的像大，离中心远的像小，都是正像。如果实物放在球面中心之外，离中心近的像大，离中心远的像小，都是倒像。墨家的这个论断大体上是符合实际的，只是在实物放在球面中心之内的情况：如果离中心大于球面半径一半的时候，上面的论断是正确的；如果离中心小于球面半径一半的时候，不是近中景大，远中景小，而是近中景小，远中景大，也不是正像，而是倒像。这里所谓离中心等于半径一半的一点（也就是离镜面中点等于半径一半的一点），叫做焦点。墨家已经知道球面中心和焦点的区别，把球面中心叫做“中”，把焦点叫做“中燧”，但是在考察成像的时候，没有注意到实物在球面中心之内而在焦点之外的情况，也没有提到实物恰好放在球面中心或焦点处的情况，这是美中不足。

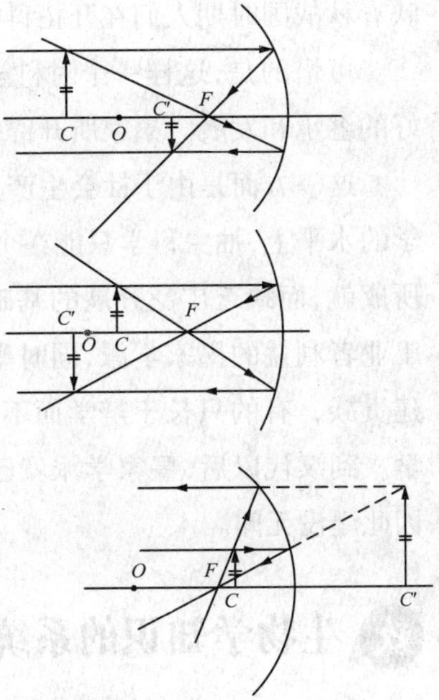

凹面镜成像示意图。

墨家对铜镜成像的这些论断，无疑都是通过实验观测得到的。虽然对铜镜成像的各种不同情况还只是经验性的描述，但是他们所开创的用实验手段引出合乎科学的结论的方法，在我国科学发展史上是值得重视的。

墨家所开辟的科学道路后继无人

墨家重视实验手段，从具体事物中抽象出概念，这种科学方法，反映春秋战国时期人们在开拓科学发展的道路上的新思想和新进展。

可惜的是，这样一个对科学发展有利的方向，在后世没有得到很好的继承和发展。墨家所开辟的科学道路后继无人。

这一方面是由于社会生产力所限，我国科学基本上停留在经验科学的水平上，抽象科学只能在个别人物或学派和有限的一些问题上有所成就，而缺乏广泛开展的基础。另一方面，封建统治者轻视代表手工业者利益的墨家学派，同时墨家后学也发生分化，有的转而依附封建贵族，有的只长于辩学而不攻科学，没有一个人能完整地传授墨学。到汉代以后，墨家学派就已经不复存在，它的科学方法和成就也因此湮没无闻。

玖 生物学知识的系统化和医学理论的初步建立

人们对动植物的认识更加深化

春秋战国时期，随着对于农业生产有关问题研究的不断扩大和深入，人们对动植物和它们周围事物的联系的认识也不断得到积累和丰富，产生了许多关于生物学的宝贵知识。

我们在讲地理著作的一节里提到《管子·地员》篇关于植物地理的知识。这些知识，广义上说属于植物地理学，狭义上说属于植物地理学的一个分支——植物生态学，植物生态学也是生物学的一个分支。

人们从原始时代起，就区分各种不同的动植物，分别给以各种名称。我们在第二章里已经提起过，甲骨卜辞和《诗经》里就有许多种动植物名称。在甲骨文字里已经可以看出，对动植物的命名，已经注意到从它们的外部形态进行粗略的分类。到了春秋战国时期，人们所认识的动植物种类大大增加，对它们的外部形态的认识也逐步深化。在这个基础上，人们采用比较和归纳的方法，对这些动植物作了进一步的分类，出现了我国古代动植物分类体系。

人们对动植物认识的深化，通过分类，也使生物学知识开始系统化。

关于动植物分类认识，散见于《周礼·地官》、《考工记》、《管子·幼官》、《尔雅》等书里。

《尔雅》一书为我国动植物分类系统奠定了基础

上面所说的各书中，《尔雅》一书在我国动植物分类学上占有特别重要的地位。

《尔雅》是在战国时期开始汇集的我国最早的一部词典，以后几经增补，最后成书可能已在西汉。

爾雅卷下
郭璞注
釋草第十三 釋木第十四
釋蟲第十五 釋魚第十六
釋鳥第十七 釋獸第十八
釋畜第十九
釋草第十三

《尔雅》书影。

《尔雅》里第一次明确地把植物分成草、木两类，把动物分成虫、鱼、鸟、兽四类。书里除其他事物名称外，关于动植物名称，专门有《释草》、《释木》、《释虫》、（释鱼）、《释鸟》、《释兽》、《释畜》七篇，《释畜》一篇主要讲家养动物。这一分类体系为我国后来的动植物分类发展奠定了基础。

《尔雅》里的《释草》篇包含100多种草本植物，《释木》篇包含几十种木本植物，这一分类和现在分类学的认识基本一致。

《尔雅》里的《释虫》篇所列举的80多种动物，大多是现在的所谓节肢动物，其余是现在的所谓软体动物，因此，虫类相当于现在分类学上的无脊椎动物。

《尔雅》里的《释鱼》篇列举70多种动物，限于当时的认识水平，用现在的分类学来对照，种类比较复杂。除以鱼类为主外，还有两栖类和爬行类（龟、鳖），这些就是所谓变温动物或凉血动物。另外还羼杂一些节肢动物和软体动物等，应该归到虫类。

《尔雅》里的《释鸟》和《释兽》所包括的156种动物，除个别外，分别和现在分类学上的鸟类和兽类相当。

《尔雅》在各类动植物的名称排列上，也有一定规律。它把相类似的动植物排在一起，实际上相当于在各类里又细分成小类。如在《释草》里把韭、葱、薤（xiè）、蒜排在一起，表明它们同属葱蒜类，和现在分类学上的葱蒜属相当。在《释木》里，从名称排列表明有桃李类、松柏类、桑类、榆类等。在《释虫》里，把不同种类的蝉排在一起，表明同属蝉类，相当于现在分类学上的同翅目蝉科。《释虫》里还有甲虫类，相当于现在分类学上的鞘翅目。此外还有蚁类、蜂类、蚕类等。《释鱼》里有鱼类，蛇类、蛙类等。《释鸟》里有雉类、鸱枭类等。《释兽》里有麋鹿类、虎豹类等。这些都表明人们对动植物观察的深入和认识的提高，为进一步认识和利用生物开拓了道路。

医和巫的进一步对立

西周时期，医和巫已经分开。春秋战国时期，随着医药学知识的积累和提高，医和巫进一步对立。巫祝认为鬼神致病，治病的方法就在于乞求神灵和驱除鬼魅。而医家却认为致病有各种不同的实际原因，应该使用专门的医学方法和药物来治病。

春秋时期，齐国国君生病，大臣晏婴就指出疾病是由生活上的原因所致，求神是无益的。据《左传·昭公元年》（昭公元年是公元前541年）记载，郑国的子产（?–前522）认为疾病是由"饮食哀乐"所造成，和鬼神无关，又讲到，秦国的名医医和提出了六气致病说，认为，"天有六气，……淫生六疾。六气曰阴、阳、风、雨、晦、明也，分为四时，序为五节，过则为灾。阴淫寒疾，阳淫热疾，风淫末疾，雨淫腹疾，晦淫惑疾，明淫心疾。"这是对疾病的产生进行广泛的理论概括的尝试，它把发病的原因归于自然界物质因素的作用，以及人体各部分功能失去某种平衡的结果，十分注意外界环境和疾病发生的关系，反映当时朴素唯物的病因论已经初步形成，和巫祝的鬼神致病论是针锋相对的。虽

扁鹊刺针图。

然这些理论还是原始的，但是它为人们去探索和巫术完全不同的诊断和治疗方法提供了重要的理论思想武器。

活动于春秋战国之际的名医扁鹊就是在这方面的一位积极的探索者。扁鹊姓秦，名越人，渤海郡鄚（今河北任丘县）人。他在医疗实践中提出"病有六不治"的原则，"信巫不信医"就是六不治之一，这表明了他和巫祝迷信势不两立的科学态度。在诊断上，他采用了望色、闻声、问病、切脉（这叫"四诊"）作为对人体进行客观检查的重要手段。《史记·扁鹊仓公列传》里说："至今天下言脉者，由扁鹊也。"这是司马迁对扁鹊在脉诊上作出重大贡献的确评。在治疗上，扁鹊采用了砭石、针灸、按摩、汤液、熨贴、手术、吹耳、导引等方法，这既说明了扁鹊医术的精湛，也证明了当时治疗手段的多样化。在处理具体病案的时候，扁鹊往往使用多种方法兼施的综合疗法。如对虢（guó）国太子的"尸蹷"①的病症，就使用了针灸、熨贴、汤液等方法，收到了显著的疗效。扁鹊行医足迹遍及今河北、河南、陕西一带，他在妇科、五官科，小儿科等方面都有很深的造诣，是一位受到人们爱戴的医家。

出现了专门的医药学著作

春秋战国时期，还出现了一系列专门的医药学著作。

前面提到过扁鹊。据《汉书·艺文志》，有《扁鹊内经》、《扁鹊外经》，已经佚失。

留传下来的我国最早的一部重要医学文献，是《黄帝内经》。这部

①"蹷"（jué）今通作"厥"，气逆上而眩仆的意思。"尸厥"类似现在所谓休克、假死。

长沙马王堆汉墓出土的帛画《导引图》复原图。

长沙马王堆汉墓出土的《五十二病方》。

书托名黄帝和岐伯讨论医学，用问答形式写成，据考证成书大概在战国晚期。这是一部内容丰富的医学理论巨著，是春秋战国时期大量医学家辛勤实践的总结。

《黄帝内经》简称《内经》，包括《素问》和《灵枢》两部分，共18卷162篇。它以论述人体解剖、生理、病理、病因、诊断等作为重点，并包括针灸、经络、卫生保健等广泛的内容，为祖国医学理论体系奠定了基础。

1972年到1974年，发掘长沙马王堆西汉墓葬，从3号墓出土了许多帛书，包括一部分医学书，有《足臂十一脉灸经》、《阴阳十一脉灸经》、《五十二病方》和《导引图》等篇。这些都是春秋战国时期关于经脉、医方和医疗体育的专著。前两篇分别论述了11条经脉的循行路线，以及相应的症状和疗法。《五十二病方》记有病名103种，医方280个，药名242种，表明方剂学和药物学已经有比较大的发展。《导引图》共有40多幅，是关于医疗体育的形象图，有为专治某种疾病而设计的动作，也有为锻炼身体的一般运动。所谓“导引”就是“导气令和”、“引体令柔”的意思。

下面我们主要就《黄帝内经》的内容作些阐述。

祖国传统医学中的整体观念

整体观念是《内经》指导临床诊断和治疗的重要思想方法之一。

它把人体各器官看作一个有机的整体。各器官的功能各有不同，但是它们之间又彼此关联。所以人体某个部位发生病变，可以影响到其他器官，而全身的状况又可以影响到局部的病理变化。

它又把人体和外界环境看作一个更大的整体，就是把人体放在一定的外界环境里进行考察和研究，考虑四时变化、地理水土、社会生活以至昼夜更替等因素的影响。

整体观念是祖国医学的一大特点，是完全符合辩证法的。

脏腑、经络学说和阴阳、五行学说

脏腑、经络学说是中医理论体系里用来说明生理、病理的一个重要理论。《内经》对这个学说作了比较全面系统的论述。

它认为五脏（心，肝、脾、肺、肾）是生命活动的重要物质精、气、血、津液等的贮藏所，分别具有联系全身某些组织器官和主宰人的精神活动的作用，是生命的根本。六腑（胆、胃、小肠、大肠、三焦，膀胱）的主要功能是消化水谷和传导津液糟粕。五脏六腑的功能各异，但彼此又有密切联系。如它指出：饮食通过胃肠等的吸收，其中水谷精微之气散之于肝，精气浓浊部分上至于心。它又指出：“心主身之血脉”，血脉里的水谷精气汇流于肺，由肺（通过心）再把精气传输全身，这是对人体里的血液体循环和肺循环的大致正确的叙述。它还指出：“经脉流行不止，环周不休。”这包括了对血液循环的朴素认识。

《内经》认为经络是人体气、血，津液的运行通道，它的干线叫“经”，支线叫“络”，它把人体联结成一个表里上下、脏腑器官联系畅通的统一整体。《内经》详细记载了全身十二经脉、奇经八脉和全身脉络、腧(shù)穴的分布、循行路线以及它们的生理功能，为诊断和治疗提供了理论的说明。

《内经》还应用当时流行的阴阳、五行学说，阐述生理、病理、疾病的发生发展、临床诊断等基本问题。

它从阴阳的对立统一、消长变化的观点出发，指出：“阴平阳秘，精神乃治；阴阳离决，精气乃绝。”这是说，人体阴阳相对平衡是维持正常生理活动的条件，如果失掉这种平衡，就会产生疾病。因而认为协调阴阳是治病的原则：“阳病治阴，阴病治阳，”“谨察阴阳而调之，以平为期。”它又指出：“善诊者，察色按脉，先别阴阳。”它用这个作为诊断的依据。它用阴阳消长的变化来说明病理：“阴胜则阳病，阳胜则阴病。”它主张积极地“提挈天地，把握阴阳”作为处理医学上各种问题的总纲。

五行学说利用木、火、土、金、水的属性来区别脏腑器官的特性，如把肝归属于木，心归属于火，脾归属于土，肺归属于金，肾归属于水，用五行相生相克的规律来阐明人体各部分之间的联系，如木克土就是肝能制约脾，土生金就是脾能生养肺，还用来说明人和外界环境的关系。《内经》还提出所谓“母病及子”、“子病累母”等疾病传变关系，“虚则补其母”、“实则泻其子”等治疗原则，都是五行学说的具体应用。

病因说和以防为主的医疗思想

《内经》叙述了44类共311种病候，对一些病症的病因、病候、治法等有不少生动的描述和精辟的见解。

关于病因，《内经》反对鬼神致病说，明确指出：“拘于鬼神者，不可与言至德。”就是说，凡是笃信鬼神的人，没法和他们讲医药治病的道理，不必跟他们打交道。它指出疾病的外因是邪气，主要指的是自然界里反常的风、寒、暑、湿、燥、火，以及饮食不节、五味失调，贪酒房劳、情绪不正常等。又指出“正气存内，邪不可干”，“邪之所凑，其气必虚”，就是认为邪气只是在人体相对虚弱的情况下才侵入人体而引起疾病。这种病因说，是唯物的，辩证的。

《内经》主张“治未病”，就是强调以防为主的医疗思想；它还提倡疾病的早期治疗：“上工救其萌芽”，“下工救其已成”。它精辟地分析了“治病必求于本”的道理，具体论述了临床上怎样掌握治本、治标的问题。

人体解剖方面的知识

一般认为中医重视脏腑、经络、阴阳、五行的理论体系，而忽视人体解剖方面的知识。其实中医的理论体系还是奠基在人体解剖和实践经验之上的。在《内经》里就包含有不少人体解剖方面的知识。

《内经》指出：“若夫八尺之士，皮肉在此，外可度量切循而得之，其死可解剖而视之，其脏之坚脆，腑之大小，谷之多少，脉之长短，血之清浊，气之多少，……皆有大数。”

书里所记载的人体骨骼、血脉长短、内脏器大小容量等，尽管数值不完全正确，大体上还是符合实际情况的。

不过，中医学在形成了脏腑、经络、阴阳、五行的理论体系以后，许多医家更多注意理论体系的运用，而对它的基础的人体解剖方面，抱残守阙，停滞不前，这也是事实。

《内经》是中医理论的经典著作

《内经》的成就是多方面的，在对医药学一系列问题的论述中，它初步建立了祖国医学的理论体系，是中医理论的经典著作。

《内经》一书典型地体现了我国古代的科学研究方法，这一方法的特点就在于：着眼于整体，着眼于整体和局部的关系，着眼于它们的功能和属性，着眼于它们的运动和变化，注意通过大量观察并对观察资料归纳分类来描述对象的运动和发展趋势。《内经》把人体看成是一个暂时的平衡状态，把它叫“器”，它不是固定不变而是不断运动变化的，表现为“气”的出入升降。《内经》认为，对人体病情的观察，最重要的是捕捉和掌握反映人体内部气的出入升降状况的信息，这种信息就是脉搏。所以在《内经》里，脉象和脉理的研究占有重要地位。信息观点是中医方法论的精神实质所在。《内经》综合运用了我国古代的思维方法和科学研究方法，它是朴素的唯物辩证的思维方法和科学研究方法。直到今天，研究和学习《内经》的理论，仍有十分重要的意义。

拾 战国时期诸子的自然观

百家争鸣的生动局面

春秋战国时期，由于奴隶制的没落，旧思想的崩溃，人们的思想得到解放，纷纷探索各种各样的新问题。于是，适应社会变革需要的新学术、新思想大量涌现，形成了百家争鸣的生动局面。

诸子百家除了对社会政治经济问题提出各自的主张外，有关自然界的问题，也纷纷提出自己的看法，有的甚至进行激烈的相互辩论，给自然科学的发展以有力的思想武器和推动力量。

另一方面，正在蓬勃发展的自然科学表明人们对于自然界的认识和控制在逐步地深化、提高，也给唯物主义自然观不断提供新的有力的证据。

无神论思潮的兴起

针对奴隶制社会的天命观，春秋战国时期，兴起了无神论思潮。

春秋时期，就出现了一批批判天命观的先进人物，如东周的内史叔兴、鲁国的大夫藏文仲（？－前617），齐国的大夫晏婴、郑国的卿子产等。他们不仅认为人的吉凶祸福和天没有关系，是由人自己造成的，就是自然界的异常现象，也是由自然界的阴阳失调造成的。

周内史叔兴，曾经受聘到宋国，认为宋襄公六年（公元前645年）

在宋国境里落下陨星和六只鹢鸟往后退飞的异常现象“是阴阳之事，非吉凶所生也”，并且指出，“吉凶由人”，和天无关。①

鲁僖公二十一年(公元前638年)，鲁国大旱。僖公为了消除旱灾，打算把活人烧死来求雨。大夫臧文仲反对说：这不是消除旱灾的办法，应当修治城郭，省吃俭用，厉行节约，劝大家互通有无，才是出路。②

郑国子产反对祭龙，说：“吾无求于龙，龙亦无求于我。”意思是龙和人没有什么关系，去祭它干什么。③

战国时期，甚至像宣扬天命观的儒家学派的代表孟轲，在进步的天文学面前也不能不承认：天和星辰虽然很高远，却有一定的规律可循，只要人们加以研究，千年间冬至的日期是可以预知的。④

荀况是战国时期先进思想的杰出代表。他在著名的《天论》里阐发了自然界没有意志而是按一定的规律运动的反天命观思想。⑤对于万物的生长变化，荀况也提出自己的看法：“天地合而万物生，阴阳接而变化起。”⑥他力图从自然界本身的矛盾运动来解释自然现象。从这些观念出发，他还进一步提出了积极主张：“大天而思之，孰与物畜而制之；从天而颂之，孰与制天命而用之。”⑦意思是说，人是可以能动地了解自然的变化规律并且加以利用的。荀况的认识和主张，反映了战国时期人们在科学取得一定进展的情况下进一步探索并且利用自然界客观规律的积极性。

关于万物本原问题的探索

在唯物主义和无神论思潮的鼓动下，关于万物本原问题的探索有了新的发展。

阴阳、五行学说仍是这一时期关于万物本原的重要理论。《孙子兵法》里关于“五行无常胜”⑧的思想，进一步阐明了五行在一定条件下相互转化的关系，而且这一学说已经成为医学据以解释生理、病理等问题的基本理论之一(这一点我们在上一节已经提到)，并且被应用到自然科学的其他领域里。另一方面，战国时期的阴阳家邹衍把阴阳、五行

①据《左传·僖公十六年》，鹢(yi)鸟是古书里的一种水鸟，像鹭鸶，能高飞。“六鹢退飞过宋都”，实际上是鸟在逆风中飞行鸟的飞行速度低于逆风速度造成退飞现象。

②据《左传·僖公二十一年》。

③据《左传·昭公十九年》。

④见《孟子·离娄下》，原文是：“天之高也，星辰之远也，苟求其故，千岁之日至，可坐而致也。”

⑤见《荀子·天论》：“天行有常，不为尧存，不为桀亡。”“天有常道矣，地有常数矣，君子有常体矣。”

⑥见《荀子·礼论》。

⑦见《荀子·天论》。

⑧见《孙子兵法·虚实》：“故五行无常胜，四时无常位，日有短长，月有死生。”

结合起来，应用到社会方面，提出了“五德终始”的历史循环论，把水、火、木、金、土的属性叫做“五德”，用它们相生相克终而复始的循环变化来说明王朝兴替的原因，如说夏是木德，商是金德，周是火德，金克木所以商灭夏，火克金所以周灭商，这是唯心主义的历史观。

除阴阳、五行外，还涌现出其他一些关于万物本原的说法。《管子·水地》篇把水作为包括生物界在内的万物本原，是构成万物最基本的元素。它和五行说的区别是用人们所熟知的一种物质去说明丰富多采的物质世界，试图把复杂的自然现象统一于水这种单一的物质，这种探讨世界统一性的思想比五行说是一个进步。但是由于物质世界的复杂性和多样性，它也和五行说一样遇到种种困难。

战国中期的宋钘(jiān)、尹文进一步提出了物质性的“气”作为万物的本原，为物质世界的复杂性和多样性提供了比较合理、比较科学的解释。它是后世得到充分发展的元气学说的初始阶段。荀况发展了气的学说，认为：水火、植物，动物和人都是由气组成的，不过所处发展阶段不同罢了。另一方面，以老子作为代表的一派认为，万物的本原是看不见、听不到，摸不着的非物质的“道”。这却是唯心主义的观点。

名家惠施（约前 370- 约前 310）和墨家还由万物本原问题进而探讨物质无限可分性问题，提出了“小一”和“端”的概念。墨家以为“端”是物质的最小单位，这和古希腊哲学家德谟克利特（约前 460- 前 370）的原子说相似。惠施等人却认为物质是无限可分的，不承认物质有最小单位的存在，“小一”就是这种概念的表述：“至小无内，谓之小一。”而“一尺之棰，日取其半，万世不竭”的命题。就是这种概念的一个实例。[1]所以“端”和“小一”这两个概念的提出，是当时人们对微观世界的思辨性探索所取得的重要成果。

关干宇宙结构问题的探索

关于宇宙结构，春秋战国时期，曾经引起各家关注和争论的问题，主要有三个：一个是天地为什么不坠不陷，一个是天和地的相对关

①关于惠施的“小一”概念和“一尺之棰，日取其半，万世不竭”的命题，都见《庄子·天下》篇。

系，一个是宇宙的无限性。

天地为什么不坠不陷，大致有三种说法：一种是水浮说。《管子·地数》篇认为地是一个长方形的有限实体，一半没入水里，一半露出水面，载水而浮，于是不陷。一种是气举说。《内经·素问·五运行大论》里记载有一段黄帝和岐伯的对话，认为地只是广漠的太虚里的一个物体，四周都是太虚，"大气举之"，就是说它依靠大气的举力悬在太虚里；由于人居地上，只能说地在人之下，但是不能说地在太虚之下。一种是运动说。这也是《管子》里提出来的，《侈靡》篇里指出："天地不可留，故动"，"是故得天者高而不崩"。这就是说天地都处在不停顿的运动中，才使得天不致崩塌。《庄子·天运》篇进一步提出引起这一运动的动力问题，说大概是因为存在某种机制使它们不得不这样，因为它们的运动无法自行停止，[①]尽管他的回答只是思辨性的，这一问题的提出却有深刻的意义。由于时代和科学水平的局限，这三种说法还只是直观的、猜测性的，但比之在这之前说什么四只鳌足撑着天、海龟驮着地的神话性解释，无疑有质的进步，因为人们已经试图从物质世界本身的性质去寻找答案了。

关于天和地的相对关系，春秋晚期郑国大夫邓析（前545－前501）就提出了"天地比"[②]的命题，认为天和地不存在截然的高卑的分别，否定传统的天高地卑的看法。惠施进一步发挥了这一思想，认为星斗所附丽的天空，每天从地平线东升之前和西落到地平线下之后都是比地低的，所以可以是"天与地卑"[③]的。这些看法不但具有天文学的意义，而且具有政治意义，批判了奴隶制贵贱尊卑关系的合法性。另外，古代认为天圆地方，这时对这一点也引起了人们的怀疑，提出了新的看法。公元前四世纪，法家赵国人慎到（约前395－约前315），曾经在齐国的稷下讲学，他一反天是半球形的说法，提出了浑圆的天的概念，说："天体如弹丸，其势斜倚。"[④]惠施对于大地是球形，已经有初步认识。他说："南方无穷而有穷"，"我知天下之中央，燕之北、越之南是也。"[⑤]意思是说，人往南每走一步，就处在前一位置的南方，南方好像是无穷的，但是南方又有一个尽头，这相当于现在的南极，所以是有穷的；大地的中央，一个在

①《庄子·天运》篇原文是："天其运乎？地其处乎？日月其争于所乎？孰主张是？孰维纲是？孰居无事推而行是？意者其有机缄而不得已邪？意者其运转而不能自止邪？"

②据《荀子·不苟》。

③据《庄子·天下》。

④见《慎子》。《慎子》原书42篇已佚，现存辑录7篇。

⑤见《庄子·天下》。

燕的北边，一个在越的南边，这指的是现在的北极和南极。我国古代认为天高地卑、天圆地方，这可以说是我国最早的“盖天说”，早在西周就已经提出。这时这种早期的盖天说，已经发生了动摇。

关于宇宙无限的问题，前面讲《墨经》一节里已经提到，墨家不仅已经有无限时空的初步认识，而且精辟地论述了时空之间的辩证统一关系，空间位置的变迁是和时间的流逝紧密地结合在一起的。以后法家尸佼（约前390– 约前330）给“宇宙”下了定义：“四方上下曰宇，往古来今曰宙。”[①]就是说，宇指的是向东、南、西、北、上、下六个方向延伸的空间，宙包括过去、现在、将来的时间。这和《墨经》里的概念一致。《庄子·逍遥游》篇里明确提出了空间无限性问题，说天是“远而无所至极”的；《庄子·天下》篇也记载了惠施的见解：“至大无外，谓之大一。”“大一”就是无限空间的概念。《庄子·齐物》篇里对于时间的无限性问题也有朴素的认识。

朴素的唯物自然观是科学发展到一定水平的产物

前面几小节只列举了春秋战国时期人们比较关心的几个问题的种种看法。各家说法有异有同。他们在争鸣中，或者取长补短，相得益彰，丰富和发展了对某一问题的认识；或者针锋相对，互不相让，把对某一问题的认识引向深化。这种争鸣对促进科学的发展无疑具有很大的作用。

上面所介绍的这些朴素的唯物自然观能摆脱天命观的影响而独立出来，是科学发展到一定水平的产物。虽然由于人们认识水平的限制，这些自然观还只能是思辨性的，哲理性的，但是对于以后的科学进步大有裨益。

古代朴素的自然观在摆脱了宗教迷信的桎梏之后，又遇到了唯心主义和形而上学的干扰。但是这是在高一级水平上出现的矛盾。

唯物主义和唯心主义、辩证法和形而上学的斗争，直到现代自然科学出现以后仍然在继续着。

①见《尸子》。尸佼著《尸子》原著已佚，有后人辑本。

本编小结

从某种意义上说来，人类科学技术史的开端就是人类史的开端。从严格意义上说来，人类一开始还只有原始的技术，还谈不上科学。

中国科学技术的历史，第一阶段是萌芽和奠基阶段。这一阶段经历的时间很长。从社会形态来说，这一阶段经历原始社会、奴隶社会直到奴隶社会向封建社会的转变时期。按中国历史上惯用的王朝系统来说，相当于从远古经历夏、商、西周到春秋战国时期。如果按照人类的文化分期来说，这一阶段经历了旧石器时代、新石器时代、青铜时代直到铁器时代的开始。

原始社会时期是中国科学技术的萌芽时期。这一时期，如果从目前我国已经发现的最早古人类“元谋人”的时代算起，那也是从距今170万年前就开始，一直延伸到距今4000年前。奴隶社会时期是中国科学技术知识的积累时期，大约从公元前21世纪开始，经历夏、商、西周，一共不到2000年。到春秋战国时期，就是从公元前771年到公元前221年，是奴隶社会向封建社会的转变时期，是中国科学技术体系的奠基时期。

中国科学技术的萌芽时期包括旧石器时代和新石器时代。旧石器时代从远古开始直到距今10000年前，新石器时代从距今10000年前到距今4000年前。我国是世界早期人类文明的主要发源地之一，是世界上使用火、发明弓箭和陶器、出现农牧业、观察天文、开创医药工作等最早的地区之一。我们的先民还早在这一时期就开始利用蚕丝，对世界人民作出了自己的贡献，以后中国的丝绸经过陆上和海上的丝绸之路传到西方，西方就把我国叫做“丝国”①。这一时期，科学还寓于技术之中。

①西方早期把中国叫做Seres，这个字起源于中国的“丝”字的音转。

夏、商、西周时期是我国科学技术发展史上一个重要时期，积累了许多重要的科学技术知识。这一时期已从铜石并用时代进入青铜时代。我国有灿烂的青铜文化，从出土的保留到今天的商周青铜器，可以看到当时青铜器形制的精美复杂，青铜冶炼技术的精湛多样。这一时期我国的农业已经发展到相当大的规模，农业技术方面已经有了一定的经验。建筑、制陶等工艺技术上也有很大提高，并且出现了原始的瓷器。瓷器也是我国的特产，以至到现在英语里的瓷器一词就借用中国的国名①。这时由于奴隶社会里脑力劳动从体力劳动中分化出来，科学也从技术中分化出来。我国在数学、天文历法、物候、气象、化学、生物和医药方面已经相当进步。

春秋战国时期，随着生产力的提高和生产关系由奴隶制向封建制转变，我国的科学技术有很大的发展。构成后世我国古代科学技术体系的许多科学技术知识，都在这时形成了初始的状态和特征，为我国古代科学技术体系奠定了基础。这一时期我国开始广泛使用铁器。我国铁器的使用虽然比西方晚了一二千年，但是我国很快就出现了生铁冶铸技术，比西方超前了一千四五百年，同时还出现了炼钢技术和铸铁柔化技术，也远比西方早。在农业上，我国特有的精耕细作传统已经初步形成。大规模水利工程的兴建显示了工程设计和施工技术的进步。手工业生产技术已经规范化。科学知识方面的重要成就有：数学上十进位值制的确立；天文学上从原始的定性描述向定量化研究的转变，世界最早的星表之一的出现；历法上相当精确的回归年长度的测定（比西方早 500 年），阴阳合历的逐渐成熟，医药学上中国独特的医学理论的初步建立。这一些都在世界科学技术史上占有突出的地位。

在自然观方面，从原始社会的神话和原始宗教交织在一起开始，经历了夏、商、西周时期的天命观的统治和朴素的唯物辩证的阴阳五行学说的兴起。到春秋战国时期，在百家争鸣中无神论向天命观挑战，朴素的唯物辩证的自然观进一步发展。无论是关于万物本原和宇宙结构，我国都有一些精辟的见解，虽然还是思辨性的和哲理性的，

①英语里瓷器是 china。称中国是 China，据认为是从秦代的“秦”字音译起源的，近年也有人提出起源于丝织品“绮”的音译，认为西亚和印度最初知道中国是产绮之国。

但是比之西方同一时期的古希腊罗马的一些朴素的唯物辩证的自然观来,可以说毫不逊色。

在我国科学技术的这一萌芽和奠基阶段,在国内,一开始由于地域间隔和交通不便,各地区各自发展适应于当地条件的技术,但是往后由于交通发展和不同氏族部落的交往,各地区的科学技术发生交流,虽然仍然保持着因地制宜的原则,由于相互间取长补短,逐渐形成了相对统一的科学技术体系。至于对外,由于我国东部和南部濒海,西南部和西部有高山屏障,北部又有荒凉的高原,所以这一时期基本上还是处在封闭状态,因而在这一时期奠定基础的我国科学技术体系,富有我国自己的特色。

第二编

中国科学技术体系的形成和完善

（秦汉到南北朝时期）

第一章 封建社会前期的社会状况和科学技术

壹 秦汉时期封建制度的巩固和科学技术

第一个中央集权的统一封建国家的建立和科学技术

秦始皇二十六年(公元前 221 年),平定六国,建立了我国历史上第一个统一的,多民族的、中央集权的封建专制主义国家[①]。

秦始皇废分封,立郡县,统一文字、车轨、货币和度量衡,下令修筑堤防,疏浚河道,开凿灵渠,兴建驰道,整治长城。这些措施,对于巩固全国的统一,加强中央集权的统治,有重要的作用。其中若干措施,是借助科学技术的力量才得以实现的。反过来,它们对于生产的发展和科学技术的交流、传播,也产生了深远的影响。

但是秦王朝同时对农民进行残酷的压迫和剥削,无休止地滥用人力和物力,实行极严厉的思想统治,这些都不利于科学技术的发展,而且使得生灵涂炭,民怨鼎沸。

终于在农民起义的猛烈打击下,秦王朝迅速覆亡。

①秦王朝从公元前 221 年建立到公元前 206 年灭亡,仅 16 年。

西汉前期的经济发展使科学技术得到发展

汉承秦制，封建制度得到进一步的巩固和发展。

西汉[1]初年，统治阶级采取了“休养生息”、提倡农桑、减轻徭役和赋税、鼓励人口增殖和土地开垦等一系列政策，封建的生产关系得到某些调整，使封建经济得到比较快的恢复和发展，逐步形成了封建“治世”的初步繁荣景象。这就为科学技术的发展准备了物质基础。

到汉武帝（刘彻，前156－前87，公元前140年到公元前87年在位）时期，国力十分强盛。汉武帝北击匈奴，开发西南，采取垦荒实边、寓兵于农的政策，开辟通往西域的“丝绸之路”，促进了国内各民族之间以及中外经济，文化的交流。他对水利事业的重要性有比较充分的认识，使全国范围的大批水利工程得以兴修。他还重视推广先进的农具和耕作方法。这些对农业生产的发展都起了重要的作用。汉武帝还实行了盐、铁、酒等的官营政策，大大增加了中央政府的财政收入，对农业生产、钢铁生产的发展以及冶铁术的进步也有一定的积极意义。

“罢黜百家，独尊儒术”的政策，是汉武帝为加强封建的思想统治而采取的。它使“天人感应”的神学世界观开始抬头。但是，这时包括反对“天人感应”说在内的各种不同思想还有不小的社会势力，所以在这一时期以及以后的一段时间里，仍是各种思想斗争十分激烈的时期。

为培养和选用为封建统治服务的人才，汉武帝兴办太学，创立各种选拔人才的制度，这在客观上对科学技术的发展起了积极的作用。因为大批知识分子的涌现是发展科学技术不可缺少的人才条件。

汉武帝的雄才大略，使西汉封建帝国盛极一时。在科学技术上也取得了一系列的重大进展。

但是，由于汉武帝好大喜功，连年战争，加上统治阶级的挥霍浪费，曾经一度造成国力虚耗殆尽的局面。到了汉武帝晚年，“悔征伐之事”，意识到“方今之务，在于力农”[2]，并且采取了相应的措施，局势稍有好转。继武帝之后的昭帝（刘弗陵，前94－前74，公元前86年到公元前74年在位）、宣帝（刘询，前91－前49，公元前73年到公元前49

①西汉自公元前206年汉高祖刘邦（前256－前195）建立，到公元8年王莽（前45－后23）代汉称帝，共历214年。王莽改国号新，到公元23年为绿林农民起义军所灭，淮阳王刘玄（？－25）用汉代更始年号，到公元25年（更始三年），汉光武帝刘秀（前6－后57）建立东汉王朝。

②见《汉书·食货志》。

年在位),又采取了"轻徭薄赋,与民休息"[1]的政策,使社会又趋于安定,生产得以发展。

总的说来,汉武、昭、宣三帝在位的近百年里,形成了科学技术得到大发展的总趋势。数学名著《九章算术》的出现,太初历的制定,大型水利工程的兴修,冶铁术的进步,造纸术的发明等,就是这一时期科学技术发展的标志。

东汉前期是科学技术发展的又一个重要时期

汉代科学技术发展比较快的另一重要时期是东汉前期。

西汉末年的农民大起义沉重地打击了豪强地主势力。公元25年建立的东汉[2]王朝,对封建制内部的生产关系作了某些调整,如接连颁布许多道诏书,部分释放奴隶并且提高奴婢地位,这些都有利于生产力的解放和发展。东汉前期对农民的租税徭役相对减轻,并且重视水利工程的修复工作,为农业生产得到比较快的恢复和发展创造了条件。

这时在思想上,谶纬之学盛行,"天人感应"的神学体系被典范化和宗教化,极大地禁锢人们的思想。但是,和它相对立的思想也十分活跃,如桓谭(约前23–后50)、王充(27–约97)、张衡(78–139)等都和神学体系进行针锋相对的斗争。特别是王充建立的唯物主义思想体系,在当时和后世都产生了深远的影响。

这一时期,涌现了以张衡作为代表的一批科学技术专家,在天文学、地学、水利工程、医学、冶铁、造纸等领域,都取得了显著的进展,形成了科学技术发展的一个高潮。

东汉末年,政治腐败,社会危机四伏,生产力下降。但是这时却出现了著名的医学家张仲景(150–219)、华佗(145–208)和天文学家刘洪(约135–210)等人,他们在医药学和天文学领域取得了重大的成果。原因当是医药学和天文学知识的长期积累,是科学发展的内部规律所决定的。当然,战乱和疫病蔓延也是对医药学进步的一个直接刺激。

①见《汉书·昭帝纪》。

②东汉自公元25年建立,到公元220年曹丕(187–226)称帝(魏文帝),共历195年。

秦汉时期是我国古代科学技术体系形成的时期

秦汉时期，在我国封建社会发展史上，同时在我国科学技术发展史上，都是一个十分重要的时期。

随着全国的统一和封建制的巩固和加强，生产力逐步发展，我国古代传统的农、医、天、算四大学科体系大体形成；冶铸、漆器、造纸、纺织、建筑、船舶制造等生产技术日趋成熟，已经确定了后世发展的模式和道路。

我国秦汉时期相当于西方古希腊的亚历山大里亚时期的后期。当时古希腊出现了托勒玫（约90–168）、盖伦（129–199）等天文学家、医学家，他们在天文学、医学领域进行总结，形成了古希腊天文学、医学的独特体系。但是他们后继无人，在他们之后，西方科学长时期几乎陷于停顿。我国这时的科学技术总的发展水平已经不低于或者超过古希腊，达到了一定的高度。张衡比托勒玫大7岁，张仲景比盖伦大约小20岁，他们也为我国古代天文学、医学体系的建立作出重要贡献；可是他们是继往开来的人物，在他们以后，我国古代科学技术得到持续不断的波浪式的发展，并且逐渐形成高峰，和西方相比，我国古代科学技术长期处在领先的地位。

贰 三国两晋南北朝时期的社会状况和科学技术

南北对峙中的相对稳定时期的社会经济和科学技术

波澜壮阔的黄巾农民起义，迅速瓦解了东汉的腐朽政权。汉献帝（刘协，181–234）建安二十五年（公元220年），封建军阀间的兼并战争终于形成了曹魏、孙吴和蜀汉三国鼎立的割据局面①。从此经历西晋②、东晋③和南北朝④，前后大约370年，除西晋灭吴（公元280年）后有过短暂的统一外，我国一直处在南北分裂的状态。

在这时期，北方曾经先后出现20多个政权。由于战乱频繁，生产往往遭到严重破坏。不过，大多数政权在建立之后，为了自身的生存

①三国时期自公元220年曹丕称帝起到公元265年司马炎（236–290）称帝（晋武帝）止，共历时46年。也有把赤壁之战（公元208年）后魏、蜀，吴建国前的历史划入三国时期，并推迟到公元280年吴亡为止。

②西晋自公元265年司马炎称帝起，到公元316年被匈奴贵族建立的汉国所灭止，共历时52年。

③东晋自公元317年晋元帝司马睿（276–322）在建康（今南京）重建政权起，到公元420年为刘宋武帝刘裕（356–422）所灭止，共历时104年。

④南北朝时期自公元420年东晋灭亡到公元589年隋文帝杨坚（541–604）统一全国止，共历时170年。南朝历宋、齐、梁、陈四代，北朝历北魏、东魏、西魏、北齐、北周五代。

和兼并战争的需要,或多或少采取积极恢复生产的措施,使得在战争的间歇期经济上产生迅速恢复、发展乃至繁荣的形势。如曹操(155–220)实行屯田制度,招纳流散人口,同时广修水利,开垦稻田,并且讲究精耕细作,使北方的农业生产一度得到比较大的发展。又如北魏在太武帝(拓跋焘,408–452)太延五年(公元439年)结束了五胡十六国的混乱局面,在大约100年的时间里使北方处在统一的状态中。北魏中期的孝文帝拓跋宏(467–499,公元471年到499年在位)进行了广泛的改革,他整饬纪纲,严明赏罚,改革吏治,并且推行"三长制"[①]和"均田制",促进了社会的安定和农业生产的发展。到宣武帝元恪(483–515)继位后(公元6世纪初),北魏的人口比西晋太康年间(公元280年到289年)南北合计还多了一倍。这是社会相对稳定和采取改革措施的结果。

在南方,这一时期里经历了孙吴、晋、宋、齐、梁、陈六个政权,俗称"六朝"。除晋灭吴外,其他政权的更替都是统治阶级内部用比较平稳的形式实现权力易手的。虽然在梁末(公元6世纪中叶)侯景之乱[②]的时候,南方的经济遭到严重的破坏,但总的说来,比北方稳定。东晋以后,中原地区的人口大批南迁,带来了比较先进的科学知识和生产技术。这些和比较充足的劳动力结合起来,使比较难开发的南方得到空前规模的开发,经济日趋繁荣。加上比较安定的社会环境,为科学技术的进步创造了有利的条件。

民族大融合和民族间科技文化交流

中原人民向南或西南边陲迁徙,边疆一些少数民族入主中原,这在客观上促进了民族的大融合和科技文化的交流。

各兄弟民族在和内地的密切联系中,把他们的畜牧兽医知识和优良的动植物品种带进了内地。

同时,居住在边远地区的各民族对于和内地先进的科学技术的交流也非常重视。

①"三长制"就是五家立一邻长,五邻立一里长,五里立一党长,检查户口,监督耕作,征收租调,征发徭役和兵役,用来抑制豪强隐匿户口和逃避租调徭役,并且直接控制基层政权组织。

②侯景之乱指南朝梁武帝(萧衍,464–549,公元502年到549年在位)末年降将侯景发动的叛乱。侯景先属北魏,后属西魏,西魏文帝(元宝炬,507–551)大统十三年(公元547年)降梁,次年带兵叛变,攻破建康,又分兵破今江苏扬州、苏州和浙江吴兴、绍兴一带,长江下游地区受到极大破坏。梁元帝(萧绎,508–554)承圣元年(公元552年)被梁将所破,逃亡的时候被部下杀死。

在南北对峙的政权之间，也有科学技术方面的交流和联系。

这些对于提高整个中华民族的科技文化水平都是有利的因素。

三国两晋南北朝时期我国科学技术体系得到充实和提高

三国两晋南北朝时期，虽然长期南北对峙，战争严重破坏生产，但是总的说来战乱时间比较短，相对稳定的时间比较长，生产和科学技术在和平和安定的间隙中得到发展。

同时，由于民族大融合，民族间科学技术的交流和联系也提高了整个中华民族的科技文化水平。

这一时期各种思想也比较活跃。汉代的谶纬之学已经支离破碎，统治阶级没有现成的精神武器可以搬用。加上分裂和战争的形势使思想、文化专制受到了很大削弱。因此一些君主不能不采取比较宽容的政策，听取臣下的建议，甚至容忍臣子的指责。如范缜（约 450– 约 510）著《神灭论》，敢于同梁武帝的神不灭论公开对垒。这既说明了唯物主义和唯心主义思想斗争的激化，也证明统治阶级对学术思想争鸣所采取的宽容态度。又如关于宇宙理论的争论，众说并起，呈现十分活跃的局面。

鉴于上面所说的种种原因，这一时期的科学技术仍然得到很大发展，出现了一大批著名的科学家。如三国时期魏国的机械制造家马钧；魏晋之间的数学家刘徽，医学家王叔和、皇甫谧（215–282），地图学家裴秀（223–271）；晋代的炼丹家、医学家葛洪（283–363）；南北朝时期南朝数学家、天文学家祖冲之（429–500），医药学家陶弘景（456–536），北朝农学家贾思勰（xié），地理学家郦道元，天文学家张子信；等等。他们分别在科学技术的不同领域作出了杰出贡献，使在秦汉时期的基础上，我国古代科学技术体系得到充实和提高，并且居于世界领先的地位。

下面我们将分别叙述自秦汉到南北朝时期在科学技术的各个方面取得的主要成就。在我国科学技术史上，这是一个古代科学技术体系形成和完善的时期，它是和封建社会的巩固和发展的历史背景相协调一致的。

第二章　数学和天文学体系的形成

壹 数学体系的初期代表作《九章算术》

秦汉时期的最早数学著作

中国古代数学知识，经过长时期的不断积累，特别是经过春秋战国时期的发展，到了秦汉时期，已经开始出现数学方面的专著。

按《汉书·艺文志》的记载，最早出现的数学著作是《许商算术》二十六卷和《杜忠算术》十六卷。许商、杜忠都是西汉中期(约公元前2世纪到前1世纪)官员。但是这两部著作都没有流传下来。

流传到现在的最早的数学著作是《周髀算经》。它应该说主要是一部天文著作，它是“盖天说”的代表作，把这一学说数学化和理论化了。据研究，《周髀算经》大约成书于西汉后期(公元前1世纪)。从数学内容方面讲来，它包括了应用勾股定理进行测量方面的计算，还使用了相当繁复的分数算法和开平方法。

流传到现在的我国最早的一部数学专著，要算是《九章算术》①。

①1984年，湖北江陵县张家山西汉早期古墓出土《算数书》书简，墓葬时间大约在吕后（前241－前180，公元前187年到公元前180年在位）到汉文帝（刘恒，前202－前157，公元前179年到公元前157年在位)初年，推算这部《算数书》当比《九章算术》早一个半世纪以上。这部书大约有7000字，内容包括整数、分数的四则运算，各种比例问题，各类面积体积的计算，以及具体算题的答案和解法，是各种算题的汇集，和《九章算术》极相类似。而且书里某些算题和《九章算术》的算题文句也基本相同，可见两书有某些继承关系。

《九章算术》的出现标志着中国古代数学体系的形成

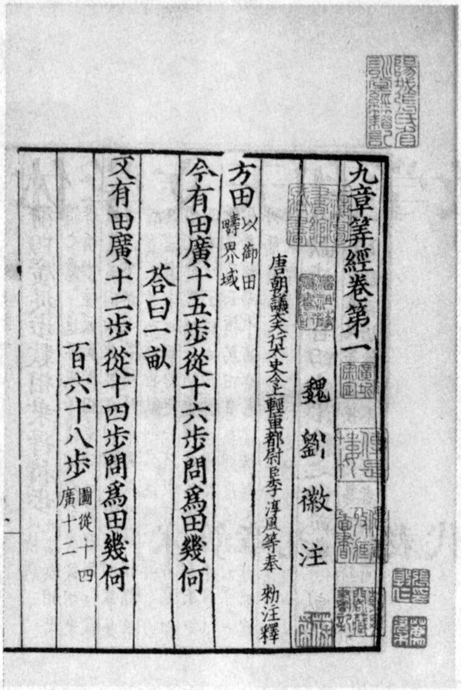
九章筭經卷第一
魏劉徽注
唐朝議大夫行太史令上輕車都尉臣李淳風等奉 勑注釋
方田 以御田疇界域
今有田廣十五步從十六步問爲田幾何
荅曰一畝
又有田廣十二步從十四步問爲田幾何
百六十八步 圖從十四廣十二

宋本《九章算术》书影。

《九章算术》是一部十分优秀的古代数学经典著作，但是我们说不出它的具体作者是谁。这也恰好说明了它是整个时代的产物。它不是一时一人的著作，是经过很多人修改补充逐渐发展而完备起来的。我们现在只知道西汉初年的张苍（前 201– 前 152）、耿寿昌等人曾经作过增补。据研究，它最后成书至迟在东汉前期（公元 1 世纪），但是它的基本内容至迟在西汉后期（公元前 1 世纪中叶）已经大体定型。

《九章算术》总结了周秦以来的中国古代数学，它既包含有古代早已解决了的数学问题，也有西汉中期人们新获得的数学成就。它的出现，标志着中国古代数学体系的形成。它是中国古代数学体系的初期代表作。

《九章算术》的内容

《九章算术》全书收有 246 个数学问题，分做九大类，就是“九章”。在给出一个或几个问题之后，再列出解决这类问题的解法。

《九章算术》第一章章名是“方田”。这一章的主要内容是对各种田亩面积的计算。它详细地叙述了关于分数的各种计算，例如约分、通分、比较不同分数的大小以及关于分数的加减乘除等。这是世界上最早的对分数进行系统叙述的著作。这类著作，在印度要到公元 7 世纪方才出现，欧洲就更晚了。

第二章章名是“粟米”，主要讲各种比例计算问题，特别是各种谷物之间按比例交换的问题。

第三章是“衰分”。“衰”(cuī)是按等级、按比例的意思，“分”是分配，这一章主要讲的是按等级或按一定比例进行分配的各种计算问题。

第四章是“少广”，讲的是已知面积和体积反求它一边的问题，讲了开平方和开立方的方法。

第五章是“商功”。“商”是商议的意思，“功”指工程，这一章主要讲了有关土石方和用工量的各种工程数学问题。从数学意义上讲，主要是关于各种体积的计算，例如关于城墙、堤坝、沟渠以及棱锥、圆锥、方台、圆台、楔形体、方柱、圆柱、球体等的体积①。这些关于面积、体积的计算，都是和当时的社会需要(计算田亩面积和筑城、修堤、开渠以及建筑各种粮仓等)分不开的。

第六章是“均输”，是按人口多少和路途远近等条件来摊派税收和分派劳力(徭役)等更加复杂的比例问题。“均输”和汉武帝颁行的“均输法”有直接关系。

“粟米”、“衰分”、“均输”三章里，关于比例算法的记载，是世界上最早的，它和公元7世纪在印度、公元16世纪之后在西欧出现的“三分律”(也叫“比例律”)算法是相同的。

第七章“盈不足”，是用两次假设来解决某些难解的问题的一种算法。例如这一章的第一题，“今有共买物：人出八，盈三；人出九，不足四。问人数、物价各几何?”这是个典型的盈不足问题。因为这类算法需要两次假设，通常也叫“双设法”。在中世纪阿拉伯算术里，这种算法叫做“契丹算法”②。公元13世纪以后的欧洲数学著作里，也有时使用“契丹算法”这一名称的。这都是中国古代数学知识西传的一些证据。

第八章“方程”，主要内容是联立一次方程组的解法，还有关于正负数的加减法法则。这些内容，对世界数学史来说，都是第一次出现，是中国古代数学的突出成就。“方”是指求解一次联立方程组的时候所列出的各方程的系数恰好排成方形，“程”有求出多少的意思。这一章

①《九章算术》关于球体体积的计算公式有误。

②契丹是我国古族名，五代时期契丹人曾建立辽代，自公元916年到1125年，统治中国北部210年。阿拉伯人、俄罗斯人就把中国叫做契丹。现在俄文里称中国是Китай，就是“契丹”的音译。

里有二元方程组问题八例，三元方程组问题六例，四元方程组问题二例，五元方程组问题一例。

第九章“勾股”，内容有利用勾股定理以及求解直角相似三角形的解法问题，还有一般二次方程求解问题等等。

《九章算术》的内容十分丰富多采，它的特点就是和当时的实际需要密切相结合。这也可以说是中国古代数学的一大特色，一大优点。

《九章算术》的影响

《九章算术》对我国后世数学的发展一直有很大影响，这种影响可以说直到清代中叶仍然可以看到。

《九章算术》的叙述方式以归纳为主，先给出若干例题，再列出解决这类问题的一般方法。这和古希腊数学的代表著作欧几里得（约前330－前275）的《几何原本》以演绎为主的叙述方式有明显的不同。以后的中国古代数学著作，大都采用这种以归纳为主的叙述方式。

历代数学家有不少人曾经对它多次进行注释，以魏晋时期的刘徽和唐代李淳风（602–670）等的注释最有名。这些注释也辗转流传到现在。

《九章算术》曾经被历代规定作为进行数学教育的教科书，是所谓“算经十书”之一。

《九章算术》还流传到朝鲜和日本，对朝鲜和日本古代数学的发展也有很大的影响。

现在，作为世界古典科学名著，《九章算术》已经译成俄文、德文、日文等文字出版，受到世界各国的重视。

贰 刘徽和祖冲之的数学成就

刘徽注《九章算术》

在《九章算术》已经取得成就的基础上，到了魏晋时期，中国数学又有了新的发展，出现了杰出的数学家刘徽。

刘徽的数学研究成果大都包含在他为《九章算术》所作的注文中。刘徽是在魏元帝（曹奂，246–302）景元四年（公元 263 年）完成他的注文的①。

《九章算术》原文，大都是只叙述问题，在若干同类问题之后（或之前）给出这一类问题的解法，一般说来，对解题方法是否正确缺乏论证。刘徽的注文刚好弥补了这一缺欠。

刘徽的某些注文还给数学概念下了定义，例如，他为正负数所下的定义是："两算得失相反，要令正负以名之。"

更多的注文可以看做是各个问题解法的数学证明。他经常用的是把分割后的几何图形再次拼凑在一起的方法来验证各种算法的正确性的。我国数学家吴文俊把它叫做"出入相补原理"，认为是我国古代具有独特风格的几何体系的特点之一。

刘徽注文里也还有许多精深的讨论，从数学思想发展史的角度来看，都是极有意义的。

刘徽的"割圆术"和《海岛算经》

刘徽《九章算术注》里的突出成就之一，就是他所创造的"割圆术"，开创了我国古代计算圆周率的途径。而且他把极限的概念运用来解决实际的数学问题，孕育了用有限来逼近无穷这样一个极其重要的思想，这是世界数学史上的一项重大成就。

刘徽从圆内接正六边形算起，逐渐使边数加倍，用圆内接正多边形逐渐逼近圆周的方法来进行计算。他说，像这样"割之又割，以至于不可割，则与圆周合体而无所失矣。"

刘徽从圆内接正六边形算起，直算到正 192 边形，算得圆周率近似值是 3.14，或 157/50。有人认为他还算得 3.1416，或 3927/1250。

刘徽在锥体体积和弧田面积计算方面也有独到的见解，在十进分数、求解一次方程组等方面也都有创见。

①据《隋书·律历志》："魏陈留王景元四年，刘徽注《九章》……"。《隋书》，唐魏徵（580–643）等撰，是纪传体隋代史。魏元帝曹奂于咸熙二年（公元 265 年）被司马炎废为陈留王。

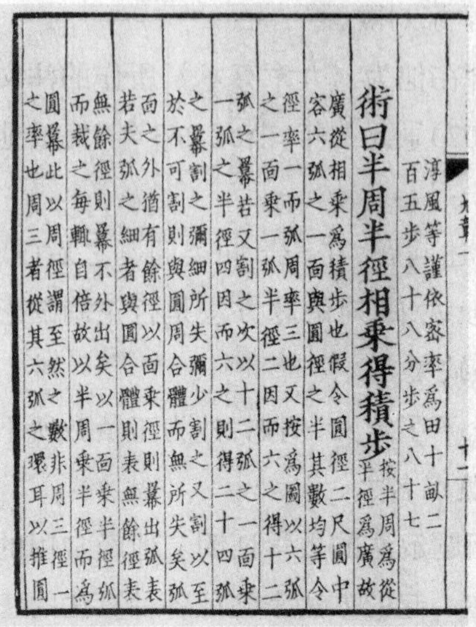

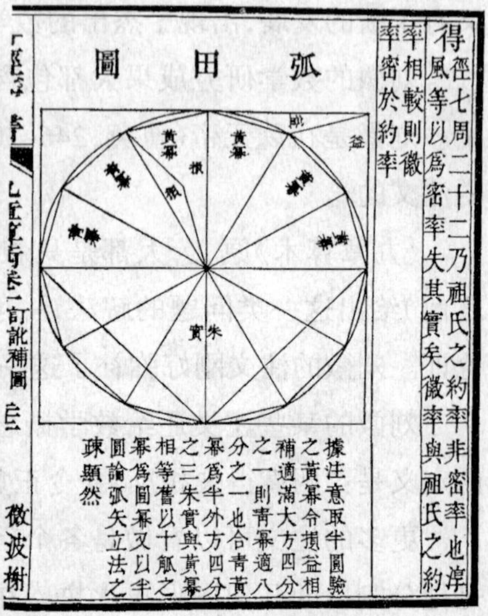

左 刘徽《九章算术注》有关“割圆术”的记载。
右 刘徽的“弧田圆”面积计算方法。

流传到现在的《海岛算经》，也是刘徽的著作。它原来附在他所注的《九章算术》后，叫做“重差”，唐代初年把这一卷分出来，改名《海岛算经》，因为第一题是测量海岛的高和远的问题而得名，并且把它列在“算经十书”里。

《海岛算经》是一部测量长度和高度（或深度）的测量用数学书，它应用的数学原理就是勾股定理和相似三角形对应边成比例的定理。全书一共 9 题，其中需要观测 2 次的有 3 题，观测 3 次的有 4 题，观测 4 次的有 2 题。

近年在长沙马王堆发掘出来的西汉时期的古地图，精确的程度令举世叹服，这说明《海岛算经》所讲的测量数学的内容早已存在。反过来，也说明中国古代高度发达的地图学和地图测绘技术正是以《海岛算经》所记载的测量数学作为基础的。

祖冲之的圆周率和祖暅原理

继刘徽之后，到了南北朝时期，出现了中国古代另一位伟大的数学家祖冲之。

祖冲之字文远，祖籍范阳（今河北涞水县），他生活的时代跨越了

祖冲之像。

南北朝时期南朝的宋、齐两代。由于家庭的影响，祖冲之自幼就对科学和技术深感兴趣，尤其是数学和天文学。他对前人已经取得的成果努力学习和继承，但是他又不盲目推崇古人，对前人的谬误敢于据实驳正，同时亲自进行观测和计算。他这种科学的态度和奋勇攀登的精神，是他取得重大成果的原因。

祖冲之在数学方面的重大成果之一就是关于圆周率的计算。他的这一杰出成就记载在《隋书·律历志》里。这段记载原文是：“宋末，南徐州从事史祖冲之更开密法，以圆径一亿为一丈，圆周盈数三丈一尺四寸一分五厘九毫二秒七忽，朒数三丈一尺四寸一分五厘九毫二秒六忽，正数在盈朒二限之间。密率：圆径一百一十三，圆周三百五十五；约率：圆径七，周二十二。”“朒”(nǜ)的意思是亏缺、不足。这就是说，他得到小数点后六位准确的圆周率，在 3.1415927 和 3.1415926 之间，并且得出两个分数表示值，就是密率等于 355/113（大约等于 3.1415929），约率等于 22/7（大约等于 3.142）。

据推测，祖冲之仍是按刘徽的“割圆术”来进行推算的，要得到这一精确度的结果，需要对九位数字的数进行 130 次以上的各种运算。

世界历史上，有许多数学家都曾经致力于圆周率的计算。有人认为，历史上各个国家、各个地区计算圆周率的精确程度可以被看成是它们数学发展水平的标志。祖冲之在公元 5 世纪所得到的圆周率，到公元 15 世纪才有阿拉伯数学家阿尔·卡西（在公元 1427 年）超过它，计算到小数点后 16 位。在西方，到了公元 16 世纪，才有法国数学家韦达（1540–1603），计算到小数点后 10 位。祖冲之的密率 355/113，是一个

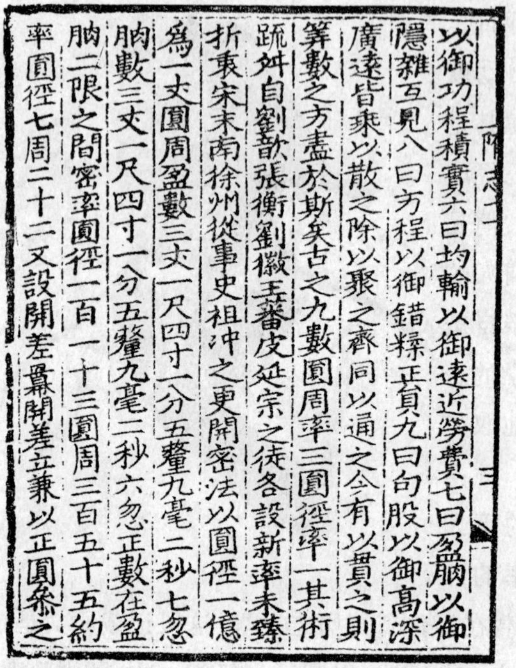

隋志十

以御功程積實六曰均輸以御遠近勞費七曰盈朒以御
隱雜互見八曰方程以御錯糅正負九曰句股以御高深
廣遠皆乘以散之除以聚之齊同以通之今有以貫之則
筭數之方盡於斯矣古之九數圓周率三圓徑率一其術
疏舛自劉歆張衡劉徽王蕃皮延宗之徒各設新率未臻
折衷宋末南徐州從事史祖冲之更開密法以圓徑一億
為一丈圓周盈數三丈一尺四寸一分五釐九毫二秒七忽
朒數三丈一尺四寸一分五釐九毫二秒六忽正數在盈
朒二限之間密率圓徑一百一十三圓周三百五十五約
率圓徑七周二十二又設開差冪開差立兼以正圓參之

《隋书·律历志》有关祖冲之圆周率的记载。

很好的分数近似值，在西方，到公元16世纪（公元1573年）这一数值才重新被德国数学家奥托（约1550–1605）独立提出。

祖冲之还和他的儿子祖暅之得出球体体积的正确公式。据唐代数学家李淳风注《九章算术》所引“祖暅之开立圆术”，祖暅之是应用这样一条原理：等高处横截面积常相等的两个立体，它们的体积也必定相等。①在西方，这条原理是用意大利数学家卡瓦列里（1598–1647）的名字来命名的，叫“卡瓦列里原理”。其实早在卡瓦列里前大约1000年，我国的祖暅之就已经发现了这条原理。祖暅之一作祖暅。所以这条原理应该改称“祖暅原理”。

祖冲之还是一个著名的天文学家，他的主要的天文工作就是他所编制的大明历。这部在他33岁的时候编制完毕的历法，有很多创造性的成果，我们在下一节再说。

大明历虽然比较先进，却遭到朝廷内部以戴法兴作为代表的保守势力的反对。祖冲之勇敢地写下了著名的“驳议”文章，批判了保守势力认为“古人制章”“万世不易”的谬论。他责问道：“若古法虽疏，永当循用，谬论诚立，则法兴复欲施四分于当今矣，理容然乎？”他写下了两句名言，“愿闻显据，以核理实，”“浮词虚贬，窃非所惧。”②

这种追求真理的科学态度代表了中国古代科学家高贵的治学精神。

祖冲之还曾制造过指南车和千里船等等。他本来有一部数学著作

①李淳风注的原文是“缘幂势既同，则积不容异”。

②这一段的引文都据《宋书·律历志》。《宋书》，南朝梁沈约（441–513）撰，是纪传体刘宋史。刘宋就是南朝的宋，因皇帝姓刘，所以叫刘宋。

《缀术》,唐代曾被定做"算经十书"之一,可惜早已失传。据《隋书·经籍志》的记载,他还有《长水校尉祖冲之集》五十一卷,也已经失传了。

叁 独具一格的历法体系

西汉的太初历

我国古代的历法包括十分丰富的内容,是一门研究日月五星的运动的科学。它的具体内容主要有以下五项:

第一,朔望和节气时刻的推求,以及和这些有关的闰法的确定;

第二,日月食的预报;

第三,五星位置的推算;

第四,恒星位置的测定;

第五,晷影和漏刻的测量。

这五项基本内容,在汉代就已经确定下来,而且随着时间的推移,它们不断得到充实和完善,把日月五星的运动的研究逐渐推向比较高的水平。

汉武帝太初元年(公元前 104 年),由于原行的颛顼历越来越不符合实际天象,汉武帝从全国各地召集通晓历法、算术和仪器制造等方面的专家 20 多人,议造新历。经过实际的观测和校验,通过认真的讨论和争议,从 18 家改历方案中,选定了和实际天象比较接近的由邓平,落下闳所献的历法,就叫太初历。

太初历已经具备了上面所说五项内容中的前四项。它最突出的贡献是:首次提出了以没有中气[①]的月份作为闰月的原则,把季节和月份的关系调整得十分合理;重新测定了二十八宿的距度;第一次明确提出了交食周期的概念和数值;测定了比以前准确得多的五星会合周期值,并且制定了五星在一个会合周期里的动态表,建立了一套定量地预报任一时日五星位置的方法,这套方法和古希腊的不同。

太初历的这些特点,给后世的历法树立了楷模。

①所谓二十四节气,实际上包括十二个节气和十二个中气,一个节气和一个中气相间,从立春起,立春是节气,雨水是中气,惊蛰是节气,春分是中气,以下依此类推。

东汉的四分历和乾象历

我们在第一编讲“古六历”的时候，提到也叫“古四分历”，以别于东汉初实施的四分历。之所以叫四分历，是因为所用回归年长度是$365\frac{1}{4}$日，岁余是1/4日的缘故。

东汉四分历是由编䜣(xīn)、贾逵(30–101)等人于汉章帝(刘炟，58–88)元和二年(公元85年)奠基的，以后又经过几十年的修订和补充才定型。它比太初历的主要进展是增添了二十四节气的昏旦中星、昼夜刻漏和晷影长度这一新内容，并且采用了若干比较好的天文常数。这一时期的历法家十分关注月亮运动和交食问题的研究，为东汉末年历法的重大进步积累了大量资料和经验。

东汉末年，杰出的天文学家刘洪在汉献帝建安十一年(公元206年)最后完成了乾象历。刘洪字元卓，泰山蒙阴(今山东蒙阴)人。他的乾象历有很多创新，主要可以归纳成为以下几个方面：

第一，他指出以往历法所定的回归年长度值偏大，给出了365.24618日的新数值，和理论值的差只有300多秒。他又给出朔望月长度的新数值29.53054日，和理论值的差只有3秒多。这两个数值都比旧值精确。

第二，他第一次明确给出了近点月长度的计算方法和数值，所谓近点月就是月亮连续两次通过近地点的时间间隔。他给出的数值是27.55336日，和现在推算出的值相差大约100秒。他还由实测给出了月亮在一个近点月里每天的实行度数，列出每天实行度数不及或超过平均度数的改正项的表(称月离表)。他把月亮的运动状况分成四段：由最快日慢趋平；由平日慢趋最慢；又由最慢日快趋平；再由平日快趋最快。每段大约是7日。这大体正确地反映了月亮运动不均匀性的真实情况，为我国古代定量地描述月亮运动不均匀性问题制定月离表奠定了基础。刘洪利用它来预报交食，实际上已经为定朔法①奠下了基础。

第三，在日月食研究上，刘洪的贡献还在于，他给出的交食周期的

①我国古代历法取月的平均日数，大约29.5日，大月30日，小月29日，大小月相间，用这种方法定出的每月初一日叫“平朔”。这样太阳和月亮黄经相等的时刻不一定在每月的初一。把太阳和月亮黄经相等(这叫“合朔”)的那一天，定做每月的初一日，叫“定朔”。刘洪当时制乾象历没有用定朔法。后来南朝宋何承天(370–447)曾经建议在历法中采用定朔，但是也没有被采用。参看第三编第二章。

精度超过了当时西方的水平。他确定 11045 个朔望月有 941 个食季，从这数值可以推得一食年长度是 346.61513 日，和理论值的差大约 6 分钟。他还测得黄道和白道之间有一个大约 6 度的夹角，所谓白道就是月亮绕地球运行的轨道平面和天球相交的大圆，也就是地球上的人看月亮在天球上所走的路径。他首次指出黄白交点退行的现象，并且实际上已经给出了交点月长度值，所谓交点月就是月亮连续两次通过黄道白道的一个交点的时间间隔。刘洪第一次提出食限的概念，指出在合朔的时候，月亮离黄白交点不超过 15.5 度才发生交食现象。这些概念都为后世历法所沿用，他给出的数据也和现测值大体相近。刘洪还探讨了预报交食食分①多少和亏起方位的方法。

刘洪的这一系列贡献，使我国古代历法体系得到比较大的充实。

三国时期历法方面的进展

到三国时期，历法家在和月亮有关的几个天文常数的测定上，又取得了重大的进展。

魏文帝黄初元年（公元 220 年）韩翊造黄初历，采用刘洪的方法而又不同于刘洪。他测得朔望月长度是 29.53059 日，和理论值只差 4/10 秒。

魏明帝（曹叡，205–239）景初元年（公元 237 年）杨伟造景初历，测得近点月长度是 27.55451 日，和理论值的差大约 5 秒。

这些数值的精确度都达到了我国历法史上的很高水平。

前面提到刘洪探讨了预报交食食分和亏起方位的方法，这一方法的明确记载也是在景初历中首次见到的。

南北朝时期的元始历和大明历

南北朝时期，历法的进步也是很显著的。

东晋末年，北凉玄始元年（公元 412 年），赵歐制元始历，首次打破了沿用近千年之久的 19 年 7 闰法，提出了 600 年 221 闰的新闰法，为

①食分指日月食的时候以太阳或月亮的直径作为一来计算被食部分的多少，如一次日食的食分是 0.3，表示太阳圆面的直径被月球的影子遮去 3/10。

后世在这方面的进展开辟了道路。

到刘宋大明七年（公元463年），祖冲之制大明历，更提出了每391年设置144个闰月的闰法，使回归年和朔望月之间的关系调整得更合理些。

祖冲之还发明了用圭表测定冬至前后几天的日影长、进而推求冬至时刻的方法，并且求得回归年长度是365.24281日的新值，和理论值的差大约只有46秒，是我国古代所取得的最佳成果之一。祖冲之还首次明确给出交点月的长度是27.21223日，和理论值的差大约1秒。

对于五星会合周期的测定精度，大明历也有比较大的提高。误差最大的是火星，但是也没有超过1/100日，而误差最小的水星，只差2‰日左右。

大明历的又一重大改革，是首次把岁差的概念引入历法。这对于提高推算太阳所在宿度和节气的精度，有重要的作用。

岁差现象的发现

岁差是月亮和太阳对地球赤道隆起部分的摄动作用所造成的地轴进动①的反映。在天象上，它表现为二分点或二至点②沿黄道缓慢地西退。

我国最早发现岁差现象的是东晋的虞喜（约284–约360），那是在晋成帝（司马衍，321–342）咸和五年（公元330年）。他发现冬至那天黄昏时候出现在天空正南方的星宿古今不同，唐尧的时代是昴宿，而当时却是壁宿，从这一点他推算得冬至点每50年在赤道上西退一度。

以后大约在晋孝武帝（司马曜，363–396）太元五年（公元380年），后秦的姜岌由月食的时候日月所在的宿度正相冲的原理，提出了测量月食时候月亮所在的宿度反推太阳所在宿度的方法，为岁差值测定精度的提高开辟了新路。

西方发现岁差现象比中国早，那是在公元前2世纪，由古希腊天

①转动物体的转轴绕另一轴旋转的运动叫进动。如陀螺在地面绕自己的轴转动的时候，受到外力矩的作用，它的转轴会绕铅垂线转动，这就是进动。

②二分点是黄道和天赤道相交的两点，每年春分那天太阳从南半天球通过天赤道进入北半天球，这一点叫春分点；秋分那天太阳从北半天球通过天赤道进入南半天球，这一点叫秋分点。二至点是黄道上距离天赤道最远的两点：夏至那天太阳到达黄道上最北的那一点，叫夏至点；冬至那天太阳到达黄道上最南的那一点，叫冬至点。

文学家喜帕恰斯(约前 190– 前 125 后)发现的。但是在我国发现岁差现象以后,测得的数值精度却比当时西方的数值精度高。

南北朝后期张子信对改进历法的贡献

南北朝后期,北齐天文学家张子信发现太阳和五星的视运动的不均匀性现象,这是我国古代天文学史上继岁差现象发现之后又一重大成就,对后世历法的改进产生了深远影响。

张子信清河(今河南清河县)人,因避乱隐居海岛 30 多年,利用浑仪对日月五星的视运动进行长期的观测,在北齐孝昭帝（高演,535–561)皇建元年(公元 560 年)左右取得了三项重要成果:

第一,他指出在一回归年里太阳的运动是不均匀的,日行的快慢随节气而不同:"日行在春分后则迟,秋分后则速。"①

第二,他指出五星的运动也是不均匀的,认为"五星见伏,有感召相背"②,它们也随节气的推移或速或迟。

第三,他还发现视差对日食的影响,所谓视差指在地球表面观测天体和在地心观测天体所产生的天体视位置的差异。他当时虽然不知道这一解释,但是他发现当合朔发生在黄道和白道交点附近的时候:如果月亮的位置在太阳的北面,凡入食限的一定发生日食;如果月亮的位置在太阳的南面,虽然入食限也不发生日食。③

张子信的这些发现,使我国古代历法中产生描述日月合朔的定朔法、描述太阳运动在二十四节气中不同速率的所谓日躔表④和定气法、五星运动从平见到定见的推求法以及提高交食预报精度的方法,促使我国古代历法体系到达完全成熟时期。

我国古代历法体系的特点

所谓我国古代的历法体系,是相对于古希腊采用的一套推算日月五星位置完全不同的方法来说的。他们所采用的是托勒玫的本轮、均轮体系⑤。

①②引自《隋书·天文志》。

③《隋书·天文志》原文是:"合朔月在日道里则日食,若在日道外,虽交不亏。"

④躔(chán)意思指日月星辰运行的度次。

⑤托勒玫宇宙体系认为太阳和行星环绕地球运行。为了说明行星视运动的现象,认为每个行星在一个小圆上作等速运动,这个小圆叫"本轮",同时又假设本轮的中心在一个大圆上绕地球作等速运动,这个大圆叫"均轮"。

我国古代历法却采用实际测定的方法，尽量准确地测定日月五星运动的各种周期，包括朔望月、近点月、交点月、回归年、食年长度、五星会合周期等，还尽量准确地测定有关的天文常数，如闰周、二十八宿距度、黄赤交角、黄白交角、岁差、二十四节气的昼夜漏刻和晷影长度等。经过测量，得到月离表、日躔表、五星动态表和五星入气加减值等表格。这些构成了历法的基本框架。要推求某一时刻日月五星的位置，就把某一特定历元（指一部历法所规定的推算起点的时刻）到这一时刻的时间间距分别减去相应周期长度的整倍数，得到一个余数，根据这个余数，再应用相应的表格，并且利用代数方法（主要是内插法），推算所求时刻的日月五星的具体位置，进一步解决气、朔、交食等各类历法问题。

我国古代别具一格的历法体系，和我国古代特有的天文仪器、宇宙理论、系统的天象观测等丰富的内容一起，构成了和古希腊不同的独特的天文学体系。

肆 天文仪器的制作

我国古代特有的天文仪器

天文常数等的测定离不开天文仪器的制作。

我国古代用在天体测量上的仪器，主要有浑仪以及圭表和漏壶等，这在第一编里已经讲过了。

我国古代的浑仪和古希腊的不同，古希腊的浑仪以黄道坐标为主，而我国的浑仪是以天赤道坐标为主的。在汉代，浑仪又有了改进。

汉代又创制了浑象，浑象类似现代的天球仪。

我们在第一编提到过石氏星表。到了汉代，又发展绘成星图。星图也成为天文观测必不可少的工具。

在三国两晋南北朝时期，也出现了不少有关天文仪器的著作，对天文仪器的制作又有所改进和发展。

下面我们就浑仪、圭表、漏壶、浑象、星图等，分别加以叙述。

浑仪的改进

西汉太初历制定期间，落下闳改进了浑仪，用它重新测量了二十八宿距度等数据。

至迟到两汉之际，浑仪已经由一个固定的赤道环和绕极轴旋转并且附有窥管的赤经环组成，两环面上都刻有周天度数，可以测定天体的入宿度和去极度，所谓去极度就是天体距离天北极的度数，相当于赤纬的余角。

到东汉前期，民间天文学家傅安第一次给浑仪添加了一个黄道环，它和赤道环成24度夹角。这一黄赤交角和理论值的差大约只有一分。利用黄道环可以观测日月行度。

在这基础上，东汉天文学家张衡又给浑仪增加了地平环和子午环，使浑仪逐渐完善起来。

东晋末年，北魏永兴四年（公元412年），在太史令晁崇和鲜卑族天文学家斛兰的主持下，铸成了一台铁制浑仪，底座上设有十字水准，用来校正仪器安装，提高了浑仪的安装精度。这是我国历史上利用水准仪的开端。

圭表和漏壶的改进

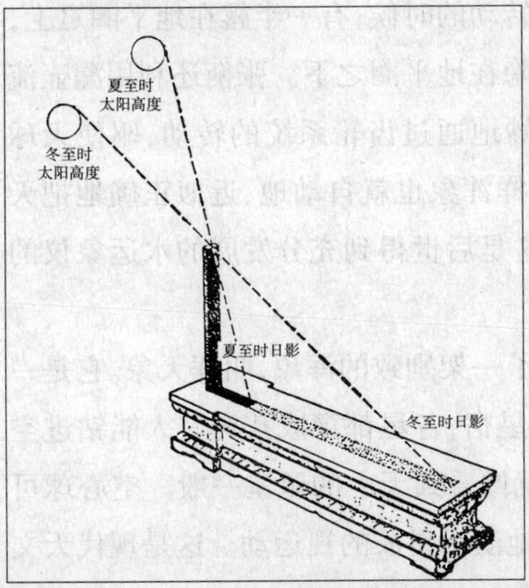

左 圭表工作原理图。
右 滴漏复原模型。

北魏的浑仪利用水准仪的技术措施，也被用在改进圭表上。

南北朝时期，大约在梁武帝天监九年（公元 510 年），祖暅造八尺铜表，在石圭面上凿了一道阴槽，槽里灌水，用来校正圭面使它处在水平位置。

关于漏壶的制造，自东汉张衡开始，已经有两级补偿式漏壶的创制。两级补偿式漏壶就是有上下两个漏壶，上一级的漏壶的水漏滴到下一级的漏壶，去补偿下一级漏壶漏滴出去的水，使下一级漏壶里的水基本上保持一定的水面高度，这样下一级漏壶漏滴水的快慢可以基本保持不变。

到晋代，已经有三级补偿式漏壶的改进，使时间的测量精度更加提高。

浑象的创制

西汉宣帝的时候，耿寿昌首创了用来演示天象的仪器，叫做浑象，用铜铸成，它跟现今的天球仪相似。

东汉的张衡发明了水运浑象。他用一个直径大约五尺的空心铜球表示天球，上面画着列宿和互成 24 度交角的黄道赤道，球外有地平圈和子午圈，子午圈上支架着一根天轴，天轴跟地平圈大约成 24 度的交角，天球可以绕天轴转动。天球转动的时候，有一半露在地平圈之上，和四时的天空星象相符；有一半隐在地平圈之下。张衡还利用漏壶流水的等时性，用漏水做动力，巧妙地通过齿轮系统的转动，驱使天球每日均匀地绕天轴旋转一周，这样浑象也就自动地、近似正确地把天象的一日里的变化演示出来。这是后世得到充分发展的水运象仪的鼻祖。

三国时期，孙吴的葛衡创制了一架别致的浑象，叫浑天象。它是一个比较大的空心球，球面上布列星宿，各星都穿成孔窍。人能钻进空心球，看到从孔窍透过来的光，就像看到天上的星星一般。空心球可以绕轴旋转，这样可以更加逼真地演示星辰的视运动。这是现代天文馆里天象仪的雏形。

南北朝时期，刘宋元嘉十三年（公元436年），太史令钱乐之又仿制葛衡的浑天象，并且加以改进，用漏壶的流水驱动空心球，使浑天象自动跟天象的运动同步。

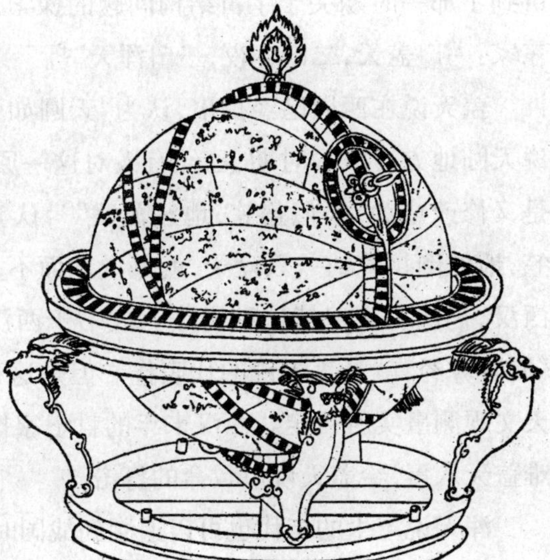

浑象示意图。

星图的制作

星图的制作是对恒星位置观测成果的形象记录，用来帮助进行天文观测。

我国的星图起源于所谓"盖图"，据《周髀算经》记载，它是用来演示盖天说的。所以可以说，圆型的盖天说星图在汉代已经初具规模。它是把在我国中原地区全天可见的星象画在一张圆形的图上，圆心是北天极，外面有几个同心圆，最小的圆圈是恒显圈，最外的圆圈是恒隐圈①，中间的圆圈是天赤道。图上还画有表示黄道的圆圈。

随着对天空星象长期观测结果的积累，星图所记录的星辰数目也逐渐增多。东汉初年，星图上载的恒星有118官，计783颗。

三国时期的吴国人陈卓，入晋任太史令，综合前人的工作，把甘德、石申、巫咸三家所记录的恒星加以汇总，共有283官，1464颗星。陈卓的工作成果，一直被后世天文学家奉作圭臬。

伍 关于宇宙结构的理论

汉代的言天三家

我们在第一编第三章介绍战国时期诸子的自然观的一节里，已经

①天球上距离天北极等于观测地的地理纬度的赤纬圈叫这一地方的恒显圈，在恒显圈里的天体永远在地平面之上不会没落。在天赤道以南距离天南极等于观测地的地理纬度的赤纬圈叫这一地方的恒隐圈，在恒隐圈里的天体永远在地平面之下，不会升出地面。

讲到了那一时期关于宇宙结构问题的探索。到了汉代，形成了“言天三家：一曰盖天，二曰宣夜，三曰浑天”①。

盖天说在西周已经提出，认为“天圆如张盖，地方如棋局”②，就是说天圆地方。战国时期，已经有人对这一原始的盖天说提出怀疑，于是又修改成为“天似盖笠，地法覆槃”③，认为天像盖在上面的一顶斗笠，地像倒扣着的一只盘子，就是说地面不是平的而是拱形的。到了西汉，仍旧有人坚持这种说法。成书于西汉后期（公元前 1 世纪）的《周髀算经》就是盖天说的代表作。但是这种说法已经被越来越多的天文观测事实所否定。西汉末年的哲学家扬雄（前 53- 后 18）提出了难盖天八事，给盖天说以致命的打击。

浑天说产生的年代也可以追溯到战国时期。到了汉代，许多著名的天文学家如落下闳、耿寿昌、鲜于妄人、张衡、蔡邕（132-192）等，都为浑天说的发展和完善作出了贡献。浑天说的代表作是张衡的《浑天仪图注》。它指出：“浑天如鸡子，天体圆如弹丸，地如鸡中黄，孤居于内，天大而地小。”就是把天看成一个浑圆的壳，而地是居在天壳中间的一个圆球。浑天说还认为日月星辰缀在天壳之上，随天壳绕着过南北天极的轴转动。这是一种以地球作为中心的宇宙结构理论。由于它能比较近似地说明天体运行的有关现象，所以长期成为我国古代居主导地位的一种宇宙理论。

宣夜说的最早起源已经不可考。据《晋书·天文志》：“宣夜之书亡，惟汉秘书郎郗萌记先师相传云：‘天了无质，仰而瞻之，高远无极，眼瞀精绝，故苍苍然也。譬之旁望远道之黄山而皆青，俯察千仞之深谷而窈黑，夫青非真色，而黑非有体也。日月众星，自然浮生虚空之中，其行其止皆须气焉。……’”郗（xī）萌生活在东汉前期，比张衡略早。宣夜说认为：并不存在一个有形质的天壳，人看到的天无边无垠。“瞀”（mào）的意思是看不清楚，就是说因为天远看不清楚，所以看去成青色，正像看远处的黄山都是青色。日月众星只是浮在虚空中，并不附缀在有形质的天壳上。它描述了一幅日月星辰在无限空间运动的图景。这一学说

①②③都引自《晋书·天文志》。《晋史》，唐房玄龄（579-648）等撰，是纪传体晋代史。

比较接近我们今天所认识的宇宙。但是它长期只停留在思辨性的论述上，对天体的运动缺少具体的说明，所以影响远不及浑天说。

三国两晋南北朝时期的宇宙论

三国两晋南北朝时期，关于宇宙结构的理论论争十分热烈。但是就实质来说，都没有超出汉代言天三家的基本内容。

晋虞喜发展了宣夜说的宇宙无限思想，并且针对人们由于宣夜说认为日月星辰飘浮在气里而产生忧天坠的思想，提出了“安天论”，既驳斥了盖天说的天圆地方观点，又说明日月星辰的运行有它们自身的规律，既不附缀在天壳上，也不必担忧会坠落下来。

虞喜的族祖虞耸提出了“穹天论”，基本上沿袭盖天说，认为天穹四周接水，中间充气，所以不会没入水里。

三国时期孙吴的王蕃(228–266)著《浑天象说》，据浑天说解释并且推算二至二分昼夜长短和太阳高度。

晋葛洪驳斥虞喜的安天论，认为日月星辰如果不附缀在天球上，天就没有用，也无所谓天。他推崇张衡的浑天说，认为天象和张衡的浑象完全符合，证明浑天说的可信。

随着天文学的发展，盖天说遇到越来越大的困难，浑天说占了优越的地位。这时出现了“浑盖合一说”，代表人物是北朝北齐的信都芳和南朝梁代的崔灵恩。

关于宇宙无限、宇宙演化和地动的思想

我们在第一编里已经提到，战国时期就有宇宙无限的思想。前面讲宣夜说也认为宇宙无限。但是宇宙无限思想并不只是主张宣夜说的学派有。主张浑天说的张衡，在他著的《灵宪》一书里，也认为“宇之表无极，宙之端无穷”，明确表达了宇宙在空间和时间上都是无穷无尽的思想。

战国时期的宋、尹学派已经有气是宇宙万物本原的思想。到了西

汉，由淮南王刘安和他的门客编著、大约成书于汉武帝建元元年（公元前140年）的《淮南子》一书，也认为天地日月星辰都是从元气派生出来的，它们都有一个发生发展的历史，是元气在它发展的不同阶段上的产物。这一关于宇宙演化的思想，是符合辩证法观点的。不过《淮南子》又认为元气是从虚无中产生出来的，在宇宙本原问题上却陷入了唯心主义。这些论述得到东汉张衡等人的赞同和发挥，在我国古代发生了很大的影响。

根据浑天说，认为日月星辰是随着天球绕地球转动的。但是在我国古代，也已经产生了地球运动的思想。关于地球的运动，我们现在知道，一是地球的自转，一是地球的公转。在西汉末年的《春秋纬·运斗枢》里说："地动则见于天象"，指出了地球有自转运动，可以依靠观测天象来证明。西汉末年的《尚书纬·考灵曜》指出了"地有四游"，描述了春分、夏至、秋分、冬至地球在运动轨道上的不同位置；还进一步解释："地恒动不止，而人不知，譬如人在大舟中，闭牖而坐，舟行不觉也。"它明确地用相对运动的原理对为什么地动而人不觉的问题作了形象生动的譬喻说明。

陆　丰富翔实的天象记录

我国古代天象观测和记录的优良传统

丰富翔实的天象记录，也是我国古代天文学的重大成就之一。

对各种天象进行长期仔细的观测，一方面是古代统治阶级的政治需要，一方面也跟制定历法的要求有直接的关系。

我国天象观测和记录的历史悠久。早在甲骨卜辞里就有天象记录，春秋战国时期的天象记录更多，这我们已经在第一编里讲过了。

秦汉时期，天象观测和记录有两个明显的特点：一是记录趋于齐备，二是记录更加详尽精细。

我国古代对天象观测和记录的优良传统，到汉代可以说已经奠定了坚实的基础。历代更延续不断，而且有所发展。

我国古代所积累的大量天象记录，为近现代科学研究提供了宝贵的历史资料。

天象记录趋于齐备

秦汉时期，各种天象记录趋于齐备。

例如，出现了准确的太阳黑子记录。《汉书·五行志》记载："成帝河平元年……三月己未，日出黄，有黑气大如钱，居日中央。"汉成帝（刘骜，前51–前7）河平元年是公元前28年。这是世界公认的最早明确的太阳黑子记录，对黑子出现的时间、形状、大小、位置都作了说明。此后，就在二十四史里，有100多次太阳黑子记录。

新星和超新星的明确记载也首次在汉代出现。《汉书·天文志》记载："元光元年六月，客星见于房。"武帝元光元年是公元前134年。这是中外历史上都有记载的一颗新星，但西方的记录没有年月方位。《后汉书·天文志》①记载："中平二年十月癸亥，客星出南门中，大如半筵，五色喜怒，精小，至后年六月消。"汉灵帝（刘宏，156–189）中平二年是公元185年。这是世界上最早的超新星记录。从这以后到公元1700年，我国有70颗新星记录，其中可能有11颗超新星。

天象记录趋于详尽精细

秦汉时期，各种天象记录也趋于详尽精细。

如对日食的观测，不但有发生日期的记录，而且开始注意到食分、方位、亏起方向和初亏、复圆时刻等。

又如关于彗星记事，也已经把彗星的运动路线、视行快慢以及相应的时间等用生动简洁的文字描述出来。如公元前12年经考证是哈雷彗星的一次出现，在《汉书·五行志》里就记载得很详细："元延元年七月辛未，有星孛于东井，践五诸侯，出河戍北，率行轩辕、太微，后日六度有余，晨出东方。十三日夕见西方，……锋炎再贯紫宫中。……南

①《后汉书》，南朝宋范晔（398–445）撰，是纪传体东汉史。

逝度犯大角、摄提，至天市而按节徐行，炎入市中，旬而后西去，五十六日与苍龙俱伏。”“孛星”就是彗星。

对于极光的记录，汉代以后，次数也增加，质量也提高。据统计，我国古代的北极光记录有300多次。

柒 东汉伟大科学家张衡的贡献

张衡的生平简介

我们前面已经几次提到过张衡。张衡是东汉的伟大科学家，也是有名的文学家，还是东汉六大名画家之一。

张衡字平子，南阳（今河南南阳）人，曾两度担任掌管天文的太史令一职，先后达14年之久。

张衡出生在一个没落的官僚家庭，他幼年时候家境已经衰落，但是好学不倦。青年时代游学长安、洛阳，逐渐成为博学多闻的学者。29岁写成著名的《东京赋》和《西京赋》，总称《二京赋》，描写京都景象，揭露统治阶级的腐朽生活。他还写有其他诗赋，在我国诗歌发展史上有一定的地位。

张衡对于当时已有的科学技术知识，如饥似渴地吸收，还努力探求未知的领域，以“约己博艺，天坚不钻”①作为自己的志向。他脚踏实地地工作，“捷径邪至，我不忍以投步”②，在崎岖的通向科学高峰的道路上一步一个脚印地前进。他又虚怀若谷，“虽才高于世而无骄尚之情”③，这也是他取得成功的秘诀之一。

张衡反对当时盛行的谶纬之学，对它进行过坚决的斗争。他主张“收藏图谶，一禁绝之”④，这反映了他坚持实事求是的科学态度和唯物主义思想。

张衡所取得的成就令人敬佩。他的成功是他长期锲而不舍地努力的硕果，同时又和他所处的那个时代的社会条件分不开。

①②引文见《后汉书·张衡传》。
③据崔瑗：《河间相张平子碑》。
④见《后汉书·张衡传》。

张衡在天文学上的贡献

张衡像。

张衡的成就是多方面的，主要还是在天文学方面。

我们前面提到过，张衡改进了浑仪，又发明了水运浑象。他所著的《浑天仪图注》一书是浑天说的代表作。

张衡还有一部有关天文学的著作《灵宪》，总结了当时的天文知识，提出许多独创的见解。如前面提到的宇宙无限的思想，以及对宇宙演化的元气学说的发展。

张衡在《灵宪》一书里还对月食的成因作出了初步的解释。他认为月食是由于地球的影子遮掩了月亮而引起的，说："当日之冲，光常不合者，蔽于地也，是谓暗虚。……遇月则食。"所谓"暗虚"就是地球的影子。张衡还测得太阳、月亮的视直径是365.25/730度，大约等于半度，跟现今的测值相近。张衡对月亮的运动作了精到的研究，主张在推算月亮行度的时候采用"九道术"，是把月亮运动不均匀性现象引进历法的先声。

关于五星的视运动，张衡在《灵宪》一书里提出了重要理论。他认为日月五星和恒星离开地球的距离远近各异，定性地排列出它们远近的次序：最近的是月亮，其次是水星、金星、太阳、火星、木星，土星和恒星。他用"近天则迟，远天则速"解释五星运行或快或慢的现象。

张衡还是个勤勉的恒星观测者。他所测得的恒星总数是2500颗，这比甘德、石申、巫咸三家的总星数多了近一倍。

张衡的候风地动仪

张衡在科学技术上的造诣不只限于天文学。他对地震学的研究也

候风地动仪复原图。

颇负盛名。汉顺帝（刘保，115-144）阳嘉元年（公元132年），他首创了世界上第一架地震仪，叫“候风地动仪”。

据《后汉书·张衡传》记载：“地动仪以精铜制成，圆径八尺，合盖隆起，形似酒尊。”里面结构精巧，主要有立于中央部位的“都柱”（相当于一种倒立型的振摆）和它周围的“八道”（振摆周围的八组机械装置），外面相应地设置八条口含小铜丸的龙，每个龙头下各有一只张口向上的蟾蜍。一旦发生比较强的地震，“都柱”因震波的冲击失去平衡，震波从哪一个方向来，“八道”中哪一个方向的一道就被触

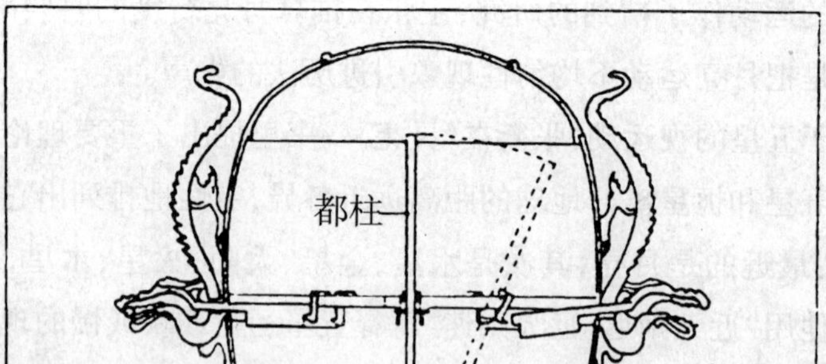

候风地动仪原理图。

动，使相应的龙口张开，小铜丸就落入下面的蟾蜍口里，观测的人就可以知道地震发生的时间和方位。

据记载，汉顺帝永和三年（公元 138 年）二月初三日，地动仪西侧一条龙突然吐出铜丸。当时京城（洛阳）的人丝毫没有感觉到地震。没过几天，陇西（今甘肃东南部）有人飞马来报，说那里二月初三日的确发生了地震。这说明张衡地动仪的可靠性和准确性。

张衡的其他科技成就

张衡在数学方面，对圆周率作过研究，给出圆周率的两个数值：一个是 730/232，大约等于 3.1466；一个是 10 的平方根，大约等于 3.1622。他著有数学名著《数罔论》，可惜已经失传。

张衡还是个地图绘制家。他曾经绘制过一幅地形图，一直流传到唐代。

张衡还制造过指南车和记里鼓车等，是一个机械制造家。

第三章　地学的新进展

壹 地图的制作

马王堆出土的地图

上节我们提到张衡还是个地图绘制家。我国早在张衡之前就已经有了地图。

地图是地理知识形象表述的画图。原始的地图，可能只是依据传闻而绘成的表示不同地区特有的山川、草木、禽兽等的示意图，或在目视所及的比较小区域里包含有某些地物的平面图。

至迟到战国时期，地图已经包括有山川河流、陵陆丘阜、植被状况、城郭道路等内容，而且对于它们之间的方位、距离、大小等要素，都有了一定的表示方法。

我们上一编提到《管子》一书里有《地图》篇，就有这方面的说明。

地图在政治、军事上有一定的重要性。荆轲(?– 前 227)刺秦王的故事是大家所熟悉的，他就是带着一幅地图去进见秦王的，献图就是献地，可知地图的巨大价值。刘邦一进咸阳，萧何(?– 前 193)就收秦的律令图书，刘邦因而得以知道“天下阨塞，户口多少，强弱之处”[1]，可见

[1] 见《史记·萧相国世家》。

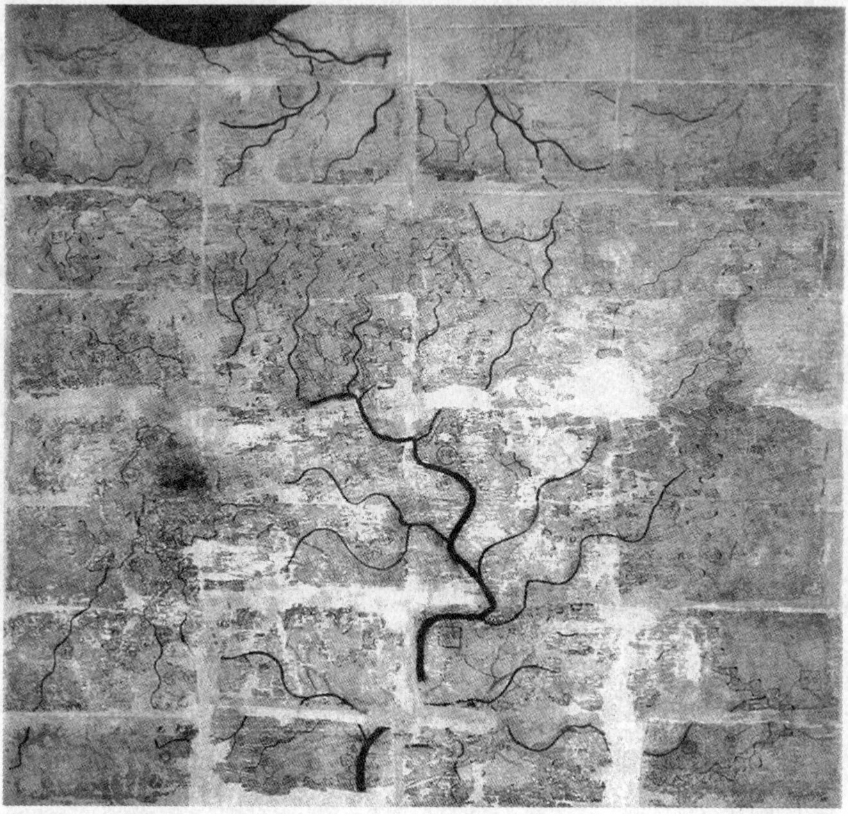

长沙马王堆3号墓出土的《地形图》。

当时地图具有一定的准确性和丰富的内容。

由于地图不容易保存，所以古代地图多已佚失不传。

1973年，长沙马王堆3号汉墓出土了三幅绘在帛上的地图，有地形图、驻军图、城邑图各一幅，是距今2100多年前的西汉初年测绘的，它们使我们可以窥知当时地图测绘的精度、技术、形制等问题，为研究古代地图提供了珍贵的实物资料。

地形图长宽各96厘米，图的地理范围在湖南省南部的潇水流域一带，潇水是湘江第一大支流。图上绘有山脉、河流、居民点和道路等。山脉用闭合曲线表示，闭合曲线里还附加晕线，使山脉的轮廓和走向跃然纸上。图上的九嶷山除用比较粗的闭合曲线勾出山体外，又用细线画成鱼鳞状，表示峰峦起伏的特征，很像现代的等高线画法。

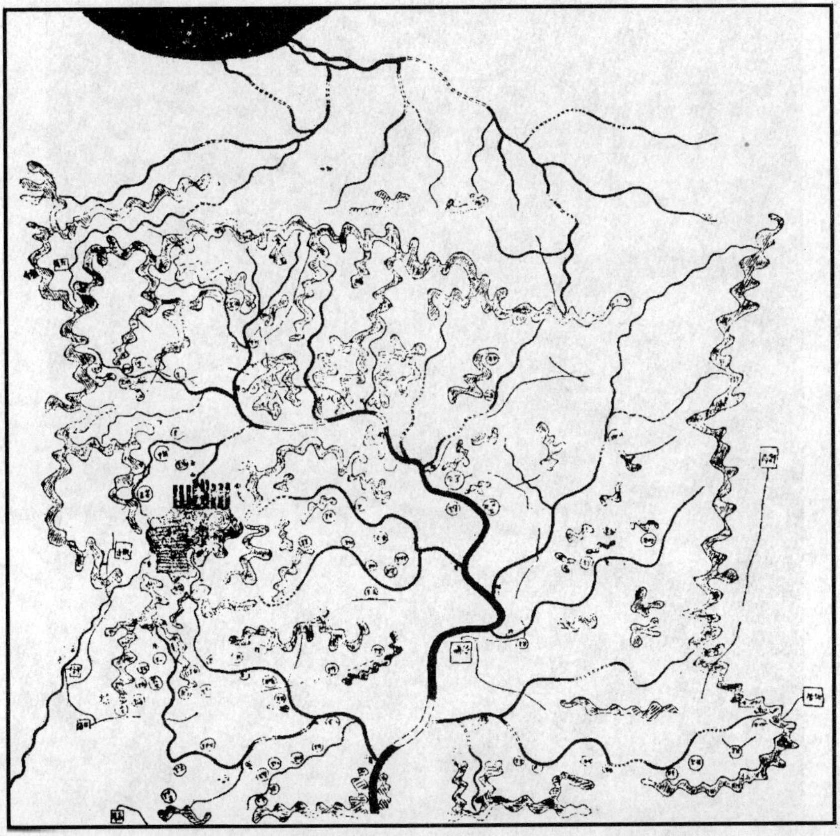

长沙马王堆3号墓出土的《地形图》复原图。

河流用上游细、下游渐次变粗的曲线表示，生动地反映了河流的自然特征；它的注记有一定的位置，深水（就是现在的潇水）和冷水还注明了水源。居民点中，县治用方框表示，乡里用圆圈标出，注记都写在框里。道路用细线表示。整幅地图繁而不乱，井然有序。

驻军图长98厘米，宽78厘米，它的范围只是地形图的东南部地区，内容除山脉、河流、居民点和道路外，还标明了驻军的布防、防区界线和指挥城堡等，反映了军事守备图的特点。它是一幅彩色地图：河流、湖泊用田青色；军事重地用黑底套红勾框；居民点用红圈或黑圈，有的还在旁边注上户数；道路用红色虚线；等等。这使地图更加一目了然。

城邑图是一个县城的平面图，绘有城垣和房屋等。

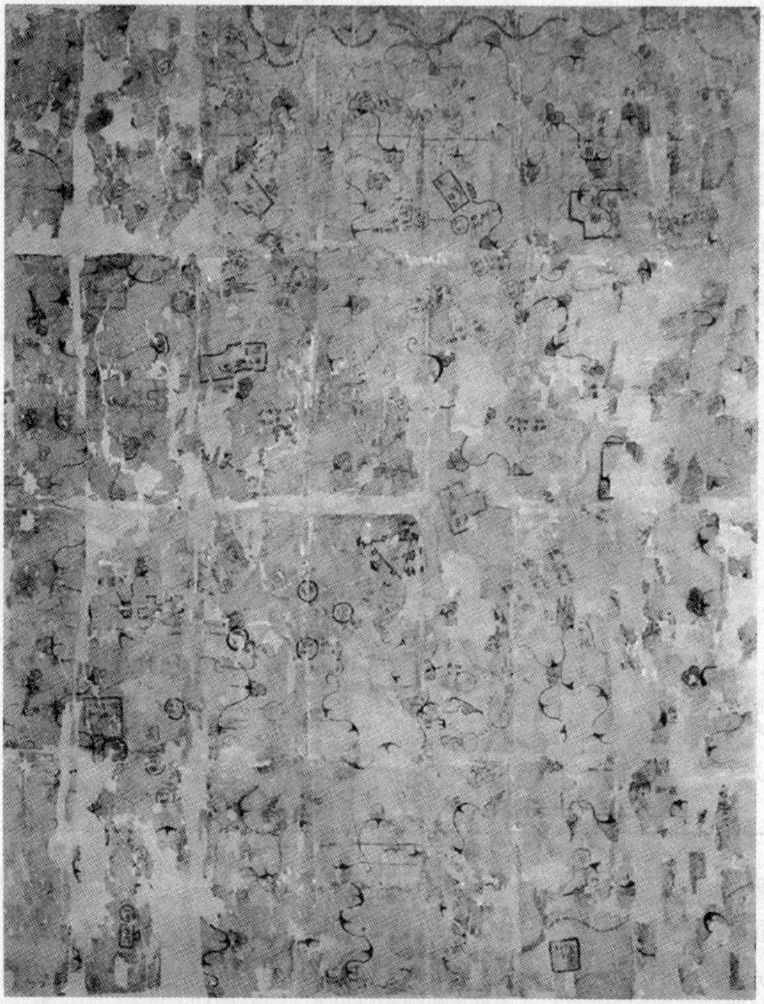

长沙马王堆3号墓出土的《驻军图》。

地形图和驻军图都是上南、下北、左东、右西，跟现在的地图正好相反。图里内容已经包括了现代地形图的基本要素，而且已经采用了统一的图例。它们的清绘技术也已经相当熟练，如河流粗细变化均匀，河口处没有通常容易绘错的倒流现象等。

用现代地形图跟这些古地形图相比较，可以发现潇水流城、南岭、九嶷山和附近地区都十分相似。潇水和它的支流的水道大都跟现在的地图相接近。图上各县城的相对位置也比较准确。对九嶷山和南北走向的都庞岭以及整个区域的地势也作了大体正确的描绘。又经过比较量

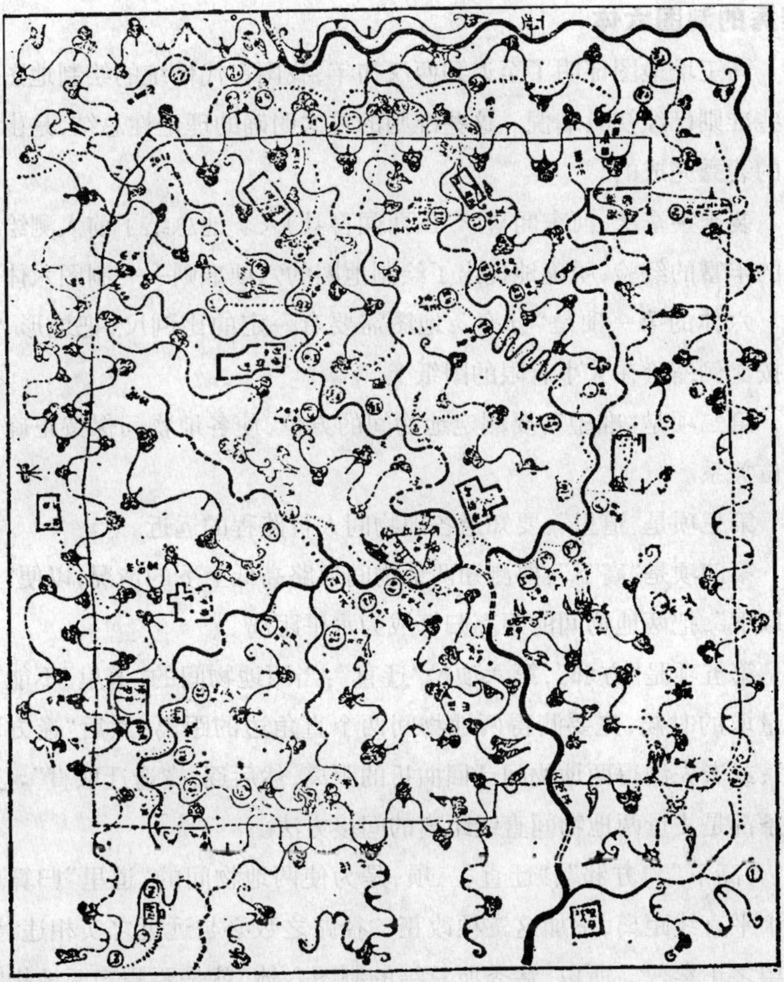

长沙马王堆3号墓出土的《驻军图》复原图。

算:地形图除南部一带没有注记的部分外,大都合乎 1:180000 的比例尺;而驻军图的比例尺大约是 1:80000。从这些情况看,图的绘制一定是以大量的实地测量资料作为依据的，而这些测量资料的取得应该是进行相当精确的测量的结果。也就是说，当时一定使用了某种测量器具,对能直接测量的两个地物间的距离和方位作过直接的测量;而当地形复杂、距离或方位不能直接量取的时候,还应用了间接的测量法,进而求取两地物间的方位和水平直线距离，然后再按一定的比例尺绘成地图。否则,地形图要达到那样的准确度量是完全不可能的。

裴秀的制图六体

马王堆地图证明了至迟到西汉初年，我国古代传统的绘制地图的一些准则已经初具端倪。这些准则的首次明确的理论性总结，是由晋代的裴秀完成的。

裴秀字季彦，河东闻喜（今山西闻喜县）人。他总结了前人测绘地图的丰富的经验，明确地提出了绘制地图的六项准则——制图六体。

六体的第一项是“分率”：地图需要有一定的比例尺，把地形、地物按比例缩绘在大小有限的图纸上。

第二项是“准望”：要测定地物间的方位，使各地物间保持正确的方位关系。

第三项是“道里”：要知道各地物间人行路程的远近。

第四项是“高下”：要测知两地物间道路高低上下的情况，以便“逢高取下”，把两地物间的距离归算成为水平距离。

第五项是“方邪”，第六项是“迂直”：当两地物间的“道里”不能直接量取的时候，先要测得两地物间两个直角边的距离，然后“逢方取邪”；或者先测得两地物间迂回曲折的距离，然后逐一“逢迂取直”。这两条都是丈量两地物间直线距离的间接方法。

“高下”、“方邪”、“迂直”三项，是为使两地物间的“道里”归算成为水平直线距离，不加这三项改正，“径路之数必与远近之实相违，失准望之正矣”[①]。所以，裴秀所总结的制图六体，就是要测知两地物间的水平直线距离和彼此之间的方位关系，有了这两个测量的基本要素，在绘图时候再按一定的比例尺缩小，可以使两地物间的相对位置得到正确的反映。这同现今测绘平面地形图的原则是完全一致的。一直到清代，它们都是我国传统的测绘地图的基本准则。

裴秀不仅是地图理论家，还是个很有成就的实践家。在门客京相璠的协助下，他曾经编制过《禹贡地域图》18 篇，这是见于文字记载的最早的历史地图集，它是在研究大量古代资料并且和当时实际情况相对照的基础上编绘的，力求做到精当、准确、详备，而且采取“疑者则

①据《晋书·裴秀传》。

阙，古有名而今无者，皆随事注列”[1]的办法，反映了实事求是的科学态度。裴秀还绘制了一轴全国地图，取材于原有的用缣80匹绘制的《天下大图》，以“一分为十里，一寸为百里”[2]的比例尺，绘制成《地形方丈图》。这是“分率”准则的具体应用。这幅图展阅方便，内容丰富，给人以全国地理状况的清晰概貌。《地形方丈图》流传了几百年之久，对后世产生了相当大的影响。

裴秀自幼博学强记，对地理和地图知识有特殊的兴趣，入仕以后曾经担任管理地图和户籍的官员，使他有机会接触到大量地理和地图的原始资料。裴秀正是在深入研究和悉心整理秦汉三国以来一些宝贵经验的基础上，对地图学作了影响深远的系统总结，把它提高到相当高的理论高度。

贰 地理著作的编撰

《汉书·地理志》

我们在第一编里说过，战国时期，我国已经出现区域性地理著作。秦汉时期，对《山海经》又有增补。

东汉时期，出现了第一部用“地理”命名的地学著作，这就是《汉书·地理志》。

《汉书·地理志》是班固所撰。班固字孟坚，扶风安陵（今陕西咸阳）人，是东汉著名的史学家和文学家。

《汉书·地理志》由三部分组成。第一和第三部分分别收录了前人的地理著述，如《禹贡》和

班固像。

①见《晋书·裴秀传》。

②见《北堂书钞》。这部书是唐初虞思南(558-638)所辑。

《职方》等。第二部分是全篇的主体，是班固所首创，为我国古代地理学著作开创了一种新的体制，这就是以记述疆域政区的建置为主的疆域地理志。这种体制在我国古代地理学中占有重要的地位。

《汉书·地理志》，以西汉平帝（刘衎，前9-后5）元始二年（公元2年）的建置作为基础，以疆域政区作为纲，依次叙述了103个郡（国）和所管辖的1587个县（道、邑、侯国）的建置沿革。在每一个郡（国）项下都记有户口数，部分郡（国）还附记某些重要的自然和经济情况。而在县（道、邑、侯国）项下，还用简明的文字有选择地记述有关山川、水泊、特产、官营工矿、民情风俗等内容。据统计：所记山脉134座，各具名称，而且大多记有方位；所记水道和陂泽湖池等共300多处，在水道发源地所在县项下注明它的源头、流向，对比较大的河流还记有所纳支流和经行里数等内容；所记盐官36处，铁官48处。

《汉书·地理志》还记录了若干宝贵的地理矿藏资料，包括有盐、

汉画像砖上的火井煮盐图。

铁、铜、金、银、铅、锡、文石①、石油、天然气等。如在上郡高奴县(今陕西延安)项下记有“有洧水,可燃”,洧水就是今延河,那时有石油浮出在延河水上,所以可以燃烧,这是关于石油资源的最早记载;在西河郡鸿门县(今陕西神木)下记有“有天封苑火井祠,火从地出也”,这是关于天然气的早期记述。

《汉书·地理志》是封建大一统的中央集权政治要求下的产物,它既包括有自然地理的知识,又包括有人文地理的内容,开创了我国古代特有的地理学模式。在我国纪传体史书二十四史中,2/3都撰有“地理志”,它们都是以《汉书·地理志》作为范本写成的。除此之外,历代还出现了不少这方面的专著,如唐代的《元和郡县志》等全国性的地理总志,宋代以后大量出现的地方志,也无不受到它的影响。以《汉书·地理志》肇始的这类地理学著作,在我国古代地理学著述中占有庞大的篇幅,它们积累了十分丰富的地理学和其他人文科学的资料。

《水经》和《水经注》

三国两晋南北朝时期,还出现了专门记述水道的地理著作。三国时期桑钦的《水经》,特别是北魏郦道元的《水经注》,是两部代表作。它们以记载水道的来龙去脉作为主要内容,能反映一定的自然地理状况,具有比较高的科学价值,成为我国古代地理学著作的一个重要组成部分。

桑钦的《水经》系统地叙述了全国范围的水道,共计137条。它以水道作为纲,分别说明源头、所经地、支流注入处所等。全书大约1万字,所以对水道的记述难免失之简略。但是它为郦道元的再创作提供了重要的线索和蓝本。

郦道元字善长,范阳涿鹿(今河北涿州市)人。他一生中游历很广,所到之处就实地访察地理情况,尤其注重水道的研究。加上他博览群书,积累了十分丰富的地理知识。到晚年,他采取给《水经》作注的形式,撰成大约30万字的《水经注》40卷。

①文石也叫霰石,是碳酸钙的一种晶体矿物。

《水经注》把记述的水道增加到1252条。对于四渎百川，分别记录了源流、干支吐纳分合等情况，都说明方向、道里等方位和数量的定量数据，使河流的脉络分明。书里还记述了河流流经地区的土质、地形、特产、城邑、水利工程（渠道塘堰和灌溉区域等）以及它们的沿革变迁的情况。这就以水道作为线索，扩展成为对比较大的范围里的内容丰富的地理状况的描述，并且赋予时间的深度。

《水经注》涉及的地理范围，东北到坝水（今大同江，属朝鲜），南到扶南（今越南、柬埔寨一带），西南到新头河（今印度河，属印度），西到安息（今伊朗）、西海（今咸海），北到流沙（今蒙古沙漠）。它引用的书籍有430多种，还转录了不少碑刻资料，并且结合自己的实地调查，对这样广大地区的地理状况作了考证分析工作，是对古代地理知识的一次系统的综合和总结。书里对于他所熟悉的北方地区叙述得最详细、准确。而对于江南水道，特别是边远地区，因为大多根据文献资料和传闻，无从稽核，失实的地方在所不免。但是就全书来说，还是比较真实地反映了当时的以至历史上的地理面貌，为研究有关国家和地区的地理历史情况留下了宝贵资料，对现在的经济建设仍然有一定的参考价值。

《水经注》是以水道作为纲进而描述大范围地域里的地理知识的地理著作的典范，对后世产生了巨大影响。历代研究、注疏《水经注》的著作不下几十种，又不断充实新的地理知识。《水经注》还以文笔流畅、语言精美、生动形象为人所称道，在文学史上也占有比较高的地位。

第四章 农业科学技术和水利工程

壹 农业技术的进步和农书

秦汉时期农业的发展和耕作技术的改进

秦汉时期，农业生产有起有落。但是总的来说，还是不断发展的。特别是西汉中期，农业比较发达，影响也比较深远。

这时农业发达的主要原因，除由于大兴水利（这点我们将在下节讲到）外，还由于推广比较进步的新农具和耕作技术。

汉代耧车复原模型。

汉武帝晚年，向全国推广“用耦犁，二牛三人”[①]的方法。所谓耦犁，就是两牛挽一铁犁，由三人操作，可以保证垄沟整齐，达到深耕细作的目的。西汉晚期，由于双辕犁的使用和犁铧形式的改进，又出现

①见《汉书·食货志》。

汉代《牛耕》画像砖。

一牛一人的犁耕法。

汉武帝时候，赵过推广耧车，就是三脚耧，是一种播种工具，一人牵耧，一人扶耧，通过耧斗下种，同时完成开沟、下种、覆土三道工序，一次能播三行，提高了播种的效率和质量。

此外还发明了谷物脱粒后分出糠秕用的风车，利用杠杆原理和水力制成舂米面用的水碓。从整地、播种、中耕除草、灌溉、收获脱粒到农产品加工，汉代农具种类已经趋于完备。

在耕作技术上，汉代发展了战国时期的畦种法，先后出现了两种先进的耕作法。“代田法”是把垄和沟逐年代换，作物种子播在沟里，中耕除草的时候把垄土推到沟里，培壅苗根，第二年垄处作沟，沟处作垄，这样轮番利用地力，可使庄稼扎根深，生长健壮。“区田法”是在小面积土地上夺高产的一种耕作方法，我们在下一小节还要讲到。

西汉末年，全国垦田达到800万顷。产量据有人研究推算，大约相当于现在的市亩每亩140斤左右。东汉时期，垦田保持在800万顷左右。

园艺方面，秦汉时期创造了蔬菜温室栽培法和田间套作法。畜牧方面，建立了大规模养马场，从西域引进乌孙、大宛等良种马，家畜鉴定和选种技术也有比较高的水平，有《相六畜》、《相马经》等专著。蚕桑业在全国范围得到普遍推广,西汉初年已经出现二化蚕,一年能养两次蚕,对蚕的防治疾病,保护饲养有一套技术措施。

秦汉时期的农书和《氾胜之书》

随着农业生产技术的进步,出现了总结农业科学技术经验的农书。

据《汉书·艺文志》记载,当时社会上流传的农书共有9家114篇。除两家是战国时期的作品外,其余7家都是西汉时期的新作。

汉代的农书基本上都散失了,现在只留下《氾胜之书》一种,也还只是辑佚本,就是从后人书里引用的一些片段辑集而成的,大约有3000多字。

氾胜之生活在西汉后期(公元前一世纪),汉成帝(公元前32年到公元前7年在位)的时候由"议郎"升做"御史",曾经在关中平原提倡种麦,获得丰收。所著《氾胜之书》在东汉时期就有很高的声誉,经师们在注经的时候一再引用。所以唐代学者贾公彦①说:"汉时农书有数家,氾胜为上。"原书大概是在北宋和南宋之间散失的。

就今天我们所看到的辑佚本里一小部分的内容来看,还是很丰富的,包含有不少宝贵经验,反映出西汉时期农业技术水平已经相当高。

《氾胜之书》把整个农作物栽培过程当做一个有机整体来研究,指出"趣时、和土、务粪泽、早锄、早获"是达到丰产目的几个不可分割的基本环节:"趣时"就是及时耕作,"和土"就是利用和改良土地,"务粪泽"就是施肥和保墒灌溉,"早锄"就是及时中耕除草,"早获"就是及时收获。

《氾胜之书》总结了禾(谷子)、黍、麦、稻、豆、麻(大麻)、桑等十多种农作物的栽培法,奠定了我国古代农书传统的作物栽培各论的基础。书里最突出的是区田法和溲种法的记载。

区田法的基本原理就是"深挖作区",密植,集中而有效地利用水、肥,保证充分供给农作物生长发育所必需的生活条件,以取得单位面积的高产。

溲种法就是在种子外面裹上一层蚕矢、羊粪为主的粪壳,使幼苗

①贾公彦,唐高宗(李治,628-683)永徽年间(公元650年到655年)曾任太学博士,撰有《周礼义疏》、《仪礼义疏》。

可以及时在附近取得足够养料，增强植株的抗逆能力。

书里还有耕田法、种麦法、种瓜法、种瓠法等，也都充分表现出当时农民的先进经验。此外如穗选法、稻田控制流水以调节水温的方法、桑苗截干法等，也标志着农业技术的进步。

贾思勰和他的《齐民要术》

前面第一章说过，三国两晋南北朝时期，虽然长期处在南北分裂状态，但是，无论北方或南方，在一定时期，农业生产仍然得到了发展，农业科学技术也有所改进。

在这一时期，出现了一部重要的农书《齐民要术》，这是我国现存最早最完整的一部农书。

《齐民要术》成书于北魏末年（大约公元 533–534 年），它系统地总结了在这以前我国北方的农业科学技术，内容之丰富，科学水平之高，都远远超出比它早 500 年的《氾胜之书》。这部名著对我国古代农学的发展有巨大的影响。

《齐民要术》的作者贾思勰，由于文献记载很少，他的详细经历已经无从查考。只知道他大概是现今山东益都县或其附近的人，出生于北魏末孝文帝（公元 471 年到 499 年在位）的时候，曾经做过北魏青州高阳郡（在今山东境里）太守。

贾思勰所以能写出《齐民要术》这样一部伟大的著作，不是偶然的。主要是由于他具有传统的重农思想。他对历史上凡是引导老百姓充分利用地力、发展农业生产的官吏都予以热情的赞扬。他高度评价秦汉以来各地区在农业技术上的改革和创新，并且列举了一些落后地区由于推广了先进技术农业生产面貌得到改变的生动事例。他希望北魏的统治阶级也能向历史上提倡课督农桑的人物学习，发展农业生产，做好“安民”工作。他因此查阅文献 160 多种，同时收集农谚，向老农作调查访问，并且亲自实践，总结当时黄河中下游地区的农业生产知识，写成了《齐民要术》。

《齐民要术》全书由序、杂说和正文三大部分组成。正文里又夹有双行小字附注。全部11万多字中,正文大约7万字,夹注小字4万。正文共92篇,分10卷。有人研究,认为杂说部分是后人掺入的,时间大约在北宋以前。夹注文字中也有少量唐代人增添的资料。全书包括的内容十分广泛,正如贾思勰自己在序里说的:从耕种农事开始,到制醋做酱为止,凡是生活资料的生产技术,几乎都写进去了。[①]它可以说是我国古代第一部农业百科全书。

《齐民要术》继承了前代的农业理论和基本技术经验,并且总结了当代的重要技术创造,加以分析概括,为后世农学奠定了基础,成为我国古代农业科学著作中的不朽之作,并被世界其他各国所重视。《齐民要术》唐代后期(公元9世纪)就传入日本,我国和日本都有不少学者对它进行深入的研究。日本学者认为:《齐民要术》把握住了旱地保墒农业技术的精髓,到现在仍然有惊人的实用科学价值。

《齐民要术》所反映的农业科学技术

从《齐民要术》的记载可以看出,南北朝时期的农业生产工具种类比西汉时期大大增加了,使用方法也大有改进。从整地、播种、中耕、灌溉到收获、贮藏、运输,工具不下几十种之多。同类农具也有不同型式,如碎土的耙就分有齿的铁耙和用枝条编的无齿耙,中耕除草的农具有锄、耙、劳(耢)、锋(无镜的犁)、耩(Jiǎng)等。农具的这种从简到繁、从少到多的演变,也是生产力发展的标志,表明农业科学技术在继承秦汉的基础上又有所发展和提高。

贾思勰继承发展了春秋战国以来农业上重天时、地利、人力三要素的思想,提出了农业生产的基本原则是:"顺天时,量地利,则用力少而成功多。任情返道,劳而无获。"就是要求人们掌握农作物生长规律,依据天时、地利的具体特点,合理使用人力,可以获得用力少成功多的效果;否则,随心所欲,势必劳而无获。这一思想贯串全书,在《齐民要术》各篇里,他都着意介绍和评述怎样合理利用人力物力,搞好

①《齐民要术·序》原文是:"起自耕农,终于醯醢,资生之业,靡不毕书。"醯(xī)指醋,醢(hǎi)指肉酱。

经营管理。

我国北方气候干旱少雨，合理地整地和中耕，保持土壤水分，就是保墒，对于保证作物生长是十分重要的。《齐民要术》反映的保墒技术比汉代有了进一步发展，形成了耕、耙、耱一整套保墒防旱措施。北方旱作地区的耕作技术到这时就基本定型了。书里第一篇就是《耕田》，系统地记述了不同的天时、地利情况下的不同耕地方法和耕地深浅。关于中耕除草技术上的特点，概括起来说就是要求多锄、深锄、锄小、锄早、锄了。

《齐民要术》强调指出，种子优劣，播种迟早，和作物的产量，品质以及病虫害的防治有密切的关系。随着农业生产的发展，作物的品种不断增加。《齐民要术》很注意收录作物品种，如粟就收录了86个品种之多。《齐民要术》对种子的选择、收藏和播种前的处理非常重视，把《收种》列在书里的第二篇。书里特别提出禾谷类作物要"岁岁别收，选好穗色纯者，劁刈[①]高悬之，至春治取别种"，这就是现在穗选留种保纯防杂技术。另外还具体记述了水选、溲种、晒种等种子处理的办法，最早记述了我国水稻催芽的技术。

从《齐民要术》，我们可以看到当时农民已经熟练地掌握了施肥、合理换茬、轮作和复种等保持和提高肥力、"用地养地"的技术。轮作方法虽然早已产生了，但是对它进行研究，却是从《齐民要术》开始的。如书里说明谷子换茬是为了防杂草，瓜茬种谷是利用瓜地施肥多的余力，把豆科作物和禾谷类作物、深根作物和浅根作物搭配起来复种轮作，既可以达到养地的目的，又能提高土地复种指数。

贰　大规模的水利工程

秦汉时期的通航运河

继春秋战国之后，秦汉时期的水利工程，在规模、技术和类型上都有重大的发展，取得了很大的成就。

①劁(qiāo)刈高悬之，就是割下来后悬在高处。这里说的别收别种，就是选择优良单穗分别收取，分别保存、脱粒，来年分别播种。

上一编已经提到，秦国在秦始皇统一中国之前，已经在关中地区开凿了郑国渠，早在秦昭襄王时候还在成都平原修建了都江堰。在统一中国以后，又开凿了著名的通航运河灵渠。

灵渠位于今广西兴安县境里，是秦始皇为了进一步完成统一事业，克服五岭的障碍，解决运送军粮的问题，于秦始皇三十三年（公元前214年）派史禄负责开凿的。长江水系的湘江上游海洋河和湘江水系的漓江支流灵河，在兴安境里相距很近，沟通两大水系的灵渠工程就被选定在这一带。灵河的一源始安水，跟它东北的海洋河只相距二三里，但中间隔着二三十米高的分水岭，而且这里始安水位高出海洋河水位大约六米，所以不便在这里直接开渠沟通。于是史禄等就在海洋河上游选择一处，水位略高于始安水位而两水又尽量接近，就在这里分水，开凿一条渠道，引导海洋河水以比较小的坡降平顺地流入始安水。但是从分水口沿海洋河进入湘江这一段坡降比较大，不便航行，于是人们又舍弃一段海洋河和湘江故道，在分水口北另修一条渠道，设计成弯弯曲曲的形状，以延长渠线长度，使

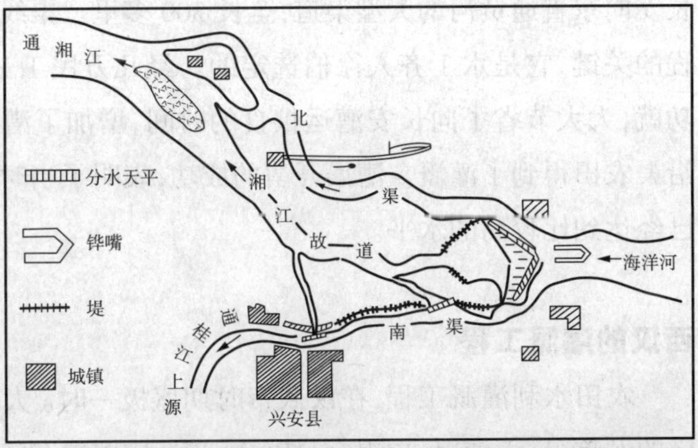

灵渠示意图。

灵渠（秦，公元前214年，广西兴安）。

渠道坡降尽量降低，这样既实现了沟通湘江漓水的目的，又保证了航运的安全。灵渠工程主要包括南渠（沟通湘江漓水）、北渠（降低湘江坡降）和在分水口构筑的分水铧嘴，以及靠近北渠口和南渠口的比渠岸略低的大天平石堤和小天平石堤。这两石堤起溢洪的作用，汛期洪水可以越过堤顶泄入湘江故道。从总体布局到各具体工程的设计都是相当合理、相当科学的。直到京广铁路建成，灵渠在沟通南北交通运输上一直起着重要的作用。它在我国和世界航运史上都占有重要的地位。即使在南北铁路和公路建成以后，灵渠也没有丧失作用，已经被改造成为以灌溉为主的渠道。

到了汉代，在汉武帝元光年间（公元前 134 年到公元前 129 年），也有一个著名的航运工程，这就是漕渠的开凿。漕渠是一条引渭水从长安向东直通黄河的大型渠道，全长 300 多里。渠线的勘测是这一工程的关键，它是水工齐人徐伯选定的。经几万民工三年的努力，渠成功就，大大节省了向长安漕运粮食的时间，增加了漕运量。同时还使沿渠农田得到了灌溉。漕渠开凿的成功，表明了当时勘探和测量技术已经达到比较高的水平。

西汉的灌溉工程

农田水利灌溉工程，在汉武帝时期盛极一时。大型的就有关中地区的龙首渠、六辅渠、白渠、灵轵（zhǐ）渠、成国渠和沣（wéi）渠，河套和河西走廊一带的引黄灌溉工程，河南汝南地区和安徽寿县地区引淮灌溉工程，以及山东西部地区引汶灌溉工程，等等。各地兴修的小型渠道和山区兴建的蓄水陂塘，更是不可胜数。这些全国范围的大小灌溉工程的兴修，为后世农田水利事业和农业生产的发展打下了良好的基础。

从工程技术角度考察，龙首渠的兴建有突出的成就。龙首渠是引洛水灌溉重泉（今陕西蒲城县东南 40 里）的一条大型渠道。它要穿过 7 里多宽的商颜山，给施工带来了比较大的困难。由于沿山脚明挖深

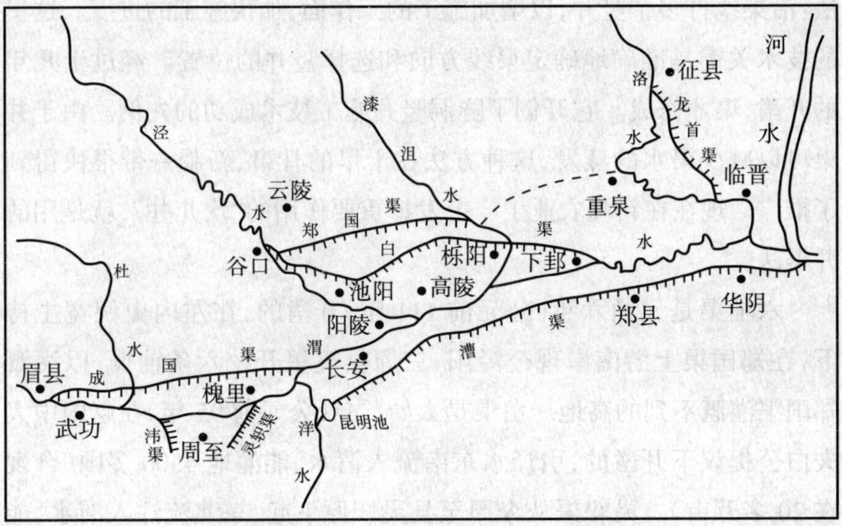

汉代关中地区水利工程示意图。

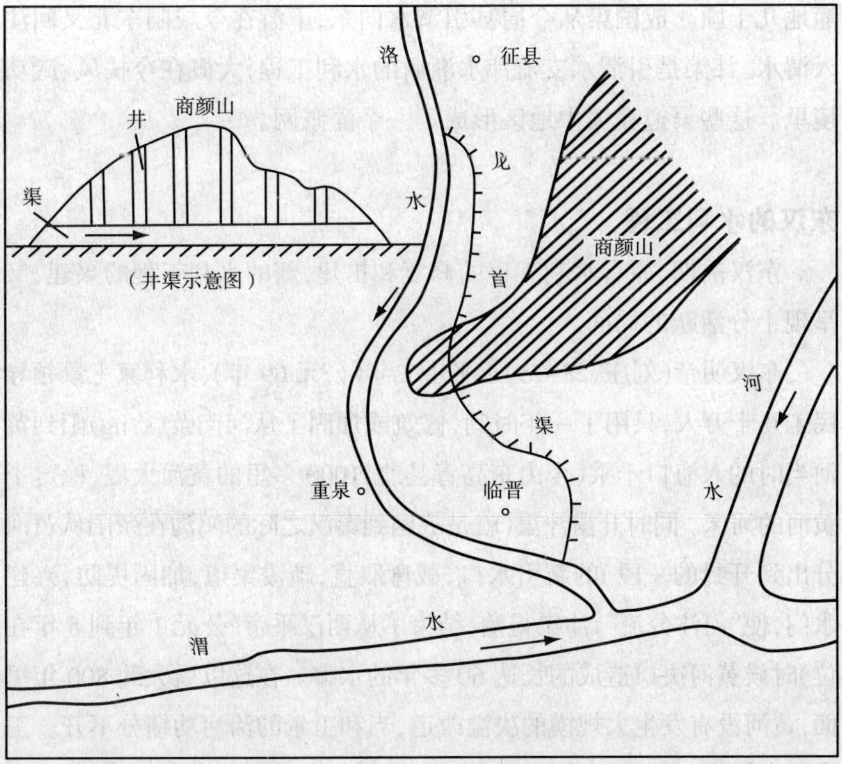

龙首渠及井渠示意图。

渠容易发生塌方，人们改用了穿凿隧洞的方案，并且发明了井渠施工法：沿渠线打多个竖井，以增加施工的工作面，加快施工的进度。这里的技术关键是准确地确定渠线方向和选择竖井的位置。经过十几年的开凿，渠才修成。它开创了隧洞竖井施工技术成功的先例。由于井渠可以减少渠水的蒸发，这种方法在干旱的甘肃、新疆一带很快得到了推广。现在在新疆农业生产上发挥重要作用的"坎儿井"，就是用的井渠法。

六辅渠是元鼎六年（公元前111年）开凿的，在左内史倪宽主持下，在郑国渠上游南岸现今泾阳、三原县境里开挖六条辅渠，以灌溉郑国渠灌溉不到的高地。白渠是太始二年（公元前95年）在赵国中大夫白公提议下开凿的，引泾水东南流入渭水，能灌地4500多顷（合现在20多万亩）。灵轵渠从今周至县灵轵原下起，东北流注入渭水，能灌地几千顷。成国渠从今眉县引渭水向东，下游在今咸阳东北又回注入渭水。沣渠是引渭水支流沣水灌溉的水利工程，大概在今扶风、武功境里。这些渠道在关中地区形成了一个灌溉网。

东汉的水利工程

东汉前期，原有水利工程的修复和扩建，新的水利工程的兴建，又呈现十分活跃的局面。

东汉明帝（刘庄，28–75）永平十二年（公元69年），水利家王景领导民工几十万人，只用了一年时间，修筑或加固了从河南荥（xíng）阳到黄河当时的入海口千乘（今山东高青县北）1000多里的黄河大堤，稳定了黄河的河床。同时开凿汴渠（就是战国到秦汉之际的鸿沟在荥阳从黄河分出到开封的一段）的新引水口，截弯取直，疏浚渠道，加固堤防，兴建水门，使"河汴分流"，汴渠得治，结束了从西汉平帝（公元1年到5年在位）时候黄河决口造成的长达60多年的水害。在这以后大约800年里面，黄河没有发生大规模的决溢改道，当和王景的治河功绩分不开。王景后来任庐江太守，还修复荒废已久的著名水利工程芍陂。

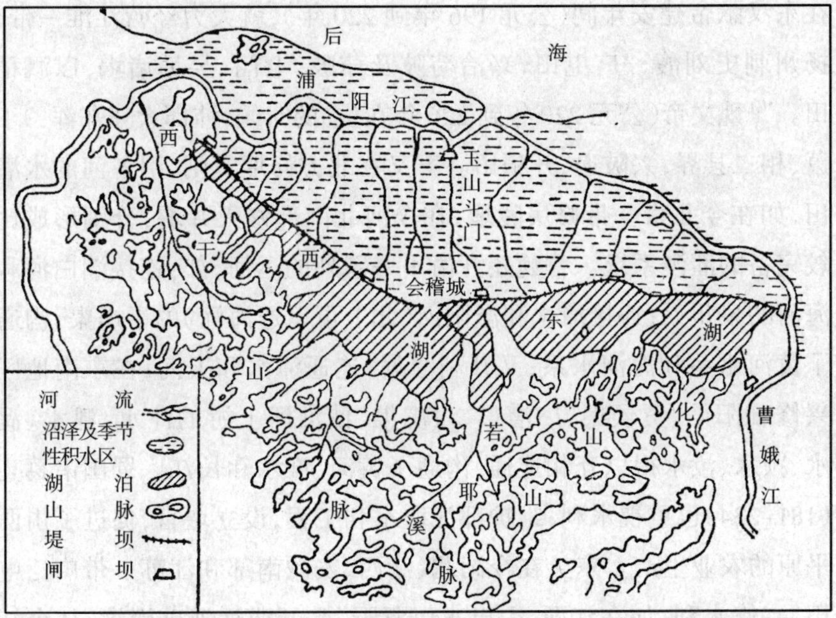

鉴湖示意图。

东汉顺帝永和五年(公元140年),会稽太守马臻主持修筑鉴湖,是江南最古老的大型蓄水灌溉工程。这一工程在今浙江绍兴市境里,马臻利用当地自南向北的地势从山脉而湖泊而平原而大海的台阶式变化的特点,在差不多沿东西方向一字型零散分布的湖泊北缘,筑起一道长大约130里的围堤,使这些湖泊连成一片,形成了一个大型的蓄水湖泊。湖高田一丈多,田高海一丈多。水少的时候泄湖溉田,能灌溉田9000多顷;水多的时候闭湖泄田中水入海,这使这一地区的水旱灾害有所减少。南北朝时期,有"沿湖开水门六十九所"的明确记载,就是围堤上有控制泄水的措施。以后,鉴湖又增加了溢洪的设施,使它成为一个由堤防、水闸系统和溢洪道等主要设施组成的完整的灌溉枢纽。

三国两晋南北朝时期的水利建设

东汉末年到三国时期,由于军事战争和维持统治的需要,在水利建设方面也有所作为。

这一时期,主要是曹魏,在推行屯田制的同时,广泛兴修水利。还在东汉献帝建安年间（公元196年到220年），就大力经营江淮一带。扬州刺史刘馥，“广屯田，兴治芍陂及茹陂、七门、吴塘诸堨，以溉稻田。”[①]魏文帝（公元220年到226年在位）的时候，沛郡太守郑浑，“于萧、相二县界，兴陂遏，开稻田。”[②]又在北方修堰筑闸，引各河的水灌田，如在今北京一带修戾陵堰，在今河北南部修天井堰，分别形成比较完备的灌溉系统。曹魏还开凿了一系列的运河，如：连接潮白河和海河的泉州渠；连接漳水和滏阳河（北上可以通海河）的平虏渠，沟通了黄河水系和海河水系；又开利漕渠，连通漳水和卫河；在东南地区兴修睢阳渠、贾侯渠、广漕渠、讨虏渠，使淮河上游的汴水、濉水、涡水、颍水、汝水得以互相连通，沟通了黄河、淮水和长江。蜀国诸葛亮（181–234）也重视水利，维护都江堰水利工程，设立堰官，促进了川西平原的农业生产。东吴在今湖北、江西、安徽南部和江苏一带广泛屯田，兴修水利，如在江西“引巴水以溉野”[③]，开凿运河破岗渎，从今江苏句容到丹阳，可以南通苏州、杭州，是隋代江南运河的前身。

东晋元帝太兴四年（公元321年），由晋陵郡内史张闿主持，在曲河（今江苏丹阳）兴建新丰塘，“溉田八百余顷”[④]。又在乌程（今浙江湖州市），由吴兴太守殷康主持兴修荻塘，“溉田千顷”[⑤]。

南北朝时期：在南方，刘宋修复了能灌溉“良田万顷”的芍陂[⑥]。在北方，北魏太武帝太平真君五年（公元444年），在今宁夏境里修复引黄灌溉渠80里，又新开灌溉渠40里，可灌田40000多顷。

①据《三国志·魏书·刘馥传》，茹陂在今河南固始县东南。《三国志》，西晋陈寿（233–297）撰，是纪传体三国史。

②据《三国·魏书·郑浑传》，相县在今安徽濉溪县西北。

③据《水经注》。巴水在今江西崇仁县境里。

④据《晋书·卷七十六》。

⑤据《太平寰宇记·卷九十四》。

⑥据《宋书·卷五十一》。

第五章 医药学体系的发展和炼丹术的盛行

壹 医药学体系的充实提高和完善

秦汉到南北朝时期的医药学成就

上一编我们讲到，战国时期，出现了以《黄帝内经》作为代表的祖国医学理论著作，初步建立了祖国的医学体系。

随着大量医疗实践的开展，国内各兄弟民族间和国外文化交流的发展，到秦汉时期，我国医药学体系得到充实和提高。在这一时期，出现了以张仲景的《伤寒杂病论》作为代表的医学著作，还出现以《神农本草经》作为代表的药学著作，出现了淳于意（约前 205-?）、华佗等名医。

三国两晋南北朝时期是我国医药学发展史上的重要时期。在汉代的基础上，这时期我国医药学进入一个广泛总结经验的阶段，出现了大量的医药学著作，特别对脉学、针灸学、本草学、方剂学方面，如王叔和的《脉经》、皇甫谧的《针灸甲乙经》、陶弘景的《神农本草经集注》、葛洪的《肘后方》等，使我国医药学体系基本上臻于完善。

下面我们把这一时期的医药学方面的成就，择要分小节加以介绍。

《神农本草经》和陶弘景的《神农本草经集注》

秦汉时期，药物学知识越来越丰富，对它进行综合和总结，以适应医疗实践的需要，这一工作就应运而生。

在秦汉之际，已经有药物专著在民间流传，如公乘阳庆传给西汉初年的名医淳于意的《药论》，《汉书·游侠传》记载楼护能“诵医经、本草、方术数十万言”，说明这时的“本草”（就是药物学著作）已经颇具规模。可惜这些著作大都没有流传下来。从这一时期传留到现在的最早的药物学专著是《神农本草经》。

《神农本草经》是秦汉时期的人托名“神农”所著，原书已经佚失，由于历代本草书籍转引，它的内容基本上得以保存下来。现传的都是辑佚本。它是对战国、秦汉药物学知识的很好总结，我们可以从它窥知秦汉时期药物学知识的概况。

神農本經
明錢塘不遠盧復手錄
上藥一百二十種爲君主養命以應天無毒多服久
服不傷人欲輕身益氣不老延年者本上經
中藥一百二十種爲臣主養性以應人無毒有毒斟
酌其宜欲遏病補虛羸者本中經
下藥一百二十五種爲佐使主治病以應地多毒不
可久服欲除寒熱邪氣破積聚愈疾者本下經
三品合三百六十五種法三百六十五度一度應一
日以成一歲

本經序例

《神农本草经》书影。

《神农本草经》从当时种类繁多的药物中选载了365种，计有植物药252种，动物药67种，矿物药46种。根据药物的不同性能和使用目的，它把药物分成上，中、下三品，这是我国药物学早期的一种分类法。上品大都是补养药物，一般说是没有毒或毒性小的，共120种。中品多是兼有攻治某些疾病和滋补作用的药物，有些是有毒的，也共120种。下品共125种,多是有毒而专门用来攻治疾病的药物。

《神农本草经》对每一味药都作了比较详细的说明,包括主治、性味、产地、采集时间、入药部位、炮制和贮藏方法以及异名等内容。提到主治疾病的名称有170多种,内科、外科、妇科、五官科等方面的疾病都有。

根据长期临床实践和科学研究证明,书里所记载的药物的药效绝大部分是正确的,这说明作者是在临床实践的反覆检验和认真研究的基础上收载这些药物的。特别是书里载录了不少特效药物,如水银治疥,麻黄消喘,常山截疟,黄连止痢,大黄泻下,等等,千百年来医家一直在使用。

在《神农本草经》的序文里,还简要地记述了当时关于药物配伍的原则,如医方里主药和辅助药之间所谓"君、臣、佐、使"的理论;提出"药有酸、咸、甘、苦、辛五味,又有寒、热、温、凉四气"的所谓"五味四气"说;还说明要根据药物的性能采用不同的剂型。这些都反映了《神农本草经》的药物学知识已经达到了比较高的水平。所以,长期间它被奉为药物学的经典是并不奇怪的。

《神农本草经》经辗转传抄,到南北朝时期,已经有不少错误,加上有许多新的药物出现,于是南朝齐梁之间的著名药物学家陶弘景就着手对《神农本草经》进行正讹增补,编著了《神农本草经集注》。

陶弘景字通明,丹阳秣陵(今江苏南京市)人。他一生勤奋好学,对于医术、本草、炼丹、冶金、地理、历算等都深有研究。他对于《神农本草经》抄本错误造成的贻误病人的状况深感不安,立志改革。他博览综括当时各种药物著作,结合自己的医药实践,悉心研究,校订《神农本草经》原有的365种药,作了大量去伪存真的工作,又增添新药365味。《神农本草经集注》是我国药物学知识的又一次系统总结。

陶弘景为了区别《神农本草经》原载药物和新加药物,分别用朱笔和墨笔书写。对原有药物每条都有增注,对于药物的性味、产地、采集、形态、鉴别等方面的认识比原来大有提高,如他把药性细致地分做寒、微寒、大寒、平、温、微温、大温、大热 8 种。

陶弘景还创立了新的药物分类法。他首先把 730 种药物分做玉石、草木、虫兽、米食、果、菜、有名未用 7 大类。这种根据药物的自然来源和属性的分类方法，成了我国药物分类的标准方法，为后世所沿用并发展。他又创立了按药物的治疗性能进行分类的方法，总结出一份“诸病通用药表”，归纳了 80 多类不同的病症，以病症为纲，每一类下面列出相应的药物，如祛风的药物有防风、秦艽、防已、独活等等。这对于医家临床查考和普及推广医药知识，都很方便。

《神农本草经集注》也介绍了一些特效药，如槟榔治绦虫、茵陈治黄疸、栝楼治糖尿病等，到现在仍然有实用价值。

《神农本草经集注》原书也已经佚失，但是它的内容被历代本草书籍所收载，得以流传下来。近时在敦煌发现残本。

张仲景和《伤寒杂病论》

汉末医学家张仲景，名机，南阳郡（今河南南阳市）人。他在汉献帝建安年间（公元 196 年到 220 年）写成医学名著《伤寒杂病论》[1]，奠定了中医治疗学的基础。

张仲景十分重视“勤求古训，博采众方”[2]，努力学习和继承前人的医药学成果。他又不拘泥于旧说，主张“精究方术”，反对“各承家技，终始顺旧”的抱残守阙的态度。

东汉末年的大疫给百姓和他的家族带来巨大灾难，这促使他更加精研医术，结合亲身的医疗活动，比较系统地研究了秦汉以来对伤寒和杂病[3]在诊断和治疗方面的丰富经验，以《黄帝内经》等典籍所阐发的医药学基本理论作为指导，总结出了一套理、法、方、药[4]具备的辨证论治的医疗原则，使祖国医学的基础理论和临床应用有机地结合起来，大大充实了医药学体系的内容。

《伤寒杂病论》原书曾经散失，后来晋王叔和搜集编成 36 卷。北宋林亿等又整理成《伤寒论》和《金匮要略》两书，前一书专论伤寒，后一

①《伤寒杂病论》也作《伤寒卒病论》，“卒”通“杂”。

②据《伤寒杂病论·自序》，下面几句引文也引自《自序》。

③这里的“伤寒”指急性热病，“杂病”以内科病症为主，也有外科、妇科等疾病。

④所谓“理、法、方、药”，就是有关辨证的理论、治疗法则、处方和用药。

书以论述杂病为主。

对于伤寒，张仲景总结出了六经分证的原则：根据急性热病共有的和特殊的、初期的和晚期的、治疗有效的和误治恶化的各种不同情况所表现出来的种种症状和体征，归纳成六大症候群，这就是太阳病、阳明病、少阳病、太阴病、少阴病、厥阴病。前三种总称三阳病，后三种总称三阴病。每一症候群又用一组突出的临床症状、体征和脉象作为辨证的主要依据，还探究了具体病症的传变过程，来正确地辨认病理变化，掌握病候实质，为分清疾病的主次、轻重、缓急和作出比较切合实际的诊断提供客观的依据。

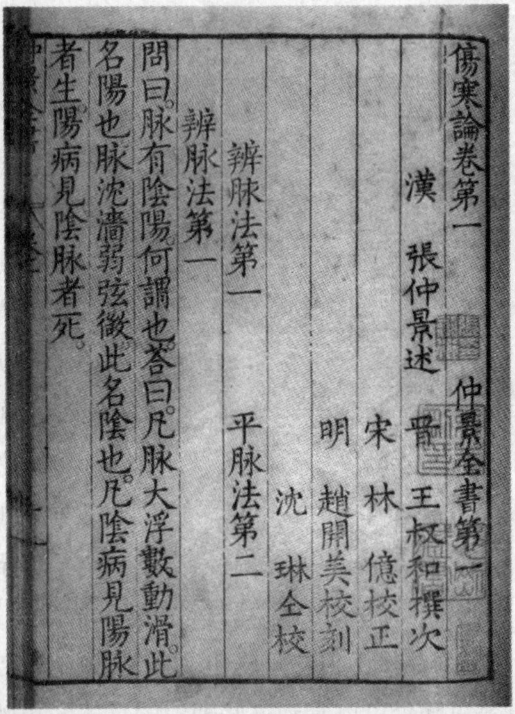
傷寒論卷第一　仲景全書第一
漢　張仲景述　晉　王叔和撰次
宋　林　億校正
明　趙開美校刻
沈　琳仝校
辨脉法第一　平脉法第二
辨脉法第一
問曰脉有陰陽何謂也荅曰凡脉大浮數動滑此名陽也脉沈濇弱弦微此名陰也凡陰病見陽脉者生陽病見陰脉者死

《伤寒论》书影。

张仲景还把临床上出现的各种错综复杂的证候综合归纳成为阴、阳、表、里、寒、热、虚、实八类，可以用来辨别病症的属性，病位深浅、人体抗病能力、病情不同表现，使对疾病的诊治获得纲领性的认识。后人就把这八类证候叫做“八纲”，对后世的辨证论治产生深刻的影响。

在六经或八纲辨证的基础上，进行论治的时候，张仲景建立了一定的原则。如对三阳病是以“驱邪”作为基本原则，驱邪就是消除病邪；对三阴病是以“扶正”作为基本原则，扶正就是恢复机体的抗病能力。张仲景不仅建立了一定的原则，又有相当大的灵活性，强调针对病情的变化，采用“随症施治”的方法。

张仲景还从伤寒和杂病的各类病证中，总结出多种治疗大法，后

张仲景像。

人把它们归纳成为“八法”：邪在肌表用汗法，邪壅于上用吐法，邪实于里用下法，邪在半表半里用和法，寒症用温法，热症用清法，虚症用补法，属于积滞、肿块一类病症用消法。根据病情的不同，可以单用一法，也可以几法相互配合应用，这也体现了原则性和灵活性相结合的论治思想。张仲景还总结了针刺、灸、烙、温熨、药摩、洗浴、润导、浸足、灌耳、吹耳、舌下含药等具体疗法，根据不同病症选用，大大丰富了治疗的手段。

张仲景不但在理论上为辨证论治奠定了基础，而且在《伤寒杂病论》里随处可以看到这些理论的具体的巧妙应用。如对肿痈、肠痈、黄疸、痢疾等疾病的辨证和治疗，直到今天仍然有很高的实用价值和疗效。又如在妇科方面，对于癔病、闭经、漏下、妊娠恶阻、产后病以及包括瘤肿在内的腹肿块等，都作了详细的辨证并且提出行之有效的疗法。另外，对于救治自缢的人工呼吸法，书里也有具体、生动、科学的记述。

关于病因，张仲景指出：“千般灾难，不越三条：一者，经络受邪入脏腑，为内所因也；二者，四肢九窍，血脉相传，壅塞不通，为外皮肤所中也；三者，房室、金刃、虫兽所伤。以此详之，病由都尽。”这是唯物主义的病因说。

有的医家尊称《伤寒杂病论》里所收选的方剂是“众方之祖”，这是很有道理的。书里共收选了300多则药方，它们大都具有用药灵活的特点，对每一味药的应用都比较审慎，而且配伍比较严谨，主治明确。实践证明，书里大部分方剂的确有比较高的临床疗效。有不少著名药方为后世医家提供了变化和发展的基础。对于药物的煎法、服法，所采用的剂型和制药的工艺，张仲景也多有所创造，为后世医家奉作典范。

总的说来，张仲景通过创造性劳动，从辨证到立法，从立法到拟方，从拟方到用药，联系紧密，环环相扣，确立了一套比较完善的祖国医学的医疗体系。

汉代名医淳于意和华佗

汉代名医除张仲景外，还有淳于意和华佗，也为祖国医学的发展作出了贡献。

淳于意是汉初医学家，齐临菑（今山东淄博市）人。曾任齐太仓长，所以又称仓公。

据《史记·仓公列传》记载，淳于意曾经从同郡人公乘阳庆学习黄帝、扁鹊的脉书，他辨证审脉，治病多有效验。

《史记》里还收载了他的25例医案，叫做“诊籍”，如实地记录了他诊治疾病的成功和失败的经验。这可以说是我国现存的最早的病史记录。

华佗是东汉末年的医学家，字元化，沛国谯（qiáo）县（今安徽亳（bó）县）人。他擅长内、外、妇、儿各科，尤其是外科手术的成就十分有名。他曾经成功地做过腹腔肿瘤切除术和肠胃部分的吻合术。据《后汉书·华佗传》记载，华佗诊断病人，如果发现病是结在体内的肿瘤，针药都及不到，

华佗像。

华佗五禽戏图。

就施行外科手术，先让病人用酒冲服麻沸散，等麻醉药生效，病人失去知觉，就切开腹腔或背部，割除肿瘤；如果病在肠胃，就切开肠胃，除去疾秽，洗涤干净，再把切开的肠胃缝合，并且在缝合处敷上药膏，四五天后创口愈合，一个月就可以康复。这些手术的成功，反映了华佗在诊断、麻醉、开刀、止血和使伤口愈合等技术方面都有很高的造诣，特别是掌握麻醉术是关键所在。可惜麻沸散的药物组成已经失传。据现代研究，它可能和宋元时期以曼陀罗花作为主药的睡圣散，草乌散等相类似。华佗的这些成就，在世界外科学史和麻醉学史上都占有重要的地位。

在医药学的其他领域，华佗也多有建树。他善于察声望色来诊断疾病，对脉象作过专门的研究。他精于方药，在处方上力求简便精当。

在针灸上也有所创新。他吸取先秦以来的导引术①的精华，模仿虎、鹿、熊、猿、鸟的动作姿态，作“五禽之戏”，在医疗体育史上写下了光辉的一页。

华佗还十分注重传医授徒，吴普、李当之、樊阿等都是他的学生，他们很有作为，在药物学、针灸术等领域取得了宝贵成果。

华佗行医的足迹遍及江苏、山东、河南、安徽的若干地区，他用自己的高明医术，为广大群众服务，深受人民的尊崇。

王叔和和《脉经》

三国两晋南北朝时期，也出现了一批著名的医学家，他们对祖国医药学各不同学科的发展作出了重大的贡献。除上面已经提到的南朝陶弘景外，还有魏晋间的王叔和、皇甫谧，晋代的葛洪。这一小节我们先介绍王叔和。

魏晋间的名医王叔和，名熙，山东高平人。他曾经精心辑集整理当时已经散乱的张仲景的《伤寒杂病论》，使这部医学名著得以传世。

王叔和更重要的贡献还在于：搜集前人的脉学文献，采撷各家学说，并且结合自己的临床经验，撰成我国现存的最早脉学专著《脉经》，很好地总结了先秦以来脉学的论述，奠定了中医脉学的基础。

《脉经》总结了 24 种不同的脉象，对每一种脉象都作了简明扼要的叙述。它们分别反映了动脉搏动显现部位的深

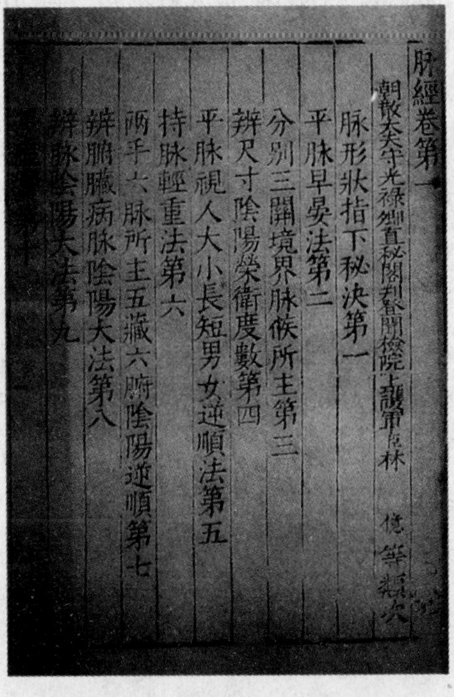
脈經卷第一
朝散大夫守光祿卿直秘閣判登聞檢院上護軍臣林 億 等 類次
脉形狀指下秘決第一
平脉早晏法第二
分別三關境界脉候所主第三
辨尺寸陰陽榮衛度數第四
平脉視人大小長短男女逆順法第五
持脉輕重法第六
兩手六脉所主五藏六腑陰陽逆順第七
辨臓腑病脉陰陽大法第八
辨脉陰陽大法第九

《脉经》书影。

①“导引”也作“道引”，这一名称最早见于《庄子》，一书里，是通过调整呼吸和肢体运动来锻炼身体的一种方法。近年发现马王堆三号西汉墓出土文物中有《导引图》一幅，前面第一编第三章第九节里已经提到。

浅（沉、浮），频率的快慢（数、疾、缓、迟），强度的大小（实、虚），节律是否均匀、有无间歇（结、代、促），以及脉波形态（滑、涩），等等，不同的脉搏特征。

王叔和分别阐述了这些脉象所主的症候，并且把脉象和测知病因病位、诊断病情、预后和疗效观察综合起来考察。他还总结了各种切脉的方法和必要的知识，初步肯定了"寸口诊法"[①]的定位诊断。这些使脉诊这一中医诊断学的独特方法得到充实并且成熟起来。

王叔和反对孤立地以脉断证，给脉学以恰当、合理的地位，这又为脉学的健康发展铺平了道路。

皇甫谧和《针灸甲乙经》

中医学中独特的治疗技术针灸学，在魏晋之间由皇甫谧作了系统的总结。

皇甫谧字士安，安定朝那（今甘肃平凉县）人。他家境贫寒，少年的时候游手好闲，被人看不起。到20多岁才开始发奋读书，成了博学的人。中年他身患严重的风痹病（相当于西医的风湿性关节炎），但是仍然手不释卷。为了战胜病痛，他致力研究医学。

皇甫谧研读前代关于针灸的文献资料，主要是《素问》、《灵枢》和《明堂孔穴针灸治要》三部著作。他很快就发现，这些文献所载的经穴部位"文多重复，错互非一"，使人无所适从。他结合切身治病的心得，"删其浮辞，除其重复，论其精要"[②]，总结整理成《黄帝三部针灸甲乙经》一书，简称《针灸甲乙经》，发展了针灸学的理论。他厘订了单穴49个，双穴300个，纠正了经穴混乱的现象，统一了各穴位的名称和部位，同时还阐明了每个腧穴的主治病症范围和禁忌症等。对于取穴和操作方法，皇甫谧也作了详细的介绍，如针刺深度、留针时间以及顺逆宜忌等等，给人以具体明确的针灸学知识。

这些都奠定了针灸学的基础。后世一些著名的针灸学著作，基本上都是在《针灸甲乙经》的基础上加以发挥编撰而成的。

①寸口诊就是切摸两手掌后突起的挠动脉。

②引文都见皇甫谧《针灸甲乙经·自序》。

葛洪和《肘后方》

这个时期还有大量方剂学的专著问世，除各种内外科医方外，还出现了专科性的《疗目方》、《小儿方》等。有些医药经方篇幅浩大，有近1000卷的。这固然是方剂学发展的反映，却往往造成“混杂烦重，有求难得”的状况。所以，从广博中求精英，从繁杂中求简易，是提高方剂学水平的一大课题。晋代著名医药家葛洪察觉到这一问题，就撰成被后世推重的《肘后救卒方》一书，简称《肘后方》。后来经陶弘景等增补，也称《肘后备急方》。

葛洪字稚川，自号抱朴子，丹阳句容（今江苏句容县）人。他精于医药学和炼丹术。他从当时众多的医方中，“收拾奇异，捃拾遗逸，选而集之，使种类殊分，缓急易简，”写成《玉函方》100卷。在这基础上，考虑到以往医方“既不能穷诸病状，兼多珍贵之药”的弊病，对于“贫家野店”，往往“虽有其方，犹不免残害之疾”，于是又编撰一部容易普及推广的实用方书，这就是《肘后方》。原书只有3卷，后来增补成8卷。“肘后”是可以随身携带或随手备查的意思，“救卒”或“备急”是救治猝发急病的意思，这部书的确名副其实。这不但因为它多用“贱价草石，所在多有”的“易得之药”，多用民间常用的单方、验方，药味简单，还记述了简易的灸法等，“凡人览之，可了其所用”①；它的内容还包括有急性传染病、各脏腑慢性病、外科、儿科、眼科常见病以及六畜病的治疗方法和相应药方，简便实用。这部书有比较高的科学性，收载的方药大多疗效显著。书里还对肺结核、天花、恙虫病等多种传染病有比较清楚的认识。

贰 炼丹术和有关化学知识

炼丹术起源于我国

炼丹术是古人为求“长生不死”而炼制丹药的方术。炼丹术起源于我国。后来大约到唐代（公元7世纪到9世纪）经阿拉伯传到西方，转

①这一段的引文都据葛洪《肘后方·自序》。

变成为以炼黄金作为目的，称做炼金术。

《西游记》第五回里，描写了孙悟空进入太上老君的丹房偷吃金丹的故事，这金丹就是炼丹术炼出来的“长生不死”的药。太上老君就是老子，被认为是道教神仙家的开山鼻祖，这是道教的附会。老子李聃是春秋战国时期诸子百家中道家的创始人，和炼丹术没有关系。

中国的炼丹术大约是在西汉初年（公元前 2 世纪）形成的。在这之前虽然也有方士求长生不老药的活动，如《战国策》里已经有方士向荆王献“不死之药”的记载，秦始皇统一六国以后，曾经派人去海上求“仙人不死之药”，但是主要是搜求天然的药材。

现在知道关于炼丹术的最早文字记载见于《史记·封禅书》，说到汉武帝听信方士李少君求仙求药的话，亲自祭灶，让方士把丹砂、诸药剂化成黄金，以求服食后长生不老。

到了东汉末年，出现了原始道教。三国两晋时期（公元 3、4 世纪），方士们为了和外来的佛教相抗衡，就和原始道教相结合，完成了道教宗教化的进程，方士也就成了道士。在道教宗教化的过程中，方士们把老子的《道德经》当作经典，利用书里一些带有神秘性、看起来好像和长生不老有关的词句作为教义，加以附会引伸，老子也就这样被奉作道教教主了。

由于封建统治者都梦想长生，享受人间的荣华富贵，炼丹的风气就在封建统治阶级里盛行起来。

早期的著名炼丹家和他们的著作

早期的著名炼丹家，有东汉的魏伯阳、西晋的葛洪和南朝的陶弘景。

魏伯阳一说名翱，伯阳是他的号，会稽上虞（今浙江上虞县）人。他著有《周易参同契》3 卷，全书 6000 字，用韵语写成。他把炼丹（“炉火”）和道教神仙思想（“黄老”）、《周易》爻象（“大易”）三者互相契合，所以叫“参同契”。这是现存世界上最早的炼丹术著作。书里有一篇

《丹鼎歌》,是现存关于炼丹重要工具"丹鼎"的最早记载。书里对炼丹的理论和方法都有阐述,只是用语隐晦,带有神秘色彩。

葛洪是我国炼丹史上承前启后的重要人物。他继承了早期的炼丹理论和实践,又亲自从事炼丹几十年,积累了丰富的经验。他著有《抱朴子》70卷,分《内篇》和《外篇》。《内篇》20卷,其中《金丹》和《黄白》两卷就是专讲炼制长生药和炼制供药用的"黄金""白银"的方法的。

陶弘景是继葛洪之后的一位大炼丹家, 关于道教的著述不少,但是大多散佚,现存的有列入《道藏》的《真诰》和《养性延命录》两种。

炼丹家的著作精芜混杂,为了增加神秘感,多使用晦涩的隐语,令人难以读懂。近几十年来,不断有人对炼丹术进行研究,取得了一些成绩,但是还有很多内容有待于发掘和研究。

炼丹家大多又是医药学家,像葛洪、陶弘景就是这样。他们很自然地把炼丹的药物带进医药里去,如炼丹的药物雄黄、雌黄、硫黄、硝石、云母、食盐、丹砂等以及一些炼制出来的产物,都在医药中应用,特别是使用一些有毒的汞和砷的化合物来治疗一些外科疾患,取得比较好的疗效。

炼丹术是化学的原始形式

我国在西汉初年出现炼丹术,一方面固然由于封建统治者梦想长生,寻求"不死之药",另一方面也由于当时已经有产生炼丹术的物质条件。

当时的人们已经在生产实践中知道,黄金能经得起烈火烧炼而不变质,能埋在土里经久而不腐烂。人们还知道丹砂(硫化汞)加热以后能分解出水银,水银受热蒸发以后能再和硫黄化合,经升华可以再得到丹砂。炼丹家就是利用黄金、丹砂的这些特性,进行比附,认为人服食以后也能像黄金、丹砂那样,使身体不坏,超凡成仙,长生不死。炼丹家因此致力于炼制药用黄金和丹药的活动。

这种观念当然是荒谬的,不可能实现的,有不少帝王和官绅就是

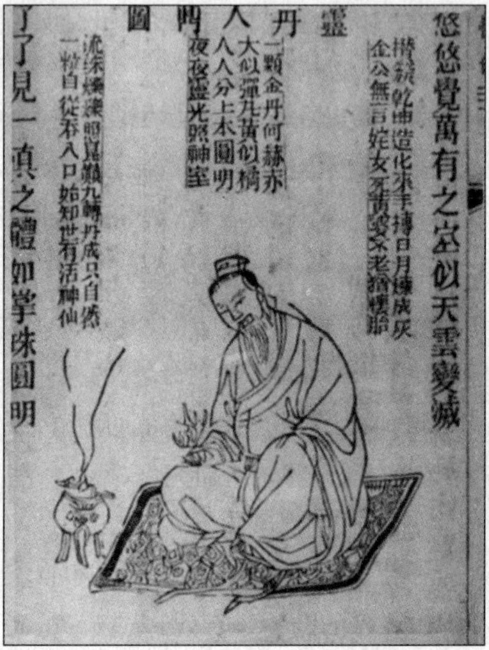

灵丹入鼎图。

因为服食丹药中毒而死亡或遗留下严重的疾患，受到了惩罚。但是炼丹家们从炼丹实践中，却了解到物质是可以发生变化的，进而认识到物质变化是自然界里的普遍规律。同时，炼丹家在长期的大量的炼丹实践中，积累了一些关于无机物可以化合、分解变成其他物质的经验和知识，写下了早期人类化学活动历史的一页。

正是由于这一情况，恩格斯把炼丹术叫做化学的“原始形式”①。

炼丹术中有关的化学知识

炼丹术分火法和水法两种。火法炼丹是利用加热使物质化合或分解或升华，这一过程就在丹鼎里进行。水法炼丹是利用溶液使物质发生化合或置换反应，这一过程是在所谓“华池”里进行的。丹鼎用金属或瓷制成，实际上是一个反应炉。华池一般是陶瓷器，有时就用缸或盆，实际上是一个反应槽。

人们在先秦时期就已经了解到水银可以和金、银、铅、锡等多种金属结合，并且已经知道水银容易蒸发。利用水银的这些性质，人们制成了各种金属的“汞齐”，“齐”就是合金。用汞齐可以在铜器表面装饰金银，例如把金汞齐涂在铜器表面，经烘烤后水银蒸发，黄金就附着在铜器上，这就是鎏金技术。炼丹家非常重视水银的这些性质，把水银作为炼丹的主要药物之一，魏伯阳还给起了一个带神秘色彩的名称“姹女”，说它“灵而最神，得火则飞，不见埃尘”②。陶弘景也说水银“能

①恩格斯在《自然辩证法·科学历史摘要》里说：“在这一时期末，化学以炼金术的原始形式出现了。”（见《自然辩证法》，人民出版社 1971 年版，第 162 页；又见《马克思恩格斯全集·第二十卷》，人民出版社 1971 年版，第 523-524 页。）

②引自《周易参同契》。

消化金、银使成泥,人以镀物也。[①]

水银一般是从丹砂冶炼而得到的,丹砂是红色硫化汞;水银和硫黄又很容易化合而成硫化汞;硫化汞具有升华的特性。《周易参同契》就曾经描述了水银和硫黄化合后在丹鼎里升华成为红色硫化汞的过程,说是“赫然还为丹”。《抱朴子·内篇·金丹篇》概括说:“丹砂烧之成水银,积变又还成丹砂。”反覆炼制红色硫化汞成了炼丹家的一项重要活动,就是所谓“九转还丹”。它的过程就是用天然丹砂做原料,加热分解出水银,水银再和硫黄化合成黑色硫化汞,黑色硫化汞加热升华,又变回成红色硫化汞。这种红色硫化汞可以说是人类最早利用化学合成法制成的产物之一。

金属铅和铅的化合物, 在汉以前就已经在手工业生产中使用,人们把铜、铅、锡合成青铜,用铅汞齐作为铜镜的抛光剂,用胡粉作为化妆用品,胡粉是白色碱式碳酸铅。铅化合物的颜色变化引起了炼丹家的注意。他们发现“胡粉投火中,色坏还为铅”[②],就是白色碱式碳酸铅加热后会分解成铅。铅加热氧化可以生成黄色四氧化三铅,炼丹家把它叫“黄丹”;黄丹加热到近 600℃,又会分解成黄色的 氧化铅,如果在炭炉子里和炭一起加热,也会被还原成铅。这就是葛洪说的:“铅性白也,而赤之以为丹;丹性赤也,而白之以为铅。”[③]陶弘景也指出黄丹是“熬铅所作”,胡粉是“化铅所作”[④]。

铁对铜盐的置换反应,是炼丹家的一大发现。早在西汉的《淮南万毕术》[⑤]一书里,已经有“曾青得铁则化为铜”的记载。曾青当是含铜的一种矿物, 主要成分大概是硫酸铜。葛洪说得更清楚:“以曾青涂铁,铁赤色如铜,……外变而内不化也。”[⑥]这是说铁从表面所涂的铜盐里置换出铜,铜就附着在铁表面。陶弘景还提出用醋酸使不容易溶解的铜盐溶解的方法,来加快铁的置换作用,他说:“鸡屎矾……投苦酒中涂铁,皆作铜色,外虽铜色,内质不变”[⑦],鸡屎矾可能是碱式碳酸铜,苦酒当是酒作酸后变成的醋。

炼丹家还发现了能溶解黄金的“金液方”。据葛洪《抱朴子·内篇·

①引自《神农本草经集注》。
②引自《周易参同契》。
③引自《抱朴子·内篇·黄白篇》。
④引自《神农本草经集注》。
⑤西汉淮南王刘安曾经招致宾客方士几千人,编著《淮南子》《内书》21 篇,《外书》多篇,又《中篇》八卷,讲神仙黄白术,也有 20 多万字。《淮南万毕术》当是后人辑集这些书里讲炼丹的部分编成的。
⑥据《抱朴子·内篇·黄白篇》。
⑦引自《神农本草经集注》。

金丹篇》里所举用来溶解黄金的药物中，有一种叫“玄明龙膏”。据后人研究，“玄明龙膏”可以指水银，也可以指醋（玄明）和覆盆子（龙膏）。水银可和黄金结合成金汞齐；而覆盆子未成熟的果实里含有氢氰酸，在醋液里，氰化钠或氰化钾能和金生成二氰合金(I)酸根离子，而使黄金溶解。这在古代可以说是一项重大发现。

据近人研究[①]，大约生活在东汉末年（公元2世纪中期）的炼丹家狐刚子，曾发现用石胆（就是胆矾或五水合硫酸铜）干馏制造硫酸的方法，叫“炼石胆取精华法”：用土坯垒成两个方头炉，相距两尺，炉壁用精泥涂抹。炉旁相对各开一孔，也用精泥涂抹。一炉里放一铜盘；另一炉里用炭烧石胆使生白烟，把炉孔冒出的白烟扇入另一炉的炉孔里，于是精华都进入铜盘。炉里的火灭后待冷，打开另一炉，铜盘里的精华就可以取用入药，还可以用来分解金矿。[②]这里所说的就是利用五水合硫酸铜加热分解，生成氧化铜、三氧化硫和水蒸气，三氧化硫和水蒸气的白烟被扇入另一炉里，冷凝就成硫酸。这里用精泥涂抹是为了防腐蚀和避免“胆精”损耗，用铜盘是因为铜能耐稀硫酸的腐蚀。

在西方，据说公元8世纪阿拉伯炼金家查比尔（约721–约815）曾经提出把矾加热可以蒸馏出一种“矾精”（就是硫酸），说它具有比较大的溶解力。到公元13世纪，德国炼金家大阿尔伯图斯（约1200–1280）才又用干馏胆矾的方法得到矾精。可见我国狐刚子制得硫酸比西方要早五六百年，而且记录这样详细完整，是古代科学技术史料中极罕见的。

炼丹家在炼丹过程中，还积累了不少鉴别所用药物的质地优劣真伪的知识和方法。如水银色泽不够光亮的一定含有杂质，青白色的水银才比较纯。又如已经知道用火焰法来鉴别钾盐的存在，陶弘景在讲消石（硝酸钾）的时候说：“以火烧之，紫青烟起，云是真消石也。”[③]

①据北京大学赵匡华：《狐刚子及其对中国古代化学的卓越贡献》，《自然科学史研究》第三卷第三期，1984年。文中考证狐刚子名狐丘，又作胡刚子、胡罡子、狐罡子，可能是魏伯阳的学生，三国时期吴国道士葛玄（164–244）的老师，葛玄是葛洪的从祖。

②据《黄帝九鼎神丹经诀·卷九》所引狐刚子《出金矿图录》。原书专述金银矿的冶炼，已经散佚。但是主要点都收在《黄帝九鼎神丹经诀》一书里。《黄帝九鼎神丹经诀》是隋唐之际（公元7世纪初期）的著作，撰人不详。

③引自《神农本草经集注》。

第六章　冶铁术和其他制造工艺

壹 冶铁术的成熟

采冶铸造工艺的完善化

上一编我们讲到，战国中期以后，铁器的使用已经推广到社会生产和生活的各个方面。秦汉时期，完成了生产工具和兵器的铁器化过程。铁器在全国包括边远地区得到推广使用，给农业、手工业、各种工程技术以至人们的日常生活都带来深刻的影响，引起了广泛的变革，而这些又是和冶铁术的成熟密切相关的。

冶铁术的成熟，首先表现在采冶铸造程序和工艺的完善化。

对属于西汉中晚期的河南巩县铁生沟冶铁遗址的考察表明，这时从开矿、冶炼到制出整套成品，整个过程都有机地结合在一起。冶铁作坊临近原料产地。矿石经破碎筛分入炉。炼炉的建造因用途不同而不同，铁生沟的炼炉计有以下六类：块炼铁炼炉，并列成排的排炉，长方形炼炉，造型庞大的圆形炉，低温炒钢炉，锻炉。这些炼炉多作半地穴式，上部用耐火砖垒砌，炉壁和炉底也施用耐火泥土。耐火砖种类多样，用在不同的炼炉和炼炉的不同部位上。在冶炼中已经使用石灰

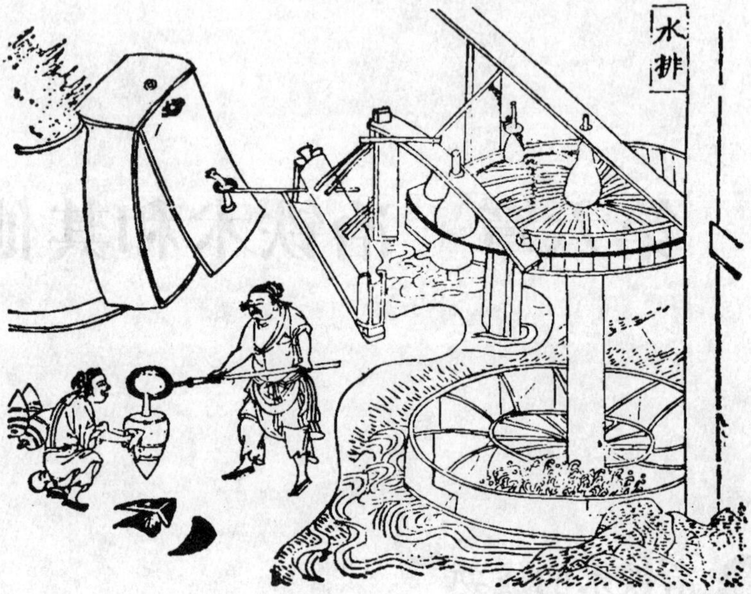

水排图。

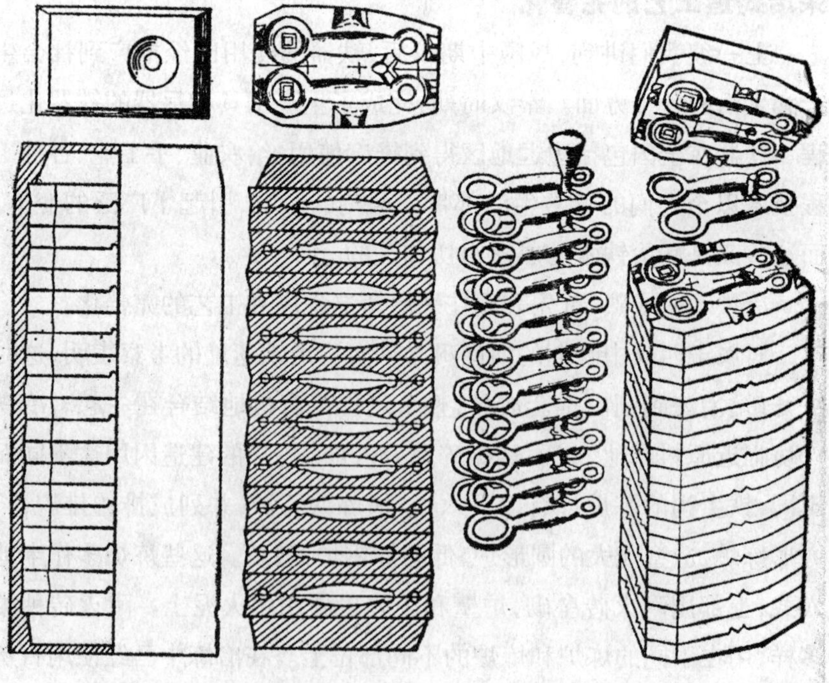

汉代河南温县出土叠铸范
和铸件的复原图和剖面图。

石作为熔剂，而且已经开始试用煤炭作为燃料。冶炼工序包括有选矿、配料、入炉、熔炼、出铁等步骤。

汉代不少冶铁遗址的作坊面积有的达几万平方米，甚至几十万平方米。它们或者以冶铁为主，或者以铸造为主，或者冶铸兼备。东汉已经有高五六米、容积大约40立方米的大型高炉出现。这些都证明冶铁生产规模的扩大。

炉型的高大化和鼓风技术的提高有密切的关系。鼓风动力已经从人力鼓风发展到畜力鼓风，如"马排"、"牛排"等。以后更发展到水力鼓风。东汉光武帝建武七年(公元31年)，南阳太守杜诗(?–38)"造作水排"，"用力少，见功多"①。三国曹魏时候，南阳人韩暨任监冶谒者，在官营的冶铁工场里进一步推广和改进了这一技术，"因长流为水排，计其利益，三倍于前"②。

从铸造技术上看，汉代铁范的使用已经大大普及，从制模、制范、烘范到熔铁、浇铸一系列工艺，井然有序，制作精密，保证了铸件数量和质量的提高。战国时期已经出现的叠铸技术，就是多层陶范叠装、一次浇铸可以得到多件产品的技术，到汉代得到进一步发展。河南温县出土有汉代500多套叠铸范，计有16种铸件，36种不同的规格，总浇口直径8毫米到10毫米，内浇口在2毫米左右，一套范有4层到14层不等，每层可铸得1个到6个铸件，最多的一次可以同时铸得84件产品，大大提高了生产效率。

一系列制钢技术的发明

从秦汉到南北朝这一时期，冶铁技术的成熟还表现在一系列制钢技术的发明上，主要的有铸铁脱碳钢、炒钢、百炼钢、灌钢等技术。

铸铁脱碳钢技术，是在对铸铁件进行热处理的过程中发展起来的我国特有的制钢工艺。它的工艺原理是：把生铁铸件在氧化性气氛中脱碳退火，使铸件的含碳量降低，但又不析出或很少析出石墨，就变成钢件(如果析出大量石墨就变成韧性铸铁)。这一技术的关键在于

①见《后汉书·杜诗传》。
②见《三国志·魏书·韩暨传》。

必须有控制地进行脱碳处理，这主要凭工匠的丰富经验。北京和河南南阳、郑州、渑池等地先后出土有从西汉到三国曹魏时期用这种新颖制钢技术制得的钢件，说明这一难度比较大的新技术已经为不少工匠所掌握。

炒钢技术是把生铁加热成半液半固状态，在高温下进行搅拌，就是所谓“炒”，利用空气或加入的铁矿粉里的氧，使它氧化脱碳，成为钢或熟铁。这一新技术至迟在西汉中晚期就已经发明，铁生沟遗址出土的低温炒钢炉和含碳量不同的铁料，就是证明。由于这一制钢技术的原料生铁容易得到，操作又简便，有的可以直接成钢，有的如果炒成熟铁，再加渗碳处理，也可以成钢，所以具有比较大的经济效益。它的发明使得向社会提供大量廉价优质的钢料成为可能。

百炼钢是在块炼铁渗碳钢的基础上发展起来的一种炼钢方法。顾名思义它是经过百次锻打所炼成的钢件。它和块炼铁渗碳钢的重要区别就在于在高温下反覆折叠锻打的次数要多得多，这使得钢件杂质大大减少，含碳量均匀，提高了钢的质量。河北满城西汉前期中山靖王刘胜墓出土的书刀、钢剑就是百炼钢制品，它们是百炼钢技术初期阶段的产物。由于炒钢术的发明，为百炼钢提供了充足和廉价的原料，大大促进了百炼钢技术的发展，到东汉前期这一技术已经成熟。近年来在江苏徐州出土了汉章帝建初二年（公元 77 年）的“五十湅”钢剑，在山东苍山县也曾经出土汉安帝（刘祜，94–125）永初六年（公元 112 年）的“三十湅”环首钢刀，经鉴定它们都是用炒钢做原料经反覆加热折叠锻打渗碳而成的。所谓“五十湅”，“三十湅”，指的就是反覆加热折叠锻打的次数是 50 或 30。此后，百炼钢的技术越加纯熟，东汉灵帝中平年间（公元 184 年到 189 年）果然有“百炼清刚”铭文的百炼钢刀出现。到三国两晋时期，经“百炼”或“百辟”得宝剑宝刀的记载就屡见不鲜，如曹操下令造“百炼利器”五把，曹丕有“精而炼之，至于百辟”的说法，等等。而且，这种技术也传到少数民族地区，可见它的普及程度。

灌钢技术是在高温下把生铁熟铁放在一起冶炼，使生铁里的碳份向熟铁扩散，又通过碳和熟铁里的氧化渣的作用，促使渣铁分离，得到质地纯净、含碳量比较高的钢。东汉末年文学家王粲（177–217）所作的《刀铭》中有“灌辟以数”的句子，西晋文学家张协所作的《七命》中也有“灌辟”的说法。“灌”有生铁和熟铁相灌注的意思，“灌钢”的名称也是从这层意思来的。依这看来，灌钢技术的发明大约可以追溯到东汉末年。南朝陶弘景曾经指出：“钢铁是杂炼生鍒作刀镰者”①，鍒（róu）就是熟铁，这是最早明确记载用生铁和熟铁合炼成钢就是灌钢的文献资料。北朝北齐的綦母怀文造宿铁刀，“其法，烧生铁精以重柔铤，数宿则成钢”②，把这时的灌钢技术讲得更加明确了，就是先把生铁熔化，再把它灌注到熟铁上，经过几天时间，由于生铁里的碳匀入熟铁，增加了熟铁的含碳量而成钢。这是一种使刀剑或工具的锋刃钢化的有效方法。

铸铁热处理技术在汉代也已经成熟，考古发掘大量出土了这一时期的黑心或白心韧性铸铁的实物。黑心韧性铸铁多用在要求耐磨的农具等的制造上，白心韧性铸铁多用在要求耐冲击性能比较好的手工工具上，这说明人们对不同材质的性质和适用范围已经有了一定的认识。而且人们还得到了球形石墨铸铁件，它既有比较高的强度，又有比较高的塑性和韧性，铁生沟出土的铁镬、渑池出土的斧等，就是这样的铸铁件。

总之，这一时期我国的冶铁术已经处在世界上遥遥领先的地位。无论是炒钢、灌钢术，还是白心、黑白韧性铸铁或球形石墨铸铁的工艺，西方国家一直到公元18世纪以后才相继发明。在长时期里面，我国一直是世界最重要的钢铁产地。

贰 制瓷技术的成熟

从原始瓷器到真正瓷器

同冶铁术一样，瓷器制作技术，作为高温的化学工艺，从两汉到南

①见《政和新修经史证类备用本草·卷四玉石部》引。

②见《北史·綦母怀文传》。《北史》，唐初李延寿撰，记载从北魏到隋的历史，纪传体。

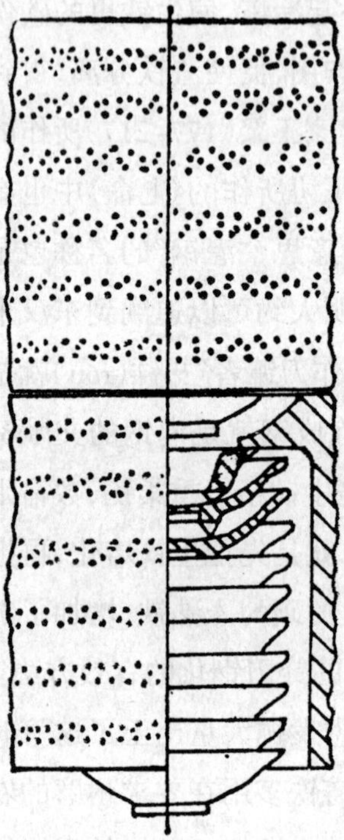

匣钵叠烧示意图。

北朝时期，也越来越成熟。

上面第一编第二章第六节提到，在商周时期，我国就有原始瓷器的出现，这是一种青釉器。经历了 1000 多年的漫长岁月，到了东汉，已经出现了真正瓷器。解放前，在河南信阳擂鼓台曾经发现东汉和帝（刘肇，79–105）永元十一年（公元 99 年）的早期青瓷。

以后又经三国两晋，到了南北朝时期，制瓷技术进入了更成熟的阶段。解放以来，在我国南北方的许多地方，都出土有这一时期的大量瓷器。如在南京石门坎发现三国孙吴大帝孙权（182–252）赤乌四年（公元 241 年）的青瓷盏，南京光华门外墓葬发现赤乌十四年（公元 251 年）的越窑青瓷水注，浙江宜兴周处墓发现西晋惠帝（司马衷，259–306）元康七年（公元 297 年）的艾青瓷器。

还发现了这一时期的不少窑址，有的已经具有相当大的规模。如浙江萧山市上董青南朝瓷窑遗址，长达 250 米，堆积层厚度超过一米，可见生产规模之大。

从青瓷到白瓷

瓷器从青釉器演变而来，所以早期瓷器都是青瓷。伴随着青瓷技术的发展，南北朝时期开始出现白瓷。

在南北朝时期，南方仍以青瓷为主，北方以白瓷驰名。

南北朝时期的青瓷，胎质细致坚实，通体施釉，釉层比较厚，呈青绿色。瓷器的颜色主要是由釉里所含的金属元素决定的。青瓷的釉里含有比较多的铁元素，在还原焰里烧制，就生成氧化亚铁。在烧成的瓷釉里，如果氧化亚铁的含量在8‰到5%，瓷器呈青绿色，并且由淡到浓。如果含量超过5%，颜色就成暗褐色甚至黑色。所以，青瓷烧制的成功，说明人们在瓷土的选择、釉料的配制、烧制温度的提高、火候的掌握、气氛的控制等方面，都已经积累了相当丰富的经验。

白瓷的呈色剂主要是氧化钙。它要求瓷土和釉里铁的含量越少越好，以保证瓷器的白度。

此外，黄釉、黑釉瓷器也在南北朝时期出现。这说明人们对于瓷釉的配制技术已经向多样化发展，为后世绚丽多彩的瓷器生产开拓了道路。

南北朝时期的瓷窑遗址还出土有许多窑具。特别是匣钵的应用，既可以防止瓷胎彼此挤压变形，又可以防止烟熏和尘埃的污染，还可以避免釉的分解、碱类挥发或硅酸析出而减少光泽。这些窑具的应用使得充分地利用瓷窑有限的空间和热量成为可能，既增加了瓷器的产量，又提高了瓷器的质量。

瓷器是我国古代传统的出口产品，为世界各国人民所喜爱，当作珍宝。它的制作技术也先后传到世界各地，是我国古代人民为世界文明贡献的一件瑰宝。前面提过，到现在英语中仍用称呼中国的China一词用来称呼瓷器，瓷器在英语里就叫china。

叁 漆器工艺的发展和兴盛

漆器有十分悠久的历史

漆器在我国有十分悠久的历史，只是我们在上一编没有提到。现在我们就根据现在已经掌握的资料，把漆器的历史追溯到距今7000年前。

1978年，考古工作者在浙江余姚市河姆渡遗址发掘到一件木碗，外壁涂有朱红色涂料，微有光泽。经鉴定，涂料的光谱和长沙马王堆汉墓出土漆器的光谱相同。这说明距今7000年前，我国已经开始用漆了。

河姆渡出土的漆碗。

此后，漆器工艺日渐提高，有大量精美的漆器出土，漆被广泛应用于日常生活用具以及乐器等的装饰。不少漆器花纹细腻，色彩调和鲜艳。

据分析，战国时期的若干漆器，可能是用桐油加色漆配成的油彩。桐油的产量比漆多，又有比较好的成膜性能，把它作为稀释剂填入色漆中，既可以改善色漆的性能，又可以降低成本。这说明人们对于漆和桐油的化学性能有了初步的认识。就漆器的胎型来说，如木胎、竹胎、皮胎、夹纻胎等，这时都已经具备，为后世的发展打下了很好的基础。

秦汉时期漆器工艺的发展

秦汉时期，漆器工艺发展很快，并且普及到全国各地。漆器的种类更多，质量越加精良。

长沙马王堆汉墓一号墓出土的云纹漆鼎。

这时漆器的制作有十分细致的分工。从出土的汉代漆器铭文上，可以看到油漆工艺的工序有素工（制作内胎）、髹工和上工（上油漆）、黄涂工（在铜制附饰件上鎏金）、画工（描绘油彩纹饰）、雕工

(雕刻铭文等)、清工(最后修整)等。此外还有供工(负责供料)、造工(掌管全面的工师)和等级分明的各种监造工官。技术设施和组织管理都十分完善和严整。这对于漆器产量和质量的提高都产生了积极的影响。

秦汉时期的漆器用品盛极一时。以经营漆树栽培和漆器制作而致富的大有人在。官营的漆器业规模庞大,一件漆器往往要用“百人之力”,甚至“万人之功”①。长沙马王堆汉墓出土的大批精美漆器,是这一时期漆器工艺得到高度发展的历史见证。

魏晋南北朝时期漆器的脱胎工艺

魏晋南北朝时期,漆器的脱胎造像工艺取得显著的进步。这时已经能塑造出丈八高的巨型脱胎精品。

脱胎工艺是先借木骨泥模塑就底胎，再在它外面粘贴几层麻布，在麻布上髹漆彩绘,然后去除底胎,就成了中空的漆器。

北朝贾思勰《齐民要术》里有专篇论述漆器,叙述了延长漆膜耐久性和保护方法。

漆器也是我国古代传统的出口产品,漆器制作技术也先后传到世界各地,它是我国古代人民对世界文明的又一个贡献。

肆 造纸术的发明和进步

书写材料的一场革命

造纸术的发明,是我国古代人民对世界科学文化发展作出的又一卓越贡献。

在纸未发明前,我国古代曾经先后使用龟甲、兽骨、金石、简牍、缣帛等作为记事材料。

随着社会经济文化的发展,迫切需要寻找价廉易得的新型书写材料。经过长期的摸索过程,人们终于发明了纸,引起了书写材料的一

①见西汉桓宽著《盐铁论》。

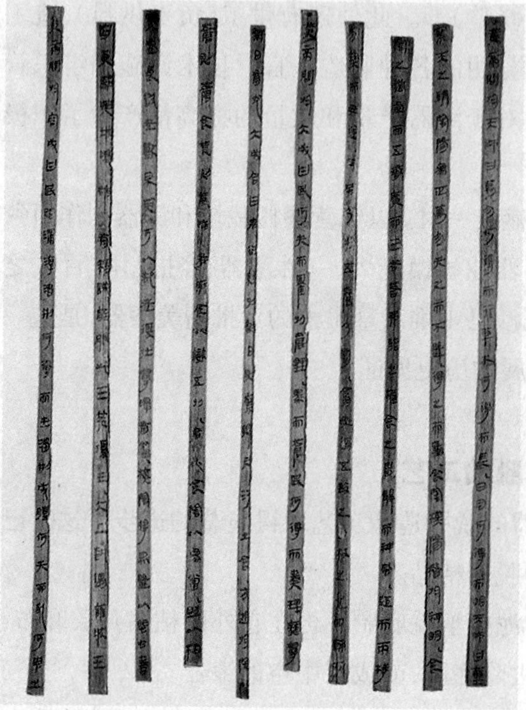

长沙马王堆3号墓出土的《十问》。全篇共101枚竹简，内容系假托古代帝王、诸侯、官吏、名医、术士互相问答，就十个有关起居饮食、气功导引、养生及性保健等问题进行讨论。

场革命。

有关纸的文献记载，最早出现在西汉。《汉书·外戚列传》里讲到汉成帝死后追查宫中一桩案件的时候，有"发箧中有裹药二枚赫[①]蹏书"一语。唐代训诂学家颜师古（581–645）注《汉书》引东汉学者应劭的话："赫蹏，薄小纸也。"应劭在他所著《风俗通》一书里还记载，汉光武帝迁都洛阳的时候，"载素、简、纸经"凡两千车。这里把"纸"和"素"（就是帛）、"简"（就是竹简）并举。《后汉书·贾逵传》里记载：汉章帝建初元年（公元76年），命贾逵教"诸生高才者"《春秋左氏传》，"给简、纸经传各一通"，也是把"纸"和"简"并举。这说明在西汉末年或东汉初年，已经用纸作书写材料了。《后汉书·邓皇后纪》里还记载这样一件事：汉和帝永元十四年（公元102年），立邓皇后，"是时方国贡献，竞求珍丽之物，自后即位，悉令禁绝，岁时但供纸墨而已。"可知那时作为书写材料的纸已经不算是珍贵的物品了。

不过在有关西汉和东汉初年的纸的文献资料中，没有说明它是用什么原料制成的。东汉许慎的《说文解字》里说："纸，絮一𥫍[②]也。"清代训诂学家段玉裁（1735–1815）注："按造纸昉于漂絮，其初丝絮为之，以𥫍荐而成之。"段玉裁又引东汉学者服虔的《通俗文》说："方絮曰纸。"这就是说，早期的纸可能是"丝絮纸"，是在漂絮工艺中创造出来的。漂絮也叫漂丝，是用次茧捣烂后放在篾席上在水中漂洗制成丝絮

①《汉书》颜注："赫音兄弟阋墙之阋"，就是说读xì音。

②《说文解字》："𥫍，潎絮簀也。""潎"（pì）就是漂的意思"簀"（zé）就是蔑席。"𥫍"（zhān）就是漂絮的蔑席。

的一道工序。丝絮也叫丝棉，是用来填絮衣服的。《史记·淮阴侯列传》里讲到韩信（？－前196）少年落魄的时候有一漂母"见信饥，饭信"的故事，漂母就是专干漂丝工作的妇女。漂丝的时候用蘧席把水里散落的丝捞起来铺平成薄膜晾干，揭下来就成一张薄片，可以供书写用。《说文解字》里所说的纸，可能就是这种丝絮纸。这种纸用漂丝的废料制成，自然要比缣帛便宜。

西汉麻纸的发现

1933年，考古工作者黄文弼在新疆罗布淖（nào）尔的汉代烽燧亭故址发掘出几十件汉代器物和几百件唐代文物，其中有一张古纸，据他鉴定，它是"麻物，白色，作方块薄片，四周不完整，长约四厘米，宽约十厘米，质甚粗糙，不匀净，纸面尚存麻筋，盖为初造纸时所做，故不精细也。""同时出土者有黄龙元年之木简，黄龙为汉宣帝年号，则此纸亦当为西汉故物也。"[①]这是考古工作者第一次发现的西汉麻纸，称罗布淖尔纸。

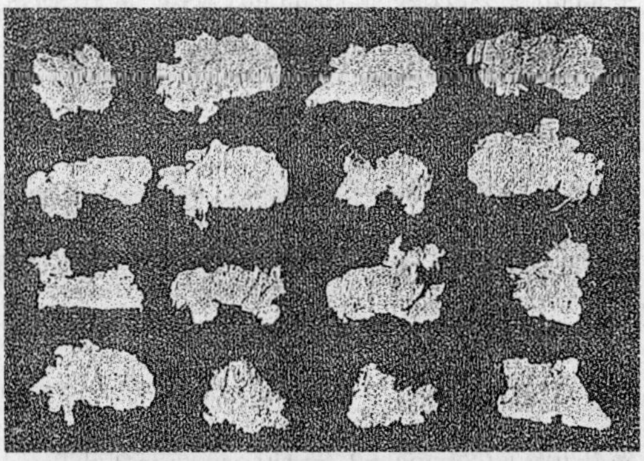

西汉灞桥麻纸。

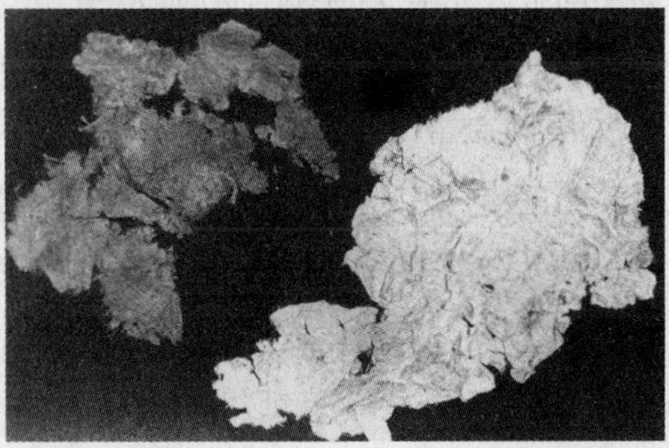

敦煌马圈湾麻纸。

1957年5月，陕西省博物馆在西安市郊的灞桥砖瓦厂一座西汉古墓里发现三面铜镜，铜镜下面压着一叠古纸，呈浅褐色，经过小心揭剥，破裂成大小不等的残片，有88块。这些古纸大的长宽各约10厘米，小的长宽3、4厘米。从墓里同时出土的其他文物判断，年代当在汉武帝元狩五年（公元前118年）以前。经化验，这种纸的原

①黄文弼：《罗布淖尔考古记》。黄龙元年是公元前49年。

料主要是大麻纤维，而且纤维是以分散状态交织的，纤维比较干净，显然是经过处理的制成品，而不是废麻絮的堆积物。这从它能揭剥分层也可以证明。这种纸就称灞桥纸，是现在已经发现最早的西汉麻纸。不过这种纸的质地粗糙，可能还不便书写。

1973年8月，甘肃省居延考古队在汉代居延金关烽塞遗址（在今内蒙古额济纳旗境里）发现两团古纸。经用手把它展伸，略加熨平，化验结果表明，是由麻类纤维经过专门处理交织而成的，有一张纸长21厘米，宽19厘米，纸色洁白，一面平整，一面稍起毛。同一处出土的木简书写的最晚年代是汉宣帝甘露二年（公元前52年），说明那张纸可能是汉宣帝时期（公元前73年到公元前49年间）的故物，称金关纸或居延纸。

1978年12月，陕西扶风县文物部门清理境里一批西汉建筑遗址，发现了三张古纸，两片麻布。化验结果表明，纸的原料是麻，质地比灞桥纸略精，但是仍旧比较粗糙。从同时出土的文物鉴定结果，入土时间大约在汉平帝时期（公元1年到5年）以前，古纸的制造年代可能是在汉宣帝时期。这种纸称扶风纸。

1979年10月，甘肃省博物馆文化队和敦煌县文化馆组成的汉代长城调查组在敦煌县西北马圈湾烽燧遗址，发掘出麻纸五件八片，出土的时候已经揉皱。其中一片呈黄色，质地粗糙，纤维分布不均匀，边缘清晰，长32厘米，最宽20厘米，是最大的一片，同时出土的简，最早的是西汉宣帝元康年间（公元前65年到公元前61年），最晚的是甘露年间（公元前53年到公元前50年）。另外有四片和畜粪堆积在一起，颜色被污染，呈土黄色，质地比较均匀，同时出土的简，年代多是西汉成帝、哀帝（刘欣，前25－前1）、平帝时期（公元前32年到公元后5年）。还有一片，呈白色，质地细匀，残片露麻纤维。在遗址另一处出土的两片，呈白色，质地细匀，年代比较晚，应该是王莽时期（公元9年到23年间）的故物。这批纸称马圈湾纸[①]。

上面所说的西汉麻纸，没有发现上面写有字迹的[②]。所以有人认

①据《文物》1981年第十期，甘肃省博物馆、敦煌县文化馆：《敦煌马圈湾汉代烽燧遗址发掘简报》。

②据报道，1986年在甘肃天水市放马滩一座西汉早期古墓里，发掘出一张古纸，质地比较粗糙，上面绘有天水一带的地形图，同时出土的还有绘在木板上的地图。

为西汉即使有麻纸也不是用作书写材料的，可能都作杂用。还有人认为这些都根本不是纸，而是一些废旧麻絮，甚至用行政方式武断指责灞桥纸发现者“作伪”。

对于这个问题，现在还在争论中。像这样的学术问题，不宜匆忙作出结论，应该对这些西汉麻纸作进一步的研究鉴定，更不应该用行政方式武断指责人家作伪。同时也有待于考古工作者继续发掘西汉墓葬和遗址，看能不能发现更有力的证据足以证明西汉已经有供书写用的麻纸。

另外，在1942年，曾经在内蒙古额济纳河沿岸古烽燧遗址出土东汉中期（公元2世纪初年）的字纸，上面有六七行残字，称额济纳纸。1987年，报上报道，10月间，甘肃兰州市博物馆在伏龙坪一座东汉墓葬里发现三块直径17厘米的圆形纸张，这三块纸原来叠放在一面铜镜里，呈白色，纸面厚薄均匀，绵软坚韧，纸上留有字迹，清晰可辨。

造纸术和蔡伦

过去史书相传，造纸术是由东汉蔡伦（62–121）发明的。

据《后汉书·蔡伦传》记载：蔡伦字敬仲，桂阳（今湖南耒阳市）人，是东汉和帝年间（公元89年到105年）的太监。他曾任尚方令，负责“监作秘剑及诸器械”供宫廷使用。《后汉书·蔡伦传》里说：“自古书契多编以竹简，其用缣帛者谓之纸。缣贵而简重，并不便于人。伦乃造意用树肤、麻头及敝布、鱼网以为纸，元兴元年奏上之。帝善其能。自是莫不从用焉，故天下咸称‘蔡侯纸’。”

这里明确说明在蔡伦以前的所谓纸就是缣帛，而用树皮和麻类纤维造纸是蔡伦“造意”的，就是说由他发明的，在元兴元年（公元105年）献给和帝。

关于这一说法，过去史学家就曾经有人提出疑问。就如前面所说，东汉的文献资料里说到光武帝时候的书写材料已经把帛和纸并举，《说文解字》说纸用丝絮在箧席上制成，可知并不就是缣帛。同是在《后

蔡伦像。

汉书》里，说邓皇后禁止贡珍丽之物，只供纸墨，可知纸不会是所谓“缣贵”的缣。

《后汉书》是南朝刘宋时期范晔编撰的，距蔡伦的时代已经300年。它的大部分材料采自《东观汉记》一书。《东观汉记》是东汉明帝时期（公元58年-75年）命班固、刘珍等开始撰写的，以后历朝陆续增补，书里《蔡伦传》是由崔寔（？-约170）、曹寿奉汉桓帝（刘志，132-167，公元147年到167年在位）的命令在元嘉元年（公元151年）补写的，这时离蔡伦去世才三十年。《东观汉记》在魏晋的时候很流行，唐代中叶以后流传渐少，现传本是清代编纂《四库全书》①的时候从明代《永乐大典》②等书辑出的。辑本里关于蔡伦造纸，有几条不完全相同的记载。一条说：“伦典作上方，造意用树皮及敝布鱼网作纸，元兴元年奏上之，帝善其能，自是莫不用，天下咸称‘蔡侯纸’。”这条和《后汉书》的说法基本相同，只是没有提“麻头”。③另一条说：“蔡伦典尚方作纸，用故麻，名麻纸也。”这一条和上一条不同的是没有“造意”两字。还有一条说：“蔡伦用木皮为纸，名谷纸；故鱼网，名网纸。”由于现传《东观汉记》是辑佚本，所以有人认为不能肯定第一条“造意”的说法一定可靠。

因此自唐代以来，已经有学者提出纸不是蔡伦最早发明的。唐代张怀瓘在他所著的《书断》一书里说，早在汉代初年，就已经用纸作书写材料了，到东汉和帝年间，蔡伦才领导“尚方”里的工匠大量造纸。

①《四库全书》是清乾隆年间（公元1736年到1795年）由朝廷开馆纂修的一部大型从书，收书3500多种，分经、史、子、集四部，因此叫“四库”。

②《永乐大典》是一部类书，明成祖（朱棣，1360-1424）命解缙（1369-1415）等辑，广收各类图书七八千种。

③不提“麻头”，也可以认为在这以前已经有用沤麻后的废麻絮所谓“麻头”造的纸。

北宋陈櫄在他所著的《负喧野录》里说，纸在很早的时候就已经发明了，蔡伦比较懂得造纸技术，但是他不是纸的发明者。南宋史绳祖在他所著的《学斋拈毕》里说，纸不是蔡伦最先制造出来的，只是蔡伦造的纸比以前的质量好些，加工精细些。宋末元初史学家胡三省(1230-1302)注《资治通鉴》[①]邓皇后命令“岁时但供纸墨而已”一语，引南宋学者毛晃的话说，“后汉蔡伦以鱼网木皮为纸，俗以为纸始于伦，非也。按《前汉书·外戚传》已有赫蹏纸矣。”

不过这些反对意见只说明蔡伦之前已经有纸，这些纸可能是指丝絮纸，所以有人认为用麻类纤维和树皮造纸是蔡伦发明的。

在西汉麻纸发现以后，这些考古工作者和一些造纸史研究工作者认为：西汉不仅有丝絮纸，也已经有了麻纸。既然能从漂丝工艺的启示制成丝絮纸，也就能类推到用沤麻工艺中的废麻絮制成麻纸。虽然不能肯定这些麻纸已经用作书写材料，早期的可能还比较粗糙，不便书写，但是随着经验的积累，麻纸的质量会逐渐改进，原料也可能从废麻絮发展而利用破布、旧鱼网。这种纸已经可以用来书写，价钱当然比缣帛便宜。《后汉书》里所说和帝的邓皇后命令“岁时但供纸墨而已”，立邓皇后在蔡伦献纸之前三年，可能已经是这种麻纸。当时“方国”都能供这种麻纸，说明造麻纸技术已经推广到各地。

但是这些研究工作者也强调不能抹煞蔡伦在我国造纸发展史上的伟大功绩。他是一个对造纸术有所创新的改革家。他总结了在他之前的造纸的经验，利用他任尚方令的有利条件，对造纸工艺和原料进行大胆的试验和革新。他采用树皮造纸是重大贡献，为造纸开拓了一个崭新的原料领域，这就为大量造纸提供了条件。要用树皮造纸，树皮是木质韧皮纤维，不同于麻类的草本纤维，在工艺技术上要求比较高。要离解木质韧皮纤维，可能已经非用石灰进行碱液烹煮不可。用碱液烹煮是一项重要的工艺革新，使纤维离解得更快更细更散，大大提高了生产效率和纸的质量，对纸的普及推广产生了深远的影响，迈出了植物纤维纸最终取代缣帛、简牍的关键的一步。

① 《资治通鉴》，北宋司马光(1019-1086)撰，是一部编年体史书。

造纸工艺中的"覆帘压纸"。

如前面所说，我国也有些造纸史研究工作者，他们根本否定西汉有麻纸，或则认为这些出土的遗物只是废麻絮而不是纸，或则认为根

造纸工艺中的“荡料入帘”。

据同时出土的其他文物断代是不可靠的。他们坚持认为蔡伦是我国造纸术的“第一个发明者”，是“造纸祖师”。他们认为主张西汉有麻纸的研究工作者是把蔡伦"由造纸发明家贬为造纸改良者"，是"玷污了""中华民族造纸史"的"光华"①。

对于这一场争论，如我们前面所说，我们认为应当作为学术问题来进行争鸣，不宜对不同意见者进行指责和压制。至于说认为蔡伦不是造纸术的第一个发明者就是玷污了中华民族造纸史的光华，显然是不合逻辑的，因为把中国造纸的历史向前推200多年，只能使中华民族造纸史更增光彩。

可以肯定的是，造纸术是我国在汉代发明的。它有一个发展过程。开始可能是从漂丝工艺得到启发制成丝絮纸，又发展到用麻类以至树皮等植物纤维而制成植物纤维纸。自蔡伦以后，质地细匀的植物纤维纸已经是天下"莫不用"了。

造纸术的进一步发展

到三国两晋时期，随着造纸术的不断革新和进步，纸张已经基本上成为唯一的书写材料。

在原料上，三国两晋南北朝时期，已经用桑皮、藤皮造纸。西晋文学家张华（232–300）著的《博物志》里就说到"剡溪古藤甚多，可造纸，故即名纸为剡藤"。剡（shàn）溪在浙江嵊县。

在设备方面，三国两晋南北朝时期有了活动式帘床纸模的创造，它使用一个活动的竹帘放在框架上，可以反覆捞到成千上万张湿纸，大大提高了工效。

在加工制造技术上，工艺流程越来越精细，出现了品种繁多的加工纸和色纸，逐步形成了一套完整的工艺体系。以至现代机器造纸工业的各个主要技术环节都能从我国古代造纸术中找到初始的形式。

造纸术以后经朝鲜传入日本，经中亚细亚传到阿拉伯国家，随后又辗转传到欧洲，并且逐步流传到世界各地。在18世纪出现机器制纸以前的长时期里，我国古代的造纸术一直居于世界的先进水平，对于世界文明的发展，起了极其重要的作用。

①见1987年9月9日《科技日报》报道轻工业部造纸工业局与中国造纸学会纸史委员会对"灞桥西汉纸"的否定意见和"轻工业部有关领导人"的发言。

伍 从马王堆出土纺织品看汉代的纺织技术

汉代纺织业的兴盛情况

上一编讲到，早在商周时期，我国的麻丝织品已经有许多品种，并且已经有了提花技术。

到了秦汉时期，各种纺织品的质量和数量都比以前又大大提高。

汉武帝元封元年（公元前 110 年），皇帝出巡一次，“所过赏赐”就“用帛百余万匹”。当时各地一年从民间就征集“帛五百万匹”[①]，可见纺织业的兴盛情况。

1972 年，在长沙马王堆汉墓里，出土了大量精湛的纺织品，为全世界所瞩目。它使我们对西汉初期的纺织技术有比较具体的了解。

薄如蝉翼的丝织物

马王堆出土的纺织品，除少量麻织物外，绝大部分是丝织物。

经鉴定，这些丝织物的蚕丝质量是很好的，丝缕相当均匀，纵面光洁，单丝的投影宽度和截面积同现代的家蚕丝极其接近。

有一块素纱料，长 45 厘米，宽 49 厘米，重量只 2.8 克。有一件素纱禅衣，长 160 厘米，两袖通长 190 厘米，领口、袖头都用绢缘，总重量只有 48 克。

经研究，这种薄如蝉翼的素纱织物的纤维纱支，9000 米的重量只有 13 克左右，每米纬丝的捻度是 2500 到 3000 回，同现代机捻 3500 回相近。素纱每平方厘米各有 62 根经纬线，而出土数量最

长沙马王堆 1 号墓出土的素纱禅衣，素纱丝缕极细，共用料约 2.6 平方米，重仅 48 克，可谓“薄如蝉翼”。

①引文都见《汉书·食货志》。

多的平纹织物——绢的经线密度大都在每厘米 80–100 根之间，最密的达 164 根，纬线密度一般是经线密度的 1/2–2/3 之间。

这些表明，这时从蚕的养育、缫丝、练丝、纺丝到织造的技术工艺都已经达到相当高的水平。

提花技术已经成熟

马王堆出土的各种提花织物更能反映当时的纺织技术水平。

提花织物包括有素色提花的绮、罗以及用不同彩丝织成的锦，纹样繁多，有菱形、矩形、对鸟形纹、花卉、水波纹、夔龙、游豹纹等。这说明提花技术已经相当成熟。

几何纹绒圈锦，采用提花装置和双经轴织法，利用起绒工艺，在锦面上形成丰满美丽的大小绒圈，它是汉代织锦工艺的一种创新与发展。

特别值得注意的是，在一些提花织物中，还发现有起毛锦织物，它是利用比较粗的经线在应该提花显纹的地方织成绒圈，使花纹高出织物平面，增强了立体感，真可以说是锦上添花的佳品。这种技术是后世起绒织物如漳绒等的前身。

染色技术达到很高水平

马王堆出土的纺织品色彩斑斓，历 2000 多年依然如新。

经研究，用浸染、套染和明矾作媒染剂的媒染法所得的颜色品种有 29 种，涂染的有 7 种，而且已经采用了 6 色套印花技术。

这些既表明这时植物性或动物性染料的品种已经十分丰富，而且说明对这些染料的应用都大有进步，染色技术也达到了很高的水平。

麻纺织技术也已经成熟

马王堆出土的麻织物虽然不多，但是也反映当时的麻纺织技术水平。

有一块苎麻布，经线密度每厘米 32–38 根，已经和现在的经纬线密度每厘米各 32 根的细布相当。

对这些麻织物的分析表明，这时的麻纺织技术，在脱胶、漂白、浆碾、防腐等方面，也已经成熟。

这时期的纺织品在其他地方也有出土

当然，马王堆出土的纺织品，只显示秦汉时期纺织技术的一斑。

这时期的纺织品，在全国许多地方都有出土，也不乏精品。

如河北满城县西汉墓出土有极其细密的绢，它的经线密度多达每厘米 200 根。又如新疆民丰县出土的东汉“万年如意锦”，使用绛、白、绛紫、淡蓝、油绿五色，通幅分成 12 个色条，可以看作汉代经锦的代表作。也在新疆民丰县发现东汉毛织地毯，色泽鲜艳，花纹清晰，是织毯工艺达到比较高的水平的历史见证。

陆　汉代到南北朝的纺织机械

纺织机械的发明和不断革新

绚丽多彩和质优量多的纺织品的出现，是和各种纺织机械的发明和不断革新密切不可分的。

由一些文献和出土文物，可以得知秦汉时期各种主要的纺织机械已经齐备，到三国两晋南北朝时期，更得到改进和提高。

纺车

汉代，手摇纺车已经得到普遍的使用。

从汉画像石和画像砖所绘的形状看，它已经同后世的手摇纺车大致相同。它由一个大绳轮和一根插置纱锭的锭子组成，绳轮和锭子分置在木架的两端。用手轻轻摇动曲柄，令绳轮转动，通过绳带的传动，使锭子迅速旋转。使用这种纺车，可以加捻，也可以并合均匀一致、粗细要求不同的纱，还可以制作纬纱用的纡子。它比起原始的纺轮的效率要高 10 多倍，而且也提高了制纱的质量。

到东晋的时候，已经有三锭脚踏纺车的发明，它是利用偏心轮和摆轴等机械原理，用脚踏作为动力，转动绳轮，同时传动三个锭子迅速旋转。这在手摇纺车的基础上又提高了工效。

织机

1975 年，在浙江余姚市河姆渡新石器时代遗址，曾经出土了管状骨针、木刀和小木棒，经鉴定，可能是供装置一种原始织机的部件和引纬的工具。据研究，这种原始织机可以叫做踞织机或腰机，织工腰束一带，席地而织，用足踩织机经线木棍，一手投纬引线，一手持打纬木刀打紧纬线。

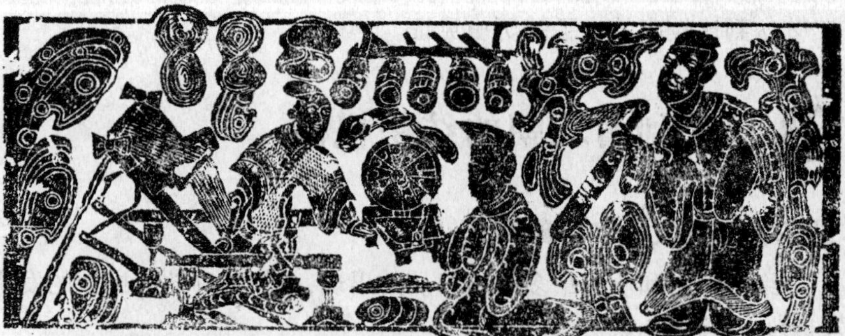

江苏泗洪曹庄画像石（东汉）。

到了秦汉时期，织机已经大大改进。从江苏泗洪县等地出土的汉画像石上的织机图，可以看到当时的织机已经包含有卷取经线和织物的木轴、两片综片，提综变交的提动机构（叫“马头”，因为形似马头）、通过杠杆牵动马头的两条脚踏木（叫“蹑”）、引纬用的梭和打纬机构等部件。织机的经面和水平的机台呈一定的倾角。操作工既可以坐着织造，又可以一目了然地看到经线张力是否均匀、有没有断头等情况，还可以手脚并用，用双脚交替踹蹑进行提综变交的工作，腾出双手可以更迅速地引纬和打纬，这就大大提高了织布的速度和质量。这种织机在秦汉时期的黄河、长江流域广大地区已经普遍采用。

提花机

能织造复杂花纹图案组织的提花机，比一般织机要复杂得多。

提花机是由一般织机发展而来的，它设有数量众多的综片，织造的时候，按预先精心设计安排好的程序，牵提各不相同的综片，使经线处在特定的状态，然后穿梭引纬、打纬，达到织成预期的花纹图案的目的。

东汉文学家王逸写的《机妇赋》曾经生动地描绘了提花织物生产场面：挽花工高坐在花楼之上，按图案设计，有步骤地依次挽提一束束综片，掌握错综复杂的经线运动；织工坐在提花机前，和挽花工密切配合，上提一束，下投一梭，打筘一次，有条不紊地同时又是艰苦地织成巧夺天工的提花织物。这种提花机已经具备了后世提花机的雏形。

汉代还有一种用众多的脚踏木（蹑）控制综片上下运动来织造提花织物的提花机。西汉宣帝年间，巨鹿人陈宝光的妻子织绫所用的提花机“用一百二十蹑，六十日成一匹，匹直万钱”①。这大概已经是对原先更加复杂的提花机作了改革，但是仍旧这样费工费时。

后来，不断有人加以改进，先后有60蹑、50蹑的提花机出现。

到了三国曹魏时期，一位机械制造家马钧，又对这种提花机作了重大的改革。

柒 机械制造家马钧

“巧思绝世”的马钧

马钧，字德衡，扶风（今陕西兴平县）人。他是三国时期出现的一位杰出的机械制造家。后人曾经称颂马钧“巧思绝世”②。

①据《西京杂记》，这部书记西汉遗闻轶事，旧题西汉刘歆（？-23）撰，经后人考证，作者其实是晋葛洪。

②见《三国志·魏书·方技传》裴松之（372-451）注。

马钧早年生活比较贫困，长时间住在乡间，接触劳动生产实际。他自幼刻苦自学，善于思索，勤于动手。后来专心致志地钻研机械，关心生产工具的改革，作出了突出贡献。

但是机械发明在当时不为统治集团所重视，所以马钧一生受到权势们的歧视，郁郁不得志。他的一些创造发明只在书上留下一鳞半爪，连他的生卒年也无从查考。

马钧改进提花机

马钧深感当时的提花机或者所谓旧绫机"五十综者五十蹑，六十综者六十蹑"，"丧时费日"，"乃思绫机之变"[①]。

他深入研究了花纹图案和综蹑运动之间的关系，在花纹图案的设计上下功夫，使图案尽量对称而不呆板，花型有所变化而不紊乱，这样就使一些综蹑的合并成为可能，以期达到尽量减少综蹑数量的目的。

在总结前人革新经验的基础上，马钧设计了只用12蹑的提花机，既使操作简易方便，提高了工效，又不影响提花机能织出足够复杂的图案，保证了织物质量。

这种新绫机很快得到了推广应用。马钧的设计思想和改革成果，对后世提花机的定型，产生了很大的影响。如宋代的大型提花机只用十个综片，不过它改由挽花工在花楼上提综，而不用蹑提综。

马钧创造灌溉用的龙骨水车

马钧在机械制造上的成就，还在于创造了农业灌溉用的龙骨水车，当时叫做"翻车"。

在马钧之前，东汉末的毕岚曾"作翻车"，供洒道用[②]。毕岚的翻车是否就是现在的龙骨水车，无法考证。而马钧所作的翻车，"灌水自复，更入更出"[③]，可以连续不断地提水，而且结构精巧，运转轻便省力，连儿童都可以操作。可见马钧所作的翻车就是现在的龙骨水车。

①都据《三国志·魏书·方技传》裴松之注引魏晋文学家傅玄（217–278）文。

②见《后汉书·张让传》："中平三年，又使掖庭令毕岚铸铜人四，……又作翻车、渴乌，施于桥面，用洒南北郊路。"渴乌是虹吸。东汉灵帝中平三年是公元186年。

③见《三国志·魏书·方技传》裴松之注引傅玄文。

龙骨水车。

所以马钧应该是农业灌溉用的龙骨水车的创造者，即使毕岚的洒道用的翻车也有类似的结构，马钧也至少可以说是继毕岚之后对翻车进行重大改革的革新者。

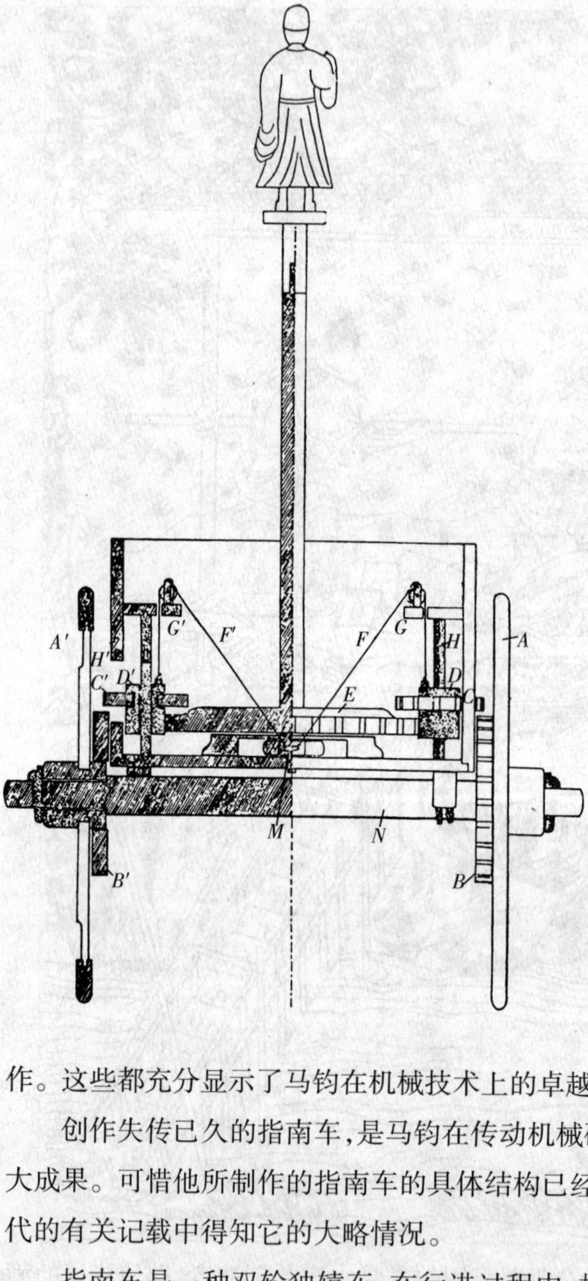

指南车结构和动作原理示意图(立面)。

马钧在机械制造上的其他成就

马钧对兵器的改进发明也有贡献。当时蜀国诸葛亮使用一种新式连弩,可以连续发射弩箭,马钧认为这种连弩还可以改进,再提高效率五倍。他曾经试制成一种轮转式发石机，能连续发射砖石，射程几百步,作为一种攻城的器具。

马钧还曾经利用机械传动装置，创造了"变幻百端"的"水转百戏",就是用水力转动使设置在一个木轮上的木偶做出各种动作。这些都充分显示了马钧在机械技术上的卓越才能。

创作失传已久的指南车,是马钧在传动机械研究上取得的又一重大成果。可惜他所制作的指南车的具体结构已经失传,我们只能从宋代的有关记载中得知它的大略情况。

指南车是一种双轮独辕车,在行进过程中,指南车的方向无论发生过什么样的变化,车上所立的一个木人始终伸臂南指。这里关键的设计是一种能自动离合的齿轮系装置,它的基本机制是:当指南车沿

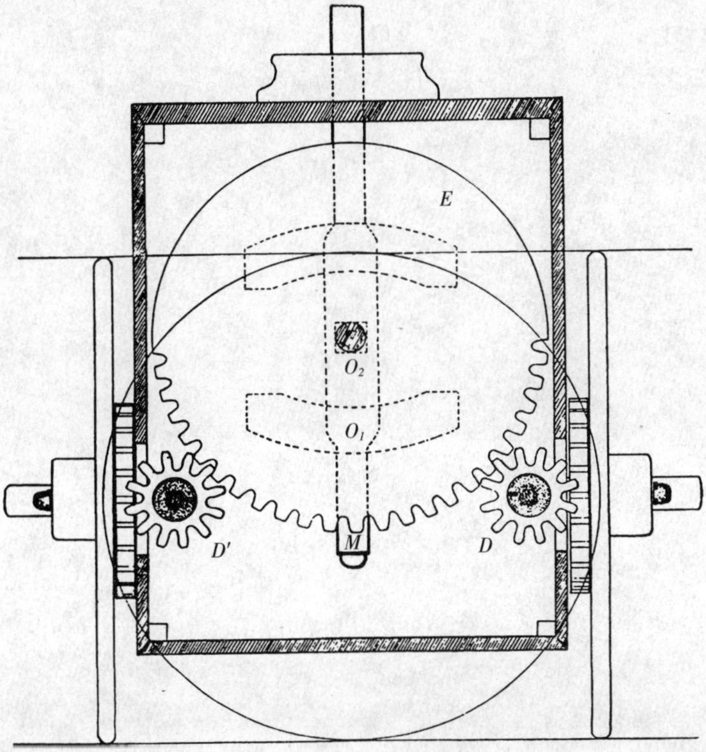

指南车结构和动作原理示意图(平面)。

某一定方向行驶的时候,双轮(图上 A 和 A')上附着的竖齿轮(图上 B 和 B',)同木人下端的大平齿轮(图上 E)呈分离状态,木人所指的方向不因双轮的转动而变化,就保持在原来调整所指的方向上,也就是南方。当指南车偏离原先方向,比如向左转弯,车辕(图上 M)前端也向左偏转,车辕后端却向相反方向就是向右偏转,这会牵动通过滑轮(图上 G 和 G')连在车辕后端和夹在中央大平齿轮(E)和左右两个竖齿轮(B 和 B')之间的两个小平齿轮(图上 C 和 C')的绳子,使右边的小平齿轮(C)往下落,把中央大平齿轮(E)和右边竖齿轮(B)接合起来,中央大平齿轮(E)就将随着右轮(A)的转动而转动,使木人向右转动。这样,虽然车子向左转弯了,木人却因同时向右转动而保持原来的方向,他的手仍然指向南方。

第七章　万里长城和其他建筑技术

壹 万里长城

秦汉长城的沿革

长城的修筑是从战国时期开始的。当时各诸侯国为了自卫或防御北方游牧民族的侵扰，先后构筑长城。

秦始皇统一中国以后，为了防范北方匈奴的袭击，令蒙恬（? －前

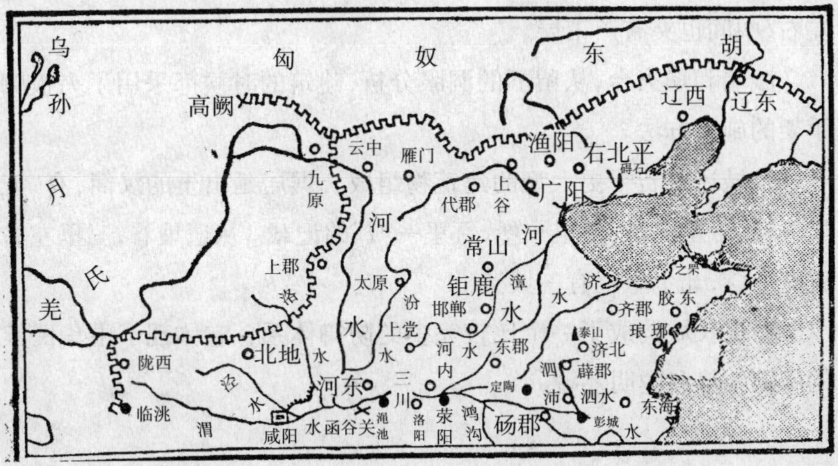

秦代长城经行图。

210）率几十万人经十多年的努力，把燕、赵、魏等诸侯国的长城连接起来，并且大加扩建，筑成了万里长城，西起甘肃临洮（今岷县），沿黄河到内蒙古临河，北达阴山，南到山西雁门关、代县、河北蔚县，经张家口东达燕山、玉田、辽宁锦州并延到辽东。

汉代为加强北方和通往西域的丝绸之路的防卫，除重新修建秦长城外，又筑成了内蒙古河套南的朔方长城和凉州西段长城。西段长城北起内蒙古居延海（今额济纳旗境里），沿额济纳河，经甘肃金塔，西到安西、敦煌、玉门关延到新疆。

秦汉长城的构造

秦汉长城蜿蜒于崇山峻岭、流沙溪谷之间，多就地取材，因势筑造。工程十分艰巨复杂。

从留存到现在的秦汉长城遗迹看，它们多用土或夹杂少量碎石的土夯筑而成。玉门关附近的一段汉长城，残高还有 4 米左右，墙身从离地面 50 厘米开始，每隔 15 厘米铺一层 6 厘米厚纵横交错的芦苇，交替上筑。

在甘肃金塔县到内蒙古额济纳旗，现在还留存烽火台 200 多座，虽然经过 2000 多年的风蚀，仍然蔚为壮观。烽火台平面呈正方形，底边长 17 米，四个壁面有明显的收分，用夯土或土坯筑成，高达 25 米左右，中间也夹有芦苇层。

城墙和烽火台，从留下的洞眼分析，建筑的时候都采用了夹板脚手架的施工方法。

长城还由若干更大型的建筑物组成。据居延出土的汉简，有“五里一燧，十里一墩，卅里一堡，百里一城”的记载。从遗址看，三里左右就有一燧，几十里就有一城。

秦汉长城构成了一个比较完整的防御体系，它体现了中华民族的磅礴气势和聪明才智。

贰 高台建筑和木砖结构

高台建筑

高台建筑是在一个阶梯形夯土台上建筑木结构建筑物的建筑形式。这种建筑形式在战国时期已经盛行，在秦代和西汉仍是宫殿建筑的主要形式。

秦代建成的咸阳新宫、朝宫等都是高台建筑组成的庞大建筑群，在各高台建筑之间还修建高架的或专设的道路彼此联通。如朝宫的离宫别馆，星罗棋布，绵延达300多里，其中有著名的阿房宫，就是朝宫的前殿，可以容纳万人，可见规模之宏大。

西汉在长安先后修建了许多宏伟的宫殿，也多采用这种建筑形式。

木结构技术的进步

由出土的汉代画像砖石和汉墓随葬明器等文物资料，可以看到西汉已经出现多层建筑，到东汉发展得相当普遍。这是在梁柱上再加梁柱的叠架技术得到普遍应用的证明，是木结构技术取得重大进步的标志。

在战国时期已经出现的“斗拱”结构，到汉代有了很大发展。“斗”是斜方形垫木，“拱”是弯长形拱木。这时斗拱形式多样，有直拱、曲拱、人字拱、单层拱、多层拱等，而且在木构建筑中得到了更加灵活的

斗拱结构。

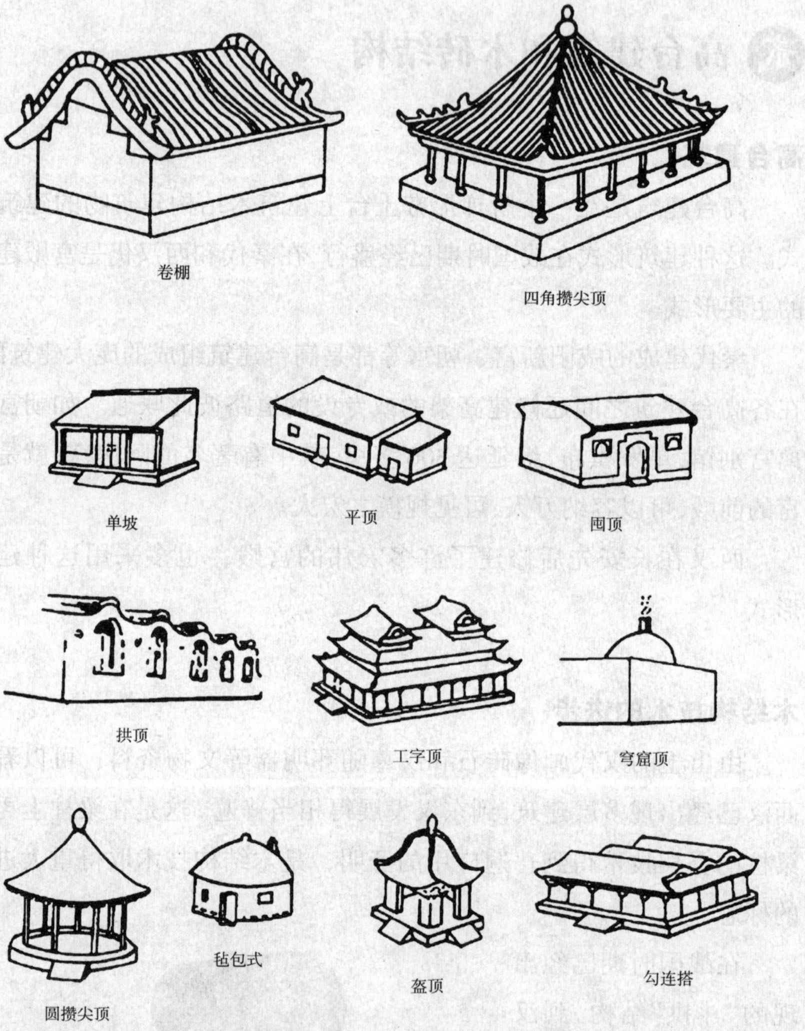

建筑屋顶示意图。

应用。

建筑物的屋顶也出现了多种形式，有四坡顶、歇山顶、卷棚顶、悬山顶、四角攒尖顶等，既具有新颖的造型特征，又具有各自特有的适应性能。

砖结构技术的提高

小条砖的出现，也可以追溯到战国时期。由于它具有制造容易、承重性强、砌筑方便、应用灵活的优点，秦汉时期已经成了一种重要的建筑材料。

随着，砖结构技术也得到了很大的提高。使墙体既坚固又美观的砖砌新式样不断涌现。砖顶结构形式也越来越多样化。

砖顶结构：西汉中叶盛行筒拱结构，特点是两边支承，砌筑的时候不断适当地改变砖缝面的角度，形成具有一定跨度的弧形砖顶。到西汉末年出现拱壳结构，它是由两个十字交叉，相互穿插的筒砖结构组合而成的。东汉时期又出现叠涩结构，采用上下砖之间的砖缝成水平逐层挑出成顶的方法，和筒拱或拱壳结构相比，具有施工简便的优点。虽然这些技术这时还多用在陵墓建筑上，但是它为后世的砖塔、桥梁和其他建筑拱形结构的产生准备了技术条件。

叁 佛教建筑

石窟

石料在建筑中的应用在汉代也逐渐被人们重视。当时石阙的石料加工已经相当精致，形式多摹仿木结构建筑。

南北朝时期佛教盛行。重要的一种佛教建筑——石窟，正在这时倔起。著名的有敦煌石窟、云冈石窟、龙门石窟、麦积山石窟等。

甘肃敦煌莫高窟，开凿于前秦建元二年（公元 366 年）。山西大同云冈石窟，主要完成于北魏和平元年（公元 460 年）到太和十八年（公元 494 年）。龙门石窟开凿于北魏太和十八年（公元 494 年），延续 400 多年。麦积山石窟在北魏景明三年（公元 502 年）已经开凿，延续到清代续有修凿。

这些石窟建筑不但具有很大的艺术价值，从建筑技术上看，它们都从山崖陡壁中雕凿出来，工程十分艰巨浩大，形式多种多样。从整体布局到各洞窟的设计，结构各具特色。加上窟壁上所雕绘的殿宇、楼阁、亭台、佛塔，千姿百态，生动地反映了当时丰富多彩的建筑技术。窟里雕刻佛像和佛教故事。在石质疏松不适宜雕刻的窟里，用壁画塑像代替。

佛寺和佛塔

另一种重要的佛教建筑是佛寺和佛塔。

佛教传入我国，最早记载是西汉哀帝元寿元年（公元前 2 年）。东汉魏晋佛教流传很快。佛教的盛行导致了寺院建筑的大量出现。三国时期，南京有寺院 680 处。北魏时候，洛阳一地的寺院就有 1000 多

敦煌莫高窟中的精美佛像。

处，各州郡计有寺院30000所。南朝梁代在南京所建寺院也多达700所。

这些寺院建筑的布局，基本上仿照西周以来的宫室布局，只多了一个佛塔建筑。北魏时候的佛塔都建造在寺院的中心，这是我国寺院早期布局的方式。

印度的半球形塔式建筑传入中国以后，和中国固有的楼阁建筑很快结合起来，成为中国的楼阁式塔。我国现存最早的著名寺塔是建于北魏正光年间（公元520年到525年）的嵩岳寺塔。

河南登封嵩岳寺塔。

嵩岳寺塔是一座内部楼阁式、外部密檐式结构的砖塔。它的底座平面作十二角形，里面是八角形塔室。塔室宽9米多，砖砌的塔壁厚达5米。内部结构采用“厚壁空心式”木板楼结构，壁体砌到楼层处，用砖叠涩和楼板相交，楼板架在木梁上，共有10层，上下用木扶梯相通。外部是密檐15层，出檐用砖叠涩向外挑出，呈凹形曲线，塔身又有半圆形窗洞和檐相陪衬。整个塔身收分适度，使整体线条柔和圆润，华丽生动。塔高达40米。这塔已经历时1400多年，几经地震等自然灾害，现在仍巍然屹立在河南登封嵩山南麓。它是当时高层建筑和砖构技术已经达到相当高的水平的历史见证。

第八章 陆路和水路交通

壹 道路和车辆

驰道

秦始皇统一中国后，采取了一系列政治和经济措施，来加强封建的中央集权制度。

在陆路交通上：秦始皇下令平毁战国时期各诸侯国所修筑的城郭，拆除了在险要地区所建立的堡垒；秦始皇二十七年（公元前220年），又下令修筑驰道。

修筑驰道，这是个规模宏大的全国性的陆路交通干线工程。

驰道以咸阳为中心的，有通往山东成山角的东方大道，通往甘肃临洮（今岷县）的西北大道，通往湖北江陵的秦楚大道，通往巴蜀的川陕大道，此外，还有贯连闽广和广西桂林的江南新道，由云阳（今陕西淳化县）到九原（今内蒙古包头市）的直道，和直道相连的由九原东到河北碣石的北方大道，等等。

据记载。这些驰道都是按照一定规格修建的，有宽达“五十步”（约合50米）的，而且道旁各隔三丈种一棵青松。

1974年，在内蒙古伊克昭盟发现了直道的遗迹，路面用红砂岩土填筑，残高1–1.5米，残宽大约22米。由此可以想见当年驰道工程的庞大和艰巨。

栈道

栈道是从陕西通往四川的交通干线。早在秦统一中国之前，为了开发四川，就修筑了栈道。所谓，“栈道千里，通于蜀汉”[①]。

秦汉时期，栈道屡有修建。西汉前期，已经有嘉陵故道、褒斜道、傥（dǎng）骆道、子午道四条通蜀的栈道。其中褒斜道长500多里，路面宽3–5米不等。

栈道盘旋于高山峡谷之间，因地制宜采用不同的工程技术措施，或凿山开路，或修桥渡水，或依山傍崖构筑用木柱支撑在危岩深壑之上的木构道路，表现了在筑路工程中适应十分复杂的地形条件的出色的技术。

栈道的修建，也是秦汉时期规模十分宏大的一项筑路工程。它和驰道的修筑，对于陆路交通的发达，促进经济文化的交流，具有重大的意义。

记里鼓车石刻像。

车辆

陆路交通的主要工具是各种车辆。上一编讲过，春秋末年的著作《考工记》里已经记述了一套比较完整的车辆制作工艺和规范。秦汉到南北朝时期，

①见《战国策·秦策》，又见《史记·范雎蔡泽列传》。

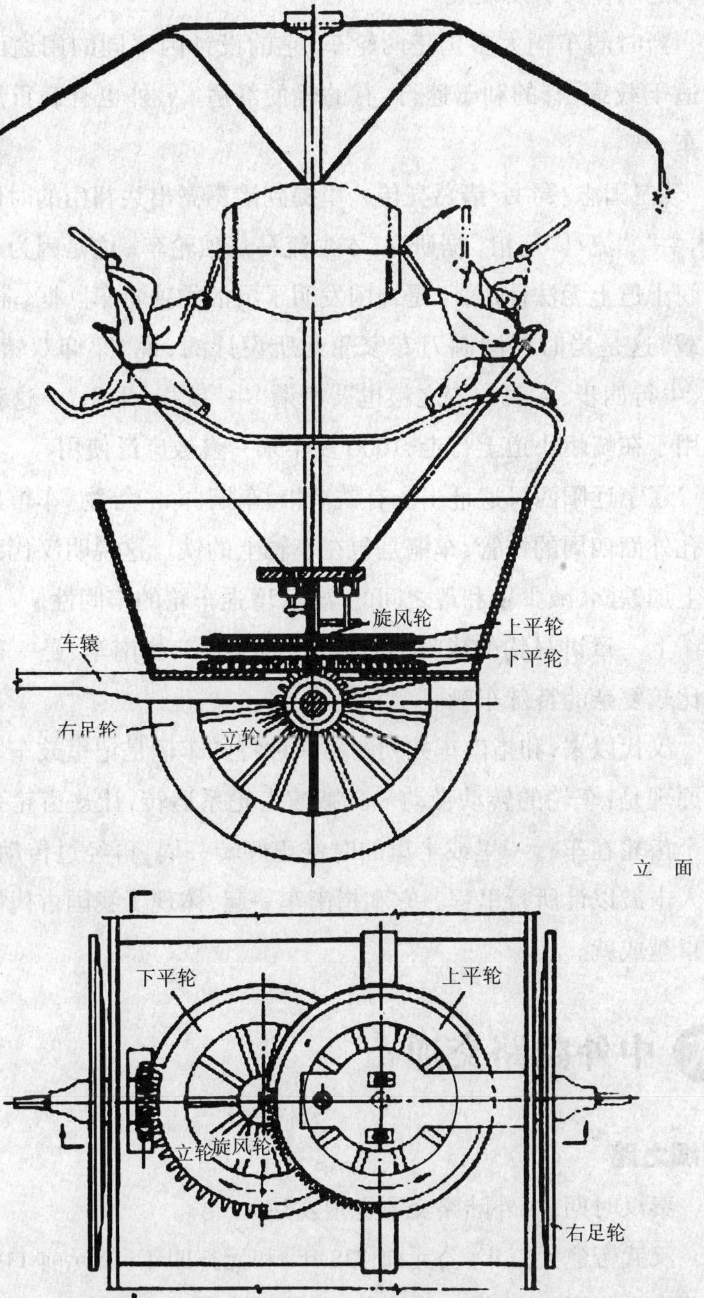

记里鼓车机械复原图。

车辆的制作又有所发展。

当时的车辆大多仍是两轮车，它的设计因不同的用途而异。有的适于载重，有的利于速行，有的轻便舒适。另外也有载重量大的四轮车。

《三国志·蜀书·诸葛亮传》里提到诸葛亮出兵祁山的时候曾经用“木牛”、“流马”运粮。据研究，木牛流马是独轮车。这是因为双轮车在山间小道上无法使用，于是蜀国发明了灵活的独轮车。据《蒲元别传》记载，这是当时蜀国制刀专家蒲元所设计的，说“廉仰双辕，人行六尺，牛行四步，人载一岁之粮也”，所谓“牛”就指“木牛”。这种独轮车适用于在崎岖小道上行走，1000多年来一直被广泛使用。

辽宁辽阳西汉遗址出土有铁车辖、车锏（jiàn）等物。车辖是包在车毂孔外面四周的铁管，车锏是包在车轴上的铁。这说明汉代已经在车轴上加铁圈，减少轴和毂之间的摩擦，增强车轮的牢固性。

上一章讲马钧的成就的时候讲到指南车，指南车，是一种机械结构比较复杂的特殊车辆。

汉代以来，和指南车并列的另一种特殊车辆是记里鼓车。它的基本原理是：车轮的转动带动一套减速齿轮系运转，让这齿轮系的最后一个齿轮在车行一里或十里的时候正好转一周，再经过传动机械，使木人击鼓以计所行里程。它和指南车一起，体现了我国古代机械技术的卓越成就。

贰 中外陆路交通

丝绸之路

秦汉时期，中外陆路交通也很发达。

汉武帝建元三年（公元前138年）和元狩四年（公元前119年），先后两次派张骞（？－前114）出使西域，到达了中亚、西亚一些国家和地区。张骞死后。汉武帝又派使节继续往西探行，开辟了举世闻名的自

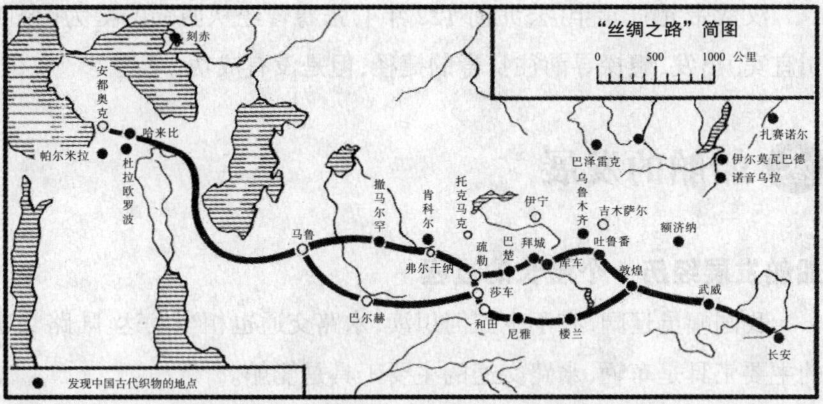

“丝绸之路”简图。

长安（今陕西西安）西达大秦（古罗马帝国）等地的“丝绸之路”。

丝绸之路有南北两条。南路经甘肃敦煌，沿昆仑山北侧的楼兰（以后改名为鄯善，今新疆若羌县东北）、于阗（今新疆和田地区一带）、莎车（今新疆莎车县一带）等地，越葱岭（今帕米尔高原），到大月氏（zhī）（今阿姆河流域中部）、大夏（今阿富汗北部）、安息（今伊朗高原），再往西到达条支（今伊拉克境内）、大秦等国和地区。北部经敦煌，沿天山南麓的车师前王庭（今新疆吐鲁番一带）、龟兹（今新疆库车县一带）疏勒（今新疆喀什地区一带）等地，越葱岭北部，到大宛（苏联费尔干纳盆地）、康居（今乌兹别克斯坦共和国境内），再往西南经安息，西达大秦。

通往印度的陆路

秦汉时期，通往印度的陆路也有两条。

张骞在大夏的时候，曾经看到四川的邛（qióng）竹杖和蜀布，问当地人说是由身（yuán）毒（印度的别译）转运而来，这说明到印度的通道早已开辟。在公元前 2 世纪以前，由四川经云南往南到缅甸的陆路已经通达，当时中国的物品可能就是通过这条路由缅甸转运往印度的。

在张骞出使的时候，曾经派遣副使曲大夏到身毒，这就开辟了到印度的第二条通路。

汉武帝元狩元年（公元前 122 年），张骞曾经从西蜀的犍为（今四川宜宾）出发，想探寻前往身毒的捷径，但是没有成功。

叁 船舶的发展

船舶发展经历一个漫长的过程

我国幅员辽阔，有不少江河川渎，水路交通也相当发达。陆路交通的主要工具是车辆，水路交通的主要工具是船舶。

我们在上一编里没有提起船舶，其实船舶的发展经历了一个漫长的过程。

早在原始社会，人们就已经会制造船舶。

人们从落叶和树干能在水中漂浮得到启发，用石斧把圆木的一面刳成凹形，相对地增加了稳定性和运载量，这就产生了独木舟。把许多树干捆绑编成一排，这样就制成了木排。因地制宜，产竹的地区就有了竹排。

《周易·系辞》有"伏羲氏刳木为舟，剡木为楫"的传说。另外也有其他传说，如说黄帝的两个大臣共鼓、货狄作舟，番禺作舟，工倕作舟，虞姁作舟，化狐作舟，伯益作舟，以及大禹造船的神话。

浙江余姚河姆渡和杭州水田畈、吴兴钱山漾遗址都发现有木桨，河姆渡的是距今 7000 年左右的实物，水田畈、钱山漾的是距今 5000 年左右的实物，形制和后世的木桨很相似。这是最早的船舶推进工具。

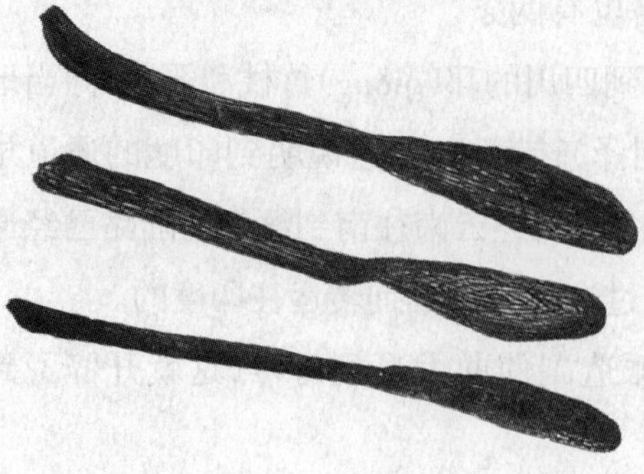

河姆渡木桨。

大约在 3000 多年前的商代早期，出现木板船。从甲骨文中"舟"字的形状，可以窥见我国早期木板船的演进情况。以后出现了舫，舫原来指两舟相

战国《宴乐渔猎攻战纹铜壶》船纹图。

并而成的船。

到了春秋战国时期，船舶制造技术已经达到了一定水平。由于兼并战争的需要，各诸侯国纷纷建立了水军，各拥有多种类型的大小战船。如吴国的水军就备有五种不同的战船：重型的“大翼”，轻便快速的“小翼”和“桥船”，用于冲突敌船、拥有坚固甲板的“突冒”，用于指挥或起主力作用的“楼船”①。这说明人们已经能依据各种不同的用途，设计和制造具有不同构造和性能的船只。

汉代的船舶

汉代的水军庞大，体制严整。如汉武帝的时候，一次战役能出动战船2000多艘，水军达20万人左右，分别由楼船将军、横海将军、戈船将军，下濑将军等率领。战船的类型成龙配套：有在船队最前列的冲锋船“先登”；有用于冲突敌船的狭长战船“蒙冲”；有轻快如奔马的快船“赤马”；有上下都用双层板的重型武装战船“槛”；更有多层的高大楼船，二、三、四层不等，有高达十多丈的。有的楼船既庞大又壮观，如汉武帝时候建造的“豫章号”楼船，上有许多华丽的宫室，据说可以乘载10000人。到东汉的时候还曾有十层楼船的建造。船舶种类的多样化，特别是多层的高大楼船的出现，是我国古代造船技术初步成熟的重要标志。

①据《绝越书》：“大翼者当陵军之重车，小翼者当陵军之轻车，突冒者当陵军之冲车，楼船者当陵军之行楼车，桥船者当陵军之轻足骠骑也。”“陵军”指陆军。

东汉陶船。

汉代的航运也十分活跃。单是由中原地区向长安运送粮食的漕运量每年就达 10 万石左右。私人拥有的船队也相当可观，不少人拥有累计长达千丈的船只。这些也说明了造船业的发达。西汉时期的造船中心，内地有长安、洛阳、巴蜀、南召，沿海有绍兴、福州，广州等地，计有几十处之多。

汉代造船技术的进步还表现在船舶动力的改进和船舶设备的完善。橹、布帆和船尾舵等的发明和应用都在汉代。橹是比桨效率高的推进工具，一橹的功效大约是一桨的三倍。布帆的应用是人类利用风力这一自然力的一项重大发明，它为船舶提供了强大的动力。船尾舵的发明使人们能够轻便灵活地掌握航向。1955 年，在广州近郊东汉墓出土的陶船明器，船尾就有舵。又在四川出土的一方汉画像石上，也有船尾舵的明确图像。这说明船尾舵的应用在汉代已经逐渐普及了。

三国两晋南北朝的船舶

三国两晋南北朝时期，造船技术也有很大发展。

孙吴建立不久，就拥有战船5000多艘，有的大船上下五层，可以乘载3000人。

西晋在作灭吴准备的时候，发明把许多小船拼装成一艘大船的造船方法，这种大船叫做“连舫”，“方百二十步，受二千人，以木为城，起楼橹，开出四门，其上皆得驰马来往。”[①]

北魏神䴥三年（公元430年），在冀、定、相三州造船就达3000艘，可见当时船舶数量之多和造船业的发达。

南朝刘宋的祖冲之曾经造有“千里船”，一天可以行100多里。它可能是一种桨轮船，是在船舶动力上的又一创新。

南朝梁武帝的时候，降将侯景发动叛乱，后来被梁将王僧辩等所破。当时侯景军中有160桨的高速快艇“鵃䑽”，“去来趣袭，捷过风电”[②]，这是历史上桨数最多的快艇。

这一时期船上设备也有改进。船尾已经采用升降舵。帆的面积逐渐加大，大帆用布120幅，高9丈，并且注意到帆的方位，以提高风帆的效率。这些反映了当时造船技术和航行技术的进步。

肆　海运和航海技术

海运的发展

和内河航运发展的同时，海运业也逐渐发展起来。

春秋战国时期，沿海诸侯国如燕、齐、吴、越等国，已经有近海的航运活动。到了秦代，一些方士为了寻找海上仙山的长生不死的药，也曾驾船出海。秦始皇二十八年（公元前219年），曾经“遣徐市发童男女数千人，入海求仙人”[③]。

到了汉代，和朝鲜、日本的海路交通已经十分频繁。

那时，通往印度尼西亚的航路也已经开辟。考古学家在印度尼西

①据《晋书·王濬传》。王濬（206－285），西晋大将，造舟舰，练水师，晋武帝咸宁六年（公元280年）攻克吴都建业，吴亡。

②据《梁书·王僧辩传》。《梁书》，唐姚思廉（557－637）撰，是纪传体南朝梁代史。

③据《史记·秦始皇本记》。“市”（fú）是“韨”的古字，徐市一作徐福。

亚发现了不少汉代文物，是当时贸易往来的见证。

汉武帝时候，远洋航海业已经初具规模。汉武帝曾经派使臣、贸易官员，并且征募商民船工，从广东徐闻、合浦等地出发，远航印度、斯里兰卡等地进行贸易。船队沿北部湾和越南沿岸航行，经暹罗湾沿马来半岛西岸南下，穿越马六甲海峡，到苏门答腊，又沿马来半岛东岸北上，到缅甸南部，再往西北到印度，又南行抵达斯里兰卡。这样的远航，往返一次大约需要28个月，航程几万公里①。

东汉时候，由广东出发，沿东南亚诸国海岸，过马六甲海峡，经南亚诸国沿岸，到达阿拉伯一带，又经阿拉伯转达古罗马帝国，这样一条海上航线也已经开通。

三国孙吴的航海业也十分发达，活动相当频繁，它的范围北达辽东、朝鲜，南到东南亚诸国，船队有的达到30000人，可见规模是很大的。

航海技术

当时的近海航行技术，主要是依据人们对沿海地理等知识的了解，凭借长期航海的经验，利用海岸上的或沿途岛屿的特殊地物或其他特征作为导航的标志。

天文导航的知识也在不断增长，并且得到应用。西汉初期，人们就已经注意到“乘舟而惑者不知东西，见斗极则悟矣”②，这是利用北斗星和北极星来确定在大海中航行时候的航向的早期记载。

东晋时候的高僧法显（约337–约422）访问印度搭船回国的时候说，“大海弥漫无际，不识东西，唯望日月星宿而进。”③这就是利用了白天观测太阳、夜间观测月亮星辰来确定航向的天文导航的方法。这显然比汉代又前进了一大步。

①据《汉书·地理志》，当时苏门答腊叫都元国，缅甸南部叫邑卢没国，印度叫黄支国，斯里兰卡叫已程不国。

②见《淮南子·齐俗篇》。

③见《历游天竺记传》。天竺就是印度。《历游天竺记传》又名《佛国记》或《法显传》。

第九章　中外科技文化交流

壹 和东方各国的交流

和朝鲜、越南的交往

和中国毗连的朝鲜和越南,同中国早已保持密切的交往。

汉晋南北朝时期,这两个国家的文明已经相当发达。在长时间的交往中,中国的铁器、铜器、丝织品、纸张和它们的生产技术,以及建筑技术、医药学、数学、天文学等,都先后传进这两个国家。

这一时期,朝鲜、越南两国的药材、珍宝、异物,以及音乐、乐器等,也传到了中国,为中国的文明发展作出了贡献。

和日本的交往

和中国一衣带水之隔的日本,从西汉时候起,一直通过朝鲜同中国发生间接的接触,并且不断从朝鲜招募有生产技术的我国工匠到日本去。

东汉的时候,日本的"倭奴国"派遣使者来中国,汉光武帝赠予"汉倭奴国王"的金印。

魏晋南北朝时期，日本又多次派遣使者来中国。

通过间接和直接的关系，中国的铁器、铜器、丝帛不断进入日本，丝织技术、制陶技术、缝纫技术、建筑技术等相继由中国工匠带进日本，促进了日本早期文明的开发。

和印度的科技文化交流

上一章讲过，中国在汉代就已有两条陆路通往印度。中国和印度在汉代以前就已经有了交往。随着中国到印度洋航线的开辟，两国间的海上交通也逐渐频繁。通过陆上和海上的交通，两国进入了广泛的经济、文化和科技交流的阶段。

从中国运进印度的货物主要是丝织品。在公元前 4 世纪的印度古籍里，就有关于“丝”的文字记载。公元前 2 世纪以后的印度古籍里，有关丝的记载屡见不鲜，并且已经知道丝是由一种虫子吐出的。前面我们也提到过，张骞在大夏看到四川的邛竹杖和蜀布，说是从印度转运去的。

这时，印度的香料、象牙、珍珠也已经进入了中国。

佛教的传播是这一时期中印文化交流中的一件大事。印度的佛教，西汉的时候就传到中国新疆一带，随后逐渐传进中国内地。汉明帝永平八年（公元 65 年），在一道诏书里已经用了“浮屠”（佛）、“伊蒲塞”（居士）、“桑门”（和尚）等词。东汉以后，特别是南北朝时期，由于统治者的提倡，佛教在中国盛极一时。这一时期，有不少印度僧人来中国传教译经，也有不少中国僧人到印度取经。他们为人们留下了当时沿途各国风土地理的记述，既开阔了当时人们的视野，丰富了人们的地理知识，也为后世留下了宝贵的历史资料。最著名的是东晋时候中国高僧法显的西行求法和他所著的《佛国记》（原名《历游天竺记传》）。东晋安帝隆安三年（公元 399 年），65 岁的法显由长安出发，西行越帕米尔高原，周游今克什米尔北部、阿富汗东部、巴基斯坦、印度北部和东南部、尼泊尔等地，然后经今斯里兰卡由海路回国，在山东崂山登陆，义熙九年（公元 413 年）回到建康（今南京），前后历时 14 年。回国后著作《佛国记》，记述了所经各国的地理、历史和风俗，是一部研究这些国家当时历史状况的珍贵著作。此外，中印两国间还不断有使臣和商人往返，提供各自国家的情报。这些人员的往来，起了沟通两国文化和科学技术的作用。

中国的佛教寺院，从布局到造型，是融汇印度寺院建筑和中国宫殿建筑的产物。第七章讲到佛教建筑，还有石窟和塔，也是融汇印度和中国建筑的产物。

来中国的印度僧人大多兼习医药、天文和数学。印度的医药学、天文学和数学也随着传入中国。印度的医药学在中国医药学中曾经引起一定的反响，葛洪、陶弘景的“百一生病说”就是来源于印度的医学学说。陶弘景在《肘后百一方》的自序里说，“且佛经云，人用四大成身，一大辄有一百一病。”印度的一些药物、医方和外科手术，在中国医药学中得到吸收和采用。同时中国的医药学和数学也传入印度。中国医药学在印度受到人们的称赞。中国数学中的十进位值制、四则运算、分数和开方法等都在这一时期传到印度。

贰 和西方各国的交流

中国科技文化传向西方各国

由于地理条件的限制，中国和世界上的其他文明古国的交往比较困难。但是，人类的活动不断地突破着地理环境的限制。中国和其他文明古国很早就有了接触，并且随着时间的推移，交流逐渐密切。到汉晋南北朝时期，中国和各文明古国间的海陆交通已经颇具规模。

近年在联邦德国发掘到了大约 2500 年前的中国丝织物，为人们提供了早期中国和欧洲接触的实物证据。希腊哲学家亚里士多德（前 384– 前 322）的著作里，已经提到了丝。当时的丝织物可能是经印度、波斯（今伊朗）辗转运到欧洲的。

这些事实说明，中国从陆上西行的路线早就在商人的脚下踏出。以后经张骞通西域开辟了丝绸之路。丝绸之路到现在仍然被看作是中外友谊的象征，被人们所讴歌。

陆上通道和海上航线沟通了中国和阿拉伯各国、古波斯以至古罗马帝国的经济、文化和科技交流的渠道。

中国大宗的丝织品运到了波斯，又经波斯商人的手转运到罗马帝国。从公元纪元前后起，丝绸风靡于罗马贵族之中。当时在罗马，丝织品的价比黄金还高。为了得到丝织物，罗马的钱财大量东流。公元1世纪的时候，罗马帝国的统治者提比略（前42–后37，公元14年到37年在位）曾经下令禁止罗马的富人穿用这种奢侈的丝织物，但是没有成功。

公元5世纪的时候，中国的养蚕法传入波斯。现在伊朗民间还传说，古波斯的两位使者沿着丝绸之路来到中国，学会了养蚕和缫丝，他们回国的时候把蚕种放在竹筒里带回波斯。到6世纪，波斯已能织造绫锦，并且成了它的重要出口商品。

6世纪中叶以后、养蚕，缫丝，丝织技术传到了罗马帝国。

随同丝织品大宗进入波斯一带和罗马帝国的，还有中国的钢铁。中国铁器的使用虽然比这些文明古国晚，但是由于先进的生铁冶铸技术和脱碳炼钢技术的发明，中国的钢铁冶炼在这一时期已经远远走在古代世界的前列，并且以产量多、质量好而受其他国家的欢迎。据《史记》记载，中国的冶铸技术这时已经传到了中亚和波斯一带①。

另外，由西汉开凿龙首渠所用的井渠法发展而成的挖掘坎儿井的技术，也从我国的西北传入到中亚一带。

西方各国科技文化传入中国

在交往中，波斯、阿拉伯一带和罗马帝国的药材、香料、珍宝等大量进入中国。中药中就采用了不少这些国家的药物。

对中国经济生活产生比较大的影响的，是波斯和中亚、西亚一带

①《史记·大宛列传》："自大宛以西至安息，……其地皆无丝漆，不知铸铁器。及汉使亡卒降，教铸作他兵器"。

的一些植物品种引进中国。后人的记载把葡萄、苜蓿、石榴以及许多带有“胡”字的植物，如胡豆、胡瓜、胡麻等，都说成是张骞由西域带到中国来的，恐不可信，但是它们应当是汉代以及以后的中西交流中引进中国的。这些植物在中国生根之后，繁殖2000多年，到现在受到人们的欢迎。中亚一带的优良马种，从汉代起不断引进中国，其中以大宛的汗血马最著名，称做“天马”，受到汉代以及以后的唐代统治者的重视。

此外，西亚一带的玻璃器皿也不断运到中国。公元5世纪的时候，大月氏的商人把制玻璃的技术带到中国，并且在长安设厂制造玻璃。

第十章 唯物主义自然观在和唯心主义自然观的斗争中发展

壹 秦汉到南北朝的唯心主义自然观阻碍科学技术的发展

秦汉的思想禁锢和董仲舒的"天人感应"说

秦始皇统一中国以后,为了加强中央封建集权的统治,采取了思想统制的政策,使战国时期十分活跃的学术思想受到禁锢。

西汉初期,思想统制一度减弱,诸子百家学说有复苏倾向。但是到汉武帝时候,采纳了董仲舒(约前 179- 前 104)"罢黜百家、独尊儒术"的建议,思想又受到禁锢。

董仲舒提倡"天人感应"的神学目的论,是对当时和后世都产生很大影响的唯心主义理论。它的出现是和巩固封建专制统治的需要相一致的。

在政治上,这种理论论证了封建专制统治的合法性和合理性。它虚构天的至高无上的地位,皇帝是天在地上的全权代表,这样就树立了皇帝的最高权威,以维护和加强封建皇帝的统治。

"天人感应"说把自然界的天说成是有意志的,世上万物和人类本身,以及自然界和社会上纷纭繁杂的种种现象,都被认为是天的意志的反映。自然界出现的异常现象，如水旱、地震，少见的天象等，都被说成是上天的谴告。春夏秋冬四季变化是天的爱严乐哀的表现。天气的暖清寒暑是帝王的好恶喜怒所致。这种理论是商周以来的天命观在新的历史条件下的复活和发展。

“天人感应”说完全否定了对自然现象进行观测和研究的必要性，因为这种理论已经轻而易举、一劳永逸地解释了宇宙间一切现象，这对于科学技术的发展产生了极大的阻碍作用。

两汉之际谶纬之学盛行

作为“天人感应”学说的恶性发展，在西汉末年产生了谶纬之学。

谶是一种谜语式的预言和启示，纬是带有浓厚迷信色彩的对儒家经典的附会。在某些谶纬著作里，间或载有一些当时人们对天文历法和地理等方面的知识，但是总的说来，它们是神学和庸俗经学的混合物。

东汉前期，由于统治阶级的极力宣扬，谶纬之学得以盛行于世。人们可以从它那里随心所欲地寻求到对任何问题的答案，成为解释社会现象、自然现象的权威依据。所以成了科学技术发展的大敌。

魏晋南北朝的玄学和道教、佛教的自然观

东汉末年，谶纬之学开始衰败，代之而起的玄学和道教、佛教的唯心主义思潮，成为封建统治阶级的三大精神支柱和统治工具。

在自然观上，它们大都主张“无”或“空”是万物的本原，都否定客观世界的真实性。这对于魏晋南北朝时期科学技术的发展，起着十分有害的作用。

贰　秦汉到南北朝的唯物主义自然观推动科学技术的进步

唯物主义自然观在斗争中得到发展

自秦汉到南北朝，唯心主义思想和自然观，随着时代的发展，不

断改变着它的形式，有个发展的历史。

和它相对立的唯物主义思想和自然观，也总是在不断的斗争中得到发展。

唯物主义自然观从科学技术的进步中不断吸取营养和新的论据。反过来，它又给科学技术的发展以正确的理论指导和武装，推动着科学技术的进步。

司马迁力图对自然界现象作唯物主义解释

和董仲舒同时代的司马迁，对于“使人拘而多畏”①的阴阳家的附会妄说，“营于巫祝，信禨祥”②的神秘主义思想，取反对的态度，力图对自然界的各种现象作唯物主义的解释。

司马迁像。

在司马迁的伟大著作《史记》中，可以看到他具有十分广博的科学知识。

在《史记·天官书》中，司马迁首次肯定了日月交食是有一定周期可循的自然现象，认为五星运行也有一定的周期和规律，所谓“见伏有时”，逆行也是正常的事。这些观点和“天人感应”说是完全对立的。《天官书》还是我国现存第一部系统描述全天“星官”的著作，对于恒星的位置、颜色和亮度，对于奇异天象的形态等，都作了客观的记载，基本上把天作为客观的实体加以描述和研究，因而具有比较大的科学价值。

《史记·历书》是司马迁关于历法的见解的忠实记载。《律书》和《河渠书》有关于音律学和水利工程知识的记述。《封禅书》充分反映了司马迁对汉武帝事鬼神、求神仙的愚蠢行为的强烈批判态度。

《史记·货殖列传》是司马迁关于经济地理学的宝贵思想和知识的杰作。而在《匈奴列传》、《南越列传》、《东越列传》、《朝鲜列传》，《西南

①见《史记·太史公自序》。
②见《史记·孟子荀卿列传》。

夷列传》、《大宛列传》诸篇中，记述了大量的我国边陲地区和域外的地理知识。

司马迁还开创了为科学家立传的历史先例，在《史记》中留下了不少可贵的科学史料。

司马迁是西汉时候和"天人感应"说相对立的"异端"思想的代表人物。他在科学上的许多造诣，和他的"异端"思想有密切关系。司马迁在史学和文学史上的崇高地位是世所公认的，他在科学史上也占有十分重要的地位。

扬雄的《法言》和桓谭的《新论》

两汉之际，对"天人感应"说和谶纬之学取批判态度的，有扬雄和桓谭等人。

扬雄著《法言》，反对神仙迷信、星占卜筮，批判董仲舒土龙致雨的迷信，表现出明显的无神论倾向。他强调如实地认识自然现象的必要，对自然界抱着积极探索的态度。

桓谭著《新论》，反对天有意志、有目的的观点，指出"天非故为作也"①，认为"灾异变怪者，天下所常有，无世而不然"②，对"天人感应"的神学目的论提出公开的挑战。他认为人的生死是一种自然现象，形象地用蜡烛和烛光形容人的形体和精神的关系，认为形毁神销犹如烛尽光灭。对于当时十分流行的谶纬之学，桓谭持坚决批判的态度。他指出谶纬之学是"奇怪虚诞之事"，并且当着汉光武帝的面"极言谶之非经"③，因此险些丧失性命。桓谭的言行是当时学术思想界反谶纬思潮的典型代表。这是在汉光武帝力图使图谶国教化的背景下发生的，反映了两种思想斗争的激烈程度。桓谭的勇敢作为因此也具有特别重要的意义。

东汉杰出的唯物主义思想家王充的《论衡》

王充字仲任，浙江上虞人，是东汉杰出的唯物主义思想家。他十

①见《新论·祛蔽》。
②见《新论·谴非》。
③见《后汉书·桓谭传》。

分推崇司马迁、扬雄、桓谭等人，继承这些先驱者的叛逆精神，和“天人感应”、谶纬迷信作了针锋相对的斗争，建立了反正统的唯物主义思想体系，在当时、对后世都产生了深远的影响。

王充利用当时科学技术成果和他本人对自然现象观察研究的心得，以及形式逻辑，作为批判旧说、建立新论的武器。在他所著的《论衡》中，涉及的科学领域有天文、物理（力、声、热、电、磁）、生物、医学、冶金等。有趣的是，“天人感应”说对一系列自然现象的胡乱解释不能不使王充涉足于相关的领域和问题。在唯物主义思想指导下，王充对这些问题作出了合乎科学的精辟阐述。反过来，这些论述又为唯物主义思想提供了佐证。

元气自然说是由战国时期元气学说继承和发展而来的，它是王充据以说明许多自然现象的重要基石，也是和神学目的论作斗争的主要武器。王充说：“天地，含气之自然也，”[①]“天地合气，万物自生，”[②]就是认为天地万物都是由物质性的元气自然而然地构成的，都是客观存在的自然实体，就这样取消了天主宰万物的神圣地位。王充还利用形式逻辑的分析，否定了天有意志，有人格的观念，动摇了“天人感应”说的基础。

针对土龙致雨的迷信，王充正确地考察了云雨产生的自然机制。他指出雨并不是天上固有的，而是地气上蒸、遇冷冻凝下降而成的[③]。王充还指出云、雾、露、霜、雪等只是水气在不同气温条件下的不同表现形态[④]。既然云雨等是有规律可循的自然现象，那么，祈求上天降雨或止雨的举动就是荒谬不经的了。

雷电是“天怒”的表现，雷电击杀人是“天罚”“有阴过”的人，是“天人感应”的典型说法。对这一点，王充指出，雷电是由“太阳之激气”和云雨一类阴气“分争”“激射”而引起的[⑤]，这是关于雷电成因的直观朴素的猜测。对于雷声轰鸣的机制，王充还利用“以一斗水灌冶铸之火，气激􀀁裂，若雷之音”[⑥]作类比，力求用自然界本身的力量来说明。王充又指出被雷击的并不都是“有阴过”的人，认为“雷者，火也”，

①《论衡·谈天》。

②《论衡·自然》。

③《论衡·说日》：“雨露冻凝者，皆由地发，不从天降也。”

④《论衡·说日》：“云雾，雨之征也，夏则为露，冬则为霜，温则为雨，寒则为雪。”

⑤《论衡·雷虚》：“雷者，太阳之激气也。……太阳用事，阴气乘之，阴阳分争，则相校轸。校轸则激射。”

⑥都见《论衡·雷虚》。

“人在木下屋间，偶中而死矣”[①]，用偶然性观点说明雷击杀人的现象。

针对潮汐现象是鬼神驱使而生的观点，王充考察了潮汐涨落和月亮盈亏之间的关系，指出：“涛之起也，随月盛衰，小大满损不齐同”[②]，第一次明确地指出了潮汐现象的主要成因，为后世潮汐理论的发展奠定了基础。

有人认为虫灾的发生是贪官污吏招致的，王充认为虫灾发生和贪官污吏之间没有必然的联系。他指出虫的生成有一定的条件，“虫之生也，必依温湿，温湿之气，常在春夏”，而且它们各有自己的生活史，“出生有日，死极有月，期尽变化，不常为虫”[③]。就是认为虫灾是在一定的气候条件下害虫大量繁殖衍生的自然现象。王充还论及了干曝麦种、煮马粪汁浸种和驱赶蝗虫到沟里加以消灭等防治病虫害的方法[④]。这些认识和措施都是和“天人感应”说相对立的。

关于生命现象，王充认为人的生命是由“阴阳之气”凝聚而成的，死后“血脉竭”，“形体朽，朽而成灰土”，并“还为气”[⑤]。这是王充应用元气自然说解释科学问题的典型事例。

其实在上面所举的许多问题中，大都也含有元气的作用、变化的思想。元气自然说作为王充自然观的精髓，成了大体正确地说明许多自然现象的重要理论。

当然，这种自然观只是一种原始的自然科学理论形态，它对自然现象的解释，只能是思辨性的，还缺乏更具体的论证。这是当时科学发展的水平决定的。但是在古代，这些解释和认识已经是难能可贵的了。

王充所建立的唯物主义思想体系和他在科学技术问题上的一系列精辟见解，使他在我国古代思想史和科学史上都占据了重要的地位。

魏晋南北朝时期唯物主义思想的发展

魏晋南北朝时期，唯物主义思想又有了新的发展。魏晋的杨泉和

①都见《论衡·雷虚》。
②《论衡·书虚》。
③论衡·商虫》。
④《论衡·商虫》：“藏宿麦之种，烈日干暴，投于燥器，则虫不生。”“煮马屎以汁渍种者，令禾不虫。”《论衡·顺鼓》：“蝗虫时至，或飞或集，所集之地，谷草枯索。吏卒部民，堑道作坎，榜驱内于堑坎，把蝗积聚以千斛数。”
⑤《论衡·论死》。

南朝齐梁的范缜是这一时期两位著名的思想家。

杨泉在他的代表作《物理论》中，认为“水”是宇宙的本原。“成天地者，气也”，而“气”又是由“水”而生，“吐元气，发日月，经星辰，皆由水而兴。”这同唯心主义的主张“气”始于“无”或“道”是针锋相对的。杨泉重申了“天无体”的思想，并且指出：“夫天，元气也，皓然而已，无他物焉。”这是宣夜说思想的明确表述。他还应用元气理论来解释自然界各种物体的形成以及运动变化现象，继承和发展了秦汉以来的唯物主义自然观，和当时流行的玄学思想进行斗争。

范缜以他的不朽名著《神灭论》高举起反佛学的旗帜。他认为世界万物的生长都是由于自身的原因，顺从自然的法则而产生、变化以至消亡。他着重论证了精神和形体的相互关系，认为“形存则神存，形谢则神灭”，“形者神之质，神者形之用”。他用刃和利（锋利）的关系来形象地说明这种关系。他说：“未闻刃没而利存，岂容形亡而神在。”范缜的《神灭论》把唯物主义无神论的思想提高到新的高度，使当时的思想界掀起了巨大的波澜，对后世也产生了深刻的影响。

本编小结

秦汉时期是我国古代科学技术发展史上一个极其重要的时期。随着封建制的巩固，我国古代各学科体系的形成和许多生产技术趋于成熟，是这一时期科学技术发展的总特征。

我国古代传统的农、医、天、算四大学科，在这一时期都已经形成了自己独特的体系。农业方面，奠基于战国时期的轮作制，一般作物栽培的基本原理和精耕细作的技术措施，已经得到确立。《神农本草经》奠定了后世本草学的基础，《伤寒杂病论》确立了理、法、方、药具备的辩证论治的医疗原则，大大充实了中医药学体系的内容。历法已经具备了后世历法的主要内容包括气、朔、闰、五星、交食、晷漏等，而天文仪器、天象记录以及宇宙理论等都形成了自己的传统。《九章算术》的出现标志着以算筹作为计算工具的独具一格的数学体系的形成。《汉书·地理志》的出现，开创了我国古代特有的兼有自然地理和人文地理的地理学模式。

就生产技术来说，我国古代主要的冶铁技术在这一时期都已经出现，造纸术发明了并且得到重大改进，马王堆出土的五彩缤纷的纺织品展示了纺织技术的巨大发展，庞大的楼船的建造以及橹、舵、帆等的发明和应用是船舶技术成熟的标志，等等。所有这些都为后世的进一步发展开拓了道路。

中外科技文化交流开始有很大的进展，也是这一时期科学技术发展的一个特点。

科学技术的进步给秦汉时期社会生产力的提高以有力的推动，同时也给神学目的论和谶纬迷信以有力的打击。

三国两晋南北朝时期,虽然中国处在南北对峙的时期,但是总的说来占主导地位的还是相对稳定的局面。农业和手工业生产在和平和安定的间隙中得到发展,科学和文化也相应地得到继承和发展。同时由于各民族的空前大融合,各地的生产技术和科学知识广泛交流。因而,科学技术在秦汉时期的基础上继续前进,取得重大的突破。

这一时期在科学技术上出现了一批著名的科学家。刘徽、祖冲之、张子信在数学和天文学方面的成就,发展并且充实了数学、天文学体系。裴秀提出的制图六体,创造了中国古代地图学的基本理论。贾思勰《齐民要术》的问世,标志着农学体系的成熟。王叔和的《脉经》、皇甫谧的《针灸甲乙经》、陶弘景的《神农本草经集注》等,从各个不同侧面充实和丰富了中医药学的体系。葛洪在炼丹方面的造诣,为原始形式的化学作出了贡献。马钧在机械制造方面的成就,体现了我国古代机械制造的高度水平。

这些说明在秦汉时期形成的科学技术体系,到三国两晋南北朝时期得到了充实和提高,为随后的唐代高度发达的封建文明奠定了科学技术方面的基础。

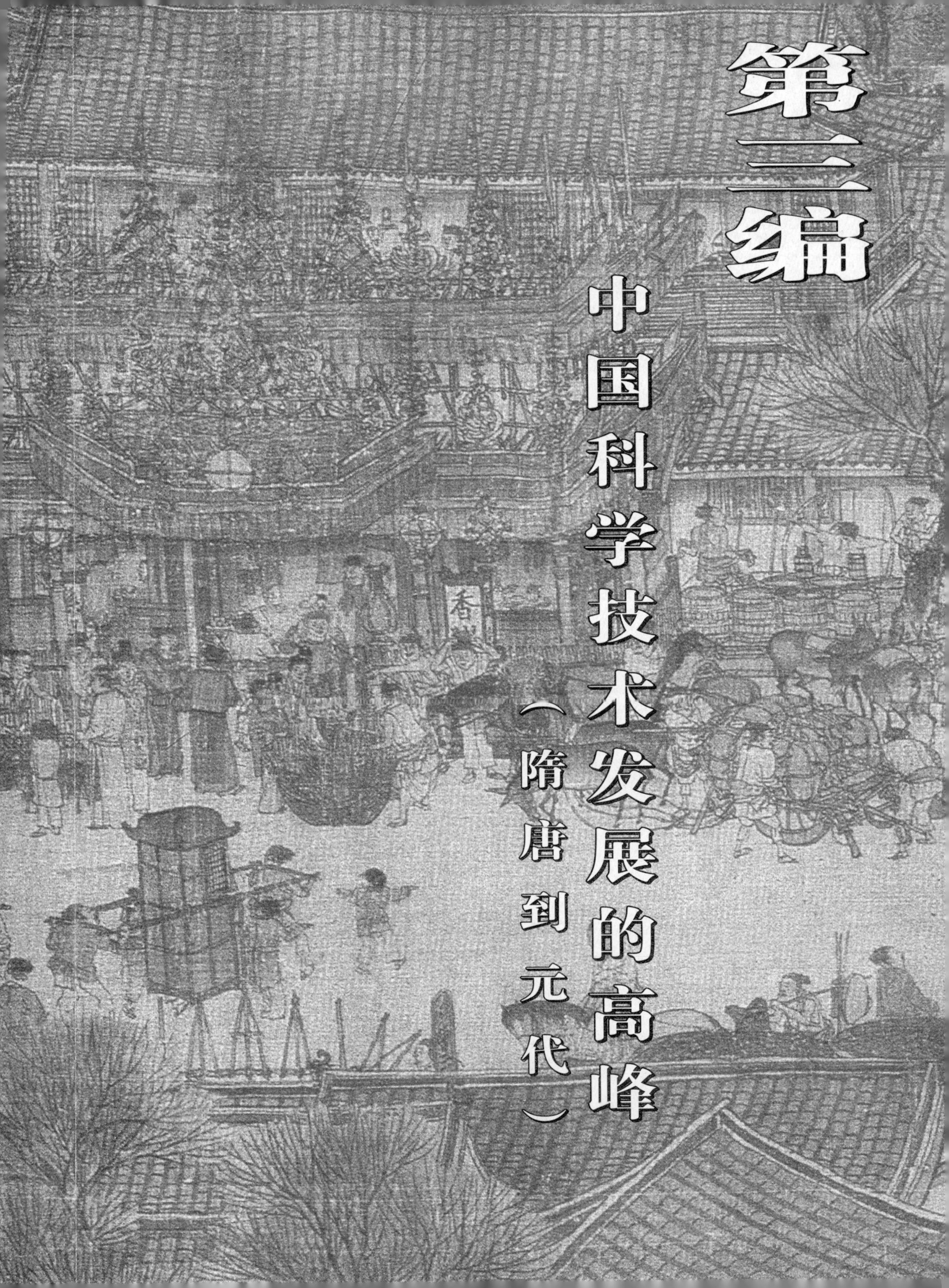

第三编

中国科学技术发展的高峰

（隋唐到元代）

第一章 封建社会中期的社会状况和科学技术

壹 中国封建社会最发达的时期

从隋代到元代我国的政权兴替

中国封建社会中期，指从隋代到元代，前后历时近800年。

隋代[①]继北朝的北周之后建立，接着灭南朝的陈，统一全国。

隋代比较短促，在农民大起义下土崩瓦解。代隋而起的是唐代[②]，建成了一个国势强盛的大帝国。

唐代中叶以后，藩镇割据。晚唐后期，又爆发农民大起义。最后演成了五代十国[③]的分裂局面。

宋代继五代后周之后兴起，建都开封，这是北宋[④]。后来塞外金人入侵，破开封，宋室南迁临安(今浙江杭州)，这是南宋[⑤]。

五代后梁时候，塞外契丹族建立了辽国[⑥]。北宋年间，女真族建立了金国[⑦]，先后灭辽和北宋。

南宋年间，塞外蒙古族兴起，建立了元帝国[⑧]，先后灭金和南宋，统一了全国，建成了一个规模空前的多民族国家。但是建国不到100年，爆发了农民大起义，明太祖朱元璋(1328－1398)终于推翻了元朝的统治。

①隋代自公元581年建立，公元589年灭南朝陈后统一全国，到公元618年灭亡，历时38年。

②唐代自公元618年灭隋，到公元907年被后梁所灭，历时290年。

③五代指后梁、后唐、后晋、后汉、后周，先后占有我国北方大部地区。同时南部和山西局部地区，先后出现吴、南唐、吴越、楚、闽、南汉、前蜀、后蜀、荆南(也称南平)、北汉十国。五代十国时期自公元907年到公元960年，历时54年。

④北宋自公元960年到公元1126年，历时167年。

⑤南宋自公元1127年到公元1279年，历时153年。

⑥辽国自公元916年建立到公元1125年被金所灭，历时210年。

⑦金国自公元1115年建立到公元1234年在蒙古和南宋联合进攻下灭亡，历时120年。

⑧元自公元1206年成吉思汗(1162－1227)建立蒙古汗国起到公元1368年被明所灭，历时163年；自公元1271年世祖忽必烈(1215－1294)定国号起到灭亡，历时98年。

从隋唐到元代，虽然也常有战争，不时处在分裂和南北对峙的局面，但是总的说来，这是中国漫长的封建社会中政治、经济、文化和科学技术最发达的时期。

隋唐五代时期的社会状况

隋文帝杨坚统一全国后，加强中央集权的统治，全国安宁，人民获得休息，社会呈现空前繁荣。他所创立的一些制度，为唐代所遵循。

唐代政权建立初期，中央集权的统治又得到加强，在政治和经济上进行一系列改革，规定均田法和租庸调法，男丁按人授田，按人纳税（纳粟稻叫租，纳绫绢布麻叫调）服役（叫庸），并且制定一套检校人口的制度，使得社会经济迅速恢复和发展。玄宗（李隆基，685–762）开元、天宝年间（公元713年到755年），是历史上被称颂的所谓太平盛世，"河清海晏，物殷俗阜，""左右藏库，财物山积，不可胜数，四方丰稔，百姓殷富。"①

唐代中叶以后，北方连年战火，政府主要依赖江南地区的财富来维持。唐代晚期的藩镇割据和后来的五代十国的分裂局面，给经济发展带来不良影响，但是在江南地区，社会经济仍然有所发展。

宋辽金元时期的社会状况

宋代结束了五代十国历时几十年的封建割据局面，中央集权很快恢复并且得到加强。

北宋时期，社会经济关系中出现了新的变化，完成了唐代中叶以来就开始发生的土地占有方式和剥削方式的变革。地主阶级主要以购买土地的方式来占有土地，前代贵族官僚按等级世袭占有制度在长期演变过程中基本消失了。同时，地主对农民的剥削方式主要是通过出租土地榨取实物地租，前代的劳役地租已经成为次要的剥削方式。实物地租使农民对生产的支配权更大了些，生产积极性也高些。结果，自耕农比例增大，小土地所有制在这时有了很大的发展。这些生产关系

①见郑綮著《开天传信纪》。郑綮，唐昭宗（李晔，867–904，公元889年到904年在位）的时候曾经拜相。"开天"指玄宗开元、天宝年间。

的变革使得宋代前期100年间社会生产迅速增长,人口增加,我国封建社会经济发展进入了一个新的时期。

宋代统治时期,契丹、女真等少数民族的统治者在我国北方建立了辽、金政权,他们相互之间以及和宋王朝之间虽然进行频繁的战争,但是在战争的间歇期间,不论南方或北方,也都出现过相对稳定的时期,因此社会生产得到恢复和发展。南宋的首都临安,人口超过了北宋的首都开封。南宋鼓励海外贸易,海外贸易的税收占政府全部税收的1/5。

元代在灭亡南宋、统一中国之后,加强和发展了各民族之间的交流,并且继续施行南宋鼓励海外贸易的政策。元代的国势曾经威振世界。但是因为它不断进行征伐战争,对统治区进行残暴统治,很快就走向衰亡。

贰 隋代到元代的生产和科学技术的发展

农业生产和科学技术的发展

封建社会的繁荣首先是建立在农业生产发展的基础之上的。在这个历史时期里,虽然几经社会动荡,但是总的说来还是比较稳定的。北方在几次大的战乱中,农业生产曾经受到严重破坏,但是一旦战乱平复,农业生产就很快得到恢复和发展。南方受到社会动荡的影响比较少,基本上保持着农业生产持续发展的趋势,成为全国经济重心的所在。

这个时期的历代统治者,为了维持统治的需要,对农业生产都比较重视,先后采取了一些发展农业生产的措施,因此农业生产水平有比较大程度的提高。

唐、宋、元政府比较重视农学知识的普及和总结工作,曾经分别组织编写农书《兆人本业》[①]、《真宗授时原录》[②]、《农桑辑要》[③],颁行全国,以指导农业生产。

①《兆人本业》三卷,是武则天(624-705)执政的时期(公元684年到704年)召集文学之士周思茂等撰写的。

②《真宗授时原录》是北宋真宗(赵恒,968-1022,公元998年到1022年在位)时候颁布的。

③《农桑辑要》,元司农司撰,至元十年(公元1273年)成书,参加具体编修的有孟祺、畅师文、苗好谦等。

在耕作制度方面：北方地区基本上继承《齐民要术》中所总结的理论和技术，但是也有所发展。南方地区的水田耕作技术已经相当成熟，宋代反映南方水田生产情况的《陈旉农书》①的出现，就是证明。元代又有综合反映南北方生产技术的《王祯农书》②问世。这些农书，对于促进农业生产发挥了积极作用。我国的传统学科之一的农学，在这一时期达到了自身体系的高峰。

比较先进、适用的农业生产工具，如犁、水车等，在这一时期已经定型化，并且得到了推广普及。唐文宗（李昂，808-840）大和二年（公元828年），政府曾经下令作水车样，并且令京兆府（京都地区的地方政府）制造水车，散发给沿郑国渠、白渠的农民使用。晚唐的陆龟蒙（?- 约881）著有专门论述耕犁的《耒耜经》。这些都反映了当时对水车和耕犁的重视。一些新式农具，如秧马、高筒水车，也都在这一时期发明和使用。农田水利工程的大规模营建，使大量的农田增强了抵御水旱灾害的能力。

这一时期，农作物优良品种的交流、引进和推广受到了比较大的重视。特别是宋元时期棉花在长江流域和黄河流域的推广，为广大人民的衣着问题提供了新的原材料，深受各阶层人民的欢迎，给人们的经济生活带来了相当大的影响。

农业生产和商品经济的发展引起了土地占有形式和地租形式的变革。第一节已经提过，从唐代中叶开始，土地的占有形式由占地制逐步转变成为以购买手段占有土地的形式，劳役地租也逐步转变成为实物地租，到宋代，这个变革已经完成。这在一定程度上刺激了农民的生产积极性，促进农业生产的发展。特别是江南人多地少的地区，农民为了得到或扩大耕地，克服了重重困难，和江河湖海山丘争田，使耕地面积大大增加，而且农田经营管理也得到加强，使单位面积产量有所增加。

①《陈旉农书》，成书于南宋高宗（赵构，1107-1187）绍兴十九年（公元1149年）。

②《王祯农书》，成书于元仁宗（爱育黎拔力八达，1285-1320）皇庆二年（公元1313年）。

手工业生产和科学技术的发展

手工业生产在这一时期也十分发达。

左 宋龙泉窑梅子青釉莲瓣纹盖钵。
右 唐鎏金鹦鹉纹银提梁罐,陕西西安出土。

唐宋政府关于手工业生产的管理机构已经很完善。官营作坊的管理制度相当严格,并且制定有相应的法律。

唐政府规定官府工匠要接受技术工艺的训练,训练时间因行业工种不同而长短不一,多则三年,少则几十天。

宋代,主管各行工匠的少府监下面分32作,专管土木工程的将作监下面有东、西八作,专管军事物资生产的军器监下面分东、西作坊共51作,分工相当精细。

元代的手工业管理机构更是庞大,设有诸色人匠总管府、提举司和各种局院。官局中有毡局、染局、绣局、毛缎局、银局、镔铁局等。为适应棉织业的发展,在一些地区设有木棉提举司,另外还在一些都市设置了织造局。

从隋代到元代,私营手工业发展也很快。大中小手工作坊大量出现,分布在全国广大的地区。不少都市成为手工业生产的重地。从唐末到宋元的时候,私人手工业作坊中已经出现了雇工形式。

这一时期手工业生产的发展,特别是生产技术工艺的提高,为中国古代文明增添了绚丽的光彩。唐代的金银器,宋代的瓷器,到现在仍是举世瞩目的至宝。原有的手工业部门,如造纸、丝织、矿业、冶金、建筑、造船等，都有比较大的发展。印刷、制瓷、制茶、棉织等行业也迅速崛起，还产生不少新的技术工艺。一批手工业规范和技术著作，如《木经》[①]、《营造法式》[②]、《梓人遗制》[③]等，都在这一时期问世。

特别值得一提的是，给人类文明带来巨大影响的印刷术、指南针和火药，都是在这一时期发明和得到实际应用的。

数学、天文学、医学达到自身体系的高峰

社会的进步，经济的繁荣，给科学的发展创造了有利的条件。中国传统的科学学科，除农学已经在前面第一小节提到外，数学、天文学和医学也在这一时期达到了自身体系的高峰，取得了不少重大成就。

有不少领域，如数学中的内插法和高次方程求解方法，子午线长度的实测，地图、星图、星表的编制，地磁偏角的发现等，更是成就卓著。

伴随着科学的发展，涌现出了一批杰出的科学家。数学方面有宋元四大家秦九韶（1202–1261）、李冶（1192–1279）、杨辉、朱世杰；医学方面有金元四大家刘完素（约 1120–1200）、张子和（约 1156–1228）、李东垣（1180–1251）、朱丹溪（1281–1358）；更有一行（683–727）、沈括（1031–1095）、郭守敬（1231–1316）等著名人物，他们到现在仍为国内外的人们所赞颂和敬仰。

数学、天文学和医学的教育机构和教育制度，在这一时期也得到了完善和发展。

国内各民族间、中国和外国间的科技文化交流

从隋代到元代，在组成中华民族的民族大家庭内部，各民族间的融合加强了。

隋代是以汉族为主联合鲜卑等族建立的政权。唐代采取了比较平等的民族政策，各兄弟民族在政府里任文武要职的人不少，汉族也有不少人到兄弟民族地区去。文成公主（?–680）携带大批随从人员到西藏，这件事到现在仍为人民所传颂。

①《木经》三卷，五代到宋初的杭州建筑工匠喻皓著，是我国古代重要的建筑专著，原书已佚。

②《营造法式》三十六卷，宋神宗（赵顼，1048–1085）熙宁年间（公元 1068 年到 1077 年）开始编修；哲宗（赵煦，1077–1100）元祐六年（公元 1091 年）成书。后由任将作监的李诫（？–1110）重新编修，元符三年（公元 1100 年）成书。这是我国古代完整的建筑专著之一。

③《梓人遗制》，金末元初山西万泉（今万荣县）木匠出身的薛景石著。

宋代政府虽然和北方先后出现的兄弟民族政权辽、西夏[①]、金、元的上层统治者处在敌对状态，但是人民之间的交往融合并没有受到多大的影响，相反却有所加强。元代政权是由蒙古族、回族等兄弟民族和汉族所组成的。

随着民族融合步伐的加快，各民族之间的经济、文化和科学技术的交流都得到了加强。中原地区的不少科学知识和生产技术传到了各兄弟民族地区，包括边远的地区，西藏、新疆、内蒙古等地的生产技术都有比较大的提高，手工业生产有很大的发展。各兄弟民族地区的优良动植物品种源源传入内地，丰富了内地人民的物质生活。同时，畜牧、兽医的知识也为内地人民所吸收，增加了内地人民的知识，并且出现了一批有关畜牧、兽医的著作。

从唐代到元代，是中国历史上和国外交通最发达的时期。陆路上继续沿着丝绸之路西行到达阿拉伯以至欧洲一带，进行广泛的交通贸易。海上交通更是后来居上，成为中外交往的主要途径。中国的船舶东北航行到朝鲜、日本，东南到东南亚各国，往西穿越印度洋到达阿拉伯和非洲东海岸，航线不断有新的开辟，海上交往越来越频繁，各国也有不少人由海道来中国，构成了古代海上交通蓬勃发展的景象。

中外交通的发展不但刺激了中国内部的社会生产，而且促进了中外相互之间的大规模商业、文化和科学技术的交流。中国当时居于世界领先地位的科学技术，都在这一时期传到各国，对各国的文化、科技以至物质生活产生一定的影响。特别是造纸术、印刷术、指南针、火药的西传，为欧洲的文艺复兴[②]准备了重要的物质基础。各国的香料、药材和其他物产，以及科学技术，也大量传入中国，为中国古代文化和科学技术事业增添了新的内容。

①西夏是宋代我国境里党项羌所建政权，自公元 1038 年正式建国起，到公元 1227 年被蒙古所灭，历时 190 年。

②欧洲文艺复兴是 14 世纪到 16 世纪欧洲文化和思想发展的一个时期，16 世纪资产阶级史学家认为它是古代文化的复兴。当时的主要思潮是人文主义，反对中世纪封建阶级的思想。在自然科学方面也有极大的发展，哥白尼(1473-1543)的日心说，哥伦布(约 1451-1506)和麦哲伦(约 1480-1521)等人在地理方面的发现，伽利略(1564-1642)在数学和物理学上的创造发现，都是文艺复兴时期的卓越成就。

第二章　数学、天文学发展的高峰

壹 数学教育和“算经十书”的注释

隋唐和宋代的数学教育

中国古代数学，在秦汉时期，由于《九章算术》的出现，可以说已经形成了初步的体系。又经过六七百年的不断发展，到了隋唐时期，中国古代数学已经构成了更加完整的体系。

由于分裂局面的结束和统一局势在全国出现，隋代的各种规章制度越来越完备。在数学教育方面，隋政府也规定了一些制度。按《隋书·百官志》记载：“国子寺祭酒……统国子、太学、四门、书、算学，各置博士、助教、学生等员。”国子寺祭酒相当于现今的国立大学校长。这是在国家学校里设立数学科目的开始，就是“国子监”的“算学”科。又据史料记载，隋代的算学科有博士2人，助教2人，学生80人。

唐承隋制。在唐高宗显庆元年(公元656年)，也在国子监中设立了算学科。在整个唐代几百年间，算学科的设置时断时续。在归属上，它有时属于国子监，有时又改属于太史局（相当于现今的国家天文台)或秘书局。国子监算学科的学生，规定由下级官吏和平民百姓的子弟中选拔，人数也历年不同，到晚唐时候，人数已经很少了。

当时还统一规定了算学科教科书，一共10种，后世称做“算经十书”。它们是《周髀算经》、《九章算术》、《孙子算经》、《五曹算经》、《夏侯阳算经》、《张丘建算经》、《海岛算经》、《五经算术》、《缀术》、《缉古算经》。规定学习期限是：“《孙子》、《五曹》共限一年业成，《九章》、《海岛》共三年，《张丘建》、《夏侯阳》各一年，《周髀》、《五经算》共一年，《缀术》四年，《缉古》三年。”①

在唐代国家考试中，设有“明算”一科，没有在国子监算学科学习过的人也可以应考。考试的题目有两组：一组题目是《缀术》出七题，《缉古算经》出三题；另一组题目是《九章算术》出三题，其余七种算书各出一题。两组题目可以任选一组，十题答对六题的算及格。此外还要对另外两种算书《三等数》（现在已经失传）、《数术记遗》进行“帖读”，就是把书里某些字句帖起来，考学生是否可以顺利地背诵出来读下去。帖读也是十题答对六题的及格。这两种考试都及格的人，就授以“九品下”就是最低一级的小官职。

显然，这种学习和考试制度只鼓励学生死记硬背。因此，通过这个途径没有造就出历史上任何一个留有姓名的数学家。

到了宋代，这种算学学习和考试制度仍然时断时续。

“算经十书”简介

“算经十书”中，《周髀算经》、《九章算术》、《海岛算经》、《缀术》四种已经在第二编介绍过了。下面对其余六种略加介绍。

《孙子算经》是这六部算书中比较早的一部，著者不详，成书大约在魏晋南北朝时期，分上、中、下三卷。上卷叙述中国古代筹算的记数法和四则运算，中卷叙述筹算的分数运算，下卷记载有世界著名的“孙子问题”。这个问题是：“今有物不知数，三三数之剩二，五五数之剩三，七七数之剩二，问物几何？”“答曰：二十三。”这是世界上最早出现的一次同余式②的解法问题。欧洲18世纪瑞士数学家欧拉③

①据《唐六典》。这部书是唐玄宗（公元712年到756年在位）时候官修的。

②两整数A、B如果被正整数m除后所得余数相同，就称A、B对m同余，记作$A\equiv B \pmod{m}$，m叫做模。当A不能被m整除的时候，把$Ax+B\equiv 0 \pmod{m}$称做关于模m的一次同余式。

③欧拉也译尤拉、欧勒。

(1707–1783)、法国数学家拉格朗日(1736–1813)才对一次同余式问题进行研究,德国数学家高斯(1777–1855)在公元1801年才明确地写出了和《孙子算经》中的解法相类似的定理。清文宗(奕詝,1831–1861)咸丰二年(公元1852年)英国来华的传教士伟烈亚力(1815–1887)把《孙子算经》"物不知数"问题的解法传到欧洲,公元1874年有人指出孙子的解法符合高斯的定理,并且把孙子的解法称做"中国剩余定理"①。继《孙子算经》之后,南宋秦九韶又在一次同余式的研究上获得了超越前人的辉煌成果。

《五曹算经》和《五经算术》都题甄鸾撰或注。甄鸾是南北朝时期北周人,他生活的时代大约是公元6世纪中叶。"五曹"指田曹、兵曹、集曹、仓曹、金曹五种官员。《五曹算经》就是为这五种官员解决日常遇到的各种计算问题而编著的。题目涉及田亩的计算、军队的配置和给养运输、互换贸易、粮食税收和仓窖容积、钱财货币的管理等。就它的数学内容来看,并没有超过《九章算术》。《五经算术》是对《尚书》、《诗经》等五种经书中涉及数学知识的一些文句的解释,从数学内容方面说,可取的地方不多。

《夏侯阳算经》原书已经失传,现传本是北宋神宗元丰七年(公元1084年)刻本,共3卷,收入83个问题,有很多是唐代中叶(公元8世纪)才可能出现的资料。就问题性质说,它所收的问题大都和当时的社会实际生活有关。这是中国古代数学著作所共有的特点。值得指出的是,现传本《夏侯阳算经》已经表现出对筹算进行改进的一些倾向,这说明这时已经开始酝酿由筹算向珠算的过渡。

《张丘建算经》大约是南北朝北魏时期(公元5世纪)的著作。书里提出了一些和等差级数有关的问题。卷下最后一题是著名的"百鸡问题":"今有鸡翁一,直钱五;鸡母一,直钱三;鸡雏三,直钱一。凡百钱买鸡百只,问鸡翁、鸡母、鸡雏各几何?"这题有三个未知数,却只能列出两个方程,所以是解不定方程组的问题。印度在公元12世纪的著作中也有同一类问题,有一题的数据和《张丘建算经》里的这一题完全相

①西方的剩余定理是法国数学家裴蜀(1730–1783)提出的,就是用一次多项式 $x-a$ 除 x 的多项式所得的余数等于这个多项式当 $x=a$ 的时候的值。中国剩余定理和西方剩余定理不是一回事。

同。中世纪阿拉伯数学著作中也有类似问题。《张丘建算经》里还有两道求解一般二次方程的问题。这些表明了求解方程术的新进展。

《缉古算经》是唐初数学家、天文学家王孝通的著作，全书共20题。书里重要的内容是计算两端高低不同宽狭也不一致的堤坝之类的工程计算问题，包括比较复杂的体积计算、土方量计算、劳力分派等问题。在20个题目中提出了28个求解三次方程的问题（系数和根都限于正数）。复杂的体积计算和三次方程的列方程、求解，是《缉古算经》一书所作出的突出成就。唐代国子监算学科规定《缉古算经》要学习三年，足见这部书在当时是比较艰深的。

“算经十书”的注释

唐宋两代的数学教育发展中有一项功绩是对“算经十书”的整理、校注和刊行。

唐代有太史令李淳风等奉唐高宗之命注释“算经十书”。他们在对《周髀算经》的注释中，根据实际观测，修正了正文和三国时期数学家赵爽、南北朝时期北周甄鸾两人的注释中的缺陷，指出：《周髀算经》认为南北相去一千里日影长度差一寸的说法，是和实际不合的；赵爽用等差级数计算二十四气八尺高竿的日影长，也不符合实际情况；又逐条校正了甄鸾对赵爽的“勾股圆方图”的种种误解。他们在注《九章算术》少广章开立圆术的时候，引用了祖暅对于球体体积的计算方法，为后世保存了宝贵资料，我们在第二编第二章第二节已经提过这条祖暅原理。他们所注的《海岛算经》，详细指出了解题中的演算步骤，为学习提供了方便。不过李淳风等人的注释工作也有不少缺点和错误，如没有认识到刘徽割圆术的意义。

北宋神宗元丰七年（公元1084年），宰相司马光领衔校刊“算经十书”，是印刷本书籍在世界上的首次出现。后来南宋时候的翻刻本一直流传到现在，收藏在北京、上海等地的图书馆里，是国宝级的珍贵文物。

贰 宋元数学四大家

中国古代数学的顶峰

中国古代数学，到了宋元时期，出现了一个新的发展高潮。特别是宋末元初（公元13世纪下半叶）的几十年时间里，就更是这样。

在一定意义上讲，这几十年可以说是以筹算作为主要计算工具的中国古代数学的顶峰。

正是在这几十年的时间里，在中国的南方和北方，相继出现了秦九韶、李冶、杨辉、朱世杰，号称宋元数学四大家。

这四大家的工作，堪称中国高度发达的宋元数学的代表。

秦九韶和《数书九章》

秦九韶，字道古，自称是山东人，实际上他青少年时代曾经生活在四川。当时人说他是"性极机巧，星象、音律、算术以至营造等事，无不精究"①。

从秦九韶的数学思想看来，他原来主张"数与道非二本"，"夫物莫不有数"，认为数学"大则可以通神明、顺性命，小则可以经世务、类万物"。但是在经过十几年的潜心研究，他才认识到，"所谓通神明、顺性命，固肤末于见，若其小者，窃尝设为问答，以拟于用"②，于是就编著了著名的《数书九章》，成书于宋理宗（赵昀，1205–1264）淳祐七年（公元1247年）。

《数书九章》全书共9章，每章9题，共收有81题。书里记述了宋元数学的许多成果，最重要的有两项：高次方程的数值解法和联立一次同余式解法。

在《九章算术》里已经有二次方程的数值解法，《缉古算经》里有三次方程的数值解法。北宋时期（公元11世纪上半叶）的天文学家、数学家贾宪已经能开高次方，还得出"开方作法本源图"③，就是二项式

①据周密：《癸辛杂识续集》。周密（1232–1298），南宋词人，《癸辛杂识》是记人物琐事的笔记。

②据《数书九章·序》。

③这图见《永乐大典·第一六三四四卷》所录杨辉《详解九章算法》，杨辉说这图"出释锁算书，贾宪用此术"。朱世杰的《四元玉鉴》里又扩充了这个图。

定理系数表，在西方通常叫做“帕斯卡三角”[①]。贾宪在这里已经应用了后来在西方称做“霍纳法”[②]的计算方法。

秦九韶的《数书九章》就把贾宪的解法推广到高次方程（系数可正可负）的数值解中去，书里有三次方程一题，四次方程四题，十次方程一题。

宋元数学家在高次方程数值解法方面的成果，按贾宪的年代来说，比西方早出 700 多年，就是按秦九韶的年代来说，也早出近 600 年。

秦九韶《数书九章》里有所谓“大衍求一术”，就是联立一次同余式解法。在欧洲，最早接触一次同余式的，是和秦九韶同时代的意大利数学家斐波那契（1170–1250），但是水平和《孙子算经》相仿；直到公元 18、19 世纪，前面说过，才由瑞士数学家欧拉在公元 1743 年、德国数学家高斯在公元 1801 年，先后对一次同余式进行详细研究，重新获得和“大衍求一术”相同的定理，这已经比秦九韶晚了 500 年左右。

李冶和“天元术”

如果说秦九韶是南宋的数学家，李冶却活动在北方。

李冶，又名李治[③]，字仁卿，号敬斋，河北栾城人，曾在金代做过河南钧州（今河南禹县一带）知事，入元代后长期隐居，讲学于河北元氏县封龙山。

李冶的数学著作有《测圆海镜》12 卷，成书于元定宗（贵由，1206–1248）三年（公元 1248 年）；《益古演段》3 卷，成书于元宪宗（蒙哥，1208–1259）九年（公元 1259 年）。《测圆海镜》是我国现在流传下来的数学古典著作中首先系统地讲述“天元术”的一部，《益古演段》是为初学“天元术”的人而写的一部入门著作。

“天元术”就是中国古代的代数学。所谓“天元”代表未知数，“立天元一为某某”，相当于现代代数学中“设 x 为某某”。根据问题设未知

①西方最早由德国数学家阿皮纳斯在 1527 年、后来由法国数学家帕斯卡（1623–1662）在 1654 年提出二项式定理系数表，一般用“帕斯卡三角”命名。帕斯卡也译巴斯噶。

②霍纳法是由英国数学家霍纳（1786–1837）在 1819 年提出来的。

③据考证，他最初的名字是李治，后来发现和唐高宗重名，中年改名李冶。

数，进行包括未知数的各次幂在内的多项式的运算，最后列出有待求解的方程，这就是“天元术”的主要内容。

李冶的著作还开创了用代数方法解几何问题的先例。

杨辉和他的数学成就

杨辉，字谦光，钱塘（今浙江杭州）人，是南宋末年（公元13世纪中叶）的一位数学家。

杨辉的数学著作传世的有：《详解九章算法》12卷，成书于宋理宗景定二年（公元1261年）；《日用算法》2卷，成书于景定三年（公元1262年）；《杨辉算法》7卷，包括《乘除通变算宝》3卷，成书于宋度宗（赵禥，1240–1274）咸淳十年（公元1274年），《田亩比类乘除捷法》2卷，《续古摘奇算法》2卷，后两种成书于宋恭宗（赵㬎，1270–?）德祐元年（公元1275年）。

杨辉这些著作的主要特点在于它们密切联系当时的社会实际需要，可以说是日用算术、商用算术的开始。书里还记载了改革筹算的一些乘除简捷算法。

杨辉书里还记载了一些已经失传的算法，例如高次开方法和“开方作法本源图”，都是通过他的著作才得到一些古代信息的。

朱世杰和“四元术”

宋元四大家中，最杰出的要算是朱世杰。

朱世杰，字汉卿，号松庭，籍贯是现在的北京附近。关于他的生平，资料很少，只知道他“以数学名家周游湖海二十余年矣，四方之来学者日众”①。看来，他应该说是我国古代第一个以数学教育作为职业的民间教育家，一个职业数学家。

朱世杰有两种数学著作传世：《算学启蒙》3卷，成书于元成宗（铁穆耳，1265–1307）大德三年（公元1299年）；《四元玉鉴》3卷，成书于大德七年（公元1303年）。

①据莫若为《四元玉鉴》所写的序。

《算学启蒙》分20门，收有259题。这部书系统地由最初级的知识入手，叙述了四则运算起直到当时比较高深的“天元术”为止的数学知识，构成了一个相当完备的体系。它确实是一部比较好的、由浅入深的启蒙教科书。这大概是朱世杰为进行数学教育而编著的。

《四元玉鉴》分24门，收有288题。这部书囊括了朱世杰的数学研究成果。他的最主要的成果有两项。

一项是把“天元术”推广成为“四元术”。朱世杰用天、地、人、物四元来表示四个未知数，把算筹摆在平面上不同的位置来表示各未知数的不同幂次的各项系数。然后他利用四元式的各种运算，列出问题有待求解的多元高次方程组。朱世杰还发明了一整套的消去法来求解这样的方程组。朱世杰在这方面的成就，比法国数学家裴蜀在1779年的同类成果要早出470多年。《四元玉鉴》里共有四元高次方程组问题7题，三元的13题，二元的36题。

另一项是高次内插法公式的求得。内插法照现代数学的说法就是从某一函数在某一区间的两端点的已知值确定或估计这一区间的其他点的值。二次内插法（指这一函数是二次函数）在唐代早已通晓，元代郭守敬在元世祖至元十七年（公元1280年）编制授时历的时候用到三次内插，而朱世杰又给出了四次内插法的正确公式。由于朱世杰在《四元玉鉴》中对高阶等差级数有极其深入的研究，有理由可以认为他实际上已经给出了任意高次的内插公式。西方是由英国数学家格雷果里（1638–1675）在1670年、牛顿（1642–1727）在1676、1678年才获得同类成果的，比朱世杰晚了300多年。

朱世杰无愧是站在宋元数学家发展高潮顶端的人物，正如清代数学史家对他的评论说，“汉卿在宋元间，与秦道古、李仁卿可称鼎足而三。道古正负开方，仁卿天元如积，皆足上下千古。汉卿又兼包众有，充类尽量，神而明之，尤超越乎秦、李两家之上。”[1]这是比较公正的评价。20世纪杰出的美籍比利时科学史家乔治·萨顿（1884–1956）认为朱世杰是“他所生存的时代的，同时也是贯穿古今的一位最杰出的数

①见罗士琳（1789–1853）：《畴人传续编·朱世杰传》。

学家”，而他的《四元玉鉴》是“中国数学著作中最重要的一部，同时它也是中世纪最杰出的数学著作之一”[①]。

叁 历法发展的高峰

隋代刘焯的皇极历

在南北朝时期奠定的基础上，隋代的历法把日月五星运动的研究提高到新的水平。

隋代天文学家刘焯（544–610），信都昌亭（今河北冀县一带）人。他在隋文帝仁寿四年（公元 604 年）制定皇极历，但因受保守势力的阻挠，没有被采用。

在刘焯的皇极历中，已经给出了日躔表，就是说已经有了描述太阳在二十四节气的不同运行速率的表格。

刘焯进而建立了同时考虑日、月运动不均匀性影响的定朔法，使朔望时刻的确定比以前准确得多，同时也提高了交食预报的准确度。刘焯还创立了二次等间距内插法，应用于定朔等问题的推算，这是根据对月亮在一天里和太阳在一个节气里的运动速率是在变化着的认识所采用的一种先进的代数学方法，它使得日、月位置的推算更好地和实际天象相吻合。

皇极历还首次明确地记载了推求交食起迄（初亏和复圆等）时刻的方法。关于五星位置的推算，刘焯引进了五星和太阳运动不均匀性的新发现。在汉魏以来传统方法的基础上，他依据不同节气分别给出五大行星和太阳运动的相应改正值，就是在平见术（根据运动均匀性平均推算）的基础上，给出了考虑五星和太阳运动不均匀性影响而求定见的方法。

刘焯的这一系列创新，使皇极历成为当时最好的历法，并且对后世产生巨大的影响。虽然皇极历没有正式颁用，但是它是我国古代历法体系得到进一步完善的标志。

①据 G. Sarton:《Introduction to the History of Science》,Vol. 3（萨顿:《科学史导论》卷三）。

唐代的戊寅、麟德、符天、宣明、崇玄诸历和标志历法体系完全成熟的大衍历

唐代名历辈出，先后有戊寅历、麟德历、大衍历、符天历、宣明历、崇玄历等等。

戊寅历是由傅仁均在唐高祖（李渊，566–635）建国第二年武德二年（公元 619 年）制定颁行的。这是我国古代第一部采用定朔法被正式颁行的历法。

麟德历是由李淳风在唐高宗麟德二年（公元 665 年）制定颁行的。李淳风对以往历法中各个天文常数（都用分数表示）采用各自不同的分母的状况作了改革，采用统一的分母，使计算过程得以简化。他还废除了闰周，直接以没有中气的月份定做闰月。这些改革都为后世历法所沿用。

符天历由曹士蒍在唐德宗（李适，742–805）建中年间（公元 780 年到 783 年）制定，但是不被历官重视，只在民间受到欢迎，从晚唐经五代直到宋代，流行了好几百年。符天历废弃了上元积年①的传统方法，并且取用一万作为天文常数的统一分母。这是两项十分重要的改革。此外，曹士蒍还首创了把历表和它的计算完全公式化的方法，开辟了有关历法问题的计算完全数学化的新途径。

宣明历是在唐穆宗（李恒，795–824）长庆二年（公元 822 年）由司天徐昂制定的。宣明历首次引进了日食三差的概念，这是由于月亮视差对交食产生三种差值——时差、气差和刻差。时差是由合朔时刻到食甚时刻的改正值，气差和刻差将影响有无交食发生和交食的深浅，就是食分的大小。这一发现使对日食的预报精度又提高了一步。

崇玄历是在唐昭宗景福元年（公元 892 年）由边冈制定的。他把曹士蒍首创的数学公式化计算法推广到一系列历法问题的推算上，如对每日中午日影长度的计算公式采用三次函数式，对每日太阳视赤纬的计算公式采用四次函数式。它们在天文学史和数学史上都具有十分重大的意义。

①一部历书需要规定一个起算时间，我国古代历算家把这个起算点叫做“历元”或“上元”，并且把从历元到编历年所积累的时间叫做“上元积年”。

唐代最著名的历法要数继麟德历之后推行的大衍历。大衍历由僧一行在唐玄宗开元十五年(公元727年)制成,在一行去世后一年开元十六年(公元728年)颁行。大衍历是以刘焯的皇极历作为基础加以发展制定的,使我国古代历法体系达到完全成熟的程度。

大衍历从历法的结构看,共分七篇:步中朔术,步发敛术,步日躔术,步月离术,步轨漏术①,步交会术,步五星术。这一结构显得十分严谨而有系统,在明代末年用西方方法编历以前,唐以后历代历法都仿效大衍历的这一结构,成为经典的模式。

大衍历从内容看:第一,它对太阳运动的不均匀性作了比较正确的描述。它在日躔表里指出:冬至附近日行最快,夏至附近日行最慢。我们知道,在一行的时代,地球的近日点和冬至点的黄经大约相差九度,所以这一描述是大体正确的,它纠正了刘焯以为日行"春分前一日最急、后一日最舒,秋分前一日最舒、后一日最急"的错误。第二,它第一次具体明确地考虑到视差对交食的影响,创立了一套计算视差影响的经验公式,还对不同地区和不同季节的因素分别进行推算,称做"九服食差",使交食的推算精度提高了一大步。第三,它使用了经过重新测定的二十八宿距度值,废弃了沿用了达800多年的旧数据。第四,它对五星运动的研究也有所创新。第五,它还创立了不等距的二次内插法,这比刘焯的方法又有了进步。

宋代历法的进步

宋代的历法改革最频繁,平均17年就改历一次。

这时历法的进步,首先表现在某些推算方法的加详。如每日晷影长度的推算就是突出的一例。又如南宋宁宗(赵扩,1168-1224)庆元五年(公元1199年)杨忠辅制统天历,提出了回归年长度古大今小的概念;他又经过实测确定了上元甲子岁甲子日夜半和冬至时刻之间的"气差"、冬至和11月平朔时刻之间的"闰差"、冬至和月近地点时刻之间的"转差"、冬至和黄白交点时刻之间的"交差"诸值,实际上使历

①"轨漏"就是"晷漏"。"晷"指日影。

法的起算点建立在实测的客观基础上。

宋代历法的进步，更主要的表现在一系列天文常数精度的提高上。这一点我们将在本节最后一小节再讲。

元代授时历把我国古代历法推向新的高峰

元世祖至元十七年（公元1280年），由郭守敬、王恂（1225–1281）等人制定授时历。

授时历兼采前代历法的长处，如前面所说曹天芳制定符天历的两项改革，杨忠辅制定统天历的两项创新，它都采用了。

授时历又有不少创新。

如通过实测，授时历把月亮在一个近点月里的运动分成336段加以描述，这比传统的按日分段的方法要准确得多。

又如在计算日月五星位置的时候，授时历使用了三次内插法；在处理黄道度数和赤道度数等坐标变换问题的时候，它使用了和球面三角术相符合的弧矢割圆术的方法。这两项重要的数学方法的运用，使历法推算的精度又提高了一步。

制定授时历的郭守敬等，强调观测实践，发扬古代历法的精华，勇于改革创新，这就把我国古代历法推向了新的高峰。

天文常数的测定精度也达到高峰

前面四小节是讲隋唐宋元时期历法中"法"的进展。而历法中的"数"——一系列天文常数的测定，在这一时期也越来越精密，达到了高峰。

如这一时期历法所采用的交点月长度和理论值的差，绝大多数都在一秒以下。隋唐时期，近点月长度值的误差一般是1.2秒左右；宋元时期的精度反而稍有下降，误差大约在3秒上下；但是从隋代到元代，有几种历法近点月长度的误差小到一秒以下。如隋代刘焯的皇极历，唐中宗（李显，656–710）景龙年间（公元707年到710年）南宫说的景龙历[①]，北宋太

①景龙历始修于中宗神龙年间（公元705年到707年），所以也称神龙历，历成而睿宗（李旦，662–716）即位，所以没有颁行。

祖(赵匡胤,927-976)建隆四年(公元963年)王处讷的应天历,宋真宗咸平四年(公元1001年)史序的仪天历,南宋光宗(赵惇,1147-1200)绍熙二年(公元1191年)刘孝荣的会元历等,都是这样。

又如隋代张胄玄在文帝开皇十七年(公元597年)制成、炀帝(杨广,569-618)大业四年(公元608年)改定颁行的大业历,给出的五星会合周期和观测值比较,火星差1%日,水、木、土三星都差2‰日左右,金星只差2‱日,已经达到了我国古代历史上的最高水平。

隋唐时期,交食周期值已经十分精确。如唐代宗(李豫,728-779)宝应元年(公元762年)郭献之制定的五纪历,采用777个交点月122次食季的数值,这和19世纪末美国天文学家纽康(1835-1909)提出的周期值是等价的。此后更有不少历法采用了比这个周期值更精确的数据,如:唐昭宗景福元年(公元892年)边冈制定的崇玄历,使用3350个交点月有526个食季的交食周期,从这个交食周期值推算得食年长度是346.6195296日,和理论值只差15秒;北宋徽宗(赵佶,1082-1135)崇宁五年(公元1106年)姚舜辅制定的纪元历,采用4127个交点月有648个食季的交食周期,可以推得食年长度是346.6198592日,误差只有7秒。

黄赤交角值的测定也达到了新水平,如唐长庆二年制定的宣明历所测得的值是23度34分55秒,只比理论值小37秒。赤道岁差值的测定也很精确,如北宋英宗(赵曙,1032-1067)治平元年(公元1064年)命判司天监周琮等创制的明天历是77.57年差1度,北宋哲宗元祐七年(公元1092年)皇居卿制定的观天历是77.83年差1度,南宋高宗绍兴五年(公元1135年)陈得一制定的统元历是77.98年差1度,和理论值(大约77.4年差1度)都相当接近。

在回归年长度的测定上,杨忠辅的统天历采用了365.2425日的新数值,和理论值只差20多秒,突破了长期以来误差一直在100多秒左右徘徊的局面。我国古代回归年长度测定的最好成果是明代神宗(朱翊钧,1563-1620)万历三十六年(公元1608年)邢云路取得的,数值是365.2421928日，误差只有2秒左右。

这一系列天文常数所达到的精确度，是这一时期历法获得重大进步的有力证明，是历法发展达到高峰的标志之一。

肆 恒星位置测量和天文仪器制作

隋唐时期恒星位置的测量

对于恒星位置的测量，在这一时期受到广泛的重视。

由唐代王希明所著（传说由隋代隐士丹元子所作）的《步天歌》，把全天分做三垣二十八宿，共计31个天区，介绍了西晋陈卓的星图里的283个星官、1464颗恒星。它用七字一句的诗歌形式写成，文字通俗浅近，又配有星图，生动地描述了恒星间的位置关系，容易背诵和记忆，

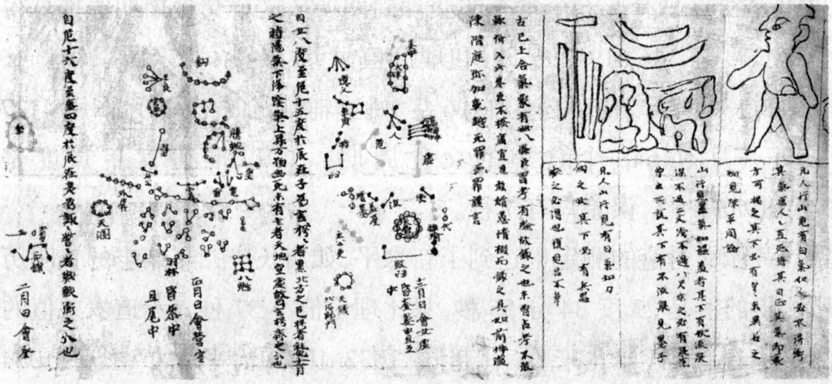

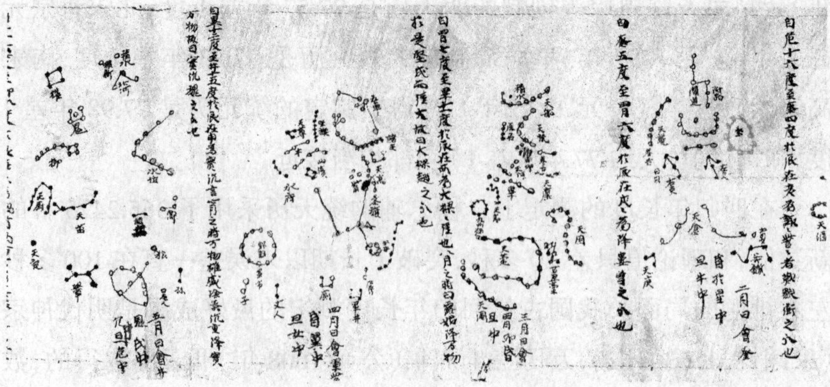

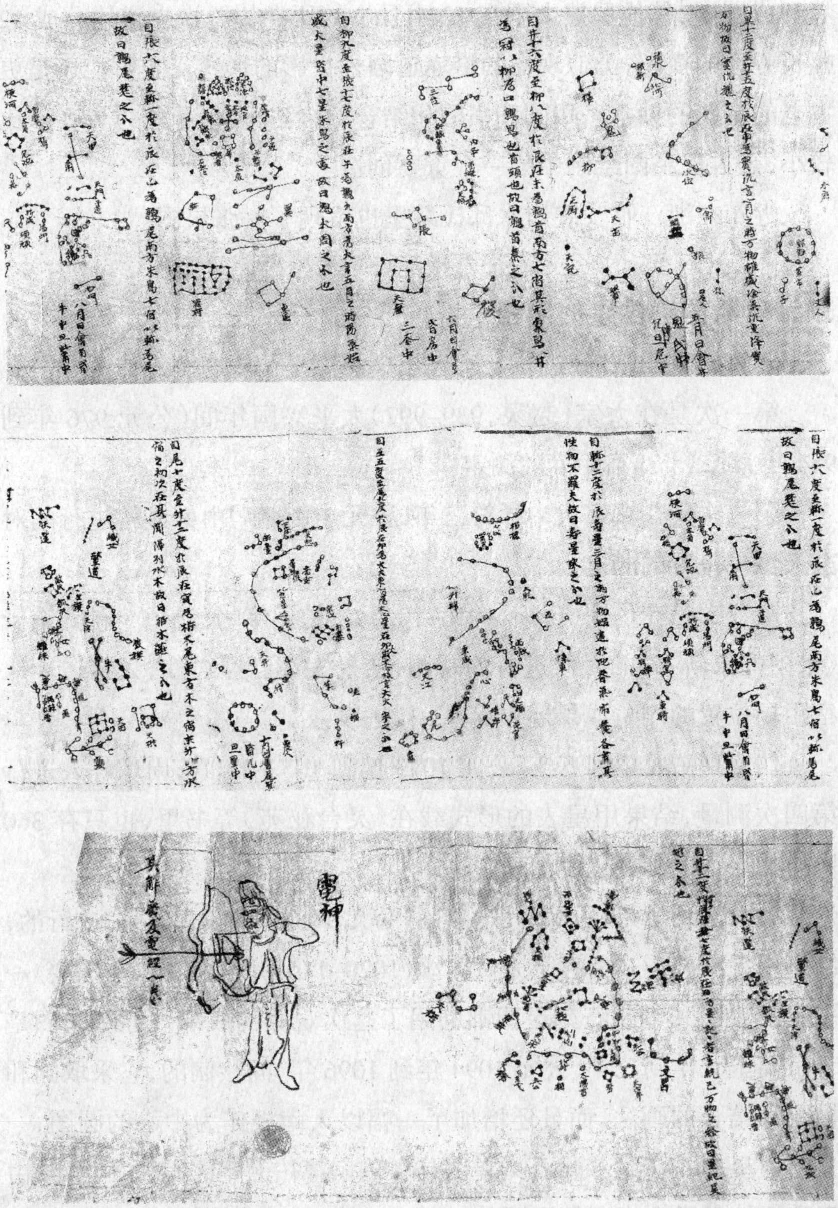

敦煌全天星图，
现藏于伦敦大英博物馆。

对普及恒星知识起了很大作用。这种三垣二十八宿的划分法为后世所沿用。

敦煌发现的唐初绢质星图，是留存到现在的世界上星数最多而又最古老的星图，星数大约1350颗。它把天北极周围紫微垣附近的星画成圆图,其他星按太阳在12个月中的所在位置沿赤道均分成12幅长方形的横图,类似现在的沿赤道圆柱投影的形式。它可能还是更古老的星图的抄本。用圆和横图相结合的画法,使恒星的位置变形比较小,是古代星图绘制中的一个重要创造。

近年在浙江临安晚唐水邱氏墓里也发现了一张星图。

宋元时期恒星位置的测量

北宋的时候,曾经进行七次大规模的恒星位置观测工作。

第一次是在太宗(赵炅,939-997)太平兴国年间(公元976年到984年)对二十八宿距度的测定。

第二次是在真宗大中祥符三年(公元1010年)由韩显符进行的对全天恒星位置的测定。

第三次是在仁宗(赵祯,1010-1063)景祐元年(公元1034年)编撰《景祐乾象新书》的时候进行的观测,结果大都已经亡佚,只有二十八宿距星位置的测量成果还保存在《宋史·天文志》[①]中。

仁宗皇祐元年到五年(公元1049年到1053年)间,周琮等人进行第四次测量,结果用星表的形式载在《灵台秘苑》等书里,也只存360颗星的入宿度和去极度值。

第五次测量是在神宗元丰年间(公元1078年到1085年)进行的,结果用星图的形式留存下来。苏颂(1020-1101)所著《新仪象法要》一书里的星图和苏州石刻星图都利用了这次观测的成果。苏颂星图是哲宗绍圣元年到三年(公元1094年到1096年)间绘制的,它采取圆和横图相结合的画法,而且还增加了一幅以天南极作为中心的圆图,一共绘恒星1464颗。苏州石刻星图是在理宗淳祐七年(公元1247年)由王致远按黄裳在光宗绍熙元年(公元1190年)左右所绘的原图刻石的,星图采取了我国古代传统的绘法,就是以天北极作为中心,绘有三个同心圆,分别代表天北极周围的恒显圈、天赤道和天南极周围的恒隐圈,有28条辐射线表示二十八宿距度,还有黄道和银河等,所刻

①《宋史》,元脱脱(1314-1355)、阿鲁图先后领衔,欧阳玄(1274-1358)、张起岩等总裁编撰,是纪传体宋代史。

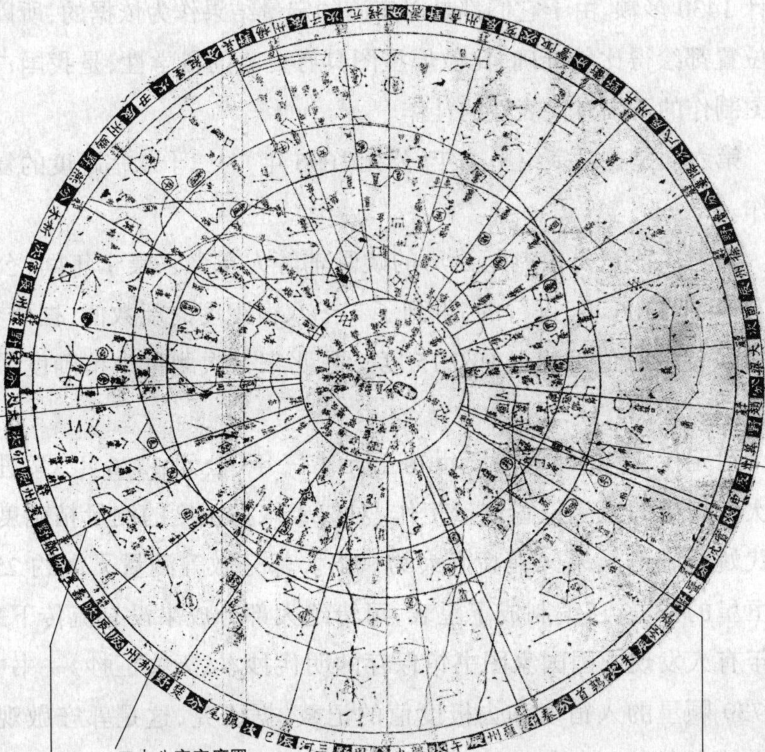

二十八宿宿度圈：
依宿度线位置刻上二十八宿的名称和距度数据。在这天文圈中最宽的井宿有 34 度，最窄的觜宿只有 1 度。

十二次、十二辰和十二分野圈：
绘在外规之外的两个同心圆之间，外圈直径约 91.5 厘米。两圈间依次交叉密注与二十八宿相匹配的十二辰、十二次和州、国分野等各十二个名称

黄道：
为一个偏心圆，与赤道相交于奎宿和角宿范围内。由于当时的科学知识水平所限，并未能真正理解黄道在此投影法中实非圆形，所以偏差颇大。

天球赤道：
为直径 52.5 厘米的中圆。为免与地面的赤道混淆，现通称为天球赤道。

宿度线：
共二十八条，由内规至外规之间，呈辐射状与三个同心圆正向交接。这二十八条线分别通过二十八宿的距星。

外规：
为直径 85 厘米的外圆，相当于北纬 35 度地区的恒隐圈。在此圈外的恒星每天均不会升出地平线之上。

内规：
为直径 19.9 厘米的内圆，所显示的是约北纬 35 度地区（相当于北宋京城开封府的纬度）的恒显圈。在此圈内的恒星每天均不会落在地平线之下。

苏州石刻星图图解。

星计 1430 多颗。由于它们都是以实测的定量结果作为依据的，所以恒星位置都绘得比较准确，比敦煌星图具有更高的科学性，是我国古代星图制作的两幅有代表性的佳作。

第六次是在哲宗绍圣二年（公元 1095 年）对二十八宿距度的复测工作。

第七次测量是由制纪元历的姚舜辅等人在徽宗崇宁年间（公元 1102 年到 1106 年）进行的，得到了二十八宿距度的新数值，据研究，它的误差绝对值平均只有 0.15 度，是北宋七次测量中精确度最高的一次。

到元代，郭守敬等在元世祖至元十三年（公元 1276 年）又进行一次大规模的恒星位置测量工作，对二十八宿距度的测量精确度比宋代姚舜辅的结果又提高了大约一倍。郭守敬等测量了大约 2500 颗恒星的位置，还编制成了星表，可惜绝大部分成果没有流传下来。近年有人发现中国国家图书馆保存的明代抄本《天文汇抄》一书中，有 739 颗星的入宿度和去极度值的记载，据研究，这是郭守敬观测成果的幸存者，精确度大约在 0.2 度左右，是当时世界上最优秀的星表之一。

天文仪器的制作和改进

无论是恒星位置的观测，还是其他天文常数的测定，以及它们的精度的提高，都是和天文仪器的制作、改进分不开的。

隋唐时期，浑仪和浑象得到改进，变得更加完善。

到了宋元时期，我国古代传统的天文仪器包括漏壶、圭表、浑仪、浑象等，都发展到了高峰。

下面我们分小节叙述漏壶、圭表、浑仪、浑象等的制作和改进情况。

漏壶和圭表的改进

在时间测量方面，宋仁宗天圣九年（公元 1031 年），燕肃在漏壶中

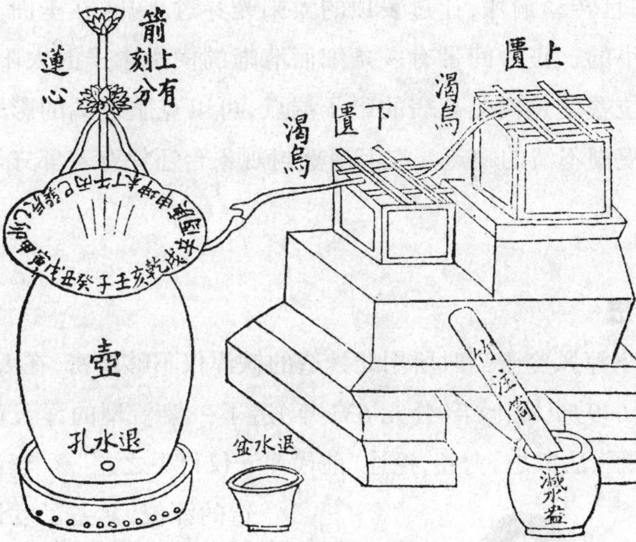

燕肃漏刻图。

首次采用漫流系统，就是让起度量时间作用的漏壶一直处在漫溢状态，使多余的水从漏壶上部的小孔流出，这样就保持漏壶有恒定的水位，基本上消除了漏壶水位变化对流量的影响，提高了计时的准确性。这在漏壶技术的发展史上是一项重大的革新。

在圭影测量技术上，元代郭守敬创用的四丈高表（是过去八尺表高的五倍）和景符测影法，是一大进展。四丈高表的顶端是一根直径三寸的铜制横梁。景符是安在一个小框架上可以转动的薄铜片，中间开有小孔。当太阳过子午线的时候，把景符放在水平的圭石上南

河南登封古观象台。

北移动，并且转动铜片，让过表顶的太阳光穿过小孔，在圭面上形成一米粒大小的、正中间带有一条细而清晰的横梁影子的太阳像，横梁所在的位置就是四丈高表的影子端点，可以克服表端的影子因日光散射而模糊不清的缺点。在河南登封观象台还保存着郭守敬高表的遗制。

浑仪的改进

唐初，李淳风鉴于当时所用北魏造的铁浑仪不够精密，在太宗（李世民，599–649）贞观七年（公元 633 年）造了一架新型的浑天黄道铜仪，同时写了《法象志》七卷，论述"前代浑天仪得失之差"[①]。李淳风所造的浑仪，具备了度量各不同坐标系统的环圈，包括有地平、赤道，黄道、白道等系统。由于黄白交点在黄道上有比较快的移动，李淳风精心设计，在黄道环上打了 249 对小洞眼，每过一个交点月，就把白道移过一对洞眼，巧妙地解决了黄白交点移动快带来的问题。

浑仪模型。

唐玄宗开元九年（公元 721 年），命一行改造新历，一行要求制新浑仪测候星度。新浑仪由一行和梁令瓒在开元十三年（公元 725 年）造成，在李淳风浑仪的基础上加以改进。一行和梁令瓒在赤道环和黄道环上都每隔一度打一个洞眼：黄道环可以沿赤道环移动，来适应因岁差而引起的黄赤交点（两分点）的变动；白道环可以沿黄道环移动，来适应黄白交点移动快的要求。这就使浑仪更加完善了。

①据《旧唐书·李淳风传》。《旧唐书》，后晋刘昫等撰，是纪传体唐代史。

北宋时期，浑仪的制作十分频繁，先后制造了五架巨型浑仪，每架用铜两万斤左右。

为了克服浑仪环圈过多（有八九个之多），以致遮掩了很大的天区，以及校正、安装、运转不便等弊病，这时在浑仪的结构上出现了两种发展变化的趋势：一是减少不十分必要的环圈，靠数学方法的改进进行坐标间的变换；二是改变一些环圈的安装位置，以扩大视野。

宋代的沈括就提出了改变环圈位置的建议，并且取消了白道环。到了元代的郭守敬，进而取消了黄道圈，并且创造性地设计和制造了著名的简仪。

简仪的结构

简仪是郭守敬在元世祖至元十三年（公元1276年）创制的。

简仪由四游、百刻、赤道、阴纬、立运五个环组成。四游、百刻、赤道三环组成一个赤道装置；阴纬、立运两环组成一个地平装置，置于赤道装置北面支柱的横梁底下。两种装置各自独立。它们都不用传统的同心装置法。

赤道环和四游环相垂直，赤道环置于四游环的南端。立运环和阴纬环相垂直，立运环置于阴纬环的上面。这样，除北天极附近天区外，绝大部分天区都一览无余，而且运转灵便。

在四游环的北端还安置一个候极仪，以便及时校正赤道装置，使它保持在正确的位置上。

简仪模型。

百刻环固定在赤道环里，两环之间安装有四个圆柱体构件，以减少转动时候的摩擦阻力。百刻环可以用来承托赤道环，使它旋转方便，又可以用来测量真太阳时时刻。

赤道装置和地平装置分别设有窥衡，窥衡两端圆孔都置有十字线，可以增加照准的精度。在赤道环面上还安装有两条界衡，它们的两端用细线和北极轴北端相连，这对提高在赤道环上读数的精度有利。

简仪的设计思想新颖，结构独特，是浑仪发展史上的一次革命。它的赤道装置是近代大型望远镜赤道装置的原型，它的地平装置是近代地平经纬仪的先驱，而窥衡里所用的十字线是现在天文望远镜里十字丝的祖先。所以简仪在天文仪器发展史上具有十分重要的地位。

水运浑天和水运仪象台

以漏水作为动力的浑象，在这一时期也获得巨大的进步。

一行和梁令瓒在制成浑仪后，又在张衡水运浑象的基础上，设计制造了"水运浑天"："铸铜为圆天之象，上具列宿赤道及周天度数。注水激轮，令其自转，一日一夜，天转一周。又别置二轮络在天外，缀以日月，令得运行。每天西转一匝，日东行一度，月行十三度十九分度之七，凡二十九转有余而日月会，三百六十五转而日行匝。仍置木柜以为地平，令仪半在地下，晦明朔望，迟速有准。"[①]除自动的浑象外，还安装有自动报时器："又立二木人于地平之上，前置钟鼓以候辰刻，每一刻自然击鼓，每辰则自然撞钟。"[②]这已经具备了原始天文钟的雏形。

北宋太宗太平兴国四年（公元979年），巴中（今四川）人张思训制作了一台高一丈多的自动浑象，也能自动报时，除摇铃、扣钟、击鼓外，还"以木为十二神，各直一时，至其时则自执辰牌，循环而出"[③]。张思训还改用水银作为动力，认为"开元遗法，运转以水，至冬中凝冻迟涩，遂为疏略，寒暑无准，今以水银代之，则无差失"[④]。这比"水运浑天"又有所发展。

宋哲宗元祐三年（公元1088年），苏颂、韩公廉等更制成了高12

①②引自《旧唐书·天文志上》。

③④引自《宋史·天文志一》。

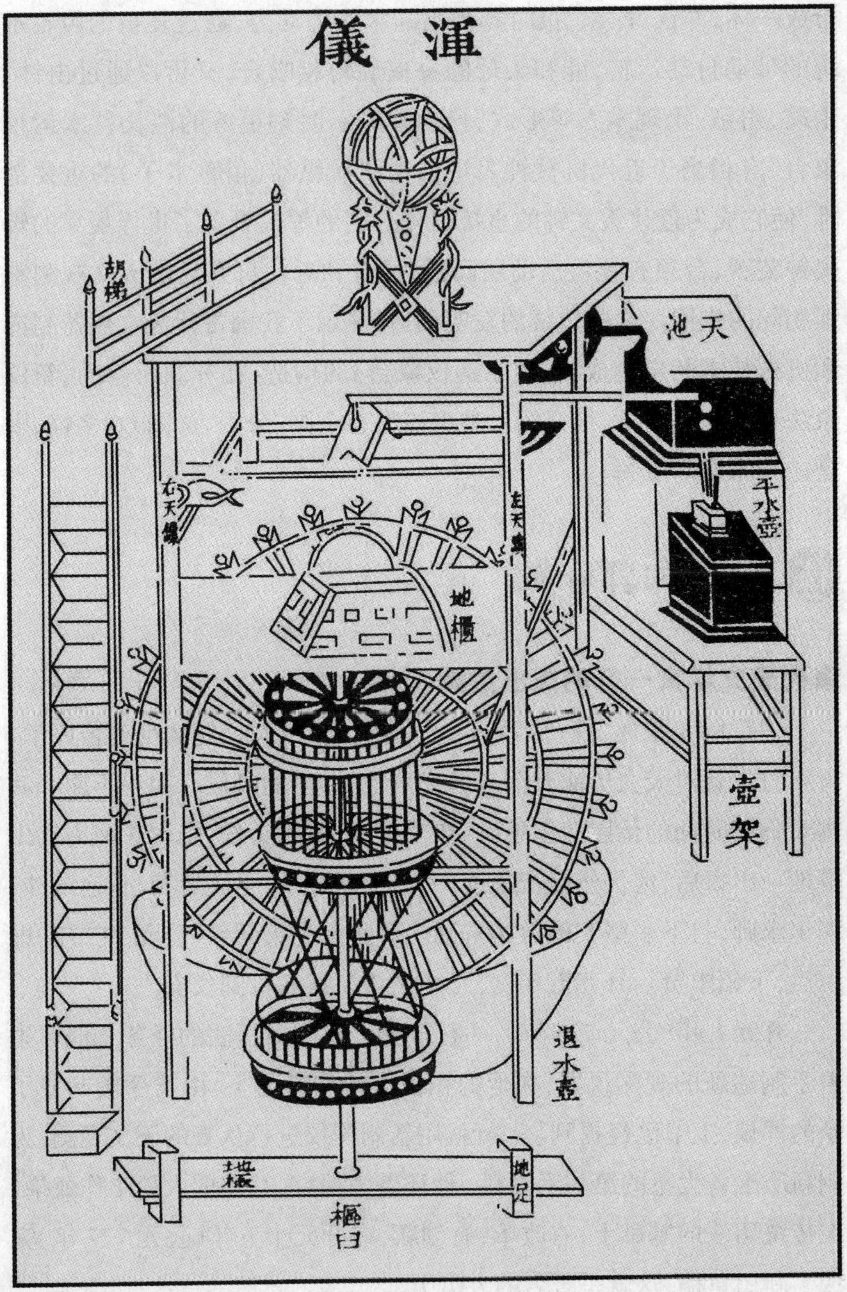

水运仪象台。

米、宽大约7米的"水运仪象台"，它把浑仪、浑象、报时器和圭表四种合成一体，浑仪、浑象、报时器都用漏水作为动力，通过复杂的齿轮系统的带动自动运转，能和天球的昼夜旋转相吻合，又可以通过击钟、击鼓、击钲、出现木人等形式，自动地显示时刻更筹的消长，"水运仪象台"有相当于近代机械钟表里的锚状擒纵器（俗称卡子）的重要部件，使它成为近代天文钟的直接祖先。它的浑仪具备了世界最早的转仪钟装置，台顶有九块活动屋面板，具有和近代可开启的天文观测室顶相同的作用。这些重要的发明创造，显示了我国古代天文仪器制造和机械技术的卓越成就。《水运仪象台》的构造，在苏颂所著的《新仪象法要》一书里有详细介绍。书里还附有全图、分图、详图60多幅，多是透视图或示意图。

伍 一行和郭守敬

唐代天文学家一行的杰出贡献

一行俗名张遂，魏州昌乐（今河南南乐县）人。他从小刻苦好学，青年时代就对天文历法有深入研究。他20岁的时候，因为不愿和武则天临朝时期的佞臣武三思（?–707）交往，出家为僧，隐居在河南嵩山等地。出家后，他仍然勤奋攻读，为了精研数学，不辞劳苦，长途跋涉，四出求师，打下了坚实的数学基础。唐玄宗先天元年（公元712年）即位后，下诏求贤。开元五年（公元717年），召一行到长安。

开元九年（公元721年），一行接受了编制新历法的任务。他首先着手制造新的观测仪器，在他的积极支持和参与下，由梁令瓒制成了新的浑仪，上节已经提到。一行就用新制浑仪进行认真的天文观测，为制新历准备大量的第一手资料。他还着力研究、总结前人的工作成果，在传统历法的基础上，有改革，有创新，在开元十五年（公元727年）完成了新历草稿，这就是著名的大衍历。

大衍历的主要成就已经在前面第三节讲过。除大衍历术外，一行还撰写了有名的《大衍历议》。它是由12篇专题天文学论文组成的，每篇详略各异，涉及前代历法的一系列重要问题，包括对日，月、五星运动研究的历史评述和由研究所得到的新结论。第七篇《日度议》，是对岁差问题的详尽论述，他引述了大量历史资料，批驳了李淳风等在岁差问题上的错误观点，使岁差成为定论。

一行像。

在编制新历的过程中，一行还领导进行大规模的大地测量工作。测量地点一共选择12处，分布范围远到唐代疆域的南北两端。测量的内容包括每一测量点的天北极出地高度(其实就是这一点的地理纬度)，两至、两分日太阳在正南方时候八尺表的影长，以及两全昼夜漏刻长度等。北极出地高度是用一行发明的“覆矩”测定的，这种仪器结构简单，轻巧灵便。在这次测量中，以南宫说等在河南白马、浚仪、扶沟、上蔡四处[①]的测量最重要，除上面所说的测量内容外，还直接测量了四地之间的距离。四地显然是经过精心考虑选定的，它们的地理经度比较接近，大致在南北一条线上，而且地势比较平坦，丈量距离比较方便。一行从实测数据推算得南北两地距离351里80步、北极高度差一度的重要结论。把它化成现代的度量单位，就是南北相距131.11公里，地理纬度相差一度。这实际上得出了地球子午线一度长131.11公里的结果。和现在的测定值子午线一度长111.2公里相比较，虽然有比较大的误差，但是这毕竟是世界上用科学方法进行的第一次子午线长度实测的成果。

一行领导的这次测量最终否定了汉代以前关于“南北地隔千里，影长差一寸”的传统说法，证实了刘焯、李淳风等关于日影长度差和

①白马是今河南滑县，浚仪是今河南开封。滑县、开封、扶沟、上蔡四处基本上在河南省从北部到中部的南北一线上。

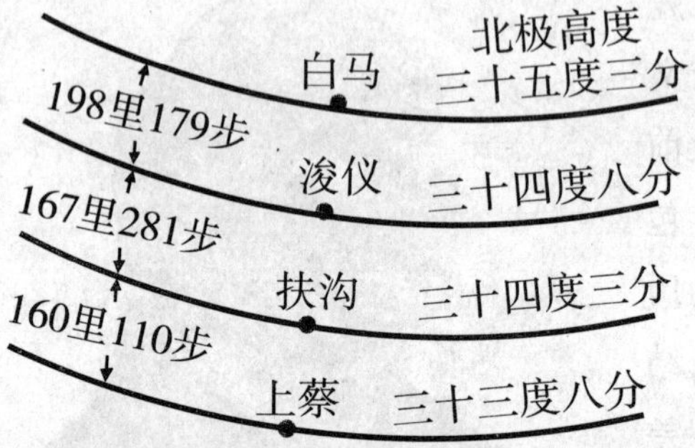

唐代子午线测量点示意图。

南北距离差的比率是不固定的观点，为浑天说的理论提供了佐证。

从实测和对前人谬说的批判中，一行初步认识到：在有限空间范围里得到的自然规律不能任意向大范围甚至无限的空间推演。这一点在科学思想史上具有重大的意义。

一行是一位继往开来的著名天文学家。由于他在天文历法和仪器制造等方面的杰出贡献，在我国古代天文学史上占有崇高的地位。

元代科学家郭守敬的卓越成就

郭守敬，字若思，邢州邢台（今属河北）人，是一位博学多才的科学家。

郭守敬首先是一位杰出的天文仪器制造家。除了前面已经讲到的四丈高表和简仪的创制外，还设计制造了观测日月位置的仰仪、可以自动报时的七宝灯漏、观测恒星位置以定时刻的星晷定时仪、水运浑象、日月食仪、玲珑仪等10多种天文仪器，有不少创新。如仰仪是一座仰放着的中空半球，半球面内壁画有赤道坐标网格，用十字杆架着一块可以转动的带小孔的板，让小孔正处在球心位置上，日、月光经小孔在半球面内壁成倒像，就可以读出日、月的赤道坐标值，或当地当时的真太阳时。它也可以用来观测日月食的食分、时刻等，是一种巧妙灵便的天文仪器。郭守敬的这一系列杰出创造，把我国古代天文仪器的制造技术推到了一个新的高峰。

郭守敬还是一位著名的天文观测家。他利用创制的仪器，对一系列天文常数、恒星位置等进行认真的测量。他还组织进行一次空前规模的大地测量工作，在北京、太原、成都、雷州等27处设立了观测点，南达西沙群岛（北纬15度），北至北极圈附近的北海（北纬65度），观测内容有北极高度、日影的测量和昼夜长短的测量等。无论从地理范围和规模说，还是从观测精度说，都超过了唐代一行的那次大地测量工作。

天文仪器的创制和天文观测的进行，都是为编制授时历做准备工作。郭守敬圆满地完成了他所分担的这部分任务。他和王恂、许衡、张文谦、杨恭懿等一批天文学家，数学家共同努力，在元世祖至元十三年（公元1276年）着手编制授时历，至元十八年（公元1281年）正式颁行。授时历颁行后不久，制定授时历的主要人物相继去世或告老还乡，由郭守敬独力承担把有关历法的计算程序、数据、表格等一批草稿整理定稿。由于他在天文历法和数学方面的很深造诣，经过两年的努力，出色地完成了这一艰巨的任务。

郭守敬还是很有作为的水利工程专家和地理学家。他曾主持修复黄河上游的唐来、汉延[①]等灌渠工程。两渠分别长400里和250里，在渠口建有滚水坝，以及若干退水闸，形成一套比较完善的闸坝系统。两渠的修成对西北地区农业生产的发展起了很大的作用。郭守敬曾经修通惠河从大都（今北京）到通州，并且在大都西北设计修筑了长30公里的白浮堰，以解决通惠河的水源问题，又修建闸门和斗门若干座，以维持通惠河的水位，保证了船只的顺利通航。这些水利工程的设计和施工，都是以他自己的实际地理勘测资料作为基础的，所以具有比较高的科学合理性。郭守敬曾经对今河南、山东一带黄河附近几百里的区域进行

郭守敬像。

①唐来渠也作唐徕渠，相传始凿于汉，在今宁夏回族自治区北部，在青铜峡附近引黄河水北流。汉延渠也相传始凿于汉，从今宁夏吴忠县西南引黄河水北流。

细致的地形测量，绘制成地形图多幅。他曾经亲自上溯黄河，探索河源。他还发明了以海平面作为标准来比较大都和汴梁（今河南开封）地势高下差的方法，这是地理学中一个重要概念“海拔”的始创。

郭守敬自幼好学不倦，又得到名师指点，在长期的实践过程中，他勤于思考，勇于创新，对前代的科学技术成果又能去粗取精，发微阐幽，因而在许多科学技术领域取得卓越的成就，成为我国古代一位出类拔萃的科学家。

第三章　地学和水利建设

壹 地理著作和地学知识

隋唐时期的地志和地图

隋唐以降，封建统治者越来越清楚地认识到地志和地图等有关各地区的地理、物产、户口、风俗的著作对于掌管和治理国家有重要意义，因而政府多次组织进行全国性地志、地图的编纂、绘制。同时，私家著述也得到发展。

隋唐时期的地理著作，主要是以“图经”的形式出现的，就是把地图和说明地图的文字结合在一起，编纂成书。

最早由中央政府组织的全国性地理著作，是在隋炀帝大业年间（公元605年到618年）编修的。当时隋炀帝明令全国各地编写有关地区的风俗、物产、地图等奏报中央，汇编成《诸郡物产土俗记》151卷，《区宇图志》129卷，《诸州图经集》100卷。《区宇图志》一书，“叙山川则卷首有山水图，叙郡国则卷首有郭邑图，叙城隍则卷首有公馆图”①。

唐代，全国性地志和地图继续有新作问世，著名的有贾耽（730–805）的《海内华夷图》和李吉甫（758–814）的《元和郡县图志》。

①据《大业杂志》。

贾耽和李吉甫都曾经任过宰相，深知了解各地地理情况对于治理国家的意义。正如李吉甫在《元和郡县志·自序》里所说，了解地理情况，可以“扼天下之吭，制群生之命，收地保势胜之利，示形束壤制之端”。因而，他们对各地的地理、物产、风土、人情等格外重视，着重了解和搜集有关的资料，进行大型的地理图籍的编制工作。

贾耽的《海内华夷图》是历史上著名的全国性地图。全图宽三丈，高三丈三尺。它的绘制师承晋代裴秀的制图六体，所用比例尺是一寸折合百里，就是相当于1:180万。由于各地地名历代有所变更，为了表示同一地方的古今不同名称，贾耽用黑色标写过去地名，用红色标写当代地名，使人一目了然。这种在同一幅地图上用不同颜色区别古今地名的方法，是一种首创，后来的历史沿革地图都仿效它。此外，贾耽还著有《古今郡国道县四夷述》47卷，叙述全国各地以至域外的历史地理情况。

李吉甫的《元和郡县图志》，全书54卷，记述了当时全国十道所属府、州、县的山川、道路、历史沿革、户口、特产等各方面情况，每篇前附有各地地图。由于附图在南宋时候已经亡佚，后人把它改称《元和郡县志》。它是现存最早一部全国性总地志，内容翔实，体例严整，对后世地志的编纂影响很大，后人称赞它“体例最善，后来虽递相损益，无能出其范围”①。

宋元时期的地志和地图

宋代的地理著作，有中央政府和地方政府组织编修的，也有私人著述的。

北宋初年，政府曾经两次组织重修天下图经和诸道图经。宋代的全国性总地志，比较著名的有《太平寰宇记》、《元丰九域志》、《舆地广记》、《舆地纪胜》、《方舆胜览》等。

《太平寰宇记》全书200卷，是三馆编修乐史在宋太宗太平兴国年间（公元976年到984年）所编著，内容以中国为主，兼及外国。这

①据《四库全书总目提要》。

部书继承了唐代总地志的体例，同时增加了不少人物和艺文资料，因而内容显得繁杂，使它的地理意义削弱，但是对后世志书的格式体例影响很大。

《元丰九域志》全书10卷，成书于宋神宗熙宁、元丰年间（公元1068年到1085年），由王存等依据原有的《九域图》重修而成。它的内容比《太平寰宇记》精简，侧重于宋代的事物，对各地的道里、山泽、物产，户口有比较详细的记述，地理价值比较高。

记载一郡一地的地方志，宋代编修得很多，特别是南宋的时候更是大量涌现。许多地方不但府、州、县有志，连市镇也有志。这些地方志内容庞杂，除记述各地的位置、面积、疆界、自然条件、物产、道路、居民等内容外，还大量记述了职官、科举、人物、古迹、艺文等内容，趋向于地志的史传化，并且形成了一套固定的格式，为后来的方志所沿袭。

宋代的统治者对地图的制作非常重视，中央政府曾经明令各地方政府按时造图送交中央，有时还派人到各地区绘制地图。北宋初年，就汇集所得地图，于太宗淳化四年（公元993年）制成《淳化天下图》，用绢达百匹，规模之大是空前的。宋代地图，无论是种类（如全国图、边防图、外域图等）和数量，都要比唐代多。宋代以前所绘制的地图，到宋代已经大多亡佚。现存的古代地图，除近年在长沙马王堆汉墓出土的西汉地图外，都是宋代以后制作的。现存著名的宋代地图，有四幅石刻图：两幅保存在西安的碑林里，叫《华夷图》和《禹迹图》；一幅在四川荣县，叫《九域守令图》；一幅在苏州孔庙，叫《地理图》。

《华夷图》和《禹迹图》分刻在一块石碑的两面，是南宋高宗绍兴七年（公元1137年）刻石的。《华夷图》除刻宋代所辖地域外，还刻有四邻国家的名称。《禹迹图》相当于宋代的全国地图。这两幅图刻石的时候在南宋，但是所根据的原图可能是北宋绘制的。有人认为《禹迹图》出于沈括之手。

《华夷图》山脉用人字形表示，各自然物和城市位置，和实际大致相符。但是海岸线和江河源头的绘制和实际相差比较大。

《禹迹图》采用画方格的画法，每方折地百里，有横方 70 个，竖方 73 个，全国共有方格 5110 个，是现在所知的我国最早的画方地图。由于画有方格，比例尺比较准确，所以河流和海岸的轮廓比较接近于现今的地图。

《九域守令图》是北宋徽宗宣和四年（公元 1122 年）刻石的，海岸线，特别是山东半岛和海南岛的海岸线，已经刻画得相当准确，和现今的地图相近，它的精度超过《禹迹图》。

苏州的《地理图》是王致远根据黄裳在孝宗（赵昚，1127–1194）淳熙十六年（公元 1189 年）所绘制的地图在理宗淳祐七年（公元 1247 年）上石的，图里山脉的画法和现今的自然描景法相接近；地名加方框标示，既有确定位置作用，又清晰醒目；海岸和江河的轮廓具有一定的精度。

这四幅地图，反映了宋代已经有比较高的测量和制图水平。

元代所修的地方总志《大元大一统志》，从元世祖至元二十三年（公元 1286 年）开始纂修，到成宗大德七年（公元 1303 年）续修成书，共 1300 卷，可说是煌煌巨著。不过很多内容是引自《太平寰宇记》的，可见《太平寰宇记》对后世影响之大。

元代的地图，有朱思本（1273–1333）参照前人的地理著作又依据自己在华北、华中、华南的实地考察而绘制的《舆地图》。朱思本自称是尽“平生之志”，花“十年之力”，①才完成这图的。全图长宽各七尺，虽仍然采用画方的制图方法，但是精度超过前人。可惜这图已经亡佚，只能从明人罗洪先所撰的《广舆图》了解到它的面貌。

关于域外地理的著作

从唐代到宋元时期，中外交通发达，中外人士往来频繁，出现了不少关于域外地理的著作。

这些著作的作者大多是旅行家，是根据亲身在域外游历的所见所闻写成的，所以内容比较翔实可靠。而以往关于域外的地理著作和知识，大多来自传闻，内容简略，而且难免失实。

①据明代罗洪先（1504–1564）所撰《广舆图》所引。《广舆图》是罗洪先根据朱思本的《舆地图》增补编成的。

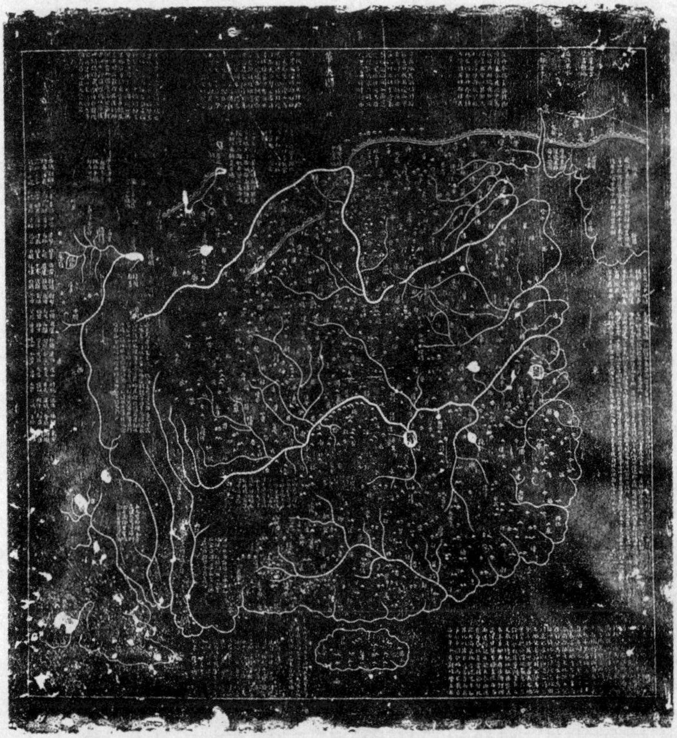

《华夷图》拓片。

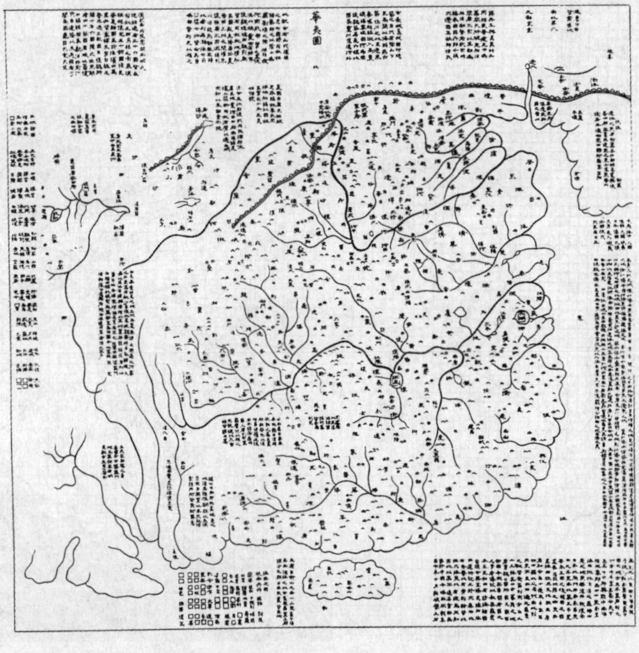

《华夷图》描摹图。

《禹迹图》拓片。

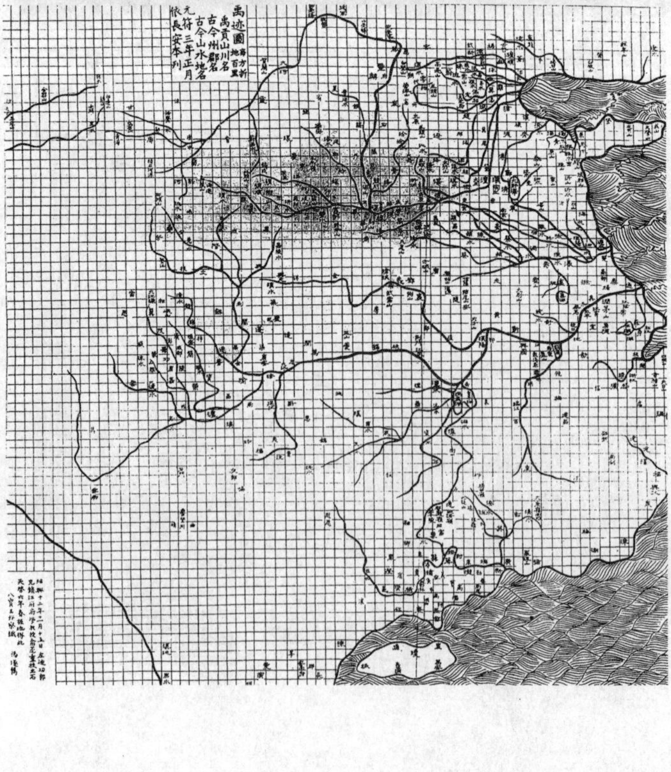

《禹迹图》描摹图。

这时期重要的域外地理著作，有：唐代玄奘（602–664）的《大唐西域记》；南宋周去非的《岭外代答》，赵汝适（kuó）的《诸蕃志》；元代耶律楚材（1190–1244）的《西游录》，周达观的《真腊风土记》，汪大渊的《岛夷志略》等。

玄奘于唐太宗贞观三年（公元 629 年）[1]离开长安，西行取经，足迹遍及中亚和南亚当时的 110 个国家和地区，贞观十九年（公元 645 年）回到长安，第二年写成《大唐西域记》。

周去非在南宋孝宗淳熙年间（公元 1174 年到 1189 年）曾在广南西路（今广西）任官，赵汝适在南宋宁宗嘉定到宝庆年间（公元 1208 年到 1227 年）任福建路市舶提举，他们是根据对国内外来往人士调查所得的材料分别撰写《岭外代答》和《诸蕃志》的。

耶律楚材在元太祖十三年（公元 1218 年）随成吉思汗西征，居西域六七年。周达观在元成宗元贞元年（公元 1295 年）随元使到真腊（今柬埔寨的旧译）访问，大德元年（公元 1297 年）回国。汪大渊自幼好游，元惠宗（妥懽帖睦尔，1320–1370）至正元年（公元 1341 年）以前，他还只 20 岁，就附舶浮海，前后两下东、西洋。他们分别依据亲身经历写成《西游录》、《真腊风土记》、《岛夷志略》三书。

此外，还有不少东来中国的外国人所著的游记。如意大利人马可·波罗（1254–1324）先后仕元十七年（公元 1275 年到 1292 年），回国后口述东方见闻，由别人笔录成《马可波罗行记》一书。摩洛哥人伊本·拔图塔[2]（1304–1377），曾经来中国旅行，晚年口述旅行 30 年的经过，由别人笔录成《游记》一书，题名做《在美好国家旅行者的欢乐》。这些书都有丰富的中外地理内容，对促进国外对中国的了解有重大作用。

唐宋的地学知识

唐代和宋代，在地学方面，对海陆变迁、潮汐涨落，地质矿物也有新的认识和成就。

①一说玄奘离长安在贞观元年（公元 627 年）。

②伊本·拔图塔一译伊本·白图泰。

关于海陆变迁的思想，虽然在唐代以前已经产生，如晋代葛洪在他所著《神仙传》里记载神仙麻姑说过“已见东海三为桑田”的话，但是只是作为神话传说。唐代著名书法家颜真卿（709–785）在代宗大历六年（公元771年）任抚州刺史的时候，在今江西南城县麻姑山顶发现螺蚌壳化石，在所撰《麻姑仙坛记》一文里指出：“高石中犹有螺蚌壳，或以为桑田所变。”北宋科学家沈括在神宗熙宁七年（公元1074年）到河北察访，发现太行山麓的山崖之间有螺蚌壳和卵石，推断这里是以往的海滨，进而用河流泥沙淤积作用正确地解释了太行山以东的华北平原的成因，对海陆变迁的认识又深入了一步。南宋哲学家朱熹也根据高山上的螺蚌壳化石，进一步推断水变成陆、土变成石的道理。

我国沿海人民对潮汐有丰富知识。第二编提到过东汉王充对潮汐已经认识到随月亮运动而变化。三国时期吴国已经有专著《潮水论》，可惜已经散佚。唐代对潮汐认识达到一个新的水平，出现了浙江人窦叔蒙论海潮的专著《海涛志》，对于潮汐变化和月亮运行之间有一定客观规律的认识作了更加深入的描述。书里记述了每日有两次潮汐涨落，每月有两次大潮出现在朔望日，有两次小潮出现在上下弦。窦叔蒙还计算出一个潮汐循环每天推迟50分又28.04秒，这个数据和现在计算正规半日潮每天推迟50分极其接近。可见当时对于来潮时间已经有相当精确的定量认识。

宋代，人们有对地质现象实地考察的风气，对矿物的认识和若干地质现象的研究也获得新成就。南宋高宗绍兴三年（公元1133年），杜绾（wǎn）著《云林石谱》一书，汇载石品116种，各记它们的产地、采法、产状、光泽、品评高下等，反映了人们对矿物认识的新水平，是这一时期出现的一部重要的矿物学代表性著作。书里也谈到地质现象中的风化作用和侵蚀作用，对于化石的记载和研究也更加深入。他记载了潭州湘乡县和陇西（今甘肃渭源县）的鱼化石，认识到是古代鱼类的遗体经过长期埋藏后石化而成：“岂非古之陂泽，鱼生其中，因山颓塞，岁久土凝为石而致然欤？”他还提到石燕，石燕是无脊椎动物腕足纲石燕类化石，晋代罗含在《湘中记》一书里就有记载，传说“石燕遇雨则飞”，杜绾用寒热相激、岩爆石飞的道理正确地解释了这种现象：“永州零陵出石燕，昔传遇雨则飞，顷岁余陟高岩，石上如燕形者颇多，因以笔识之。石为烈日所暴，遇骤雨过，凡所识者，一一坠地，盖寒热相激迸落，不能飞尔。”

贰 南北通航大运河的开凿

开凿大运河的经过

隋文帝统一全国以后，在汉长安城东南兴建新城，取名大兴城，作为首都。大兴城营建不久，为了解决漕运的问题，隋文帝在开皇四年（公元 584 年）下令进行地理考察，勘查关中的渠道，命宇文恺（555-612）率领民工开凿河渠，引渭河水由大兴城通过潼关到达黄河，全长 300 多里，命名广通渠，又名富民渠。渠成之后，“转运通利，关内赖之”①。

隋炀帝当政以后，又营建东都洛阳，为了加强对江南政治、军事的控制，输运江南的粮食布帛等物资供应北方，加上他自己慕恋江都（今扬州）的繁华，要巡幸享乐，于是发起了开凿大运河的巨大工程。

大运河工程分三期完成。

第一期工程在大业元年（公元 605 年）进行，西起东都洛阳西苑，引洛水、谷水入黄河，又引黄河水入淮河，到达山阳（今江苏淮安），再疏浚战国时期吴国所开的邗沟到达江都，把淮河水引入长江。全长 2000 多里，命名通济渠。渠宽大约五六十米，渠边广种榆柳，两岸铺设大道，还建有驿站和 40 多所离宫。工程当年秋天完成，共征发河南、淮北民工 100 多万，淮南民工 10 多万。

第二期工程在大业四年（公元 608 年）进行，在洛阳附近的板渚引沁水南通黄河，又引黄河水从板渚北流到达涿郡（今北京），命名永济渠。渠

①见《隋书·食货志》。

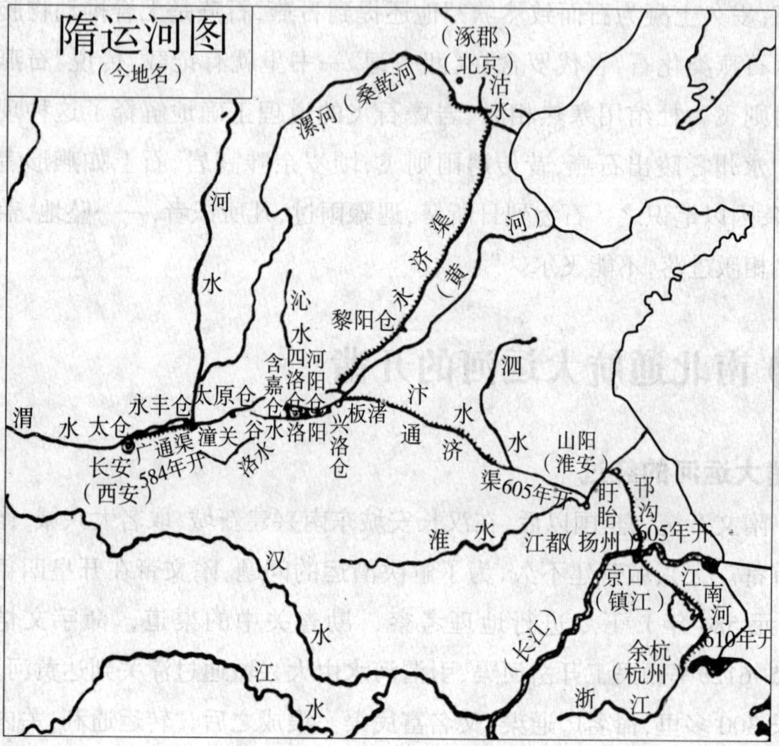

隋运河图。

全长2000多里，可通龙舟。开凿过程中，征发河北民工100多万。

第三期工程在大业六年（公元610年）进行，从京口（今江苏镇江）起到达余杭（今浙江杭州），沟通长江和钱塘江，命名江南河。河全长800多里，水面宽10多丈，岸边建有驿站和离宫。

元代定都大都（今北京）以后，为了便利从江南调运粮食、棉丝等物资，省却绕道洛阳再转到河北的麻烦，发起了截弯取直的运河改道工程。元世祖至元二十年（公元1283年），从济州（今山东济宁市）沿山东丘陵的西部边缘开凿济州河，北到东平，从济州南接泗水可入淮河；至元二十六年（公元1289年），又从东平开凿会通河北到临清，接隋代的永济渠。至元二十九年（公元1292年），又由郭守敬主持开凿通惠河，从大都到通州。于是从北京到杭州的京杭大运河全线贯通。

开凿大运河的意义

我国中部和东部的天然大水系都是由西向东流，没有南北流向的，因而河运受到很大限制。大运河的开凿以人力改变了这种天然不足的状况，沟通了海河、黄河、淮河、长江和钱塘江五大水系。

在隋代，大运河凿成以后，形成了以洛阳作为中心、向东北和东南伸展的水上运输线，连贯了南方、北方和关中的广大地区，对于中央集权和南北物资的调运、贸易以及文化交流，都有重大的意义。唐代，由大运河运到北方的粮食，每年在200万石以上。到了宋代，每年增加到700万石。从元代建成京杭大运河以后，一直到京广、津浦铁路修成的600年中，它始终是我国南北交通的大动脉。

大运河是世界历史上的最长一条人工河流。它的开成本身就具有重大的地理意义。加上运河流经广大地区，地理、地质情况异常复杂，在开凿过程中，从勘察、设计、施工到水文、流量、河运等各方面，都得解决许多科学技术问题。因而，大运河的开通，反映了当时科学技术达到的高度水平，也体现了设计者和开凿者的聪明才智。

叁　唐宋两代的农田水利建设

农田水利工程兴修史上最发达的时期之一

中国封建社会是以农业作为立国之本的。唐宋两代经济的繁荣，首先表现在农业经济的发达上，这一点我们在下一章就要讲到。

但是中国幅员辽阔，海岸线长，水旱灾害和海潮侵袭不时发生，严重地影响农业生产，进而影响到全国经济的发展。因此，历代统治者在他们的稳定统治时期，大都发起兴修农田水利工程。

唐宋两代是农田水利工程兴修史上最发达的时期之一。据粗略统计，唐代兴修的水利设施有二百六七十处，宋代兴修的更多，只北宋就兴修了10000多处，可灌溉农田3600多万亩。这些水利工程分布全国各地，南方多于北方。农田水利工程的兴修和利用，对于保障农业生产、促进农业生产的发展，以及发展水上运输事业，发挥了重要的作用。同时，唐宋两代都建立有比较完善的水利管理机构，并且制定了有关的法律。

这一时期水利工程兴修的盛况和技术，可以从江苏太湖地区的圩田、浙江的海塘、福建莆田的木兰陂，窥见一斑。下面分小节加以介绍。

太湖地区的圩田

太湖地区地势低洼，容易受到水浸。早在春秋时期，就在太湖畔筑圩，利用堤防来治理洼地。由唐代经五代到宋代，太湖地区还是不断地兴修水利，构筑圩田。

据记载，当时的太湖平原上，每五里、七里开一纵浦，七里、十里修一横塘，浦塘之间垦作圩田。浦塘宽十多丈到三十多丈，深二三丈，堤岸高一二丈。太湖湖水在浦塘里迂回流转，收到溉田和运输双重利益。在沿江、滨海处筑有江堤、海塘，通江入海处设有堰闸，旱的时候开闸引水，涝的时候闭闸拒水。在高低地段，设有斗门堰闸，分级、分区控制水流，使高地得到灌溉，低地不受涝害。圩田里开有沟渠，既供灌溉，也便运输。堤岸上下遍种杨柳和芦苇，保护圩堤。

太湖地区从此形成一个规划周密、布局合理的圩田体制和水利系统，变成了“苏湖熟、天下足”的鱼米之乡。

浙江的海塘

浙江在唐代、五代到宋代，多次发起兴修海塘的工程。

唐代所修的大都是土塘，后来逐渐改成石塘，成为抵御海潮侵袭的有效设施。

五代的时候，吴越王钱镠（852–932）在位期间（公元 907 年到 932 年），曾经征发民工，修建钱塘江海塘，先“运巨石，盛以竹笼，植巨材捍之”。

宋真宗（公元 998 年到 1022 年在位）时候，曾经征发浙江民工几百万修筑捍海石塘,用一年多时间完成。宋仁宗(公元 1023 年到 1063 年在位)时候,又两次发起大规模兴修海塘的工程。

海塘的兴修使浙江沿海地区的盐卤地变成良田,对农业生产的发展起了很大的作用。

莆田的木兰陂

福建莆田木兰陂,宋神宗熙宁八年(公元 1075 年)建成。

木兰陂整个工程包括叠石创陂 32 间,每间都设置有闸门可以启闭,控制水流,另外开有导水的沟渠,成为一个有代表性的能够引水、蓄水、灌溉、排水的完整体系,反映了当时水利工程建设技术的水平。

福建莆田木兰陂(局部)。

木兰陂陂址选择在河流比较宽直的地段,水流平缓,地质基础比较好,体现出技术上和经济上的合理性。

工程完成之后,促进了当地的农业生产。到现在已经 900 多年,木兰陂仍然在发挥作用。

第四章　农业生产和农学的发展

壹 农业生产的发展

隋唐时期农业生产的兴盛

隋唐时期，由经历长期的分裂状态进入到一个统一和比较安定的环境，这对农业生产的发展起积极作用。隋唐初期所实行的土地政策、检校人口、减轻徭役等措施，也为农业生产的兴盛创造了一定的社会条件。隋唐统治者还鼓励垦殖，把增加人口、发展农业生产作为考核地方官吏的标准。这就使农业经济进入一个空前兴盛的阶段，创造了封建社会盛世的物质基础。

据《隋书·食货志》：隋代建立只 12 年，就已经“库藏皆满”。又据《通典·食货典》①记载：“西京太仓，东京含嘉仓、洛口仓，华州永丰仓，陕州太原仓，储米粟多者千万石，少者不减百万石。天下义仓，又皆充满。京都及并州库布帛各数千万。”以后到唐代建立 20 年，隋代所留的库藏还没有用完。

唐代，农业生产继续得到发展。到玄宗开元、天宝盛世，“人家储粮，皆及数岁；太仓委积，陈腐不可校量”②。天宝八年（公元 749

①《通典》，唐杜佑（735-812）撰，记载历代典章制度的沿革。

②见《元次山集》。这是唐文学家元结（719-772）的文集。元结字次山，原有集已经散佚，现传本是明代人所辑。

年），政府仓储粮食大约一亿石。因而唐代不断修筑和扩大隋代所建的仓窖。

从1971年起，考古工作者发掘隋唐的含嘉仓，陆续探出粮窖259个，有一个还留存有大量炭化的谷子。据这些炭化谷子推测，这窖储粮在50万斤左右。这也反映隋唐农业生产的发达情况。

从魏晋南北朝以来，由于南方的社会比较安定，劳动力大量增加，农业生产技术进步比较大，加上大规模兴修水利，使得南方农业生产水平大幅度提高。早在南朝时期，江南三吴地区（苏州、吴兴、绍兴）的水稻生产已经是"一岁或稔，则数郡忘饥"①。唐代中叶以来，更是"今天下以江淮为国命"②，全国的经济中心转移到南方。

宋元时期农业生产的发展

宋元时期，农业生产又得到发展，特别是南方达到了一个新的水平。元代，江、浙就担负了全国租赋的7/10。这也说明南方农业经济的繁荣。

宋元时期农业生产的发达和扩大耕地面积分不开。在劳动力充实、农业生产技术达到比较高的水平的条件下，全国农民，主要是南方农民，展开了"与水争田"、"与山争地"的斗争。

"与水争田"的形式主要是修筑圩田、海塘等。圩田是把湖泊和低洼的沼泽地用修筑堤堰的办法围起来，辟作农田。我们在上一章讲过太湖地区的圩田，是比较著名的。

"与山争地"的形式主要是开梯田。它在东汉的时候可能已经出现。到了宋代，浙江、江西、福建、广东，四川等地的丘陵山区，差不多都有层层梯田。

"与水争田"和"与山争地"，对促进农业生产的发展起了很大作用。不过，这两种扩大耕地的办法，如果超过一定的合理限度，却会破坏生态环境，反而给农业生产带来不利。这些在历史上也都有过深刻的教训。

①见《宋书·孔志恭传后论》。

②见杜牧：《上宰相求杭州启》。杜牧（803－852），唐文学家。

贰 农业技术的发展

农具的改进和定型

农业生产技术的发展,首先反映在农具的改进上。

隋唐时期,南方耕翻土地已广泛使用牛牵引的铁犁。前面提到过的陆龟蒙的《耒耜经》里记载有"江东犁",结构相当完善。它是一种曲辕犁,由铁制的犁铲和犁壁,以及木制的犁底、压镵、策额(固定犁壁用)、犁辕、犁箭(用来把前面四件贯穿固定起来)、犁評(控制耕地深浅用)、犁键(限制犁辕、犁評不会从犁箭滑脱)、犁梢、犁盘(使犁身可以摆动或掉转方向)一共十一个部件组成,深犁浅犁,都运用自如。

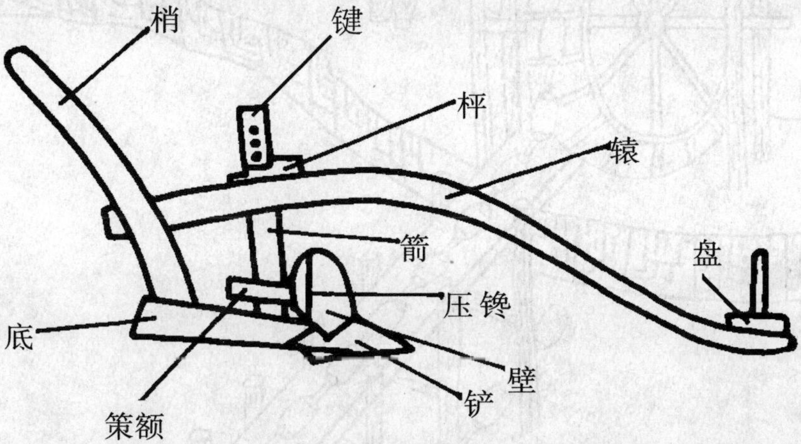

江东犁结构示意图。

除犁以外,耕翻平整土地的其他农具有:深掘土和打碎土块用的铁辖,破碎土块和平整地面用的有齿的"爬"(就是耙)、"砺碎"(lìzé)和没有齿的"碌碡"(liùzhou,就是碌碡)等。

唐代已经普遍使用灌溉工具。马钧的龙骨水车得到推广。新发明的灌溉工具,北方有"以木桶相连,汲于井中"[①]的水车。前面提到文宗太和二年(公元828年)令京兆府制造水车散发给农民的事。长江流域还出现了半机械化的"筒车"。这种筒车形似纺车,设有立轮,轮四周

①见《太平广记·卷二五〇》引《启颜录》。《太平广记》是宋太宗太平兴国年间由李昉(925–996)等编辑的小说、笔记、稗史总集。

《王祯农书》高转筒车。

缚有竹筒，利用水流冲力，冲击轮子而旋转，把水由低处提到高处。

我国传统农具，到宋元时期可以说已经基本上发展到完善和定型的阶段，种类繁多而完备，构造精巧而合理。

水田耕作技术的提高

隋唐时期的耕作技术，在魏晋南北朝时期的基础上，进一步得到提高，特别是南方的水田耕作技术。

由于耕地工具的改进，唐代水田地区，除能熟练地掌握深浅耕外，还进一步要求犁地的宽度、深度保持一致，耕起的土堡整齐均匀，就是达到《耒耜经》所说的"行必端，履必深"的要求。

据《耒耜经》说，在土壤耕翻以后，还用爬（耙）和砺礋。耙除破碎土块的作用外，还能利用耙齿铲除一部分杂草或作物的残株。砺礋用来使土壤更细碎，地面更平整，适合水稻插秧的要求。到宋代，在耙和砺礋两道工序之间，又加上一道耖的工作，耖就是疏通田泥，使土壤更加细熟。于是，水田的土壤耕作形成了耕、耙、耖一套技术措施。它可以和北方旱作地区的耕、耙、耱技术相媲美。这是南方水稻生产精耕细作化的一个标志。

除耕地外，中耕除草、灌溉、施肥等技术也因农具的改进而有所提高。如水田耘苗，或用耘爪，或用足耘，或用耘荡，在宋代都有一定的方法和要求。龙骨水车的广泛使用为圩田的发展提供了条件，筒车为丘陵地区解决了一部分灌溉问题。

在南宋的《陈旉农书》里，更系统地总结了水田耕作技术。关于《陈旉农书》，我们在下一节里还要再讲。

农作物分布的变化

隋唐以降，随着农业经济中心向南方转移，农作物的分布也发生变化。

到宋元时期，就粮食作物来说，水稻上升到居于全国第一位，不但在南方种植，而且向北方推广。宋代还从国外引进了一些水稻优良品种，如越南的"占城稻"、朝鲜的"黄粒稻"。南宋初年，小麦向南方发展，长江以南地区已经是"竞种春稼，极目不减淮北"[1]。荞麦、高粱的种植也有推广。

①据宋代庄季裕：《鸡肋编》。

就经济作物来说，南宋的时候棉花在南方栽培有比较快的发展。在这以前，只在海南岛黎族、云南傣族、西北维吾尔族地区种植棉花。到南宋，福建、两广植棉业勃兴起来，又推广到长江和淮河流域。到元代初年，已经成了“木棉江南多有之”[1]的局面。

此外，园艺、蚕桑生产方面，也越来越发展。唐代，茶树的种植已经遍及50多个州郡，还出现了官营的茶园。北宋的时候，吴中已经是全国有名的蚕业区了。

叁 大量农书的出现

隋唐的农学著作

随着农业生产的发展，隋唐时期出现的农学著作比过去任何时代都多。

根据现存书目来看，这一时期的农书，在体裁和内容上大多继承了前代农书的若干特点，而在专业农书方面有所发展，如畜牧兽医、园艺、经济作物、农业等各有专著。不少农书都带有总结性质。

这一时期各种农书大约有20多种，有的篇幅比较大，如隋代诸葛颖的《种植法》，一共77卷。

前面第一章提到过的《兆人本业》3卷，是一部官修农书，在武则天执政的时期（公元684年到704年）召集文学之士周思茂等撰写颁行各地的。武则天以后，唐代各个皇帝曾经把进呈《兆人本业》定作制度，命令地方州县官把《兆人本业》“写本散配乡村”[2]。这部书已经佚失。

比较重要的综合性农书还有韦行规的《保生月录》和韩鄂的《四时纂要》。前一种也已经佚失。后一种是属于农家历的性质，和东汉崔寔的《四民月令》[3]性质相近。这是我国农书的一种特殊体例，把一年12个月每月需要做的农事活动按照缓急依次排列。

这一时期著名的专业性农书，有陆羽（733–804）的《茶经》和前面

①据《资治通鉴·卷一五九》胡三省注。

②见《旧唐书·文宗纪》。

③《四民月令》原书已佚，现存辑佚本以记载各种农作物的种植以及蚕桑、蔬果、树木、家畜的经营为主，兼及其他生活活动。

提到过的陆龟蒙的《耒耜经》。《茶经》是我国最早也是世界上最早的一部茶叶专著。全书叙述分作十项:"一之源"记茶的生产和特性,"二之具"记采茶用的器物,"三之造"记茶叶的加工,"八之出"记茶的产地,这些都属农学的范围。《耒耜经》是我国最早一部关于农具的书,也是记述江南农事的最早的农书。

宋代的农学著作

宋代出现的农书,有八九十种之多,远远超过唐代。其中除 14 种是论述耕作技术和农桑经营的农书外,其他都是专业性农书,而茶、园艺、畜牧兽医三类又是大宗。

前一类农书留存到现在的,只有《陈旉农书》和楼璹(shú)的《耕织图》。其余的都已经散失。

《陈旉农书》是我国最早专门总结江南水田耕作的一部小型综合性农书。陈旉(1076-？),江苏人,写成这部书的时候已经 74 岁高龄。全书连序、跋在内一共大约 12500 字。篇幅虽然小,但是内容丰富,是我国第一流的综合性农书之一。它着重记述作者自己参加农业经营的心得体会,即使引用古书,也是融汇贯通在他自己的文章里。书分 3 卷:上卷 14 篇,讲种田;中卷 3 篇,讲水牛;下卷 5 篇,讲蚕桑。

《陈旉农书》在我国古代农学上表现出来的新发展,主要可以归纳成为五个方面:第一,第一次用专篇来系统讨论土地的利用。第二,第一次明确提出两个卓有识见的对于土壤看法的基本原则,认为:土壤虽然有多种,好坏不一,只要治理得

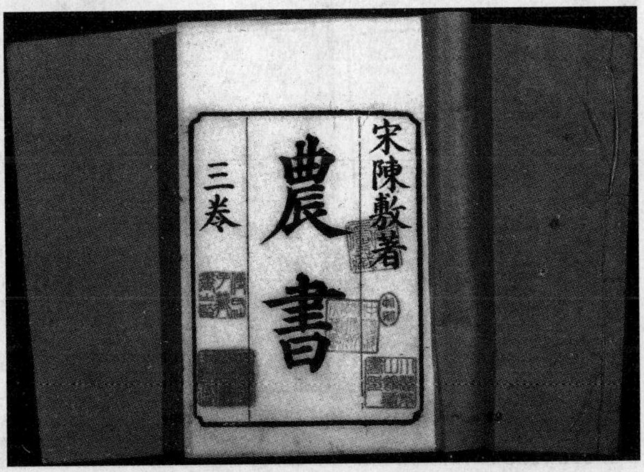

《陈旉农书》。

法，都适宜于种植作物；只要使用得当，土壤可以经常保持新壮。第三，论述肥料，对肥源、保肥和施肥方法都有创新和发展。第四，它是现存第一部专门谈论南方水稻区农业技术的农书，并且有专篇讨论水稻的秧田育苗。第五，具有相当完整、系统的理论体系，在我国现存古代农书中是首创。

宋代的专业性农书中，茶书继唐、五代之后有比较大的发展，计有二三十种之多。园艺类是最新出现的种类。四种果树专书中，荔枝占3种，现存蔡襄（1012–1067）的《荔枝谱》，记载了32个品种和它的种植、加工、贮藏的方法。韩彦直的《橘录》是我国最早关于柑橘的一部专著，记载了浙江温州所产柑8种，橘14种，和橘相近的橙之属5种，共计27种，关于种植方法记述很详细。花卉类的书在园艺书中最突出，只牡丹、芍药、菊、梅、兰等谱录就有30多种。茶录和花谱中有些作品是文人游戏笔墨，内容和园艺无关，但是大多数作品详细记载了品种，或者描述了形态、特性和培育方法，在农学和生物学上都有一定的价值。畜牧兽医书大约近20种，现在只存《司牧安骥集》一书，它可能是唐代李石原著，经宋人一再增补而成现在的8卷本。它在宋、元、明都被作为人们学习畜牧兽医的必读书。

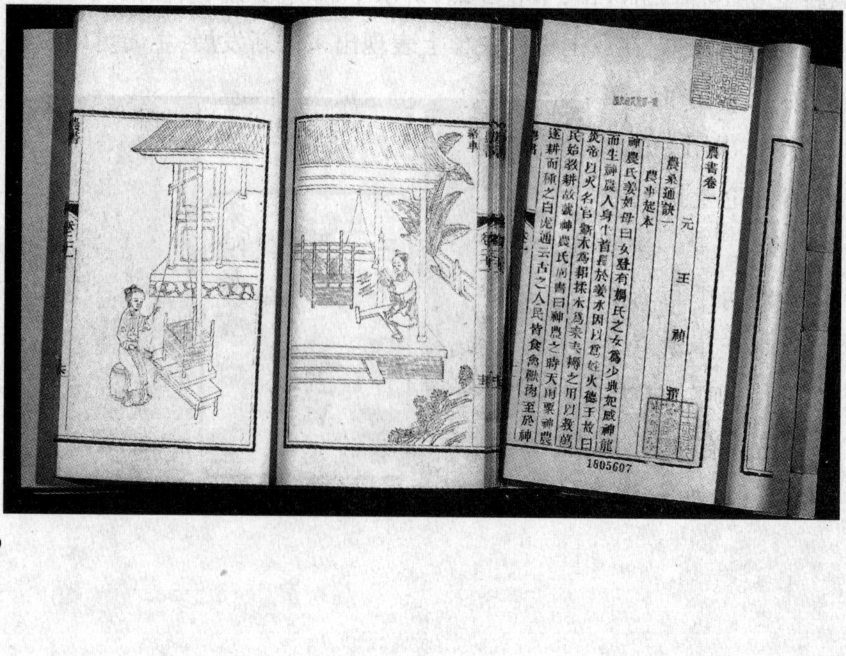

《王祯农书》书影。

元代的农学著作

元代农书虽然没有宋代多，但是元人写作的农书，内容大多质朴细致，切合实际。

元代留下了三部有名的农书：《农桑辑要》、《王祯农书》和《农桑衣食撮要》。

前面提到过，《农桑辑要》是元世祖至元十年（公元1273年）由司农司组织编写的，内容大多从古代到元初的农书里选辑来的，因此有不少已佚农书里的宝贵资料得以保存。书里论述各种作物栽培和家畜、家禽、鱼、蚕、蜂的饲养，特别提倡种植棉花和苎麻，认为不应该受风土说的限制，在没有种植棉花和苎麻的地方也可以创造条件加以试种。

《王祯农书》大约成书于元仁宗皇庆二年（公元1313年），是一部大型综合性农书。王祯字伯善，山东东平人，曾经在安徽、江西做过县尹，对农业生产比较关心，常到农村去作实地观察。这部书是叙述黄河流域旱地耕作和江南水田耕作实践经验的综合著作。现存的通行本大约11万字左右，由《农桑通诀》、《百谷谱》、《农器图谱》三部分组成。

《农桑通诀》实际上是农业总论，贯穿了农本观念和天时、地利、人力决定农业生产的指导思想，内容包括农业历史，农、林、牧、副、渔的生产技术和经验，以及从耕垦到收获的各项生产技术中所包含的问题和原理。

《百谷谱》可以说是作物栽培各论，对谷子、水稻、麦等粮食作物以及瓜、菜、果树的栽培、保护、收获、贮藏和利用等作了全面系统的叙述，也包括林木、纤维作物、药材等的种植和利用。

《农器图谱》的篇幅大约占全书的4/5，是本书重点部分，也是本书最具特色的部分。一共有306幅农器图，都附有说明，记述构造、来源、用法等等，大部分是当时实物的写真。有的农器今天还在使用。个别的农器虽然“去世已远，失其制度”，还是经王祯“多方搜访，列为图谱”，例如西晋刘景宣的牛转连磨，一牛转八磨，“用力少而见功多”。

水转连磨图。

还有“水转连磨，其制与陆转连磨不同。此磨须用急流大水，以凑水轮。”“中列三轮，各打大磨一槃。磨之周匝，俱列木齿。”“此磨既转，其齿复傍打带齿二磨，则三轮之功，互拨九磨。”这些图谱，无论是从质量或者从数量来说，都是空前的，展示了我国古代农业机械方面的卓越成就，使我们能从文字和形象两方面看到当时农业生产的技术水平。在它之后的农书和其他一些论述农具的书籍，往往都以《王祯农书》作为范本。可以说，《王祯农书》是我国古代农业机械方面的权威性著作。

《王祯农书》在整体性和系统性方面比南宋《陈旉农书》又前进了一步，突出地表现在《农桑通诀》和《百谷谱》两部分中。农书的整体性和系统性也是反映农学水平的重要标志之一。

《农桑衣食撮要》也是农家历性质的农书，维吾尔族人鲁明善在元仁宗延祐元年（公元1314年）任寿阳（今安徽寿县）郡监的时候所撰。

第五章 医药学的全面发展和炼丹术的盛衰

壹 官办医药机构和医学教育

隋唐时期的医疗行政机构和医学教育

隋唐时期，我国的医药学在魏晋南北朝时期已经建立的完善体系基础上,又有了进步。

这一时期,政府对医药学也十分重视。医疗行政机构已经比较完善。唐代的医药教育制度也已经相当健全。

隋唐政府都设有“太医署”和“尚药局”,掌管医政事务和宫庭里的医药事务。

隋代的太医署有 200 多人,唐代增加到 300 多人,有太医令、太医丞、医监、医正等行政官员,有医师、医工、医生、主药、针工、按摩工等医务人员。

唐代的太医署里设有医学校,分医科、针科、按摩科和咒禁科四科,各科置博士一人管理教学事务,医博士和针博士下还设有助教各一人,协助教学。咒禁科是因当时鬼神迷信盛行,认为疾病由鬼神所引起而设置的。学生先学《内经》、《神农本草经》、《脉经》、《针灸甲乙经》等基本课程，然后再分科学习临床治疗。医科中又分体疗（内科）、疮肿（外科）、少小（儿科）、耳目口齿（五官科）、角法（拔火罐等外治法）五科，学习年限从三年到七年不等。各科学生人数不等，前后也有变化，一般多的一二十人，少的二人。学习期间，对学生的要求非常严格，有月考、季考、年考和毕业考。如果毕业考试连续两年不及格的，就叫他退学。学生毕业以后，按学习成绩优劣分别录用，有留太医署的，也有分派到各地的。

在一些大州也设有地方性的医学校，有博士和助教，收录和教授学生。

京城还设药园一所，收有药园生，置主药、药童等，培养药学人才。

宋元时期的医学教育

宋元时期的医学教育又有进一步的发展。

北宋的时候设立了专门的医学教育机构"太医局"，分九科：大方脉科（内科）、风科（治中风一类疾病）、小方脉科（儿科）、眼科、口齿兼咽喉科、疮肿兼折疡科、产科、针灸科、金镞兼书禁科。学生总额达到300人，各科多的到120人，少的也有10人。功课以学习《内经》、《难经》[①]、《伤寒杂病论》、《脉经》、《诸病源候论》、《千金方》、《太平圣惠方》、《龙树论》[②]等典籍为主。考试科目有六种，有关于基础理论的，也有关于临床实践方面的。

到了元代，医学校里的分科更细，分做十三科：大方脉科、杂医科、小方脉科、风科、产科、眼科、口齿科、咽喉科、正骨科、金疮肿科、针灸科、祝由科、禁科。

宋元时期，在地方州县也设立有医学校，三年考试一次，及格的可以到京城会试，录取后可以任医官。

政府为民间办的医疗设施

封建统治阶级为了粉饰太平，安定民心，还建立了一些带有慈善

①《难经》，原名《黄帝八十一难经》，旧题战国秦越人（扁鹊）撰，以问答体裁解释《内经》中各方面的疑义。

②《诸病源候论》是隋代官修医书，由巢元方等撰；《千金方》唐孙思邈（581—682）著。这两书见后面第三节。《太平圣惠方》由宋王怀隐等编著，广集汉、唐以来各家方书和民间医疗经验按脏腑病症分类汇编而成，见下节。《龙树论》是唐代翻译的印度眼科医书。

性质的医疗设施。

唐代在一些陵寝庙宇储存药物，以备救灾；建立一些养病坊，医治病人；还把一些寺院辟作“疠人坊”，对麻风病人进行隔离治疗。

宋代在京城和一些地方建有“官药局”，按方配制和出售成药。局里有值宿人员，规定遇急病而不能及时卖药的要杖一百。并且规定陈旧不宜再用的药必须毁弃；对贫困人家以及受水旱疫疠之灾的，要免费给药。另外，还设置“安济坊”、“福田院”收养贫苦病人，设置“慈幼局”收养孤儿以及给贫困人家的幼儿治病。

贰 官修的医药著作

隋唐时期的官修医药典籍

隋唐时期，有不少官修的医药典籍问世。

隋代的著名医书《诸病源候论》，就是大业六年（公元 610 年）由巢元方等奉敕修撰的。这部书我们在下一节还要介绍。

唐代高宗显庆二年（公元 657 年），组织了苏敬等 20 多人编修本草，显庆四年（公元 659 年）完成了《新修本草》54 卷颁行。这是世界上第一部由国家颁行的药典，也叫《唐本草》。全书分药图、药经、本草三部分，记载药物 844 种，其中新增药物 114 种。在编撰过程中，曾经普诏全国，征集各地的药物和实物图谱，因此全书内容充实，图文并茂，在一定程度上总结了当时全国各地的药物知识。书里对药物的性味、产地、功效、主治等方面的记述比较详细。这部书颁行之后，很快流行全国，对统一用方配药起了很大作用。

为了推广药方，玄宗开元十一年（公元 723 年），组织编制《开元广济方》5 卷，颁行全国。天宝五年（公元 746 年），又命令各郡县官员就《开元广济方》中选取切要的药方，在村坊要道处张贴。德宗贞元十二年（公元 796 年），再次组织编制《贞元集要广利方》5 卷，收有 586 方，颁行州府，书写榜示在交通要道上。

宋代的官修医药典籍

宋代，政府也曾经多次组织编修本草和方书。

宋太祖开宝六年到七年（公元973年到974年），就组织人员，在唐代《新修本草》的基础上，兼采《本草拾遗》、《蜀本草》[1]等书，修成《开宝本草》21卷，载药物983种。

仁宗嘉祐二年（公元1057年），又命掌禹锡、苏颂等在《开宝本草》基础上，参考其他本草著作，修成《嘉祐本草》20卷，增补药品82种，新定17种，一共收载药物1082种。接着，宋政府又诏令全国郡县，绘制各地所产药物图样，送报中央，命苏颂进行汇编，于嘉祐六年（公元1061年）修成《图经本草》。这部书以后又经过两次大规模增修，比以前完善得多了。

宋代除官修本草外，还有一部重要的本草著作，是由蜀州晋原（今四川崇庆）医家唐慎微撰著、在神宗元丰六年（公元1083年）成书的《经史证类备急本草》，简称《证类本草》。全书32卷，收载药物1558种，兼录方剂3000多首。这部书本来是私人著作，后来经政府整理刊行，成为私著官修的本草书了。先是在徽宗大观二年（公元1108年）刻板印行，改称《经史证类大观本草》。徽宗政和六年（公元1116年），经曹孝忠重加修订，称作《政和新修经史证类备用本草》，共30卷。南宋高宗绍兴二十七年（公元1157年）又经重修，改名《绍兴校定经史证类备用本草》。《证类本草》屡次被修订重新刊行，在明代李时珍（1518–1593）的《本草纲目》问世以前，一直是本草学的范本。

除修订本草外，宋政府对方书的编修也很重视。

宋太宗太平兴国七年到淳化三年（公元982年到992年），由王怀隐等广泛收集前人方书和民间验方，汇编成《太平圣惠方》100卷，分1670门，收方16834首。书里包括病证、病理、方剂、药物等内容，强调医生治病应该先诊断疾病的深浅，辨别虚实表里，再选方用药，对临床医疗有相当的指导意义。

为了普及推广，英宗治平元年（公元1064年），又命人把《太平圣

[1]《本草拾遗》是唐玄宗开元年间（公元713年到741年）三原县尉陈藏器所著。《蜀本草》是五代蜀主孟昶（919–965，公元935年到965年在位）命翰林学士韩保昇等所修。

惠方》改编成《圣惠选方》，颁发各地，作为标准医书。

徽宗政和年间（公元 1111 年到 1117 年），再次召集全国著名医家，汇集民间验方，搜集各种方书，选辑“内府”所藏秘方，汇编成《圣济总录》200 卷，录方近 2 万首。书成以后，来不及刊印，北宋就灭亡。书板由金政府在世宗（完颜雍，1123–1189）大定年间（公元 1161 年到 1189 年）刊行。

此外，宋神宗熙宁九年（公元 1076 年）设立“官药局”后，神宗元丰年间（公元 1078 年到 1085 年），就编修《太医局方》，作为卖药处方的依据。徽宗大观年间（公元 1107 年到 1110 年），又命人整理官药局所收方剂，校订汇编成《校正太平惠民和济局方》5 卷，分 21 门，收方 297 首，作为官药局制剂的规范。以后屡次修订，内容更加充实，收方也增多。局方中多是当时的验方，而且官药局多出售丸、散等成药，应用方便，又容易保存，对推广普及医药有很大影响。但是因为是官方颁定，有些医生忽视辨证医疗原则，不去因病用药，而是机械地搬用局方，造成了流弊。

叁 隋、唐、宋的三位医家和他们的著作

隋，唐、宋出现不少著名医家和医学名著

隋、唐、宋三代，出现了不少有成就的医家，并且有不少名著问世，在中国医学史上占有重要的地位。

如隋代的巢元方，我们前面提到过，他编修了《诸病源候论》。

如唐代的孙思邈，著有《千金要方》、《千金翼方》等书；王冰，曾经注释《黄帝内经素问》；王焘，编著有《外台秘要》一书，辑录唐以前医家对各科疾病的理论和方药；昝（zǎn）殷，著有营养学专书《食医心鉴》，另外撰有《产宝》一书，后来由周颋增辑成《经效产宝》，是现存最早的妇产科专书。

如北宋的钱乙（1034–1115），是儿科医家，著有《小儿药证直诀》；

杨介，辑著有《四时伤寒总病论》，编绘有《存真环中图》（就是部分人体解剖图），两书都已经佚失；朱肱，编著有《伤寒百问》，对汉代张仲景的《伤寒杂病论》作了分析。南宋的许叔微，著有《伤寒发微论》、《伤寒百证歌》、《伤寒九十论》，对《伤寒杂病论》的内容有所发挥；成无己（约 1063–1156），著有《注解伤寒论》、《明理论》、《论方》等书，对张仲景的辨证和方义有所阐发；陈自明，辑有《妇人大全良方》，另外著有《外科精要》等。

下面我们只简要地介绍巢元方、孙思邈、钱乙三位著名医家和他们的著作。

巢元方和《诸病源候论》

巢元方在隋代大业年间（公元 605 年到 616 年）曾任太医博士，他的生平事迹已经无从稽考。

《诸病源候论》是巢元方等奉敕编修的，成书于大业六年（公元 610 年）。全书 50 卷，分 67 门。据记载，原来记述证候有 1800 多条，现存 1729 条。这是我国历史上探讨病因、病机、证候内容最丰富的一部专著。

书的内容包括内、外、妇、儿、五官等各种疾病的病因、病理和症状，记载广泛而详确，不但是对前代研究成果的一次很好总结，而且有许多地方远远超过了前人。特别是对一些疾病的病因提出了不少创见。如书里提出：疥疮是由难见的细虫引起的；流行性疾病是由“乖戾之气”引起，并且会传染；糖尿病是因“数食甘美”所致；漆过敏和人体的素质有关等。书里的一些认识虽然还不免过于简单，有的还带有片面性，但是发前人所未发，把中国古代的病因学推进了一大步。

孙思邈和《千金方》

孙思邈，京兆华原（今陕西耀县）人。他勤奋好学，博问广识，七岁就学，到“白首之年，未尝释卷”①，对老、庄和百家学说，以至道、释的

①据孙思邈：《千金要方·自序》。

经典，都有钻研，对医药学更有很深的造诣。他一生不愿做官，过着隐居的生活，从事医疗和炼丹活动，对中医药学，特别是处方用药方面，有出色的贡献，后世尊称他做“药王”。

孙思邈像。

孙思邈的治学态度非常严谨。他认为，一个好医生必须在熟悉和精通《内经》等医学经典的基础上兼采各医家之长，做到博通医源，精勤不倦，以求达到至精至微的程度，而不能只凭一些粗浅的学识，甚或道听途说，就自认为已经明了医道。他熟悉和精通医药经典和各家学说，并且重视广泛搜集民间的医疗经验和偏方、验方，只要是有“一事长于己者，不远千里，伏膺取决”①。

他很注重医生的医德。在行医中，他能设身处地，想病人之所想，急病人之所急。他认为，一个医生对待病人要有“至亲之想”，抱同情和爱护之心，不论他是“贵贱贫富，长幼妍蚩，怨亲善友，华夷愚智”，都应该“普同一等”，一视同仁。行医的时候不能计较自己的得失、辛劳和安危，而要“一心赴救”，否则就不是好医生，而只是“含灵巨贼”②罢了。他根据自己的医疗经验，提出了“胆欲大而心欲小，智欲圆而行欲方”作为行医的准则，就是既要敢想敢做，灵活变通，又要小心谨慎，行为方正，并且把“不为利回，不为义疚”③作为行为方正的标准。他所提倡的医道、医德，对后世医家有很大影响。

《千金方》是《千金要方》和《千金翼方》二书的合称。“千金”取的是“人命至重，有贵千金”④的意思。

①据孙思邈：《千金要方·自序》。“伏膺取决”就是虚心求教的意思。

②据孙思邈：《千金要方·卷一》。

③据《旧唐书·孙思邈传》。

④据孙思邈：《千金要方·自序》。

重刻孫眞人千金翼方目録
卷之一
藥録纂要
採藥時節第一
論一首
藥名第二
論一首
藥出州土第三
論一首
千金翼方 目録

孙思邈所著的《千金翼方》。

《千金要方》全称是《备急千金要方》，是孙思邈综合历代医药典籍和自己50多年的行医经验编纂而成的。全书共30卷，以五脏六腑为纲。每一脏腑下首列各家关于这一脏腑的生理、病理、诊断、治疗等的论述，接着谈论虚实寒热诸病的证候以及各家的方药、针灸等治疗方法，内容丰富充实，理论方药俱全。这种以脏腑为纲的分类方法，是孙思邈的首创，是中医学分类中的一大进步。特别是在处方用药方面，孙思邈既继承了前人的经验，取各家之长，又不因循守旧，根据亲身经验，灵活运用，自成一家，别开生面，给后世以很大的启示。现在中医不少常用的方剂，还是根据《千金要方》的原方，或者由原方演化而来。

《千金翼方》是孙思邈集晚年近30年的经验写成的，作为《千金要方》的补充。补充的内容以药物学和当时医家所秘藏的汉代张仲景的《伤寒论》内容为主，也增加了对疾病的论述和方剂的收录。全书共30卷，记载药物800多种，并且详细记述了200多种药物的采集和炮制方法。这部书凝聚着孙思邈一生用药的心血。

钱乙和《小儿药证直诀》

钱乙，字仲阳，东平郓州（今山东东平县）人。他专业儿科40年，积有丰富的临床经验，是我国古代一位儿科专家。

《小儿药证直诀》一书共3卷，是钱乙的学生根据钱乙的理论、医案和验方整理编纂而成的。

钱乙从生理、病理的角度，认识到小儿和成年存在差别。他认为小儿的“五脏六腑，成而未全，全而未壮”，“脏腑柔弱，易虚易实，易寒易热”，并且把这一点作为小儿科临证医疗的指导思想。

针对小儿“脏腑柔弱”的特点，在临证医疗中，钱乙很注意脏腑的辨证，照顾五脏的寒热虚实，特别是在应用柔润性的方剂药物方面下了很大的功夫。他力戒妄用攻下之药，指出妄攻误下将伤及小儿的脏腑，造成不堪设想的后果。遇到非下不可的小儿科疾病，他强调必须注意“量其大小虚实而下之”，下后要用益黄散等和胃之剂加以调理。

在处方用药方面，他善于化裁古方和创制新方。他所化裁和创用的方药，如用于痘诊初起的升麻葛根汤，治小儿心热的导赤散，治脾胃虚弱的异功散，以及治肾阴不足的六味地黄丸等，临证中多有效验。

钱乙关于小儿科的学术思想，受到后世不少医家的重视，得到继承和发展。他所创制的各种补泻方剂，也为后世所广泛应用，有些到现在仍在使用。

肆 金元四大家的医学学说

中医学发展到一个新的阶段

以《内经》、《难经》、《神农本草经》和《伤寒杂病论》等几部中医药学经典著作作为基础，结合临证实践经验，从病机、病理、诊断治疗入手，分科分类进行总结、丰富、充实、提高，是中医药学理论体系不断发展的基本历程。宋、金、元时期是中医理论发展的一个重要时期，所谓“新学肇兴”，所遵循的也正是这一途径。

这一时期的不少医家既能深入地研究古代的医药学经典，又能不拘泥于旧说。他们结合自己的临证经验，各自阐发自己的独到见解，来解释前人的理论，自成一说，涌现出不同的学派，使医学领域呈现生机蓬勃的景象。

在这“新学肇兴”时期，有四位著名医家提出了四种学说，这就是：金代医家刘完素的“火热说”，张子和的“攻邪说”，李东垣的“脾胃说”，元代医家朱丹溪的“养阴说”。这四位医家号称“金元四大家”。他们的学说不但标志着中医学发展到一个新的阶段，而且对明清时期中医学的发展有极其深刻的影响。

“寒凉派”刘完素的“火热说”

刘完素，字守真，河间（今河北河间县）人，后人也称他刘河间。他拒绝金代政府的招聘，不愿做官，一生在民间行医。

刘完素对《内经》极其重视，从25岁到60岁从未中断攻读和研究。他又结合自己的经验，阐发《内经》的精髓，提出了不少独创性的见解。他著有《素问要旨论》、《素问玄机原病式》、《素问病机气宜保命集》、《伤寒直格》、《伤寒标心法类萃》、《宣明论方》、《三消论》等医书。

在刘完素的医学活动中，对五运六气学说有独到的研究。所谓五运六气，是医家用来说明人和自然界的联系、四季变化和人体生理病理关系的一种学说。《内经》五运六气学说的基本内容，就是从四季气候的变化来解释和论述疾病发生和滋长的机理。刘完素对它加以阐发，认为自然界的变化对人体生理活动和病理现象有极其密切的关系，要通晓医学就必须通晓五运六气学说，并且把它运用到医疗过程中，否则将会导致失误。他说：“不知运气而求医无失者鲜矣。”[①]针对着当时热性病流行的现实，他从《内经·素问》病机十九条大都是火热致病出发，运用五运六气理论，倡立了火热病机学说。在临证中，他提出了以降心火、益肾水为主的治疗方法。由于他善于使用寒凉药物，所以被称做“寒凉派”。

刘完素的“火热说”虽然存在一定的偏向，但是在他的医学思想和实验中还是非常注意辨证论治的。他在强调五运六气影响人体的生

①引自刘完素：《素问玄机原病式·自序》。

理和病理现象的同时，又指出五运六气有常有变，不能机械地套用，反对那种认为疾病完全受五运六气决定的观点。他认识到“立性命者在乎人”，“修短寿夭，皆自人为”，[①]人在自然界里有他的独立性，生老病死的根本原因，还是由人体自身所决定的。在提倡“火热说”运用寒凉药的时候，他很注意分辨水火寒热，指出有的病表证似寒，实却是热，有的又似热实寒，不能“肾水独当寒，水火独当热”[②]，被假象所迷惑。用药的时候，他讲究依据水火的多少来决定补泻。

刘完素的医学理论对金、元、明、清的中医学有比较大的影响，他有不少有造诣的传人，所以他的一个学派又被称做“河间学派”。

“攻下派”张子和的“攻邪说”

张子和，名从正，睢州考城（今河南兰考县东部）人，是河间学派的一位重要医家。

张子和在治学中着力研究《内经》、《难经》、《伤寒杂病论》等医学经典，继承了刘完素的学术思想，并且有所发扬。他著有《儒门事亲》15卷。

张子和认为：人之所以会生病，不论是体外的原因，还是体内的原因，都是由邪气所引起的。因此，他提出“攻邪说”，认为对疾病的治疗，必须攻去邪气，邪去了，元气自然恢复。根据这种认识，他在临证中主张以攻法祛邪，在张仲景所提八法中的汗、吐、下三法的基础上，灵活运用，扩大了三法的应用范围。因此也称他做“攻下派”。

张子和并没有一概反对用补法。但是他认为疾病既然是由邪气所发，就必须先攻去邪气；如果片面地采用先固病人元气的方法，采用补剂，那么真气未能受益，邪气反会滞留以至蔓延而无法制止。因此，他提出了“养生当论食补，治病当论药攻”[③]的主张，就是说补法只适宜于养生，而治病要在攻邪。

张子和的医疗理论在临证中具有一定的指导意义。但是他强调了汗、吐、下三法，而忽视了张仲景八法中的和、温、清、消、补五法，有一定的局限性。

①引自刘完素：《素问病机气宜保命集·原道》。

②引自刘完素：《三消论》。

③引自张子和：《推原补法利害非轻说》。

“温补派”李东垣的“脾胃说”

李东垣，名杲，字明之，真定（今河北正定）人。真定旧名东垣，所以他晚年自号东垣老人，世称“李东垣”。

李东垣从张洁古学医。张洁古名元素，也是金代医家，和刘完素同时而稍后，易州（今河北易县）人。他对药物和处方有比较深的造诣。他重视脏腑的虚实，主张根据气候和人的体质的具体情况而灵活用药。他和他的弟子自成一个学派，被称做“易水学派”，因为易州境里有易水流过。

李东垣师承张洁古，对处方用药有新的阐发，是易水学派最有成就的医家。他对《内经》、《难经》等医典也有比较深的钻研。他著有《脾胃论》、《内外伤辨惑论》、《兰室秘藏》等医书。

李东垣根据《内经》和自己的实践，提出了“内伤脾胃，百病由生”的医学思想，这就是“脾胃说”。他认为元气和脾胃的关系密切，脾胃是元气之本，元气是健康之本，元气“非胃气不能滋之”，如果“脾胃之气既伤，而元气亦不能充，而诸病之所由生也”①。脾胃受伤致病的原因，李东垣认为主要是饮食不节、劳役所伤、情绪失常这三方面因素引起的。

在临证治疗中，李东垣采取了一套以升举中气为主的方法，分别补益三焦元气，而以补益脾胃为主。他善于运用温补脾胃的处方、药物，因此也被称做“温补派”或“补土派”（因为按照中医五行学说，脾归属于土）。他有时也采用潜阴降火的方法，但是主要是强调升阳补气，因此他的医疗思想上也存在偏向。

“滋阴派”朱丹溪的“养阴说”

朱丹溪，名震亨，字彦修，婺州义乌（今浙江义乌市）人，家居义乌丹溪，被尊称“丹溪翁”，所以世称“朱丹溪”。

朱丹溪从杭州名医罗知悌学医。罗知悌授他刘完素、张子和、李东垣三家学说，并且以《内经》意旨为他分析讲述。他继承罗氏之学并且

①引自李东垣：《脾胃论·脾胃虚实传变论》。

有所发挥。他著有《格致余论》、《局方发挥》等书。

朱丹溪发展刘完素的"火热说",综合张子和、李东垣的学说,创论多种疾病的病机是由"阳有余、阴不足"所致。他认为:人体内经常处在"阳动"的状态中,精血阴气最容易损耗,而"相火"是阳,人的生命活力来源于"相火"的运动。"相火"有常有变,常是生理,变是病理。"相火"容易被外界所激而"妄动",导致阴精受损,引起疾病。因此,他力戒人要节制食、色,保养"阴分"①。所以他的学说称"养阴说"。

朱丹溪生活在江南,湿热病是常见病。临证中他主张采用"滋阴降火"的方法,因此被称做"滋阴派"或"养阴派"。他擅长使用滋阴降火的药物方剂,强调因病以制方,反对当时一些医生忽视辨证施治、机械搬用局方和滥用辛燥药物的风气。

朱丹溪的医学思想对后世的相火论者和温病学派影响很大,他所创制的一些养阴方剂,到现在仍然在经常使用。

伍 医学的全面发展

医学进入一个全面发展的阶段

我们在第一节讲医学教育的时候提到过，中医分科，由唐代的四科,发展到宋代的九科,到元代更增加到十三科。分科越细,钻研越精。

隋唐特别是宋元时期,中医学进入了一个全面发展的新阶段。一方面,从医学理论到临证治疗,从本草到局方,都有不同程度的进展。另一方面,除内科、儿科外,其他各科,特别是外科和针灸科,也有巨大的进步。还有在法医学方面,在这一时期出现了不少专著。

下面就外科、针灸科和法医学三方面,分小节加以叙述。

外科医术的发展

外科医术在隋唐时期有比较大的进步。

在隋代巢元方的《诸病源候论》里就记载有肠吻合手术和术后护

①引语都据朱丹溪:《格致余论》。

理方法，还记述了血管结扎术，表明已经能够进行比较复杂的外科手术。

唐代蔺道人在武宗（李炎，814–846）会昌元年（公元 841 年）所著的《仙授理伤续断秘方》一卷，是我国现存最早的伤科专著。书里内容包括一般性骨折的复位、固定，穿破性骨折的清洗、复位、缝合、包扎、防止感染，脱臼的复位手法等。所记针对肩关节脱臼而发明的"椅背复位法"，是元代危亦林（1277–1347）"架梯复位法"和现在的"改良危氏法"的滥觞。

在牙科和眼科方面，唐代已经有镶牙术和金针拨障术。成书于玄宗天宝十一年（公元 752 年）的王焘所著《外台秘要》一书对白内障作了全面论述，描述了金针拨障术，是我国对白内障的最早系统记载。

在治疗疮疖、痈疽等皮肤病方面，应用了不少内、外治疗的方药，特别是应用水银药物已经达到了比较高的水平。

宋代医学教育中设置疮肿兼折疡科、金镞兼书禁科，元代设正骨科、金疮肿科，反映了宋元时期对外科医术的重视，也显示当时外科医术的发展。这一时期的医家进一步从辨证施治的医疗思想出发，更加重视从人体整体观念来考察外科疾患的病因病理和医疗，强调外科病症和脏腑虚实寒热的关系，使外科的基础理论得到充实，临证医疗水平有明显的提高。

这一时期出现了一批外科专著，最有代表性的有南宋理宗景定四年（公元 1263 年）陈自明所著的《外科精要》，元惠宗元统三年（公元 1335 年）齐德之所著的《外科精义》。陈自明在《外科精要》中提出，外科用药要依据人体经络虚实的具体情况，而力戒把外科疾患一概看做是热毒所发而用寒凉药物；他还明确提出，痈疽等外表的症状和内脏有密切关系，必须全面诊断。齐德之在《外科精义》中提出，外科病症有一些是由于体内阴阳不和、气血凝滞而引起的，临证上必须根据全身的症状辨证施治；书中还记述有热敷、排脓、提脓拔毒、止痛等一整套治疗方法。

伤科和骨科在元代尤其发达。元代医家危亦林，字达斋，江西南丰人，曾任南丰州医学教授，著有《世医得效方》20卷，成书于惠宗至元三年(公元1337年)。这部书的第18卷专门论述正骨兼金镞科，详细记述了四肢骨折和脱臼、脊椎骨折、跌打损伤、箭伤等，以及这些创伤的整复和治疗，并且记载有剪、刀、铁钳、凿、麻线、桑白皮等医用器物。

在治疗创伤和骨折的时候，宋元时期都使用麻醉药物。宋高宗绍兴十六年(公元1146年)窦材所著的《扁鹊心书》记有"睡圣散"，危亦林的《世医得效方》记有"草乌散"，都是以曼陀罗花作为主要成分配制而成的麻醉药。危亦林还提出，在使用麻醉药的时候，要根据患者的年龄、体质和出血程度，具体决定用药的剂量，这和现代关于麻醉药品的施用原则是一致的，反映当时应用麻醉药已经有相当高的水平。

此外，在宋元时期的外科著作中，也有关于肠吻合以及缝合兔唇、切开骈指等外科手术的记载。在《太平圣惠方》中还非常详明地记载了眼科白内障摘除手术，关于术前注意、患者姿式、手术方法、术后处理等，都有具体的记述。

针灸术专著和针灸铜人

针灸治疗方面，这一时期有不少专著问世。只据《新唐书》[①]所载，唐代有关针灸术的著作就有19部110卷，可惜这些著作都没有流传下来。宋元时期的针灸专著更多，影响最大的是王唯一在仁宗天圣四年到五年(公元1026年到1027年)奉敕铸造两个针灸腧穴铜人的同时所撰著的《铜人腧穴针灸图经》。王惟一是仁宗（公元1022年到1063年在位)、英宗(公元1063年到1067年在位)时候的御用医官。

针灸铜人"分脏腑十二经，旁注腧穴所会，刻题其名"[②]，是教育和考核针灸科学生和考察针灸医师的实物用具。它的构思精巧，形象逼真。测试的时候，先把铜人外表涂蜡，体内注水，穿上衣服。针刺中穴位，水就会流出，否则针就刺不进去。这就可以判定受考人对穴位的掌握程度。

①《新唐书》，宋代欧阳修(1007–1072)、宋祁(998–1061)等撰，是在后晋刘昫等撰《唐书》之后在宋仁宗年间编撰的另一部纪传体唐代史。因此把刘昫等撰的《唐书》改称《旧唐书》。

②据明英宗朱祁镇(1427–1464)为重修《铜人腧穴针灸图经》所作序，转引自日本丹波元胤编《中国医籍考》。

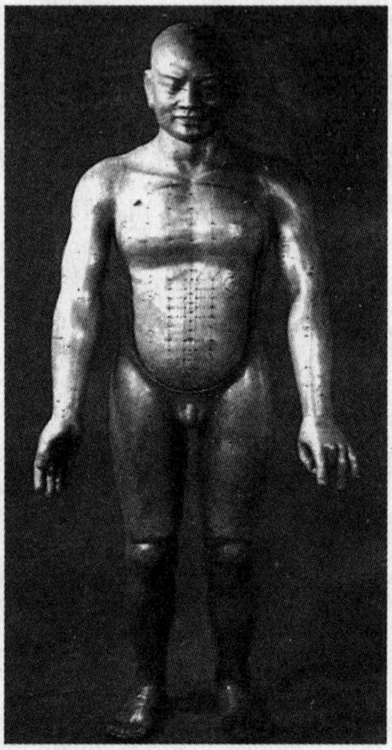
宋天圣铜人复原件图。

《铜人腧穴针灸图经》一书计3卷。王惟一在修撰的时候，纂集旧闻，订正谬误，统一了各家对腧穴的不同说法，对全国统一腧穴有重大作用。书里绘有“正背左右人形”，记述了各个穴位的主治和针刺方法。书成之后，颁布全国，并且刊刻上石。1965年到1971年间，有宋代残石五块陆续在北京发掘出土。

针灸铜人和《铜人腧穴针灸图经》受到了医家的广泛重视，一直为后世所沿用。明代，因“石刻漫灭而不完，铜像昏暗而难辨”①，在明英宗正统八年（公元1443年），依据原样重新刻石和铸造铜人。明代的“正统铜人”在清光绪二十六年（公元1900年）庚子八国联军占领北京的时候，被帝俄军队劫去，到现在还存放在列宁格勒博物馆里。

元惠宗至正元年（公元1341年），滑寿撰《十四经发挥》，这也是一部影响比较大的针灸专著。书里对经穴、循行部位、所主病症以及奇经八脉等都有论述。这部书特别对日本影响比较大，日本的针灸取穴大多依据滑寿的这部书。

法医学专著的接连问世和宋慈的《洗冤录》

伴随着折狱办案，有关法医的知识早已产生和应用。《礼记·月令》里就记载有瞻伤、视折、审断的内容。1975年底在湖北云梦县睡虎地出土的秦代竹简中也有怎样判别自缢或他杀的记载。

南北朝时期，开始有法医学的著作，书名《明冤实录》。五代的时候，后周太祖（郭威，904–954）广顺元年（公元951年），又出现和凝、和嵘父子合著的《疑狱集》。到宋代更接连出现了不少有关法医学的著作，如作者佚名的《内恕录》，赵逸斋的《平冤录》，郑兴裔的《检验格

①据明英宗朱祁镇为重修《铜人腧穴针灸图经》所作序，转引自日本丹波元胤编《中国医籍考》。

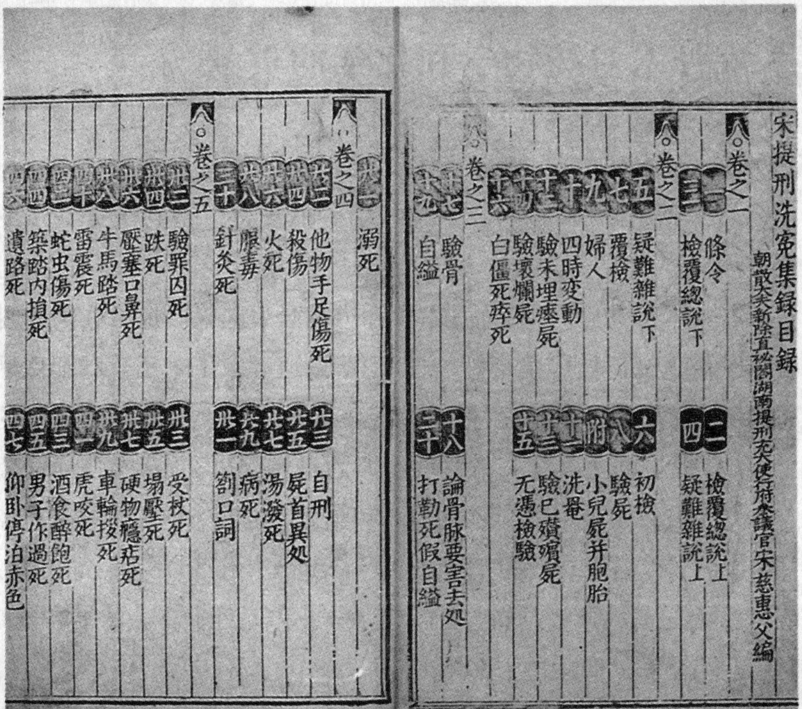

宋提刑洗寃集録目録
朝散大夫新除直秘閣湖南提刑充大使行府參議官宋慈惠父編
卷之一
一 條令　二 檢覆總說上
三 檢覆總說下　四 疑難雜說上
卷之二
五 疑難雜說下　六 初檢
七 覆檢　八 驗屍
九 婦人　附 小兒屍并胞胎
十 四時變動　十一 洗罨
十二 驗未埋瘞屍　十三 驗已攢殯屍
十四 驗壞爛屍　十五 無憑檢驗
十六 白僵死瘁死
卷之三
十七 驗骨　十八 論骨脉要害去処
十九 自縊　二十 打勒死假自縊
卷之四
廿一 溺死
廿二 他物手足傷死　廿三 自刑
廿四 殺傷　廿五 屍首異処
廿六 火死　廿七 湯潑死
廿八 服毒　廿九 病死
三十 鍼灸死　卅一 劄口詞
卷之五
卅二 驗罪囚死　卅三 受杖死
卅四 跌死　卅五 塌壓死
卅六 壓塞口鼻死　卅七 硬物瘾痃死
卅八 牛馬踏死　卅九 車輪拶死
四十 雷震死　四十一 虎咬死
四十二 蛇虫傷死　四十三 酒食醉飽死
四十四 築踏內損死　四十五 男子作過死
四十六 遺路死　四十七 仰卧停泊赤色

《洗冤集录》书影。

目》,以及南宋宁宗庆元六年(公元 1200 年)成书的郑克的《折狱龟鉴》,嘉定六年(公元 1213 年)成书的桂万荣的《棠阴比事》等。

在这样的基础上,在南宋理宗淳祐七年(公元 1247 年),出现了我国历史上也是世界上第一部有系统的法医学著作，这就是宋慈(1186–1249)的《洗冤录》。

宋慈,字惠父,建阳(今福建建阳)人。他曾经四任法官。《洗冤录》是根据前人和当时有关法医学著作以及他自己执法检验的现场经验而编成的。全书 5 卷,内容包括人体解剖、尸体检验、现场勘察、死伤原因鉴定、各种毒物中毒急救和解毒方法等。从南宋到清代 600 多年中,在法医检验中,《洗冤录》一直是一部重要的参考书,后世的不少法医学著作都是在它的基础上写成的。

《洗冤录》还被译成朝鲜文、日文、英文、法文、德文、俄文、荷兰文等各种文字,受到国际上的广泛重视。

陆 炼丹术对药物学和化学的贡献

炼丹术的盛衰

炼丹术到了隋唐时期，在封建统治者的支持下得到了进一步的发展。

早在魏晋南北朝时期，炼丹术就和道教联系起来。道教在隋唐时期继续受到重视。唐代皇帝姓李，就把所谓道教教主老子李耼奉做始祖，追封他做太上玄元皇帝，把道教定作国教。不少道士成为皇帝的座上客，科举中也增设有关于道教经典的科目。唐玄宗开元年间（公元713年到741年），下令搜集道教典籍，汇编成《三洞琼纲》共3700多卷。这部书以后发展成为正续《道藏》[①]，共收著作1476种，5485卷，是卷帙浩繁的道教典籍总辑。现存《道藏》中和炼丹术有关的书有100多种，是探讨炼丹术的重要资料。

隋唐时期，随着道教的发展，出现了不少著名的炼丹家和炼丹著述。如孙思邈和他的弟子孟诜（shēn）（约621–713），既是杰出的医家，又是有名的炼丹家，孙思邈著有《丹房诀要》，可惜已经佚失。又如陈少微著有《大洞炼真宝经修伏灵砂妙诀》、《大洞炼真宝经九还金丹妙诀》，张果著有《神仙得道灵药经》、《丹砂诀》，对后世的炼丹术和药物学，都有影响。

但是，炼丹原来为了企求长生不老，服食丹药的结果却屡屡招致严重的病痛以至死亡。据考证，唐代就有六个皇帝死于服食丹药。炼丹术所企求的长生不老的幻想不断破灭，导致炼丹术由盛到衰的演变。

宋代炼丹虽仍然流行，但是已逐渐转变成强调内丹。所谓“内丹”是和“外丹”相对来说的。道教把用矿石药物放入炉火里烧炼成为服后可以“成仙”的“金丹”叫“外丹”；又引伸认为人的身体也是一座“炉”，可在自身形体中修炼“精、气、神”而“成仙”，这就叫“内丹”。到了明代，炼丹术就趋于没落了。

①《三洞琼纲》也称《开元道藏》。宋、金、元各代经多次编纂和增补，有《天宫道藏》、《万寿道藏》等。现存的是明英宗正统九年（公元1444年）刻印的《正统道藏》和明神宗万历三十五年（公元1607年）增刻的《万历续道藏》。

炼丹术对药物学的贡献

前面几次提到过，炼丹家往往又是医药家。唐代炼丹家很注意所用的各种矿石药物的产地，对各地所产的矿石药物的性状、质量有比较详细的记述，并且著有矿石药物的专著。如唐高宗麟德元年（公元664年）成书的《金石簿五九数诀》一书中说：朱砂"出辰锦州，大如桃枣，光明四暎彻莹透如石榴者良，如无此者次"；雄黄"出武都，色如鸡冠、细腻红润者上，波斯国赤色者下"[1]。唐宪宗（李纯，778–820）元和十三年（公元818年）左右梅彪所撰《石药尔雅》，更是一部矿石药物辞典，书里列举了62种药物的335种异名，使后人得以了解炼丹家关于药物的晦涩用名，英国科学史家李约瑟说它"是唐代炼丹术语的可靠指南"[2]。

炼丹家在炼丹中所得到的化学药物，在医学上也得到了广泛的应用。如孙思邈在利用炼丹药物方面就有不少创新。他在《千金翼方》里记载有"飞水银霜法"，这种水银霜是甘汞，就是氯化亚汞，难溶于水，毒性比较小，孙思邈指出可以用来治疗疥癣、湿疹等皮肤病。他还制造了一种叫"太乙神精丹"的化学药物，含有砷、汞等剧毒成分，能杀灭多种原虫和细菌，外用可以治疗皮肤病，内服可以治疗回归热和疟疾。为了防止药物中毒，孙思邈还用以枣泥和制成丸的方法控制药物剂量；在需要加大剂量的时候，他采取逐步加量的服法，这和现代服用含毒药物的原则相符。唐代炼制和使用的轻粉（就是甘汞）、白降丹（也是甘汞）、红升汞（就是氯化汞）等药物，到现在仍然经常在外科上应用。轻粉可以治疗癣疥，白降丹可以治疗疮疽，红升汞可以拔毒收口。

炼丹术对化学的贡献

唐宋时期的炼丹术比前代有显著的进步，从它作为原始形式的化学的角度看，主要表现有如下几个方面：

第一，前代的炼丹设备简陋，并且缺少记载，而唐宋时期炼丹设备有比较大的改进，炼丹著作中有关于炼丹设备的记述，有的还附有插图。

①辰州今湖南沅陵县，锦州今湖南麻阳县西，武都今甘肃武都县。

②李约瑟：《中国科学技术史》中译本第五卷，科学出版社1976年版，第385页。

第二，前代炼丹中用药的量都很大，有的药物多到几十斤，甚至达到上百斤，各种药物的搭配没有固定的比例，或者比例粗疏，带有很大的随意性。唐宋时期用药的量明显减少，一般多用两做单位，有的药物甚至用钱做单位，药物的配方也有比较合理的比例。

第三，前代炼丹著作中，关于炼丹过程的记述非常简单，而唐宋时期已经有比较详细的记述。

第四，唐宋时期对药物的鉴定、火候的掌握等技术，比前代也有很大的提高。

下面就炼丹设备和炼丹技术两方面，分小节加以说明。

相当完善的炼丹设备

根据唐宋以后的炼丹著作，炼丹的设备有丹炉、丹鼎、水海、石榴罐、甘埚子、华池、臼、杵、绢筛、马尾罗等十几种。这些设备和我们今天所用的某些化学仪器，作用和原理都是一致的。

丹炉是供热设备，丹鼎是火法炼丹中的反应器，水海是一种盛水的降温设备，放置在丹鼎的上方，可以用来控制加热温度。

石榴罐是一种简单的蒸馏器。1970 年 10 月，在西安南郊何家村唐邠王府遗址出土的唐代医药文物中，有银制的石榴罐四个，玛瑙臼一个，玉杵一枚等，这些是目前已经发现的最早的炼丹设备的实物。石榴罐和甘埚子配合使用，使石榴罐里药物加热反应后产生的水银蒸气在甘埚子的冷水里冷凝成为液态水银。后来蒸馏器不断改善，南宋孝宗隆兴元年（公元 1163 年）成书的《丹房须知》所载的蒸馏器图，已经相当完善。从图上

银石榴罐、莲花座小银坛（唐，西安何家村，陕西博物馆）。

可以看到下部是加热的炉，上部是盛药物的密闭容器，旁连一管，可以让容器里产生的水银蒸气通入旁边的冷凝罐。这种蒸馏器是我国古代炼丹家的一项发明。

华池是水法炼丹中的重要设备，是用来盛浓醋的溶解槽，醋里投入硝石（硝酸钾）等药物，可以形成溶液，起类似稀硝酸的作用，能溶解许多金属和矿石药物。

炼丹技术更加熟练和成熟

唐宋时期的炼丹家继承前代炼制丹药的火法和水法，技术上更加熟练和成熟。

如用水银和硫黄炼制丹砂，唐代已经采用适当的比例。一般用水银 1 斤，硫黄 3 两，比例大约是 100:19。硫化汞（丹砂）化合物中水银和硫黄的比例是 100:16，炼制中硫要燃烧损失，所以适当增加硫黄的量是合理和必要的。

唐宋时期已经能利用水银和含有食盐（氯化钠）、朴硝（硫酸钠）的药物共同加热，制取水银霜（氯化汞或氯化亚汞），并且进而发明了直接用水银和硫黄制成硫化汞再和食盐反应制取水银霜的简易方法。

火法炼丹过程中，火候的控制很重要。当时并没有测温仪器，但是当时的炼丹家在长期炼丹实际中已经掌握了利用调节炭量和燃烧时间来控制火候的丰富经验。

水法炼丹方面，唐宋炼丹家已经用朴硝和硝石的水溶液经过结晶提取硫酸钾："取朴硝、硝石，无

《丹房须知》所载的蒸馏器图。

用捣筛，粗研，以暖汤淋朴硝取汁，澄清者取煮之，多少恒令减半，出置净小盆中，以冷水渍盆中经宿即成，状如白英，大小皆有楞角起。”①

此外，唐宋炼丹家已经能利用颜色光泽不同来分辨黄铁矿、黄金和自然铜，用能制铅、性脆、燃烧有二氧化硫气味来鉴别方铅矿，用经火燃烧后的色和味来鉴别真伪黄金，等等。

这些都是这一时期的炼丹家取得的新成就。

特别值得一提的是：炼丹家经常使用硫黄、硝石和含碳的皂角、马兜铃等炼制丹药，时常发生丹房失火的事故，唐代炼丹家已经从这里认识到，硫黄、硝石、炭混合在一起烧炼，遇火容易燃烧以至爆炸。这就是发明黑火药的开端。

关于炼丹术的西传

我们在第二编里说过，炼丹术大约在唐代（公元7世纪到9世纪）经阿拉伯传到西方，转变成为炼金术。关于这个问题，我们再说几句。

以前西方科学史家只知道欧洲中世纪的炼金术是从阿拉伯传去的，却不知道公元8世纪出现的阿拉伯炼金术是从中国传入的。直到20世纪30年代，经我国和西方一些学者进行认真的研究，才肯定中国炼丹术通过阿拉伯西传的事实。

在唐代，中国和阿拉伯帝国（唐代史书里称“大食”）、波斯之间，使节、商人、旅行家相互往来，开展了频繁的贸易和物质、文化交流。当时唐代都城长安就有不少阿拉伯人和波斯人。中国的炼丹术就是在这时传到阿拉伯的。

阿拉伯语中，炼金术称做al-kîmîya。据科学史家研究，kîmîya是汉语“金液”两字的古音，al是阿拉伯语中的冠词，所以al-kîmîya可以认为是“金液学”，而“金液”是中国炼丹术中一种主要的探讨对象。

在中国炼丹术和阿拉伯炼金术之间，有许多相似的地方。它们所用的药物基本相同，无非是硫、汞、丹砂、硝石、雄黄、矾石等矿石药物和醋等少数有机物。中国炼丹家试图用某种方法使硫化汞化作黄金，

①据《黄帝九鼎神丹经诀》。

阿拉伯炼丹家也试图用硫和汞制作黄金。中国炼丹术很早使用硝石和硇砂(氯化铵),阿拉伯和波斯不但也使用这些药物,而且硝石在阿拉伯和埃及都叫“中国雪”,在波斯叫“中国盐”。中国的炼丹术和阿拉伯的炼金术所用的设备也大体一致。

所以,英国科学史家李约瑟说:“整个化学中最重要的根源之一(即使不是最重要的唯一根源)就是地地道道从中国传出的。”[①]

①李约瑟:《中国科学技术史》中译本第一卷,科学出版社1975年版,第16-17页。

第六章 我国的四大发明和一些驰名世界的手工业生产技术

壹 我国古代四大发明对世界文明作出伟大贡献

四大发明中的三项是在这一时期创造的

上一章讲炼丹术的时候，最后我们提到了火药。造纸术、火药、指南针、印刷术是我国古代的四大发明，是举世闻名的。

这四大发明中，除造纸术是在汉代发明的，其余三项，虽然有的从最早起源来说可追溯到更早，但是作为可供实用的技术，可以认为都是在隋唐宋元这一时期创造和推广使用的。

这也正反映我国科学技术在这一时期发展到了高峰，处在世界的前列。

我国的四大发明对世界文明产生巨大影响

造纸术、火药、指南针、印刷术，我国古代的这四大发明，不仅对国内的政治、经济、文化的发展起了推动的作用，在它们外传以后，对世界文明发展史也产生了巨大的影响。

英国哲学家弗兰西斯·培根（1561–1626）在他所著的《新工具》一

书里指出，印刷术、火药和指南针“这三种发明已经在世界范围内把事物的全部面貌和情况都改变了：第一种是在学术方面，第二种是在战事方面，第三种是在航行方面；并由此又引起难以数计的变化来；竟至任何帝国、任何教派、任何星辰对人类事务的力量和影响都仿佛无过于这些机械性的发现了。”①

马克思在1861-1863年所写的《经济学手稿》里对这一点有更深刻的论述：“火药、指南针、印刷术——这是预告资产阶级社会到来的三大发明。火药把骑士阶层炸得粉碎，指南针打开了世界市场并建立了殖民地，而印刷术则变成新教的工具，总的来说变成科学复兴的手段，变成对精神发展创造必要前提的最强大的杠杆。”②马克思在1863年1月28日致恩格斯的信里也把“火药、指南针和印刷术的发明”称做“资产阶级发展的必要前提”③。马克思把它们看成推动西方社会发展、实现由封建社会向资本主义社会变革的强大力量，因为火药武器在新兴资产阶级军事上武装推翻封建统治阶级、实行暴力革命中起了重要作用，指南针在新兴资产阶级经济上用强大船队开拓世界市场、掠夺殖民地、进行资本的原始积累、发展资本主义经济实力中起了重要作用，印刷术在新兴资产阶级思想上制造革命舆论、进行启蒙教育、传播资产阶级观点和主张中起了重要作用，而这些发明在推动西方近代科学技术的产生和发展中也起了重要作用。

这里虽然都没有提到发明更早的造纸术，但是正是廉价的植物纤维纸的使用为印刷术的产生和推广提供了必要的条件。所以我们可以说，我国古代的四大发明的西传预告了西方资产阶级社会的到来，正是这四大发明为西方资产阶级发展提供了必要的前提。

下面我们将分节介绍这四大发明，先依次叙述火药、指南针、印刷术的发明经过和推广使用的情况，再叙述造纸术在这时期的改进和西传过程。

①引文据商务印书馆1984年版《新工具》中译本第103页。

②《马克思恩格斯全集·第四十七卷》，人民出版社1979年版，第427页。

③《马克思恩格斯全集·第三十卷》，人民出版社1975年版，第318页。

贰 火药的发明、推广使用和西传

火药是炼丹家发明的

古代的火药，现在称“黑色火药”、“黑火药”或“黑药”，它的成分是硝酸钾、硫和木炭。现在的黑火药一般由硝酸钾 75%、硫 10%、木炭 15%的粉末混合而成。

经考证，我国最早发明火药的是炼丹家。在炼丹著作《诸家神品丹法》一书里记载有唐初炼丹家孙思邈的“丹经内伏硫黄法”：取硫黄、硝石各二两，研成粉末，放在销银锅或砂罐子里。掘一地坑，放锅子在坑里和地平，四面都用土填实。把没有被虫蛀过的三个皂角子逐一点着，然后夹入锅里，把硫黄和硝石烧起焰火。等到烧不起焰火了，再拿三斤木炭来炒，炒到木炭消去 1/3 就退火，取出混合物，这就把硫黄“伏火”了。这可以说是目前世界上发现的最早有文字记载的火药配方。在中唐宪宗元和三年（公元 808 年），一个道号清虚子的炼丹家所著《铅汞甲辰至宝集成》里提到“伏火矾法”，所用的也是硫黄和硝石，分量相同，只是把三个皂角子改做马兜铃三钱半。这里把锅埋在地里显然是为了防止爆炸。中唐以后还有一部炼丹著作《真元妙道要略》里还记载有这样一件事：“有以硫黄、雄黄合消石并蜜烧之，焰起，烧手面及烬屋舍者。”如果说“伏火硫黄法”和“伏火矾法”还并没有自觉意识到这是一种火药或会着火的药，极迟到中唐以后，已经知道可以用硫黄、硝石等配制成会着火的药或火药了。

宋元时期，火药的配方已经脱离了初始阶段，有了比较合理的分量配比。如北宋仁宗庆历四年（公元 1044 年）曾公亮（998–1078）、丁度（990–1053）等编成的《武经总要》一书里，记载了三个火药配方，它们的主要成分已经明确是硝石、硫黄、木炭，而且硝石和硫黄的比已经从唐代的 1:1 增加到 2:1 甚至接近 3:1，这已经和后世黑火药里硝石占 3/4 的配方相接近。

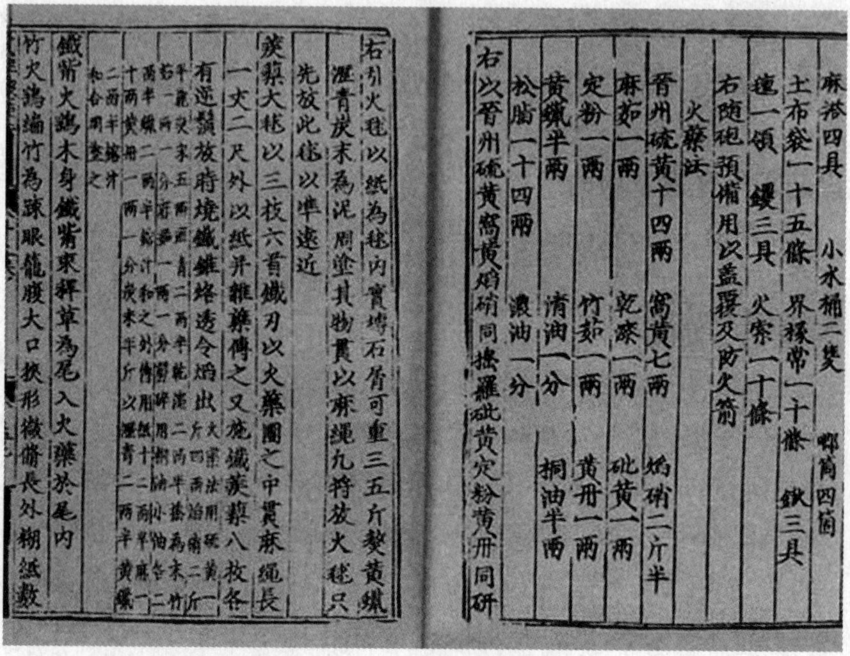
麻搭四具 小水桶二隻 唧筒四箇
土布袋一十五條 界椽帚一十條 鍁三具
連一領 鐶三具 火索一十條
右隨砲預備用以蓋覆及防火箭
火藥法
晉州硫黄十四兩 窩黄七兩 焰硝二斤半
麻茹一兩 乾漆一兩 砒黄一兩
定粉一兩 竹茹一兩 黄丹一兩
黄蠟半兩 清油一分 桐油半兩
松脂一十四兩 濃油一分
右以晉州硫黄窩黄焰硝同擣羅砒黄定粉黄丹同研
右引火毬以紙為毬内實塼石屑可重三五斤熬黄蠟
瀝青炭末為泥周塗其物貫以麻繩凡將放火毬只
先放此毬以準遠近
蒺藜火毬以三枝六首鐵刃以火藥團之中貫麻繩長
一丈二尺外以紙并雜藥傅之又施鐵蒺藜八枚各
有逆鬚放時燒鐵錐烙透令焰出
鐵嘴火鷂木身鐵嘴束稈草為尾入火藥於尾内
竹火鷂編竹為疎眼籠腹大口狹形微脩長外糊紙數

《武经总要》中记录了三个火药配方。

火药在军事上的应用和火药武器的发展

大约在晚唐时候，军事家从炼丹家手里得到了配制火药的方法，很快就应用在军事上。

初期的火药简单粗糙，威力有限，人们只利用它的燃烧性，来加强火攻时候的威力。

最早在战争中使用火药武器——火器，大约是在唐末哀帝（李柷，892–908）天祐年间（公元 904 年到 907 年），有人在攻城的时候“发机飞火”[①]，所谓“飞火”就是火箭和火炮。火箭是把火药缚在箭头附近，点燃后用弓发射出去；火炮是用火药制成类似炸药包一类的东西，点燃后用抛石机抛掷到敌方。

五代时候，除火箭外，还制造有火球、火蒺藜等火器。

宋代先后受北方的辽、金、元的威胁，战争时断时续。宋政府对于威力比其他兵器大的火药武器很重视，采用奖赏、鼓励创制火器的政策，建立了比较大型的制造火药和火器的作坊。在首都所设的专门制造武器的作坊“广备攻城作”中，火药的制造列在首位；在一些军事重

①据北宋时候路振撰的《九国志》，这部书是纪传体的五代时期的十国史。

镇也都设有制造火药和火器的作坊。据南宋理宗宝祐五年(公元1257年)的一份调查报告说,那时荆州每月能制造铁火炮一二千具,可见规模已经相当大。由于火药和火器的生产发展比较快,宋军在城市的攻防中和水师的船舶上都已经配置有火药武器。

在前面提到过的北宋时候《武经总要》一书里,记载有:燃烧性的"蒺藜火球"的火药配方,含有沥青、干漆、桐油、蜡等易燃成分,这种火器用来布设在敌方骑兵必经之地,以烧伤敌方马匹,阻止敌人骑兵的进攻;毒性的"毒药烟球"的火药配方,含有巴豆、砒霜等有毒成分,这种火器用来向敌阵施放烟幕,使敌人中毒而削减敌方战斗力;爆炸性的"火炮"的火药配方,不过这种火器爆炸性能还很差;另外有一种"霹雳火球",燃着后声如霹雳,爆炸力已经比较大。

以后火器不断发展,有不少发明创新。宋、金、元时期,燃烧性火器有火箭、引火球、蒺藜火球、火药鞭箭等名目,爆炸性火器有霹雳火球、霹雳炮、铁火炮等名目。

燃烧性火器和爆炸性火器主要仍是利用弓箭和抛石机发射,也有作为地雷使用的。它们的威力不断增大。

霹雳炮和火炮,分别有纸制、陶制和铁制三种,后期主要是铁制。

宋代用抛石机来发射火炮。

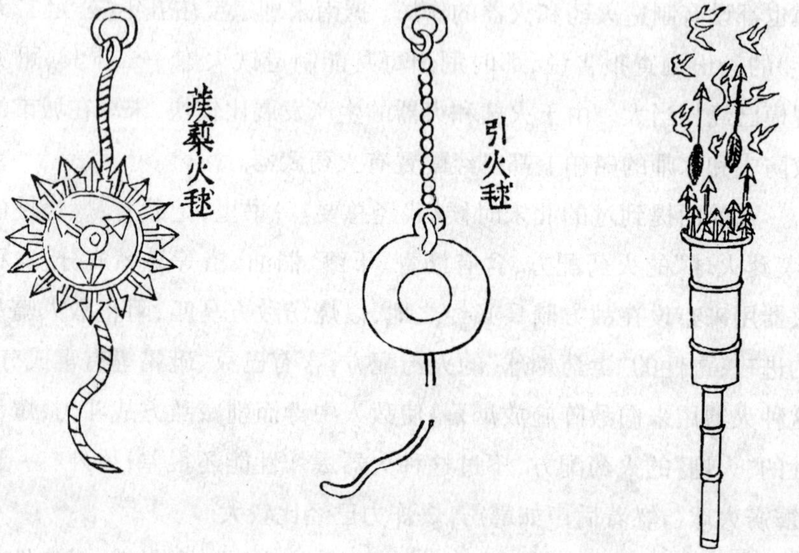

宋军使用的火毬及突火枪。

南宋高宗绍兴三十一年(公元1161年),金兵要渡长江,宋军水师从船上发射一种纸制的霹雳炮,它由两节组成,一节装火药,一节装石灰,爆炸后石灰飞散,迷住金军中人、马的眼睛,宋军趁势掩杀,打了胜仗。这种纸制火炮后来发展成为逢年过节点放的花炮。

元太宗(窝阔台,1186–1241)四年、金哀宗(完颜守绪,1198–1234)天兴元年(公元1232年),元军进攻开封,金兵使用一种叫“震天雷”的铁火炮,声音远闻百里之外,爆炸力所及的范围广达半亩,把元军的牛皮和人都炸得粉碎。

宋端宗(赵昰,？–1278)景炎二年,元世祖至元十四年(公元1277年),元军攻桂林,守月城的宋军引爆一个大火炮,声如雷霆,硝烟弥漫,城壁崩塌,城外的元兵被震死不少,城里200多宋兵都成灰烬。可见这时候火炮的爆炸力已经相当大了。

宋元时期还发明有一种利用火药喷射燃烧气体所产生的反作用力把箭镞射向敌方的火药箭,这是现代火箭的鼻祖,它的发射原理和现代火箭的是一致的。

在宋、金、元时期的火器发展史中,最突出的是管形火器的发明和

元至顺三年的铜火铳。

改进。后世的枪炮正是从这基础上逐步发展和完善的。

最初的管状火器是火枪，是南宋高宗绍兴二年（公元 1132 年）由德安（今湖北孝感地区）守将陈规发明的。火枪用巨竹制成，每支由两人把持，火药装在竹管里，点着后可以喷射火焰烧伤敌人。由于使用不便，效力不大，这种火枪没有得到推广。以后又有用纸筒或竹筒装火药绑在枪尖上制成的火枪，既可以刺杀敌人，又可以烧伤敌人。南宋后期（公元 13 世纪中叶），宋军发明了一种叫"火筒"的火器，用短粗的竹子制成，里面装火药，这是最原始的重型火器。南宋理宗开庆元年（公元 1259 年），宋军还发明了装火药的"突火枪"，"以巨竹为筒，内安子窠，如烧放，焰绝，然后子窠发出，如炮声，远闻百五十余步。"①"子窠"就是后世子弹的原始形式。

到了元代，管形火器发展成为用铜或铁制造，火枪演进成为火铳或手铳，火筒演进成为大型火铳。到现在为止所发现的最早火铳，是元文宗（图帖睦尔，1304–1332）至顺三年（公元 1332 年）二月制造的铜火铳。铳头稍大，可以安放石弹；铳身装火药；铳尾有火眼。金属制的火铳能在战斗中单独发挥效力，特别是大型火铳的威力很大，往往被称做"将军"。

火药的西传

在"关于炼丹术的西传"一节里曾经说过，炼丹术是在唐代从中国

①见《宋史·卷一百九十七》。

传到阿拉伯和波斯的，阿拉伯人把硝石叫“中国雪”，波斯人把硝石叫“中国盐”。但是他们只知道用硝石炼金、治病和制玻璃，还不知道用来制火药。

火药是在南宋的时候由中国传入阿拉伯的。当时阿拉伯国家和中国之间海上交通十分频繁，广州、泉州等东南沿海城市都有阿拉伯人居住。就在这时候，中国的“烟火”和火药也就传入阿拉伯国家。13世纪的一部阿拉伯文军事著作里讲到“火轮”和“苇管火”，经考证就是我国南宋词人周密所撰笔记《武林旧事》里所说的“起轮”和“流星”（现在也叫“起火”）。阿拉伯军事著作里还讲到“中国铁”，就是我国《金史》[①]里所说的“铁淬末”，用在烟火里产生火花的。

后来到了宋末元初，蒙古西征，兵力达到波斯和阿拉伯帝国，曾经用过“毒火罐”、火箭、火炮这些火器。元世祖中统元年（公元1260），阿拉伯人在大马士革附近打败蒙古军，有大批蒙古军投降，阿拉伯人得到了蒙古军的火器和能制作火器的匠人。据一部阿拉伯文军事著作说，那时有两种火器传入阿拉伯，一种叫“契丹火炮”，一种叫“契丹火箭”。

蒙古军虽然也曾经进军欧洲，据波兰史书记载，也曾经用过如“毒药烟球”这类火器，但是欧洲的火药火器却是从阿拉伯间接传入的。

当年阿拉伯帝国的版图远达西班牙。西班牙独立后，公元12世纪建立了一个专门机构，大规模地翻译阿拉伯文著作。大概在公元13世纪中叶到末叶，阿拉伯著作中的有关火药的记载被译成了拉丁文。这样，火药的知识也就传入了欧洲。

过去西方科学史家认为欧洲的火药是由罗吉尔·培根（约1220–1292）发明的，他是一位英国思想家，又是炼金家，他的著作中有很多材料采自阿拉伯文著作，有关火药的一段话也是这样。公元1290年，阿拉伯人和欧洲十字军作战，曾经用过“火球”、“火瓶”、“火罐”。在这以后不久，欧洲国家才从阿拉伯人那里获得了火器。到14世纪中叶，欧洲才有了管形火器。

正如恩格斯早在1875年就指出：“现在已经毫无疑义地证实了，

①《金史》，元脱脱等撰，是纪传体金代史。

火药是从中国经过印度传给阿拉伯人，又由阿拉伯人和火药武器一道经过西班牙传入欧洲。"①

叁 指南针的渊源、发明和推广使用

指南针的渊源

指南针是利用磁针的指极性而制成的指向仪器。

我国早在春秋战国时期，已经知道天然磁石（就是磁铁矿，主要成分是四氧化三铁）有吸铁的性质。《管子·地数》篇里说："上有慈石者，其下有铜金②。"《吕氏春秋》里还有"慈石召铁"的话，"慈石"就是磁石。

那时还知道磁石有指南北方向的性质。《韩非子·有度》篇里有"先王立司南以端朝夕"的话，"端朝夕"就是正四方的意思。"司南"是用天然磁石制成的一种指向仪器，把天然磁石琢磨成勺状，放置在平滑的"地盘"上，勺柄会指向南方。东汉王充的《论衡·是应篇》里说得很清楚："司南之杓，投之于地，其柢指南。"

但是，由于天然磁石难于琢磨，而且磁石受到剧烈打击或受热会丧失或减弱磁性，因此司南在很长时期里没有能推广使用。

指南针的发明

经过长时间的探索，到了唐末或宋初，人们终于掌握了把铁进行人工磁化的方法，指南针就应运而生了。

当时发现的人工磁化方法有两种。

一种是《武经总要》中所记载的，用薄铁片剪裁成鱼形，放在炭火里烧到通红，然后钳出，以鱼尾对正北方，蘸入水盆里，使尾部没入水中几分，放置在密闭的器皿里，铁鱼就可以带有磁性，能指出南北方位，称指南鱼。这是世界上最早利用地磁场磁化铁片的实验，说明当时对铁在地磁场中磁化的原理和方法已经有相当的认识。但是由于这种方法所获得的磁性比较弱，实用价值不大，没有得到推广。

①《马克思恩格斯全集·第七卷》，人民出版社 1961 年版，第 386 页。这是恩格斯在 1875 年版《德国农民战争》一书里加的注，这里说是经过印度传给阿拉伯人，经现在考证，当时中国和阿拉伯之间有直接交往，中国的火药是直接传给阿拉伯人的。

②"铜金"当指黄铁矿或黄铜矿。

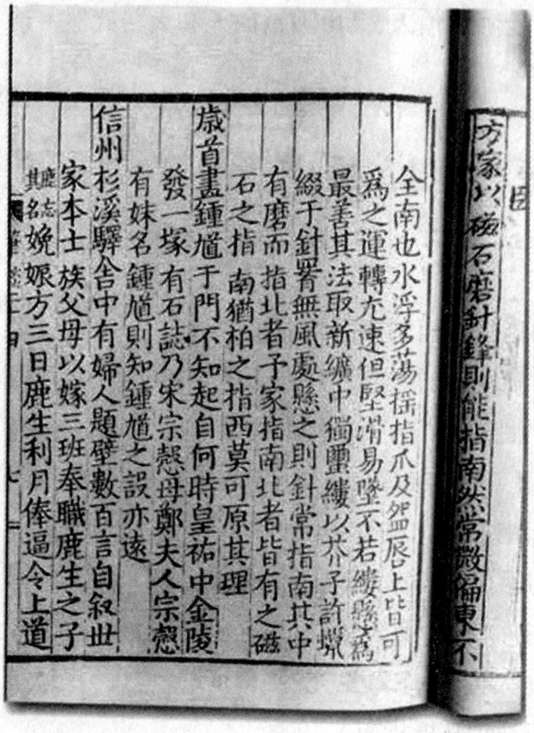
方家以磁石磨針鋒則能指南然常微偏東不
全南也水浮多蕩搖指爪及盌唇上皆可
爲之運轉尤速但堅滑易墜不若縷懸爲
最善其法取新纊中獨繭縷以芥子許蠟
綴于針腰無風處懸之則針常指南其中
有磨而指北者予家指南北者皆有之磁
石之指南猶柏之指西莫可原其理
歲首畫鍾馗于門不知起自何時皇祐中金陵
發一塚有石誌乃宋宗慤母鄭夫人宗慤
有妹名鍾馗則知鍾馗之設亦遠
信州杉溪驛舍中有婦人題壁數百言自敘世
家本士族父母以嫁三班奉職鹿生之子
娩娠方三日鹿生利月俸逼令上道

《梦溪笔谈》中关于指南针的记载。

另一种方法是沈括在《梦溪笔谈》里所记载的，用磁石摩擦铁针，使铁针磁化，而成指南针。这种磁化方法简单而有效，很快得到实际应用。

初期的指南针装置，据《梦溪笔谈》记载，可以说有四种方式。

第一种是水浮法，把磁针横贯灯芯草，让它浮在水面而指向。缺点是水容易振荡，会使磁针漂动，而且水面有张力，会影响磁针的转动。

第二种是把磁针架在碗沿上，第三种是把磁针架在指甲上。这两种方法的长处是磁针转动比较灵活，缺点是容易坠落。

第四种是用丝缕拴在磁针中心处，悬挂起来，放在无风处使用。

后来，人们利用水浮法和刻有方位的“地经”联成一体，组成称做“罗经盘”的指南针装置，只要观察指南针在盘里所指的方位，就能定出所处地点的方位。

这时的罗经盘因为磁针是用水浮法放置的，所以也称“水罗盘”。南宋时候曾经有人发明了一种原始的“旱罗盘”。叫指南龟，就是把磁石安装在一只木龟里，在木龟腹部中心处挖一小穴，把木龟安在竹钉子上，让木龟转动指向。但是因为支撑磁针使它既能灵活转动又不坠落的工艺还没有解决，所以宋元时期应用的基本上是水罗盘。①

①据 1988 年 12 月报道，杭州大学闻人军副教授考证，1985 年 5 月在江西临川县一座南宋墓葬中出土一瓷俑，底座墨书“张仙人”，他手抱一罗盘，当是类似后世堪舆家用的罗盘，而不是水罗盘，所以认为我国早在公元 12 世纪就已经发明了旱罗盘。

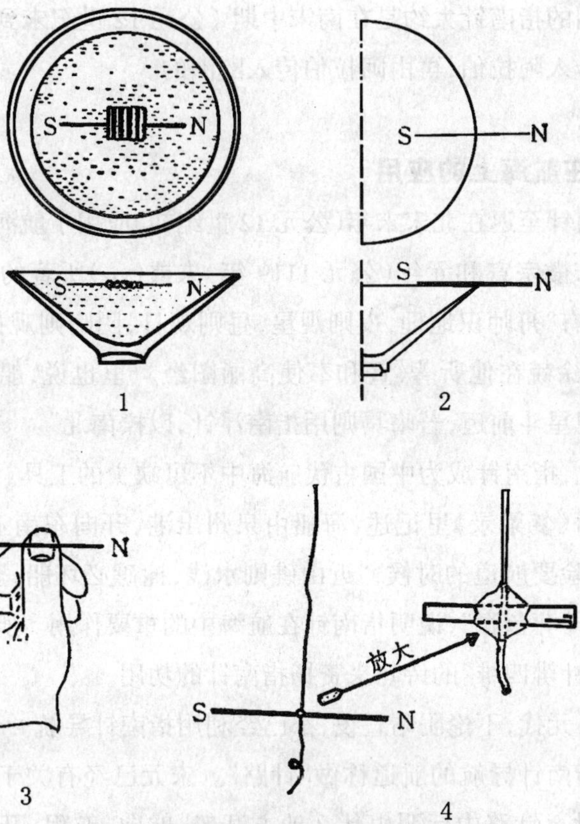

指南针四种装置示意图：
1.横贯灯芯浮水上；
2.架在碗沿上；
3.架在指甲上；
4.用缕丝悬挂。

指南龟复原模型

我国的指南针大约是在南宋中期（公元12世纪末到13世纪初）由海路传入阿拉伯，再由阿拉伯传入欧洲的。

指南针在航海上的应用

指南针至迟在北宋末年（公元12世纪初）应用于航海。

北宋徽宗宣和元年（公元1119年）朱彧（yù）所著的《萍州可谈》里，记载有"舟师识地理，夜则观星，昼则观日，阴晦则观指南针"。以后不久，徐兢在他所著《宣和奉使高丽图经》[①]里也说，船舶在海上航行，"惟视星斗前迈，若晦冥则用指南浮针，以揆南北"。

从此，指南针成为中国古代航海中不可缺少的工具。南宋吴自牧在他所著《梦粱录》里记述，海船由泉州出港，开向东南亚、印度洋一带，经过险要航道的时候，"近山礁则水浅，撞礁必坏船，全凭南针，或有少差，即葬鱼腹"，说明指南针在航海中的重要作用。所以南宋朱继芳用"浮针辨四维"的诗句来赞扬指南针的功用。

到了元代，不论阴晴昼夜，都已经利用指南针导航。

以指南针导航的航道称做"针路"。宋元已经有关于针路的专门著作问世。针路中标明由什么地方开船、航向、航程、开到什么地方等；夜间把牵星记录[②]也注入针路中，同时还记录了航程中所测量到的各地水深。此外，宋代已经出现海道图，这是最早的航海海图。针路著作和海图的出现，标志着当时航海术的重大进步。

指南针在航海中的应用，是航海史上的重要事件。它使人们取得了在大海中航行的自由，有力地推进了航海事业的发展。

肆　印刷术的发明、发展和外传

发明印刷术的物质和技术条件

印刷术的发明是中国古代对人类的一项伟大贡献，它对人类的文明进化的影响是难于估量的。人们称誉印刷术是"文明之母"，是一

①徐兢在宋徽宗宣和六年（公元1124年）出使高丽，就他的见闻所及，回国后著成《宣和奉使高丽图经》一书。

②元代发明"过洋牵星术"，就是用观测星辰的高度来判定船舶所处的地理纬度。

点也不过分的。

发明印刷术，必须先有纸墨等物质条件，刻印的工艺技术条件，这些在中国早已具备，并且不断成熟。

要印刷先得刻字，刻字技术在中国有悠久历史。早在四五千年前，人们已经在甲骨上刻字。随着文化的发展，人们先后掌握了在金、石、竹、木上刻字的技术，出现了金文、石经、竹简、木牍等文字雕刻，还出现了印玺。印玺是反刻文字，有阳文和阴文两种刻法。魏晋时期道教兴盛，道士刻印符箓风行，刻印的符箓，有的已经多达120字。两晋南北朝时期，还出现了在砖石上反刻阳文凸字和反刻阴文凹字，说明当时反刻文字的技术已经成熟。

伴随着刻字技术的发展，人们还掌握了摹拓碑石刻文的技术。

此外，在丝织品印染方面，已经发明了镂板印花技术。

这些都为印刷技术的出现提供了思想启示。

加上南北朝时期，优质的纸张已经大量生产，普遍使用，烟墨的质量也已经相当优良。

因而印刷术随着物质，技术条件的成熟应运而生。因为所谓印刷，只不过是在反刻阳文板上涂上墨再刷印在纸张上罢了。

雕板印刷术的发明和盛行

印刷术的早期是以雕板形式出现的，这是雕板印刷术。

雕板印刷术是哪一年发明的，现在还没法确定。但是目前国内外学者普遍的看法，认为是在唐代。从此雕板印刷术逐步得到推广应用。当时的雕板主要是木刻板。

唐代的佛教非常兴盛，抄写佛经和描绘佛像是善男信女的一项活动。由于所要求的佛经和佛像数量很多，单靠抄写和描绘难于满足需要，所以雕板印刷术发明之后，首先被佛教信徒所采用，用来印刷佛经和佛像。

据记载，唐代玄奘在太宗贞观十九年（公元645年）回到长安后，

唐咸通九年刊卷子本《金刚经》。

主持翻译佛经，还印普贤像广施四方，每年有五驮之多。唐代的刻经也屡有发现。现在发现最早的印刷品有：在朝鲜半岛南部发现的刻印于武则天长安四年到玄宗天宝十年（公元 704 年到 751 年）间的木刻《陀罗尼经》，据认为是在中国印刷后传入朝鲜的。在日本和朝鲜半岛南部发现的刻印于唐代宗大历五年（公元 770 年）的《陀罗尼经》，可能是当时的留唐学问僧在中国学到印刷术后在日本刻印的。在敦煌发现的刻印于唐懿宗（李漼，833–873）咸通九年（公元 868 年）的《金刚经》一卷，是国内发现的最早最完整的木刻印刷品，全卷由七张纸粘成，每张纸长 76.3 厘米，阔 30.5 厘米，卷首印有神像，卷末印有“咸通九年四月十五日王玠为二亲敬造普施”字样，整卷的印刷精良，说明当时的印刷术已经很成熟。

继佛经、佛像印刷之后，中唐后期和晚唐（公元 9 世纪），民间已经印刷书籍，开设书铺销售。江浙一带、四川成都等地，当时印书业都相当发达，印刷和销售诗集、音韵学、文字学、医药、历法、占卜等各种书籍。

印刷业的兴起，引起了士大夫阶层的重视。五代的时候，因冯道(882-954)、田敏等发起，由官方国子监刻印儒学经籍，从后唐明宗(李亶，866-933)长兴二年到后周太祖广顺三年（公元931年到953年），历后唐、后晋、后汉、后周四代，木刻《九经》、《五经文字》、《九经字样》各二部，印刷成书，计130册。

到了宋代，官方印刷业迅速发展。太祖开宝四年(公元971年)，开始雕刻《大藏经》板，到太宗太平兴国八年(公元983年)完成，刻板13万块，印成书籍，计1076部，5048卷。以后又多次发起大规模刻印经籍。当时的刻板过程要求很严格，书要先行校勘，刻的时候分别令人三次校定。后人称："书籍刊行大备，要自宋始。校雠镌镂，讲究日精。"①由于宋版书籍刻、印、校都十分精良，所以一直为后人所珍重。除官营印书业外，私家印书业也很兴盛，成都、杭州、建阳的私家印书业尤其发达，它们设有作坊，自刻、自印、自卖。

元代的官私雕板印刷业仍然很兴盛，刻印业遍布各地。官方除国子监刻印销售外，还专门设有兴文署，掌管刊刻经史，隶属于集贤院。兴文署里的人员分工很细，有掌管官员、令、丞，以及校理、书写、刻字、匠户、印匠等。

元代还发明了彩色套印技术。现在已经发现的最早的套色印刷品，是元惠宗至正元年到至正二十七年(公元1341年到1367年)间所印的《金刚般若波罗蜜经》，用朱墨两色套印。另外，还有元代的彩色套印佛像，色泽鲜艳，雕刻、套色、印刷都很精美。

活字印刷术的发明和发展

雕板印刷印一页书，必须雕刻一块板。要印刷一部比较大型的书，往往得集中100多名刻工，花费几年甚至几十年时间。如果书的印数少，那工本就更加昂贵。因此，雕板印刷风行之后，人们就探寻着改革制板工艺的途径。

①见《天禄琳琅书目》。这部书前后编在清乾隆、嘉庆年间(公元1736年到1820年间）先后编定，集清宫中所藏宋、金、元，明版和明影宋抄善本书，各撰题解并且详著刊版年月和收藏家题识印记。

宋仁宗庆历年间（公元 1041 年到 1048 年），民间发明家毕昇首创了泥活字印刷，使印刷术的发展迈出了极有意义的一步。

关于毕昇发明活字印刷术，只见于沈括所著的《梦溪笔谈》一书里。据《梦溪笔谈》记载，毕昇的活字印刷方法是用粘土刻字，每一个字刻一个印，制成大小相同的薄泥字印，然后用火烧烤，使泥字印陶化坚硬成泥活字。刻字的时候，同一个字刻几个印，常用字刻的多到二十几个，按字的音韵把泥活字分别放在木格里备用。另外备两块铁板，板上铺施松脂、蜡和纸灰等。排版的时候，把一铁框放置在一块铁板上，在铁框中排上泥活字，排满铁框作为一版，用火稍加烘烤，使松脂和蜡稍稍融化，粘住泥活字，再用一块平板在字面上压一下，使字面平整，就可以印书了。一块铁板在印刷，另一块铁板就接着排字，两板交替使用。印完的版仍然用火烘烤，使松脂和蜡融化，就可以把活字取下，以备再用。如果要排的书里有罕见字，原来活字中没有准备，就临时用粘土刻字，烧硬应用。

毕昇的活字版印刷方法，虽然显得简单原始，但是原理和工艺已经基本具备，近代铅活字印刷正是从这里演化而来的。

毕昇发明泥活字的同时，也试验过用木刻字，但是他发现木质纹理有疏有密，沾水后由于伸缩度不同，排出版来会高低不平，而且和松脂、蜡等药物粘住之后，难于取下，所以废弃木活字不用。

元代初年，王祯创制木活字成功。成宗元贞元年（公元 1295 年），王祯在安徽旌德做县尹，请工匠刻了 30000 多个木活字；大德二年（公元 1298 年），他用木活字印刷了《旌德县志》，不到一个月，就印了一百部。王祯对活字印刷的工艺有不少创新。排版的时候，他用竹片把每行字夹住，然后用小木块、木屑塞紧，这比毕昇用松脂和蜡粘住的方法要优越。他还发明了转轮排字架，用木板制成直径大约七尺的大轮盘，放在大约三尺高的轴上，木活字按韵放在轮盘上，还把“之”、“乎”、“者”、“也”等常用字放在另一同样的轮盘上。人坐在两轮中间，根据排字需要随时转动轮盘，拣出字来排版。王祯自己说：“以人寻字则难，以字就人则易。以此转轮之法，不劳力而坐致，字数取迄，又可铺还韵内，两得便也。”王祯所著《造活字印书法》附载在《王祯农书》之末，是我国最早系统地叙述活字版印刷术的文献。王祯还提到“近世又铸锡作字”，表明当时已经出现了锡活字。但是由于锡不容易受墨，印刷常遭失败，所以没有能够推广。

活字印刷术发明之后，由于活字印刷和雕板印刷各有优缺点，所以两种印刷方法长时期里仍然并行使用。

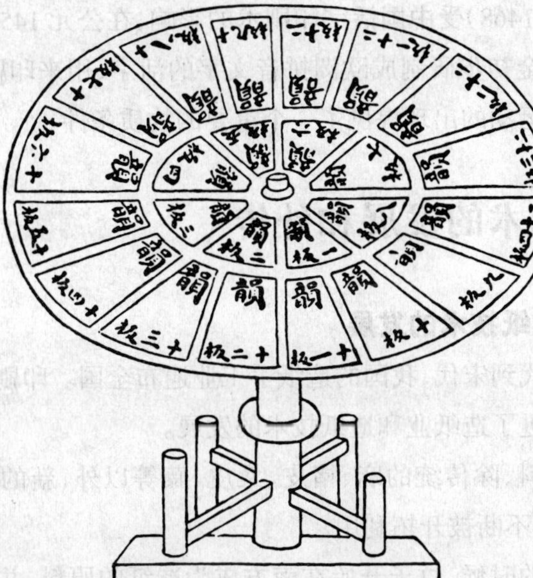

活字转轮排字架图。

印刷术的外传

中国是印刷术的发源地。世界上许多国家的印刷术，都是在中国印刷术的直接或间接影响下发展起来的。

我国的印刷术先后传入朝鲜、日本、越南等邻国。日本早在唐代就由留唐学问僧从中国学到了雕板印刷术，我们前面提到过日本在公元770年刻印的《陀罗尼经》。大约在我国南宋后期（公元13世纪中叶），越南开始用木板印刷户口帖子，不久又用木板印书。

大约在北宋末年到南宋初年（公元12世纪或者略早），中国的雕板印刷术传到埃及。我国宋元之际（公元13世纪），波斯已经熟悉了中国的雕板印刷术，并且曾经用来印造纸币。波斯是当时中国印刷术西传的中转站。欧洲到公元 14 世纪末才出现用木板雕印的纸牌、圣像和学生用的拉丁文课本。

我国的木活字印刷术，大约在元明之际（公元 14 世纪）传到朝鲜、日本。朝鲜人又最早创制了铜活字，对世界印刷术的发展做出了贡献，反过来对我国印刷术产生影响。

元代的木活字印刷术，也经波斯、埃及传入欧洲。后来德国的谷登堡（约 1394–1468）受中国活字印刷术的影响，在公元 1450 年前后，用铅、锡、锑合金初步研制成欧洲拼音文字的活字，用来印刷书籍，为欧洲文艺复兴运动的出现提供了一个重要的物质条件。

伍　造纸术的发展和外传

造纸业和造纸技术的发展

隋唐五代到宋代，我国的造纸手工业遍布全国。印刷术的发明和发展。也促进了造纸业和造纸技术的发展。

造纸原料，除传统的麻、楮皮、桑皮、藤等以外，新的如竹、檀皮、麦秸、稻秆等不断被开拓利用。

中晚唐的时候，竹子开始在南方成为造纸的原料，并且得到迅速的发展。竹子纤维比较硬，又容易断，技术处理比较困难。竹纸的问世，标志着我国造纸技术已经相当精熟。北宋初年，江浙一带和福建已经都用嫩竹造纸，竹纸的产量和质量都有大幅度提高。以前曾经以“剡藤”闻名的浙江剡溪，当时也已经是“今独竹纸名天下”①。

书法绘画的名贵用纸宣纸，唐代以“玉版宣”的名字在安徽宣州（今泾县一带）问世，并且被列做贡品。宣纸在唐代是用檀皮做原料的，质地细腻、洁白、柔软，而且经久不变色，到现在仍是闻名世界的佳纸。

唐代，造纸中加矾、加胶、涂粉、洒金、染色等加工技术也有所提高。纸的品种繁多，美观幽雅，例如全国闻名的有十色笺、五色金花绫

①见宋宁宗嘉泰年间（公元 1201 年到 1204 年）编纂的《会稽志》。

纸、薛涛深红小彩笺①等，还出现了各种以花鸟禽兽作为图案的模底纸(就是水纹纸)，深受人们喜爱和欢迎。

造纸术的外传

中国造纸术在汉代发明以后，不久就传到了越南。西晋的文献资料里就有晋武帝太康五年(公元 284 年)南越贡密香纸的记载，密香纸是利用当地产的密香木皮制成的纸。

据朝鲜史书记载，朝鲜半岛上的百济国大约在我国东晋孝武帝太元年间(公元 376 年到 396 年)因用纸量猛增，靠中国供应不能满足需要，就开始自造纸张，稍后，朝鲜半岛上的高丽、新罗等国也学会了造纸。唐宋时期，高丽纸又反过来输入中国，受到中国人民的欢迎。

我国隋炀帝大业五年(公元 610 年)，高丽国王派遣高僧昙征过海到日本，传授了造纸技术。

中国造纸术传到西方是在唐代。

西方古代的书写材料是埃及发明的纸莎草纸。这是用纸莎草秆劈成长条编织粘合成的，质脆易断。后来在小亚细亚开始用羊皮制成书写材料，叫羊皮纸，价格昂贵。一直到中国造纸术传入西方，西方才有了价廉质优的书写材料。

中国造纸术先是传入阿拉伯。唐玄宗天宝九年(公元 750 年)，驻扎我国西北地区的安西节度使高仙芝(?–755)击败石国(今塔什干，在今乌兹别克斯坦共和国境内)。第二年，石国引大食国(阿拉伯帝国)来攻。高仙芝率领 3 万士兵出击，深入大食国境 700 多里，到了怛罗斯(今哈萨克斯坦共和国境内)，和大食将领齐亚德的军队鏖战 5 天，由于高仙芝部下叛变，结果大败，士兵战死很多，只生还了几千人。大食国俘虏唐军几千人，其中就有不少手工业工匠，包括造纸工匠在内。这就把造纸术传到了阿拉伯。

关于这件事，在阿拉伯文著作里也有记载。公元 11 世纪的阿拉伯作家塔利比指出：造纸术是由中国战俘传入大食国撒马尔罕(在今乌

①薛涛(?– 约 834)，唐女诗人，曾居蜀浣花溪，创制深红小彩笺写诗，人称“薛涛笺”。

兹别克斯坦共和国境内)的。他还引用了一部阿拉伯文的古书说:纸是俘虏们从中国传入撒马尔罕的。这些俘虏是齐亚德的“战利品”,其中有一些是造纸工匠。

阿拉伯人学会造纸术,就在撒马尔罕、报达(今伊拉克的巴格达)、大马色(今叙利亚的大马士革)、北非的亚历山大城和摩洛哥先后兴建造纸工厂,大批生产纸张,并且不断向欧洲各国输出。

欧洲的造纸术最早是在公元12世纪中叶由摩洛哥传入西班牙的,后来又传到法国。13世纪,意大利也设厂造纸。14世纪,造纸术先后传入德国、比利时、荷兰、瑞士等国。到16、17世纪,欧洲各国几乎都已经能造纸,终于彻底取代了传统的纸莎草纸和羊皮纸。

南亚的印度早期的书写材料是“贝叶”,就是贝多罗树的叶子。唐代高僧义净(635–713)曾经于高宗咸亨二年(公元671年)由海道往印度取经,当时印度还没有纸,义净曾经央人在广州买纸带去抄经。有人认为印度造纸术是在公元10世纪伊斯兰教军队第一次去印度的时候带去的。也有人认为那时印度人认为用破布造纸不洁净,拒绝造纸;到12世纪末,伊斯兰教军队再次进入印度,建立德里苏丹,才在印度设厂造纸。

陆 一些驰名世界的手工业生产技术

纺织技术达到娴熟精湛的程度

纺织技术,尤其是丝织工艺,唐宋时期已经达到娴熟精湛的程度。丝织品的花色品种和数量都比以前有显著增加。各种色彩鲜艳华丽、花纹图案精美的丝织品,琳琅满目,争奇斗艳,令人赞叹。大宗丝织品通过陆路和海上运销亚、欧、非的许多国家,深受各国的喜爱。

除了继承和发展以前的丝织技术和工艺技巧外,唐代丝织工艺的一个重要特点是纬锦和花纱的大量生产。唐代以前的锦大多是以经线显花,以纬线显花的锦南北朝时期已经有生产,但是数量不多。到了唐代,纬线显花的纬锦大量生产,在锦织品中占主要的地位。纬锦的生产比经锦受织机的限制小,而且增强了织物的色彩,丰富了织物纹样的内容。花纱是在纱地上印染而成。

唐代的印花技术工艺有绞缬、夹缬、蜡缬和介质印花等几种。

绞缬是用线把待印的坯绸紧紧地扎成或缝成多种纹样的小花,在染浴中浸染。由于结扎方式不同,拆线以后就可以形成不同的花纹。夹缬是用木板或其他材料按预定的图案镂成的花板作工具,把待印的坯绸夹在两片花板之间,在镂空处刷色,就可以得到预期的纹样;也可以在镂空处刷涂防染浆料,去板以后浸染,就可以得到色地白花的产品。蜡缬是用竹签作工具,沾取蜡液,在坯绸上绘画花样,再入染浴印染,利用蜡液的防染作用而成图案。这三种工艺在唐代以前已经出现并且使用,但是在唐代得到推广和发展。

介质印花技术是唐代印染技术中的突出成就。它是使用助剂进行浸染的印染工艺,根据染料的性能,选择助剂和印染方式。当时的介质印花技术有三种方式:碱剂印花,媒染剂印花,清除媒染剂印花。碱性印浆可能是石灰水和草木灰水的混合液;媒染剂印浆可能是明矾的溶液和糊料。

近年来,在新疆古代丝绸之路上,出土有不少唐代的纬锦和花纱,它们的质地、手感、花纹、色泽都极其精良,反映了当时高超的丝织技术水平。如新疆阿斯塔那出土的锦鞋和印花纱,都可以说是一代佳品。锦鞋鞋面由八种不同颜色的丝线织成,图案复杂,形象生动,色彩缤纷,织工细腻。印花纱大多用介质印染法浸染而成,地色处丝束抱合紧密,手感比较硬,色泽比较暗,花纹处丝束松散,手感柔和,色彩艳丽。

宋代的各种丝织技术继续有所发展,尤其是缂(kè)丝制品世界驰名。缂丝又称刻丝,是我国丝织品中独特的工艺制品,它的织造工艺虽然早已产生,但是在宋代有很大提高。缂丝的特点是把绘画或书法艺术移植到丝织品上,既保持了原作的形象和风格,又具有丝织物纤细精巧

南宋沈子蕃缂丝山水轴。

的特色，是一种高水平的艺术再创造。织成之后，绘画、书法犹如是在丝织品上刻镂而成，具有极高的艺术价值。宋代的缂丝大多以唐宋名家的绘画和书法作为底本，把山水、楼阁、花卉、鸟兽，人物以及各种字体的书法在丝织品上表现出来。缂丝以细经粗纬的纬线起花法织造而成，经线通贯，纬线不是只用一把梭子通投到底，而是根据花纹的不同色彩，把每梭纬线分成几段的断纬，用若干小梭分织。所以这种织法有人称作“通经断纬”。

锦织物在宋代也有比较大的发展。南宋时候锦的品种有四十多种，著名的有苏州“宋锦”和南京“云锦”。

元代,更出现了加金银线的“金锦”。金锦在华丽的色彩上又加了金银的光泽,显得金碧辉煌,光彩夺目,是织锦技艺的一大创新。

唐、宋、元时期纺织技术发展的另一个体现,是棉织技术的推广和进步。唐代,云南、广西、广东的棉织业已经比较发达。宋元时期,随着棉花种植往北推广,棉织技术也逐渐传到长江流域、黄河流域一带。特别是松江地区(今上海市郊区),棉织业发展很快,棉织技术有不少革新。元代女纺织技术家黄道婆(约 1245–?),松江乌泥泾镇(今上海县华泾镇)人,出身贫苦,少年流落崖州(今海南三亚市),从黎族人民学得纺织技术。成宗元贞年间(公元 1295 年到 1297 年)回乡,着手改革纺织生产工具。棉花在纺纱之前,要先去除棉籽,以往都用手剥摘,费工费时,效率很低。黄道婆引进黎族人民用的搅车,利用手摇两个转动方向相反的木筒,挤压棉花,轧出棉籽,既减轻了劳动强度,又大大提高了工效。弹花工具原先使用的是小竹弓,黄道婆改成了绳弦大弓,加大了振幅,增强了弹力,使弹后的棉花更加蓬松,又提高了弹花速度。元末又进一步革新,用蜡线弦制造弹弓,用木椎敲击弓弦,使弹花效率又有新的提高。

纺织机械方面,总的说来,在唐宋时期已经基本定型;但是随着纺织技术的发展,不断有所改进。宋代出现的 32 锭大纺车,以水力或畜力作动力,节省了人工,并且把加拈和卷绕结合在一起,简化了工序,提高了工效,是纺车的重大革新。王祯在《农书》里赞扬大纺车“更凭水力捷如神”,“画图中土规模在,更欲他方得共传”,希望能得到推广应用。但是因为大纺车的功能还不完善,加拈度低,只适用于麻类的长纤维原料,而棉花属短纤维组织,纺线需要有比较强的加拈,可能由于这一原因,随着棉纺业的发展,大纺车后来没有继续被采用。当时的提花机实物现在虽然已经不再存在,现存宋代《耕织图》中绘有一台完整的提花机,从图中可以看到提花机的进步。图中所绘的提花机已经具有双经轴和十片综,功能相当完善。提花机由两人操作,

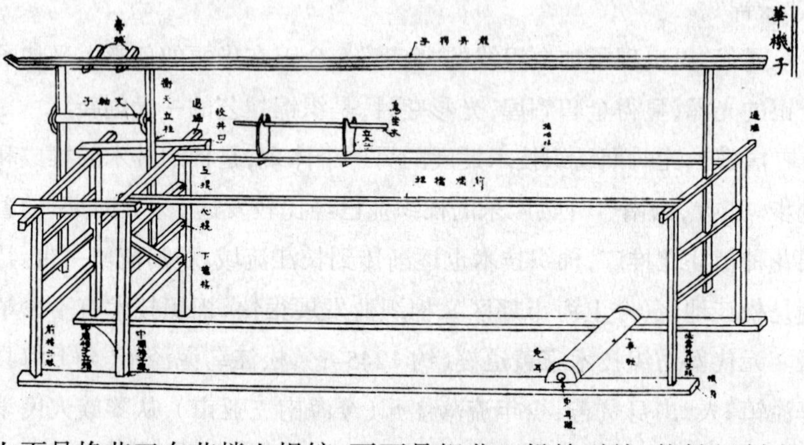

《梓人遗制》中记载的华机子图。

上面是挽花工在花楼上提综，下面是织花工投梭引纬，能够织制出复杂的花纹图案。

和纺织机械定型化相适应，元代出现了记载制造纺织机械的木工专著《梓人遗制》。《梓人遗制》著者薛景石，山西万泉（今万荣县）人，生活年代是金末元初。他出身于木工世家，自己智巧好思，对各种纺织机械的构造、制作非常熟悉。《梓人遗制》是他根据先辈和当时的木工技术结合自己的实践经验而写成的。书里主要记述华机子（就是提花机），立机子（就是立式织机）、布卧机子（织造一般丝麻织物的卧式织机）、罗机子（专织纱罗织品的织机）等纺织机械，内容包括各种机子的性能、历史沿革、用材和功能。同时，书里详细地记载了各种机子的零部件的名称、尺寸和安装位置，使得"分则各有其名，合则共成一器"。除文字记述外，还绘有各零部件和整个机子的图形，使人们可以根据文字和图形，进行纺织机械的制造。因此，这部书既是当时纺织机械制造技术的总结，又是一部实用的技术手册。

漆器工艺技术的创新

唐代的漆器工艺，在前代的基础上，技术上又有发展和创新。

唐代的漆器有所谓"金银平脱"工艺，就是把金银薄片雕成花纹胶粘在漆胎上，上漆以后经打磨推光，现出闪闪发光的金银花纹，和漆面平托于器表，十分考究。同时用贝壳薄片制成人物、鸟兽、花草形象嵌在漆面上的所谓“螺钿”也相当发展。

唐代又创造“剔红”技术，把朱漆层层涂在木或金属胎上，每上一道漆就用刀剔出深浅花纹图案，显出有立体感的图像。

唐代的剔红在宋元时期很盛行，又称“雕红”，底胎用金或银。明人对宋代的雕红漆器有这样的评述：“宋人雕红漆器，宫中所用者多以金银为胎，妙在刀法圆熟，藏锋不露，用朱极鲜，漆极厚而无敲裂，所刻山水、楼阁、人物、鸟兽，皆俨若图画，为佳绝耳。”①

还有一种叫“犀皮”的漆器，也以宋代所制的比较好，涂的是朱、黑、黄三色漆，和犀牛皮很相像。

元代又有“戗金”技术。这是一种填漆工艺，在漆地上先刻好花纹图案，再填上金粉，经打磨后成器。戗金漆器和平脱漆器相比，又别具一格。元代的螺钿除用贝壳外，还用各种颜色的珠宝玉石，组成一幅美丽的画面。元代的雕红漆器以浙江嘉兴的张成、杨茂二家所制的最闻名。

髹漆技术还在我国传统的建筑中得到充分应用，既使建筑物经久耐用，又创造了特有的雕梁画栋的艺术装饰。宋代李诫所著《营造法式》一书在讲到建筑用的油漆的时候，对熬炼桐油的技术有比前人更加详细的叙述。

五代时候的朱遵度曾经著《漆经》一书，总结历代漆工的经验，是最早的一部漆工专著，可惜已经佚失。

我国的漆器和髹漆技术在汉、唐、宋时期就传到朝鲜、日本和东南亚国家，以及中亚、西亚各国，又经波斯人、阿拉伯人和中亚人再向西传到欧洲一些国家。欧洲各国到公元17、18世纪才仿制我国漆器成功。

制瓷技术的高度发展

唐代的制瓷技术已经达到相当精熟的程度，不少地方都建窑烧瓷，能烧制出精致美观的瓷器，花色、品种、数量都比以前大大增多，并且已经开始输出国外。当时的瓷器主要有青瓷和白瓷两大类：青瓷

①见张应文：《清秘藏》。张应文，明代昆山人，博综古今，搜集书法名画古今珍品，著录成书。

以越窑(越州今浙江绍兴)作为代表;白瓷以邢窑(邢州今河北邢台一带)作为代表。

越州青瓷质地细腻,明澈如水,莹润似玉,被看做瓷的上品。有不少诗人咏诗赞美越州青瓷。陆龟蒙的诗句:“九州风露越窑开,夺得千峰翠色来。”孟郊(751–814)的诗句:“越瓯荷叶空。”韩偓(844– 约 914 以后)的诗句,“越犀玉液发茶香。”这些诗句生动地反映了越州青瓷的色泽和质地的优良。

邢州白瓷的胎和釉都很洁白,质地细润,似银类雪,和越州青瓷齐名。

此外,江西景德镇的白瓷质地坚硬,颜色洁白,晶莹清澈,有“假玉”的称呼。据分析,有的出土的景德镇白瓷的白度达 70℃以上,烧成温度达到 1200℃左右,已经接近现代高级细白瓷的标准。四川大邑的白瓷体薄而坚致，色白声清,杜甫（712–770）有诗赞颂它说:“大邑烧瓷轻且坚,扣如哀玉锦城传。君家白碗胜霜雪,急送茅斋也可怜。”

唐三彩骆驼载乐俑。

除青瓷、白瓷外,唐代还有黑瓷,褐瓷以及其他颜色的瓷器。特别是唐代的三彩陶瓷器,异军突起,更为当时的陶瓷技术增添了光彩。所谓三彩,是以铅黄、绿、青等色描绘花纹烧制而成，色泽华艳,花纹典雅,倍受人们喜爱。

宋代是中国古代制瓷技术高度发展的时期,瓷窑的分布范围很广，现在已经有 17

个省、自治区的134个县市发现了大量的宋代窑址，反映了制瓷已经成为全国性的重要手工业部门。制瓷业的内部已经有比较精细的分工，有配料、制胎、施釉、火候等工种；主要工艺程序有选土、粉碎，淘洗、配料、制胎、修胎、绘制或印制花纹、上釉、装窑、烧窑等；瓷器的原料选择、胎质、釉料和烧制技术都达到了新的水平。当时私窑大量涌现，出现了专门烧制宫廷用瓷的官窑。随着中外交通贸易的兴盛，瓷器跃升成为和丝绸并重的大宗出口货物，深为各国所珍重。

唐三彩马。

宋代的瓷器仍然以青瓷、白瓷为主，但是其他色泽的瓷器增多，有蓝、红、紫、褐等多种颜色。瓷器的质量、数量、花色、品种都大大超越唐代。瓷器的装饰有划花、绣花(用针刺)、锥花、堆花、暗花、嵌花、釉里红、釉里青、两面彩等多种，色彩缤纷。所谓釉里红、釉里青，是在瓷胎上绘画红色或青色花纹，再上釉烧成，这是釉下彩工艺的发端。釉里青还是后世青花瓷器的肇始，所用的颜料是苏门答腊的苏泥、槟榔屿的勃青、印度的佛头青等舶来品。

宋代的名窑有官窑(北宋末建于开封，南渡后迁到杭州修内司，又叫修内

宋龙泉窑粉青盘口凤耳瓶。

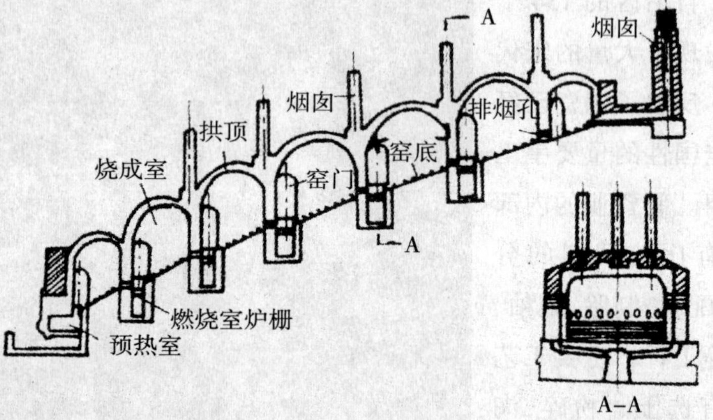

龙窑示意图。

司窑)、定窑(在今河北曲阳县)、汝窑(古代汝州在今河南临汝一带，据最近考证，窑址在今河南宝丰县)、磁窑(在今河南磁县)、钧窑(在今河南禹县)、耀窑(在今陕西铜川市)、景德镇窑、龙泉窑(在今浙江龙泉县，有哥窑、弟窑)、建窑(在今福建建阳)等，它们的制品都是一代珍品。特别是官窑的“紫口铁足”，定窑的白瓷，龙泉哥窑的“百圾碎”和弟窑的“粉青”，钧窑的紫红色瓷，建窑的“兔毫”等，更是十分名贵。

宋代的瓷窑结构也有很大改进，不少地方采用了依山建造的龙式窑。由于龙式窑窑道长而弯曲，火焰传播速度低，可以更有效地充分地利用火力，并且使窑里温度分布比较均匀，提高了全窑瓷器的烧成率。同时，龙式窑的窑腔大，有的窑一次可装 20000 多件瓷器。窑具的使用也比较普遍，印模、盒钵、支脚等的品种和数量都有增加，保证了瓷器的优质和高产。

我国瓷器从唐代以来就经过海上通道大量运销国外，成为驰名世界的我国特产。北宋年间(公元 11 世纪)，我国制瓷技术传到波斯喇吉斯，后来又传到阿拉伯、土耳其和埃及。公元 1470 年又传到意大利的威尼斯，欧洲才开始生产瓷器。

冶金技术的新的进步

在上一编里我们说过，我国用铁虽比西方一些国家晚，但是到了秦汉魏晋南北朝时期，我国冶铁术已经处在世界上遥遥领先的地位，在长时期里，我国一直是世界最重要的钢铁产地。在青铜冶铸技术方面，我国更是历史悠久、成就卓著的。

唐宋时期，钢铁冶铸和铜银冶铸技术都有比较大的进步。

钢铁冶炼方面，炼炉和鼓风技术得到改进。灌钢法得到推广，逐步代替了百炼钢，成为主要的炼钢技术。沈括在《梦溪笔谈·卷三》里记载了灌钢法："用柔铁屈盘之，乃以生铁陷其间，泥封炼之，锻令相入，谓之'团钢'，亦谓之'灌钢'。"就是说把熟铁条盘卷起来，夹放适量生铁，用泥封裹防止加热的时候氧化脱炭，然后烧炼，生铁先熔化成铁汁，渗入熟铁里，再加锻打，使炭分布均匀，就得到灌钢。

铜铁铸造方面，更有突出的成就，已经能铸造大型的器物。隋代，在晋阳（今山西汾西县）铸有高 7 尺的铁佛像。唐代武则天当政的时候，下令在洛阳铸造"天枢"，用铜铁达 20000 斤，铸铁如山做基础，上负铜龙。现存最早的大型铸件是沧州的大铁狮，高 5.3 米，宽大约 3 米，重 10 万斤以上，是五代后周太祖广顺三年（公元 953 年）铸造的。北宋初铸造的河北正定县隆兴寺铜佛像，高 73 尺，重 10 万斤以上，是分 7 次接铸而成的，铜像中间有 7 条铁柱，高 64 尺，每条铁柱用 7 根"铁笋合就"，上面用铁蛇固定。宋仁宗嘉祐六年（公元 1061 年）铸造的

沧州大铁狮。

湖北当阳玉泉寺铁塔，高23米，分13级，重106000多斤，是先逐级铸成再套叠而成的，塔的截面是八角形，塔座有波状纹饰，底层八棱各铸有金刚托塔形象，以及各种生动的纹饰，每层塔身还铸有仪态各别的佛像、侍者。这些大型铸件的出现，说明了当时冶金业的发达，铁、铜的产量增多，也反映了制范和分范合铸技术已经达到相当成熟的程度。

银、铜冶炼方面，用“吹灰法”炼银和用胆铜法冶铜是唐宋时期的两项重大成就。

自然界里的银大都和铅共生，存在于辉银矿（硫化银）和方铅矿（硫化铅）的共生矿中，提炼很不容易。唐代，精致的银器大量生产，加上作为货币和其他方面的使用，用银的数量很大，反映了采、炼银的技术和生产的发达。据出土的唐代银渣分析，推断唐代已经采用“吹灰法”炼银。关于吹灰法炼银的工艺技术，南宋初年的赵彦卫在《云麓漫钞》一书里有详细的记述。它的具体过程是，先找寻和开采黑色的含银矿石，用臼捣碎，再上磨磨细，用绢罗筛出细末，然后用水淘洗。洗出的黄色物是石头，除去；黑色的才是银矿。利用银和铅能互相溶合的特性，在银矿粉里加入铅，用火烧锻，使生成银铅合金，并且和渣滓分离，再冶炼银铅合金，使铅氧化而析出银来。吹灰法可以提高银的纯度和回收率，是古代比较先进的炼银方法。

胆铜法就是把铁放在胆矾（硫酸铜）溶液（俗称胆水）里，使胆矾里的铜离子被金属铁所置换而成为金属铜沉积下来，是一种水法冶金。炼丹家早已知道这个变化，在宋代，这种方法已经从炼丹家手里转入炼铜手工业行业中，被推广使用，成为一种重要的炼铜方法。据统计，北宋末年用胆铜法所炼出的铜已经占全国铜总产量的20%，到南宋的时候更增加到占85%。当时还出现了一部记述胆铜法的专著《浸铜要录》，可惜已经散佚。沈括的《梦溪笔谈》和《宋史·食货志》里对胆铜法也有记述。作为水法冶金起源的胆铜法，在世界冶金史上占有光辉的一页。

第七章　建筑和造船技术

壹 城市建设工程

隋代大兴城和洛阳城的兴建和宇文恺

我国的城市建设工程，到隋代有 个新的发展。 般说来， 个城市，往往是经历一定的历史过程，随着政治、经济的发展而逐步形成和扩展的。但是隋代的都城大兴城却不是这样，它是按照严密的规划，在极短的时间里面建成的。

隋代的大兴城就是后来唐代的长安城。长安是我国著名的古都之一。它自汉高祖元年（公元前 206 年）西汉定做国都起，作为我国许多朝代的都城近千年之久。汉代的长安城，在东汉末年的战乱中遭到严重的破坏。以后虽然西晋、前赵、前秦[①]、西魏，北周先后定都这里，但是它们立国的时间短促，国力有限，所以长安城基本上没有得到恢复。隋文帝开皇元年（公元 581 年）统一全国以后，第二年七月就下令在汉代长安城东南的龙首山南面平原上兴建新城，取名大兴城。下一年正月大兴城基本建成，四月就迁入使用，离开工兴建先后只隔九个月，建设速度之快是空前的，在古代史上也是绝无仅有的。

①前赵、前秦是西晋末年所建立的割据政权所谓“十六国”中的两国。“十六国”指成汉、二赵（前、后）、三秦（前、后、西），四燕（前、后、南、北）、五凉（前、后、南、北、西）和夏，自晋惠帝永安元年（公元 304 年）前赵、成汉建国起，到北魏太武帝太延五年（公元 439 年）统一中国北部止，历时 136 年。

大兴城的规模宏大，在中国历史上是最大的城市，在古代世界史上也是数一数二的。据近年来考古工作者在西安对隋唐故城遗址进行实测结果：它南北长8470米，东西宽9550米，周长35公里多，面积大约83平方公里，比明清的北京城大，相当于明代建的西安城大约7.5倍。在这样短的时间里兴建这样巨大的城市，可以说是世界城市建设史上的奇迹。

大兴城的兴建，只能是役用大批人力，在严密的组织和指挥下，同时全面施工而完成的。可惜史书对这一情况缺乏记载。但是东都洛阳城的兴建过程，可供参照。

洛阳城的规划原则和大兴城基本一致，是在隋炀帝当政的第二年，大业元年（公元605年）三月，下令动工兴建的，下一年正月就建成，历时不到一年。兴建中每月役使丁壮工匠大约200万人，包括建宫城的70万人，建宫殿墙院的10多万人，建洛阳城的土工80多万人，还有木、瓦、金、石等工匠10多万人。大兴城的兴建，规模可能比这还大。

大兴城全城分成宫城、皇城和郭城。宫城里是宫殿建筑群，皇城是中央官署区，两城处在全城的中轴线的北端，面向南方，以显示皇权的威严。郭城又称罗城，围绕在宫城、皇城的东、西，南三面，是居住区和商业区，除官僚府第和市民住宅外，还有商店和寺庙。三城都有高厚的城墙和坚固的城门，形成一个严密的防卫体系。

郭城里有南北向大街11条，东西向大街14条。街道都很宽广。除顺城墙街道宽大约25米左右外，其他大街都宽百米以上，中轴线上的南北大街还宽达150米左右，界于宫城和皇城之间的东西向大街更宽达220米以上。大街的两侧都挖有排水明沟。街侧和沟边种植行道树，绿荫成行，增添了城市的秀色。纵横的街道把郭城分成109个里坊和东、西两个商市，呈方格状的布局，排列规整。正如唐代诗人白居易（772–846）咏长安的诗句所描绘的："百千家似围棋局，十二街如种菜畦。"[①]里坊四周有围墙和坊门，坊里有街巷，设有小商店和小

①白居易：《登观音台望城》。白居易，字乐天。

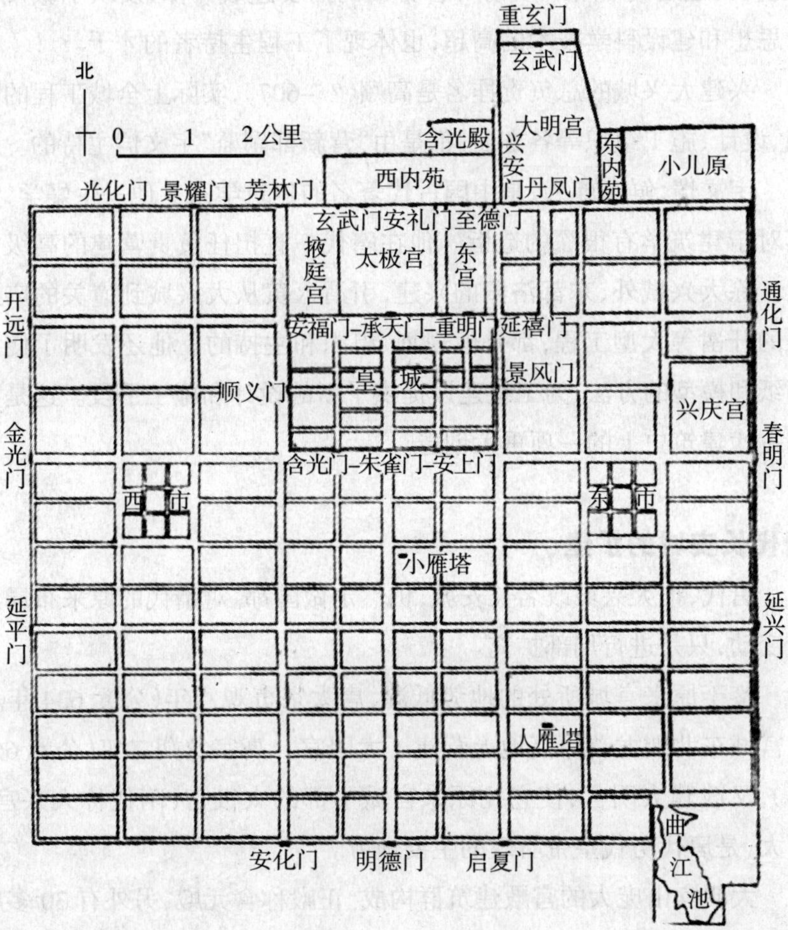

隋唐长安城布局图。

手工作坊。东、西两市各占地两坊，市里有井字形街道，把每市分隔成 9 个区，是集中的商业区，店铺按行业分片临街布置。

城东南隅是风景区“芙蓉园”，南北长大约 2000 米，东西宽 1400 多米，周长大约 7 公里。园里有“曲江池”。碧波烟水和花卉柳荫相映成趣，幽美秀丽，是游览胜地。

大兴城在兴建的时候还利用它东、西、北的天然河流，开渠引水入城，既美化了宫苑和城市的风貌，又解决了给水排水和交通运输的问题。

大兴城的规划严密整齐，布局东西对称，井然有序，把政治、军事、经济、交通运输、生活、贸易等各方面的需要连成一体，反映了城市设计思想和建设科学技术的高超，也体现了工程主持者的才干。

兴建大兴城的总负责挂名是高颎（？ –607），实际上全城工程的规划、设计、施工组织等各方面，都是由“营新都副监”宇文恺主持的。

宇文恺，鲜卑族人，是中国古代著名的建筑学家。他一生好学，尤其对于建筑学有很深的造诣。他在隋代一直担任负责营建的高级官员。除大兴城外，东都洛阳的兴建，引渭入黄从大兴城到潼关的广通渠的开凿等大型工程，都是他规划、组织和主持的。他还发明了使用图纸和模型的方法，为工程建设提供了新的设计和施工手段。这是中国古代建筑史上的一项重大创造。

唐代长安城的扩建

唐代，把大兴城改名长安城，仍然定做国都。对隋代的原来布局没有变动，只是进行局部扩充。

鉴于原来宫城所处的地势低湿，唐太宗贞观八年（公元 634 年），在宫城东北隅龙首原高地上营建了大明宫。高宗龙朔二年（公元 662 年），又改建大明宫，使它比原来宫城中部的太极宫（隋代称大兴宫）更大，是唐代历代皇帝听政的主要地方。

大明宫由庞大的宫殿建筑群构成。正殿称含元殿，另外有 30 多所配殿，规模最大的配殿是麟德殿。麟德殿分前、中、后三殿，可以举行容纳 3500 人的宴会。

唐玄宗开元年间（公元 713 年到 741 年），对风景区芙蓉园进行整修，使风景更加明媚。为便于皇帝和后妃的游乐，专门由大明宫沿郭城东墙修了一条夹道，长 7970 米。

玄宗天宝元年（公元 742 年），又增开了一条运输薪炭、木材的漕渠，从城东的潏（jué）水分水入城，到西市东街汇注成了一个潭。

和唐代国力的强盛以及政治、经济、文化的发达相适应，长安城异常繁华，人口达 100 万以上，汇聚着国内各民族和亚、非、欧三洲许多国家的大批人士。长安城成为当时国际上享有盛誉的城市。

可惜的是，这座古代世界名城，在唐代末年的战乱之中遭到了兵火之灾，变成了一片废墟。

宋元时期城市建设的变化

宋元时期，城市建设发生了变化。

北宋定都东京城（今河南开封）。这是一座南北略长的长方形城市，中心部位是宫城，四周围着一层内城和一层外城。宫城周围20里，外城周围40里，在当时也是世界上最大的城市。有汴河等四条河流经城区，河道和街道交叉处建造有各式桥梁。由于东京城商业和手工业极其繁盛，人口增加，城市建筑上打破了唐代里坊制度，出现了商业街，也有的商业街和住宅区相互交叉，商业活动早晚不停。在城防工程上，比前代更加严密，外城城濠宽10多丈，每个城门都建设瓮城，跨河部位建立铁闸门。

南宋迁都到临安城（今浙江杭州），人口超过北宋的东京城。临安的结构布局和宫殿建筑，虽然没有东京城的雄伟气派，但是总体部署细巧繁华，商业茂盛。房屋建筑从正方、长方等简单的平面布置发展成为凸字形、工字形、王字形等，高低错落，起伏变化，很有特色。

元代定都大都（今北京），城市平面接近正方形，宫殿平面用工字形，有内外两层城廓。城里又恢复了宋代以前的坊里封闭制度。宫廷布局方面进一步发展了“千步廊”，房屋建筑采用了许多兄弟民族的建筑造型。

贰 佛教建筑和木结构建筑技术

寺院的布局

从隋代到元代，是佛教在中国广泛传播的重要时期。佛教寺院随着僧人的足迹，几乎遍及全国各地。这些佛教建筑从一个侧面反映了中国建筑传统的体系的特色和水平，也吸取和糅合有印度建筑艺术的风格。

寺院的布局采用传统的形式，就是在南北向的中轴线上布置主体建筑，其余建筑分布在东、西两侧相互对称。

寺院里一般建有高耸的高层建筑——塔。唐代已经改变北魏把佛塔建在寺院中心的布局方式，一般把大佛塔布置在大殿之前，也有的建在寺侧，构成塔殿并列的形式。宋代却把塔建在大殿之后。

佛殿多采用木构架结构

寺院里的主体建筑是佛殿。佛殿仿照宫殿建筑，由基座、屋身、屋顶组成。

基座高厚宽大，一般用砖石砌成。基座上一般刻有佛教浮雕。

屋身多采用传统的木构架结构，梁柱斗拱，榫卯相接，构成一个整体。唐以前的斗拱粗大质朴，宋以后的斗拱向纤巧细致的方向发展，既起承托作用，又具有极高的艺术造型，起装饰作用。金元时期，殿里多采用移柱法或减柱法，以增加内部空间，又简化梁柱结构，是木结构建筑技术的一项发展。

屋顶多采取单檐或重檐的庑殿式或歇山式结构。

殿柱、墙上和屋顶大都加有金黄色和红色等鲜艳的色彩，使整个建筑显得端庄严肃，又富丽堂皇。

山西五台山佛光寺大殿，建于唐宣宗（李忱，810–859）大中十一年（公元857年），是现存唐代建筑中一座规模比较大的木结构建筑。大殿面宽7间，进深4间，由立柱、斗拱、梁枋组成梁柱式的构架体系。殿内外的柱列和梁枋榫卯连接，构成一个稳固的整体。内柱上使用偷心拱上承平闇①，殿里显得整洁明亮。屋顶是单檐庑殿式，外檐斗拱使用下昂和横拱，屋檐的翼角翘起，由宏大的斗拱承托，出檐深远。整个大殿建筑反映了唐代木结构建筑的特色，是研究唐代木结构建筑技术的宝贵实物。

①平闇是古代建筑中天花板结构的一种形式，是在许多小而密的方格上面覆木板而成。

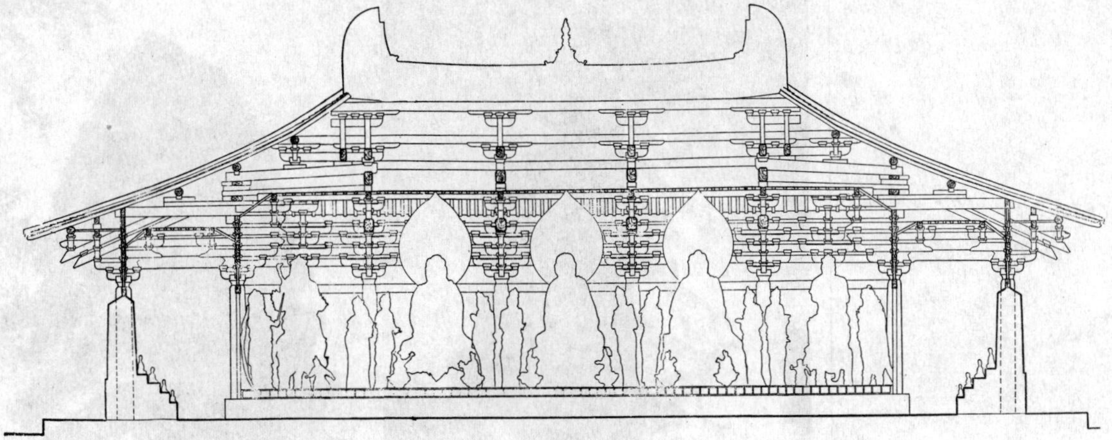

山西五台山佛光寺东大殿剖面图。

山西大同上华严寺大雄宝殿，是辽金时期保存到现在的最大佛殿。这座佛殿建于金熙宗（完颜亶，1119–1149）天眷三年（公元 1140 年），面宽 9 间，一共 54 米，屋顶是单檐庑殿式，举折（就是曲线轮廓）平缓，出檐 3.6 米，建筑在一个 3 米多高的砖砌台基上。大殿的柱列配置采用减柱法，以扩大殿里空间，同时使梁柱构造得到简化，是木结构建筑的一项新发展。元代木结构建筑多采用这种方法。

砖塔和木塔

隋唐宋元时期，建造的佛塔很多，种类有木塔、砖塔、砖石塔、石塔等。木塔采用传统的木结构形式，层层叠合而成楼阁式的高层建筑。砖、砖石、石塔一般都是仿木结构形式或由木结构形式衍化而成。

唐代以前，塔平面多是正方形，宋以后多采用八角形。塔内结构，唐代主要采用空筒式，用木梁板做楼层，它的横向拉力比较差；宋代采用回廊式、穿壁式、穿心式、旋梯式等多种形式，使塔的外壁、楼层和塔梯联成一体，增加了塔的坚固性和稳定性。

隋唐时期建造的木塔，现在都已经毁坏，现存的这一时期的塔只有砖塔和石塔。由这些遗留下来的砖石塔，可以窥见当时的建筑特色和风格。

左 大雁塔。
右 小雁塔。

陕西西安慈恩寺大雁塔，唐代玄奘为贮藏从印度取回的经像于高宗永徽三年(公元 652 年)始建，原来是 5 层；武则天当政的时候重建，增加到 10 层；后来被兵火所毁，又改建成 7 层，高 64 米。塔平面正方形，是空筒形楼阁式砖塔。唐代诗人岑参(约 715–770)曾以“塔势如涌云，孤高耸天宫，登临出世界，磴道盘虚空”，“四角碍白日，七层摩苍穹”的诗句，生动地形容大雁塔的高大、结构和形式。它的每一层都有比较高的塔身，而不是采用当时常见的紧密相接的多层檐砖塔形式，可能是仿自早期木塔的形式。

西安荐福寺小雁塔，唐中宗景龙元年到三年(公元 707 年到 709 年)建。塔高 15 层，大约 46 米。塔平面正方形。塔内结构是空筒式，塔檐是叠涩砌法，采用紧密相接的多层檐，是当时普遍的砖塔形式。明世宗(朱厚熜，1507–1566)嘉靖三十四年(公元 1555 年)受地震影响，上两层震塌，现存 13 层。

建于唐代的云南大理崇圣寺千寻塔，高 16 层，大约 58 米。塔的结构形式和小雁塔相似。大理是地震频繁地区，千百年来这座砖塔仍然岿然屹立。

宋辽金元时期建造的塔，现存的除砖石塔外，也还有木塔。

河南开封祐国寺铁塔，建于北宋仁宗皇祐元年(公元1049年)。塔平面八角形，高13层，54.66米。全塔用砖砌成，塔身用铁色琉璃作面砖，所以俗称铁塔。塔建在岩石地基上，基础坚实。塔的外型仿照木结构塔的形式，用28种类型的砖叠砌出各种柱、檐、额枋、斗拱和平座。塔身结构采用螺旋式蹬道，由蹬道把塔心柱和外壁联结在一起，是宋代砖塔的主要形式之一。

山西应县佛宫寺木塔，建于辽道宗(耶律洪基，1032–1101)清宁二年(公元1056年)，是世界上现存最早、最高的木结构高层建筑，也是中国古代木结构建筑的典型代表。塔平面八角形。塔高67.31米。塔身外观是五层，底层到第四层每层之间都增设有平座夹层，因此塔内部实际上有九层。下层是重檐，全塔有六层檐。整座木塔保持传统的楼阁建筑形制，内部采用联结内外槽柱所构成的筒型框架的结构方式，提高了抗弯剪的能力。每层的外檐柱都和它下面的平座层柱处在同一轴线上，而比下层的外檐柱向塔心收进半柱径，使塔身呈现出优美的收分曲线，又符合高层建筑的力学要求。柱间用多层木枋相连，内外柱间形成两道八角形的木环构架，木环间用梁架、斗拱联系，各柱间加设不同方向的斜撑，因而各部分连成一体，而且各个方向的荷载压力分布均匀，增加了全塔的坚固性和稳定性，体现了古代木结构建筑技术的高度水平。各檐的举折平缓，檐下由几十种斗拱作云朵状拱托，使木塔显得更加庄严秀丽。这座木塔已经经受了近千年的雁北地区狂风雨雪和严重地震的考验，屹立在应县城里。

福建泉州开元寺东、西两塔，分别建于南宋理宗淳祐十年(公元1250年)和嘉熙元年(公元1237年)。东塔高48米多，西塔高44米多。两塔形状相似，都是八角五层。全部用花岗岩石料筑成。塔的型制是仿木结构建筑，梁柱、斗拱、出檐等全部应用木结构手法。塔的造型

山西应县佛宫寺木塔。

应县木塔剖面图。

雄伟壮丽，又因为是用花岗岩石料建成的，非常稳固坚实，是古代石塔建筑中的瑰宝。

另外，元代喇嘛教兴盛，建有不少喇嘛寺塔，现存的如北京妙应寺白塔，它的形式创自我国西藏，元代传到华北，建筑工艺不同于传统的木结构体系，是另一种新型建筑。

《营造法式》反映宋代木结构建筑技术已经成熟

在长期建筑实践的基础上，北宋神宗熙宁年间（公元1068年到1077年），为了对建筑技术进行新的总结，开始组织编修建筑技术的规范。哲宗元祐六年（公元1091年），编成《元祐营造法式》。但是因"《元祐营造法式》只有料状，别无变造用材制度，其间工料太宽，关防无术"[①]，绍圣四年（公元1097年）。命李诫重新编修。

李诫字明仲，管城县（今河南郑州）人，曾任主管营造的将作少监、将作监等职。元符三年（公元1100年），编成《营造法式》一书，徽宗崇宁二年（公元1103年）颁行。

《营造法式》全书共36卷，357篇，3555条。它对历代工匠传留的经验以及当时的建筑技术成就作了全面系统的总结，是当时中原地区官式建筑的规范。

李诫针对《元祐营造法式》只有定规而无法适应情况变化的缺点，把"有定式而无定法"作为编书的方针。书里对各种构件尺寸依据一般情况指出一定的范围，同时又适应特殊的情况留有活动的余地。

《营造法式》所论述的大木作制度，充分体现出我国传统的木结构体系的特点：对于构架的侧向稳定性、纵向稳定性、结构的整体性的增强，都给以极大的重视，作了认真的讨论，并采取必要的措施，如对屋顶的作法使它对抗震有利。这一些特点具体说明我国古代的木结构建筑的构架体系到宋代已经达到纯熟的程度。书里所论述的小木作制度，表明这时木装修也已经进步到新的水平。

①见《营造法式·序》。

叁 桥梁建造技术

我国桥梁建造已经有悠久的历史

跨越江河溪谷的桥梁的建造，虽然我们在前两编里没有提到，其实在我国已经有悠久的历史。早在新石器时代，随着人们活动区域的扩大，已经用石块在浅河滩上修造过水明桥，或用树干在狭窄的河沟上架设独木桥等。

战国时期，架空桥梁已经在黄河流域和其他的一些地区比较普遍地出现。

秦始皇的时候，在长安城北建造的中渭桥，“广六丈，长三百八十步，六十八间，七百五十桥，二百二十梁”①，已经是一座规模很大的多跨梁式桥。

拱桥至迟在汉代已经出现。汉代画像砖上就有一些关于拱桥的图。

此外，根据地形特点而建造的悬索桥，以及由于军事或临时需要而修建的浮桥，也都早有出现。

到了隋唐时期，在我国桥梁史上又掀开新的一页。随着社会经济的繁荣和交通运输的需要，建造了不少桥梁，最著名的是赵州安济桥。

宋元时期，桥梁建造技术已经成熟，在传统的拱桥和梁桥的建造方面，出现了不少技术上的新突破。这一时期还在宽阔的水面造成了不少大中型桥梁，形成了我国历史上一个建桥高潮时期。著名的桥梁有北宋汴梁的虹桥、泉州的洛阳桥，金代中都（今北京）西南郊的卢沟桥，南宋泉州的安平桥等。

下面我们把赵州安济桥和泉州洛阳桥作一些介绍。

赵州安济桥

赵州安济桥，也叫赵州桥，它跨越在赵州（今河北赵县）城南的洨河上。

①据《三辅旧事》。“三辅”指长安周围京畿地区，汉置京兆尹、左冯翊，右扶风三个相当于郡的政区，合称三辅，辖境相当于今陕西中部地区。后世政区虽时有更改，但一直到唐代，习惯上仍称这一地区叫“三辅”。

赵州位于南北交通的要冲，北通涿郡（今北京西南），南通隋代东都洛阳，但是南北的交通却被洨河阻隔。

为了解决穿越洨河的交通问题，隋文帝开皇十五年（公元 595 年）到隋炀帝大业元年（公元 605 年），工匠李春等设计、建造了赵州桥。这是一座单孔圆弧形石拱桥，长 50.82 米，拱券净跨 37.37 米，桥面宽 9 米，桥脚处宽 9.6 米，是现存最早的拱桥之一，也是解放前全国最大跨径的拱桥。

以前的拱桥，都建在河道狭窄的地方，采用半圆形拱型式。但是洨河两岸地势平坦，水面又比较宽，如果仍然采用半圆拱，势必使桥面高出地面一二十米，形成陡坡，没法通行车辆，人马行走也很困难。因此，李春大胆创新，把半圆拱改成圆弧拱，使桥成为坦拱式。赵州桥的拱矢只有 7.23 米，远比半径小，和拱的跨度的比大约是 1:5，能够通行车辆。

鉴于洨河两岸地层是泥沙沉积，承受重压的能力比较低，虽然圆弧拱桥梁的自重比半圆拱的已经大大减轻，李春为了进一步减轻桥梁

赵州安济桥。

自重，又进行第二项创新，改变以往拱桥都呈实肩拱的型式，设计出敞肩拱式的结构，在桥两端各建两个小拱作为拱肩，首创了世界上敞肩拱桥型。敞肩拱拱桥结构可减少主拱桥承重变形，提高桥梁的承载力和稳定性，同时又节省材料，减轻桥身的重量，减少对桥基的压力，而且汛期还可以起分泄洪水的作用。在建造的时候，桥台和桥脚的联接处、主桥上、拱石间和拱背上，都用多种铁件联结加固，使桥梁各部分以及石块之间相互联结，构成一个整体，更加稳固坚实。后人称颂赵州桥“奇巧固护，甲于天下”[①]，真切地反映了赵州桥设计思想和建桥工艺的高超。

赵州桥建成之后，“坦平箭直千人过，驿使驰驱万国通”[②]，成为南北交通的重要通道。到现在近1400年，并且经受过几百次洪水和多次大地震的考验，桥两边的桥基下沉水平差只五厘米，仍然横跨在洨河之上。

泉州洛阳桥

泉州洛阳桥，也叫万安桥，位于泉州城东洛阳江的入海口处。全桥用花岗岩石块建成。据记载，桥长三百六十丈，宽一丈五尺，有47个桥孔。现存桥长834米，桥面人、车行道宽7米，有46个桥墩，47个桥孔，基本上保留原有规模，是我国现存最早的大型石梁桥。

泉州在唐代已经是中国对外通商的四大港之一。北宋建立以后，泉州港继续发展，地位越来越重要。而洛阳江横断泉州北上通往内地的陆路交通，行人和货物在建桥之前全靠渡船摆渡。洛阳江西面有群山逶迤几百里，江是汇聚诸山溪水而成的。入海处是海湾平地，所谓“西有滚滚万壑流波之倾注，东有澒灏澎湃潮汐之奔驰”[③]，因而江面平阔，水湍流急，风大浪高，摆渡的时候舟船常有倾覆，一遇风潮大作，交通就陷于停顿。为了祈祷摆渡平安，渡口取名万安渡。人们早就盼望能在这里建造桥梁，但是要在这样水阔流急的地段建桥，又谈何容易。多次建桥的尝试都因桥基被冲毁而失败。

①见明穆宗（朱载坖，1537—1572）隆庆年间（公元1567年到1572年）修纂的《赵州志》。

②见隆庆《赵州志》引宋杜德源《安济桥诗》。

③见清乾隆年间（公元1736年到1795年）纂修的《泉州府志》。“澒（hòng）灏（hào）”形容水无际涯貌。

泉州洛阳桥。

直到北宋仁宗皇祐五年（公元 1053 年），洛阳桥才在当时的泉州知州蔡襄主持下兴建，嘉祐四年十二月（公元 1060 年一月）竣工。从此，洛阳桥"飞梁遥跨海西东"，人们可以信步过江，易危为安，结束了"万安渡头行人悲"[①]的景况。

洛阳桥这一次之所以能成功地建造，原因是在蔡襄的主持下进行了创新和改革，创立了多项建桥的新工艺，主要的有如下四项：

第一，首创"筏形桥基"。选取水势比较平稳的季节，沿桥梁中线抛下了 3 万多立方米的大石块，构成一条宽大约 25 米、长 500 多米的矮石堤，作为桥梁基础。这种桥梁基础，是现代桥梁"筏形基础"[②]的肇端。

第二，繁殖牡蛎以加固基础。牡蛎是附着在石头上生长的海生贝壳动物，繁殖很快，繁殖的时候石灰质贝壳能连成一片，非常坚固。建桥的时候，利用牡蛎的这一生长特性，在桥基上广殖牡蛎，通过牡蛎的繁殖而把基础连结加固。这在没有现代速凝水泥之前，可以说是一项巧妙的重大发明。

第三，采用尖形桥墩。在江底石堤上用石块垒砌桥墩，仍用牡蛎繁殖连结。桥墩两端砌成尖劈形，以削弱江水和潮汐的冲击力。

①见乾隆《泉州府志》。

②现代桥梁建筑中所谓"筏形基础"，指在桥梁中线下方修一条有一定宽度的基础，类似木筏，所以叫"筏形基础"。

第四，利用潮汐的涨落浮运和架设石梁。洛阳桥桥面石板每根长15米左右，重达二三十吨，在宽阔的水面上，要把它安放在桥墩上，铺砌在适当的位置，单用人力和当时简单机械是没法做到的。为了解决这一困难，建桥的时候，选择大潮涨落时间，涨潮的时候把大石板用船运载到桥墩上方，利用牵引机械固定在预定的位置上，等退潮的时候，石梁就准确地架在所需的地方。这是古代人们利用浮力和潮汐的一项创举。

洛阳桥的建成，成为建造大石梁桥的典范。南宋的时候，泉州府所属地区掀起了一个造桥热潮，建造了几十座大中型石梁桥。特别是晋江上的安平桥，长达五里以上，是一座跨海湾的长桥，真如桥上水心亭上的对联下联所说："天下无桥长此桥"！

肆 造船业的发展和造船技术的进步

唐、宋、元三代造船业的发展

唐、宋、元三代的750年间，造船业发展很快，造船能力已经相当可观。

唐代初年，政府下令在洪、饶、江三州（今江西南昌、波阳、九江）造船，一次就造了400艘。以后又征召江南十二州的造船工匠，建造大船几百艘。唐代中叶以后，官私造船业都有新的发展。

到了宋代，造船的能力已经不小，每年可以造船3000多艘，船舶的种类已经有上千种。

元代的造船业继续发展，每年造船5000艘以上。

唐、宋、元的政府都设有专门管理造船和航运的机构和官员，沿江、沿海的许多地方都成为造船重镇和港口，如扬州、杭州、明州（今宁波）、温州、泉州、广州等地，既是著名的港口，又是船舶的主要建造地。

造船技术的进步

这一时期，建造大型海船的工艺技术已经成熟。

唐代的大船载重八九千石乃至万石，最大的海船长 20 丈，载六七百人，载货万石。

宋代的万石船形制圆短，可以载钱 2000 万贯，载米 12000 石，没有大风就驶不动。宋代民间的大型海船，长十多丈，深三丈，阔二丈五尺，大桅高十丈，头桅高八丈。宋政府经常租用这类船舶出使外国。北宋末年，为出使高丽，特地建造两艘“神舟”，比这类大海船还大，相当于这类大海船的三倍，在海上行驶，巍如浮动的山岳。

元代除远洋船舶继续发展外，为了漕运大量的南方粮食、棉布、丝帛等物资到大都（北京），以供中央政府使用，一方面改造运河，发展河运，一方面又开辟和发展沿海北上的航线，进行大规模海上运输，建造了大量的海上漕运船只，大的载八九千石，小的也可以载 2000 多石。据记载，就在元仁宗延祐元年（公元 1314 年）一年里，漕运粮食达 360 万石之多！

为了造好大船，宋元时期除了有船图按图建造外，还出现了先行制造小型的船舶模型、然后依样放大的工艺技术。同时，关于“船样”的专著也已经问世，这些专著详明地记载了船图和工料定额，成为制船业的工具书。

海船的船型已经定型化

随着造船技术的发展，性能优良的船型不断出现。海船中的尖底福船和平底沙船，宋元时期已经定型，在海上交通中发挥着重要的作用。

福船是远洋航线上采用的主要船型。它尖底，头尖尾方，有利于破浪前进。船底由两层木板构成，船舷用三层木板构成，船舱间隔采用水密隔舱，既大大增加了船舶的横向强度，使船舶坚固耐用，又增加了船舶的抗沉能力，即使有个别船舱破损漏水，也不会使全船沉没。全船分四层，人货分开，最下层装铁或瓷器或土石，作为压舱，增加船身的稳定性。全船结构和设备合理周到，适航性强，成为海上交通的得力工具。1974 年在泉州海滩发掘出土一艘宋代海船，就是福船，它

泉州出土的宋代海船。

泉州古船复原模型。

的结构和史籍记载相符，证明了文献记载的可靠性。

沙船宋代称“防沙平底船”，元代称“平底船”，明代才通称“沙船”。它主要用于沿江、沿海的航行，也有用于远洋航行的。它的特点是底平，能坐滩，不怕搁浅；吃水浅，受潮汐的影响小；船体宽，稳定性大；多桅多帆，能更加有效地利用风力。

由于中国海船巨大坚固，无论是船舶动力、船舶性能、船舶结构、水密隔舱设计、航行安全稳定等方面都表现出技术上的先进，受到当时国际上的一致称赞，国外从海道来华人士大都喜欢搭乘中国船舶往返。当时印度洋、东南亚、日本和中国之间的交通，大都操在中国船家手里。

巧思精造的军用战船

在这一时期，军用战船更是巧思精造，新船型层出不穷。

杨么战船复原模型。

唐代就发明了一种二车的车船，就是有两个足踏木轮（每侧一个）作为推进机的轮船，据史书记载："挟二轮，蹈之，翔风鼓浪，疾若挂帆席，所造省易而久固。"①

宋代，又发展成为四车车船，称"飞虎战舰"。南宋初年，杨么(?–1135)农民起义军中的木工高宣进一步创新，造出大小车船十几种，有4车、8车，20车、24车以至32车等，最大的车船可以载1000多人。南宋孝宗乾道五年(公元1169年)，有人综合多种船型的优点，制造了一种新式的多桨船，采用湖船底、战船盖，海船头尾，可以涉浅、迎敌和破浪，用桨42支以加快船行速度，能在江河湖海里行驶。孝宗淳熙六年(公元1179年)，有人建造了军用、民用两用船，船上设有可拆卸的女墙、轮桨，可以作为渡船，也可以作为战船。以后又有人发明具有冲角的战船，船头结构特别坚固，可以冲撞敌船。度宗咸淳八年(公元1272年)，南宋将领张贵(?–1272)和元军作战的时候，曾经制造"无底船"100多艘。此外还有多种新型的作战用船舰。

船舶操纵技术的进步

在近代动力机械发明和应用之前，船舶的行驶靠的是人力和风力。

中国古代航行于远洋航线上的船舶，主要利用季风。亚洲东南部沿海，冬春两季刮东北信风，夏秋两季刮西南信风。所以由日本航行返回中国，或由中国驶往东南亚、印度洋，常在冬春两季，而从东南亚、印度洋返回中国，或从中国驶往日本，常在夏秋两季。海上没有风

①据《旧唐书·李皋传》。这种战船就是李皋(733–792)主持制造的。

的时候，就用橹划行，一船有八到二十橹不等，每橹用四人到二三十人扳动。宋元时期，利用风力的技术已经比较熟练。船上一般有 4 支到 12 支桅，以悬挂风帆。风帆可以按风向和风力大小调整角度和张帆多少。宋代就有人说："风有八面，唯当头不可行"①，说明当时已经能够合理地利用七面风行船了。

在茫茫的大海中航行，辨别航向，认明航线上的险要处所，是关系到船舶存亡的大事。这一时期除了继承前代观测日月星辰以辨明方向外，至迟在元代已经发明了"过洋牵星术"，上一章第三节讲指南针的时候已经提到过，这就是用观测星辰的高度来判定船舶所处的地理纬度。在国内的重要港口和沿海险要地带，宋元时期已经设立标志或灯塔，来指引航行。同时，在海上测算航速、航程和水深的技术，在这一时期都有所提高。

航速和航程的测算是沿用三国时期吴国的航行者所发明的方法，把一块木片从船头投入海里，同时人由船头跑向船尾，看人和木片是否同时到达船尾。如果同时到达，那么船速大约等于人跑的速度，就是标准航速；如果人比木片先到或后到多少时间，就可以估算出船速比标准航速慢或快多少。已经测得船速，再由更番测得航行时间，就可以计算出航程。

测深是用绳拴住铁钩或铁块，放入水里，等到铁钩或铁块着底，就可以量得水深。南宋末年已经能测到 70 多丈的水深，说明已经掌握了深海测深技术。

这一时期在操纵船舶航海的技术中具有划时代意义的，是指南针的应用。关于指南针的应用，我们已经在上一章第三节讲过了。

①引自徐兢：《宣和奉使高丽图经·卷三十四》。

第八章 中外交往和科学技术交流

壹 和朝鲜、日本的交往和科学技术交流

和朝鲜的交往和科学技术交流

我国和朝鲜山水相连。在我国隋代和唐代初年，朝鲜还处在高句丽、百济、新罗三国分立的状况。公元7世纪中叶，新罗统一了朝鲜。无论在朝鲜统一之前或之后，我国和朝鲜的关系都十分密切。

新罗在统一朝鲜半岛前，就派人来唐留学；统一朝鲜后，更派遣大批留学生来唐。唐文宗开成五年（公元840年），新罗留学生和其他人员回朝鲜的就有105人。

唐代的科技文化对新罗有很大影响，我国有大量书籍输入朝鲜，包括天文、历法、算书、医书等。新罗还吸取我国唐代的教育制度，在"国学"设立算学科，置"算学博士若助教一人，以《缀经》、《三开》、《九章》、《六章》教授之"①。

隋唐长安城的建设规模和布局，也被朝鲜在都市建设中所吸取。寺院建筑技术也传入朝鲜。现存朝鲜半岛上的一些砖塔，式样是仿照唐代砖塔建造的，都是方形、楼阁式，叠涩出檐。

①据朝鲜金富轼：《三国史记·职官上》。

唐代，新罗的工艺品、药材等大量输入中国。据史书记载，新罗“所输特产，为诸蕃之最”[①]。玄宗开元年间，新罗使者带来了牛黄、人参、朝霞绸、油牙绸、纳绸、镂鹰铃、海豹皮等；天宝年间，这些物品继续输入。

宋元时期，随着我国对外贸易的兴盛，我国和朝鲜的交往和科学技术交流也更加发展。

宋元算书如《杨辉算法》、朱世杰的《算学启蒙》等，都曾经在朝鲜翻刻。宋政府两次向朝鲜赠送《太平圣惠方》，并且派遣医官带去药物百种，同时朝鲜药物也输入我国。

前面提到过，南宋初年，我国池州（今安徽贵池）种植的“黄粒稻”，是从高丽引进的，籽粒饱满，是一种优良品种。

我国的雕板印刷术早在唐代就传到朝鲜，活字印刷术也在元明之际传入朝鲜，后来朝鲜人制成铜活字，又传入我国，这一点也已经在前面讲印刷术的时候提到过。

和日本的交往

我国的隋唐宋元这一时期，是日本中古时代国家体制和文化形成和发展的重要时期。隋代以前传入日本的中国文化，主要经由朝鲜，进展缓慢。这种状况到隋代的时候已经不能满足日本发展的要求。日本的朝廷和知识界热切地希望直接和中国联系，吸收中国的先进文明，仿效当时中国的政法体制，建立中央集权的天皇制国家，因而掀起了一个向中国学习的热潮。

从隋代开始，日本政府就派遣大型使团前来中国。隋炀帝大业三年（公元 607 年）到唐昭宗乾宁元年（公元 894 年）之间，一共派出遣隋使 3 次，遣唐使 19 次（有 6 次是为迎接日本遣唐使或伴送我国去日本的使臣，实际上是 13 次）。遣唐使的人员一般有一二百人，最多的时候达五六百人。派遣的人员都经过挑选，大都已经比较熟悉中国文化。除使节外，随行的人中有的带有进修任务，如遣唐医师菅原梶

①据《唐会要·新罗》。《唐会要》，宋王溥撰，记述唐代各项制度的沿革变迁等。

成，在日本的时候已经是名医，日本朝廷因他明达医经，命他来唐请问疑义。随同使节来唐的人中不少是留学生和学问僧。留学生在国子监学习，有的是专攻工艺技术的，如玉生、锻生、铸生、细工生等。学问僧在各名山宝刹攻研佛学和其他学问。留学生和学问僧在中国都逗留比较长的时间，少的几年，多的达二三十年之久。他们把我国看作楷模，什么都学，除学习政治和法律以外，凡是学术、技术、文艺、音乐，以及佛教和佛教寺院的建筑、雕刻、绘画，还有有关装饰、器皿、生活方式等，都悉心揣摩。正如日本史学家所说，日本中古文化，多半是接受和吸收了中国唐代文化，经过消化整理，使它和日本固有文化融合而形成的。

唐昭宗乾宁元年（公元 894 年）以后，由于唐末的动乱，日本停派遣唐使。但是当时中日的海上交通越来越发达，因此从唐末到元代，一直有不少僧人、学者和工匠乘坐中国、日本、朝鲜的商船来往于中日之间，起着中日两国文化和科学技术交流的桥梁作用。

和日本的科学技术交流

从隋唐到宋元，几乎中国所有的科学技术都传入日本，在日本生根和发展。

日本的京城建筑，包括布局、宫殿、官邸、寺院等，都是仿效唐代长安城的。

冶炼和制造金属的工艺技术传到日本以后，很快被掌握、应用，并且得到发展。在奈良东大寺用金铜铸造的如来佛像，高达五丈三尺。优质、适用的倭刀在宋代大量输入中国，受到好评。

丝织、造纸、制瓷、漆器等手工业在日本迅速发展，有不少产品运进中国。如造纸业，据日本史书记载，在我国隋炀帝大业六年（公元 610 年），通过朝鲜僧人的传授，日本开始造纸。我国唐代建中元年（公元 780 年），日本使者带到中国的纸张已经“似茧而泽”[①]。宋代，中国有人称赞日本的五色纸，说日本“俗善造五色笺，中国所不逮也”[②]。制

①见《新唐书·日本传》。

②见罗濬：《宝庆四明志》。宝庆是宋理宗年号，自公元 1225 年到 1227 年。

瓷术，是在南宋宁宗嘉定十六年（公元1223年）由日本的加藤四郎等人到中国学会的，加藤因此在日本被尊称做“陶祖”。

唐代，日本已经学会雕板印刷术，我们前面提到过，曾经发现公元770年日本刻印的《陀罗尼经》。宋代，日本的印刷业已经相当发达。

中国的数学、天文学、农学、医药学等也同时被日本尽量地引进和吸收。日本朝廷还仿效我国唐代国子监的教育制度，设立了数学和医学科。有大量的中国典籍被日本留学生和学问僧带到日本，其中有不少关于科学的著作。我国唐代名僧鉴真（688–763）去日本，也带去不少医书。据不完全统计，隋唐时期传入日本的书中，有数学、天文、历法、医药等著作1700多卷，还有不少农学著作和其他著作。有些著作在中国已经散失，却在日本得到保存，如唐代韩鄂所著的农书《四时纂要》。

从我国隋文帝仁寿四年（日本推古天皇十二年，公元604年）起，日本采用中国的历法。被采用的先后有我国南北朝时期的元嘉历[①]和唐代的麟德历、大衍历、五纪历、宣明历。宣明历从我国唐懿宗咸通三年（日本贞观四年，公元862年）起，在日本沿用了823年之久。

我国的宋元算书如《杨辉算法》、朱世杰的《算学启蒙》等，也曾经在日本翻刻，日本刻本还加了注解。

贰 和印度、阿拉伯、欧洲的交往和科学技术交流

和印度、阿拉伯、欧洲的交往

自从汉代“丝绸之路”开辟以来，除短期间受阻隔外，这条陆上通道基本上畅通无阻。隋唐以后，在这条通道上的交往更加频繁。通过丝绸之路，我国和中亚、南亚、波斯、阿拉伯直到欧洲都保持着联系，经济文化交流不断发展。元代，蒙古帝国在西到阿拉伯、欧洲的通道上广设驿站，更为陆上交通提供了方便。

从唐代到元代，我国和印度、阿拉伯的海上航线上的交往越来越

①元嘉历是南朝刘宋文帝（刘义隆，407–453）元嘉二十年（公元443年）由何承天制定的。

繁荣,我国和各国的船舶往来不绝。

我国唐代的玄奘于太宗贞观三年(公元629年)启程从陆路去印度“取经”,贞观十九年(公元645年)回国。元代的意大利人马可·波罗于世祖至元十二年(公元1275年)从陆路来到中国,仕元17年,至元二十九年(公元1292年)离开中国从海路回去。这是这一时期两位著名的旅行家,我们前面已经提过。除此之外,印度、波斯、阿拉伯、欧洲的僧侣、穆斯林、商人、学者来中国的也不少,我国的商人、船员也有许多人去这些国家。

我国从隋唐到元代的各个都城长安、洛阳、开封、杭州、北京,以及沿江、沿海港口如扬州、广州、泉州等,都有许多外国人聚集。南宋的时候在广州、泉州专门设置“蕃坊”供外国商人居住。泉州还建有阿拉伯人公墓。

当时,我国的出口商品有大量的丝织品、瓷器、纸张以及各种工艺品,同时从外国进口香料、药材,珠宝、玻璃器皿、纺织品以及特有的动植物品种等。

和印度、阿拉伯、欧洲的科学技术交流

印度、波斯、阿拉伯、罗马的科学技术,有不少由僧侣、穆斯林、商人、学者带进了中国。隋唐的长安,宋代的开封、杭州,元代的北京,都成为各国文明的荟萃地。各国的文明,为当时中国先进的文明增添了光彩。有人把当时的中国文明说成是“世界性的文明”,的确有一定的道理。

这一时期,印度、阿拉伯的科学著作,有不少传入中国。据《隋书·经籍志》记载,印度传入中国的数学、天文、医药等书籍有10种88卷。元世祖至元十年(公元1273年),司天台的阿拉伯书籍有23种,主要是天文、历法和数学著作,包括有古希腊天文学家托勒玫的天文学,可能还有古希腊数学家欧几里得的几何学。

从唐代到元代,在主管天文历法的钦天监中,吸收有不少印度、阿

拉伯以至罗马帝国的学者。唐代在长安的印度天算学家中著名的有瞿昙罗、迦叶波、鸠摩罗三家，瞿昙一家参与了唐代的多次历法改革，瞿昙悉达著有《开元占经》，并且翻译了印度的《九执历》。元代设有回回司天台，由阿拉伯人主持，使用阿拉伯的天文仪器。中国新疆一带使用的是阿拉伯历法。印度和阿拉伯的笔算、印度的大小数记数法、阿拉伯数码等都传入中国。

印度、阿拉伯和罗马帝国的一些药物也在这一时期传入中国，在中药里被采用；外科手术，特别是眼科和五官科的治疗，在中医中得到吸取和应用。元代还设有回回药物院，使用阿拉伯的药方。

虽然由于中国古代有自己高度发达的独特科学技术体系，外来的科学不能改变这个体系，但是外来的科学作为参考和比较，对中国科学的发展有一定的影响和激发作用。外来的科学内容有的被借鉴，有的被吸取，有的被采用，丰富和充实了中国科学技术体系的内容。

同时，中国的数学、天文学和医药学也传入这些国家。这一时期是印度、阿拉伯的数学发展的重要时期，在它们的数学中可以看到中国十进位值制和代数学的明显影响。13 世纪在中亚、西亚一带使用的伊尔汗历，制定过程中有中国天文学家参加，历法中也有中国历法的内容。中国的药物在印度被称做“神州上药”，阿拉伯的医圣阿维森纳（约 980–1037）的《医典》里吸收有中国的脉学和医药学内容，针灸治疗也传到了阿拉伯一带。

在技术和物质文明方面，印度的熬糖法，波斯的猛火油（煤油）、香料以及玻璃珍宝等，这一时期也都引进中国，丰富了中国物质生活的内容。

在中西科学技术交流史上有重大意义的事件，是中国的造纸术、印刷术、指南针和火药四大发明的西传，制瓷技术也在这一时期西传到波斯、阿拉伯，后来又传到欧洲。这些我们在前面第六章有关的节里都已经讲过了。

第九章 博学的科学家沈括和他的《梦溪笔谈》

壹 沈括的生平业绩

沈括的学术地位

在我国古代科学技术发展的高峰期，涌现出一大批杰出的科学家。北宋时期的沈括是他们中的佼佼者。

据《宋史·沈括传》,说他“博学善文,于天文、方志、律历、音乐、医药、卜算无所不通,皆有所论著”,这是对沈括在科学领域所取得的成就的公允评价。

英国科学技术史家李约瑟在他所著《中国科学技术史》里对沈括有这样的评价:“沈括可算是中国整部科学史中最卓越的人物了。”①

正是因为这个缘故,我们在论述这一时期的自然观之前,为沈括专辟一章,介绍他的业绩和他的主要科学成就。

沈括的生平

沈括字存中,钱塘(今浙江杭州)人。

沈括自幼勤奋好学,14 岁(仁宗庆历四年,公元 1044 年)就读完

①李约瑟:《中国科学技术史》中译本第一卷,科学出版社 1975 年版,第 289 页。

沈括像。

了家里的藏书。他曾经跟随父亲到过四川简州（今简阳）、福建泉州和京城开封等地，增长了不少见识。

他 24 岁（至和元年，公元 1054 年）踏上仕途，做过海州沭阳主簿和几任县令。

他 33 岁（嘉祐八年，公元 1063 年）中进士，任扬州司理参军，掌管刑讼审讯。三年后，被推荐到京师昭文馆编校书籍，得以阅读大量国家藏书。

宋神宗熙宁三年（公元 1070 年），王安石（1021–1086）拜相，实行变法，沈括积极参加。他先后任史馆检讨、集贤院校理、主管观测天象和修订历法的提举司天监、主管兵器的军器监、主管财政经济的三使司等职，还多次出使，视察汴渠、两浙、河北、淮南等地。熙宁八年（公元 1075 年），沈括出使契丹交涉划界事宜，胜利回朝。

熙宁九年（公元 1076 年），王安石罢相，变法失败。第二年，沈括出任宣州（今安徽宣城）知州。元丰三年（公元 1080 年），他改任延州（今陕西延安）知州。在延州任上，他加强战备，守边有功。元丰五年（公元 1082 年），他被诬贬职。

哲宗元祐三年（公元 1088 年），沈括迁居润州（今江苏镇江）梦溪园，到绍圣二年（公元 1095 年）去世，年 65。

沈括的业绩

沈括早在 24 岁任沭阳县主簿的时候（仁宗至和元年，公元 1054 年），就主持治理沭水，组织几万民工，修渠筑堰，既防治了水灾，又开垦良田 7000 顷。嘉祐六年（公元 1061 年），他任安徽宁国县县令，又倡导并且发起了修筑芜湖地区万春圩的工程，开辟圩田 1270 顷，写了《圩田五说》、《万春圩图记》等论著。神宗熙宁五年(公元1072年),沈括出使视察汴渠,主持了治理汴渠的工程,引水灌溉农田17000多顷。熙宁六年(公元1073年),沈括视察两浙的农田水利,次年,建议兴筑温州、台州、明州(今浙江宁波)以东堤堰,增辟耕地。

熙宁五年(公元1072年)在司天监工作期间,沈括推荐平民历算家卫朴修奉天历。他继承和发扬了通过观测实际天象以改进历法的传统。为了提高天象观测的精度,他设计和改进了浑仪、浮漏和影表等测量天体位置、时间和日影长度的仪器,著有《浑仪议》、《浮漏议》和《景表议》。

熙宁七年(公元1074年),沈括在军器监任职期间,精心研究城防、阵法、兵车、兵器、战略、战术等军事问题,编成《修城法式条约》和《营阵法》等军事著作。

熙宁九年(公元1076年),沈括奉皇帝旨意编修《天下州县图》,直到哲宗元祐二年(公元1087年)编成。

晚年在润州梦溪园, 著《梦溪笔谈》26卷,《补笔谈》3卷,《续笔谈》1卷。

沈括的论著,据史书记载,有22种,155卷之多,可惜大多已经散佚。现存的只有《梦溪笔谈》、《补笔谈》、《续笔谈》共30卷,综合性文集《长兴集》19卷,以及后人所辑的《苏沈良方》①15卷。

贰《梦溪笔谈》和沈括的主要科学成就

《梦溪笔谈》是一部百科全书式的著作

《梦溪笔谈》是沈括晚年所写的一部笔记体著作,书里收集记载了他一生的所见所闻以及研究所得的一些精辟见解。

《梦溪笔谈》26卷,《补笔谈》3卷,《续笔谈》1卷,每卷15到30条不等,一共609条。内容涉及的方面很广,除有关政治、经济、军事、历史、文学、艺术等,有关科学技术的,有属于数学的11条,属于天文历

①沈括原著《良方》一书,后人把北宋文学家苏轼(1037-1101)的《医药杂说》附入这部书,改名《苏沈良方》。

法的19条，属于气象学的18条，属于地质矿物的17条，属于地理地图的15条，属于物理学的6条，属于化学的3条，属于生物学的52条，属于农艺的6条，属于医药的23条，属于建筑、水利、冶金等工艺工程的30条，占全部条目大约1/3。另外有属于人类学的6条，属于考古学的21条，属于语言学的36条，属于音律的44条，属于论阴阳五行的7条。

所以，《梦溪笔谈》是一部百科全书式的著作，也是我国科学技术发展史上的一部重要文献。

下面我们就《梦溪笔谈》所反映的沈括的主要科学成就，分小节加以介绍。

在数学方面的成就

沈括对数学深有研究，他开创了中国古代数学中"隙积术"和"会圆术"的研究方向。

隙积术是求解垛积问题，"如累棋、层坛、酒家积罂之类"①，属于高阶等差级数求和问题。沈括创立了一个正确的求解公式，为以后杨辉、朱世杰等人进一步研究提供了基础。

会圆术是已知弓形的圆径和矢高求弧长的问题。沈括也提出了一个求解的近似公式。元代王恂、郭守敬修授时历的时候所用的"弧矢割圆术"，就是用的这个公式。

在天文历法方面的成就

在天文历法方面，沈括有很深的造诣。

注重观测的思想贯穿在沈括的天文研究活动中。他对五星运行的轨迹都作过翔实的描述，生动形象地用柳叶描述五星因逆行而产生的轨道特征②。由于坚持长期的观测和研究，他得出了冬至日一昼夜长度和夏至日一昼夜长度不等的科学结论，冬至日一昼夜"百刻而有余"，夏至日一昼夜"不及百刻"③。他还对极星进行观测，发现"天极不

①《梦溪笔谈·卷十八》。累棋指叠棋子，层坛指垒筑砖石而成阶梯形的平台，酒家积罂指酒店里垒积酒坛子。

②《梦溪笔谈·卷八》。"予尝考古今历法，五星行度，唯留逆之际最多差。自内而进者，其退必向外；自外而进者，其退必由内。其迹如循柳叶，两末锐，中间往还之道相去甚远。故两末星行成度稍迟，以其斜行故也；中间成度稍速，以其径绝故也。"进指顺行，退指逆行，留指由顺行转逆行或由逆行转顺行的时候一个好像停止不动的时刻。

③《梦溪笔谈·卷七》。

动处，远极星犹三度有余”[①]。

前面提到沈括为了提高天象观测的精度而设计改进仪器，他说：“熙宁中，予更造浑仪，并创为玉壶浮漏，铜表”[②]。沈括改进浑仪的重要措施就是前面第二章提到过的取消白道环，是由于白道环不能正确显示月球的轨迹，而且掩蔽了浑仪中的窥管；沈括又调整了窥管口径，使观察天体更方便。所谓玉壶浮漏，指他把浮漏出口的曲铜管改成直玉嘴，移到壶底，使水流畅通，防止尘沙等堵塞壶嘴。沈括对漏壶的理论和技术曾经作过深入研究，他设计的漏壶结构合理，考虑周密，在燕肃等人的基础上又有新的进展，在漏壶发展史上占有重要的地位。铜表就是用铜制的圭表或影表，沈括为了利用晨夕日影准确地定出南北方向，特制了三只铜表来消除因日光进入地球大气层时候所发生的折射现象对测定晨夕日影的影响。

为了说明日光和月光的关系，沈括设计了一个实验方法，用一弹丸，“以粉涂其半，侧视之，则粉状如钩，对视之，则正圆”[③]，形象地说明和演示了月亮盈亏的原理和状况。

沈括除协助卫朴修奉天历外，晚年还大胆创新，提出了“十二气历”：“今为术，莫若用十二气为一年，更不用十二月，直以立春之日为孟春之一日，惊蛰为仲春之一日，大尽三十一日，小尽三十日，岁岁齐尽，永无闰余。十二月常一大一小相间，纵有两小相并，一岁不过一次。如此，则四时之气常正，岁政不相凌夺，日月五星亦自从之，不须改旧法。唯月之盈亏，事虽有系之者，如海胎育之类，不预岁时寒暑之节，寓之历间可也。”[④]十二气历比现在通行的公历合理，可惜没有被采用施行。后来太平天国曾经颁发过和十二气历类似的“天历”；20世纪30年代，英国气象局统计农业气候所用的“萧讷伯历”，也和十二气历原理相同。

在地学方面的成就

在地学方面，沈括也有不少贡献。

①《梦溪笔谈·卷七》。
②《梦溪笔谈·卷八》。
③《梦溪笔谈·卷七》。
④《补笔谈·卷二》。这里说的“海胎育”，指海生动物的生长发育，古人以为某些海生动物如海胆的生长发育和月亮的盈亏有关，这是不科学的。

沈括每到一地，都很注意地形、地貌的观察，进而思索探讨，提出自己的见解。

熙宁七年（公元1074年）四月，沈括察访浙东，在雁荡山，看到"雁荡诸峰，皆峭拔险怪，上耸千尺，穹崖巨谷，不类他山"，就潜心探索这奇异地貌的成因，提出这是由于流水的侵蚀作用而形成的："原其理，当是为谷中大水冲激，沙土尽去，唯巨石岿然挺立耳。"他还联想到黄土高原地区的"立土动及百尺，迥然耸立"的地貌，认为也是同一成因，和雁荡不同的只是"此土彼石耳"①。沈括对流水侵蚀地形作出了科学解释，比英国地质学家赫顿（1726–1797）在1788年发表的《地球论》一书里提出流水侵蚀作用的学说早700年。

同年秋，沈括任河北西路察访使，沿太行山向北行，看到"山崖之间，往往衔螺蚌壳及石子如鸟卵者，横亘石壁如带"，于是推测"此乃昔之海滨"，进而认为从太行山以东到海滨之间的千里大陆，"皆浊泥所湮"而成："凡大河、漳水、滹沱、涿水、桑乾之类，悉是浊流。今关陕以西，水行地中，不减百余尺，其泥岁东流，皆为大陆之土，此理必然。"②这里明确指出华北大平原是由黄河、漳河、滹沱河等夹带上游泥沙沉积而成，还用"关陕以西"黄土高原地区的河流冲刷使地表切割成深不少于100多尺的地谷来说明"浊泥"的来源，这是世界上对冲积平原成因的最早的科学解释。

熙宁八年（公元1075年），沈括巡察边防，对沿途的地理情况悉心考察，制成立体地形模型"木图，写其山川道路"，受到宋政府的重视，下令"边州皆为木图，藏于内府"③。

前面提到过，熙宁九年（公元1076年），沈括奉命编制《天下州县图》，经过12年的辛劳，完成一套地图集，计有地图20幅，其中高一丈二尺、宽一丈的全国大地图一幅，全国小地图一幅，分图全国18路每路各一幅。

绘制地图的时候，沈括把州县相对方位的描述从原来的四或八个方位增加到二十四个方位，同时十分注意两地间水平直线距离所谓

①《梦溪笔谈·卷二十四》。
②《梦溪笔谈·卷二十四》。
③《梦溪笔谈·卷二十五》。

"鸟飞之数"的测算,提高了地图的精确度。他说:"予尝为《守令图》,虽以二寸折百里为分率,又立准望、牙融、傍验、高下、方斜、迂直七法,以取鸟飞之数。图成,得方隅远近之实,始可施此法,分四至八到为二十四至,以十二支、甲乙丙丁庚辛壬癸八干、乾坤艮巽四卦名之,使后世图虽亡,得予此书,按二十四至以布郡县,立可成图,毫发无差矣。"①沈括把裴秀的"制图六体"扩展成为"七法",并且采用了二十四至定方位的科学方法,对我国地图学的发展作出了贡献。以后我国元代、明代的航海罗盘就都采用二十四至定向的方法。

沈括在熙宁五年(公元 1072 年)主持治汴工程的时候,还创造用沿河分段筑堰的方法测定两地的高程差:"验量地势,用水平、望尺、干尺量之,不能无小差。汴渠堤外,皆是出土故沟。予因决沟水,令相通。时为一堰节其水,候水平,其上渐浅涸,则又为一堰,相齿如阶陛。乃量堰之上下水面相高下之数,会之,乃得地势高下之实。"②我国著名地理、气象学家竺可桢(1890–1974)曾经对沈括的这一工作有过评述:"欧洲古代, 希腊虽曾测海岸之远近, 罗马盛时亦有测量街道之举,但地形测量在括以前则未之闻。"③

沈括对古生物化石也注意观察。除前面提到太行山的螺蚌壳化石,还讲到他在延州的时候看到过一种他认为是"竹笋"的化石:"近岁延州永宁关大河岸崩,入地数十尺,土下得竹笋一林,凡数百茎,根干相连,悉化为石。"他还联想到其他化石,"婺州金华山有松石。又如桃核、芦根、鱼、蟹之类,皆有成石者。"④把化石解释成是生物石化的产物,沈括虽然比颜真卿晚,但是比之西方最早对化石作出正确解释的意大利的达·芬奇(1452–1519),还是早了 400 多年。

沈括关于矿物的记录,有鄜(fū)延路(今陕西延安、富县一带)的石油。沈括是中国历史上第一个提出"石油"这一名称的人,并且利用石油燃烧产生的炭黑制墨:"鄜延境内有石油,……燃之如麻,但烟甚浓,所沾幄幕皆黑。予疑其烟可用,试扫其煤以为墨,墨光如漆,松墨不及也,遂大为之。"⑤

①《补笔谈·卷三》。《守令图》就是《天下州县图》。

②《梦溪笔谈·卷二十五》。

③竺可桢:《沈括对于地学之贡献与记述》,载《科学,第十一卷(1927 年)第六期。

④《梦溪笔谈·卷二十一》。这里所说的"竹笋",据我国地质学家尹赞勋(1902–)考证,当是生长在一亿多年前中生代的古蕨类植物新芦木。

⑤《梦溪笔谈·卷二十四》。

沈括还从延州的"竹笋"化石提出古今气候不同的见解："延郡素无竹，此入在数十尺土下，不知其何代物。无乃旷古以前，地卑气湿而宜竹邪？"①这种根据古代化石来研究古代地理环境和气候条件的方法，到现在仍然被科学家所运用。

在物理学方面的成就

对有关物理学的问题，沈括有浓厚的兴趣，作过多方面的探讨。

在《梦溪笔谈》中，沈括记载了早期指南针的四种装置方法："水浮多荡摇，指爪及碗唇上皆可为之，运转尤速，但坚滑易坠，不若缕悬为最善。"他还在世界上最早记述了地磁偏角："方家以磁石磨针锋，则能指南，然常微偏东，不全南也。"②这里也提到了人工磁化的方法。

沈括对凹面镜（阳燧）成像问题作了细心的观察。他对焦点已经有比较明确的认识，他把焦点叫做"碍"，正确地指出物体在凹面镜镜面到焦点之间成正立像，物体在焦点处没有像，物体在焦点以外成倒立像："阳燧照物皆倒，中间有碍故也。""阳燧面洼，以一指迫而照之则正，渐远则无所见，过此遂倒。"③这一点就比《墨经》前进了一步，《墨经》忽视了物体在焦点不成像和从焦点到球面中心之间的时候成倒像这一现象。

在声学方面，沈括做过共振实验。他说："琴瑟弦皆有应声"，"应声"就是指基音和泛音的共振或共鸣。"欲知其应者，先调诸弦令声和，乃剪纸人加弦上，鼓其应弦，则纸人跃，他弦则不动。声律高下苟同，虽在他琴鼓之，应弦亦震。"④这就是说，剪一小纸人，放在基音的弦上，拨动泛音弦的时候，纸人就因共振而跳动，拨动别的弦就没有这现象；如果两琴的频率相同，那么拨动另一琴的应弦，这一琴上的纸人也会跳动。共振现象早在战国时期就有记载（见《庄子·徐九鬼》），但是沈括用纸人来显示这一现象，是他的创造。在欧洲，达·芬奇到15世纪才开始做共振实验，17世纪才有英国人用所谓"纸游码"做类似沈括的实验。

①《梦溪笔谈·卷二十一》。
②《梦溪笔谈·卷二十四》。
③《梦溪笔谈·卷三》。
④《补笔谈·卷一》

在生物学和医药学方面的成就

《梦溪笔谈》里有关动植物的条目很多，总的来说，他的成就有几个方面：他记载了多种动植物的分布情况，使我们了解大量古代的动物地理学和植物地理学知识；他研究动植物，常常着重指出它们的性能和对人类生活、生产实践上的意义；他对许多植物的名称、形态、功能等作深入考察，纠正了古书上的一些错误。

在医药学方面，沈括除收集验方编有《良方》一书，在《梦溪笔谈》中，对药物的一物多名或多物一名，作了证同辨异的工作，校正了前人认识上的错误；对于药物的采集和使用等方面，也多有纠谬正误的创见。他认为高明的医术不是单靠书本所能获得的："医之为术，苟非得之于心，而恃书以为用者，未见能臻其妙"，"如《神农本草》，最为旧书，其间差误尤多，医不可以不知也"①。他指出"古法采草药多用二月、八月，此殊未当"，主张采药时间应该根据不同的用药要求部位而有所变化，同时还指出植物的生长又受地理、气候和人力等多种因素的影响，因此要因时因地制宜；"缘土气有早晚，天时有愆伏。如平地三月花者，深山中则四月花。白乐天《游大林寺》诗云：'人间四月芳菲尽，山寺桃花始盛开'，盖常理也，此地势高下之不同也。"还举了由于"物性之不同"、"地气之不同"、"人力之不同"以致植物生长情况不同的例子，结论是"岂可一切拘以定月哉！"②这种见解体现了沈括的朴素的辩证法思想。

《梦溪笔谈》中还记载了一些民间发明家的贡献

沈括在《梦溪笔谈》中，除了自身的科学成就外，还记载了不少当时的科技成果。特别是一些民间发明家的贡献。

如《梦溪笔谈·卷十一》记载了水工高超的合龙门三埽施工法：宋仁宗庆历年间，黄河在大名府商胡决口，迟迟不能堵塞。主持这项工程的官员墨守成规，束手无策。富有实践经验的水工高超提出了三节下埽分段作业的合理建议。埽是堵口工程中所用的材料，用树枝、芦

①《梦溪笔谈·卷十八》。
②《梦溪笔谈·卷二十六》。

苇等结扎而成，中间杂以土石。众人认为整节埽下去都堵不住，分三节下更加不行。“超谓之曰：‘第一节水信未断，然势必杀半。压第二埽，止用半力，水纵未断，不过小漏耳。第三节乃平地施工，足以尽人力。处置三节既定，即上两节自为浊泥所淤，不烦人功。’”后来“卒用超计，商胡方定”。

《梦溪笔谈·卷十八》记载了喻皓所撰《木经》。喻皓是五代末到北宋初的著名建筑工匠，他所撰的《木经》是我国古代的一部建筑专著，现在早已佚亡。沈括的记载是有关《木经》内容的宝贵资料。

《梦溪笔谈·卷十八》还详细记载了“布衣毕昇”创活字印刷术，这是沈括独家所记，如果没有沈括的记载，这项伟大的发明就将永远被埋没。

沈括在《上欧阳修参政书》里有一段话，“至于技巧、器械、大小尺寸、黑黄苍赤，岂能尽出于圣人！百工、群有司、市井田野之人，莫不预焉。”[①]沈括在《梦溪笔谈》中记载了民间发明家的贡献，正是在这种思想的指导下进行的。

①见《长兴集》。

第十章 元气自然说的继承和发展

壹 唐代的唯物主义自然观

唐代佛、道唯心主义思想从反面刺激了唯物主义的发展

唐代佛教继南北朝之后继续有所发展，道教在唐代统治者大力提倡下也得到空前的发展。佛、道两教都宣扬唯心主义的有神论，符合统治者欺骗和麻痹人民的需要，因而在唐代唯心主义思想占有绝对优势。

但是，唯心主义思想的泛滥也从反面刺激了唯物主义思想的发展。唐代一些进步的思想家，继承了王充、范缜的元气自然说这一朴素唯物主义思想和他们的战斗精神，反对佛、道的宗教迷信思想，丰富和发展了我国古代的唯物主义思想体系。

这些进步的思想家中，以中唐时期的柳宗元(773–819)和刘禹锡(772–842)最杰出。

柳宗元继承王充的元气自然说

柳宗元，字子厚，河东解县(今山西运城县解州镇)人，世称“柳河东”。他参与王叔文(753–806)所倡导的“永贞革新”运动[1]，是所谓“八

[1]唐贞元二十一年(公元805年)正月，德宗死，顺宗(李诵，761–806)即位，改元永贞，任王叔文做翰林学士，进行政治改革，称“永贞革新”。8月，顺宗被迫退位，改革失败。

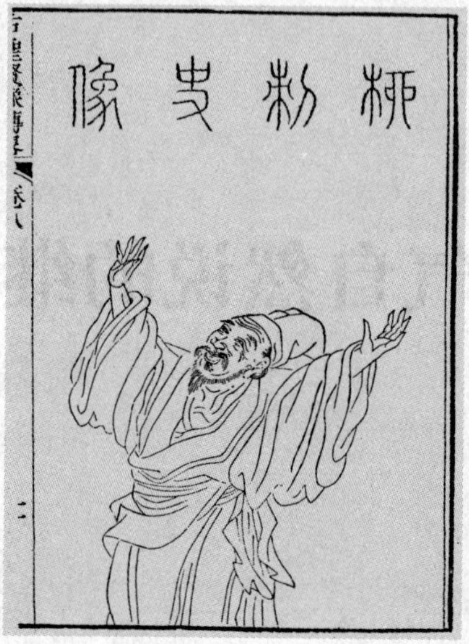

柳宗元像。

司马”之一。运动失败后，被贬为永州司马，又迁柳州刺史，所以后人又称“柳柳州”。他是“唐宋八大家”之一，是著名的古文学家。

柳宗元的自然观理论集中表现在他的《天说》、《天对》和《答刘禹锡〈天论〉书》里。

柳宗元在王充的元气自然说基础上，论证了宇宙是由元气形成的，不存在任何有意志的主宰宇宙的东西。他说：“庞昧革化，惟元气存，而何为焉？”①意思是在初始的浑沌状态中，只有元气在运动、发展、变化着，不存在什么造物主。他又认为阴阳和天都是由元气派生出来的，他说：“合焉者三，一以统同，吁炎吹冷，交错而功。”②“一”指元气，“三”指天和阴、阳，他把阴阳看作元气内部组成的两个方面，元气运动吹吁出的气有冷有热，二气交错对立的运动，形成物质世界的多样变化。他还认为阴阳二气的无穷运动“或合或离，或吸或吹，如轮如机”③，如同车轮和机械的运转一样，有合有离，相互吸引或排斥，构成了宇宙整体，这样就把会合和分离、吸引和排斥这些两相对立的概念引入到天地生成的动因中。这些是对天地生成机制的思辨性推测，带有一定的合理性。

柳宗元用这种含有朴素辩证法的唯物主义自然观，又吸取了当时自然科学的成就，从天文到地理，对物质世界的运动变化作了唯物主义的解释。他否定了天有八柱、女娲造人之类的神话。在柳宗元看来：宇宙是无限的；日月的运行，星辰的布列，都是自然过程，不需要什么依托；天气的晴雨是阴阳二气作用造成的；山川是天地间的自然物，山崩地震是自然现象，这些都是不以人们的意志为转移的，根本不受什么神明所左右，更和人类社会的祸福无关。

①②见柳宗元：《天对》。

③见柳宗元：《非国语·三川震》。《非国语》是批判左丘明《国语》一书中的宗教迷信思想的。

刘禹锡补充了柳宗元的自然观

刘禹锡，字梦得，洛阳人。他也是“八司马”之一，曾经参与王叔文的“永贞革新”运动。运动失败后，被贬为朗州司马，迁连州刺史，后迁太子宾客，世称“刘宾客”。他也是唐代的著名诗人。

刘禹锡的自然观理论集中表现在他的《天论》上、中、下三篇里。

刘禹锡的自然观和柳宗元的是基本上一致的，但是他以自然科学知识作为根据，补充了柳宗元的自然观。

刘禹锡认为天地万物都是“乘气而生”①的，植物、动物以至人类是天地阴阳之气交互作用而产生的，万物的生长发展是自然过程。而且，刘禹锡认识到客观世界的发展变化是遵循着一定的规律的：“以理揆之，万物一贯也”，“夫物之合并，必有数存乎其间焉。数存，然后势形乎其间焉。”②这里的“理”指万事万物的原理、原则，“数”指事物发展的规律，“势”指事物发展的必然性。也就是说，万事万物都有自己的发展规律，这些规律决定了事物发展的趋势和方向。这些是事物所固有的客观存在。

为了论证这一看法，刘禹锡用天体作为例子，说天形总是圆的，天色总是青的，日月星辰旋转的周期可以度量出来，昼夜的更替和长短可以用仪器测量，这是由于“数”的存在；天总是处在高处而不会塌下来，并且总是运动不止，是由“势”所决定的。天体是不能“逃乎数而越乎势”③的。又如水和舟的关系，水能沉舟，也能行舟，这是由于“适当其数，乘其势”的缘故，行舟违背了水流和航运的规律就会沉没，适应了水流和航运的规律就能通航无阻。

刘禹锡又进一步认为万物不是彼此无关地孤立存在的，而是在互相矛盾和互相依存中无穷地运动发展着的。他说：“万物之所以为无穷者，交相胜而已矣，还相用而已矣。”④

刘禹锡根据对自然界和它的发展规律的这种认识，继承了战国时期荀况的“制天命而用之”的思想，提出了“天人交相胜”的学说。他说：“天之所能者，生万物也；人之所能者，治万物也。”“天之能，人固

①②③④见刘禹锡：《天论》。

不能也；人之能，天亦有所不能也。故余曰：天与人交相胜尔。”[1]

刘禹锡批判佛教、道教关于“空”“无”是世界本原的理论，认为整个自然界充满着有形的物质实体，天地之内不存在无形的东西，天和人都是属于有形体的事物。他说：“天，有形之大者也；人，动物之尤者也。”“空者，形之希微者也。为体也不妨乎物，而为用也恒资乎有，必依于物而后形焉。”“所谓无形者，非空乎？”“乌有天地之内而有无形者邪？古所谓无形，盖无常形尔，必因物而后见尔。”[2]他认为“空”不是超越物质形体之外的独立存在，而是物质形体的一种表现形态。

刘禹锡在自己的学说中排除了有神论，进一步还探究了有神论产生的根源。他指出，在人类没有认识自然界的规律、不能掌握自己的命运的时候，有神论才会产生和泛滥。他用人操舟航行做例子：当舟在小河里航行的时候，不论平安、搁浅或者翻了船，“舟中之人未尝有言天者。何哉？理明故也。”这是说，人们明白船本来是在人的力量控制之下的，不管船出了什么事，没有委之天命的。如果在大海里行船，不论是平安达到彼岸，还是不幸沉没，或者临险而幸存，都被认为是天意，“舟中之人未尝有言人者。何哉？理昧故也。”[3]这是说，人们对海洋风涛的规律不了解，就觉得自己的命运没法掌握。在这里，他用科学知识作为根据，有力地宣传了无神论。

对柳宗元和刘禹锡的自然观的评价

柳宗元和刘禹锡，继承和丰富了自王充、范缜以来的元气自然说，闪耀着朴素的唯物主义和辩证法的光辉。

但是，由于时代条件的限制，他们的自然观都有局限性。

柳宗元对一些不能回答的问题，陷入了偶然论的错误，反对佛教唯心主义也不够彻底。

刘禹锡提出“天人交相胜”说，探究了有神论产生的根源，这是超过柳宗元的。但是，他只是从认识论上分析有神论的根源，而没有涉及社会的阶级的根源。他对佛教有神论的斗争也不彻底，采取了容忍

①②③见刘禹锡：《天论》。

的态度，反而认为佛教的因果报应的说教对人类社会的教化有帮助。

贰 宋代的唯物主义自然观

宋代思想界的斗争十分激烈

宋代，思想界的斗争十分激烈。

为迎合封建统治阶级加强和巩固中央集权制的需要，以北宋程颢（1032–1085）、程颐（1033–1107）兄弟和南宋朱熹作为代表的正统理学，逐渐建立了一套完整的客观唯心主义哲学体系。同是理学家，以南宋陆九渊（1139–1192）作为代表的一派却建立了一套主观唯心主义哲学体系。两派进行公开的争论。但是两派哲学并没有本质的区别，目的同是为了加强封建思想的统治，所争论的只是哪一种哲学更能维持封建社会秩序的安定，更能麻痹人民的反抗意志。

同时，也有一批唯物主义哲学家，以北宋张载（1020–1077）、王安石和南宋陈亮（1143–1194）、叶适（1150–1223）作为代表，他们既反对主观唯心主义思想，也反对客观唯心主义思想。

唯物主义思想在当时科学技术发展的推动下，在宋代思想界也占据了一定的地位。

王安石的唯物主义自然观

王安石，字介甫，抚州临川人。仁宗嘉祐三年（公元 1058 年）上万言书，主张改革政治。神宗熙宁二年（公元 1069 年）任参知政事，次年拜相，积极推行新政，遭保守派反对。熙宁七年（公元 1074 年）罢相，次年二次拜相，一年后再罢。他的散文雄健，诗词刚

王安石像。

劲，也是"唐宋八大家"之一。

王安石的唯物主义自然观认为天地万物的本原是"道"："道者天也，万物之所自生。"[①]那么什么是"道"呢？他说："道有体有用：体者，元气之不动；用者，冲气运行于天地之间。"[②]这表明"道"的本体是物质性的元气，道的用是冲气的运行，冲气是元气所生的。道是天，因此天也是元气，道生万物也就是气生万物。所以王安石又说："生物者，气也。"[③]

王安石认为由道（元气）分化成为阴、阳，具体化为金、木、水、火、土五种物质元素，它们运动变化，于是形成万物。他肯定万物"皆各有耦"，"耦之中又有耦焉，而万物之变遂至于无穷"[④]，就是说万物本身各自包含矛盾着的对立面，矛盾之中又有矛盾，正是对立物的运动使万物变化无穷。

王安石认为通过感觉的思维，一切事物都是可以认识的。他说："天之高也，日月星辰阴阳之气，可端策而数也；地之大也，山川丘陵万物之形，人之常产，可指籍而定也。"[⑤]这是说天文地理都是可以测量计算的，一切自然规律都是可以认识的。

张载的唯物主义自然观

张载，字子厚，凤阳郿县（今陕西眉县）横渠镇人，世称"横渠先生"。他曾经讲学关中，所以他的学派被称做"关学"。

张载继承和发展了元气自然说，把它提高到元气本体论的水平。他不仅认为构成事物由于元气，进而探讨体用关系。他是元气本体论的朴素唯物主义的奠基人，王安石和他都属于这一哲学体系。

张载认为宇宙万物的本原是物质性的"气"，他进而引入了"聚"和"散"的概念，来说明客观世界不同物质形态的存在和它们的运动变化。

张载提出"太虚即气"[⑥]的学说，在朴素唯物主义发展的道路上是一个进步。在中国古代，"太虚"这一概念原来泛指虚无缥缈的宇宙空

①②见王安石：《老子注》。
③④见《王临川集·洪范传》。
⑤见《王临川集·礼乐论》。
⑥见张载：《正蒙·太和》。

间。张载利用并且改造了这一概念,用它来表示物质性的本体"气"的基本存在形式。他说:"太虚不能无气,气不能不聚而为万物,万物不能不散而为太虚。"[1]这就是说,太虚是气散而未聚的本然状态,而万物是气的不同的凝聚状态。

张载认为世界的本体气存在于运动变化之中,处在不断聚散的运动过程之中。他说:"太虚无形,气之本体。其聚其散,变化之客形尔。"[2]这就是说,太虚的气是无形的,聚和散都是气的变化不定的暂时形态("客形")。而作为气的本来实体的太虚却是永恒的,他说:"唯太虚无动摇,故为至实。"[3]

张载认为气只有聚散,并无生灭,世界不是从"无"产生的,也不会从"有"消灭变成"无"。他说:"故圣人仰观俯察,但云'知幽明之故',不云'知有无之故'。"[4]"幽"的意思是隐蔽,指气散无形可见,"明"的意思是明显,指气聚有形可见。世界上存在的事物只有"幽"和"明"的形态区别,而没有所谓"有"和"无"的绝对界限。所以他又强调说:"知太虚即气,则无'无'。"[5]就是说,世界本体气的存在是不会消灭为"无"的。这是对于佛、道所宣扬的现象世界的万有都是从虚无产生、一切运动变化都是从绝对静止开始的唯心主义本体论的驳斥。

张载又认为:气聚为万物,万物散为太虚,"循是出入,是皆不得已而然也。[6]"所谓"不得已",就是不能违背客观的必然性。也就是说,气的运动变化是有规律的过程。

张载进一步指出,事物运动变化的原因在于事物的内部,所谓"动必有机","动非自外也。"[7]他还引进了事物内部分成对立的两端的概念,指出:"两不立,则一不可见;一不可见,则两之用息。"[8]由于这两端所需要的"虚实"、"动静"、"聚散"、"清浊"等不同特性,就造成了这样的态势:"循环迭至,聚散相荡,升降相求,絪缊相揉,盖相兼相制,欲一之而不能。"[9]也就是说,事物内部对立的两端的矛盾运动是宇宙万物变化的真正原因。

①②见张载:《正蒙·太和》。
③见《张子语录》。
④⑤⑥见张载:《正蒙·太和》。
⑦见张载:《正蒙·参两》。
⑧见张载:《正蒙·太和》。
⑨见张载:《正蒙·参两》。

对王安石和张载的自然观的评价

王安石和张载的元气本体论的朴素唯物主义自然观，是对元气自然说的发展。他们吸收了当时科技发展的新成就，绘出了一幅永远处于矛盾运动、发展变化的物质世界的总图画，对后世产生了很大的影响。

但是他们的自然观也受时代和当时科学水平的局限，他们的唯物主义和辩证法也有不彻底的地方。如张载把高远莫测、精致微妙的一些现象，他认为不好说明的，也叫做神。因而还不能科学地识别精神和物质的不同性质，认为精神是一种至清的气，万物是粗俗的气，把精神和物质都说成是物质性的气，混淆了它们的界限。按照他的气无生灭的观点，既然精神是气，也就不会消灭。所以他在对待鬼神迷信问题上，一方面驳斥“人死皆有知”的迷信思想，认为“言鬼”“难信”[①]，一方面又企图用气来说明鬼神的存在：“鬼神者，二气之良能也”[②]，认为鬼神的存在也是阴阳二气的屈伸、变化。对于矛盾变化，张载认为矛盾可以调和。王安石在运动和静止的关系问题上，认为运动是相对的，静止是绝对的，认为最高的境界是取消矛盾。

王安石、张载的理论还是相当粗糙、不够完善的。以后又经过南宋陈亮、叶适的补充和发展。

朱熹对一些问题作过有益的探讨

朱熹继承程颢、程颐的观点，强调“理”是宇宙的主宰和万物的本原，认为理在气先，“有是理然后有是气”[③]，把气作为神秘的、非物质的“理”的派生物，这是他的自然观的总出发点，也就决定了他的自然观的唯心主义性质。所以从总体上看，他的自然观同张载的不相容。他反对张载关于物质只有聚散、并无生灭的思想。他主张物质不断地从“理”中创生出来，又不断地归于消灭。

但是，朱熹在坚持理在气先这一唯心主义的前提下，有时也部分接受了张载关于气的学说，对一些问题作过有益的探讨。

对于以地球为中心的天地的生成问题，朱熹曾经这样说过：“天地

①见张载：《性理拾遗》。
②见张载：《正蒙·太和》。
③见《朱子全书·语类》。

初间，只是阴阳二气。这个气运行，磨来磨去，磨得急了，便拶许多渣滓，里面无处出，便结个地在中央。气之清者便为天，为日月，为星辰，只在外常周环运转。地便只在中央不动，不是在下。”①这里提出了由阴阳二气组成的气团在运动中由于摩擦旋转引起的渣滓凝聚成中心的地、清气形成了天和日月星辰在周围运转的天地生成说，给张载的聚散概念提供了比较具体的说明。

朱熹像。

朱熹还从“常见高山有螺蚌壳，或生石中”的事实出发，推断“此石即旧日之土，螺蚌即水中之物”，进而推导出大地曾经发生“下者却变而为高，柔者变而为刚”②这两种重要的变化，还认为“水之极浊便成地”，“物间极软，后来方凝得硬”。③朱熹对于海陆变迁和沉积岩生成的观点是符合科学道理的。

但是由于朱熹的思想体系是属于客观唯心主义的，他的这些从事实推得的科学理论却被用来论证北宋唯心主义哲学家邵雍(1011–1077)关于天地每经129600年发生一次“开辟”和“毁灭”的宇宙循环论。

①见《朱子全书·语类》。
②见《朱子全书·天地》。
③见《朱子全书·语类》。

本编小结

隋唐时期是中国封建社会的盛世，唐代建成了一个经济和文化繁荣的大帝国。由于这一时期全国基本统一，社会比较安定，经济得到繁荣，也促进了文化的繁荣。

这一时期的科学技术沿着我国传统的科学技术体系持续发展，无论从深度或广度上看，都反映中国科学技术体系已经达到成熟的阶段。科学水平的提高，生产技术的进步和定型，生产规模的扩大，在社会的政治、经济和文化、思想方面都产生了巨大的影响，促使隋唐时期的文明高度发达，也为宋元时期科学技术的发展准备了条件。

宋元时期，我国科学技术达到了高度发展的阶段。虽然这一时期战争还是相当频繁的，但是在战争间歇期间出现相对稳定的时期里，科学技术在前一时期发展的基础上，有比较大的成就和创新。这一时期人才辈出，除了有兼擅众长的博学的科学家沈括，又有专攻一门，具有世界先进水平的专业科学家，他们之中有士大夫，也有平民和一般的工匠。正是这些人先后在各个方面的努力，把宋元时期的科学技术推到高峰。

隋唐宋元时期，我国和亚非以至欧洲各国的交往频繁，促进了我国和各国的科学技术交流，丰富和充实了我国的科学技术知识。特别是我国对人类文明作出重大贡献的四大发明，在这一时期相继问世和外传，在世界文明史上写下了光辉的篇章。

这一时期的自然观，继承了古代的元气自然说的传统，在当时科学技术发展的推动下，发展达到了元气本体论的高度，对魏晋南北朝以来由于统治者的支持提倡而泛滥的佛、道有神论和虚无思想以及唯心主义的正统理学，作了一定程度的斗争。

第四编

中国传统科学技术的缓慢发展和西方科学技术的传入

（明清时期）

第一章　封建社会末期的社会状况和科学技术

壹 明清时期的社会状况

封建社会已经进入末期

中国的封建社会，经过漫长的发展过程，到了明清时期[①]，已经进入末期。

从社会的经济基础方面来看，虽然商品经济和资本主义萌芽不断得到发展，但是始终未能突破以小农经济为主、以家庭手工业为辅的封建社会的基本生产方式。

从社会的上层建筑方面来看，以封建皇帝为中心的中央集权统治得到很大的加强，封建的法制和思想牢笼禁锢得更加严厉。

因此，封建社会的各种社会矛盾不断激化。

自明末清初起，随着西方资本主义的发展，西方的近代科学技术开始传入我国。但是我国封建统治阶级由于阶级局限性，表现出比较大的保守性，所以近代科学技术并没有对我国当时的社会产生积极的作用。接着帝国主义国家又对我国进行武装侵略和经济侵略，到清代晚期，我国变成了半封建半殖民地社会。

①明王朝从公元1368年建立到公元1644年灭亡，共历277年。清王朝从公元1644年入关定都北京起，到公元1911年被辛亥革命推翻，共历268年。

明初农业生产的恢复和土地兼并严重

元末农民起义运动的果实，被明太祖朱元璋所夺取，建立起明王朝。明初，农业生产得到恢复，大量垦殖新田，耕地面积迅速增加到大约相当于元代的四倍。

当时，南方水稻的单位面积产量有比较大的提高，最高的每亩可收八石。浙江、福建已经有双季稻，岭南地区已经有三季稻出现。棉花的种植面积有比较大的增加，植桑面积扩大，甘蔗栽种面积也有增加，为棉纺、丝织、制糖等家庭副业和手工业的发展提供了条件。这一切，当然也说明农业生产技术得到了不断的提高。

但是同时，土地兼并现象严重，明代中叶以后更加剧烈。皇帝、王府、大官僚、大地主占有了大量耕地。例如：蜀王就占有成都平原土地的 2/3；嘉靖年间的权相严嵩（1480–1567），他家乡袁州（今江西宜春地区）土地的 7/10 都被他一家独占。

由于土地兼并，大批流民出现，阶级斗争的形势越来越尖锐。

明代手工业生产的发展

手工业在明代也有比较大的发展。

在河北的遵化地区、广东的佛山地区、山西的阳泉等地，冶铁业有相当大的规模。已经出现了每次可熔一吨矿砂、一天可出铁两次到四次的大化铁炉。佛山铁器不但国内有名，还远销南洋，成为外贸的主要产品之一。

以景德镇作为中心的陶瓷业也在不断地发展，全国有近半数省份能烧制瓷器。明代青花瓷器畅销中外。

明代中叶以后，在江南的苏州、松江、杭州等地，纺织业有很大发展。已经开始出现手工业工场，例如在棉纺织业中，出现了轧、弹、纺、织、染、浆等一系列工序分工明确的作坊。

在制瓷业和纺织业中，已经开始出现了某些资本主义生产的萌芽。

郑和下西洋的积极意义和消极作用

郑和像。

反映明初社会经济得到恢复和发展的，有一件历史上有名的大事，这就是“三宝太监下西洋”。“西洋”当时是指现在的南洋诸岛和印度洋沿岸各地区。

我国自宋元以来，就已经开辟了南下东南亚、印度和阿拉伯各国的航线，所谓海上丝绸之路，中外船舶往来频繁。到了明成祖永乐年间(公元 1403 年到 1424 年)，远航印度洋的船队达到了空前规模。

三宝太监就是郑和(1371–1435)，三宝是他小时候的名字，云南昆阳(今属晋宁县)回族人。他原姓马，因随燕王朱棣(1360–1424)起兵有功，赐姓郑。燕王攻占南京，夺了他侄儿惠帝朱允炆(建文帝，1377–1402)的帝位，做了皇帝，这就是明成祖。明成祖对郑和十分信任，擢升他为内官监太监。

郑和自成祖永乐三年(公元 1405 年)到宣宗(朱瞻基，1398–1435)宣德八年(公元 1433 年)，受明政府的派遣，前后共七次率船队南下印度洋，船队庞大，航程遥远，不仅在中国航海史上是空前的，在世界航海史上也是一次创举。一般提起世界航海史，人们总想起意大利人哥伦布和葡萄牙人达·伽马(1460–1524)，哥伦布在公元 1492 年到 1502 年间首次从欧洲远航到美洲，达·伽马在公元 1497 年到 1498 年首次从欧洲绕过好望角到达印度。其实在他们之前半个多世纪，我国郑和所率领的庞大船队的远洋航行，就船队的组织规模、技术装备和航行技术来说，都远远超过了哥伦布和达·伽马。

关于明政府派遣这样庞大船队下西洋的动机，有各种说法。不少人认为是明成祖夺了建文帝帝位后，传闻建文帝未死出走，因此派郑

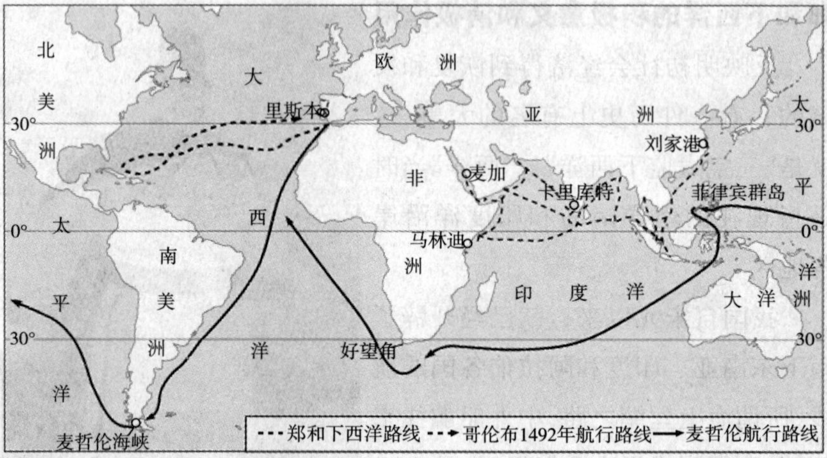

郑和下西洋路线图。

和到海外打探虚实。但是至少从客观效果上说，这许多次的远航，为明政府起了宣扬国威的作用。为了结好外国，郑和出使的时候携带了大批金银、钱币、瓷器、丝绸、铁器（包括铁农具）等，大半作为礼品沿途分送各国。各国政府也多以“无名宝物”、“珍禽异兽”等作为回礼。郑和船队空前规模的远航，带来了中外交往的空前发展，促进了中外政治、经济和科学文化的交流，对世界的文化发展作出了重大贡献。

但是，郑和的多次远航对我国社会的发展也起了消极作用。由于每次远航耗费巨大，明太祖洪武年间（公元 1368 年到 1398 年）积累起来雄厚的国家财力，到永乐以后却出现了政府的财政紧张局势。结果不但没有对国内资本主义萌芽起多大的促进作用，相反却产生了许多不利的影响。当时就有人指责说这是一项“弊政”。到了明宪宗（朱见深，1447–1487）成化年间（公元 1465 年到 1487 年），不但远航被下令停止，连有关郑和航海的档案材料也被烧毁。

其实，郑和远航的缺点在于，由于目的主要为了宣扬国威，一路上讲求排场，乱加赏赐，贸易不计盈亏，换取回来的多是供皇室和官僚贵族享乐的奢侈用品。如果当时能改进这些缺点，继续开展有利的海外航运和海外贸易，是可以起促使中国社会从封建社会向资本主义社会发展的作用的。

明代资本主义萌芽被扼杀和阶级矛盾的激化

当然中国社会在明代虽然有资本主义萌芽却未能向资本主义社会转化，是有它内部的、历史的深刻原因的。

虽然明代中叶以后，个别的官员，如以明穆宗隆庆元年（公元1567年）到神宗万历十年（公元1582年）当国的张居正（1525–1582）作为代表，也提出过“厚农而资商”、“厚商而利农”的主张，想要打破自古以来封建统治者“重农抑商”的传统政策，但是这种改革遭到顽固派官员的坚决反对而停止。明代中叶以后，由于倭寇侵扰，常行海禁，使我国商品经济最发达的东南沿海地区没法和海外通商贸易。此外，政府不断推行一些横征暴敛的政策。到了明末，明政府更派出大批宦官充当“矿监”、“税使”，设立层层关卡，各种矿税、商税多如牛毛。这就激成了多起的各阶层人民联合抗捐抗税、反对矿监税使的斗争。参加这一斗争的有矿工、城市手工业工人、个体手工业者、商人、作坊主，甚至还有部分下层官吏（他们也从事工商业的经营）。这种伴随着资本主义生产萌芽而产生的斗争，带有比较明显的反封建的意义。可是，这种斗争很快就被封建统治阶级残酷地镇压下去了。

明政府为了维护自己的统治，建立了庞大的军队，制订了极其严酷的法律，还设立了锦衣卫和东厂、西厂等特务机构，严密监视着各级官吏和人民大众。

为了加强思想上的统治，明代规定科举考试必须用“八股”文体，以四书五经命题，应试的人只能按宋儒朱熹等人的注释敷衍成章，所谓“代圣人立言”，这就把人们的思想牢牢地束缚在一个封建体系的框架里面。

尽管这样，中国的封建社会还是日趋没落，阶级矛盾越来越激化，到了明代末年，终于爆发了农民大起义，摧垮了明王朝的统治。

清代封建制度的强化使资本主义萌芽受到更沉重的压制

清代女真族的统治者入关以前，他们的社会正处在由奴隶制向封建制转化的阶段。入关以后，他们主要着力于建立和加强封建制度。清代基本上沿袭了明代的各种制度，把权力主要集中在以满族上层贵族作为核心的统治集团手里，强化中央集权。

封建制度的强化使明代中叶以后出现的资本主义萌芽受到更加沉重的压制。尤其是清兵入关后对于商品经济比较发达的东南沿海反清势力的残酷镇压，使资本主义萌芽受到严重摧残。

清代初期，虽然采取了稳定经济的政策，使社会生产沿着封建经济的轨道得到恢复和发展，但是限制很严，发展速度很慢，大约用了100年时间，商品生产才赶上明代中叶以后的水平。一些手工业部门，如纺织、采矿、制瓷等方面，生产虽然有所发展，但是一直停留在手工生产阶段。因此，社会生产的发展速度没法和西方同期的资本主义生产发展速度相比，被西方资本主义远远地抛在后面。

清代统治者在极大部分时间里严行海禁，奉行闭关锁国政策。在国内在意识形态领域实行残酷镇压，思想禁锢。这些都使中国的封建社会陷入深刻的危机。

终于在清宣宗（旻宁，1782–1850）道光二十年（公元1840年），被帝国主义敲开了大门，鸦片战争的失败，使已经十分腐朽衰败的清代统治处在内外交困之中。外国侵略者步步进逼，国内接连不断地发生农民起义运动。经过辛亥革命推翻清王朝，形式上结束了延续了2000多年的封建王朝的统治，但是由于我国资产阶级的软弱性和资产阶级革命的不彻底性，由于帝国主义势力在中国的扩张，中国社会仍然只是一个半封建半殖民地的社会。

贰 明清时期的科学技术

明代科学技术继续缓慢发展

明清时期的科学技术，在上一节所叙述的这种社会背景之下，就不能不带有这个时代所特有的一些特点。

明代中叶以后的科学技术，虽然没有像西方那样伴随着资本主义兴起而发生的近代科学革命，但是由于资本主义萌芽和科学技术发展的继承性，总的说来，在传统科学技术的轨道上仍然是继续缓慢发展的。而且由于欧洲中世纪的黑暗，它们资本主义萌芽开始时候的技术起点是不高的。因此公元16世纪之前，我国在一些科学技术领域里仍然是领先的。

明代中叶以后，也有一些知识分子，如李时珍、徐霞客(1586–1641)[①]、宋应星(1587–1664)等，在资本主义萌芽的影响下，思想比较活跃，在一定程度上突破传统习惯势力的束缚，能够比较好地深入实际、考察、研究、总结，在科学技术方面作出了重大贡献。还有进入仕途的知识分子徐光启(1562–1633)，一方面继承了传统的科学技术，一方面吸收了一些外来的近代科学知识，在数学、天文学、农学等方面作出了一定的贡献。

但是，这些科学技术成就，没有也不可能突破传统的科学技术体系，主要是对传统科学技术体系中的一些领域作了比较大规模的总结，也是传统科学技术体系的尾声，而没有近代科学那种蒸蒸向上的活力。

传教士来华和西方科学技术开始传入我国

明代末年，在我国科学技术发展史上，除了出现李时珍、徐霞客、徐光启、宋应星等一些杰出人物对传统科学技术体系作出总结外，还发生了一件比较重大的历史事件，这就是西方传教士来华和随着而来的西方科学技术知识的传入。

西方传入的这些科学技术知识，和中国传统的科学技术知识相比，不论在内容上还是在形式上，都有很大不同。特别是这时的西方科学技术正开始以比较快的速度逐渐发展成为近代西方文明的重要组成部分，从这个意义上说，明末清初西方科学技术知识的传入，为中国科学技术逐渐融合到世界科学技术发展洪流中去开辟了一个新

①徐霞客生于明万历十四年(公元1586年)阴历11月27日，阳历已是公元1587年1月5日，所以生年也作1587年。

身着中国传统服饰的利玛窦。

的阶段。

传教士的来华，是和西方殖民主义对中国的早期侵略分不开的。明武宗（朱厚照，1491–1521）正德九年（公元1514年），葡萄牙的海盗船首次闯入我国广东一带海面，世宗嘉靖三十六年（公元1557年）葡萄牙强租澳门。随后西班牙（神宗万历三年，公元1575年）、荷兰（万历二十九年，公元1601年）、英国（崇祯十年，公元1637年）、法国（清顺治十七年，公元1660年）、美国（乾隆四十九年，公元1784年）等都接踵而来。沙皇俄国却从陆路，明万历初年（公元16世纪80年代）越过乌拉尔山脉向东迅速扩张，明末清初（公元17世纪中叶）开始入侵到黑龙江和松花江流域。

伴随西方殖民主义向东方扩张而来华的传教士，大都属于天主教、“耶稣会”。耶稣会是16世纪西欧一些反动教会势力为抵制当时的宗教改革运动而组织的，在1534年成立，1540年经教皇批准。它在罗马设立了神学院，以后又把“有学问”的“耶稣会士”派往世界各地活动，以扩大它们的影响。

在明末进入中国的耶稣会传教士，比较有影响当首推意大利人利玛窦①（1552–1610）。他是在明万历十年（公元1582年）来华的。

由于明代实行思想禁锢政策，立国后不久就明确发布命令，严禁民间学习和研究天文历法，以致到了明代末年，虽然知道当时施行的历法已经不准，但是在全国很难找到通晓历法的人才了。利玛窦来华后发现当时的明王朝亟需改革历法，于是就在万历三十三年（公元

①利玛窦的原名是Matteo Ricci。

1605年)向教廷报告:“如果能有一位天文学家来到中国,我们可以先把天文书籍译成中文,然后就可以进行历法改革这件大事。作了这件事,我们的名誉可以日益扩大,我们可以更容易地进入内地传教,我们可以安稳地住在中国,我们可以享受更大的自由。”①传教士后来的活动,正是按照利玛窦的这一报告的思想进行的。

明末在利玛窦之后陆续来华的传教士中,和传播西方科学技术知识有关的比较著名的,还有下列几个人:

龙华民(1559–1654),意大利人,万历二十五年(公元1597年)来华;

熊三拔(1575–1620),意大利人,万历三十四年(公元1606年)来华;

阳玛诺(1574–1659),葡萄牙人,万历三十八年(公元1610年)来华;

邓玉函(1576–1630),瑞士人,熹宗(朱由校,1605–1627)天启元年(公元1621年)来华;

汤若望(1591–1666),德国人,天启二年(公元1622年)来华;

罗雅谷(1593–1638),意大利人,天启二年(公元1622年)来华。②

入清以后来华的传教士还有:

穆尼阁(1611–1656),波兰人,清世祖顺治三年(公元1646年)来华;

南怀仁(1623–1688),比利时人,顺治十六年(公元1659年)来华。③

利玛窦以及后来的西方耶稣会传教士,为了活动上的方便,每个人都起了一个中国名字,穿上中国长袖宽大的衣服,熟读孔孟等中国典籍,再用赠送自鸣钟、望远镜、世界地图等中国罕见的东西作为进见礼物,打通中国的上层官员,利用他们原来所掌握的科学知识,终于在中国政府中取得了一定的职位,参与了编制历法等工作。在明代的上层官员中,和传教士有联系的,比较著名的有徐光启、李之藻(1565–1630)等。这些人也是西方科学技术知识第一次传入时期的重要历史人物。

这一时期传入的西方科学知识,天文学和历法占很重要的地位。其次是数学知识。另外还有关于地图、物理学和技术知识。关于这些具体内容,我们在后面各有关章节里再讲。

①转引自斐化行:《中国的天文学问题》。

②龙华民的原名是Niccolo Longobardi,熊三拔的原名是Sabbathino de Ursis,阳玛诺的原名是Emmanuel Diaz,邓玉函的原名是Jean Terrenz,汤若望的原名是Johann Adam Schall vou Bell,罗雅谷的原名是Giacomo Rho。

③穆尼阁的原名是Jean Nicolas Somogolenski,南怀仁的原名是Ferdinand Verbiest。

对待传入的西方科学技术知识的不同态度

中国自古以来虽然也不断地吸取世界其他地区的不同文化，但是由于长期以来传统的科学文明在世界上居于领先地位，所以这种吸收并没有引起很大矛盾。可是到了明末清初，中国传统的科学技术发展缓慢，有些学科停滞不前甚至倒退，而且这时传入的西方科学技术又是伴随西方的殖民主义动机而来，因此在西方科学技术陆续传入的同时，不能不引起和中国传统文化之间的种种矛盾，产生各种问题。

明末清初，士大夫对待西方传入的科学技术知识，大致有三种不同的态度。

第一种是玉石不分，只要是西方传入的，就一律拒绝，坚决反对。如明末的冷守中、魏文魁和清初的杨光先可以作为采取这种态度的人的代表。他们的主张可以举出杨光先给清廷奏折里的几句话来说明："宁可使中夏无好历法，不可使中夏有西洋人。"他还说，汉代的历法并不好，日食预报也不准，但是这并不影响汉代仍然享有四百年的天下，如果为了改历而延用包藏祸心的西洋人，那就恐怕"祸发无日"。这些人大都从维护传统的统治思想出发，反对传教士在中国的传教活动，同时反对传入的西方科学知识。杨光先等的主张很投合统治阶级里一部分人的心理，因而明末清初一段时期里，由于改革历法，引起了持续比较长的时间的新旧历法之争。杨光先的奏折上呈后，清廷竟将汤若望等传教士逮捕法办，并且杀了协助改历的五名汉族官员，同时任命杨光先做钦天监监正，主持改革历法。而杨光先实际上并不懂历法，连抱残守缺沿用旧历也做不到，因此在清圣祖玄烨（康熙帝，1654–1722）亲政之后，再次命令重新校验新旧历法究竟哪一种更加精确，结果证明新法的确比较优越。杨光先终于以欺君诬告罪被免职充军。

第二种却走向另一个极端，采取这种态度的人主张传入的西方科学技术知识一切都好，应该全部吸收，不问这些知识是否是当时西方最先进的，也不考虑是否适合中国的实际情况。明末的徐光启、李之藻可以作为这一派人的代表。他们在崇信西方科学技术知识的同时，本人也多信奉天主教，参与了传教士的某些政治活动，认为天主教也可以"补益王化"。徐光启认为传入的西方数学知识十分高明，中国古代传统的数学知识（以"算经十书"作为代表）已经可以废弃不用，用他自己的话来说，就是"弃十书如弃敝履耳"。虽然他们的这些主张是偏激的，但是他们对传入的科学知识有比较透彻的了解，在介绍翻译西方科学技术知识方面做了不少开创性的工作，从无到有地采用了不少翻译名词，这些名词大多数一直沿用到现在，而且还传到朝鲜和日本。对西方科学技术知识在中国和东洋文化圈里的传播，他们作出的功绩是不可磨灭的。

第三种态度比较正确。采取这种态度的人主张去芜存菁，批判地吸收传入的西方科学技术知识，对传统的科学技术知识也不放弃，仍然进行深入的研究。清初的王锡阐（1628–1682）和梅文鼎（1633–1721）可以作为这一派人的代表。他们的思想是"法不分中西"，"法有可采，何论东西，理所当明，何分新旧"[①]，"考正古法之误，而存其是，择取西说之长，而去其短"[②]。他们大都是科学家，而且是成果卓著的。但是这一些人对朝廷、对科学技术政策的制定处在无权的地位，不能过问。

明末清初，朝廷对西方科学技术知识传入的政策也有变化。

前面说过，明末来华的传教士打通中国的上层官员，利用他们原来所掌握的科学知识，在中国政府中取得一定职位，参与了编制历法的工作。在明末上层官员中，徐光启、李之藻是主张全部吸收西方科学技术的。所以这一时期，是赞同全盘西化的占主导地位。

清兵入关后，顺治年间，传教士汤若望仍然深受世祖福临（顺治帝，1638–1661）的信任。顺治帝去世后，权相鳌拜（？–1669）专擅朝政，排斥西法，并逮捕汤若望，判处死刑。恰巧第二天发生地震，被认为是不祥的兆头，给以减刑。到康熙帝亲政以后，罢鳌拜，并给汤若望平了反。

康熙帝对待传入的西方科学技术所采取的政策是比较正确的。他既注意到传教士活动的动机，把传教士的活动只限于科学技术知识的

①引自梅文鼎：《堑堵测量》。

②引自《畴人传·王锡阐》。《畴人传》是一部包括我国从上古传说时代起到清末止天文、数学家四百人的传记。初编阮元（1764–1849）辑，续编罗士琳辑，三编诸可宝辑，四编黄钟骏辑。

传播等极其有限的范围里，同时又提倡学习和应用传入的科学技术知识。康熙帝本人就十分爱好钻研科技知识。这在2000多年中国历代的封建帝王中，是极其罕见的，也可以说是独一无二的。不过，如果把他和当时世界上一些西方的君主相比，如法国的路易十四(1638–1715)、俄国的彼得大帝(1672–1725)、德国的腓特烈大帝(1712–1786)，他们的所作所为，实际上都是为资本主义的发展开辟道路，而康熙帝却只是为了维护封建主义。这是康熙帝的历史局限性，因此在科技政策方面也不可避免地存在局限性。有关康熙帝在科学技术上所作出的具体贡献，我们将在以后各章有关的地方再加叙述。

继康熙帝之后，清代入主中原以后的第三个皇帝世宗胤禛（雍正帝，1678–1735），却一反康熙帝对待西方科学技术的政策，采取了封建锁国的闭关自守政策。从雍正帝即位（公元1723年）起，直到道光二十年（公元1840年）鸦片战争为止，在这一段时间里，中西方的科学技术交流几乎陷于停顿。

到鸦片战争以后，清廷才又被迫开放门户，开始西方科学技术的第二次传入。

关于这两个阶段，我们下面分小节分别再作些介绍。

封建锁国时期的乾嘉学派和科学技术

雍正帝之所以实行锁国政策，直接的诱因是由于传教士的不正当活动。

本来，在康熙年间，由于罗马教廷下令中国教徒不准供奉祖先，这和中国传统礼仪不合，引起中国朝野的普遍反对。到康熙末年，传教士又插手朝廷的王位继承问题。因此，在崇奉喇嘛教的雍正帝继位之后，除钦天监留下极少数的传教士之外，就把其余的传教士一律驱逐到澳门，不准进入内地。

但是，从中国社会当时的情况来探讨施行闭关自守政策的原因，恐怕主要有两方面。一方面是因为清代的统治者对西方急速发展的资本主义和此起彼伏的资产阶级革命怀着恐惧的心理。另一方面，也有传统的以天朝大国自居的妄自尊大的思想在作怪。

乾隆五十八年(公元1793年)和嘉庆二十一年(公元1816年)，英国曾经两次要求互派使节和通商贸易，都被清廷拒绝。在清高宗弘历(乾隆帝，1711-1799)给英皇的敕谕中说："天朝物产丰盈，无所不有，原不借外夷货物以通有无。"在清仁宗颙琰(嘉庆帝，1760-1820)给英皇的敕谕中说："天朝不宝远物，凡尔国奇巧之器，亦不视为珍异"，"嗣后毋庸遣使远来，徒烦跋涉，但能倾心效顺，不必岁时来朝始称向化"。

所谓"敕谕"就是皇帝给属下的诏书。这就是把英国看作属国，把英国要求互派使节和通商贸易看作是"外夷"向"天朝""朝贡""效顺"，可见妄自尊大到什么程度。

由于闭关自守的保守政策，西方科学技术知识的传入几乎完全停止了。这种状态大约持续有一百二三十年之久，成为我国近代科学技术落后的一个非常重要的原因。因为正是在这100多年时间里，西方的科学技术和西方的资本主义一道，有了突飞猛进的发展。正如马克思和恩格斯在1847-1848年的《共产党宣言》里所指出的："资产阶级在它的不到100年的阶级统治中所创造的生产力，比过去一切世代创造的全部生产力还要多，还要大。自然力的征服，机器的采用，化学在工业和农业中的应用，轮船的行驶，铁路的通行，电报的使用，整个整个大陆的开垦，河川的通航，仿佛用法术从地下呼唤出来的大量人口，——过去哪一个世纪能够料想到有这样的生产力潜伏在社会劳动里呢？"①

闭关自守时期的中国，一方面和西方突飞猛进的科学技术相隔绝，另一方面在国内对传统的科学技术也只停留在整理古籍和考证注释的工作上，很少有新的发展。

这一时期中国的文化界形成了著名的乾嘉学派，科学技术的发展也受到它的很大影响。

乾嘉学派是以清高宗弘历和仁宗颙琰两个皇帝的年号乾隆(公元

①《马克思恩格斯选集·第一卷》，人民出版社1972年版，第256页。(《马克思恩格斯全集·第四卷》，人民出版社1958年版，第471页，译文不完全相同。)

1736年到1795年）、嘉庆（公元1796年到1820年）的头一个字来命名的。这一学派以整理中国古代典籍作为主要工作，以考据、训诂作为主要方法，继承中国历代经学家治学的传统，在当时的文化知识界占绝对统治地位，并且对以后有清一代的学术研究和学术思想方面产生了极大的影响。

乾嘉学派的产生，是清王朝所施行的文化政策的必然结果。清代的统治者是少数民族入主中原，首先考虑的文化政策就是怎样消灭反满抗清的思想以巩固自己的统治。清代的统治者一方面大兴文字狱，采用暴力镇压的手段；一方面又用怀柔的手法，举办科举考试，吸引和鼓励知识分子去从事编辑整理《古今图书集成》、《佩文韵府》[①]之类图书典籍的工作。乾隆、嘉庆年间，清政府成立了四库全书馆，网罗各方面的人才，编辑《四库全书》，就是清王朝的这种文化政策的集中反映。通过这项工作，可以对中国古今各种图书进行一次比较彻底的清理，查禁、销毁那些不合政府要求的图书，同时又笼络了一批文化知识界人士，政府给予参加这项工作的学者以各种荣誉。这样，乾嘉学派就应运而生了。

在整理中国古代典籍的过程中，也重新辑出或发现许多散佚或极其罕见的科学技术书籍，因为政府命令全国各地都必须献出稀本或珍本图书。对一些科技古典还进行了考证、训诂等方面的研究工作。

例如在数学方面，不但整理出来了汉唐期间的“算经十书”，而且重新发现并且整理出宋元算书多种。在天文学方面，对历代的天文志、律历志以及各种天文历法方面的著作也作了搜集、校勘、注释等工作，尤其是对先秦的古六历和汉代三统历、四分历、乾象历的研究工作最出色。还有由阮元主编、李锐（1773–1817）等人实际编纂的《畴人传》，总结了到乾嘉之际为止的乾嘉学派对天文历法和数学古籍的研究，用人物传记的形式编纂成书，是乾嘉学派整理中国古代科学技术的代表性著作。此外在地理学方面，对各正史中的地理志以及《山海经》、《禹贡》、《水经注》等名著都作了许多整理和研究。对古农书或古

①《古今图书集成》是康熙雍正年间编纂的一部大型类书，全书1万卷，分6编、32典、6109部。《佩文韵府》是一部分韵编排的辞书，康熙年间刊行，正集444卷，拾遗112卷。

书中的有关农业技术知识部分以及对古医书等也都作了不少整理和研究工作。

乾嘉学派治学的口号是:实事求是。他们在古籍整理方面的研究方法和研究成果,对后来的史学、史料学有比较大的影响,甚至对以后其他各国的汉学研究都有比较大的影响。

由于乾嘉学派的兴起和在学术界逐渐占据了统治地位，虽然在科学技术古籍的整理研究方面做出了不少成绩,但是这种以考据学为主的、有时还失之于繁琐的治学方法,主要是从书本到书本,极少进行科学实验,所研究的问题又都是历史问题。中国自古以来鄙视技术、主张尊孔读经的思想,在这里又找到新的表现形式。因此总的说来,乾嘉学派的产生和发展,并没有促进自然科学和技术新领域的开拓,随着时间的推移,越是到了近代,它越是成了科学技术新发展的障碍。

洋务运动和西方科学技术的再次传入

从道光二十年(公元 1840 年)的鸦片战争开始,西方列强的人炮终于轰开了中国封建锁国的大门。一系列不平等条约的签订,帝国主义国家对中国的侵略,促使中国封建社会逐渐解体,逐渐演变成为半封建、半殖民地的社会。因此,自晚清以后的中国近代科学技术的发展,也不可能不带有这样的社会的某些特点。

在鸦片战争前后，鉴于西方炮舰力量的强大和科学技术的发达，同时对国内政治、学术空气的不满,一些要求改良朝政的人士,如林则徐(1785–1850)、龚自珍(1792–1841)、魏源(1794–1857)等,在提出各种改良方案的同时,也主张了解西方,并且向先进的西方科学技术学习。魏源可以作为这些人的代表,在他所著《海国图志》(道光二十四年、公元 1844 年出书)里更进一步提出了“师夷之长技以制夷”的主张。虽然他们的主张没有能完全被清廷所采纳,但是他们所编著或编译的介绍西方社会情况的书籍,以及他们所提出各种改良朝政和学习西方的主张，在朝野上下引起一定的注意。

由清政府自上而下推行向西方学习的政策，是文宗咸丰十年（公元1860年）开始的。当时中央以恭亲王奕䜣（xīn）（1833–1898）等为代表，地方以曾国藩（1811–1872）、李鸿章（1823–1901）等为代表，主张依靠外国援助开办近代军事工业等，镇压人民反抗，保持封建统治。这些人被称做洋务派，这一活动被称做洋务运动。这一运动随着德宗（载湉，1871–1908）光绪二十年（公元1894年）中日战争失败而以失败告终，前后共经历了35年。洋务派的代表人物除前面所举的，还有后来的张之洞（1837–1909）等。

洋务运动最初是由办兵工厂开始的。清政府在镇压太平天国农民起义过程中，进一步认识到洋枪洋炮的威力；在鸦片战争以后和西方列强交往的过程中，也深刻地认识到舰坚炮利之术的确有讲究的必要。于是在洋务派的倡议之下，全国到处兴起了兴办兵工厂的浪潮。继办兵工厂之后，又开矿山，造铁路，设船厂，建海军，开办轮船局以及各种工厂。除官办外，后来还有许多民办工厂纷纷兴起，有不少是外资创办的。

这些工厂，都是从国外引进成套机器设备，在一些比较大的工厂里还高价雇用了洋人技师。这类工厂都是当时我国引进西方近代技术、向西方学习的重要途径，这对培养训练中国第一批产业工人起了重要作用。所以洋务运动也可以说是中国历史上由政府推行自上而下力图使国家近代化的一次尝试。

和近代工矿企业创办的同时，各种科学技术书籍的编译和出版，是这一时期西方科学技术传入的另一项重要内容。

穆宗（载淳，1856–1874）同治元年（公元1862年）北京成立的同文馆，同治二年、三年（公元1863、1864年）上海、广州先后成立的广方言馆，特别是同治七年（公元1868年）上海江南制造局所设立的翻译馆，它们都是官办的编译西方科学技术书籍的机构。这些机构大都由洋人主持，有中国的专门人材相配合来进行工作。如北京同文馆是由美国人丁韪良[1](1827–1916)主持的,上海江南制造局翻译馆是由英国人傅兰雅[2](1839–1928)主持的。还有民办的译书局,以"墨海书馆"最有名,是由英国人伟烈亚力[3]等开办的。大力参与这项工作的中国专家有数学家李善兰(1811–1882)和化学家徐寿(1818–1884)等。和明末清初时期相比,这一阶段编辑翻译的西方科学技术书籍数量多,科学水平比较高,影响也比较大,内容包括数学、物理学、化学、天文学、地质学、矿物学、动植物学、医学、采矿、冶金、化工、造船等各个方面。有不少书籍是西方的科学技术名著。

有的资料表明,从咸丰三年(公元1853年)到宣统三年(公元1911年)的半个多世纪里,一共有460多种西方科学技术著作被译成中文出版。正是这些书籍培养了我国近代早期的一代甚至二三代的科学技术人员。在这些译著中所使用的科学技术名词,绝大多数一直沿用到今天,而且影响到日本。

由于在洋务运动中耗费国家资金最多的是海军,在光绪九年(公元1884年)中法战争中粤洋舰队全军覆没,南洋舰队受到重创,到中日甲午战争中北洋舰队又全军覆没,这就宣告了洋务运动本身的彻底破产。

洋务运动作为清政府所推行的政策虽然失败了,但是它在传入西方先进的科学技术知识以及发展生产、促进封建社会解体(虽然这并非洋务派的初愿,他们的目的是要保护封建统治)等方面所起的作用,是不容抹煞的。到了洋务运动的末期,西方科学技术的各个方面几乎都在不同程度上传来我国。这一切都使洋务运动时期成为我国近代科学技术史上的一个比较重要的时期。

洋务运动之所以失败,首先在清政府所推行的总政策是错误的。这个总政策可以用八个字来概括:"中学为体,西学为用。"按洋务派后期的代表人物张之洞的话来说明,就是:"中学为内学,西学为外学;中学治身心,西学应世事。""中国学术精微,纲常名教以及经世大法无不具备,但取西人制造之长补我不逮足矣。"[4]这种妄图用西方的

①丁韪良的原名是 William Alexander Parsons Martin,清道光三十年(公元1850年)来华。

②傅兰雅的原名是John Fryer。

③伟烈亚力的原名是 Alexander Wylie,清道光二十七年(公元1847年)来华。

④见张之洞:《劝学篇》。

科学技术来挽救摇摇欲坠的封建统治的政策,是肯定要失败的。

其次是清政府腐败无能,吏治极坏,机构重叠,闲员庞杂,洋务派官员本人大都不懂科学技术,一味迷信洋人或是主观专行,各项工程都耗资极巨而成效很小。

再次是在人才培养方面,清政府依然坚持以四书五经取士的科举考试制度,学制的改革落后西方二三百年,落后日本50多年,这是洋务运动失败的又一个重要原因。即使有自己的专门人材,也不被重用,不能发挥作用,而把一切都委之洋专家,依赖洋专家。这一现象一直持续到解放前的旧中国,可见遗毒之深。

戊戌变法前后的学制改革、派遣留学生、组织学会对科学技术发展的影响

洋务运动的失败,促使人们认识到办工厂、开矿山对当时的中国来说,还只是治标而不能治本。于是资产阶级改良主义思潮兴起。

早在光绪初年(公元19世纪70年代后期),伴随民族资本的一些工矿企业的发展,产生早期的资产阶级改良主义思想,代表人物是王韬(1828–1897)、薛福成(1838–1894)、郑观应(1842–1921)等。他们主张"恃商为本"①、"商握四民之纲"②,提倡重商主义;他们反对洋务派对待西方资本主义列强采取投降的政策,要求保护并且发展民族工商业;他们主张不仅要学"夷之长技",也要学西方的政治制度。总而言之,他们要求改变现状,主张进行改革,尤其是政治改革和学制改革。在这些早期的改良主义者看来,政治改革是"体",科学技术是"用",而洋务派"遗其体而求其用"③,是不能从根本上解决问题而只能遭到失败的。

在中国近代史上规模最大的一次资产阶级改良主义运动,是由康有为(1858–1927)、梁启超(1873–1929)等在光绪二十四年(公元1898年)发动的"戊戌变法"。他们看到洋务运动以来国势日弱而力主变法革新,主张:"变法而强,守旧则亡";"能变则全,不变则亡;全变则强,

①见王韬:《弢园文录外篇·代上广州冯太守书》。

②见薛福成:《庸盦海外文编·英吉利用商务辟荒地说》。

③见郑观应:《盛世危言·初刊自序》。

小变则亡。”[1]他们的改良主张：政治上要求实行君主立宪制度；经济上提倡“以商立国”，要求开矿、造船、造币、办银行；文化教育方面主张废除八股考试、兴办学堂、派遣留学生等。除康有为、梁启超外，严复(1854–1921)也是主张变法维新的一位代表人物。他们还组织各种学会以推进改良运动，有些学会就是以引进、学习各种科学技术作为宗旨的。

戊戌变法自光绪二十四年(公元1898年)就是戊戌年六月十一日光绪帝下诏开始，到同年九月二十一日慈禧太后（叶赫那拉氏，1835–1905)发动政变重新掌握大权为止，前后共103天，所以历史上又称“百日维新”。

百日维新期间提出的和发展科学技术有关的政策，主要有三项：第一，开办学堂；第二，成立译书馆局；第三，鼓励发明创造，保护专利权。戊戌变法虽然失败，上面所说第一、第二两项政策，特别是兴办学堂，一直持续下来，并没有因为变法失败而中止。

开办学堂，进行学制改革，从洋务运动时期起就不断有人建议。但是清政府正式下令废除科举考试，建立新的学制，是在光绪三十一年(公元1905年)。在新学制建立之前，已经有些新式学校开始创办。最早可以追溯到同治元年(公元1862年)的北京同文馆。同文馆里陆续添设了各种自然科学的课程，加上原有的外国语和社会科学各种课程，使同文馆成为官办的以吸收西学作为主要教学内容的学堂。不久之后成立的上海，广州的广方言馆也属于同类的学堂。另外由于洋务学堂的开展，各地也开办了一些军事学堂，这类学堂也要学生学习各种科学技术知识。

光绪二十三年(公元1897年)在上海开办的南洋公学外院，可能是我国近代官办的第一所新式小学堂。在此之前，各地已经有私立的新式小学堂。中学校的兴办大致也在这一时期。光绪二十一年(公元1895年)，天津西学学堂分头等和二等，二等学堂就相当于中学。戊戌变法过程中，在原有的同文馆基础上成立了京师大学堂(今北京大学

①见康有为：《上清帝第六书》。

前身)，这是我国近代官办大学堂的开始。戊戌变法失败以后，学制改革仍在继续。光绪二十八、二十九年(公元1902、1903年)由清政府颁布了“学堂章程”之后，全国大、中、小学有很大的发展。据统计资料，到辛亥革命前后，全国兴办的官学堂有小学86318所，中学832所，大学(大多是专科院校)122所。

此外，作为帝国主义文化侵略的一个方面，他们也在中国各地办了不少学校。最早的一所是道光十九年(公元1839年)由西方传教士在澳门设立的。教会办学在这以后发展迅速。到光绪三十一年(公元1905年)清廷废科举、兴学堂进行学制改革的时候，只在基督教会控制下的学校就有2585所。此后又有发展，据光绪三十三年(公元1907年)的统计，只美国所办的学校就多达1195所。比较著名的教会大学有燕京、齐鲁、圣约翰、东吴、震旦、沪江、之江、岭南、协和等。这类教会办的学校，在解放前的中国教育史上，一直占有重要的地位。

各类学校的课程都包括有科学技术内容。学制的改革和新式学堂的兴办，对中国近代科学技术的发展具有决定性意义。为了适应新式学堂的需要，我国还创办了印书馆和书局，开始编印各种中小学的理科、自然教科书，起到广泛普及科技知识的作用。

戊戌变法主张派遣留学生，派遣留学生开始得也比较早。从明代末年，就已有人到国外去留学，当时大都是传教士介绍或带领出国的。虽然大多数人学的是神学，也有少数人是学自然科学的。在鸦片战争之后，出国的留学生，据现有的资料来看，最早的要算是容闳(1828-1912)、黄宽等。容闳从澳门到美国留学，回国后曾参与筹建江南制造局，后历任留美学生监督、驻美副使等职，因参加维新派唐才常(1867-1900)的维新活动被通缉，逃往美国，著有《西学东渐记》等书。黄宽在道光二十七年(公元1847年)也是从澳门随美国传教士布朗到美国，学习两年之后又去英国爱丁堡大学学习医学，咸丰七年(公元1857年)以优异成绩毕业回国，在南方城市行医。黄宽是学习西方近代科学技术后回国的第一位留学生。

同治九年(公元1870年),清政府根据容闳的建议,选派12岁到16岁的幼童赴美学习英语之后进入美国小学、中学、大学学习,前后一共有100多人。其中学成回国的不多,最著名的回国留学生就是以建造铁路闻名的詹天佑(1861–1919)。还有一些人学成后留在美国,成为最早的一批美籍华裔科学技术工作者。当时为配合洋务运动中练新军和海军,清政府还派了去西方学习军事工程、造船和驾驶等军事技术的留学生,其中有严复,他在同治十年(公元1871年)在福州马尾船厂附设的船政学堂以优异成绩毕业后,在海上进行几年实习,光绪元年(公元1875年)被派遣到英国学习四年。回国以后,光绪二十年到二十四年(公元1894年到1898年)出任天津北洋水师学堂总教习、总办。

戊戌变法之后,由于西学日盛和学制的改革,国家公派和自费留学的人数迅速增加。虽然出国的留学生中学习理工科的占大多数,但是学成回国之后能够学以致用、学用一致的很少。尽管这样,留学生的增加,对发展我国科学技术事业以及对整个社会进步的推动,都起到很大的作用。我国现代科学技术的奠基人、学科的带头人,一些科学技术界的老前辈,大都出自本世纪初留学回国的留学生。

在戊戌变法中,一些资产阶级改良主义者曾经组织各种学会以推进改良运动。关于和科学技术有关的各种学会组织的建立,最早可以追溯到同治光绪之际。光绪元年(公元1875年)前后,化学家徐寿和英国人傅兰雅等人在上海创立"格致书院",力图普及科学技术知识。以后主张维新变法的呼声越来越高,出现了一些学会名义的革新派团体,这些团体大都提倡学习,普及科学技术知识。例如光绪二十一年(公元1895年)中日甲午战争之后成立的"强学会"(北京、上海),它的宗旨中就有译印东西文书籍、设博物馆和仪器馆等。光绪二十二年(公元1896年),罗振玉(1866–1940)等在上海筹组"务农会",刊行了《农学报》杂志。此外在这一时期里成立的还有"地学公会"(长沙)、"舆算学会"(郴州)、"算学会"(上海)、"地图公会"(上海)、"测量学会”(南京)等。

光绪二十六年(公元 1900 年),杜亚泉(名炜孙,1873-1933)在上海创立“亚泉学馆”,以集体研究各种科学作为宗旨。宣统元年(公元 1909 年),张相文(1866-1933)等在天津创立“中国地学会”。

在有如雨后春笋般出现的许多学会组织中,以“中国科学社”的影响最为深远。它的成立已经在辛亥革命以后，是在民国三年（公元 1914 年)夏由当时在美国康奈尔大学留学的任鸿隽等发起,次年正式成立。发起人和第一批会员有：胡达（明复)、赵元任、周仁(1892-1973)、秉志(1886-1965)、章元善、过探先、金邦正、杨铨(杏佛)(1893-1933)等共 35 人。中国科学社是以英国皇家学会作为模式建立起来的。除普及科学知识之外,它还注重科学研究。直到 1949 年全国解放的时候为止，它一直是中国民办的有权威的学术性组织,大多数科学技术工作者参与了它的活动，到 1949 年止一共举行年会和各种大型学术会议 26 次。

在工程技术方面,民国二年(公元 1913 年)成立了“中国工程师学会”,首任会长是詹天佑。

以后又先后组织了各分支学科的学会组织。

各种学会组织的建立和各种学术刊物的出现有密切关系。光绪二年(公元 1876 年)出刊的《格致汇编》由上海格致书院编印,可以看做是最早出现的近代科技刊物。光绪二十六年(公元 1900 年)由亚泉学馆编印的《亚泉杂志》是中国人自己编辑出版的最早的科学杂志。民国四年(公元 1915 年)一月创刊的《科学》杂志是中国科学社编印的,这种杂志到 1950 年 12 月一共出了 32 卷，是解放前的一种重要的学术刊物。

第二章　明清时期的天文学和数学

壹 明代传统天文学、数学的停滞和商业数学的发展

明代传统天文学和数学的失传

中国古代的天文学和数学，在宋元时期取得了许多项具有世界意义的成就，达到了发展的高峰。但是这一发展到了明代没有能继续下去，甚至有些方面有所倒退。

明代开国后不久，就明确发布命令，严禁民间学习和研究天文历法。以致到了明代末年，虽然知道当时施行的历法已经不准，但是在全国已经很难找到通晓历法的人才了。

宋元时期高度发展了的中国传统数学，如天元术和四元术，到了明代中叶，当时的数学家几乎完全不能理解，这些传统的高深数学几乎失传，成了绝学。

产生这种现象的原因，主要由于明代政府的科学政策不当和社会实际需要变化。当时国家对知识分子实行思想禁锢，以经书科举考试取士，不重视天文历法，而传统的高深数学，又主要用在历法计算方面，在当时社会上没有实际用途。另一方面，当时的社会上，由于商业

的发展，需要用到有关商业上应用的计算数学。

商业数学的发展

明代的商品经济比它以前任何一个时期都发达。由于商业的空前发达，商业数学随着得到发展。这和15世纪欧洲商业数学发展的情况十分相似。

明代宗（朱祁钰，1428-1457）景泰元年（公元1450年），浙江仁和（今杭州）人吴敬完成《九章算法比类大全》一书，是明代商业数学取得进展的标志。书里有不少和商业有关的新课题，如计算利息、合伙经营、就物抽分（就是用货物作价抵补运费或加工费等的计算方法）等，这些都是商业经济的发展在数学研究中的反映。这一趋势的不断发展，导致珠算术的发展。

珠算从筹算演变的过程

随着商业和贸易的发展，对数学越来越提出"算得快"的要求。商业上应用的主要是加减乘除四则运算。中国古代的计算工具是算筹，于是也就产生了强烈的变革筹算的要求。

筹算的四则运算，特别是乘除法运算，一般要摆列出三层算筹。筹算的改革首先是由把三层算筹的计算改在一层里进行。这种改革，可以说从唐代末年已经开始。北宋沈括在《梦溪笔谈》里说：算术"见简即用，见繁即变，不胶一法"[①]，指的也是这种变革。在南宋著名数学家杨辉的著作里也记载了一些具体的乘除简捷算法。

在这些简捷算法中，各种歌诀的出现是个显著的特点。而这些歌诀，在由筹算到珠算的演变过程中，起着很重要的作用。其中最重要的歌诀要算是"斤两化零歌"和"归除歌诀"。

中国的衡制，很早以来就是以16两作为一斤的。已知各种货物每斤的价格，求一两货物的价格，是人们日常生活中经常会碰到的问题。在杨辉的《日用算法》中就有化零歌。到朱世杰的《算学启蒙》，化零

①见《梦溪笔谈·卷十八》。

歌已经十分完备，那就是：“一退六二五，二留一二五，三留一八七五，……”这样，比较复杂的除法就可以由加法来代替，只要机械地进行计算就行，而不必左思右想。所以直到现在，“一退六二五”已经变成一句口头禅，表示不必多加考虑，只要照现成的办法干下去就成了。

另一种歌诀归除歌诀，就是一直应用到现在珠算中的除法口诀。它最初是先用在筹算上的。在元代朱世杰的《算学启蒙》里，归除歌诀已经有了三十二句：“一归如一进，逢一进成十；二一添成五，逢二进成十；三一三十一，三二六十二，逢三进成十；……”它和现在珠算中用的“九归口诀”已经一致了。到了元末《丁巨算法》里，特别是明初何平子所著《详明算法》里，已经有“撞归歌诀”，又称“起一诀”：“见二无除作九二，见三无除作九三，……”

这样，除法计算也可像乘法有“九九口诀”一样，用“九归”和“撞归”口诀，很容易地进行了。口呼“二一添作五”，手就添进四根算筹把一改成五。口快手慢，手赶不上口，于是筹算就非改革不可了。这样，珠算就诞生了。把算筹改成算盘珠，效率大大提高。所以珠算一经诞生，筹算就很快被弃置。这似乎也是以筹算作为基础的天元术和四元术失传的原因之一。

关于珠算是什么时候起源的，说法不一。根据现有的史料和上面所作的分析，认为珠算大概是在元明之际产生的说法比较可信。元末明初文学家陶宗仪所著《南村辍耕录》，成书于元惠宗至正二十六年（公元 1366 年）。书里描写不愿劳动的人，把他们叫“佛顶珠”；形容做事要人们去拨一拨才动一动的人，把他们叫“算盘珠”，所谓“拨之则动”。这可能说明珠算上用的算盘当时已经出现了。

关于珠算的书籍大量出现

到了明代中叶，关于珠算的书籍大量出现。据现在所知，最早的一本是《盘珠算法》，著者是徐心鲁，成书于神宗万历元年（公元 1573 年）。以后还有《数学通轨》，著者是柯尚迁，成书于万历十二年（公元

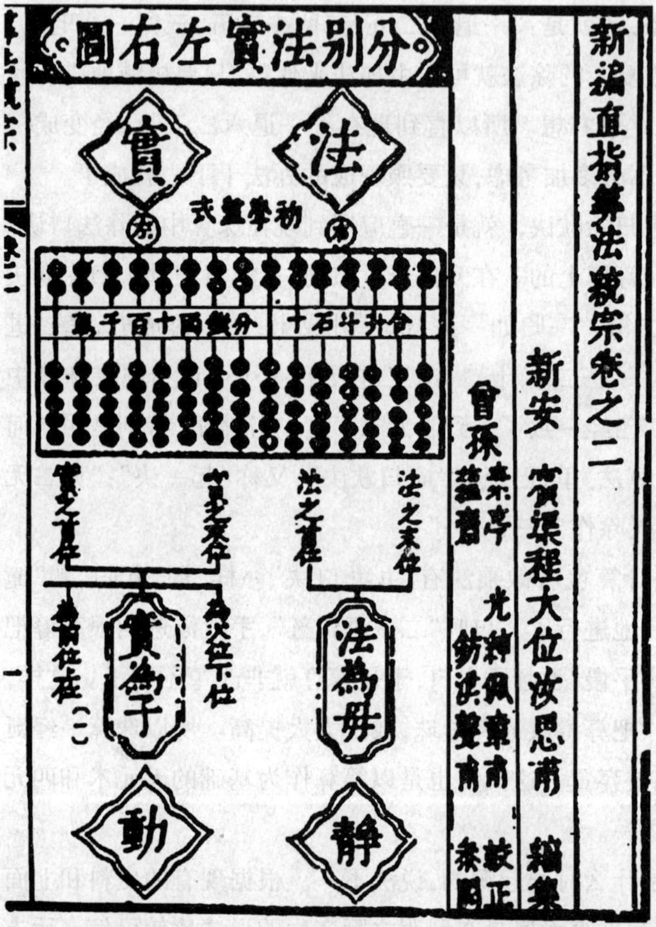

《算法统宗》书影。

1584 年）；《算法指南》，著者是黄龙吟，成书于万历三十二年（公元 1604 年）；等等。而最重要的一部关于珠算的著作，当推成书于万历二十年（公元 1592 年）程大位所著的《直指算法统宗》，它也是明清时期影响比较大的一部数学著作。

程大位，字汝思，号宾渠，安徽休宁人。他本人是个商人，但是对数学有浓厚的兴趣。经几十年的努力和经验积累，在他 60 岁的时候，写成《直指算法统宗》一书，简称《算法统宗》。全书 17 卷，仿照《九章算术》分做 9 章，收有 595 个问题。

《算法统宗》的前两卷在叙述了“大数”、“小数”的命名方法和度量衡制度之后，比较详细地叙述了珠算的定位方法，以及珠算的加减乘除等运算方法。书里所记述的各种口诀，和现在仍在应用的珠算口诀几乎完全一致。这些口诀，从明清时期到现在，已经被人们广泛利用达几百年之久了。

《算法统宗》不断有各种翻刻本出版，印数之多和影响之大，在中国古代数学著作中，恐怕要居于《九章算术》之上，稳踞第一位。《算法统宗》还早就传入朝鲜和日本。

珠算盘，这种携带方便而又计算简捷的计算工具，也曾经传入朝鲜和日本，一直被应用到现在。我们说它是世界上同类计算工具中的最好的一种，恐怕也不算过分。

程大位像。

贰　西学东渐以后的天文学和数学

西方天文学知识的传入和《崇祯历书》

明代末年，在西方传教士来华以后，传入的西方科学知识，天文学和历法方面的占很重要的地位。

首先是利玛窦介绍了有关日月食的原理，七曜（日、月和五大行星）和地球体积的比较，西方所测知的恒星以及天文仪器的制造等，著有《浑盖通宪图说》、《经天该》、《乾坤体义》等，大多由李之藻笔录。以后有阳玛诺著的《天问略》，用问答形式解说了天象原理，并且有附图；熊三拔著的《简平仪》和《表度说》，详细说明了简平仪的用法，并且根据天文学原理说明立表测日影以定时间的简捷方法。

明代历法，一直使用大统历，其实就是元代的授时历，因为时间已久，误差比较大。万历三十八年十一月（公元 1610 年 12 月）的一次日食，钦天监就没有测准。当时就有人提出改历的要求。到思宗（朱由检，1611-1644）崇祯二年五月（公元 1629 年 6 月）的一次日食，钦天监又没有测准，而徐光启用西法推算却相当准确。因此，明廷决定委派徐光启，起用传教士龙华民、邓玉函、汤若望、罗雅谷等耶稣会教士，用西法改历。

在主持改历工作中，徐光启等翻译西方天文学资料，编纂《崇祯历书》一书，崇祯七年（公元 1634 年）完成，计 137 卷。

《崇祯历书》是一部比较系统地介绍西方天文学知识和西洋历法的著作。它采用的是丹麦天文学家第谷（1546–1601）的宇宙体系。这是一个介于古希腊天文学家托勒玫的地心体系和波兰天文学家哥白尼的日心体系之间的折中体系，它认为地球是宇宙中心，月亮、太阳和恒星绕地球运转，而五大行星却绕太阳运行。当时欧洲教会反对哥白尼的日心体系，所以耶稣会教士也不介绍这个比较正确的理论，这妨碍了我国学者对西方天文学最新成果的了解。

不过《崇祯历书》也介绍了哥白尼、第谷和意大利天文、物理学家伽利略、德国天文学家开普勒（1571–1630）等的许多天文数据和一些科学成果，包括引用了哥白尼的《天体运行论》里的大量材料。所以这部书虽然存在缺点，还是给我国学者提供了不少新颖的天文学知识。

《崇祯历书》完成以后，却由于守旧派的反对以及当时明代政局已经岌岌可危，西洋新法没有颁行。

入清以后，传教士汤若望等把《崇祯历书》略作整理，书名改成《西洋历法新书》，计 100 卷，进呈给顺治帝。由于新法比旧法精确，经清廷采用颁行，称做“时宪历”。并且委派汤若望任钦天监监正。汤若望又著《新法表异》，详细陈述新法的优点，还重新制造已经损坏了的天文仪器，如浑天星球仪、地平日晷仪、望远镜等。顺治帝去世后，前面提过，虽然因守旧派的反对一度罢黜汤若望，康熙帝亲政以后，又给汤若望平了反，恢复了西法。

康熙帝爱好自然科学，在天文历算方面也有比较好的基础。在他的直接领导下，利用来华的传教士编制了“康熙永年历”颁行，还编著了《历象考成》一书。他任命南怀仁主钦天监。南怀仁又革新了六种仪器：黄道经纬仪、赤道经纬仪、纪限仪、象限仪、地平仪、地平纬仪，写成《灵台仪象志》，绘图说明它们的制法、用法和制用这些仪器测得的各种记录。这些清代制造的仪器，有的一直保存到现在，陈列在北京建国门古观象台遗址上。

雍正年间，虽然大部分传教士被逐，但是钦天监里仍然留用了几个传教士。

乾隆初年，传教士德国人戴进贤①(1680–1746)在钦天监任职，传入开普勒发现的行星运转轨道是椭圆的论点以及英国科学家牛顿计算地球和太阳、月亮距离的方法。在他主持纂修的《历象考成后编》一书里说："日月五星之本天旧说以为平圆，今以为椭圆"，"地球与日、月距离之计算，采奈端之术"。"本天"指轨道，"奈端"是牛顿的旧译名。但是对哥白尼的日心说还是没有提到。

关于哥白尼的日心说，直到乾隆九年(公元 1744 年)来华的传教士法国人蒋友仁②(1715–1774)著《坤舆全图说》才第一次作了介绍。

以后在洋务运动时期，也翻译了一些西方天文学著作，比较有名的有英国人伟烈亚力和李善兰合译的《谈天》③一书，计 18 卷，是英国天文学家约翰·赫歇耳(1792–1871)所著，正确介绍了哥白尼的学说。

西方数学知识的传入和康熙帝主持下编纂的《数理精蕴》

明末西方传教士传入的科学知识，除天文历法外，数学知识也占重要的地位。

当时传入的西方数学知识，主要有欧几里得几何学、算术笔算法、三角学和当时在西方也刚发明不久的对数术④。

利玛窦口译、徐光启笔录的《几何原本》⑤前 6 卷，是欧几里得几何学在我国的第一个译本。虽然当时的影响不太大，但是意义是深远的，一直到现在的中学生学习的几何学，基本上仍然沿袭欧几里得的体系。欧几里得《几何原本》全书共 15 卷，利玛窦只译前 6 卷，就是平面几何部分。

介绍西方笔算术的著作《同文算指》，是由利玛窦和李之藻合作编

①戴进贤的原名是 Ignatius Kōgler，康熙五十五年(公元 1716 年)来华。

②蒋友仁的原名是 Michael Benoist。

③《谈天》的英文书名是《The Outlines of Astronomy》，直译是《天文学纲要》。

④对数术是英国数学家纳皮尔(1550–1617)在 1614 年制定的。

⑤按《几何原本》原书名《Stoicheia》，是"计算"的意思，徐光启译作《几何原本》，这里的"几何"原意也指"度数"，就是"测量和计算"，徐光启称《几何原本》为"度数之宗"。有人因为《几何原本》前六章讲的是直边形和圆的性质，比例和相似形，即西方所谓"Geometry"的范围，误以为"几何"就是"Goemetry"的音译。

译的。西方的笔算在形式上和我国传统的算法不相同。当时这种笔算术没有得到推广。

三角学和对数术，是由传教士穆尼阁在清初口头传授的，后来由听过他讲授的薛凤祚把他讲的内容整理成书。

西方数学中的几何学、三角学和对数术，都是中国古代传统数学中所没有的，笔算术也不同于我国的传统算法。因此从这几个方面来看，都可以说中国数学从此进入了一个和传统数学相区别的新时期。

清代康熙帝对西方数学知识很感兴趣。他早年曾向传教士南怀仁学习欧几里得几何学，南怀仁死后又请传教士法国人张诚（1654–1707）和白晋[①]（1656–1730）经常在御前进讲几何学。康熙帝还引进了西方的帕斯卡计算器[②]和纳皮尔的算筹进行计算，又命人仿制了这两种计算工具和对数计算尺、伽利略的比例规等，并且制作了多种几何模型。这些仿制的计算工具都收藏在北京故宫博物院。

帕斯卡计算器。

在康熙帝的大力支持下，从康熙二十九年到六十年（公元 1690 年到 1721 年），编成了《御制数理精蕴》这部介绍西方数学知识的百科全书。它是在法国传教士张诚、白晋等人译编的基础上由梅瑴成（梅文鼎的孙子）等人汇编而成的。全书分上、下两编。上编包括《几何原本》，这是法国当时通用的几何学的译本，和徐光启等所译的有所

①张诚的原名是 Joan Franciscus Gerbillon，白晋的原名是 Joachim Bouvet，两人都是在康熙二十六年（公元 1687 年）来华的。

②帕斯卡计算器是法国数学家帕斯卡在 1642–1644 年设计制造的用齿轮系来进行计算的一种最早的加减法计算器。

不同；还有《算法原本》，内容是自然数性质、公约数、公倍数、比例、级数等等。下编是实用算术、联立一次方程、开平方和开立方、关于三角形以及各种长度和面积体积的计算（包括圆周率的计算方法）、三角学、对数（同时介绍了三种造对数表的方法）。上编共5卷，下编共40卷，外加附表四种（素因数表、素数表、对数表、三角函数表）共8卷，一共53卷。

《数理精蕴》曾经多次翻印，广泛流传，对清初以后数学的发展有比较大的影响。实际上，它也就是那个时代的通用的数学教科书，特别因为它是以"御制"相号召的，更加重了它的影响。

清初的天文学家、数学家梅文鼎和王锡阐

上一节我们讲对待传入的西方科学技术知识的三种态度，采取第三种态度也就是比较正确态度的人，提到过清初的王锡阐和梅文鼎。清初有一些学者认真地学习、研究新从西方传来的科学知识，加上他们对中国传统的天文历算方面的广博学问，在天文学和数学领域里取得了新的成就。梅文鼎和王锡阐就是他们之中成绩卓著的佼佼者。

梅文鼎，字定九，号勿庵，安徽宣城人。他以毕生的精力研究天文学和数学，著作等身。

梅文鼎的天文学著述有40多种，有对我国传统历法的研究和评述，有对《崇祯历书》的介绍和评论，有对近人著述的议论和意见，往往能纠正讹误，补充遗缺，指出优劣得失，多是公正恰当。说明他对中西天文学的造诣都很深。

梅文鼎十分重视天象的实际观测，创造了不少兼收中西天文仪器优点的新仪器，并且著文介绍它们的创作原理和使用方法。

梅文鼎的这些工作，对当时和后世融汇贯通中西天文学都产生了比较大的影响。

梅文鼎更重要的贡献是在数学方面。他的数学著述有20多种，内容遍及初等数学的各个分支，有算术、代数学、几何学、平面和球面三角学等。

这些数学著作并不是对西方传入的数学知识囫囵吞枣式的简单抄袭，而是通过作者咀嚼消化以后的心得体会。“其论算之文，务在显明，不辞劳拙，往往以平易之语解极难之法，浅近之言达至深之理，使读其书者不待详求而义可晓然。”[①]这是后人对他的数学著述的中肯评价。他自己也说：对于数学的种种问题，必“深思其故”，“事事必求其所以然”，然后落笔成章。如关于球面三角学的专著《弧三角举要》，是他“积数十年之探索，而后能会通简易”才成书的。

梅文鼎在数学上多有创见。他认为我国传统的勾股算术和从西方传入的《几何原本》形式上虽然不相同，理论却可以会通，特撰《几何通解》一卷，依勾股算术证明了《几何原本》卷2、卷3、卷4、卷6中的很多几何命题。在他所著《环中黍尺》一书里，他用几何图形证明了余弦定理和正弦、余弦积化和差的四个公式。在他所著另一书《几何补编》里，他独立思考四等面体、八等面体、十二等面体、二十等面体的几何性质，获得计算各等面体的内切球半径和体积的方法，订正了罗雅谷等所编译的书里的一些错误。对于当时几乎全部失传的宋元数学的光辉成就，梅文鼎也潜心于挖掘工作，如在《少广拾遗》一书里，他从当时还留存的“开方作法本源”，重新阐明了求高次幂正根的一种算法。他极力表彰我国传统数学，又积极学习和疏解西方数学，对于清代数学的发展起了很大的推动作用。

王锡阐，字寅旭，号晓庵，江苏吴江人。他的数学著作只有《圜解》一卷，主要讨论三角函数的性质和两角和差的正弦、余弦公式。

王锡阐的重要成就是在天文学方面。从青年时代起，他对天文学就产生了特殊的兴趣，夜晚遇天气晴朗，他就登上屋顶，仰观天象，有时甚至彻夜不眠。他说过：“每遇交食，必以新步所测，课校疏密，疾病寒暑无间，于兹三十年所。”[②]这一注重实践、勤勉观测的精神，和他孜孜不倦地深入钻研中西天文学并且采取批判地继承的治学态度，是他在天文学领域能够作出许多创造性贡献的重要因素。

王锡阐既肯定了西法的优点，又同时指出它存在的缺点和错误。

①见《畴人传·梅文鼎》。
②见《王晓庵先生遗书补编》。

如西法以为当月亮在近地点的时候视直径大，因而月食食分就相对地要小些；月亮在远地点的时候视直径小，因而月食食分就相对地要大些。王锡阐却正确地指出：无论在近地点或远地点，月亮本身的大小是不变的。在近地点的时候，地球影锥的截面大，食分应该相对地大；在远地点的时候，地球影锥的截面小，食分应该相对地小。

又如，王锡阐指出，按小轮系统计算月亮运动的时候，除了定朔、定望外，其他时刻都应该加改正数，而西法却不用这一改正数，似乎日月食一定发生在定朔、定望，事实上只有月食食甚才发生在定望。王锡阐还以交食的实测结果和西法的推算结果相比较，证明西法并不完全准确。

所以他的结论是：以为西法"测候精详，可也，以为深知法意，未可也；循其理而求道，可也，安其误而不辨，不可也。"①

对于传统的历法，王锡阐也作了深入的研究，他既反对"因循不变"，也反对"尽坠成宪"。他"兼采中西，去其疵颣，参以己意"②，著成《晓庵新法》6卷，有所发明创造。他提出了计算日月食初亏和复圆方位的新方法，独立地发明了计算金星、木星凌日的方法，他还提出了细致地计算月掩行星和五星凌犯的初始和终了时刻的方法，以及月体的光魄定向（就是日心和月心联线方向）的计算方法，等等。这些都比以往的中西方法有所进步。

梅文鼎和王锡阐都以兼通中西天文学和数学闻名。他们的科学思想有许多共通的地方。他们都重视实践，对古代天文学中流行的日月五星失行说都取严厉的批判态度。他们都反对把中西之学对立起来，而主张"去中西之见"，"务集众长以观会通，毋拘名目而取其精粹"③。他们不但是这些思潮的倡导者，又是积极的实践者，成为汇通中西科学并且取得成就的杰出代表人物。

乾隆、嘉庆、道光年间的几位数学家

继康熙年间的梅文鼎和王锡阐之后，由于乾嘉学派对中国古代数

①②见王锡阐：《晓庵新法·序》。
③见梅文鼎：《堑堵测量》。

学遗产的挖掘和整理，也有一些数学家结合已经传入的西方数学，展开了进一步的探索性研究。这些人中间，比较著名的有明安图（?–1765）、汪莱（1768–1813）、李锐、项名达（1789–1850）、罗士琳、董祐诚（1791–1823）、戴煦（1805–1860）。

明安图，字静庵，蒙古族，曾任钦天监监正。当时从西方传入的数学知识中，有利用幂级数展开式求圆周率和三角函数的三个公式，但是没有给出证明方法。明安图从乾隆初年（公元1736年）起，经过30年的钻研，创造了"割圆连比例"方法，不仅证明了这三个公式，还发明另外六个公式。所谓割圆连比例的中心思想，是根据相似三角形对应边成比例的道理，得出一连串比例关系式，求出适当的折线长度，然后发展了刘徽的割圆术思想，用折线逼近圆弧，从折线和弦的关系导出弧和弦的关系。明安图采用中西结合、融会贯通、用割圆连比例把它们统一起来的方法，成功地证明了那些公式，把圆周率和三角函数的研究提到了一个新的水平。明安图对于直曲关系的转化也比古代割圆术有所提高。在古代割圆术中，对于直曲关系转化的认识表现在用圆内接正多边形逼近圆周。而明安图指出：弓形中的弧是曲线，弦是直线，曲线和直线总有区别，不能等同；但是当我们把某段弧长等分得十分细，以至于无穷，就可以把弧和弦统一起来。这样，他的认识就超出了圆内接正多边形的范围，也超出了仅仅是求圆周长的范围，而涉及到任意长度弦和它所对弧之间的相互关系。这种对弦弧、直曲关系的辩证认识，为明安图解决展开三角函数问题提供了正确的思维途径。

明安图著有《割圆密率捷法》一书。这部书他生前来不及完成，由他儿子明新和学生陈际新在乾隆三十九年（公元1774年）续成。

嘉庆年间，董祐诚也对三角函数的幂级数展开式进行研究。虽然他去世的时候还只有33岁，却留有《割圆连比例术图解》、《斜弧三边求角补术》、《堆垛求积术》等数学著作多种。

项名达，字梅侣，钱塘（今杭州）人，也著有数学著作多种，比较著名的是《象数一原》。项名达应用明安图、董祐诚所开创的连比例法，对三角函数的幂级数继续进行研究。《象数一原》一书在项名达生前也没有完成，由他的朋友戴煦补写完成。项名达和戴煦的研究工作，改进了董祐诚的结果，并且得出了计算正弦值和正矢值的两个公式。项名达还著有《椭圆求周术》，项名达去世后，戴煦又为这部书补了《图解》。这部书推导椭圆周长的公式也采用了折线无限增多以逼近椭圆圆周的方法，古代割圆术在这里也超越了计算圆弧的范围，发展到应用于椭圆的情形，使对曲直关系转化的认识又提高到一个新水平。

戴煦对于对数，特别是通过幂级数展开式的方法探求编造对数表方面，也取得很好的结果。戴煦著有《对数简法》、《续对数简法》、《外切密率》、《假数测圆》四部书，后来合刊成为《求表捷法》。

此外，汪莱、李锐对方程论作了研究，得到了和法国数学家笛卡儿(1596-1650)的符号法则相同的结果，虽然时间上比笛卡儿晚，但是他们是在独立钻研以后得出这一结果的。

汪莱、董祐诚、罗士琳，还有更早的康熙年间的陈世仁(1676-1722)，对级数求和也作了研究。这些研究继承了宋元数学家在这一方面的成果，并且把它又向前推进了一步。

洋务运动时期的数学家李善兰、华蘅芳和中国近代数学

上一章讲洋务运动时期参与编译西方科学技术书籍的中国专家，有数学家李善兰。李善兰不仅翻译了一些西方科学名著，他自己对于数学也有很深的造诣。

李善兰，字壬叔，号秋纫，浙江海宁人。他自幼喜爱数学，据他自己说，“方年十龄，读书家塾，架上有古《九章》，窃取阅之，以为可不学而能，从此遂好算”。后来他到杭州应举考试的时候，购得李冶的《测圆海镜》等书，受益很大，“三十后，所造渐深”[1]，在许多数学领域里作出了很出色的成果。咸丰二年(公元1852年)，他到上海，和英国人伟

①见李善兰：《则古昔斋算学·自序》。

李善兰像。

烈亚力合作，翻译了数学和其他自然科学的书籍。同治七年（公元1868年）开始任北京同文馆天文算学馆总教习。

李善兰的数学研究成果，大都由他自己汇编在《则古昔斋算学》里。这部书收入有关数学的著作13种。《方圆阐幽》、《弧矢启秘》、《对数探源》三种，是关于幂级数展开式的研究。在这里李善兰自己独创了一种叫做"尖锥术"的方法。这时他还没有接触到西方的微积分学，他用这种尖锥术也求得了简单的定积分公式。李善兰还利用尖锥术来计算圆面积以及对数函数和某些三角函数的幂级数展开式的研究。此外，他的另一篇著作《垛积比类》是关于高阶等差级数等级数求和问题的研究，其中的一类公式被称做"李善兰等式"，受到国内外学者的重视。还有《椭圆正术解》、《椭圆新术》、《椭圆拾遗》三种，是关于椭圆的研究。另外有《火器真诀》，是有关弹道学的图解研究。

一般说来，《则古昔斋算学》代表了西方近代数学还没有传入的时候我国数学家所取得的成就。这些成就虽比西方数学的同类成果晚出，但是都是我国数学家独立得出的。这多少也显示出：假如没有西方数学知识的传入，我国数学可能走自己独特的道路，也能达到西方近代数学所达到的高度。和李善兰合作译书的伟烈亚力就曾经说过："微分积分为中土算书所未有，然观当代天算家如董立方氏、项梅侣氏、徐君青氏、戴鄂士氏、顾尚之氏及李君秋纫所著各书，其理有甚近微分者"①。

李善兰从咸丰二年到九年（公元1852年到1859年），大约七八年

①见伟烈亚力为《代微积拾级》所写的序。董立方就是董祐诚，项梅侣就是项名达，徐君青名有壬，戴鄂士就是戴煦，顾尚之名觀光，李秋纫就是李善兰。

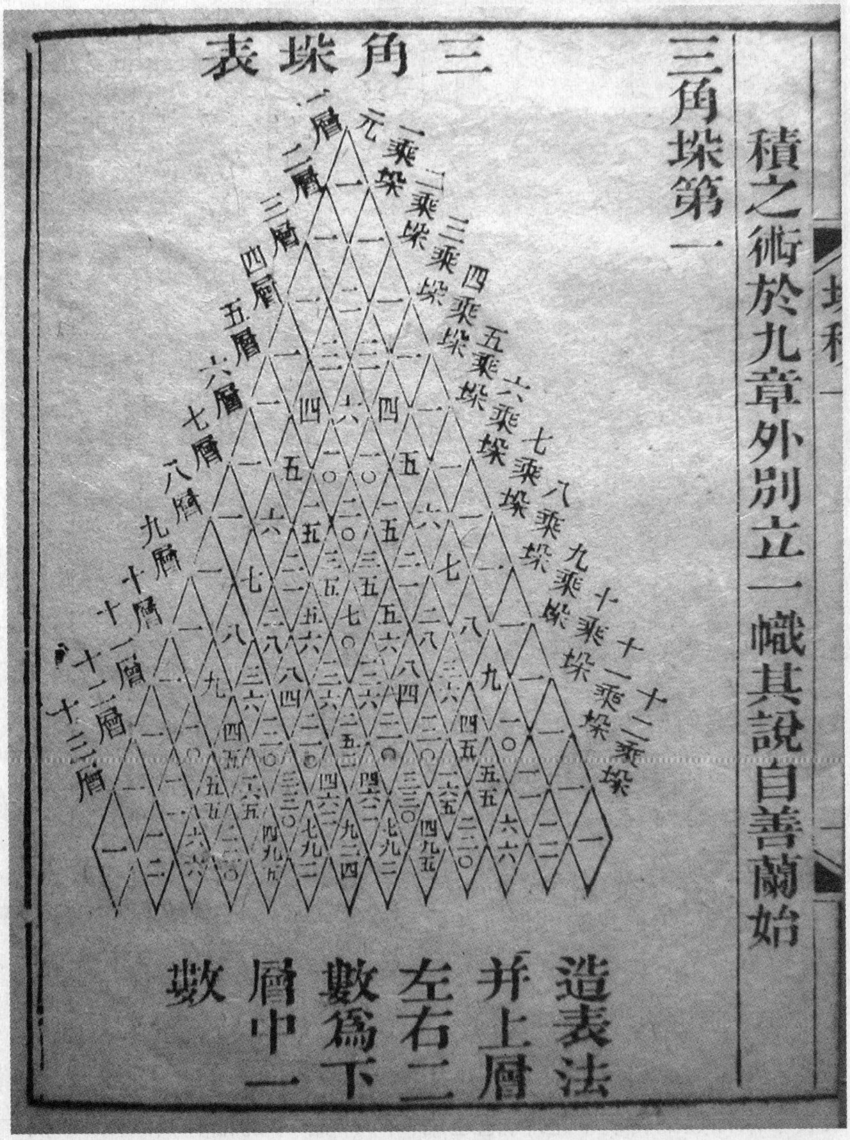

《垛积比类》中李善兰所绘的三角垛图。

时间里，和西方人士合作，共译出各种科学著作七八种，其中有关数学的有欧几里得《几何原本》后 9 卷、《代数学》、《代微积拾级》等。

《几何原本》前 6 卷是明末利玛窦和徐光启译出的。到李善兰译出后 9 卷，这部古希腊数学名著才有了比较完整的中文译本。李善兰在译《几何原本》后 9 卷的时候，根据的是英译本，但是因为英译本“校

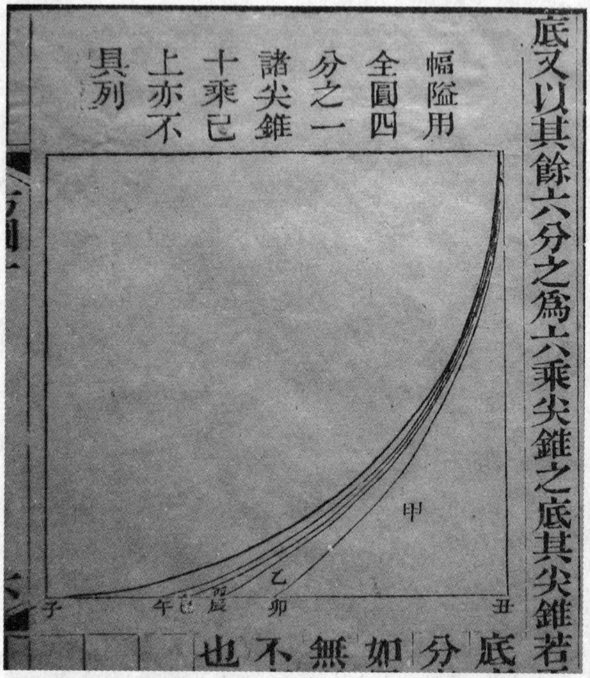

李善兰独创的尖锥术。

勘未精，语讹字误，毫厘千里所失非轻”，他“删芜正讹，反复详审，使其无有疵病”①，作出了很多贡献。

李善兰所译的《代数学》一书，是西方符号代数学产生以来的第一部关于代数学的中文译本，是英国数学家德·摩尔根（1806–1871）原著②。他翻译的《代微积拾级》是解析几何、微积分在中国作最早的系统介绍的一部书③。

李善兰在翻译这些数学书籍的时候，选定了不少数学名词，如代数、变数、微分、积分、切线、法线、单项式、多项式等等。这些名词大都一直沿用到现在，有一些还传入日本等国。李善兰对中国近代数学名词的选定作出了很大的贡献。在他所翻译的数学著作里，也部分地采用了世界通用的数学符号，如 =、÷、(　)、$\sqrt{\ }$、>、< 等等。但是他没有采用世界通用的数码，而是用了一、二、三、……○；关于未知数，他也没有采用 x、y、z 之类，而是沿用了中国古代延续下来的以天、地、人、物来表示未知数的传统。此外，他还用“彳”（“微”字的偏旁）和“禾”（“积”字的偏旁）来表示微分和积分。这些使得他的译书和现在的数学书籍有所不同，它表现了西方数学知识刚刚传入我国时候的风貌。

和李善兰同时代稍晚一些的，在上海江南制造局翻译馆的华蘅芳（1833–1902）也翻译了不少数学著作。

华蘅芳，字若汀，金匮（今江苏无锡市）人。同治初年创设江南制

①见伟烈亚力为《几何原本》后九卷译本所写的序。

②《代数学》原书名是：《Elements of Algebra》，1835 年出版，原著者原译棣么甘。

③《代微积拾级》原书名是《Elements of Analytical Geometry and of Differential and Integral Calculus》，美国罗密士（1811–1899）原著，1850 年出版。

造局，他多所赞画。后来制造局开设翻译馆，他担任翻译数学地质气象等书籍的工作。在数学方面，他和傅兰雅合作翻译了《代数术》、《三角数理》、《微积溯源》、《代数难题》、《决疑数学》、《合数术》等书①。《决疑数学》是概率论在中国的最早一部译著。《合数术》介绍对数表造法。

华蘅芳像。

华蘅芳所译各书，内容比李善兰等所译的丰富，文笔流畅易懂，影响也比李善兰的更大。

华蘅芳还自己著有《行素轩算稿》六种。

在这一时期，由传教士所编的数学著作，还有《笔算数学》、《代数备旨》、《形学备旨》（关于几何学）、《八线备旨》（关于三角学）、《代形合参》（关于解析几何）等，属于教科书性质，也曾风行一时，流传很广。

李善兰、华蘅芳和其他人的这许多数学译著，在清代咸丰、同治、光绪年间，培养造就了一批人，对我国近代数学教育起了不小的作用。

①《代数术》原书名是《Algebra》，华里士（Wallace）原著，载于《不列颠百科全书》第八版；《三角数理》原书名是《A Treatise on Plane and Spherical Trigonometry》，海麻士（Hymers）原著，1863年出版；《微积溯源》原书名是《Fluxion》，华里士原著，载于《不列颠百科全书》第八版（Fluxion直译是流数，牛顿最初把微积分学叫“流数术”）；《代数难题》原书名是《A Compan to Wood's Algebra》，伦德（Lund）原著，1878年出版；《决疑数学》译自伽罗威（Galloway）所写的《Probability》和安德生（Anderson）所写的《Probabilities；Chances or The Theory of Averages》，前者载《不列颠百科全书》第八版，后者载《钱伯斯百科全书》。

第三章　明清时期的物理学和化学

壹　明代物理学知识的新发展

我国古代的物理学知识

从我国古代的科学体系来说，没有专门的物理学这一部门。我国古代的物理学知识，都散见于各种著作中。

如我们前面提到过的，战国时期的《墨经》一书里就有关于力的概念、杠杆原理、浮体平衡等力学知识，关于光的直线行进、光和影、平面镜和球面镜的成像等光学知识。

又如东汉王充的《论衡》里也有关于力学、声学、热学、电学、磁学的各种物理知识。《论衡》里还有关于静电现象的记载："顿牟掇芥，磁石引针"①，"顿牟"一说是琥珀，一说是玳瑁，琥珀或玳瑁摩擦以后产生静电，能吸起如芥子那样轻微的物体。汉代纬书《春秋纬》里也有"玳瑁吸褚"②的说法，"褚"也是指细小的东西。

北宋沈括的《梦溪笔谈》里也有关于声学、光学、磁学的物理知识，特别是地磁偏角现象，比欧洲发现早400多年。

元代的天文、数学家赵友钦在他所著的《革象新书》里有关于视

①见《论衡·乱龙篇》。
②见《春秋纬·奇异邮》。

角、光的直线进行、照度等的研究的光学内容。他设计了一个完备的实验，证实了关于小孔成像的规律：孔相当小的时候，由于光的直线进行，不管孔的形状怎样，所成的像总是光源的倒立像。这时孔的大小只影响照度：孔大的“所容之光较多”，因而比较亮；孔小的“所容之光较少”，因而比较暗。当孔相当大的时候，所得到的像却是孔的正立像。赵友钦还从实验归纳得出光源的远近、强弱和小孔、像屏的远近之间的关系。

音律学在我国历代都受到重视。二十四史里多有“律历志”或“音乐志”，“律历志”的“律”就是指音律。这些关于历代音律学知识的记录为音律学的发展留下了宝贵史料。

明代在音律学方面有一个重要发展，这就是发明了所谓“十二平均律”。

明代十二平均律的发明

我国早在西周时期，就有“十二律”和“五声音阶”或“七声音阶”的认识。所谓“十二律”，就是把一个“八度”（两音之间的频率相差一倍叫一个八度）分成十二个“半音”的一种律制。各律从低到高依次是黄钟、大吕、太簇、夹钟、姑洗、仲吕、蕤（ruì）宾、林钟、夷则、南吕、无射、应钟。所谓“五声音阶”就是在一个八度中包含五个音级，叫宫、商、角、徵（zhǐ）、羽（分别相当于十二律中的黄钟、太簇、姑洗、林钟、南吕）；所谓“七声音阶”就是在五声音阶中的角和徵之间加一个变徵（徵的低半音，相当于十二律中的蕤宾）和在羽和高八度的宫之间加一个变宫（高八度宫的半音，相当于十二律中的应钟）。

发这些不同频率的音，要调整乐器的管或弦的长短。大约在春秋时期，开始是用“三分损益法”，就是以一条定做基音的弦或管的长度作为基准，把它三等分再去一分（损一，就是取 2/3）或加一分（益一，就是取 4/3），来定另一个律的弦或管的长度。这样一个律一个律定出来，直到得出比基音高一倍或低一半的音为止。但是按三分损益法得出的结果，不能得出比基音恰好高一倍或低一半的音，只能得出略高一倍或略低一半的音，而且前后相邻两律的频率的比（所谓“音程”）也不完全相等。这种律制不便于演奏和声，是有缺点的。

为了消除这个缺点，人们曾经进行不同的尝试。

到了明代，朱载堉（1536–1610）在前人不断探索和自己努力试验的基础上，发明了十二平均律，解决了长期存在的难题，为音律学的发展作出了划时代的贡献，比欧洲音乐理论家法国的梅森（1588–1648）的同样发明大约早半个世纪。

朱载堉，字伯勤，是明王室世子，早年学习历法数学，后来钻研乐律，著有《乐律全书》，包括乐律方面和历算方面的多部著作。成书于明万历十二年（公元 1584 年）的《律学新说》里第一次提出十二平均律理论，以后在《律吕精义》和《嘉量算经》里又作了进一步阐述。所谓十二平均律，就是用等比级数的方法平均分配倍频程的距离，取二的十二次方根作为公比，大约等于 1.05946。近代的键盘乐器、竖琴等都依照这一律制定弦。

声学效应在建筑上的应用

声学效应的应用在我国也有悠久的历史。声学效应在建筑上应用的典型例子，要数明代的北京天坛的回音壁、三音石和圜丘。

天坛的主要建筑皇穹宇建于明嘉靖九年（公元 1530 年）。回音壁是环护皇穹宇的一道圆形围墙（皇穹宇位于围墙里的北面正中）。整个墙壁都砌得十分整齐光滑，是一个良好的声音反射体。一人在进围墙南端的门后左侧贴近围墙面向墙壁小声讲话，另一人在围墙门右侧贴近墙壁处可以听得很清楚，好像声音就是从附近墙壁传来的。原来第一人的讲话声绕着围墙多次反射，另一人听到的是从墙壁反射来的回声。

在皇穹宇台阶下向南铺有一条白石路直到围墙门口。从台阶下向南数第三块白石正当围墙中心，人在那里拍一下掌，可以听到三响，

天坛皇穹宇全景。

所以这块白石叫三音石。这是因为掌声向四面八方传播到围墙，由于这块白石和各处围墙距离相等，所以被围墙同时反射回中心，可以听到一次回声；回声又传播出去再反射回来，于是听到第二次回声。其实可以听到不止三次回声，直到声能在传播和反射过程中逐渐被吸收，声强减弱到听不见为止。

圜丘是一座用青石建筑的三层圆形高台，高台每层周围都有青石栏杆。在栏杆正对东、西、南、北方位处铺设石阶梯。高台面铺的也是青石，非常光滑，反射性能良好。高台圆心处略比四周高，成一微微倾斜的台面。人站在高台中心说话，自己听到的声音比平时听到的要响亮得多，并且听到声音好像是从地下传来的。这是因为人发出的声音碰到栏杆的下半部，立即反射到倾斜的青石台面，再反射到人耳附近。

这种具有良好声学效应的古代建筑物在世界上是少见的。

贰 西方物理学知识的传入

明末清初传入的物理学知识不多

在西方，“物理学”①一词虽然早在古希腊已经出现，亚里士多德的著作中就有《物理学》一书，但是那时是作为自然科学的总称，是自然哲学的一部分。文艺复兴时期以后，随着自然科学的发展，天文学、生物学、地质学等已经从物理学中分出去，分别形成独立学科。到了16、17世纪，作为近代物理学最早形成的一个分支力学由伽利略和牛顿的研究成果奠定了基础，形成了经典力学体系。接着光学、热学、声学、电磁学等分支也先后形成，完成了近代的经典物理学体系。

我国古代虽然有各方面的物理学知识，但是作为近代物理学体系，还是从西方传入的。

明末清初的传教士来华，当时西方经典物理学体系也正在形成之中，所以传入的物理学知识也不是很多。

在力学方面，有邓玉函口授、王徵（1571–1644）笔录的《远西奇器图说》，书里有“力艺”、“重学”的名称，就是指力学，讲到重心、比重、杠杆、滑车、轮轴、斜面等的原理，以及应用这些原理来起重、提重等的器械。《远西奇器图说》里提到有《自鸣钟说》一书，现在已经失传。

另外有熊三拔和徐光启合译的《泰西水法》一书，主要介绍了取水、蓄水等方法和器具。

西方光学知识的传入是从汤若望的《远镜说》开始的。书里介绍了望远镜的用法、制法和原理，解释了光在水里的折射现象、光经凸透镜放大物像的现象等。

洋务运动时期前后近代物理学知识的传入

洋务运动时期前后，或者说整个19世纪下半叶，总的说来，近代

① “物理学”一词英文是physics，源出希腊文phusis，意思是“自然”。

物理学知识传入我国的情况也是比较差的。

在力学方面，李善兰和英国人艾约瑟①(1823-1905)合译的《重学》②是比较好的著作。原书分三部分，译出的只是中间的一部分，但是译出的部分还是比较详细地介绍了力学一般知识，把牛顿力学三大定律第一次介绍来中国。北京同文馆出版了由丁韪良编著的《力学测算》一书，用微积分来叙述落体运动、求物体重心等各种力学问题，可补《重学》一书的不足。据说李善兰还翻译过牛顿名著《自然哲学的数学原理》，但是没有译完出版。也有人想把法国数学家、天文学家拉普拉斯(1749-1827)有关天体力学的著作译出，也没有成功。

声学、热学、光学、电学方面也有一些书籍翻译出版。声学方面对声波稍有讨论。热学(当时也叫"火学")对物质三态受热变化情况有比较详细的叙述。光学方面的内容大都是几何光学，对光的微粒说、波动说和以太传播学说也略有介绍。电学方面多属于普通电器设备的一般介绍。

一般地说，对当时西方物理知识的介绍都是比较肤浅的。但是对于西方发现伦琴射线(X射线)和镭的放射性却及时作了介绍。1895年德国科学家伦琴(1845-1923)发现X射线，两年后就被介绍来我国，当时把它译成"通物之光"，以后又译成"照骨之法"、"然根光"③、"曷格斯光镜"等。1898年法国物理学家皮埃尔·居里(1859-1906)和原籍波兰的法国物理学家、化学家玛丽·居里(1867-1934)夫妇发现钋、镭两元素和放射性现象。光绪二十六年(公元1900年)，《亚泉杂志》上刊登《昨年化学界》一文，就对这件事作了报道。光绪二十九年(公元1903年)，鲁迅(1881-1936)又发表《论钼》一文，"钼"是当时鲁迅对镭这一新元素所造的译名，文中对居里夫妇发现镭和1902年提取纯镭成功等都作了介绍。

在上面所说这些书籍的翻译过程中，也拟定了一批物理学名词，有一些名词一直沿用到现在。

①艾约瑟的原名是 Joseph Edkin，和伟烈亚力等同在上海墨海书馆参加翻译工作。

②《重学》原书名是《Mechanics》，原著者是胡威立(Whewell)。)

③然根是伦琴的异译。

叁 明末到清代我国的几位物理学家

明末清初的两位物理仪器制造家

明末清初，我国也有从事于物理仪器制造的专家学者。

孙云球，江苏吴江人，是明末清初光学仪器制造家，我国民间最早独立制造望远镜的人。他曾创制眼镜，又利用透镜和反射镜制成察微镜、放光镜、夜明镜等70种光学仪器。他还总结经验，写成《镜史》一书，当时各处都照他书上说的方法制造各种光学仪器。

黄履庄（1656-？），江苏人。他设计和创造了许多仪器、机械，重要的有验冷热器、验燥湿器、瑞光镜（类似探照灯）、望远镜、显微镜等光学仪器，以及多级螺旋水车等，对量度温度、预报天气以及改进农田灌溉，起了一定的作用。

晚清两位物理学家在光学方面的成就

晚清时期，我国也有一些科学家研究物理学，特别在光学方面，取得一定的成就。

邹伯奇（1819-1869），广东南海人。他精通天文历算，把数学应用于实际，总结我国有关几何光学方面的经验，在《墨经》和《梦溪笔谈》里有关光学论述的基础上，进一步用数学方法表述了关于反射镜、透镜、透镜组等成像规律，解释了关于眼镜、望远镜、显微镜等光学仪器的基本原理，写成了《格术补》一书。所谓“格术”就是指几何光学，沈括在《梦溪笔谈》卷三讲“阳燧”的一段里就有这样的话：“阳燧照物皆倒，中间有碍故也。算家谓之‘格术’。”邹伯奇还对“照像术”（就是摄影技术）作过研究，水平比较高。

郑复光，安徽歙县人。他把当时认为奇怪的各种现象两百多则，用物性、热学、光学等原理加以解释，于道光二十二年（公元1842年）著成《费隐与知录》一书。道光二十六年（公元1846年）又著《镜镜诊痴》

一书，综合西方和我国旧有光学知识，系统而详细地叙述了各种透镜的制造和它们成像的情况，是当时一部比较完整的几何光学著作。

肆 近代化学知识的传入

西方近代化学正在建立中

作为化学的原始形成的炼丹术起源于我国，但是到了明代，炼丹术趋于没落了。

在西方，在文艺复兴时期，从公元15世纪到17世纪，从封建社会向资本主义社会过渡，资本主义生产力逐渐发展。以瑞士医生帕拉切尔苏斯（1493–1541）为代表的一个学派，开始摆脱炼金术的神秘目的，走上研究和制造药剂的道路。这是西方化学发展过程中继炼金术时期之后的所谓制药时期。

在这一时期里，英国化学家玻意耳①（1627–1691）在公元1661年出版的《怀疑的化学家》一书里提出了科学的化学元素的概念，对以后化学的发展起了很大的促进作用。所以恩格斯说："玻意耳把化学确立为科学。"②

继制药时期之后，从公元17世纪末到18世纪70年代，西方化学进入燃素时期。燃素学说第一次在化学发展史上形成了一个真正的理论体系。它认为每种可燃物质都含有一种叫"燃素"的东西，燃烧的时候这种燃素就分解出来。这一学说还推广用来解释其他化学变化，如认为金属煅烧成灰烬是失去燃素的结果，矿石和煤炭一起燃烧可以炼得金属，因为矿石是和灰烬相当的东西，它从煤炭中得到燃素，就又变成金属。因此燃素学说风行一时，统治西方化学界达100年。

直到公元1777年，法国化学家拉瓦锡（1743–1794）继英国化学家普里斯特列（1733–1804）发现氧气之后，提出了燃烧的氧化学说，推翻了燃素学说，于是西方化学进入了近代化学时期。而到公元1808年，英国化学家道尔顿（1766–1844）创立近代原子论，在化学理论上

①玻意耳也常译作波义耳。《自然辩证法》和《马克思恩格斯全集》中都译作波义耳。

②《自然辩证法》，人民出版社1971年版，第163页。又见《马克思恩格斯全集·第二十卷》，人民出版社1972年版，第524页。

作了更大的突破。所以一般认为拉瓦锡是近代化学之父,而恩格斯认为"近代化学之父不是拉瓦锡,而是道尔顿"①。

玻意耳把化学确立为科学的公元 1661 年是我国清世祖顺治十八年,拉瓦锡提出燃烧的氧化学说的公元 1777 年是我国清高宗乾隆四十二年,道尔顿创立近代原子论的公元 1808 年是我国清仁宗嘉庆十三年。所以在我国明末清初,西方近代化学还没有建立。西方近代化学的建立,已经是我国的乾嘉时期。

西方近代化学知识的传入

明末清初,由于西方近代化学还没有建立,所以还谈不上传入近代化学知识,有的只是如《火攻挈要》等有关火器的书籍里的火药配方(火药原来是中国发明后西传的),以及一些有关强酸的记载。在徐光启著作里记载有"造强水"的方法,"强水"当指硝酸②,徐光启可能是从传教士那里了解到的。明清之际的思想家、科学家方以智(1611–1671)所著《物理小识》一书里也提到过强酸,并且明确地说是传教士汤若望介绍给他的。"强水"一名在民间一直沿用到现在,也常写成"镪水",不过它的意义是泛指强无机酸。

据现有史料推断,传入近代化学知识的最早一本书是咸丰五年(公元 1855 年)出版的由英国医生合信③编著的《博物新编》。《博物新编》共三集,内容包括天文、气象、物理、化学、动物等各方面知识。化学是第一集里的内容,介绍"天下之物,元质五十有六,万类皆由之而生"。所谓"元质"就是现在所说的化学元素。当时西方已知的化学元素有 56 种,这大概反映了西方 19 世纪初的水平。书里介绍了"养气"(或叫"生气")、"轻气"(或叫"水母气")、"淡气"、"炭气"、"磺强水"、"硝强水"、"盐强水"等,用现在的名词,分别是氧、氢、氮、一氧化碳、硫酸、硝酸、盐酸等,还介绍了它们的制造方法。《博物新编》里有关化学知识的介绍是粗浅的。

同治七年(公元 1868 年),北京同文馆出版的《格致入门》一书里也

①《自然辩证法》,人民出版社 1971 年版,第 269 页。又见《马克思恩格斯全集·第二十卷》,人民出版社 1972 年版,第 637 页。

②硝酸的拉丁名字叫 aqua fortis,直译成汉语就是"强水"。

③合信的原名是 Benjamin Hobson,道光十九年(公元 1839 年)来华。

徐寿像。

有些关于近代化学的知识。

专门介绍化学知识的，有同治九年(公元1870年)在广州出版的由何了然和美国医生嘉约翰[①]合译的《化学初阶》。以后在光绪八年(公元1882年)，北京同文馆出版了一部普通化学课本《化学阐原》，是由法国人毕利干[②]和承霖、王钟祥合编的。在这部书里，毕利干等创造了一种化学元素译名的方法，那就是按照元素的性质和来源造新字。例如，书里把钙译成"⿰钅灰"，把镁译成"⿰钅卤"等。有的新字十分复杂，使用不便，因此被后人淘汰不用了。

这一时期比较系统地介绍西方近代化学知识的，是由上海江南制造局翻译馆的化学家徐寿所译的一批化学书籍，包括《化学鉴原》6卷、《化学鉴原续编》24卷、《化学鉴原补编》7卷、《化学考质》8卷、《化学求数》8卷、《物体遇热改易记》4卷。另外，江南制造局还出版有由徐寿的儿子徐建寅所译的《化学分原》，由汪振声所译的《化学工艺》。这些书籍介绍了当时西方化学知识的各个方面，影响比较大。

晚清的化学家徐寿

徐寿，号雪村，江苏无锡人。早年致力于科举考试，中年以后，由于洋务运动兴起，转向所谓"格致之学"[③]的探究，卓著成绩，和李善兰、华蘅芳等人齐名。

咸丰五年(公元1855年)之后不久，徐寿和华蘅芳两人来到上海，从《博物新编》中学到不少新的科学知识。徐寿回到无锡之后，还按《博物新编》里所介绍的方法，做了不少化学实验。

①嘉约翰的原名是John Glasgow Karr。

②毕利干的原名是M.A. Billequin。

③"格致"是"格物致知"的省称，语出《礼记·大学》："致知在格物，物格而后知至。"意思是穷究事物的原理而获得知识。晚清时期，对西方传入的力热声光化电等自然科学，统称"格致之学"。

同治元年(公元1862年),清廷要曾国藩荐举通晓科学技术的人才,曾国藩所举荐的八个人中就有徐寿。随后徐寿就作为曾国藩的幕僚,在安庆军械所和华蘅芳等一起曾经制造一艘木质轮船,"造器置机,皆出寿手制,不假西人"①,历时几年制成,船长50多尺,时速40多里,船名"黄鹄号",这可能是我国自制的最早的轮船。

当时,上海有一些传教士开始翻译科学技术书籍,上海是引进西学的一个重要地点。徐寿在同治六年(公元1867年)调到上海江南制造局。这时这个局刚刚开创,徐寿对"船炮枪弹多所发明,自制强水、棉花、药汞、爆药"②等。他对我国早期的近代兵工造船工业作出了贡献。

徐寿最重要的贡献,是在江南制造局翻译馆所作的科技书籍编译工作,大部分是和英国人合作的,前后达17年之久。据《清史稿·徐寿传》记载,徐寿共译书13种,除上一小节所列和化学有关的6种外,还有《汽机发轫》、《西艺知新》、《西艺知新续编》、《宝藏兴焉》、《营阵揭要》、《测地绘图》、《法律医学》7种。

有关化学的六种书:《化学鉴原》一书是根据英国韦尔司所著《化学原理和应用》③译成的,同治十年(公元1871年)出版。这是一部有关普通化学的书籍,内容是化学的基本原理和一些重要元素的性质。这部书出版以后,风行二三十年,对我国近代化学知识的传播曾经起过重要作用。徐寿在翻译《化学鉴原》的时候,创立了元素译名的一条原则:取西文名词的第一音节加上"金"、"石"等偏旁,造成一个新的形声字。尽管当时还有其他一些译名原则,经过长期比较,徐寿的译名原则被化学界所公认,一直沿用到现在。现在化学上所用的钠、钾、锰、镍、钴、锌、钙、镁等,就是从《化学鉴原》一书开始使用的。徐寿所译其他几种化学书籍:《化学鉴原续编》和《化学鉴原补编》都是根据勃洛克詹所著的《化学》④译成的,《续编》内容是有机化学,《补编》内容是无机化合物。《化学考质》是根据德国化学家富里西尼乌斯的著作《定性化学分析指南》⑤的英译本转译成的,内容是定性分析。《化学求数》是根据富里西尼乌斯的另一著作《定量化学分析》⑥的英译本转

①据《清史稿·徐寿传》。

②据《清史稿·徐寿传》。"棉花"当指硝棉,"药汞"当指雷汞。

③《化学原理和应用》的原名是《Principles and Applications of Chemistry》,原书1858年出版,原著者原名是D.A.Wells。

④《化学》的原文全名是《Chemistry, Inorganic and Organic, with Experiments and a Comparison of Equivalent and Molecular Formulae》,原著者原名是C.L. Bloxam。

⑤《定性化学分析指南》的英译本名是《Manuel of Qualitative Chemical Analysis》,原书1875年出版,原著者原名是R.R.Fresnius。

⑥《定量化学分析》的英译本名是《Quantitative Chemical Analysis》,原书1876年出版。

译成的，这是一部定量分析的著名课本。《物体遇热改易记》是一部关于物理化学初步知识的书籍。

徐寿的儿子徐建寅所译的《化学分原》一书，是根据褒曼所著的《实用化学暨分析导论》①译成的。汪振声所译的《化学工艺》一书，是根据龙格所著的《制造硫酸和碱的理论和实际》②译成的。

此外，江南制造局还出版过《化学材料中西名目表》和《西药大成中西名目表》，这两本书虽然没有注明编者姓名，据推断，这也是徐寿和傅兰雅等人编成的。

江南制造局出版的化学方面的书籍一共 10 种，这些书籍的编译出版都是徐寿直接参加或主持的。因此说徐寿是近代化学知识在中国的启蒙者，是当之无愧的。

光绪元年（公元 1875 年）左右，徐寿还在上海创办格致书院，开始化学实验的演示工作，对我国近代化学的发展起了先驱作用。

①《实用化学暨分析导论》的原名是《An Introduction to Practical Chemistry Including Analysis》，原书 1866 年出版，原著者原名是 J.E.Bowman。

②《制造硫酸和碱的理论和实际》的原名是《A Theoretical and Practical Treatise on the Manufacture of Sulfuric Acid and Alkali, with the Collateral Branches》，原书 1879–1880 年出版，原著者原名是 G.Lunge。

第四章 明清时期的地学

壹 明清时期地理学的发展

明清时期地理学发展的两大特点

明清两代地理学的发展，有两个特点值得着重叙述。

一是以传统的地理志方式编纂的地方志著作大量增加。

另一是以徐霞客所著的《徐霞客游记》作为代表的以旅行记录方式所表述的地理学著作有突出成就。

下面我们分小节加以介绍。

以传统地理志方式编纂的地方志著作大量增加

在中国古代，“地理志” 是传统的带有中国古代特点的地理学著作。在这方面，《汉书·地理志》开创了后世一直沿袭遵循的先例。把疆域沿革、山川、物产等自然地理和人文地理结合在一起，为封建王朝服务，是中国古代地理志的主要内容。

这类地理志又称地方志、方志或地志。我国历代都有编修地方志的优良传统。除历代正史中大都有“地理志”之外，在唐代还有李吉甫著的《元和郡县志》，在宋代又有乐史编著的《太平寰宇记》，元代有官修《大元大一统志》。

明清两代，也都有大规模的“一统志”的纂修工作。“一统志”就是全国性的总志。

《大明一统志》于明英宗天顺五年（公元 1461 年）修成，全书共 90 卷。书里分别叙述了南北两京以及 13 个布政使司①、各府、州的沿革、郡名、物产、风俗、古迹等。书前还有全国总图、分区图等。

入清之后，清王朝曾经三次修纂《大清一统志》：第一次成书于高宗乾隆八年（公元 1743 年），全书 342 卷；第二次成书于乾隆四十九年（公元 1784 年），全书共 500 卷；第三次成书于宣宗道光二十二年（公元 1842 年），全书共 560 卷。《大清一统志》按北京和各省、地区分做 22 统部和青海、西藏等地区，以府、州分卷叙述，再细分成疆域、分野、建制沿革、城池、学校、户口、田赋、山川、关隘、梁津、人物等 25 目，内容详尽丰富，是一部比较完备的全国性地志。

除了全国性的地志之外，省一级的有各省的“通志”，各州县也有“府志”和“县志”，此外还有各地的“都邑志”、“镇志”、“道志”、“卫志”、“乡志”等地方志书。

明清两代编修的地方志书最多。据统计，我国现存地方志书总数大约有 8000 种，其中明代编修的大约有 1000 种，而清代编修的地方志书竟有 5500 多种，大部分是各县的县志。清廷编修全国的《大清一统志》之前，都曾经命令各地方先修府志、县志，因而各地方的方志大量出现。

清代史学家章学诚（1738–1801）根据自己修方志的实践，又总结了前人修方志的成败得失，建立了方志学，专门研究地方志的定义、沿革、体例、内容以及编写方法等。

地方志书里往往记述了许多正史里没有记述的各种资料。解放之后，我国的史学工作者曾经利用地方志书整理出各种非常珍贵的资料，例如：关于超新星、太阳黑子、极光等天象资料，关于地震、矿产

①明代把全国的府、州、县等分统于两京和 13 布政使司。布政使司是元代行省改称，习惯上仍称行省，简称省。

等地学方面的资料，关于水旱灾害等气象资料，关于各处河流的水文资料，关于古代科技人物、历史人物等资料，等等。种类繁多的地方志书提供了不少有价值的线索和资料。

以《徐霞客游记》作为代表的旅行记录方式的地理学著作

《徐霞客游记》是我国一部很有学术价值的地理学著作，它以日记的体裁记录了旅行考察所得的各地地理、水文、地质、植物等现象，开辟了我国地理学上系统地观察自然、描述自然的新方向。

《徐霞客游记》的著者徐弘祖，字振之，霞客是他的别号，江苏江阴人。一个封建社会的读书人，抛弃了功名利禄，不参加科举考试，以毕生的精力和真诚的热情，执著地迷恋着祖国名山大川，献身于实地的地理考察，这是极其罕见、极其难得的。徐霞客生在明末，他的家乡又地处资本主义萌芽发生比较早的长江三角洲地区，在这里，社会经济以至学术思想都处在急剧变化之中。在这样的时代和环境里，出现了徐霞客这样的奇人和《徐霞客游记》这样的奇书，也就不足为奇了。

徐霞客自幼好读奇书，对记述祖国河山、风土人情的书籍更是多方搜求，爱不释手，逐渐萌发了亲自外出旅行、进行实地考察的强烈愿望。这种愿望得到他母亲的极力支持。当他 22 岁[①]第一次出游太湖的时候（明神宗万历三十五年，公元 1607 年），他母亲还亲手替他缝制了一顶“远游冠”，以示鼓励。以后他每次出游归来，他的母亲总是以极大的兴趣听取他出游过程中的各种故事和各地的风土人情等。这对徐霞客的活动起

徐霞客像。

①从生年万历十四年到万历三十五年，虚岁 22 岁。有人按他生年照阳历算已是 1587 年 1 月，认为初次出游在 21 岁，不符合我国过去习惯说法。

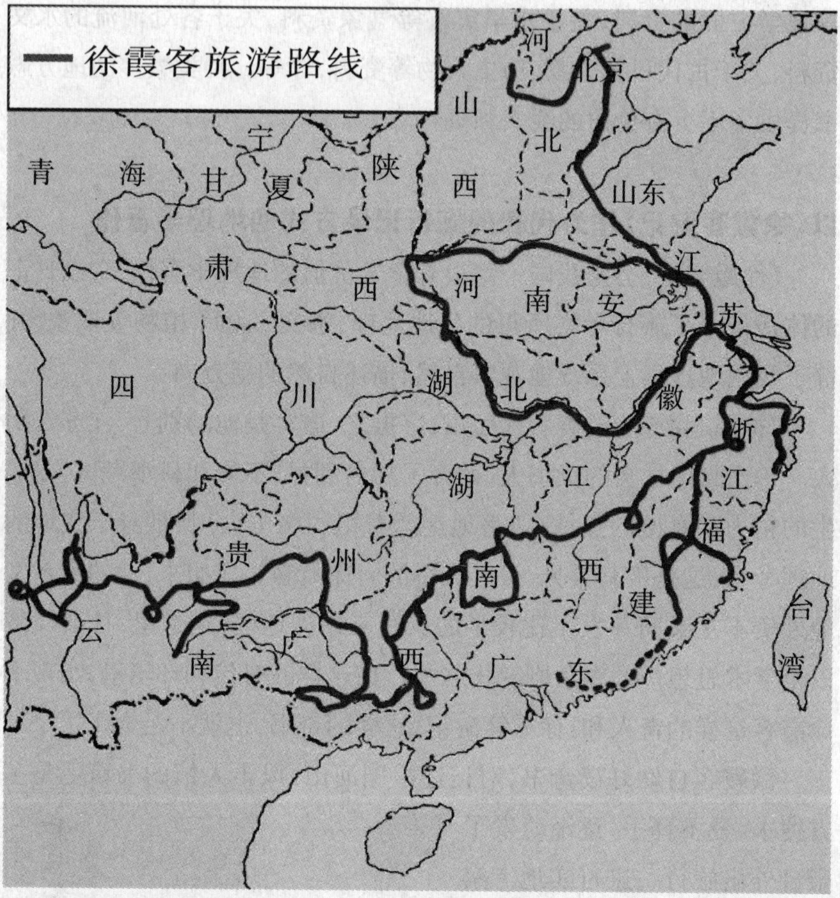

徐霞客旅游路线图。

到了很大的促进作用。

徐霞客把毕生游历途经各地的风貌都用日记的方式记录下来。他去世后，由他的友人季梦良（字会明）整理成《徐霞客游记》。恰遇明末战乱，江阴屠城，徐霞客一家几乎全部遇难，游记稿也随着散失。康熙年间，又先后经季梦良和徐霞客最小的儿子李寄（字介立，育于别人家，从母姓）重新搜集整理，才有比较完整的抄本流传。到乾隆四十一年（公元 1776 年），由徐霞客的一个侄孙徐镇再次整理，才初次刻版印行。近年找到了两个比较早的抄本，特别是季会明抄本。所以现在新印的《徐霞客游记》更加接近原来游记的面目。

经过最近发掘整理的《徐霞客游记》，包括日记已经有 1050 日，全书共60多万字。不过现存部分可能还只是徐霞客日记中的很小一部分。即使是这样，只从现存的部分来说，徐霞客和他所著的《徐霞客游记》的历史地位就已经可以完全肯定下来。

《徐霞客游记》中对华东、中原地区的浙江、安徽、陕西、河南、福建各地的名山大川都有所记述。游记中特别值得注意的是他51岁（明崇祯九年，公元1636年）以后对湖南、广西、贵州、云南等地游历的记述，这些记述是更加值得宝贵的。

《徐霞客游记》中关于地貌的记述不少，尤其是关于我国广西地区石灰岩地貌的考察和记述，不论在国内还是在国外，都是第一次。桂林、阳朔一带地区，因岩层厚、质地纯，经过溶蚀，石峰很多，徐霞客说是“诸危峰分峙叠出于前”，“离立献奇，联翩角胜”，“乱尖叠出，十百为群”，对峰林地貌的记述十分妥切。同时对柳州峰丛地貌又另有一番描写：“自柳州府西北，两岸山土石间出，土山迤逦间，忽石峰数十，挺立成队，峭削森罗，或隐或现，所异于阳朔桂林者，彼则四顾皆石峰，无一土山相杂，此则如锥处囊中，犹觉有脱颖之异耳。”对地下的水溶洞穴，更有细致的描写。对岩洞石钟乳的形成，也有科学的解释，说它们是“崖间有悬干虬枝，为水所淋漓者，其外皆结肤为石，盖石膏日久凝胎而成”。在石灰岩溶岩地区里，除突起的石峰之外，也常有下陷的岩溶洼地、漏斗、竖井、落水洞等地貌出现，徐霞客对这类地貌也都有很多细致的描述。

徐霞客对水系也作了系统的实地考察。如在西南旅行中，对潇水上源、盘江水系、金沙江源流以及大盈江、龙川江、怒江、枯枯河、澜沧江、元江等都作过考察。他还写了《溯江记源》、《盘江考》两篇文章，论证了金沙江是长江上源，驳正了历来“岷山导江”的误传。

《徐霞客游记》关于动植物由于纬度和海拔高度不同而产生分布不同，也有很好的描述。

《徐霞客游记》不仅是一部具有很高科学价值的地理学著作，还是一部具有文学价值的著作。它文笔清新顺畅，描述生动细腻，如诗如画，却又朴素真实，而气势雄放，读后使人胸襟开朗舒畅。后人评它是“世间真文字，大文字，奇文字”。[①]

徐霞客在长年的野外考察中，历尽艰险，在西南地区，他曾经“遇盗者再，绝粮者三”，但是他仍然顽强地坚持考察工作，搜集标本，在篝火旁、昏灯下写出每天的日记。他这种不畏艰险、为科学考察而献身的精神，永远值得人们学习。

在徐霞客之后不到100年，在清初，还出现了著名的旅行家图理琛（1667–1740）。图理琛先世叶赫部（女真族）人，姓阿颜觉罗。他的旅行和徐霞客不同，一是作为政府官员由政府委派的，二是到国外而不是在国内旅行。康熙五十一年（公元1712年），以内阁侍读被派往额济勒河（今俄罗斯伏尔加河）下游地区去看望土尔扈特部（蒙古族）。沿途经过蒙古高原、西伯利亚、乌拉尔山，越过沙皇俄国，长途跋涉，最后到达土尔扈特部驻地。图理琛于康熙五十四年（公元1715年）回到北京，行程30000多里。图理琛把这次旅行经过写成报告呈给康熙帝，康熙帝命他把这份报告刊印出书，书名《异域录》。书里对沙皇俄国各种情况，包括山川河流、地理形势、动植物分布、器用民俗等，都有比较细致的记述。这部用满、汉两种文字同时出版的书籍，是我国第一部介绍俄国区域地理的著作。

关于异域的游记，更早的还有参加郑和航海的费信（1388–？）、马欢、巩珍根据沿途见闻分别写成的《星槎胜览》、《瀛涯胜览》、《西洋番国志》，是明代域外地理的著作，只是他们走的是海道而不是陆路。

贰　西方地图和地学知识的传入

明末清初传教士传入的地图和地学知识

明末清初，西方传教士来华，世界地图也是这一时期传入的西方科学知识的一项重要内容。

利玛窦在明神宗万历二十九年（公元1601年）到北京之前，万

① 见明末清初钱谦益（1582–1664）：《嘱徐仲昭刻〈游记〉书》。徐仲昭是徐霞客的从兄。

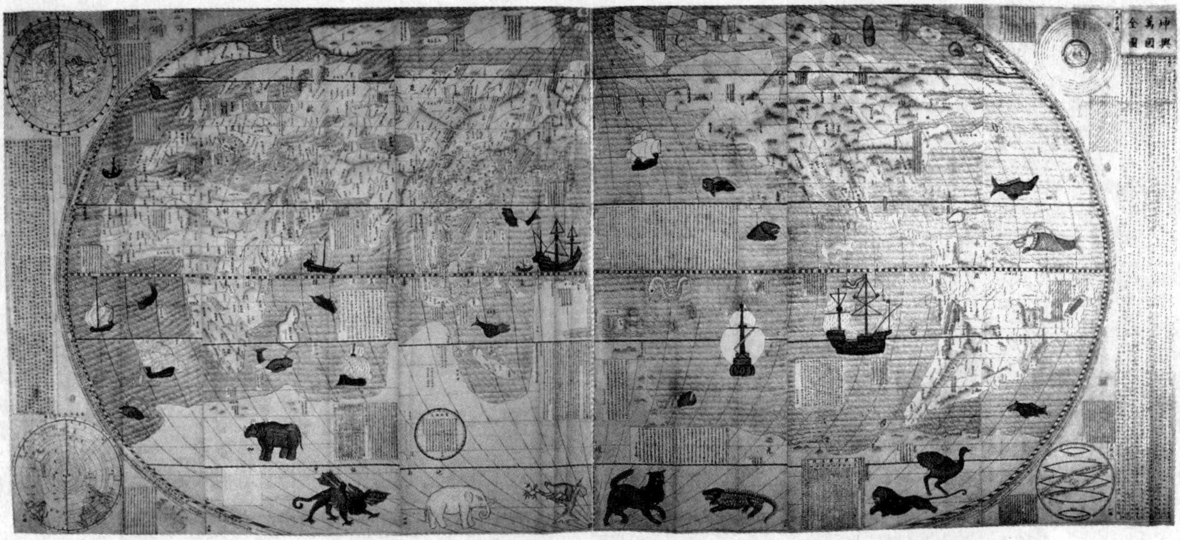

《坤舆万国全图》。

历十年(公元1582年)先从澳门到广东肇庆。这时他就根据西方世界地图绘制一幅用汉文注释的世界地图,由岭南西按察司副使王泮刊印。以后他在南昌、南京和北京又重绘和修订过多次,经刻版或上石的至少有8种,以万历三十年(公元1602年)刊行的《坤舆万国全图》最完善。

利玛窦到我国后,已经注意各地经纬度的测量,他测得的北京、南京、杭州、广州、西安等地的经纬度相当精确。在他改绘的世界地图里,把西方的经纬线制图法、有关五大洲(亚、欧、非、南北美洲和南极地区)的知识、地球说和五带(热带、南北温带、南北寒带)的划分等传入中国。图上译名如亚细亚、欧罗巴、大西洋、地中海、罗马、古巴、加拿大以及地球、南北极、南北极圈和赤道等,一直沿用到现在。《坤舆万国全图》在世界地图史上也属上乘,少数流传到现在,收藏在世界一些著名的博物馆、图书馆里,作为稀世珍品。

利玛窦以后,来华传教士绘制的世界地图,还有西班牙人庞迪我(1571–1618)[①]的《海外舆图全说》,意大利人艾儒略(1582–1649)[②]的《万国全图》,比利时人南怀仁的《坤舆全图》和法国人蒋友仁的《坤舆全图说》等。南怀仁的图上已经增绘了澳大利亚洲。清乾隆年间刊印

①庞迪我的原名是Didaco de Pantoja,明万历二十七年(公元1599年)来华。

②艾儒略的原名是Julio Aleni,明万历四十一年(公元1613年)来华。

的蒋友仁的《坤舆全图说》里第一次介绍了哥白尼的日心说。

明末除传入世界地图外，也传入了地质学知识。最早传入的地质学知识是和矿石的识别、开采、冶炼等采矿知识密切相关的。崇祯年间，传教士瑞士人邓玉函、德国人汤若望和王徵、李天经（1579–1659）等合作，把德国矿物学家阿格里科拉（1494–1555）所著《金属学》①一书由拉丁文译成中文，书名《坤舆格致》。不过这书流传不广，知道的人很少。

康熙帝亲自领导完成中国全图的测绘工作

在西方传入世界地图之后，清代初年康熙帝亲自领导完成了中国全图的测绘工作。这不仅在中国，也是世界测绘学史上的创举。

康熙帝为了和沙皇俄国谈判订约的需要和国内统治的需要，认为测绘全国的地图是当务之急。

为了办好这件事，康熙帝曾经作了长期的准备，订购仪器，并且命令传教士先试绘北京附近地区的地图。经他亲自校勘，认为确实可行以后，才于康熙四十七年（公元1708年）正式开始全国的测绘工作。参与这项工作的传教士有法国人白晋、雷孝思（1663–1738）②和杜德美（1618–1720）③等，还有被任命的满汉官员多人。先从长城测起，然后测北直隶（今河北省），再测满洲地区。为了加快速度，康熙五十年（公元1711年）以后，测绘工作又分两队分头进行。全国各地区（除西藏、新疆地区稍迟外）的野外测绘工作，大约用了五年多时间。康熙五十七年（公元1718年），一份具有相当水平的《皇舆全图》终于绘成了。

这次全国地图的测绘工作，在全国各地测得的经纬点一共有630处，以这些点作为基准，进行大规模的三角测量。这类测绘工作，当时的西欧各国或者还没有开始，或者还没有完成。我国在18世纪初期完成了全国性的三角测量，是走在世界各国前列的。

在测绘过程中，还发现经线每一度的长度不相等，纬度越高，经

①阿格里科拉的原文名字是Georgius Agricola，被称为德国矿物学之父。《金属学》一书原名是《De re Metallica》，1556年出版，它的英文本是20世纪初由美国采矿工程师（后来成为美国第三十一任总统）赫伯特·胡佛（1874–1964）翻译的。

②雷孝思的原文名字是Joan Bapt R'egis，康熙三十七年（公元1698年）来华。

③杜德美的原文名字是Pierre Jar oux，康熙四十年（公元1701年）来华。

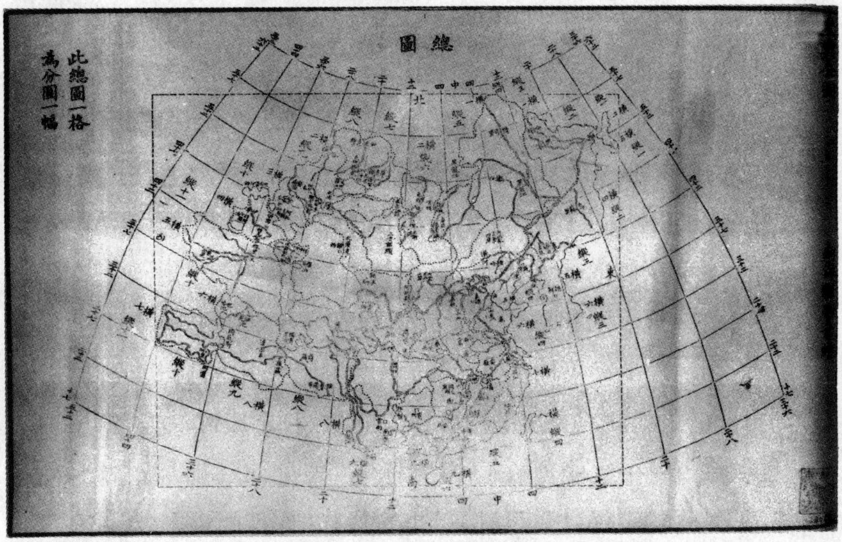

《皇舆全图·总图》。

线一度越长。当时西欧科学界长期争论地球是扁圆还是长圆的问题还没有解决，英国的牛顿主张扁圆，法国科学院的卡西尼(1625-1712)主张长圆。我国这一测量结果实际上证明地球是扁圆而不是长圆的。但是雷孝思等受法国科学院卡西尼观点的影响，不敢下判断支持扁圆说。

以后到乾隆二十一年(公元 1756 年)，乾隆帝又命刘统勋、何国宗、明安图等补行测绘了新疆哈密以西的地图，乾隆二十六年(公元 1761 年)完成了《皇舆西域图志》，所用的地图就是这次测绘的。乾隆帝又令法国传教士蒋友仁在康熙《皇舆全图》的基础上进行改制增订，并利用了法国传教士宋君荣(1689-1759)①搜集的有关亚洲的地理资料，完成了《乾隆内府舆图》，范围比康熙的《皇舆全图》大，北到北冰洋，南到印度洋，西到红海、地中海和波罗的海，可以说是一幅亚洲大陆的地图了。不过最精确详细的部分还是康熙时候所测的满、蒙和关内各省以及乾隆时候所测的西域各地。

可惜的是，当时是世界第一流的这一测绘成果《皇舆全图》和《乾隆内府舆图》以及许多资料，却只是深藏内府，作为密件保存。而参与这项测绘工作的传教士，却把这些资料传往西方，公元 1735 年，巴黎

①宋君荣的原文名字是 Antonius Goubil，康熙六十一年(公元 1722 年)来华。

就出版了根据这些资料写成的《中国地理历史政治和地文全志》一书，附图也主要是根据《皇舆全图》绘成的。国内直到胡林翼(1812–1861)咸丰六年(公元1856年)后在湖北巡抚任内请邹世治、晏顾镇编制《大清一统舆图》,于同治二年(公元1863年)上刻,它主要依据的是内府所藏《皇舆全图》和《乾隆内府舆图》,才把清初测绘的成果间接地在国内得到传布。

我国西藏自治区和尼泊尔交界处的喜马拉雅山主峰,是世界第一高峰，公元1855年英国人主持的印度测量局用前局长埃佛勒斯①(1770–1866)的姓氏命名这座山峰。其实在我国康熙时候测绘的《皇舆全图》上已经在这峰所在位置上标明"朱母郎马阿林",这是藏语"女神第三峰"的音译,"朱母郎马"也音译作"珠穆朗玛"。因此我国在1952年由政府把国外所用的"埃佛勒斯峰"(或"额菲尔士峰")正名叫"珠穆朗玛峰"。

洋务运动时期前后西方地质知识的传入

清初以后经过一段闭关自守的时期,到鸦片战争失败,洋务运动兴起。这一时期,西方科学技术再次传入我国。在地学方面,由于办矿的需要,传入的以地质采矿知识为主。

前面提到,明末崇祯年间,传教士邓玉函、汤若望等就曾译过《坤舆格致》一书,论述矿石的分析、勘探、开采、冶炼等,但是在当时并没有引起重视。

洋务运动时期前后，西方近代地质学知识才系统地传入我国,并且在我国产生比较大的影响。

咸丰三年(公元1853年),上海墨海书馆印行了美国传教士慕维廉②(1822–1900)所编的《地理全志》上下编。这书的下编卷一是"地质论",内容有地质志、地质略论、陆海变迁论、地宝脉络论等。

在这一时期编译出版的西方地质学著作中,最重要的当推《金石识别》和《地学浅释》。

①埃佛勒斯也译额菲尔士。

②慕维廉的原文名字是Murhead William，道光二十三年(公元1843年)来华。

《金石识别》是美国地质学家德纳[①](1813–1895)所著,由英国传教士玛高温[②](1814–1893)口译,清末著名的翻译家华蘅芳笔译,江南制造局于同治十二年(公元 1873 年)出版。全书共 12 卷,内容有总论、分论两部分。总论包括“论金石结成之形”,“论金石形色性情”等,分论包括论“锈金类”、“气类”、“水类”、“炭类”、“硫黄类”等以及“论金石化学”、“论金石分类之法”。

江南制造局同年还印行了玛高温和华蘅芳合译的英国著名地质学家莱伊尔[③](1797–1875)所著《地质学纲要》[④]。这书是莱伊尔的名著《地质学原理》[⑤]的第四编,中译本书名《地学浅释》。恩格斯曾经称莱伊尔是“第一次把理性带进地质学中”[⑥]的人。这书共 38 卷,全面阐述了地层层序、地质构造、矿床成因等,是介绍到 19 世纪 30 年代为止的西方地质学知识的很好的一部著作。这书在中国的翻译和出版,对中国近代地质学的发展起到了一定的启蒙作用。但是书里关于地质年代都采用了音译的方法,比较难于掌握。

除此之外,还有:《求矿指南》,光绪二十五年(公元 1899 年)翻译出版;《相地探金石法》,光绪二十九年(公元 1903 年)翻译出版;等等。这些书对传播和发展地质学、矿床学、采矿冶金等技术知识,都起了一定的作用。

晚清时期西方学者来华进行地质资源调查

从同治年间(公元 19 世纪 60 年代)开始,西方一些学者[⑦]不断来华进行地质资源的调查。这种调查是为列强侵略中国服务的。而中国最早的近代地质调查就是这样开始的。

来华进行地质地理考察的学者,先后有 100 人次以上。

同治元年到四年(公元 1862 年到 1865 年)间,美国地质学家庞培烈[⑧](1837–1923)考察了华北和长江下游之后,著有《中国蒙古及日本的地质研究》一书。他提出了中国地质构造线(东北 – 西南走向)所谓“震旦方向”的学说,对后来中国地质学的影响比较大。

①德纳的原文名字是 James Dwight Dana,也译达纳或丹纳。

②玛高温的原文名字是 D.J. MacGowan,道光二十六年(公元 1846 年)来华。

③莱伊尔也译赖尔。

④《地质学纲要》的原文书名是《Elements of Geology》,1838 年初版,以后多次再版。

⑤《地质学原理》的原文书名是《Principle of Geology》,1830 年初版。

⑥《自然辩证法》,人民出版社 1971 年版,第 13 页。又见《马克思恩格斯全集·第二十卷》,人民出版社 1971 年版,第 367 页。

⑦后来也有日本学者参加这类地质资源调查工作。

⑧庞培烈的原文名字是 Raphael W.Pumpelly。

德国著名地质学家李希霍芬[1]（1833–1905）曾经先后两次来中国考察。第二次是同治七年（公元1868年）开始，一直考察了4年，从南到北调查了14个省区。根据大量的调查记录，他写出了大卷巨著：《中国，亲身旅行的成果和以之为根据的研究》，于1877年到1913年陆续出版，后三卷是由他的学生和友人完成的。书里有大量的关于中国化石的记述，并且附有地质图。李希霍芬提出的中国黄土风成说以及关于中国地层、地质构造等论述，都有一定的权威性。

俄国和日本的地质学家曾经对我国东北地区（后来也有美国人参加）进行多次调查，发表了不少论著。

叁 中国近代地学的发轫

魏源《海国图志》等地理著作问世

洋务运动时期前后，在传入西方地学知识的同时，我国国内有志之士，面对列强的侵略，一方面主张坚决抵抗，一方面主张要了解西方各国的情况。为了达到这个目的，他们编著了各种介绍西方各国的书籍。

早在鸦片战争之前，林则徐在广东主持焚烟的时候，就着手编辑了《四洲志》，记述世界30多个国家的地理和历史。这是中国第一部比较系统的世界地理志。

此后还有其他人编写了这一类书籍，如道光二十一年（公元1841年）刊行的江文泰的《红毛英吉利考略》，道光二十二年（公元1842年）刊行的萧令裕的《英吉利记》和杨炳的《海录》。最著名的要算是魏源所著的《海国图志》，以及徐继畬所著的《瀛环志略》和何秋涛（1824–1862）所著的《朔方备乘》。

魏源，字默深，湖南邵阳人，鸦片战争中，曾经参与浙东抗英战役。《海国图志》于道光二十四年（公元1844年）刊行，主要是根据林则徐的《四洲志》和魏源自己搜集的外国资料汇集而成，全书有附图73幅。

①李希霍芬的原文名字是Ferdinand von Richthofen。

徐继畬的《瀛环志略》于道光二十八年(公元 1848 年)刊行,以地图为纲,每幅图后附有文字说明,是一本世界地图集。

何秋涛的《朔方备乘》共 80 卷,记述有关北方边防的事,对于沙皇俄国的介绍,是参考图理琛的《异域录》的。他著这部书,据他自己说是"备国家缓急之用",有人指出,这和"俄人乘隙窥我东北"有直接关系。

除了编写介绍外国地理的著作,当时还重视对边疆地理的研究。当时在西南地区做官的黄沛翘编写了《西藏图考》,指出英国从印度觊觎西藏,"是则南界之防,尤今日之急务也"。还有曹廷杰著《东北边防辑要》,重点也在于介绍山川险要,以便防守和抵御沙俄的侵略。

这些书里多数都附有比较好的地图,如曹廷杰所绘的东三省地图,是当时通行地图中最好的一种。

中国近代地质学的诞生

在洋务运动时期前后,西方传入的地学知识以地质学方面为主,西方和日本学者也先后来我国进行地质调查。进入 20 世纪,我国学者自己也撰述有关中国地质方面的著作,并创办地质专科学校和地质研究调查机构。

中国人自己撰写论述中国地质的文章,最早的当是虞和钦和鲁迅在光绪二十九年(公元 1903 年)发表的《中国地质之构造》和《中国地质略论》①。

当时京师大学堂(辛亥革命后改称北京大学)等学校开始设立地质课程。但是设备、师资等方面问题不少,不久停办。

由中国人自己兴办地质教育成就卓著的,是章鸿钊(1877–1951)、丁文江(1887–1936)等创立的我国最早的地质教育和研究机构——地质研究所。

章鸿钊,字演群,后改字爱存,浙江吴兴人。光绪三十年(公元 1904 年)留学日本,宣统三年(公元 1911 年)毕业于东京大学理学部地质科。回国后在京师大学堂任地质学讲师,是中国人担任地质教学

①虞和钦《中国地质之构造》一文发表在光绪二十九年(公元 1903 年)四月五月的《科学世界》第二,三两期上(据浙江慈湖中学谢振声同志提供资料),鲁迅《中国地质略论》一文发表在同年 10 月的《浙江潮》第八期上。虞和钦,浙江镇海(今属宁波市)人,光绪二十九年(公元 1903 年)在上海创办《科学世界》杂志。

的第一位教师。

丁文江，字在君，江苏泰兴人，毕业于英国格拉斯哥大学地质系，宣统三年（公元 1911 年）回国。

辛亥革命之后，章鸿钊、丁文江都曾经出任当时政府的实业部矿务司下属的地质科科长。

章鸿钊对创办学校培育人才极其热心。他认为“我国山川蕴藉，灵秀所钟，弃利于地，无人过问。欧美学者，先后逾海而东，日本继之，足迹及于中国之大半，而我国犹若勿闻”。他对这种由欧美和日本包办了中国地质资源调查的状况极其不满，提出“欲诉之于全国人民也，设研究所，并期之于我国后生青年也，而尤以培植青年为最切要”。

由于章鸿钊和丁文江等的努力，终于在民国二年（公元 1913 年）成立地质研究所，又在民国五年（公元 1916 年）创办了我国第一个地质调查机构——地质调查所。

地质研究所于民国二年（公元 1913 年）九月招生 22 人，十月正式开学。当时参加研究所教学工作的，还有翁文灏（1889–1971）。

翁文灏，字咏霓，浙江鄞县（今属宁波市）人，清末留学比利时，民国元年（公元 1912 年）从比利时卢万大学地质系毕业回国。

民国五年（公元 1916 年），地质研究所第一批学员结业。在第一批学员中有叶良辅（1894–1949）、谢家荣、王竹泉、谭锡畴、李学清、朱庭祜、李捷等，有不少是后来我国地质科学部门的骨干。章鸿钊为培养学生的实际野外工作能力，组织了在河北、山东、江苏、浙江、安徽、江西等地多次的野外考察实习。

虽然地质研究所招收学员只有一期，但是影响十分深远。同时地质研究所在研究工作方面的成果也都是开创性的，所绘制的河北、河南、山东、山西、江苏等地区的地质图，都是我国自己绘制的最早的一批地质图。

章鸿钊也是中国地质学会发起人之一，并任首届会长。中年以后，从事著述，并且发掘我国前人对地质学方面研究的遗产，著有《石雅》和《古矿录》等书。

章鸿钊被公认是我国近代地质学科和地质事业的创始人之一。

中国地学会和《地学杂志》的创办

中国地学会和它的学术刊物《地学杂志》，都是在清末开始创办的,是我国较早成立的一个学会和较早出版的科学期刊。最早献身于我国近代地理教育事业并且对我国近代地理学的发展做出卓越贡献的,是张相文。

张相文,字蔚西,号沌谷,江苏泗阳人。他是一位著名的地理学家和地理教育专家。他曾任天津北洋女子高等学校校长,在上海南洋公学、北京大学等学校讲授地理学。他的著作都收在《南园丛稿》中。

他早在光绪二十七年和二十八年(公元 1901 年和 1902 年)先后编著《初等地理教科书》和《中等本国地理教科书》,是我国地理教科书的嚆矢。光绪三十一年(公元 1905 年)又编著《地文学》和《最新地质学教科书》,比较系统地传播了近代地学知识,《地文学》一书是我国最早的自然地理教科书之一,也是张相文的精心得意的著作。宣统年间(公元 1909 年到 1911 年),他曾经到山东、河北、河南、内蒙古等地旅行考察,所写的《齐鲁旅行记》、《冀北游览记》、《豫游小识》、《塞北纪行》等后来都发表在《地学杂志》上。

中国地学会是宣统元年(公元 1909 年)在天津由张相文约集张伯苓(后来曾任天津南开大学校长)等人创立的,张相文被推选做首届会长。宣统二年(公元 1910 年)又出版《地学杂志》。当时学会基金主要靠募捐得来。《地学杂志》最初是月刊,后来因经费困难,改成双月刊、季刊、半年刊,以至不得不几度停刊。张相文为筹措经费,常四处奔走,甚至有时“夜间为之不寐”。

中国地学会的创立和《地学杂志》的出刊,对我国地学的发展起了一定的促进作用。

第五章　明清时期的生物学和医药学

壹　植物学和本草学的重要著作问世

中国本草学和植物学

中国的本草学主要是从植物知识发展而来的，反过来又发展了植物学。

从原始社会的采集活动就可以说人们已经开始对植物的认识。以后随着农业和医药的产生和发展，人们积累的植物知识越来越多。特别是对植物性状特征的识别研究，成了医药学者的一门主要必修课。

因为用以治病的药材大多是没有经过栽培的野生植物。它们是采集而来的，种类既多，药性和治病功效又各不相同，如果没有一定的标准和方法来加以识别，就无法采集、利用和传授后人。可以说关于植物性状特征的研究，本草学作出了最大的贡献。

到唐代，苏敬《新修本草》首创应用药图、药经来说明植物的性状特征。宋代苏颂的《图经本草》就是在这个基础上发展而来的。

《图经本草》除把植物全部植株描绘成图，还用文字注明植物出产的地点，描述植物植株的茎、叶、花荚、果实等的形状、色泽、高矮大小等性状特征，作为识别和鉴定的标志。利用图形和说明两相对照的方法来研究植物，识别和鉴定植物，在植物研究史上是先进而科学的方法。

到了明代，这种植物研究方法，除在医药方面继续发展外，在农学上也同时得到发展，这就出现了具有植物学性质的专书。

明初的《救荒本草》

明初出现了具有植物学性质的专书《救荒本草》。

《救荒本草》是明初朱橚（？ –1425）撰写的。朱橚是明太祖朱元璋的第五个儿子，被封在河南开封。他从当地的野生植物中查出荒年可以采来充饥的，都搜集来种植在一个园子里，并且亲自进行观察研究，等到生长成熟的时候，就让画工一一绘制成图，并附文字说明："首言产生之壤，同异之名；次言寒热之性，甘苦之味；终言淘浸、烹煮、蒸晒、调和之法。"全书一共记录了 414 种植物，除已见于过去本草书里的之外，新增添了 276 种，分 5 类，计：草部 245 种，木部 80 种，米谷部 20 种，果部 23 种，菜部 46 种。

这部著作虽然属于植物学范畴，但是荒政是我国传统农学的一个组成部分，所以《明史·艺文志》把它收录在农家类里。它的研究对象和编写方法和本草有相似的地方：一是以研究野生植物为主，如在米谷部里也只包括少数栽培作物蚕豆、荞麦、赤小豆、豇豆等，没有提到稻米、小麦等粮食作物和栽培的水果、蔬菜等。二是像《图经本草》一样有图有说，而且是通过采集种子进行种植，然后观察生长发育状况以后，再根据实际描述绘图说明。这样的态度比较严肃认真，方法也比较进步和切合实际。

李时珍的《本草纲目》

明代中叶以后，中国本草学出现了一部具有世界学术地位的专著，这就是李时珍的《本草纲目》。

李时珍，字东璧，晚年号濒湖山人，湖北蕲州（今蕲春）人。他出生

李时珍像。

在世传的医家，自幼多病，就有志学医。特别是在他多次应考未能中举之后，就放弃参加科举考试，专心致志研究医药学。不久，他就以医术高超闻名远近。世宗嘉靖三十五年（公元 1556 年），李时珍应召到北京太医院任职，一年后辞归。他也曾到当时的楚王朱英𤇡的王府里任过医官。在北京太医院和武汉楚王府里的工作，使他有可能阅读这两处的丰富藏书。李时珍辞官回家以后，在雨湖北岸构筑新居，题名“红花园”。以后他就在乡里一面行医，一面进行《本草纲目》的写作。

《本草纲目》的编写，前后历时大约 30 年，曾三次改写，于神宗万历六年（公元 1578 年）才最后完成。为了编写这部书，李时珍所参考的书籍有 800 多种。他还多次到各地去访药、调查，搜求各种药物的标本，向各阶层人民询问，历尽辛苦。

《本草纲目》以宋代唐慎微的《证类本草》作为蓝本。《证类本草》虽然是宋代编写的，但是它继承了历代本草书籍的精华，共收载药物 1558 种，兼录方剂 3000 多首。李时珍在这基础上又增加 300 多种药物，8000 多首医方。《本草纲目》所收药物达到 1892 种，方剂 11000 多首，还附有药物形态图 1160 幅。《本草纲目》全书 52 卷，190 多万字。所收药物分做 16 部，62 类[①]。

《本草纲目》在中国本草学历史上首次改进了传统的品目分类方法，在各品目里面的各项记载也力图用新的方式整理划一，在各种药物名下加入了不少比较科学和精密的叙述。

在品目分类方面，《本草纲目》所列出的有水、火、土、金石、草、

①其中有的类因分卷分上下作二类计算，实计共 58 类。

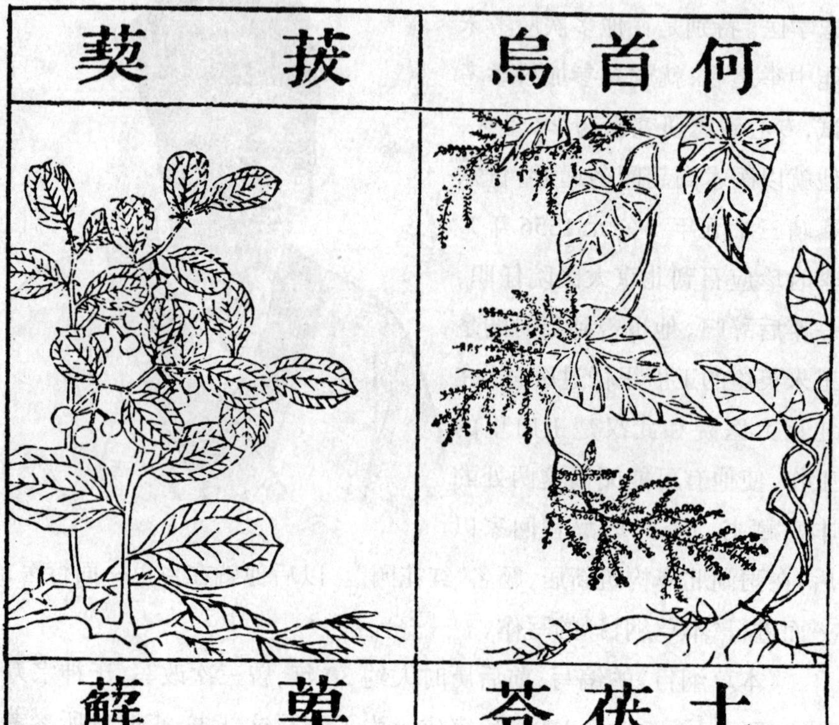

《本草纲目》中记载的植物。

谷、菜、果、木、服器、虫、鳞、介、禽、兽、人，共16部。各部下又细分做若干类，如草部下又分做山草、芳草、隰草、毒草、蔓草、水草、石草、苔、杂草等。这种分类方法，比以前的本草书籍有很大改进。这种改进，对动物和植物的分类学的发展，也具有重要意义。例如李时珍把植物分做五部30类，这比瑞典博物学家林奈（1707-1778）[①]对植物的分类（二部二十四纲）早出200多年。

《本草纲目》对各品目下的各种药物，都是按照统一的格式，就是“品目名”之下列有释名、集解、正误、修治（就是这种药的加工方法）、气味、主治、发明（就是这种药的药理方面的观察）、附方等项，依次叙述，细目分明，层次清楚。对每种药物的性味、产地、形态、采集方法、炮（páo）制过程、药理研究、使用方法等，都有详细说明。这种划一的格式，更加科学的叙述，都是以前的本草书籍如《证类本草》等所没有的。

《本草纲目》对历代本草书籍里的错误多所驳正，如“南星”和“虎掌”本是一种药物，“天花粉”和“括蒌”是一种植物的根和果，以前书里却当做两种植物。书里还收入了群众发现的不少新药，如醉鱼草、半边莲等。李时珍还通过自己的医疗实践，对某些药物的疗效作进一步的描述，如大风子可治麻风，土茯苓可治梅毒等等。

《本草纲目》不仅是一部药物学著作，对植物学、动物学、矿物学、化学等学科的发展都有伟大的贡献。

李时珍不愧是一位伟大的科学家，他在科学史上的地位，得到了世界各国的公认。《本草纲目》在李时珍去世后三年（万历二十四年，公元1596年）在南京刊行之后，曾经不断重新刻印，有的版本还收入了李时珍的其他医学著作《濒湖脉学》、《脉诀考证》、《奇经八脉考》等。

《本草纲目》在明代万历年间就已经流传到日本，并且在日本多次翻刻。这部书也传入朝鲜和越南。公元17、18世纪，《本草纲目》先后被节译或全译成德、法、英、拉丁、俄等多种文字。

①林奈也译林耐。

赵学敏的《本草纲目拾遗》

《本草纲目》刊行以后，受到很大欢迎。但是因为篇幅比较大，所以又有比较实用、收入药物种类稍少的一些本草书籍出现。

例如，清初医家汪昂（1615–？）所编的《本草备要》，康熙三十三年（公元1694年）刊行；吴仪洛所编的《本草从新》，乾隆二十二年（公元1757年）刊行；等等，就都是这类著作。

而清代对本草学贡献最大的，是赵学敏（约1719–1805）所编的《本草纲目拾遗》。

赵学敏，字依吉，号恕轩，钱塘（今浙江杭州）人。他平素钻研医药，对药物作了广泛的采集、调查工作，并且把某些草药栽培观察。经38年的努力，于乾隆三十年（公元1765年）编成《本草纲目拾遗》，共10卷。

《本草纲目拾遗》共收药物921种，其中《本草纲目》里未收载的药物716种，有凤眼草、藏红花、万年青、胖大海、鸦胆子等，都是现在中药中常用的药。书里对《本草纲目》所叙述的形态、主治不够详尽的地方加以补充，或纠正同名异物、同物异名的讹误；还附有很多方剂，收辑当时国外流入的一些药物资料。这是继《本草纲目》之后一部比较好的本草书籍，经常被以后的本草学家所引用。

吴其濬的《植物名实图考》

清代除本草学著作外，还有一部重要的植物学著作，这就是吴其濬（1789–1847）的《植物名实图考》。这是一部科学价值比较高、开近代植物志先声的专著。

吴其濬，字瀹斋，别号雩娄农，河南固始人。他做过湖北、江西、湖南、云南、贵州、福建、山西的学政、巡抚、总督等，注意各地物产的丰瘠和民生的关系。

吴其濬撰写的《植物名实图考》，继承了前人的成果，并且进一步有所发展和提高。他参考的文献资料就有800多种，而他不仅凭借文献资料，作些文字上的考证，主要是以实物观察作为依据。凡他足迹所到的地方，都时刻留意周围所见的草木，并且广泛搜罗采集植物标本。有时因为季节的关系，某一种植物标本没有得到，过了许多年想起来，还耿耿于怀，引为憾事。同时，他认识到农民、牧童对于五谷、草木的知识很丰富，必须向他们“多识下问”。《植物名实图考》所以获得比较大的成就，是和吴其濬的严肃认真治学态度和辛勤调查不耻下问分不开的。

《植物名实图考》于吴其濬去世后一年、道光二十八年(公元1848年)刊行。全书分两部分：一部分是《植物名实图考长编》，22卷，是辑录古代植物文献编成的。一部分就称《植物名实图考》，38卷，是在《长编》基础上根据他亲自观察和访问所得编成的。

《植物名实图考》的编写体例仿照传统的本草，分类方法也和《本草纲目》相似。全书分谷、蔬、草、果、木五大部分，草类部分又分山草、石草、隰草、蔓草、芳草、水草、毒草和群芳八类(《长编》缺群芳类)，共计收载植物1714种，比《本草纲目》所收植物增加519种(《长编》收载植物只有838种)。

《植物名实图考》里记述的植物广及我国19个省，特别对江西、湖南、云南、山西、河南、贵州等省的植物收载比较多。有人统计，《植物名实图考》里收载江西省的植物有400种，湖南省的有280多种，云南省的有390多种。当然，这些比起三省实际生长的植物要少得多，但是吴其濬以个人的力量记录下这么多，也就很不容易了。

《植物名实图考》具有比较高的科学价值，主要表现在两方面。

首先，这部著作，顾名思义，着重植物的“名”和“实”的考证和研究。经吴其濬的认真观察和细致考证分析，发现了过去有关植物学书里的不少问题，纠正了一些本草学家的错误。如李时珍在《本草纲目》里把通脱木(也叫通草，属五加科)和木通(也叫野木瓜，属木通科)混为一物而同列在蔓草类，吴其濬纠正这一错误，把通脱木从蔓草类中除去而改列入山草类。又如冬葵，3000年前的《诗经》已经屡次提到

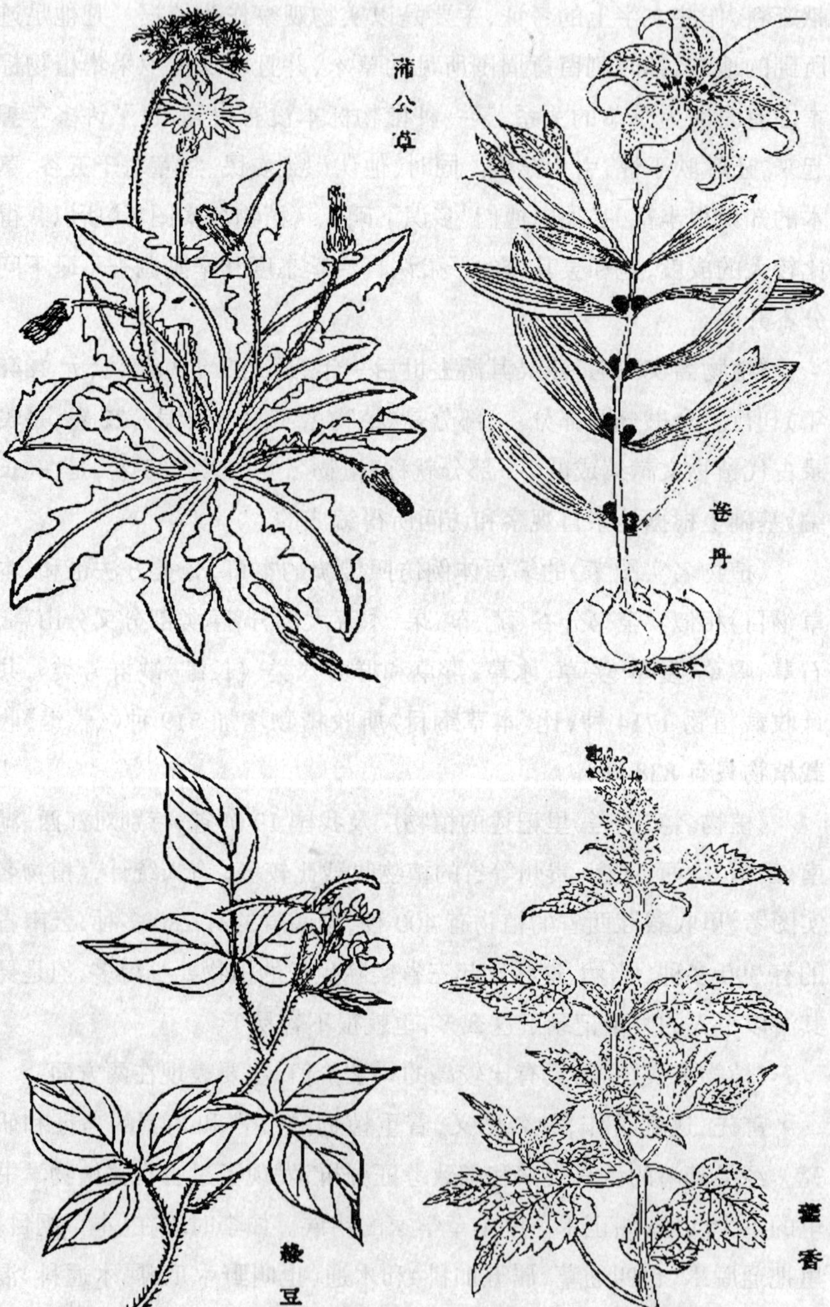

《植物名实图考》里的植物图。

它，是古代的一种主要蔬菜，李时珍却说“今人不复食之”，把它列在隰草类里，吴其濬通过考证古籍和实地调查，确证冬葵就是冬寒菜，在湖南民间一直栽培供食用，因而把冬葵从隰草类移到蔬菜类。类似的例子，在《植物名实图考》里还有不少。

其次，《植物名实图考》所附的植物图比以前任何本草书籍的附图都要精确。这些图大部分是在植物新鲜状态的时候绘下的，非常逼真，而且很多植物是根、茎、叶、花全株描绘下来的，颇能反映出这种植物的特征。直到现代，国内外的植物学对这部著作的附图仍然很重视。因为这些图对近代植物的研究有比较大的参考价值。如德国植物学家贝勒①（1833-1901）在他所著《中国植物学文献评论》（公元1870年出版）里说《植物名实图考》里的附图“刻绘尤精审”，“其精确者往往可资以鉴定科和目”。我国现代植物分类学家在考虑植物的中文命名的时候，往往要参考《植物名实图考》。除了可以根据书里的附图鉴别出一些植物的科、属乃至于种名之外，不少植物的中文定名也是依据它的。

《植物名实图考》也还存在一些缺点。科学性上虽然比前人有所进步，仍然存在不少问题。书里还有不少和植物学无关的陈腐议论。但是这些受当时时代的局限，终究是瑕不掩瑜。

贰 中医学的新发展

除本草学外的其他方面的医药学成就

我国古代医药学的发展，在宋元时期曾经出现高潮，出现了金元四大家。到了明清时期，我国的医药学又有了新的发展。

本草学方面，我们已经在上一节讲了，最突出的是李时珍的《本草纲目》的出书。

除此之外，也还有几方面的成就比较引人注意。

在内科医学方面，温病学说的形成和发展，是明清两代的重要成就。

①贝勒也译毕施奈德或布累特什奈得。

人痘接种法的发明也在明代，这一发明还传到国外，比西方发明牛痘接种法早200多年。

外科医学方面，出现了明代著名医家陈实功（1555-1636）的《外科正宗》这一重要著作。

方剂学方面，明清两代也有新发展。

长时期受封建礼教束缚一直发展比较小的解剖学，到了清代晚期也有所突破。

在医学古籍的整理和医药全书性质的“类书”编纂方面，清代做出的成绩也是比较突出的。如官修医书《医宗金鉴》，共90卷，论述各科疾病的诊断、辨证、治法、方剂等，内容简明扼要，切合实用。

下面我们分小节介绍明清两代在中医学方面的重要成就。

温病学说的形成和发展

在明清时期医学的发展进程中，温病学说的形成和发展是必须首先提及的内容。

温病学说的来源久远。温病学说是我国古代治疗传染性热性疾病的经验总结。

明代以前，医家对于治疗传染性和非传染性热性疾病的认识，主要局限于《伤寒论》的范围，内容比较简单。明太祖洪武元年（公元1368年），医家王履（1332-？　）才开始突破《伤寒论》的樊篱。

王履，字安道，江苏昆山人，学医于义乌朱丹溪。他著有《医经溯洄集》，从病理学上明确指出温病和伤寒不同，不得“混称伤寒”，这就开拓了认识传染性热性疾病的新路。

到明末崇祯十四年（公元1641年），医家吴又可（1592-1672）著《温疫论》，为温病学说的形成奠定了基础。

吴又可，名有性，姑苏洞庭（今江苏吴县）人。他亲自见到疫病在山东、江苏、浙江等省猖獗流行，“或至阖门传染”，不少医家“误以伤寒法治之”，“枉死者不可胜记”。他决心通过观察研究，对温病的病因、传染途径以及平日用过的验方等详细记述，写成《温疫论》2卷，《补遗》1卷。这书可以看成是关于传染病学的专门著作。

吴又可提出“戾气”致病的新学说，认为“温疫之为病，非风非寒，非暑非湿，乃天地间别有一种异气所感”，这种“异气”，他又把它叫“戾气”。他还认为外科感染如疔疮、发背、痈疽等和痘疹也都是因戾气引起的。在细菌没有发现之前，吴又可的这些认识是十分可贵的。

吴又可反对历来医家多推崇《伤寒论》的主张，提出了应该重视“温病”的见解。

到了清代，温病学说有比较大的发展。清代中叶，已经形成了独立的学说，和伤寒学说并称中医治疗外感的两大学说。

清代温病学说的主要人物有叶天士（1667–1746）、吴鞠通（1758–1836）、王孟英（约1808–1867）等。

叶天士名桂，江苏吴县人，被认为是温病学派的创始人。他所著《温热论》，乾隆十一年（公元1746年）刊行，提出了温病发病的途径、传变、辨证施治等方面的纲领。

吴鞠通名瑭，江苏淮阴人。他认为叶天士的温病论治“持论平和，立法精细”，在叶天士学说的基础上创温病的三焦辨证。他所著《温病条辨》6卷，嘉庆十八年（公元1813年）刊行，又进一步把温病分做九种，提出对症的各种诊治和用药方法。

王孟英名士雄，浙江海宁人。他总结叶天士和吴鞠通两人的学说，著成《温病经纬》，咸丰二年（公元1852年）刊行，对温病学说来说，这是一部总结性的著作。

人痘接种法的发明

痘疹就是天花。关于天花的流行，葛洪的《肘后方》已经有记载，唐宋时期的记载更多，但是一直没有有效的防治方法。到了明代，发明了人痘接种法，为预防天花开辟一条有效的途径，是免疫学的早期成就，在世界医学史上占有重要地位。

我国人痘接种法究竟是在什么时候发明的，现在还没有定论，但是至迟在明代穆宗隆庆年间（公元1567年到1572年），已经有这种种痘法。据清代俞茂鲲所著《痘科金镜赋集解》（乾隆二年、公元1737年刊行）里记载说："闻种痘法起于明朝隆庆年间宁国府太平县，……由此蔓延天下。"明末清初医家喻昌（1585–1664）所著《寓意草》（崇祯十六年、公元1643年刊行）一书里明确记有两例在北京种痘的病案。清代关于种痘的记载更多。

关于种痘的具体方法，清代吴江医家张璐所著《医通》（康熙三十四年、公元1695年刊行）一书里记有痘浆、旱苗、痘衣等法，并且指出种痘法的推广经过："始自江右，达于燕齐，近者遍行南北。"后来在不断实践过程中，发现如果改用经过接种多次的痘痂做疫苗，要安全得多。清代医家朱奕梁所著《种痘心法》一书里说："其苗传种愈久，则药力之提拔愈清，人工之选炼愈熟，火毒汰尽，精气独存，所以万全而无害也。"这完全符合现代制备疫苗的科学道理。

我国发明的人痘接种法，很快就传播到世界各地。清代学者俞正燮（1776–1844）所著《癸巳存稿》里记康熙二十七年（公元1688年）俄国派人"至中国学痘医"，不久又从俄国传入土耳其。公元1717年，英国驻土耳其大使的夫人学得种痘法，随即传入英国和欧洲各地以及印度。乾隆年间（公元18世纪中叶），种痘法直接从我国传到日本。

18世纪，欧洲天花流行。英国医生琴纳[①]（1749–1823）鉴于人痘接种法还不够安全，公元1796年发明牛痘接种法。清嘉庆十年（公元1805年），牛痘接种法传入我国，才逐渐取代了人痘接种法。

陈实功的《外科正宗》

明清时期，在外科医学方面也取得一定的进展。明代出现了陈实功的《外科正宗》。

陈实功，字毓仁，号若虚，东海通州（今江苏南通）人。他从青年时代起就专门研究外科，经过40多年不断实践，在外科理论和手术方面

①琴纳也译詹纳。

都有独到之处。晚年根据自己多年的经验和体会，撰写《外科正宗》4卷，于万历四十五年(公元1617年)刊行。

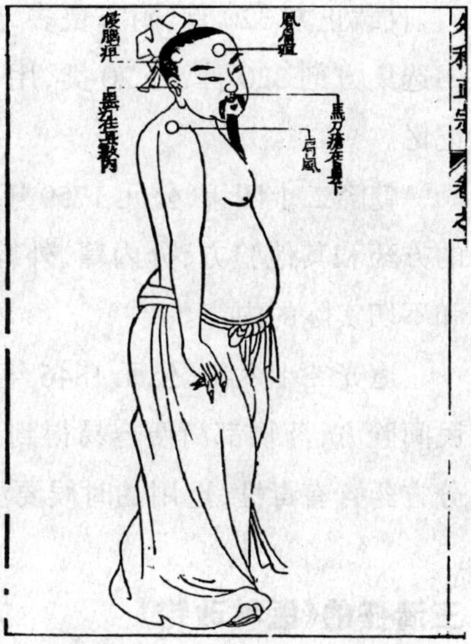

《外科正宗》书影。

《外科正宗》论及外科常见疾病100多种，选入了唐宋以来的许多有效方剂。他主张治疗外科疾病应该内服和手术并重，认为脓肿等病症应该尽早开刀，以免贻误病情。书里还记载了他自己曾经成功地做过的断喉吻合术，以及用茴香散局部麻醉以后用铜筋丝线圈套摘除鼻息肉的手术。

在中医外科学的发展进程中，陈实功的《外科正宗》总结了前人的成果，起到承前启后的作用。

清代的各种外科著作，如《外科大成》、《医宗金鉴·外科心得》等，都采录了很多陈实功的有效验方。

方剂学方面的发展

明清时期，方剂学方面也有所发展。

首先值得指出的，是明初朱橚、滕硕等所编的《普济方》，成书于成祖永乐四年(公元1406年)。

《普济方》原书168卷，《四库全书》本改订成426卷。书里广泛辑录历代各家方书、民间验方、单方，内容分总论、脏腑身形、伤寒杂病，以及外、妇、儿、针灸等科，共1960论，2175类，778法，239图，61739方。这是我国现存的最大方书，使明代以前的大部分方书内容得以保存，为后世研究中医药学提供了极其丰富的资料。

汪昂于康熙二十一年(公元1682年)和康熙三十三年(公元1694年)先后编成《医方集解》和《汤头歌诀》。前书按方剂功用，分成21

门，收载正方 320 首，附方更多，颇有临床价值，后世流传比较广。后书选集方剂 320 首，分 20 类，用七言诗体编成歌诀 200 首，容易诵读记忆。

乾隆二十四年（公元 1759 年），赵学敏辑有《串雅》，收集走方郎中的方药和其他验方，分内篇、外篇各 4 卷。但是书里也掺杂一些迷信和不切实际的内容。

道光二十六年（公元 1846 年），鲍相璈辑有《验方新编》。书里所收民间验方，药物都简便容易得到，所以流传很广。但是它所载录的部分方药含有毒性，选用的时候要注意。书里也杂有迷信内容。

王清任的《医林改错》

中国医学在生理解剖方面，长时期受封建礼教束缚，一直很少发展。

到了清代晚期，医家王清任（1768–1831）著《医林改错》二卷，补充并且订正了前人在人体构造研究中的一些缺点和错误，为中国解剖学和医学思想的发展作出了一定的贡献。

王清任字勋臣，河北玉田人。他 20 岁左右开始学医，发现古代医书里有关人体结构和脏腑功能的记载有不少矛盾和错误的地方。他想“古人所以错论脏腑，皆由未尝亲见”，于是决心通过自己的观察来解决这些问题。嘉庆二年（公元 1797 年），滦州发生流行性传染病，义冢中多有被野狗扒出的儿童尸体。他不辞艰辛，不避污秽，一连 10 天，每天去义冢仔细观察了 30 多具比较完整的尸体的内脏。此后他又多次到刑场去观察，向亲眼见过人体内脏的人请教，并且作了一些动物解剖实验。他

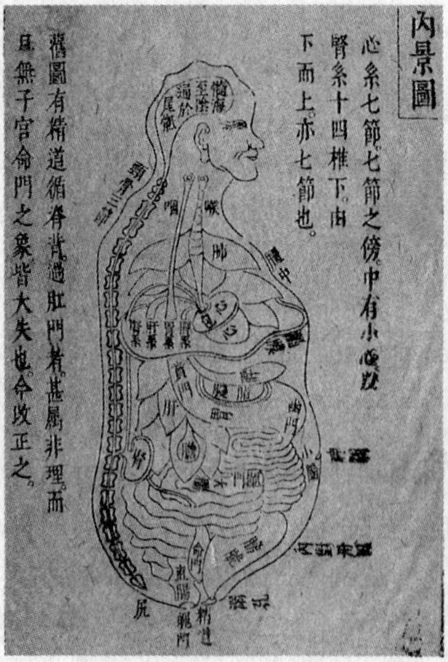

脏腑图。

为了一直未亲眼见到胸腹之间的膈膜，多方查询。直到道光九年（公元1829年），才从一位曾经领兵打仗的官员那里仔细打听明白。所以他在《医林改错·脏腑记叙》里说："余于脏腑一事，访验四十二年，方得的确，绘成全图。"于是在次年道光十年（公元1830年）决定刊行《医林改错》一书。

《医林改错》对于人体内脏的认识，的确比前人提高很多，如：正确区分胸腔和腹腔，指出"膈膜之上仅止肺、心、左右气门，余无他物，其余皆膈膜以下物，人身膈膜是上下界物"；记述了气管和由气管分到肺两叶的支气管和细支气管，纠正了前人所说肺有"行气之二十四孔"的错误；专有一篇"脑髓说"，明确提出"灵机记性不在心在脑"，而"医书论病言灵机发于心"是错误的；还说"两耳通脑，所听之声归于脑"，"两目系如线，长于脑，所见之物归于脑"，"鼻通于脑，所闻香臭归于脑"，"小儿无记性者，脑髓未满，高年无记性者，脑髓渐空"。卷首有"古人脏腑图"12幅和"亲见改正脏腑图"13幅42件。虽然也有误改的，但是瑕不掩瑜。

叁 西方医药学和生物学知识的传入

西方医药学知识的传入

明末清初，随着传教士的来华，西方近代医药学知识也开始传入。

最初传入的是有关人体解剖方面的知识。明末，传教士罗雅谷、龙华民、邓玉函三人译有《人体图说》一卷，但是只有抄本，没有刊行。

当时有刊本的有邓玉函编译、毕拱辰（？–1644）整理的《泰西人身说概》二卷。

清康熙帝曾经向传教士学习医学，命法国人巴多明[①]（1665–1741）用满文译出人体解剖学，向他讲解。康熙帝还在宫里设有化学和药学实验室。康熙帝本人曾经接受西医的治疗，治愈疟疾、心悸、唇瘤等症。

①巴多明的原文名字是Dominicus Parrenin，康熙三十七年（公元1698年）来华。

康熙年间，传教士石铎琭[①]著《本草补》一卷，这是最早介绍西药来我国的专著。

当时西医的影响还不是很大，因为西医的思想和中国传统的中医思想格格不入，人们还不容易接受，加上当时来华的医生医术也不很高明，治疗效果并不显著。

前面提过，嘉庆十年（公元1805年），牛痘接种法传入中国，这是由英国船医皮尔逊[②]传入的，他写有《种痘奇方详悉》一书。

嘉庆二十五年（公元1820年），英国传教士马礼逊[③]（1782–1834）、东印度公司医生李文斯敦[④]在澳门开设诊所。道光十年（公元1827年），东印度公司医生郭雷枢[⑤]在澳门开设一所眼科医院，第二年又在广州开设一所医院。道光十五年（公元1835年），美国传教士伯驾[⑥]（1804–1888）也在广州开设一所眼科医院。这是西医医院在我国开始出现的情况。

洋务运动时期前后传入的西方医学书籍，是从合信所编译的《全体新论》开始的。合信曾经在香港设医学校培养西医医生，也曾经在广州开设医院，后来又去上海。《全体新论》是由他和陈修堂共同编译的，于咸丰元年（公元1851年）出版。当时把生理解剖学叫做"全体学"。合信还翻译出版了《妇婴新说》、《西医略论》等医学书籍，都在咸丰年间出版。以后美国医生嘉约翰，咸丰四年（公元1854年）在广州设立博医局，附设医学校，并且在咸丰九年（公元1859年）到光绪十二年（公元1886年）间编译出版了西医、西药方面的书籍20多种，如《西医略释》、《裹扎新法》、《皮肤新编》、《内科阐微》、《眼科摘要》、《割症全书》、《炎症略论》、《内科全书》等。稍后，傅兰雅在上海江南制造局编印介绍西医西药的有关书籍，如《儒门医学》、《西药大成》、《身体须知》、《药性总考》、《全体图说》、《西洋伤科要览》、《内科理法》、《全体阐微》、《眼科撮要》等书。其中《全体阐微》一书，共6卷，有附图，光绪七年（公元1881年）在福州出版，特别对大脑和神经系统有比较详细的介绍。同时，英国传教士德贞[⑦]在北京同文馆也编了一些西医西药方面的书籍，如《全

①石铎琭的原文名字是Petrus Pinuela。

②皮尔逊的原文名字是Alexander Pearson。

③马礼逊的原文名字是Robert Morrison，嘉庆十二年（公元1807年）来华。

④李文斯敦的原文名字是T.Livingstone。

⑤郭雷枢的原文名字是L. R.Colledge。

⑥伯驾的原文名字是Peter Parker，道光十四年（公元1834年）来华，后来协助美国专使强迫清政府签订《望厦条约》，还曾任美国驻华公使，主张侵占中国台湾。咸丰七年（公元1857年）回国，1879年起在美国任中国医药布道会会长。

⑦德贞的原文名字是Dudgeon。

体通考》、《全体功用》、《西医举隅》、《英国医药方》等。《全体通考》全书 18 卷,附图 2 卷,论述比较详密,可惜译笔枯涩难读。

在这一时期,我国也开始自办西医教育事业。最早是同治四年(公元 1865 年)在北京同文馆里设立医学院。光绪七年(公元 1881 年),天津设立医学馆,光绪十七年(公元 1891 年)改名北洋医学堂。戊戌变法失败以后,光绪二十八年(公元 1902 年),天津创办北洋军医学堂;次年京师大学堂设立医学馆,三年后改成京师专门医学堂。辛亥革命后,北京、杭州、江苏、江西、湖北、河北、山西等地也都设立了医学专科学校,西医教育逐渐推广。在这之前,教会在全国各地设立医院,并创办医科学校,这些活动虽然从性质上来说是属于西方国家进行文化侵略的一个组成部分,但对发展我国的西医事业起了很大作用。还有在洋务运动时期最早的留学生是学医的,到清末,留学生中学医的逐渐增加,他们回国以后,也成为进一步发展我国西医事业的重要力量。

由于西医的影响越来越大,对传统的中医学以及整个医学界的思想产生很大影响。正像当年对待传教士传入西方科学技术知识一样,在对待中西医问题上,也存在三种不同态度:一种是拒绝和否认西医的成就;一种是把中医一概斥作不科学,主张取缔中医;一种是试图吸取西方解剖学和西药等方面的知识,主张中西医结合。主张中西医结合的,如:唐宗海(1862–1918)于光绪十八年(公元 1892 年)著《中西汇通医经精义》,倡言"不存疆域异同之见,但求折中归于一是";张锡纯于宣统元年(公元 1909 年)著《医学衷中参西录》,用中药西药配合治疗;恽铁樵(1878–1935)还试图对中西医的特点进行对比的论述。但是他们的努力成效不大。

进化论等生物学知识的传入

明末清初,关于动物学和植物学,也有一些西方书籍翻译出版,内容大致不超过当时西方一般学校教科书的范围。

由上海格致书院在光绪二年(公元 1876 年)创办的《格致汇编》杂

志上曾经译载过一篇讲演记录《人与微生物争战论》，这表明细菌和微生物学开始传入我国。

而生物学知识传入过程中，最重要的是进化论的传入。进化论是19世纪欧洲最重要的科学成果之一。

生物进化论思想在欧洲虽然早有渊源，如法国博物学家拉马克（1744–1829）就曾经提出过进化论学说，但是主要是公元1859年英国博物学家达尔文（1809–1882）出版《物种起源》一书，作为进化论正式成立的标志。达尔文继《物种起源》之后，公元1871年又出版了《人类起源和性的选择》。

我国传入达尔文的进化论，最早当是在同治十二年（公元1873年）《申报》上发表一则报道，说"西博士""大蕴""新著《人本》一书"。"大蕴"是达尔文的异译，《人本》就是《人类起源和性的选择》。同年，玛高温和华蘅芳合译的莱伊尔的《地学浅释》里提到进化论："有勒马克者，言生物之种类，皆能渐变，可自此物变至彼物，亦可自此形变至彼形"，"近又有兑儿平者，言生物各择其所宜之地而生焉，其性情亦时能改变"。这里的"勒马克"是拉马克的异译，"兑儿平"是达尔文的异译。光绪十七年（公元1891年），《格致汇编》上也发表了介绍达尔文学说的报道。

把进化论在中国广泛传播的，还是要归功于严复。

严复在光绪二十一年（公元1895年）发表《原强》一文，说："达尔文者，英之讲动植之学者也。""垂数十年而著一书，曰《物种探源》。""论者谓达氏之学，其一新耳目，更革心思，甚于奈端氏之格致天算，殆非虚言。"他着重介绍其中的两章："其书之二篇为尤著，西洋缀闻之士皆能言之，谈理之家摭为口实。其一篇曰《物竞》，又其一曰《天择》。'物竞'者，物争自存也；'天择'者，存其宜种也。"

就在这一年，严复开始着手翻译《天演论》。这书是英国热情支持捍卫达尔文进化论的博物学家赫胥黎（1825–1895）所著一书的上半部，书的原名《进化论和伦理学》。《天演论》先是在严复自己创办的天津《国闻报》上在光绪二十四年（公元1898年）分期刊登，后来又全书出版，一时受到广泛欢迎，风行全国。“物竞天择”、“适者生存”、“优胜劣败”、“弱肉强食”等等，成了“报纸文章的熟语”①，成了变法图新、鼓舞人心的思想武器。

光绪三十三年（公元1907年），鲁迅发表《人之历史》一文，专门介绍生物进化论和人类起源，还介绍了德国博物学家、达尔文进化论的捍卫者和传播者海克尔（1834–1919）的生物发生律②，这篇文章的副标题就是《德国黑格尔氏种族发生学之一元研究诠解》，这里“黑格尔”是海克尔的异译，种族发生学就是种系发生学，也就是生物发生律。

我国最早直接翻译达尔文的《物种起源》和《人类起源和性的选择》两书的，是著名科学家马君武（1882–1939）。他在光绪二十七年和二十八年（公元1901和1902年）曾经节译了《物种起源》第三章和第四章，题名《达尔文物竞篇》和《达尔文天择篇》。辛亥革命后，民国九年（公元1920年），把《物种起源》全书翻译出版，书名《达尔文物种原始》，以后又译出了《人类起源和性的选择》，书名《人类原始及类择》，还翻译了海克尔的《自然创造史》、《一元哲学》，系统地介绍了达尔文学派的主要著作。

①据蔡元培：《五十年来的中国哲学》。蔡元培（1868–1940）是我国著名教育家。

②生物发生律认为生物在个体发育过程中重现它的祖先的主要发育阶段，或者说生物的个体发育是它的种系发育的重演。

第六章 明清时期的农学和水利工程

壹 明清时期农业发展的主要特点

传统农业面临危机

明清时期，由于长期无计划滥伐森林，滥垦荒地，围湖造田，自然生态平衡遭到严重破坏。水、旱、虫等自然灾害经常威胁着农业生产。

另一方面，这一时期的农业生产力没有什么提高，仍是铁犁加畜力。而当时人口剧增，乾隆年间已经突破二亿大关。

这些，使得我国的传统农业面临着危机。

为此，封建统治阶级中的某些人甚至主张恢复井田制，或者仅仅乞灵于汉代的区田法。但是，劳动人民和农学家经过不懈的努力，还是找到了新的出路。

这一阶段，农业生产技术发展的主要特点，是海外新作物的引进和“一岁数收”技术的进步。

海外新作物的引进

明清时期，为了解决粮食问题，人们冲破“风土不宜”的思想束缚，把玉米、甘薯等原产美洲的农作物引进我国。

最早引进的是玉米，明末至少已经有12个省推广种植。到了清代乾隆年间，已经几乎遍及全国各省。

甘薯是明万历二十一年(公元1593年)一个从事海外贸易的福建人陈振龙从菲律宾带回薯藤试种成功的。不久就传到浙江、山东、河南等省。

玉米适应性强，山地、平原都可以种植。甘薯是高产作物，一般沙质土壤都适宜种植。这两种作物都是很好的高产作物，在不很长的时期里就发展成为我国主要的粮食作物。

还有烟草，大概也是明代中叶从菲律宾传入我国的。当时由外文tobacco。音译称“淡巴菰”。明末已有不少人以吸烟为乐，并且已有一些种植粮食作物的农田开始改种烟草了。

“一岁数收”技术的发展

这一时期，农民为了充分利用土地，通过间作、套种、混作、轮作等技术措施，更合理地安排种植，使一年里的收获次数由一次增加到二次、三次甚至更多次。

各地区都创造了许多不同的农作制。

如江南许多地区，充分利用天时地利，做到了“种无虚日，收无虚月”。

又如陕西关中地区，一般是二年三熟，运用套种技术以后，有的地方一年就可以三收，甚至有“二年十三收”的，这所谓“十三收”不完全是粮食作物。

要做到“一岁数收”，除了对作物品种、田间管理等要重视之外，特别要求土地肥熟，那就需要对土地进行深耕多耕，并且结合施以重肥。

贰　农学著作大量增加

明清时期农书的一般特点

明清时期，农学著作大量增加，数量差不多占我国古农书总数的一半以上，大约300多种。

这一时期农书的一般特点是：

第一，地区性农书增多，比较重要的有《沈氏农书》、《知本提纲》等。《沈氏农书》是明末浙江吴兴人沈某（佚名）撰写的，书里反映了太湖地区的农业生产和技术。《知本提纲》是清代陕西兴平人杨屾（1699-1794）撰写的，从这部书可以看出清代关中地区的农业技术水平。因为这些书是以一个地区作为对象的，所记述的内容就比较详细切实和富有实践意义。

第二，作物栽培学的专书增多。如明嘉靖年间黄省曾的《稻品》和《芋经》，清乾隆年间陆耀的《甘薯录》，乾嘉年间褚华的《木棉谱》等，反映了作物栽培学上的比较大的进步。

第三，农场经营管理的专书出现了。如明末清初张履祥的《补农书》，清道光年间杨秀元的《农言著实》，祁寯（jùn）藻的《马首农言》等，都是以农场经营管理作为中心内容的书。

第四，救荒的农书增多。如前面第五章提到过的《救荒本草》，还有《野菜谱》等都属于这一类。综合性的大型农书里也把"荒政"列做重要项目之一。

第五，除蝗的专书出现，如《捕蝗考》、《捕蝗汇编》等，反映了明清时期蝗灾的严重和人们对虫害防治的重视。

第六，关于区种法内容的书突然增多，这大概是由于小农经济破产的情况越来越严重，有些人提出区种法来，想借区种法维持小农经济的继续存在。这类书有《国脉民天》等。

综合性农书徐光启的《农政全书》

明清时期，综合性的大型农书有两部，一部是明末徐光启的《农政全书》，一部是清代乾隆初年编纂的《授时通考》。

《授时通考》是鄂尔泰等受乾隆帝命从旧文献中辑录有关农业的资料分类汇编而成的，成书于乾隆七年（公元1742年）。全书共78卷，分天时、土宜、谷种、功作、劝课、蓄聚、蚕桑、农余等部分，分量很大，虽然在农学上没有什么新的创造，但是体裁严谨，征引周详，附有很多插图，具有一定的优点。

更重要的是《农政全书》，这是一部集我国传统农学之大成的著作。

徐光启，字子先，号玄扈，上海人。他一生以俭朴和勤奋好学著称。他和当时在中国的耶稣会传教士利玛窦等一起研究天文、历法、数学、地学、水利等学问；还和利玛窦等共同翻译了不少西洋的科学书籍，如前面提到过的《几何原本》、《泰西水法》，以及《测量法义》[①]等；又主编了《崇祯历书》，前面也提到过。

徐光启的基本思想是："富国必以本业，强国必以正兵。"[②]他晚年还亲自练兵，主张用西洋大炮防卫。

对于科学研究，徐光启用力最勤、收集最广的，要算在农业方面了。因此，在他的著作中也以《农政全书》最重要，是徐光启几十年心血的结晶。

《农政全书》共 60 卷，分农本、田制、农事、水利、农器、树艺（谷物、蔬菜、果树）、蚕桑、蚕桑广（木棉、苎麻）、种植（经济作物）、牧养、制造（食品、房屋）、荒政共 12 项。

全书系统摘编了前人的农书和有关农业文献，并且加以评述。如对《唐本草》里说菘（白菜）北移变芜菁、芜菁南移变菘的错误，他以自己在家乡种植芜菁的实践说明芜菁不会变菘，并且解释了芜菁南移根变小的原因，介绍了南方培养大根的方法。他把自己在农业和水利方面的研究成果和译著也分别编入有关的各卷里。这些由他经过亲自试验、观察、调查、访问之后取得的材料写成的内容，科学性都比较强。

现在通行的《农政全书》，是在徐光启死后，由陈子龙（1608–1647）等人编定刻印成书的。

《农政全书》和以前所有农书不同的地方，就是系统而集中地记述了屯垦、大规模的水利工程（包括农田水利）和备荒三项。此外，酿造方面只收酱、醋、豉，没有讲酿酒；烹调方面只限于农家所能用上的简

①《测量法义》是一部关于陆地测量方面的著作，由徐光启和利玛窦合译。

②见徐光启：《复太史焦师座》。

单几条，把《齐民要术》里精致讲究而对农家没有用的食谱都删除了。在“工欲善其事必先利其器”的思想指导下，还大量收录了《王祯农书》里的农器图谱，并且有所增补。

徐光启像。

《农政全书》的专题论述部分，科学价值比较高。值得注意的有：

在讨论垦田和水利方面问题的时候，他主张治水和治田相结合。他曾经在天津搞屯种试验，很有成效；他还认为在京城附近发展水稻种植，可以解决不必要的漕运问题。

他把我国历史上从春秋时期到元代所记载的110次蝗灾发生的时间和地点作了分析，发现蝗灾“最盛于夏秋之间”，得出一会儿大水、一会儿干涸的地方是蝗虫发源地的结论。他又对蝗虫的生活史作了细致的研究，掌握了它们生长发育的规律，提出了正确的治理办法。这些办法，有的到现在还有很大的参考价值。

对所谓“风土说”，他用生产实践的确凿事实给予有力的批判。他说：“若谓土地所宜，一定不易，此则必无之理。古之蔬果如颇棱①、安石榴、海棠、蒜之属，自外国来者多矣。今姜、荸荠之属，移栽北方，其种特盛，亦向时所谓土地不宜者也。凡地方所无，皆是古无此种，或有之而偶绝。若果尽力树艺，殆无不可宜者。就令不宜，或天时未合，人力未至耳。试为之，无事空言抵捍也。”

总之，《农政全书》可以用“博大精深”四个字去形容它。

《农政全书》在国外也有影响。它在明崇祯十二年（公元1639年）刻印后，不到60年的时间，就已经流传到日本。公元1697年，日本宫

①颇棱就是菠菜。菠菜也叫菠薐。

崎安贞撰写的《农业全书》问世。这部书在日本被称做第一部重要的“百姓”农书。宫崎在序文里说，他写作这部书的时候参考了中国的农书，而所引用的中国农书又以引用《农政全书》最多。

叁 明清时期水利工程的两大重点

重点水利工程的目的在确保漕运

明成祖迁都北京，南粮北调是当时政府急待解决的问题。于是从永乐九年（公元 1411 年）起，就开始修复元代运粮的大运河，以沟通江南直达北京的水上运粮航路。

由于元代末年的连年战争，黄河、淮河流域遭到比较大的破坏。但是在明代初年，以当时的人力物力来说，都不允许进行大规模的水利建设。黄河在这段时期里却多次决口成灾，时而夺淮而南，间或复归旧道，北入渤海。为了保证南北大运河的畅通，不得不对黄河进行治理。

疏浚大运河和整治黄河是明清时期全国水利工程的两个重点，而治河又是为了保证南北大运河的畅通，所以这两个重点水利工程的总的目的，是确保漕运。

疏浚大运河

我国古代，自汉唐以至宋元，多在北方建都。隋唐以来，江南农业发展比较快，首都地区所需要的大量粮食、物资，“无不仰给于江南”。这就是隋唐以来的统治者大都重视大运河修建的根本原因。

元代建都北京，为了南粮北调，曾经在江苏、山东、河北境内开凿济州河、会通河、通惠河，最终修通了北起北京向南跨过黄河、淮河、长江以达物产丰盈的江南地区的南北大运河。

元代的大运河，在通惠河上设有闸坝 11 处 20 座，会通河上设有闸 31 座。南北分水点选在山东济宁，那里地势高，河浅水少，只能通过小船。因此直到元末，大运河在漕运方面一直不能发挥很大作用，南粮北调不得不主要依赖海运。

明初洪武二十四年（公元1391年），黄河决口漫灌，以后会通河淤塞，南北大运河中断。

永乐九年（公元1411年），工部尚书宋礼（？–1422）奉命整治山东境内运河。他接受了汶上老人白英的建议，使修整后的会通河水量增加，解决了这一段河道“岸狭水浅，不任重载”[①]的难题。

经过多年实地调查，白英指出会通河以济宁作为分水点是不恰当的。他选定地势最高的南旺作为“水脊”，又在汶水上筑起五里水坝，把水引到南旺。他同时建闸控制水量，使4/10的水向南，6/10的水向北，以补充运河水流量的不足。他还为加强来往船只（尤其是重载船只）的通过能力，在运河上向北设梯段闸17座，向南设21座。白英还建议疏浚了南旺、安山、昭阳、马场等地的天然湖泊，建成“水柜”，引沿河各处泉水入“柜”，再设闸利用“柜”里的水调剂运河的水量。后人高度评价这类“水柜”的作用说：“漕河水涨则减水入湖，涸则放水入河，各建闸坝，以时启闭，实为利漕至计”，认为这是有利漕运的好方法。

以后，主持漕运的明廷官吏陈瑄（1365–1433），同样接受了地方“故老”的建议，修整了大运河的南段。经过这些整治工作，南北大运河才畅通起来。

《明史·河渠志》说：“自是，漕运直达通州，而海陆运俱废。”南北大运河才终于成为南粮北调的主要途径。

但是，运河的漕运工作仍然经常受到黄河水患的干扰。一旦黄河发生决口，就将漫灌运河，漕运又会被阻。因此从明代中叶起，明政府就采取在有关地段另开新河以避黄害的方法。在嘉靖、隆庆、万历年间（公元1522年到1620年），陆续开挖了不同地段的这种新运河。到了清代康熙年间（公元1662年到1722年），又在邳州以下新开中运河。于是黄河和运河已经基本脱离。

①见《明史·宋礼传》。

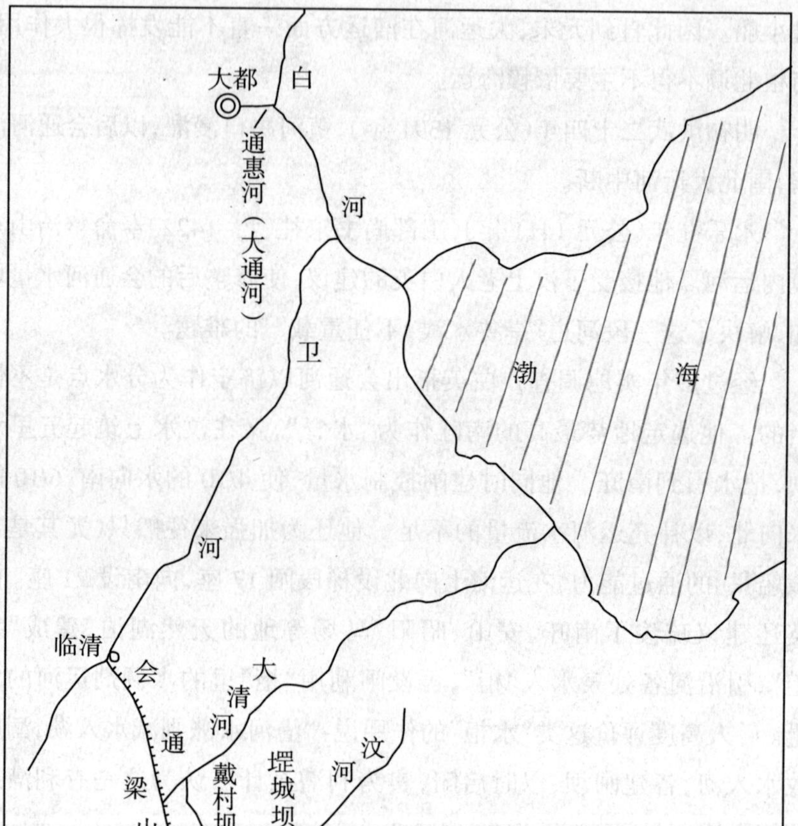
大都
白
河
通惠河（大通河）
卫
河
渤
海
临清
会
通
大
清
河
汶
河
梁
山
河
戴村坝
堽城坝
东西闸
河
洒
汶
上
南旺湖
金口坝
马场湖
济州
夏
镇
新
河
湘
河
河
东
运
河
黄
河
徐州
黄
海
黄
河
0
200公里
宿迁
通
济
新
河
清江浦河
中运河
末口
淮安
洪泽湖
清江浦
东
运
河

明清运河图。

通过上面所介绍的在选线、设闸、用水等方面整治大运河的工程，可以看出明清时期水利建设的概貌。

大运河经过这样一番整治，南方的粮食和物资得以源源不断运到北京，最多的时候每年达到500多万石。

治理黄河

和大运河的整治同时，明清时期的另一项重要水利工程就是治理黄河。

明代前期，治理黄河主张“分流论”的居多。主张“分流论”的认为：黄河源远流长，汛期水势汹涌，下游泄洪能力有限，只有分流才可以杀水势，减少灾情。但是，黄河含沙量极大，水分就势弱，势弱就水缓，水缓就沙沉，漫淤更加严重。因此在明代前期实行分流治黄的时候，各分流河道随开随淤，此开彼淤，非但河患没有减少，反而流无定向，灾害越来越严重，多次威胁漕粮北运。

从黄河的“善淤、善决、善徙”，就是经常淤塞、决口、改道，而改道是由于决口，决口是由于河道淤塞，有人认识到治沙是治河的关键。于是一反从前的“分流论”，“筑堤束水”、“以水攻沙”的方案逐渐成为治河的总方针。

明清时期，提出并根据这一方针对治理黄河作出巨大贡献的，有潘季驯（1521–1595）、陈潢（1637–1688）、靳辅（1633–1692）等。

潘季驯，字时良，号印川，浙江乌程（今吴兴县）人。在明代嘉靖四十四年（公元1565年）到万历二十年（公元1592年）间，他曾四次主管治理黄河的工作，一共将近10年之久。

潘季驯反对分流治黄的方法，他认为：“水分则势缓，势缓则沙停，沙停则河饱，河饱则水溢，水溢则堤决”；从而他提出了新的治河方针：“筑堤束水，以水攻沙，水不奔溢于两旁，则必直刷乎河底”，“借水攻沙，以水治水，……如此而已”[①]。为了堤防的巩固，潘季驯还总结了历代河工筑堤经验，设计和修筑了缕堤、遥堤、月堤、格堤等四种河

①引文见潘季驯所著《河议辨惑》、《河工告成疏》等。

堤，同时规定了许多行之有效的筑堤和检查工程质量的方法。在汛期防洪和用淮河清水来冲刷河道等方面，他也总结了不少办法。

黄河经过这番整治，筑起了东西横贯山西、河南、山东三省的黄河两岸大堤，对控制河道起了一定的作用。潘季驯“束水攻沙”的治河理论，对以后治理黄河的工作有比较深远的影响。

但是潘季驯的治河方案还只是局限于黄河下游的泥沙淤塞问题，对中上游泥沙来源问题，没有提出任何措施。因此它还只是一个治标而不治本的方案。就在潘季驯治河当时，河水高出地平的地段已经随处可见，筑堤束水，“堤上加堤，水高凌空”，这样的悬河是不可能长治久安的。明末时期，仍有多次黄河决口的灾害发生。

入清以后，由于连年战争，河工荒废，黄河灾害加剧，治理黄河就不得不提到日程上来。

康熙十六年（公元1677年），任命靳辅担任河道总督，直到康熙二十七年（公元1688年），由于得罪了地方豪绅，被诬陷革职，前后11年，多有建树。后来康熙三十一年（公元1692年）靳辅虽然再度被起用做河道总督，但是已经年老体衰，没有取得多大成绩，当年就病逝了。

靳辅治河，主要是依靠来自民间的水利专家陈潢。陈潢虽然治河有功，但是最后和靳辅被革职同时，他也反被治罪，含冤饮恨而死。

靳辅，字紫垣，辽阳人。陈潢，字天一，号省斋，浙江钱塘（今杭州）人。陈潢的治河主张，经别人整理成《河防述言》，编入靳辅奉命修纂的《治河书》中。

首先，陈潢提出了“审势以行水”的主张，认为多作实地勘测十分重要。其次，他还在我国治黄历史上首次提出了“统行规划”、“源流并治”、“彻首尾而治”等综合治理的主张。

在具体工作中，他提出并且采用了疏浚河道、堵决口、改善河堤工程、筑闸坝分洪、加意修筑危险地段、疏浚海口等一系列措施。

值得着重指出的是，《河防述言》里还提出了“测水法”，把潘季驯“束水攻沙”的理论放在更加科学的基础上。他用的“测水法”是“以水纵横一丈、高一丈为一方,计此河能行水几方"的测定水流量的方法,根据对流量的测量,来安排怎样筑堤以及计算堤的宽度和厚度等等。

陈潢指出治理黄河必须"彻首尾而治之",不然"总归无益"。他认识到黄河的泥沙是从中游黄土高原流失下来的,治理黄河不能只局限在下游,而要重视对黄河中游地区的治理。这种从全面考虑根治黄河的思想,可以说是我国治河理论上的一大进步。可惜他的远大理想,在当时的社会条件下没有实现的可能。所以他们实际工作仍然局限于下游地段的防止决口问题上。但是经靳辅和陈潢的治理,从此黄、淮安流,漕运畅通,取得了清代 260 多年中治导黄河下游的最大成功。

第七章　明清时期的各种工艺技术

壹 建筑技术的普遍提高

建筑技术达到登峰造极的地步

中国古代建筑技术，源远流长，历代都有发展。

到了明清时期，中国传统的建筑技术可以说达到了登峰造极的地步。

明清两代北京皇室宫殿建筑群，一直保存到现在，成为传统建筑的瑰宝。此外，精美的园林、雄伟的万里长城、各地城市建设以及兄弟民族建筑技术的发展等，都是这一时期建筑技术发展史上的重要内容。

南北二京的宫殿建筑

明王朝创立伊始，决定建都南京。

明太祖朱元璋称帝之前，元至正二十六年（公元1366年），就改筑驻地应天府城墙，在钟山的南面建新宫。次年又建成圜丘、方丘、社稷坛等。[①]洪武元年（公元1368年），应天府改称南京。洪武二年（公元1369年），又建南京新城。[②]

①见《明史·太祖本记》：至正二十六年"秋八月庚戌，改筑应天城，作新宫钟山之阳"；至正二十七年"八月癸丑，圜丘、方丘、社稷坛成"。

②见《明史·地理志》："太祖丙申年三月曰应天府，洪武元年八月建都曰南京。""洪武二年九月始建新城。"

南京城是我国封建社会中最大的自然随意式的大都城，依山傍水，龙蟠虎踞，蔚为壮观。

南京城的内层是宫城，又叫紫禁城，开6座门。宫城外还有一层皇城，也开6座门。皇城里是以三大殿为主的宫殿建筑群，前朝后寝，左庙右社，格局庄重华丽。皇城之外是京城，周长96里，城墙最厚处高10米，厚7米，共开13座门。繁华的秦淮河区和西北的狮子山也都包括在内。皇城在京城的东北隅。洪武二十三年（公元1390年），又建外郭，周长180里，共开16座门，规模在当时是世界第一。

明惠帝建文四年（公元1402年），燕王朱棣攻入南京，即位后年号永乐，这就是明成祖。永乐十九年（公元1421年）迁都北京，南京故宫逐渐荒废。

明成祖（永乐帝）即位之后，就有意迁都北京。从永乐四年（公元1406年）起，在元代大都的基础上，经过十多年的营建，以紫禁城的宫殿建筑群作为中心，布局对称、庄严雄伟、建制宏大的北京城基本建成。以后又经过明清两代500多年的不断经营，这就是现今北京城的前身。

紫禁城里的宫殿建筑群，可以说是中国传统建筑技术和建筑艺术的结晶。紫禁城占地72万多平方米，建筑面积大约15万平方米，有房近万间。四周环有10米高的紫禁城墙，墙外是52米宽的护城河。城墙四角上各建角楼一座，重屋叠脊（屋脊多达72条），檐牙高啄，是古建筑中罕见的杰作。位于从天安门到玄武门（清代改名神武门）中轴线上的皇极、中极、建极（清代改称太和、中和、保和）三大殿和两翼的宫殿建筑是紫禁城的核心。最高大的主建筑是皇极殿或太和殿，高26.92米，面宽63.96米，进深37.20米，殿内用72根高14.4米、围3.33米的大柱支撑着抬梁式木构架，气势雄伟浑厚，肃穆庄严。三大殿屋顶顶式各不相同，庄严中呈现出多姿的特点。三大殿是皇家举行重大朝贺典礼的地方。往北是后三殿：乾清宫是皇帝日常处理事务的地方，中间是交泰殿，后面坤宁宫是皇后的宫殿。两厢的东西六宫

北京故宫鸟瞰。

和最后面的御花园是皇帝、皇后、众妃的居住和游乐的场所。整个建筑群前后层次清楚，制度井然有序，充分显示了封建帝王的威严。整个北京城以紫禁城中线作为中轴线，略呈长方形。道路作棋盘网格式，布局整齐，共有9座门，这是内城。嘉靖二十三年（公元1544年）又在内城之南筑起外城，内外城相连呈凸字形。

中国古代都城，如西安、洛阳等，都多次被战火毁坏（今天的西安城也是明代建筑的，唐代的长安城已经在唐末被毁）。北京城可以说是被保存下来的中国古都规划的一个标本。

在清世宗雍正十二年（公元1734年），还曾颁布《大清工部工程作法则例》，这是继宋代《营造法式》一书之后的又一部关于建筑技术的法典性著作。书里对各种殿堂、亭榭、箭楼、角楼、仓库等建筑式样、各种构件尺寸、用料大小多少以及石瓦木土各工种的操作规程，都有详尽的叙述。和《营造法式》一样，在计算各种尺寸的时候，它也是以斗拱斗口的大小作为计算单位，其他尺寸都是根据斗拱斗口大小来进行计算的。

园林建筑

除宫殿建筑之外，明清时期的园林建筑，在造园艺术和技法方面又有很大发展。

明末出现了我国也是世界上第一部关于园林营造的专著，书名《园冶》，著者计成（1631-？），字无否，号否道人，江苏吴江人。《园冶》全书3卷，全面论述了造园理论、相地、立基、屋宇、装折、栏杆、门窗、墙垣、铺地、掇山、造石、借景等技法。这部书曾经传入日本。国内所藏明本已经残缺，现在刊印的本子是用日本所藏抄本补足的。

明清园林，一直保存到今天的还有不少。

皇家园林，以清初的热河（河北承德）避暑山庄为最大，占地500多公顷。园林有真山真水，康熙帝的时候园里就有36景，到乾隆帝的时候又增加到72景。亭台楼阁包容于水光山色之中，如意洲、烟雨楼等都是少有的园林杰作。避暑山庄附近，在东、北两面建起的外八庙，每一处都是极其庄重华丽的宗教建筑群。北京城里，以北、中、南三海为主，形成了皇城的御用园林。北海的琼华岛、白塔、漪澜堂、团城等处，更是步步为景，和西北岸的大西天、小西天等宗教建筑群遥相呼应。整个园林的布局生动流畅，寓奇巧多变于庄重华丽之中。北京城外也有许多处皇家园林，如万寿山附近的圆明园、畅春园、清漪园，玉泉山的静明园，香山的静宜园。这些园林，有的是清代继承前代改建扩建而成，大多数是清代历代皇帝所营建。可惜这三山五园大都在咸丰十年（公元1860年）英法联军攻占北京的时候被毁坏一空，只有清漪园在光绪年间（公元1875年到1909年）得到重修，这就是举世闻名的颐和园。

除皇家园林外，明清时期全国各地所建的私家园林也不少。著名的苏州园林，如拙政园、狮子林、留园等10多处，更是名甲天下。此外如无锡寄畅园、扬州个园等，也是天下名园。

解放以后，这些耗资巨万的皇家和私家的大小园林都回到劳动人民手里，成为人民憩息欣赏的旅游胜地。

明代的万里长城

长城,战国时期起,历代都有所修筑。各个时期长城的走向和位置不尽相同。留存到现在我们所能见到的万里长城,大都是明代初年所修的。

明王朝是取代了北方蒙古族贵族统治的元王朝而立国的,因此对北方的边防十分注意。明王朝把从辽东鸭绿江起西到甘肃嘉峪关止的广大边境地区分成九段,隶属九个镇,号称“九边”,就是辽东、蓟、宣府、大同、山西、延绥、宁夏、固原、甘肃。其中关外辽东镇的边墙,有些是“插柳结绳、掘濠于外”的“柳条边”。而关内东起山海关、西到嘉峪关的城墙,大都修造得比较坚固,特别是山海关到山西的一段。

明代修筑的长城,总长大约有 6000 多公里,折合华里当在万里以上。因此称做万里长城,是名副其实的。它是从月球上可以用肉眼看到的两项人造工程之一①,而就人类所建造的古代工程来说,万里长城是独一无二的。长期以来,万里长城是中华民族的伟大象征,同时它也是中华民族的骄傲。

长城大都蜿蜒在丛山峻岭之间,许多地段就修筑在起伏连绵的山

万里长城。

①月球上肉眼能见到的另一项人造工程是荷兰人所建的现代海堤。

脊上。山海关到山西一段的墙体，外皮是用特别的巨砖用石灰勾缝砌成，内心用“三合土”（江米汁、石灰、黄土夯实而成）填实，十分坚固。现在已经辟做游览区的八达岭地段，墙体平均高大约8.5米，下底宽大约6米，顶宽大约5米，墙顶可以容五马并行。墙顶还筑有垛口，高大约2米，里面砌高大约1米的女墙。墙上每隔不远就设一烟墩（烽火台），上面贮有薪粮，日间有警就放烟，夜间就举火。有些地方墙体依山势可以有45度的陡然升降，工程异常险峻。山西以西的墙体，虽然多是用黄土板筑而成，但是也很坚固。

沿城在重要山口通道大都建有关口。关口之外还筑有护墙，有时护墙还有多层，如居庸关就有三道外墙，雁门关建有大石墙三道，小石墙25道。

贰 先进的造船和航海技术

郑和下西洋的“宝船”

我们前面在第一章里提到过郑和下西洋，可见明初的造船和航海技术已经处在当时世界上的领先地位。

中国古代的造船技术，宋元时期就已经相当完善，这在前一编已经讲过。中国的船舶在结构上不同于西方，它不是采用龙骨或单靠龙骨而是用大欄（在船的两舷所加的纵向的通材大木）来增强船的结构强度的。水密隔舱的设置，既增强了船的横向强度，又增强了船的抗沉性能。海船船型在宋元时期也已经定型。

郑和宝船模型。

郑和下西洋所用的大

海船，一般称做“宝船”。最大的船长有44丈4尺，宽18丈（有人认为是宽于8丈），帆有12张。解放后在南京宝船厂遗址出土一根宝船的大舵杆，长11.07米，合3丈多，现在陈列在北京中国国家博物馆。从这根大舵杆实物，可以看出宝船的巨大规模。

宝船舵杆。

郑和下西洋的船大都是在南京和江苏太仓制造的，船型据推断是沙船[①]。沙船最早是在上海崇明岛制造的，崇明岛是由海沙淤积形成的岛屿，又称崇明沙，所以这种船名叫沙船。

沙船除了底平、吃水浅、速航性能好之外，还可以多设桅，多张风帆。为了弥补稳定性差的缺点，还在船舷两侧装置披水板（就是腰舵）、梗水木（很像现在船上的舭龙筋）；遇风浪的时候还用竹篮装巨石，放入水里，可以减轻船的摇晃，叫做太平篮。梗水木和太平篮都是明代出现的。它们和帆、披水板、船尾舵相互配合使用，提高了利用风力的性能，适航性强，可以利用八面风，包括可以利用逆风。在顶水逆风的情况下，船可以不断改变航向，走“之”字形的航线。

曾经随郑和第七次远航的巩珍在《西洋番国志》里说：“其所乘之舟，体势巍然，巨无与敌。”由于船体大，船上的篷帆和锚舵也就很大，“非二三百人莫能举动”。前面提到在南京出土的宝船大舵杆，这种大舵杆要靠绞车来操纵升降。绞车在南京也有发现，出土的绞关木残长2.21米，62厘米见方，上面还有四个安装车关棒的孔。

航海技术继续保持世界先进水平

我国古代的航海技术，在当时的世界上是比较先进的。在明初继续

①随着研究的不断深入，本书作者之一金秋鹏认为：郑和宝船船型应为福船型。参见：金秋鹏，“迄今发现最早的郑和下西洋船队图像资料”——《天妃经》卷首插图，《中国科技史料》，2000，21(1)。

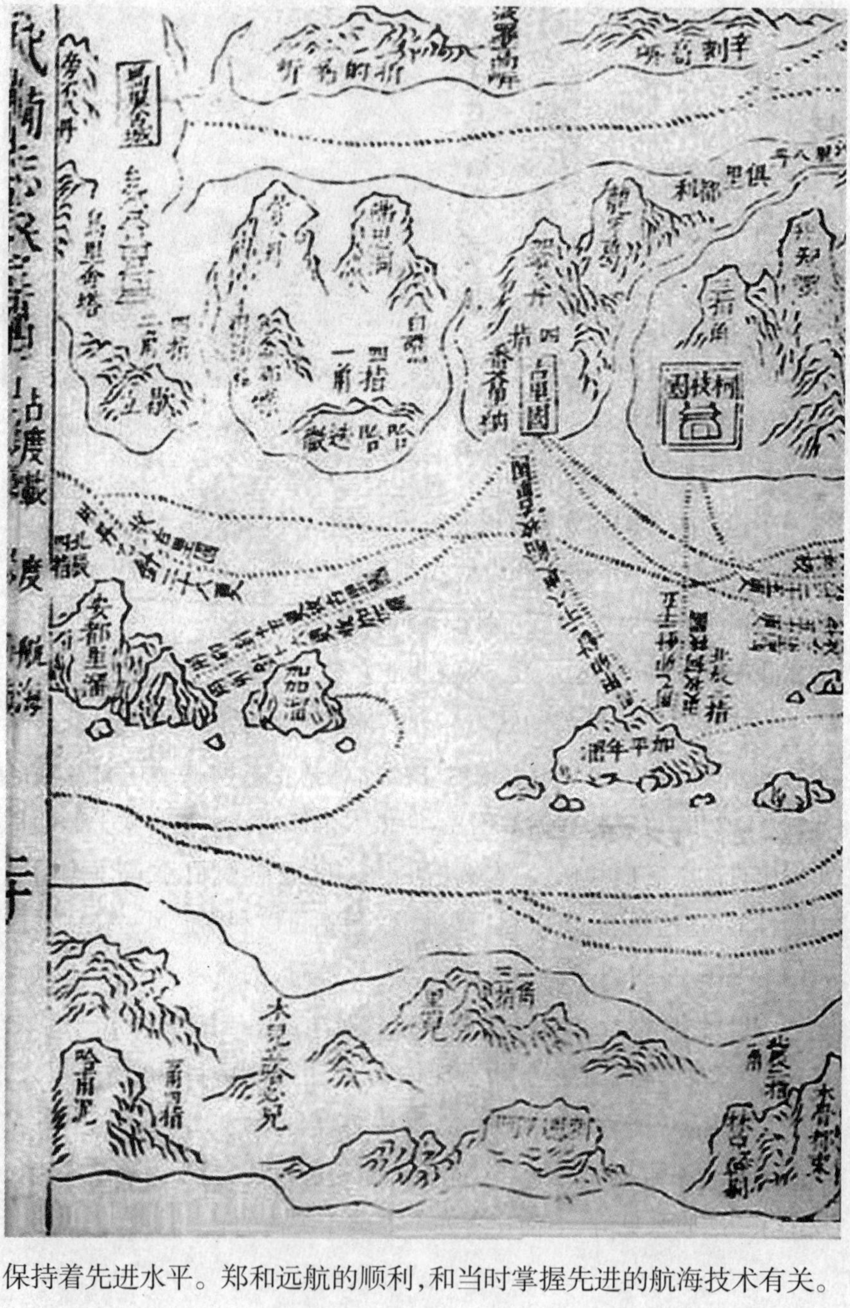

保持着先进水平。郑和远航的顺利，和当时掌握先进的航海技术有关。

这些先进技术，包括罗盘的使用、计程法、测深器、牵星板以及针路的记载和海图的绘制等。这些我们在上一编的第六、第七章都

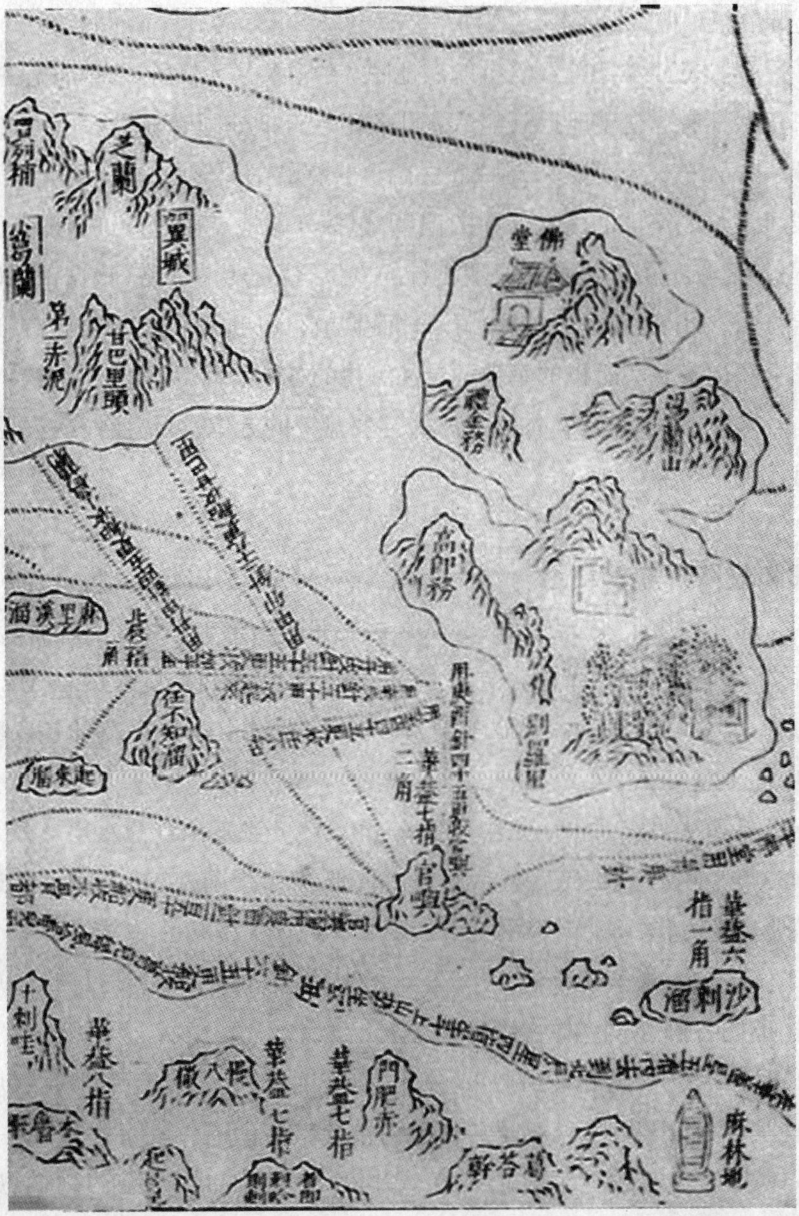

《武备志》中记载的“郑和航海图”。

提到过。

郑和下西洋的时候，慎重挑选了最有航海经验的人任火长，火长亲自掌握决定航向，利用罗盘，使用针路，还有人专司牵星观测，并且记录在册，就是所谓“牵星为记”。

郑和下西洋还曾经绘有航海地图。在明末茅元仪所辑《武备志》一书里保存有《自宝船厂开船从龙江关出水直抵外国诸蕃图》，图共20幅，40面，连结起来是一幅横卷。图上绘有沿岸地形山脉、岛屿、礁石、浅滩等。最突出的是有航向的记载，包括开船地点、航行方向、船行路程等等。航行方向记载的是罗盘针的方位，就是所谓针路。根据针路确定方向，再配以航程的计算，就可以掌握航行以顺利抵达目的地。在这图上还记有观测所得的牵星记录和测得的各地水深等等。

郑和航海还有《针位编》一书，记罗盘针的方位，可惜已经佚失，没有流传下来。

郑和舰队远航的记录

郑和组织了一支庞大的舰队，这支舰队除将士之外，有船师、水手、工匠、医官、通事（翻译）、办事、书算手等技术和工作人员总计2.7万多人，分乘船只100–200多艘，其中长度超过100米的大型宝船40到60多艘。

郑和从明成祖永乐三年（公元1405年）到宣宗宣德八年（公元1433年）七次远航，先后抵达亚洲和非洲30多个国家。现在把各次远航所到地方作一简单介绍。

第一次，永乐三年到五年（公元1405年到1407年），到过占城、爪哇、苏门答剌、南巫里、古里等地。

第二次，永乐五年到七年（公元1407年到1409年），到过占城、爪哇、暹罗、苏门答剌、南巫里、古里、柯枝、锡兰山等地。

第三次，永乐七年到九年（公元1409年到1411年），到过占城、爪哇、满剌加、苏门答剌、锡兰山、柯枝、古里、甘巴里等地。

第四次，永乐十一年到十三年（公元1413年到1415年），到过占城、爪哇、旧港、满剌加、苏门答剌、锡兰山、柯枝、古里、溜山、忽鲁谟斯等地。

第五次，永乐十五年到十七年（公元1417年到1419年），到过占城、爪哇、满剌加、苏门答剌、南巫里、古里、彭亨、锡兰山、溜山、木骨都束、麻林、忽鲁谟斯、阿丹等地。

第六次，永乐十九年到二十年（公元1421年到1422年），到过占城、暹罗、满剌加、苏门答剌、榜葛剌、古里、祖法儿、阿丹、木骨都束、卜剌哇等地。

第七次，宣德六年到八年（公元1431年到1433年），到过占城、爪哇、旧港、满剌加、苏门答剌、锡兰山、古里、忽鲁谟斯等地，又分一部分船从古里到达默加①。

我国在唐宋时期虽已和非洲东海岸地区有所往来，但都是沿阿拉伯海岸的航线绕行的。而郑和却在有几次航行中采取了横渡印度洋的航线，从郑和海图的记载可以证实这一点。

前面第四章提到过随郑和航海的费信、马欢、巩珍各有著作记述郑和航海的沿途见闻。

费信，字公晓，南京昆山（今属江苏）人。永乐、宣德年间，随郑和下西洋前后四次，撰《星槎胜览》二集，前集记亲历诸国，后集是采辑所成，逐国分叙。据序文，成书当在正统元年（公元1436年）。

马欢，字宗道，浙江会稽（今绍兴）人，信伊斯兰教。曾经参加郑和的第四次、第六次、第七次航行，任翻译。归国后写成《瀛涯胜览》，所记共20国。

巩珍，号养素生，南京人。宣德六年（公元1431年）随郑和第七次下西洋，历20多国，凭通事转译，调查各国事迹。归国后撰《西洋番国志》，成书于宣德九年（公元1434年）。

叁 先进的冶金技术

明末以前我国冶金技术一直处在世界先进行列

直到明末以前，我国的冶金技术，在采矿、冶铁、制钢、铸造、锻造和锌的冶炼等方面，一直处在世界先进行列。

①占城是今越南中南部的古国，也称占婆。爪哇是今印度尼西亚爪哇岛上的古国。苏门答剌是在今印度尼西亚苏门答腊岛北部的古国。南巫里是在今印度西海岸的古国。古里是在今印度西南沿海科泽科德一带的古国。暹罗即今泰国。柯枝是在今印度西南岸柯钦一带的古国。锡兰山即今斯里兰卡。满剌加是在今马来西亚的一个古代马来亚封建王国。甘巴里是在今印度西部坎贝一带的古国。旧港是在今印度尼西亚苏门答腊岛南岸巨港一带的古国。溜山是在今马尔代夫岛上的古国。忽鲁谟斯是在今伊朗东南部和霍尔莫兹一带的古国。彭亨是在今马来西亚境里的一州。木骨都束是在今非洲东岸索马里摩加迪沙一带的古国。麻林是在今非洲东岸肯尼亚马林迪一带的古国。阿丹是在今亚丁湾西北岸一带的古国。榜葛剌是在今孟加拉国和印度西孟加拉邦一带的古国。祖法儿是在今阿拉伯半岛东南部佐法尔一带的古国。卜剌哇是在今非洲东岸索马里布腊瓦一带的古国。默加就是沙特阿拉伯的麦加。

明代的冶金生产，主要是铁、铜、锡、银、金、铅、锌等，产量和规模比宋元时期大都有所增长。

洪武初年，取消了限制民间开采铁矿的禁令，促进了民间炼铁业的发展。这一时期炼铁的规模是空前的。如河北遵化铁场的炼铁炉高一丈二尺，一炉可容矿砂2000多斤；河北武安发掘出的明代炼铁炉高一丈九尺，内径七尺，外径十尺。有些铁场包括开山采矿、伐木烧炭、冶炼矿石、制造器具以及相互间的运输等，已经初具联合企业的雏形。广东佛山是明代重要铁产地之一，所制铁器远销南洋各地。

江西德兴、铅山的铜场和在云南开采锡矿和银矿等的规模和产量也都很可观。清初云南的铜矿又有很大发展。

明代永乐年间（公元1403年到1424年间）铸造的万钧钟，现存北京大钟寺（觉生寺）里，钟身高5.9米，外径3.3米，内径2.9米，重大约42吨。当时还锻造有千钧锚。无论从铸锻技术或生产规模看，在当时世界上都是比较先进的。

采矿技术的新进展

采矿技术，到了明代，除用铁锥、铁锤等敲打锤击之外，还使用“烧爆”和“火爆”法采矿。

烧爆可能是用火烧矿床后再用水淋，使矿床爆裂，容易开采。现在河南西部明清金矿矿洞里还有火烧矿体的遗迹。见于记载的，如明中叶太仓人陆容所撰《菽园杂记》里说：“旧取矿携尖铁及铁锤”，“今不用铁锤，惟烧爆得矿”。

火爆大概是用火药爆破技术采矿。《唐县志》记载有明万历二十四年（公元1596年）用火爆法采矿的时候的情景，说：“山灵震裂”，“鸟惊兽骇，若蹈汤火”。

冶炼技术的新成就

我国至迟在明代已经发明炼焦法，并且改进了鼓风设备，这就增加了冶炼炉的炉温，并且使炉子可以建得更高大，使冶金生产的质量和产量都有比较大的提高。

焦炭是用炼焦煤干馏而成的，是冶炼金属的优质燃料。我国炼焦和用焦的最早记载见于明末方以智的《物理小识》一书里，提到把煤密闭起来烧熔成坚硬的“礁”，用来冶炼矿石，效果很好。他所说的“礁”就是焦炭。欧洲在公元1713年英国人才知道炼焦，比我国晚了大约1个世纪。

明代已经用活塞式木风箱来为炼铁炉鼓风，增大了风压和风量，提高了冶炼强度。这比欧洲18世纪后期才使用的活塞式鼓风器至少要早100多年。

规模大的铁场，在运送炉料方面已经使用了机车。明末清初广东番禺人屈大均所撰《广东新语》一书里，讲到广州铁场开炉下铁矿的时候，“率以机车从山上飞掷以入炉”。

明代冶炼技术上有一项重要成就是发明了生熟铁连续生产工艺。把炼铁炉和炒铁塘串连起来使用，可以免去生铁再熔化的过程，既降低了耗费，又提高了生产率。

灌钢法到明代也有进一步发展。新的灌钢法和沈括记述的方法不同，不把生铁块嵌在盘绕的熟铁条里，而是放在捆紧的若干熟铁薄片上，生铁熟铁相合加热的时候不用泥封，只用涂泥的草鞋覆盖。它的优点是使生铁液能均匀地灌到熟铁薄片的夹缝里，生铁里的炭分能更迅速均匀地渗入熟铁里；而用涂泥的草鞋覆盖，可使生铁在还原气氛下逐渐熔化。这种方法，方以智的《物理小识》和宋应星的《天工开物》里都有记载。

最早的炼锌技术

我国是用火法炼锌最早的国家，至迟在宋代就已经冶制铜锌合金黄铜了。欧洲到16世纪才知道锌是一种金属。18世纪前半叶，中国的炼锌法传入欧洲，欧洲才开始炼锌。

《天工开物》中记载的“升炼倭铅”。

锌在我国古代叫“倭铅”。宋应星《天工开物》里有关于倭铅的详细记载和插图。方法是把炉甘石（就是碳酸锌矿）装入一个泥罐里，封裹泥固，风干以后，用一层层煤饼把一层层泥罐垫起来，引火烧红，这时罐里炉甘石就熔化成团。冷后取出，就是倭铅了。这种方法，和现在的横罐炼锌法相似。

锌的冶炼是比较困难的，因为氧化锌还原成锌的温度比锌的沸点高，还原得到的锌挥发成气体，又会和空气或二氧化碳化合，用泥罐炼锌可以解决这一问题。《天工开物》里还说，倭铅如果不和铜结合，"入火即成烟飞去"，就是指出锌的沸点低会挥发这一特性。

肆 其他工艺技术

采煤和凿井技术

采煤技术，宋代已经有一套比较完整的措施。据河南鹤壁古煤矿遗址考察结果，当时采煤是先从地面开凿圆形竖井，再依地下煤层情况开掘巷道，把煤层凿成若干小区。井下排水是用辘轳往外抽水。

明代宋应星的《天工开物》里对采煤有详细的文字记载。书里还专门叙述了用去节的巨竹插入煤矿里排除井里"毒气"、挖煤以后在上面支板以防止压崩以及挖完以后用土把井填实等安全措施。

在《天工开物》里还介绍了云南、四川钻凿盐井和四川凿"火井"取天然气的技术。凿井使用的工具类似现在的顿钻，用破成两半的长竹夹住，再用绳把破开的竹缠紧，一根竹接一根竹，一般凿到十丈以下才见卤水。然后用一丈长的竹管，去节留底，下端装有单向阀门，用长绳把竹管吊到盐井水里，卤水从阀门流进竹管，等水装满，用牛拉辘轳提起水管，这时单向阀门受管里水压自动关闭。把水管里卤水倒入锅里煎熬，就结成盐。熬盐就用"火井"的天然气。

大约成书于明万历四十八年(公元1620年)左右的马骥所著《盐井图说》一书，也记载了钻凿深井的各种技术。

明代的火药武器

明代继宋元之后，在火药武器制造上也有创造。

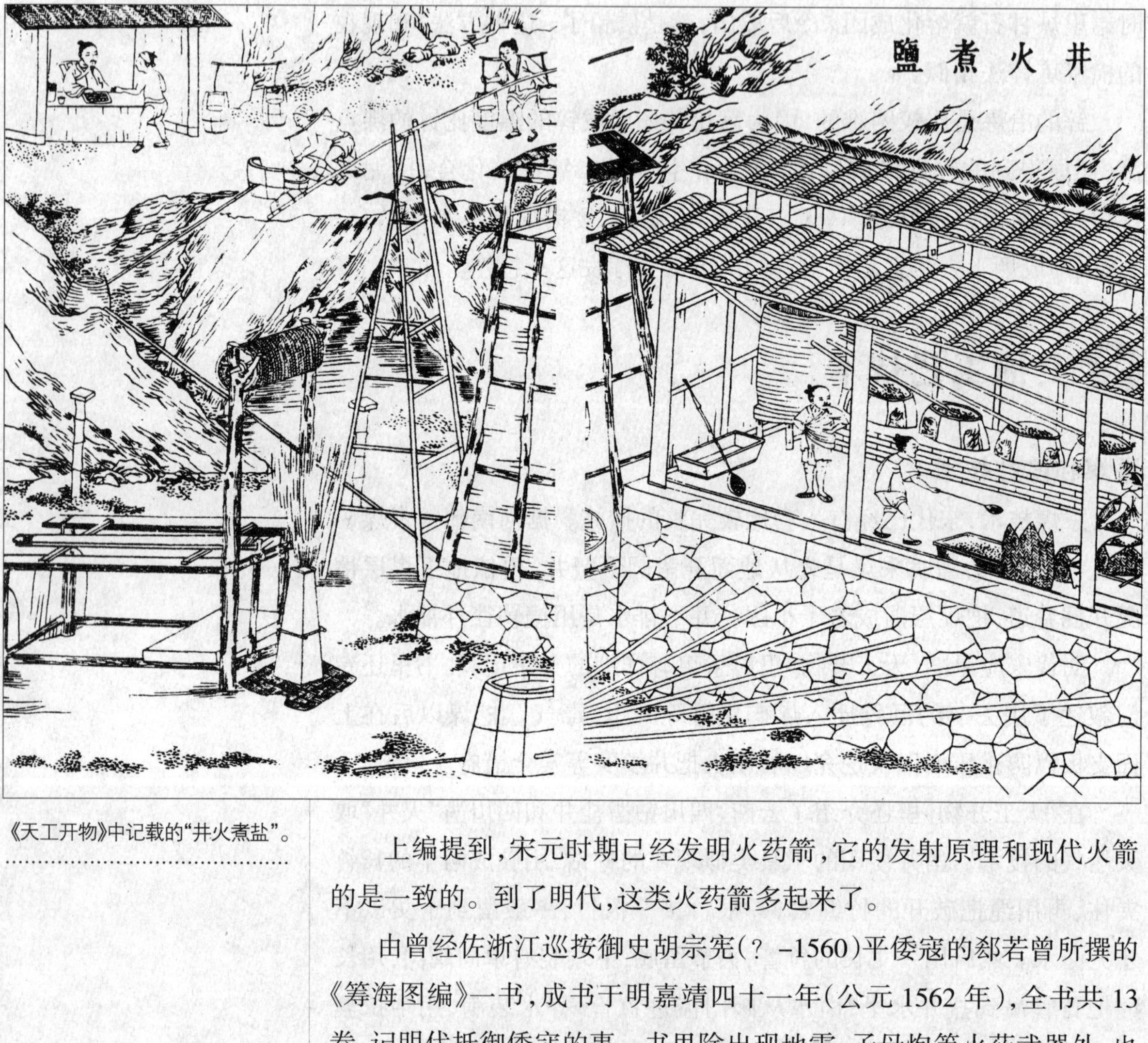

《天工开物》中记载的“井火煮盐”。

上编提到，宋元时期已经发明火药箭，它的发射原理和现代火箭的是一致的。到了明代，这类火药箭多起来了。

由曾经佐浙江巡按御史胡宗宪（？–1560）平倭寇的郄若曾所撰的《筹海图编》一书，成书于明嘉靖四十一年（公元1562年），全书共13卷，记明代抵御倭寇的事。书里除出现地雷、子母炮等火药武器外，也提到利用火药推进的火箭。

明代著名军事著作《武备志》，是浙江归安（今属吴兴）人茅元仪所辑，成书于明熹宗天启元年（公元1621年），全书共240卷。书里除提到手雷、水雷等火药武器外，还有不少的火箭图。如飞刀箭、飞枪箭、燕尾箭等，都已经不是普通的箭头。又如同时发射10枝箭的“火弩流星箭”，发射32枝箭的“一窝蜂”，发射49枝箭的“四十九矢飞廉

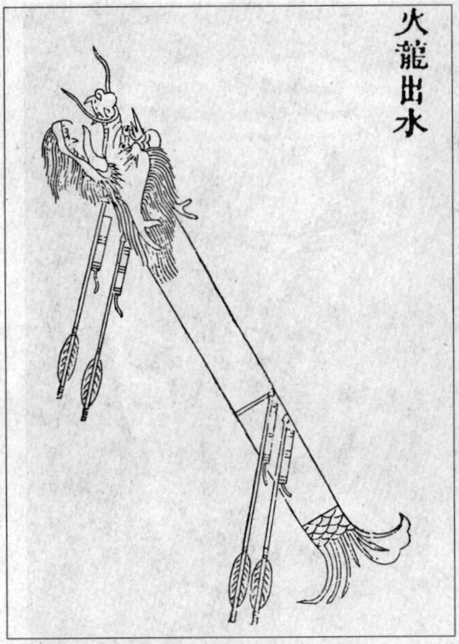

左　“火龙出水”。
右　“神火飞鸦”。

箭”，发射 100 枝箭的“百矢弧箭”、“百虎齐奔箭”等，大都是把箭装在筒里，把药线连在一条总线上，点燃总线，传到各箭，就一齐发射出去。在《武备志》里还记载了“飞空击贼震天雷炮”，“神火飞鸦”等，也是现代火箭的雏形。

在明代，还有一种雏形的两级火箭，叫“火龙出水”，是利用四个大火箭筒燃烧产生的反作用力把龙形筒发射出去，在四枝火箭里的火药烧完以后，又引燃龙腹里的神机火箭，把它们射向敌方。

在明代，人们还创造了定时炸弹和早期的自动爆炸的地雷、水雷。

这些火药武器，在当时都是世界上最先进的。

明清时期的瓷器

明清时期，我国古代制瓷业高度发展，江西景德镇已经成为中外闻名的瓷都。制瓷技术也有长足进步。

从胎质来看，由于对瓷土的淘练加工技术改进而得到提高。瓷土配方也有改进，由只用一种原料瓷石发展到用两种以上原料配合。加上烧制温度和时间控制合适。因而烧成的瓷胎白度和透光性已经达

左 明朝五彩鱼藻纹盖罐。
右 清朝青花滕王阁图缸。

到现代硬质瓷的水平。明代永乐窑的“脱胎”瓷器，胎薄釉细，几乎只见釉而不见胎。“影青”瓷器用暗雕花纹的技术，表里都可以映见。

明清时期制瓷工艺的最大成就是精致白釉的烧成。釉色纯白，晶莹透彻，这为一道釉瓷和彩瓷的发展创造了条件。

明清时期的一道釉瓷比前代丰富多彩，有各种颜色和色调。清代还仿制历代名窑的瓷器，如仿汝、仿官、仿钧、仿龙泉古瓷器。宋代钧窑的“窑变”，是由铜红呈色的一道釉，入窑后任它变化而成，到了明清时期，已经能掌握颜色变化的规律，用不同釉色有把握地烧成色调别致的“窑变”釉色。

彩瓷分釉下彩和釉上彩两大类。先在胎胚上画好花纹图案再上釉烧制的叫釉下彩。先上釉烧成瓷器然后彩绘再经炉火烘烧而成的叫釉上彩。著名的“青花瓷”是一种釉下彩，虽然在宋代已有出现，而明代的青花瓷质地优美，畅销中外。釉上彩瓷器有在烧成的青花瓷器上加红、黄、绿、紫等彩料再烧而成的“斗彩”；清代还有“粉彩”、“珐琅彩”等名闻中外，利用控制温度的办法使釉面呈现不同的色泽，浓淡协调，明暗分明，有立体感。

明清时期的漆器工艺

明清时期，漆器工艺也继续有所发展。

明代洪武年间（公元1368年到1398年），在南京设立漆园、桐园，种漆、桐各千万株。永乐年间（公元1403年到1424年），又在北京设立官局制造雕漆器，由元代著名漆工张成的儿子张德刚等名匠主持操作，用黄铜、木、锡料作胎。宣德年间（公元1426年到1435年）的剔红、填漆制品尤其优美。隆庆年间（公元1567年到1572年），新安（今安徽徽州一带）民间剔红艺人黄成的制品，可以和北京官局制品媲美。

黄成还著有《髹饰录》一书，天启五年（公元1625年）由浙江嘉兴漆工杨明作注。书里记述了黄成多年来积累起来的油漆技术的经验，是现存的一部完整的具有总结性的漆工专著。

清代基本承袭了前代的技术。嘉庆、道光年间（公元1796年到1850年），扬州漆工卢葵生所制镶嵌、雕刻、造像等漆制品也很有名。可惜后来油漆技术没有发展，有些技法反而失传。

伍 西学东渐以后的工艺和工程技术

明末清初传入的西方技术知识

自从明末耶稣会传教士来华以后，西学东渐，对我国的工艺和工程技术也产生一定的影响。

明末传入的技术知识方面，关于炮铳的制造技术占很重要的地位。当时为了抵御北方满族进入中原，急需这项技术，因此它也成了传教士利用来打开中国大门的敲门砖。

关于西方制造火器的技术，曾经有一部《火攻奇器图说》，带有保密性质，存在内廷。《明史·艺文志》兵书类有张焘《西洋火攻图说》一卷。崇祯十六年（公元1643年），汤若望口授、焦勖（xū）笔录的《火攻挈要》一书完成，内容包括各式火炮的铸造法、运用法、安置以及子弹和地雷的制造等。汤若望还奉命设计制造过铳炮。

清初，南怀仁也曾奉命铸造过大炮。南怀仁还编译有《神武图说》一书，叙述了炮铳原理。

此外，前面第三章第二节提到过熊三拔徐光启合译的《泰西水法》，主要介绍了西方水利灌溉的方法和器具。还提到邓玉函口授、王徵笔译的《远西奇器图说》一书，王徵还编有《新制诸器图说》，天启六年（公元1626年）刊行，都是关于西方机械工程技术的专门性著作。

洋务运动时期前后近代工厂矿山的建立和西方技术的引进

早在洋务运动时期以前，道光后期和咸丰年间（公元19世纪40年代和50年代），外国资本已经在中国兴办工厂，最早是船舶修造业和缫丝业，以后对制茶、制糖、制革、食品加工、制药、印刷、卷烟等行业都开设了专厂，还对一些城市公用企业如电灯公司、自来水公司、煤气公司等投资。在这些工厂里大都引进了西方当时的新技术。

洋务运动时期，洋务派倡议兴办的官办工厂，最早是兵工厂。先是咸丰十一年（公元1861年）的安庆军械所，接着是同治四年（公元1865年）的金陵制造局，次年的福州船政局，再次年的江南制造局和天津机器局，以至光绪十六年（公元1890年）的湖北枪炮厂。此外还有一批中小规模的兵工厂。这些工厂从西方引进机器，不少机器在当时还都是先进的。但是由于清政府腐败，任事官僚营私舞弊，管理无能，耗费大量经费，收效却很小。

从同治后期（公元19世纪70年代）开始，还举办了一些民用的工矿企业，包括采矿、冶金、交通、纺织等方面。除官办外，还有“官督商办”的。比较大的民用工矿企业，有同治十一年（公元1872年）的轮船招商局，光绪元年（公元1875年）的基隆煤矿，光绪三年（公元1877年）的开平矿务局，光绪六年（公元1880年）的天津电报局，次年的漠河金矿，再次年的上海织布局，光绪十六年（公元1890年）的汉阳炼铁厂，接着又开办大冶铁矿和萍乡煤矿，到光绪三十四年（公元1908年）成立汉冶萍煤铁厂矿公司，这是我国最早的钢铁联合企业。

光绪十年(公元1884年),清政府还建成了南洋舰队、北洋舰队和粤洋舰队。这些舰船有的是用巨款从外国买来的，有的是国内制造的。但是在中法战争和中日甲午战争中,三支舰队几乎全军覆没。

除外资和官办的工厂之外,这一时期也有一些民办工厂,包括机器制造、缫丝、纺织、面粉、火柴、造纸、印刷等行业,以及一些自来水公司和电灯公司等公用企业。这些属于民族资本的工矿企业,大都规模比较小,技术相对落后,设备简陋,产品也很难和进口的洋货竞争。虽然后来在第一次世界大战期间(公元1914年到1918年),帝国主义国家之间忙于战争,对华商品输出量下降,使得中国民族资本获得一个暂时的发展机会,但是世界大战结束以后,中国民族工业又重新处在奄奄一息的困难境地。

洋务运动虽起了引进西方工业技术的作用，但结果以失败告终，并不能改变我国转变成半封建半殖民地社会的命运。

铁路的兴建和杰出的工程师詹天佑

洋务运动期间,我国兴建了第一条铁路,那是在光绪六年到七年(公元1880年到1881年)修筑的从唐山到胥各庄之间的铁路,长11公里,为了把唐山开滦煤矿产出的煤运输出去供北洋海军使用。

在这之前,同治四年(公元1864年),英国人麦克唐纳·史蒂芬孙受上海的英商嘱托,提出了一个庞大的在中国修筑铁路的计划。但是这时正值太平天国农民起义刚被镇压下去,民生凋敝,再加上朝野各方反对,这一计划没有实施。

第二年，另一英国商人在北京建造了一段一公里左右的小铁路，试通小火车。清政府以“观者惊骇”的理由限期拆除。

光绪二年(公元1876年),上海外商在上海到吴淞口之间购买了一块狭长土地,修筑了全长21公里的一条铁路。通车不到一年,就以撞人致死的因由,由清政府用28万两银子买下以后拆除,铁轨和车辆都被弃置不用。

中日甲午战争以前，光绪初年，国内对修筑铁路有赞成的，有反对的，而以反对的力量占优势。反对的理由是：第一，认为国家财力不足，“自办则库空如洗，借债则利息太重，少造无益，多造耗费”。第二，认为兴办铁路会使车户、船户失业，物价更贵，生活更难。第三，认为修筑铁路要拆迁房屋坟墓，穿凿山川，“变更祖制”，“必遭神谴”。第四，认为修造的铁路如果被洋人夺去，洋人进兵会更加迅速。前面提到的唐山到胥各庄这条我国政府自建的第一条铁路，只是由于运煤需要，才排除了会“震动东陵”、“烟伤禾稼”等反对意见，兴建起来的。这条铁路在光绪十一年（公元1885年）以后又向两端引伸，最后终于形成了北京到沈阳的京沈线，全线通车已经在宣统三年（公元1911年）。

中日甲午战争以后，帝国主义国家获得了在中国的筑路权，于是在中国境内修筑铁路，以便掠夺和控制我国各地的资源。如光绪二十二年到三十二年（公元1896年到1906年）修筑从北京到汉口的京汉路，光绪二十三年到二十七年（公元1897年到1901年）修筑从满洲里到绥芬河的东清铁路，光绪二十四年到二十七年（公元1898年到1901年）修筑从哈尔滨到大连的哈大线，光绪二十九年到三十四年（公元1903年到1908年）修筑从上海到南京的沪宁路，光绪三十四年到宣统三年（公元1908年到1911年）修筑从天津到浦口的津浦路，而工程特别艰巨的是光绪三十一年到宣统元年（公元1905年到1909年）修筑从北京到张家口的京张线[①]。从甲午战争以后到清朝覆亡，全国已经建成铁路有9600多公里，其中由中国自己控制的不超过7%。

在兴建铁路的同时，也建起了一些制造车辆、桥梁以及铁路需要的零配件的工厂，比较著名的有京沈线上的唐山制造厂和山海关桥梁厂、京汉路上的长辛店、郑州和汉口江岸工厂、京张线上的南口车辆厂等。

西方近代铁路工程的各方面技术，就是在这些线路和工厂的修建过程中陆续引进我国的。所用材料和关键设备，大都从国外进口。根据

①这段线路到民国八年（公元1919年）扩展到归绥县（今呼和浩特市），称京绥路。

各国在中国划分的势力范围,各条铁路上执行的都是各国不同的管理制度。统一的1.435米的轨距,还是几经周折才定下来的。所有这些,反映我国铁路工程技术的发展也带有半殖民地科学技术发展的特点。

上面提到工程特别艰巨的京张线。如果说当年修筑的由外国管理的许多铁路工程主要是由外国工程师主持的,京张线的修筑工程却是由中国工程师詹天佑设计主持的。

詹天佑,祖籍安徽,出身于经营茶叶的徽商的家庭。他本人出生在广东南海县。12岁的时候,他考入了"留美幼童预备班",这是清政府根据我国早期留学美国的容闳的建议而设立的。同治十一年(公元1872年),作为第一批30名学生中的一员,詹天佑来到美国,依次读完小学和中学课程。光绪四年(公元1878年),他进入耶鲁大学土木工程系学习铁路工程专业。光绪七年(公元1881年)詹天佑以优异成绩毕业,毕业考试名列第一。

回国以后,虽然当时中国的铁路工程急需展开,詹天佑却长期学非所用。他先后参加海军在闽江口外和法军英勇作过战,充当过学堂的外语教师,做过地图测绘工作等。直到光绪十四年(公元1888年)被调到唐津铁路工地,才有机会发挥自己的专长,为中国铁路建设出力。

詹天佑到唐津路工地之后,不久就因他顺利地完成了滦河大桥工程(京沈线上一项险要工程)而声名大震,这项工程曾经先后由英国、日本、德国的工程师多方设法而未能成功。滦河大桥全长305米,是我国工程师主持建造的第一座近代铁路桥梁。接着又在詹天佑主持下修建了京沈线上的九梁河、小梁河、女儿河等铁路桥梁。由于詹天佑在

詹天佑像。

铁路工程的杰出成绩，他被英国工程师学会推选为会员。

光绪二十八年（公元1902年），詹天佑接受了修筑西陵铁路的任务。在严冬的恶劣气候条件下，只花4个月，就在朝廷限期里建成了这条铁路。这条铁路虽然很短，却是中国工程师主持修筑的第一条铁路。

京张铁路的修建，不仅是詹天佑个人铁路工程师生涯中的一座丰碑，也是中国铁路史上的一座丰碑。光绪三十一年（公元1905年），当清政府决定委派詹天佑做京张铁路总工程师的时候，有人评论说他"不自量力"，"胆大妄为"。詹天佑表示："如果京张路工程失败的话，不但是我的不幸，中国工程师的不幸，同时将带给中国很大的损失。"①他下决心要达到"花钱少、质量好、完工快"三个要求，克服了路险、期短、经费不足、技术人员缺乏等种种困难，终于胜利地完成了任务。

经过对三条路线反复勘核，詹天佑最后选定了经居庸关、八达岭的关沟路线②。这条路线上需要凿通居庸关、五桂头、石佛寺、八达岭四条隧道，总长1645米，而八达岭隧道就有1145米。为了减少隧道长度和解决因过岭铁路坡度过陡火车上下坡困难问题，詹天佑采用了"人"字形爬坡线路，同时用两台大马力机车前后挽推弥补了单台机车牵引力的不足。这一设计思想的巧妙，使中外工程技术人员不禁拍案叫绝。京张工程不仅是国内的也是世界上著名的铁路工程之一。

京张路于光绪三十一年（公元1905年）九月动工，宣统元年（公元1909年）八月建成，工期提前两年，经费只是外商索价的1/5，实现了詹天佑当初提出的三个要求。

在詹天佑一生中，经他筹建的铁路，除前面提到的京沈、西陵、京张线外，还有沪嘉、洛潼、津芦、萍醴、潮汕、粤汉等，遍及我国东南西北各地区，成绩卓著。

詹天佑对培养青年工程技术人才也倾注了极大热情。他在《告青年工学家》一文里说："勿屈己以循人，勿沽名而钓誉，以诚接物，毋挟偏私，圭璧束人，以为范则，不因权势而操同室之戈，不因小忿而萌倾轧之念，视公事如家事，以己心谅人心，皆我青年工学家所必守之道

①见詹天佑给他在美国纽海文中学读书时候的教师诺索卜夫人的信。

②詹天佑选出的另一条路线丰沙线，已经在解放后修建完成。

德也。”又说,“行远自迩,登高自卑,一蹴而就,非可永久。工程事业,必学术经验相辅而行。徒恃空谈,断难任事。”谆谆忠言,到今天仍然是颇有教益的。

为了纪念詹天佑的功绩,在他逝世之后,在京张铁路青龙桥车站建造了铜像。近年,把他的墓也迁到青龙桥,供人们凭吊。正如著名科学家李四光(1889–1971)在“首都纪念詹天佑诞生一百周年大会”上所说:詹天佑“领导修建京张铁路的卓越成就,为深受侮辱的当时中国人民争了一大口气,表现了我国人民伟大的精神和智慧,昭示着我国人民伟大的将来。”“詹天佑的自力更生、发愤图强、不怕困难、艰苦奋斗的精神,是他对我国人民和古代科学家、工程师的伟大精神传统和创造才能的继承和发扬,也是他遗留给我们今天科学技术界的伟大精神遗产。”

第八章 宋应星和中国的技术百科全书《天工开物》

壹 宋应星——中国的狄德罗

宋应星的生平

宋应星，字长庚，江西奉新县人，出生在一个破落的官僚地主家庭。明万历四十三年(公元1615年)他29岁那年，和他哥哥应昇同时中举，当时被人们称颂为“奉新二宋”。宋应星在这次考试中名列第三。以后宋应星曾经连续几次进京会试，但是都没有能考中进士。

崇祯七年(公元1634年)，宋应星出任江西分宜县教谕；崇祯十一年(公元1638年)，又出任福建汀州府(今长汀县)推官，崇祯十四年(公元1641年)，任安徽亳州(今亳县)知州。

明亡之后，宋应星回到家乡隐居，直到去世。

宋应星在几次进京赴考途中，以及其间居家的一段时间里，留心观察农业和各种手工业制作技术。他几次会试失败，对功名科举逐渐淡泊，就专心从事生产技术的考察，随时把考察所得记录下来。在他任分宜县教谕期间，就着手把这些调查研究所得的材料整理成书。这就是《天工开物》，崇祯十年(公元1637年)，由他的友人涂绍煃资助刊印出书。

《天工开物》是世界第一部有关农业和手工业生产的技术百科全书。所以英国科技史家李约瑟称宋应星是“中国的狄德罗”[①]。

宋应星是一位博学多能的人。他不但熟悉各种生产技术，对天文、音律以至哲学等都有研究。他的著作除《天工开物》外，还有《卮言十种》、《画音归正》、《杂色文》、《原耗》等，多已失传。近年在江西省发现了宋应星四篇佚著的明刻本：《野议》、《论气》、《谈天》和《思怜诗》。《野议》是一部政论著作，对明末政治、经济、军事、思想、文化等方面的腐败现象作了揭露和批判，并且提出了一些改革主张。《思怜诗》反映了他愤世忧民的感情。《论气》和《谈天》是关于自然科学方面的著作，也可能是《卮言十种》中的部分篇章。

宋应星生活的时代背景

恩格斯曾经在《自然辩证法·导言》里对欧洲文艺复兴时期说过这样的话：这“是一个需要巨人而且产生了巨人——在思维能力、热情和性格方面，在多才多艺和学识渊博方面的巨人的时代。”[②]欧洲文艺复兴时期（公元14世纪到16世纪）是欧洲从黑暗的中世纪的封建社会中出现资本主义萌芽而开始向资本主义社会转变的转折时期。

我国的明代中叶在时间上正和欧洲文艺复兴时期相当。这时我国的农业和手工业生产已经得到很大发展。由于商品经济的空前发展，对外贸易也有一定程度的开展，资本主义萌芽也已经在旧的封建社会中开始滋长。社会经济的发展，又促进了科学技术的进步。我国的科学技术在当时还是处在世界领先地位。诚如科技史家李约瑟所说：中国的一些发明和发现“往往远远超过同时代的欧洲，特别是十五世纪之前更是如此（关于这一点可以毫不费力地加以证明）。”[③]所以这一时期的中国社会，也正如欧洲文艺复兴时期一样，处在一个转折点上，也是一个需要巨人而且产生了巨人的时代。

在这一时期，我国也的确产生了一些学术领域的巨人。如前面提

①见李约瑟：《中国科学技术史》中译本第一卷，科学出版社1975年版，第25页。狄德罗（1713-1784）是法国启蒙思想家、唯物主义哲学家，他主编《百科全书》，坚持20多年，终于完成了这部著作。以狄德罗为首的参加《百科全书》编纂工作的一批思想家被称为百科全书派。

②《自然辩证法》，人民出版社1971年版，第7页。又见《马克思恩格斯全集·第二十卷》，人民出版社，1971年版，第361页。

③见李约瑟：《中国科学技术史》中译本第一卷，科学出版社1975年版，第3页。

过的撰著《本草纲目》的李时珍，撰写《农政全书》的徐光启，撰写《徐霞客游记》的徐霞客，而撰写《天工开物》的宋应星也正是在这样的一个时代里所产生和造就的巨人之一。

中国社会经过长时期的封建统治，封建社会已经进入了没落阶段。但由于中国封建文化的顽强性，虽然资本主义萌芽已经滋长，却终于未能突破封建生产关系的束缚。而欧洲经过文艺复兴时期，资本主义社会逐渐发展，终于产生了近代的科学技术。诚如马克思和恩格斯在《共产党宣言》中所指出的，"资产阶级在它的不到一百年的阶级统治中所创造的生产力，比过去一切世代创造的全部生产力还要多，还要大。"于是欧洲的一些资本主义强国为了扩大市场的需要，就以经济手段和军事手段侵略我国，这就使我国的资本主义萌芽不仅被国内的封建势力所摧残，而且被外国的侵略势力所扼杀。

所以，这一时期尽管我国也的确产生过巨人，却不仅不能像欧洲那样进入资本主义社会，反而成为由世界上科学技术先进国家变成落后国家的一个转折时期。

这就是宋应星生活的时代背景。

贰 《天工开物》构成了一个完整的科学技术体系

《天工开物》的内容

《天工开物》记述了直到明代中叶为止的中国古代的各项技术，所以我们前面说它是一部中国古代技术百科全书。

《天工开物》分上、中、下三卷，下面又分做18卷。

上卷分乃粒、乃服、彰施、粹精、作咸、甘嗜六卷。乃粒第1卷是关于粮食作物的栽培技术，包括稻、麦、黍、稷、粱、粟和脂麻、豆类。乃服第2卷记述衣服原料丝、麻、棉、皮、毛的来源和加工方法。彰施第3卷讲的是植物染料的染色方法。粹精第4卷叙述谷物的加工过程。作咸第5卷介绍海盐、池盐、井盐、岩盐的生产方法。甘嗜第6卷的内容是种蔗、制糖和养蜂取蜜等技术。

中卷分陶埏、冶铸、舟车、锤锻、燔石、膏液、杀青七卷。陶埏第7卷记述砖、瓦、陶、瓷的制作过程。冶铸第8卷介绍鼎、钟、釜、像、炮、镜、钱的铸造方法。舟车第9卷叙述各种船舶、车辆的结构、制造和用途。锤锻第10卷的内容是用锤锻方法制造铁器和铜器的工艺。燔石第11卷总结了石灰、煤炭、矾类、硫黄、砒石的烧制技术。膏液第12卷讲的是植物油脂的提取方法。杀青第13卷是关于造纸的方法。

下卷分五金、佳兵、丹青、曲蘖、珠玉五卷。五金第14卷的内容是关于金、银、铜、铁、锡、铅、锌的开采和冶炼方法。佳兵第15卷记述各种武器的制造方法，包括弓、箭和火药、火器。丹青第16卷讲的是墨和各种绘画颜料主要是朱红的生产过程。曲蘖第17卷叙述制酒曲、神曲、红曲的方法。珠玉第18卷介绍珠玉的来源。

《天工开物》从专门技术的角度，把农业、手工业方面18个生产领域中几千年来积累的经验加以全面概括，并填补了以往技术著作中的不少空白，构成一个完整的科学技术体系。

系统总结了农业方面的丰富经验

明代中叶，在农业方面，农作物品种和产量都有明显增加，在选育和推广良种、精耕细作、水利灌溉、肥田改土和防治病虫害等方面积累了丰富的经验。宋应星在《天工开物》中系统地总结了这些经验。

书里关于水稻的记载特别详细，从列举不同品种开始，记述了水稻栽培的全过程，包括浸种、育秧、施肥、耕耙、耘培、防治灾害等措施。这里讲到用骨灰和石灰改良“冷浆”土壤，以前的农书都没有提到过：“土性带冷浆者，宜骨灰蘸秧根（凡禽兽骨），石灰淹苗足。”土性带冷浆者当指排水不良、土温很低的酸性土，用石灰可以中和土壤酸性，蘸骨灰可以增加磷肥，防止烂秧。关于小麦的栽培，书里也有比较详细的叙述，还记载“陕洛之间”或“以砒霜拌种子”，可以防虫蚀。这也是以前的农书没有提到过的。

书里对于当时使用的水力筒车、翻车、桔槔等各种提水工具和粮食加工机械也有详细的记录,并且有精致的插图。

宋应星也很重视经济作物的栽培,包括染料植物靛蓝和红花、糖料作物甘蔗、油料作物等。关于种植甘蔗,具体叙述了怎样选择土壤、选留蔗种、育苗移秧以及中耕培土等增产措施,到现在仍然在运用。书里记述了16种油料作物籽实的产油率,油的性状和用途,压榨法和水代法两种提取油脂的方法, 这两种方法的原理也仍然在现在的油脂生产中应用。

在《乃服》一卷里,用很大的篇幅讲蚕的饲养方法,还记载了人工杂交育种的技术。

全面反映了工艺技术方面的成就

明代手工业生产技术在当时世界上是先进的。《天工开物》比较系统和全面地反映了这方面的成就。

《天工开物》详细记载了纺织业中的缫丝、丝织、提花和轧棉、弹花、织布、染整等一系列生产工序,介绍了工具和机械。有一幅"花机图",把当时处在世界先进水平、结构复杂的提花机画得清楚细致,比元代《梓人遗制》里的"华机子"图更加生动,把一人在花楼上提花、另一人坐在下面踏织的形象表现得逼真。

在制盐方面, 明代用晒盐法制海盐代替以往的煎盐法是海盐生产上的一项重要改革。《天工开物》除介绍煎盐法,还介绍了晒盐法:"又淮阳地面,有日晒自然生霜如马牙者,谓之大晒盐,不由煎炼,扫起即食。"上一章讲的用顿钻挖盐井、用竹管汲卤水、用天然气煮盐等井盐生产技术,就在《天工开物》里有详细记载。

《天工开物》对制糖技术也有细致的记载。用石灰中和蔗汁的酸性和除去杂质等技术措施,现在仍然是糖厂处理蔗汁的一种重要手段。书里还介绍了可以入药的神曲和可以用于食物防腐的丹曲,就是红曲。

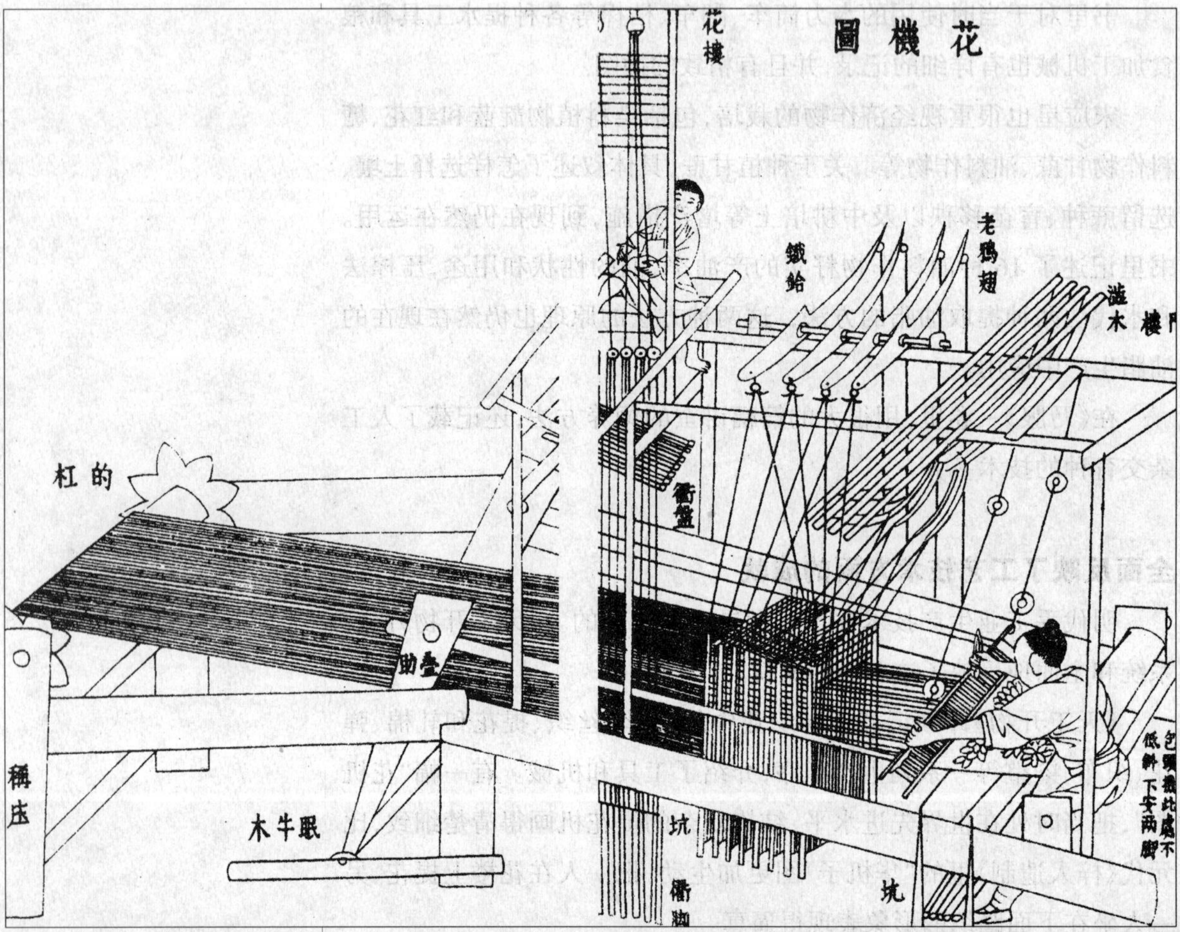

《天工开物》中记载的“花机图”。

关于陶瓷生产技术，宋应星经过实地考查，从原料选择、坯体制作到窑的构造和烧制方法，都作了扼要精当的叙述。

在造纸技术上，《天工开物》详细介绍了当时制造竹纸和皮纸的设备和方法。书里提到三项关键性工艺：用石灰浆和竹料共煮；取出竹料漂洗后又用柴灰液浸透加稻草灰再煮沸；舂烂后倒入清水糟里加入纸药汁（用像桃竹叶的叶子制成的胶液）。这样抄成的纸自然洁白。这就是用碱液处理竹料使纤维离解，并且去掉非纤维素成分，使纸的质量得到提高。

关于采矿（包括煤矿）、冶金和金属加工方面，我们在上一章介绍的明代的采煤和冶金技术，有许多都见之于《天工开物》。《天工开物》用占全书大约1/5的篇幅叙述这方面的成就。宋应星在我国历史上第一次系统地论述了采矿工程，具体地记载了当时矿藏的开采、井下巷道的支护和通风、矿井的回填以及选洗矿石等方法。书里记述了从生铁到熟铁的连续生产工艺，这就是把炼铁炉炼出的生铁液通到一个塘里，撒入泥粉，再用柳木棍急搅，便成熟铁。书里还记述了新的灌钢技术，记述了活塞式木风箱鼓风设备等。宋应星总结了精密失蜡铸造、反模铸造、砂型铸造三种铸造方法，这是我国古代比较完整的一部铸造工艺学。大到千斤巨锅，小到绣花针，还有斧、锄、锉、锥、锯、刨、凿等各种农具工具，书里都记载了它们的制造方法。特别是介绍了“入

《天工开物》中记载的“生熟炼铁炉”。

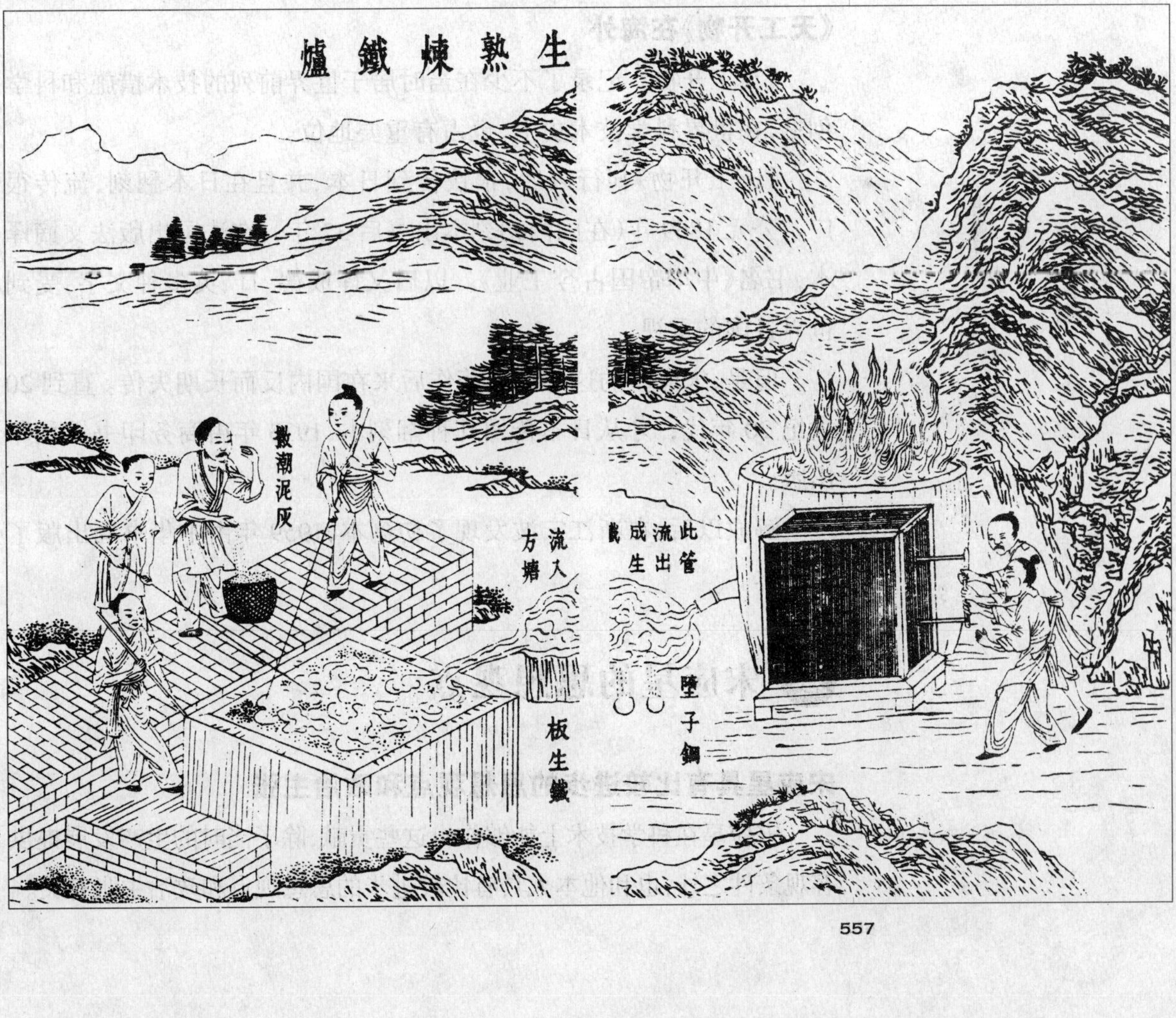

清水淬之"成"健钢、健铁"的淬火法；用"熟铁锻成"农具再用"熔化生铁淋口"的生铁淋口法，这实际上是使熟铁农具口上渗碳增强硬度的一种工艺；还有用土末、松木炭、豆豉和铁制成的针共热再淬火使针变硬的方法，这实际上也是一种渗碳工艺。

上一章讲到锌的冶炼，《天工开物》里有关倭铅的一节是世界上最早的科学地论述锌和铜锌合金（黄铜）的文献资料。书里还记述了其他许多有色金属的性质和冶炼方法。

《天工开物》里关于船车、弓箭、火药、火器等的记载和插图，也很有特色。

《天工开物》在海外

《天工开物》记录了不少在当时居于世界前列的技术措施和科学创见，在世界科学技术史上，也占有重要地位。

《天工开物》刊行以后，很快传到日本，并且在日本翻刻，流传很广。公元 1869 年（在国内初刻本出书后 32 年），在法国出版法文摘译本，书名《中华帝国古今工业》。以后又译成德、日、英多种文字，受到世界各国的重视。

但是，宋应星的这部卓越著作后来在国内反而长期失传。直到 20 世纪 20 年代，才从日本传回几种翻刻本，1933 年由商务印书馆翻印出版。

解放以后，在浙江宁波发现了初刻本，1959 年由中华书局出版了影印本。

叁 宋应星的思想观点

宋应星具有比较进步的思想观点和政治主张

宋应星在科学技术上能够作出这些贡献，除了当时的生产发展提供客观条件之外，也和他本人具有比较进步的思想观点和政治主张有关。

宋应星的思想应该说是属于朴素唯物主义的，他也具有辩证的观点。在认识论上，他非常强调实践的重要。

宋应星在政治观点上，虽然未能跳出封建阶级的局限，但是他从巩固封建王朝的统治出发，提出了许多发展生产、广开财源、改革税制、繁荣商业的主张。他继承西汉晁错（前200–前154）“贵五谷而贱金玉”的思想，在排列《天工开物》各卷次序的时候，把有关农业的内容排在首卷，把“珠玉”卷排在最后[①]。在《野议》中，他对明末政治黑暗、民生凋敝、商业衰败、民穷财尽的严重状况十分痛心，对当时社会上各种腐败现象作了揭露，对政治、经济、军事、教育等方面的制度法令提出了不少改革意见。在《思怜诗·怜愚诗四十二首》中，他对那些不管国家危亡只顾纵欲谋私的官僚、文人给予讽刺和批判。

下面我们再就他的唯物主义自然观和崇尚生产实践两点作些阐述。

唯物主义的自然观

宋应星在《天工开物·序》一开头就说：“天覆地载，物数号万，而事亦因之曲成而不遗[②]，岂人力也哉！”意思是说，天地有无数的物质，构成丰富多彩的自然界，这个自然界是靠自身的运动变化形成的，不是由什么人去创造出来的。宋应星强调自然界是不依赖于人的客观存在，表明了他的朴素的唯物主义自然观。

宋应星继承了古代唯物主义思想家的元气自然说观点。他在《论气》里说：“盈天地皆气也。”“天地间非形即气，非气即形。”“由气而化形，形复返于气。”他认为气是构成世界万物的本原。所谓“形”指有形的物质。他指出气和有形的物质有区别，而本质上是一致的。气是根本，由气构成的世界处在永恒运动变化之中，物质在运动过程中可以转化成为各种形态。

宋应星还对物质变化中量的关系进行探讨。他举树木的生长、燃烧、腐烂的变化的例子阐述说，从一粒种子长成“蔽牛干霄之木”，砍伐下来的木“得火而燃，积为灰烬”，灰烬的重量不到木头的1/70，容

①宋应星《天工开物·序》：“卷分前后，乃‘贵五谷而贱金玉’之义。”这句话出自晁错的《论贵粟疏》。晁错主张“重本抑末”，这又和宋应星不完全一样。

②《周易·系辞》有“曲成万物而不遗”的话，意思是说天地以各种不同的方式形成万物，造得很周到，毫无遗漏。

积不到木头的1/50，而枯枝落叶“渍腐而为涂泥”，剩下的分量也只有原来的1/10，这些量的增减都只是气和形相互变化的结果，这里已经有物质不生不灭的思想。

在人和自然界的关系上，宋应星认为自然界蕴藏着无数的物质资源，这些资源是自然界本身形成的，自然界是人类赖以生存的物质条件，而自然界的物质资源的开发利用都要依靠人力。《天工开物》这一书名就体现了作者的这一意思，“天工” 指自然界形成物质资源，“开物”指人类开发物质资源。又如在《乃粒》卷开头说：“生人不能久生，而五谷生之。五谷不能自生，而生人生之。”接下去说：“土脉历时代而异，种性随水土而分。”经过历代先人的努力，而获得“纷纷嘉种”。这是说物质资源的开发依靠人力，而人力还能改造自然界的植物品种。在《乃服》卷也有通过人工杂交培育蚕的良种的记载：“今寒家有将早雄配晚雌者，幻出嘉种，一异也。”这是说把一化性雄蛾和二化性雌蛾配种而得到良种。这是人工培育动物品种的早期记载。人工育种正是人力能改造自然界的一个极好例证。这也和自荀况以来的“制天命而用之”的思想一脉相承。

崇尚生产实践

宋应星著《天工开物》就是他崇尚生产实践思想的体现，也是他重视实际行动的结果。

宋应星十分强调人的作用，也热情赞扬劳动人民的聪明才智和创造精神。

他在《乃粒》卷一开头还有这样一段话：“宋子曰：上古神农氏若存若亡，然味其徽号，两言至今存矣。”这是说，上古传说的神农氏，好像存在，又好像不存在，但是仔细体会这个尊称的含义，那么“神农”（“两言”就指“神农”两字）到现在还是存在的。宋应星明确表示对传说中的神农氏是否存在的怀疑，历代的劳动农民就都是神农。又如在《杀青》卷里说：“事已开于上古，而使汉晋时人擅名记者，何其陋哉！”

意思是说，造纸的事早在古代已经开始了，有人却把它归功于汉、晋时候某个人所创造，这是多么浅陋的见识啊！

他在书里赞扬劳动人民的聪明才智和创造精神，从字里行间都可以看出来。如讲到南方一岁两熟，称颂"农家勤苦"。在讲到提花机织结花本工匠的时候，赞扬"心计最精巧"，"天孙机杼，人巧备矣"，意思是天上织女那种纺织技术，现在人间的巧手也能做到。讲到陶瓷生产中的造坯工人，"功多业熟，即千万如出一范"，虽然是用手捏制出来的坯，却由于工人手艺纯熟，造出千万只杯碗就像是用一个模型做出来的。

宋应星就是在这样的思想基础上，留心观察、学习劳动人民的生产技术，花费很大精力整理和总结我国工农业生产的丰富实践经验。凡是在《天工开物》里记述的，都是以他自己亲身见闻和实践作为主要依据的。他能把熟练工匠才能掌握的精湛技艺细致描述，不是深入细致观察研究是办不到的。他还特别注意用数据说明问题，对生产各种产品所需要的时间、人力、生产工具的规格、尺寸、效率，都有具体数据。

在我国封建社会中一直把工艺技术看做"奇技淫巧"、"雕虫小技"。宋应星能突破轻视生产实践的传统思想，写出像《天工开物》这样的不朽作品，的确是难能可贵的。

阶级和时代的局限

宋应星所处的时代虽然已经是封建社会晚期，他也能突破封建社会传统思想的束缚，但是他毕竟仍是一个封建阶级的知识分子，不能不受到阶级和时代的局限。

在自然观方面，宋应星还没有能完全摆脱唯心主义神秘观念的影响。他虽然也批判了一些迷信观念，反对"宿命论"，讽刺生辰八字、坟山风水、念经求神等迷信活动，但是在他的书里也记载了一些迷信的传说。在关于生产技术知识的论述中，也有片面和不正确的地方。

如《天工开物·珠玉》卷里说蚌腹产珠是“映月成胎”，“凡蚌孕珠，即千仞水底，一逢圆月中天，即开甲仰照，取月精以成其魄”；说“宝石皆出井中”，“从井底直透上空，取日精月华之气而就，故生质有光明”；说“凡玉映月精光而生”；还说，珠玉和金银形成的原因刚好相反，金银受的是日精，一定深埋在土里结成，珠宝受的是月华，不受寸土掩盖，宝石在井里直透碧空，珠在深水里，玉在险滩里，只有天空和清水覆盖；说“珠有螺城，螺母居中，龙神守护，人不敢犯”。这些现在看来都是无稽之谈，属于古人主观臆测带有迷信色彩的传说。

又如在《天工开物·陶埏》卷里说到“碎器”的制法，碎器是表面釉层呈现各种裂纹的瓷器，烧成的时候要涂上裂纹釉，它的热膨胀系数比坯土大，窑温下降的时候，釉层收缩比坯土快，就出现裂纹，而宋应星却没有提到裂纹釉，只说把坯晒热“入清水一蘸而起，烧出自成裂文”。可能当时制造碎器的工人对技术保密，使他没有能把关键性的工序记载下来。在《天工开物·丹青》卷里说：“若水银已升朱，则不可复还为汞”，否定了古代“丹砂烧之成水银”的说法，也是错误的。

在《谈天》一书中，虽然开宗明义认为天体运行是可知的，也对日食作了接近现代科学的解释，反对认为日食是“天变”而应国事盛衰的说法，但又反对地圆说：“西人以地形为圆球，虚悬于中，凡物四面蚁附，且以玛八作之人与中华之人足行相抵。天体受诬，又酷于宣夜与周髀矣。”他认为日出是由阳气从下而升凝成的，日没又散而成气，批评“以今日之日为昨日之日，刻舟求剑之义”；“以近而见之为昼，远而不见为夜者，其犹面墙也”。

至于在他的书里还有浓厚的封建等级观念和唯心主义历史观，也并不奇怪。把问题摆到当时历史条件下来分析，还应该高度评价宋应星在科学上的杰出成就和进步的思想观点。

第九章　启蒙思想家的自然观和西学东渐的影响

壹 明代中叶元气本体论在和理学、心学作斗争中发展

明代唯心主义的理学和心学泛滥

明代初期，封建统治者把宋代两程、朱熹的客观唯心主义理学奉作正统思想。

到明代中叶，由于阶级矛盾更加尖锐，理学已不足以维护封建统治。因而由王守仁(1472–1528)继承和发展宋代陆九渊主观唯心主义学派的心学兴起，得到封建统治者的赞赏。封建统治者使它和理学相辅而行，逐渐成为当时的统治思想。

理学和心学都把封建的伦理观念“理”作为宇宙的本体。所不同的是，程朱的客观唯心主义主张“理”在心外，而陆王的主观唯心主义主张心就是“理”。陆九渊说“宇宙便是吾心，吾心即是宇宙”[①]，王守仁发展这一思想，提出天下无心外之物，无心外之理。他所说的心也就是孟子所说的“良知”，也称“天理”。他也提出“致知格物”，但是这并不是说去探求事物的客观规律，而是把心的“良知”和“天理”强加到事物中去。他提倡“致良知”，实际上是反对人们去通过实践获得知识。

①见《象山先生全集》。陆九渊曾讲学于象山（在今江西贵溪县西南），人称象山先生。

理学和心学的泛滥，对明代甚至以后相当长时期的科学技术发展都产生了不利的影响。

唯物主义自然观在斗争中发展

但是，明代中叶，也有唯物主义思想家和理学、心学作斗争。在斗争中，唯物主义自然观得到了进一步的发展。

在这场斗争中，唯物主义的代表人物是王廷相（1472–1544）和罗钦顺（1465–1547）。

王廷相，字子衡，河南仪封（今兰考）人。他继承和发展了宋代张载的元气本体论，反对理学"理在气先"的客观唯心主义观点，提出"理根于气"说。他说："天地未生，只有元气。元气具，则造化人物之道理即此而在。在元气之上无物、无道、无理。"①他论证了世界的本原是物质的"气"。他说"理"是"气"的规律，规律寓于客观事物之中，所以没有悬空独立的"理"。他把物质世界变化的过程叫做"气化"，认为"元气"所以运动变化，是因为它包含有"阳气"和"阴气"两个对立面，二气交感引起运动，因而由元气所生的万物也都包含有阴阳两个对立面。这种从事物的矛盾中寻求事物运动的原因，是符合辩证法观点的。

在认识论方面，王廷相非常重视"见闻"的知识，反对程朱理学的先验的所谓"德性之知"和王守仁心学的所谓"致良知"，指出："物理不见不闻，虽圣哲亦不能索而知之。"②

王廷相在天文学、音律学、农学方面都有造诣，这和他的唯物主义思想有一定关系，而这些造诣又是他的唯物主义思想形成的因素之一。

罗钦顺，字允升，号整庵，江西泰和人。他认为"气"是万物的根本："通天地，亘古今，无非一气而已。"③他认为"理"是"气"运动变化的一定条理秩序，"初非别有一物，依于气而生，附于气以行也。"④罗钦顺还彻底改造了程朱理学中的"理一分殊"的唯心主义观点，因为程朱理学主张"理在气先"，而罗钦顺主张气是根本，所以他虽也论述"理一分殊"，却认为先有了气，才有万物产生，而万物所以成为万物，

①②见王廷相：《雅述》。
③④都见罗钦顺：《困知记》。

物质世界的多样性，就在于它有"理一分殊"的关系，就是说普遍意义的规律性是通过个别具体事物才能表现出来。这里已经接触到个别和一般的辩证关系："所谓理一者，须就分殊见得来，方是真切。"[①]罗钦顺批判了王守仁的"致知格物"说，认为《大学》一书里说的是"致知在格物，"而没有说格物在致知。

贰 明末清初的早期启蒙思想家

随着资本主义萌芽的发展出现了早期启蒙思想家

明代中叶以后，由于商品经济的发展，我国封建社会中已经开始孕育资本主义的因素，手工业分工更加细致，从沿海到内地，工商贸易城市逐渐增多。新的市民阶层产生了初步的民主要求。广大的手工业工人和矿工积极参加反封建压迫的斗争。

清代初年，明末的资本主义萌芽一度遭到破坏。康熙后期到乾隆、嘉庆年间（公元18世纪），社会经济有所恢复和发展，资本主义因素又活跃起来，特别是东南沿海地区，商品经济更加发达，有超过明末的趋势。随着商品经济的发展，市民阶层的要求又有所表现。但是清王朝为了维护封建统治，接着又采取压制工商业发展的政策。因此微弱的资本主义得不到继续发展。

尽管这样，资本主义因素的萌芽和发展还是在社会思想上有所反映。这就出现了明末清初的一些早期启蒙思想家。

启蒙运动原来是指18世纪法国资产阶级革命以前一些资产阶级进步思想家所进行的文化教育运动，特点是对当时的教会权威和封建制度采取怀疑或反对的态度；也指18世纪德国资产阶级思想家的类似性质的运动。后来就泛指资产阶级或它的前身市民阶层的思想家怀疑或反对封建制度的进步运动。

明末清初的早期启蒙思想家，如李贽（1527–1602）、黄宗羲（1610–1690）、方以智、顾炎武（1613–1682）、王夫之（1619–1692）、颜

①都见罗钦顺：《困知记》。

元(1635–1704)、戴震(1723–1777)等人,他们都代表新兴的市民阶层的利益,是封建专制的叛逆者,具有进步性。

这进步性主要表现在下面几方面:第一,具有初期民主思想,反对君主专制。第二,反对封建的等级制度和科举制度。第三,提倡教育由自。第四,主张发展自由生产,平均授田,反对封建的土地占有制。第五,反对抑商,主张"工商皆本"[①]。第六,重视"经世致用"的实学,不屑空谈性理。第七,坚持唯物主义的宇宙观和认识论。

明末清初的早期启蒙思想家也是在和理学、心学的斗争中发展起来的。

几位早期启蒙思想家的自然观

明末清初的早期启蒙思想家, 在反对封建专制这一点上是共同的,尽管表现的程度也各有不同。在自然观方面,总的来说也以唯物主义为主,但是受到阶级和时代的局限,也常羼杂唯心主义的糟粕。

下面我们介绍几位早期启蒙思想家的自然观,以及他们的基本思想和成就。

方以智,字密之,号曼公,晚改名弘智,字无可,别号药地、浮山愚者等,安徽桐城人。他学问渊博,重要的著作有《通雅》、《物理小识》和《药地炮庄》。《通雅》虽是一部训诂书,但是方以智编写的用意是要把当时各种知识加以会通综合,如他在卷首所说:"坐集千古之智"。《物理小识》共 12 卷,内容包括天文、地理、历法、风雷、雨旸、人身、医药、饮食、金石、器用、草木、鸟兽以及鬼神方术等。书里一方面把我国古代的科学知识作了一次综合的汇集,一方面吸收了当时西方的一些科学知识。在卷首《总论》里他提出两点根本思想:一是"舍物,则理亦无所得矣,又何格哉!"这是唯物主义的。他认为"一切物皆气所为也,空皆气所实也",反对理学"离气以言理"、"离器以言道";还提出"宙轮于宇"的见解,"宙"指时间,"宇"指空间,他认为时间和空间不是彼此独立存在的,宙就在宇中,宇就在宙中,整个宇宙都是物质的。二是

①见黄宗羲:《明夷待访录·财计三》。

“寓通几于质测”，“通几护质测之穷”。“通几”就是哲学，“质测”就是科学。意思是说要寓哲学于科学之中，哲学不能离开科学，同时科学应该以哲学作为指导。他批判西方的学术“详于质测而拙于言通几”，不满意西方传入的基督教神学。《药地炮庄》一书是通过对庄子的批判来发挥他的唯物主义思想的，他认为世界是可知的。但是方以智晚年因躲避清廷搜索，出家为僧，由于受到禅学的影响和脱离了对自然科学的研究，思想中也有许多唯心主义的糟粕。

王夫之，湖南衡阳人，晚年居衡阳的石船山，人称船山先生。明亡以后，曾经举兵起义，失败后伏处深山，刻苦研究，潜心著述。他对天文、历法、地理、生物、物理等方面都有研究。他是我国启蒙运动中一位杰出的唯物主义思想家。明末我国科学技术的发展和西方科学知识的传入，对王夫之的唯物主义哲学体系的形成是有影响的。王夫之也继承和发展了宋代张载的元气本体论，集这一学说的大成。他著有《张子正蒙注》、《周易外传》、《思问录》等书。《正蒙》是张载的著作，张子正蒙注》就是阐发张载的学说。他指出：“阴阳之气充满太虚，此外更无他物，亦无间隙，天之象，地之形，皆其所范围也。”就是认为元气无所不在，无所不包，宇宙就是由元气构成的物质实体。他明确阐述了元气以及虚空的物质性问题，以元气的聚散说明物质世界的多样性，还提出元气“聚散变化，而其本体不为之损益”的物质不生不灭的观念。他又指出，由于元气中包含阴阳两个对立面，它们必然相互作用，而引起元气的运动和变化。他说：“太虚者，本动者也，动以入动，不滞不息。”这是把运动作为物质的固有属性看待，运动也和物质一样，是不可能被创造也不可能被消灭的。运动的元气和元气的运动变化就构成了王夫之的自然观的核心内容。王夫之还进一步提出变化并不是简单的循环重复，在《周易外传》里提出“推故而别致其新”的观点，在《思问录外篇》里举例说：“江河之水，今犹古也，而非今水之即古水。灯烛之火，昨犹今也，而非昨火之即今火。”王夫之认为物质和它的运动是有规律可循的，在《周易外传》里说：“道者器之道”，就是说规律是物质的规律，不存在超越物质之外的规律。他肯定行是知的基础，坚持由物到感觉到思维的唯物主义认识论，反对理学“知先行后”和心学“以知为行”以及禅学家“知有是事便休”的论点，同时也认识到思维的能动性。他在政治上反对豪强大地主。当然，王夫之受时代和阶级的局限，他的哲学思想还不能摆脱封建道德观念的制约，他的历史观仍是唯心主义的。当他把“理”理解做自然界的规律的时候，他是唯物主义的；但是当他把“理”作为社会伦理规范来理解的时候，认为封建伦理规范也来源于自然的“天”，这就是唯心主义的了。

戴震，字东原，安徽休宁人。他出身贫苦，对古代文字、音韵、天文、地理、历法、算学等都有研究。他也遵循宋代张载以来元气本体论的朴素唯物主义路线，认为：“阴阳五行”是世界的物质本体；各种事物和人类各得到“阴阳五行”的一部分，而形成自己的物质存在，这就是“生生不息”的“气化流行”；这种“气化流行”就是“道”或“天道”。他在所著《原善》一书里说：“天道，五行阴阳而已矣。”在所著《孟子字义疏证》里说：“气化流行，生生不息，故谓之道。”他还指出：《周易·系辞》所谓“形而上”的“道”就是“未成形质”以前的“气”，“形而下”的“器”就是“已成形质”以后的物。他批驳理学“理在事先”说：“事物之理，必就事物剖析至微，而后理得。”他强调了从具体考察事物中认识事物规律的必要。当然，处在戴震的时代，他也不能摆脱封建主义的传统意识，他的社会伦理观本质上还是从改善封建主义而不是推翻封建主义的目的出发的。但是他毕竟还是一位启蒙思想家，他的思想中的启蒙内容是符合资产阶级的需要的，所以受到后来的近代资产阶级革命派代表人物章炳麟（1869–1936）的一再推崇。

叁 西学东渐对我国思想家的自然观的影响

我国传统的唯物主义自然观的核心是元气论

回顾我国历代的唯物主义自然观，尽管内容丰富，但是有一个核心一脉相承,这就是元气论。

自从战国中期宋钘、尹文提出物质性的“气”作为万物的本原,经过荀况的发展,到东汉王充提出元气自然说。又经唐代柳宗元到宋代的王安石、张载,发展到元气本体论。到了明清时期,先有王廷相、罗钦顺,后有方以智、王夫之、戴震,特别是王夫之,又把元气自然观发展到更高水平。

我国传统的元气自然观,基本点就是:物质的“气”、“器”是第一性的、本原的,而“理”、“道”只是第二性的、派生的。“理”、“道”不能脱离物质“气”或物质的种种具体事物“器”而超然存在。“理”只是“气”的“理”,“道”只是“器”的“道”,“理”、“道”是从属于“气”、“器”的。从这个观点出发,把自然观和认识论、方法论联系贯通起来,构成了比较完整的朴素唯物主义思想体系。

但是,我国传统的朴素唯物主义自然观毕竟是封建社会的产物,具有种种缺陷。首先,它所使用的概念“元气”和其他一些概念、范畴带着主观臆测的特征,没有严格的科学规定。其次,它所讲的自然规律和各种现象,具有直观的性质,缺乏科学的论证。第三,元气本体论虽然也提出运动的物质是世界本原的观点,但是并不很明确。我国朴素唯物主义思想家在自然观方面虽然坚持了唯物主义,但是在涉及社会历史的领域里,他们仍然是唯心主义者。这是封建社会以至资本主义社会中的唯物主义者所很难避免的局限性,一直到马克思主义诞生才改变了这一局面。

西方思想的传入对我国思想家的自然观的影响

明末清初耶稣会传教士传入西学,对我国传统的学术思想不能不有所触动。但是,传教士所传入的偏重于西方的科学技术,同时却大量传播基督教的宗教教义。当时中国的一些唯物主义思想家虽然接受了西方的科学知识,大部分人对宗教神学却采取反对的态度。而我国传统的唯物主义自然观主要仍然是在和唯心主义的理学、心学作斗争中发展，基本上没有受到西学的影响。我国当时的早期启蒙思想家的出现，主要还是国内社会经济产生资本主义萌芽的结果。如前面提到的方以智，虽然吸收了西方的一些科学知识，他的自然观还是继承和发展了我国传统的元气论，所谓“一切物皆气所为也，空皆气所实也”。他批评西学“详于质测而拙于言通几”，不满意基督教神学。

洋务运动时期，西方的科学技术再一次传入我国。但是，当时的注意力着重在西方的坚舰利炮。虽然也出现一些进步的思想家，如龚自珍、魏源等，提出改革封建弊政的主张，但是在哲学思想和自然观上，除了强调万事万物都处在变化之中作为他们变法主张的理论根据之外，没有突出的表现。

鸦片战争失败之后，出现资产阶级改良主义思想家，如康有为、梁启超、谭嗣同（1865–1898）、严复等。他们积极向西方资产阶级学习自然科学、社会科学，政治上要求变法维新，而在哲学思想上，当时西方也还是以机械唯物论和庸俗进化论占主导地位，所以他们虽然已经超出我国古代朴素唯物主义阶段，还是属于近代资产阶级机械唯物主义的范畴。

戊戌变法前后，资产阶级革命派兴起。资产阶级革命派的代表人物孙中山（1866–1925）、章炳麟，他们在政治上反对改良主义，在哲学思想上更多地倾向机械唯物主义。

下面我们分别介绍几位资产阶级改良派和资产阶级革命派的自然观和哲学思想。

几位资产阶级改良主义思想家的自然观

资产阶级改良派代表人物康有为和梁启超，都接受了西方资产阶级的庸俗进化论，主要是为了给他们的改良主义的政治主张提供理论根据。

在自然观方面，谭嗣同的见解比较突出。

谭嗣同原来信奉中国古代朴素唯物主义，发挥王夫之的学说，认为物质性的"元气"是世界的根本，它的运动变化产生各种物质和精神现象。后来他把中国古代朴素唯物主义和向西方学到的近代自然科学知识比附凑合起来，把自然科学中流行的一些物质概念，如"以太"、"电"、"原质"（就是元素）等和"气"、"器"等概念相结合，用物理学、力学的运动来代替笼统的"元气运行"的朴素观念，这样，在他所著《仁学》一书里提出的"以太"说具有更加突出的机械唯物主义的某些特征。"以太"本来是19世纪物理学中流行的概念，指的是一种弥漫宇宙无所不在的极细微的物质，是光的传播媒介，后来证明并不存在这种物质。谭嗣同借用"以太"作为一切事物的本原，实际上是用"以太"替代古代的"气"。他把事物的生灭变化最终归结为"以太"的运动，"以太"处在不断运动中，万物处在生灭变化中，天地处在日新过程中，整个世界就这样不生不灭地永恒存在。他对运动的理解，和当时西方科学家的理解一样，是指机械力学的运动形态。他用"以太"来解释一切现象，使所有运动都在"吸力引力"等的支配之下。所以谭嗣同的"以太"说用"以太"的机械运动来代替古代"气化流行"的元气论来解释世界，是唯物主义前进了一步。但是谭嗣同同时用物质机械运动来解释人类的意识活动和精神现象，把物质和精神当做可以彼此等同、替代和交换的东西，又提出一个精神性的概念"心力"，认为它就是"以太"，甚至比"以太"更加根本，这就陷入了唯心主义。

另一位资产阶级改良派严复，作为一位启蒙思想家，他的主要活动是通过翻译介绍了西方资产阶级的一些重要的哲学社会科学的著作。特别是他所翻译的《天演论》，传播最广，影响最大，"物竞天择"的进化思想，经他宣传，风靡一时。《天演论》卷上"导言"18篇，主要讲生物界的进化发展，是正确的；但是卷下"论"17篇，主要讲社会的进化发展，把生物进化原理套用到社会领域，却属于社会达尔文主义范畴。严复在翻译的时候，除了保持上半部具有科学说服力的唯物主义的达尔文学说，在下半部结合当时中国的情况，把原书加以改造，突出了"自强"这一新的含义，向人们敲警钟，鼓励人们不要自甘落后，应当发愤图强。不过从哲学上看，严复所接受和宣传的仍然是庸俗进化论。

几位资产阶级革命派的思想家的自然观

前面说过，资产阶级革命派在哲学思想上更多地倾向机械唯物主义。资产阶级革命派的代表人物是孙中山和章炳麟。

孙中山名文，字逸仙，广东香山（今中山）人。他的自然观和认识论，都更多吸收西方资产阶级自然科学的成果，如地质学、生物学、物理学、化学等方面的知识，在他的哲学思想中都有所体现。他试图给客观世界以某种唯物主义的解释，并且为了追求革命的胜利，在解决认识论的知行问题上作了努力，提出“行易知难”说。孙中山把物质世界的发生发展划分成三个时期：物质进化时期，物种进化时期，人类进化时期。他说：“元始之时，太极（此用以译西名以太也）动而生电子，电子凝而成元素，元素合而成物质，物质聚而成地球，此世界进化之第一时期也。”“由生元之始而至于成人，则为第二期之进化，物种由微而显，由简而繁，本物竞天择之原则，经几许优胜劣败，生存淘汰，新陈代谢，千百万年，而人类乃成。人类初生之时，亦与禽兽无异。再经几许万年之进化，而始长成人类，而人类之进化，于是乎起源。”孙中山把西方19世纪科学界所谓“以太”译做“太极”，把以太作为物质世界的根源，认为以太是物质性的，并不具有精神性质。这比谭嗣同的“以太说”进步。孙中山认为以太远在有精神的生命产生之前就存在，由以太发展到地球，世界的发展先经历了漫长的无生命的物质进化时期，然后才产生了生命。他所说的“生元”是指细胞。孙中山吸收了达尔文的物种起源和生物进化论思想，认为生物是由细胞发展而成，人类是由动物演变而来的。这样解释生物界由简单发展到复杂，由低级发展到高级，是唯物主义的观点。但是孙中山认为细胞具有和人相同的精神意志，说：“生元之为物也，乃有知觉灵明者也，乃有动作思为者也，乃有意志计划者也。”[1]这又陷入了二元论。他因而把物

①以上引文都见《孙文学说》。《孙文学说》就是孙中山所著《建国方略》的第一部分《心理建设》。

质和精神都看做世界的本原。

章炳麟，别号太炎，浙江余杭人。他早期的革命著作《訄书》[1]，吸取了西方资产阶级的近代科学和进化论思想，在我国古代朴素唯物主义基础上，进一步发展成为机械唯物主义思想，在自然观和认识论方面都提出了机械唯物主义的观点。在《訄书·天论》里，章炳麟试图探讨宇宙万物是怎样形成的。他说："惟天未尝有，故无之为字，从天诎之以指事。天萃于气，气生于地，地生于日。"他首先肯定天是没有的，天不过是积聚的一些气体，气体来源于地球，地球又是从太阳产生的。他又引用王充《论衡》的观点驳斥了天生万物的说法，认为万物是自然而生的，反对上帝造物说。他说："日无所自出，何必曰上帝。"又说："然则物生于日，而其为祸福则日无与焉，若夫天与上帝则未尝有矣。"他显然继承了王充的唯物主义观点，又吸取了近代资产阶级的自然科学知识，从根本上否定了"天"和"上帝"的存在，并且把自然现象和社会现象严格区别开来。他对于宇宙的形成以及人和万物的产生过程所作的解释是机械唯物主义的，并且具有无神论的色彩。章炳麟还认为自然界无论是有机界还是无机界都是由统一的物质基础构成的。他在《訄书·原教》里说："人死而为枯骼，其血之转磷或为茅搜，其炭其盐或流于卉木，其铁在矿，其肌肉或为虫蛾蛰豸。"这是认为人的肌体和昆虫植物以及无机物具有相同的物质元素。他对人类起源问题，吸取了西方进化论思想，作了唯物主义的解释。在《訄书·原人》里说："赭石赤铜箸乎山，莙藻浮乎江湖，鱼浮乎薮泽，果然玃狙攀援乎大陵之麓，求明昭苏而渐为生人。人之始，皆一尺之鳞也。"这里概括地叙述了由无机界到有机界到人类的进化过程，人类的最早祖先可以追溯到水生的生物，后来进化成为猿类，又由猿类逐渐发展变成人。这里"果然"是长尾猿，玃(jué)是大母猴，狙(jū)是猕猴，都是猿猴类动物。章炳麟在探寻自然界统一的物质基础的时候，借用了我国古代朴素唯物主义的"精气"一词，他把"精气"看做是极细微的物质元素，他认为人是物质构成的，而人的精神现象并非物质，所谓"精气为物，其

[1]"訄"(qiú)是以言相迫的意思。《訄书》反映章炳麟早期的哲学、政治思想，曾经起过鼓吹革命的积极作用。辛亥革命以后，章炳麟的思想转向保守，把《訄书》修订改名《检讨》，删掉了大部分革命内容和唯物主义思想。

智虑非气"[1]，"智虑"就指精神。他认为精神是物质的一种属性，它体现在人的活动上，精神和人体（物质）的关系，像水波和水的关系一样，人死精神消失，就同水波平息，而构成人体的精气就转化成为无机物，所谓"及死则若波之复，乃夫气则瀐淖于水土也"[2]。章炳麟的这些观点，已经用科学的实证作为他的唯物主义的依据，已经不同于我国古代朴素唯物主义的自发臆测的性质。但是，虽然他用机械唯物主义和进化论的观点解释自然现象和人类自然发展史的时候基本上是唯物主义的，当他接触到社会历史领域的时候，却成了一个唯心主义者。

①见章炳麟：《訄书·原教》。

②见章炳麟：《訄书·原教》。"瀐"（jiàn）是浸渍的意思，"淖"（nào）是烂泥的意思。

本编小结

明清时期，在我国科学技术发展史上是一个转折时期，是我国科学技术在世界上由先进转变到落后的时期，是我国科学技术开始融合到世界科学技术发展的洪流里去的时期。

这一时期，我国封建社会已经进入没落阶段，封建社会的阶级矛盾激化。明代中叶以后，随着商品经济的发展，出现了资本主义萌芽。但是明王朝为了维护封建统治，扼杀了资本主义萌芽，资本主义得不到发展。清代中叶，资本主义萌芽又一次有所发展，也被清代统治者所扼杀。

明代初期，我国传统的科学技术的发展已经十分缓慢。在基础科学方面，特别是我国古代两门主要学科天文学和数学，几乎处在停滞状态。在技术方面，由于社会经济的恢复和资本主义萌芽的出现，还能有所发展。不过这时欧洲正是在黑暗的中世纪之后，科学技术长期在宗教神学统治下也很落后，所以在明代中叶，或者说在公元16世纪以前，我国在一些科学技术领域里仍然处在领先的地位。

明代末年到清代，中国社会依然在封建主义的老路上蹒跚地前进。而在同一时期的欧洲，资本主义却正在兴起并且得到迅速的发展。在科学技术上，自从公元1543年波兰天文学家哥白尼发表《天体运行论》和比利时解剖学家维萨里(1514—1564)发表《人体构造》，对宗教神学支持的地心说和人体神造说发起了冲击；接着意大利科学家伽利略用望远镜观察天空并且第一次成功地用数学公式描述了物体的运动，同时开创了用实验方法进行科学研究的新时期。在17世纪前半叶，西方数学有了新的发展。由于法国数学家、哲学家笛卡儿等创立解析几何学，英国科学家牛顿和德国科学家、哲学家莱布尼兹(1646–1716)几乎同时创立微积分学，数学完成了由常量数学到变量数学的质的飞跃。英国数学家纳皮尔所建立的对数，开创了计算数学的新时期。在物理学方面的成就更加突出，牛顿在1687年出版《自然哲学的数学原理》一书，标志着经典力学体系的完成，这是继欧几里得几何学体系之后人类文明史上又一完美的科学理论体系的典范。英国生理学家哈维(1578–1657)在1628年阐明人体血液循环的原理和荷兰生物学家列文虎克(1632–1723)在1674年开始用显微镜观察微生物，是这一时期在生物科学上的重要成果。在技术方面，英国发明家瓦特(1736–1819)在1764年制成了高效率的蒸汽机，推动了第一次工业革命。19世纪中叶，又发生了以电作为标志的第二次工业革命。就在西方科学技术迅速发展的同时，中国科学技术却发展缓慢，某些学科还停滞不前，甚至发生倒退。因而我国的科学技术从世界先进地位而一落千丈，我国转入到落后国家的行列中。

明末清初，西方耶稣会传教士来华，传入了西方科学技术知识。但是受到当时主客观条件的限制，只在天文、数学和测绘地图等方面对我国产生了一定的影响，也没有能够很好普及。

鸦片战争以后，西方列强用武力打开了中国闭关自守的大门，对中国进行疯狂侵略，使中国逐渐沦为半封建半殖民地社会。这个时期中国科学技术的发展，就深刻地带着这样的时代特色。面对列强的侵略和国家民族的危亡，中国社会各个阶层出现了一批要求向西方学习的人士。西方近代的科学技术比较迅速地传入中国，规模之大，数量之多，影响之广，都是以前所未有的。

洋务运动可以说是中国第一次大规模由政府推行的近代化的一次尝试，但是这次尝试以失败告终。失败的主要原因是清政府所采取的“中学为体、西学为用”的总政策，就是想借用西方先进的科学技术来延续它的反动落后的封建统治。

继洋务运动失败而兴起的资产阶级改良主义思潮，推动了戊戌变法运动。但是戊戌维新也因保守派的反对而遭受挫折。于是中国社会迎来了社会革命的新时期，革命形势不断高涨，终于爆发了辛亥革命，结束了持续了2000多年的帝制，实现了共和。

从洋务运动开始到辛亥革命，在这半个多世纪里，各种西方思潮纷纷涌入我国。这种情况，在辛亥革命前后的20年里形成了一个高潮。这对中国的文化传统说来也是一次思想解放运动。“实业救国”，“科学救国”、“教育救国”等主张几乎同时被提了出来，众说纷纭，互相辩难。在中国历史上，只有战国时期出现的“百家争鸣”能够和它相媲美。它预告中国新的历史时期的到来。

在第一次世界大战期间，各帝国主义国家忙于战争，对中国的经济侵略有所放松，中国民族资本主义工商业有一定程度的发展。在这一经济基础上，终于发生了公元1919年的五四新文化运动。新文化运动的两个重要口号是民主和科学。五四运动时期所提倡的民主精神和科学精神，到现在仍然有现实意义。

五四运动前后，中国科学技术已经逐渐融合到世界科学技术发展的洪流里去。数学（珠算除外）、天文学等学科已经不再有中国古代传统的特色。不过很多技术部门，如建筑、纺织等，仍然保留着传统的某些特点。中医学和中药学还依然保持着生命力。

在自然观方面，如果说早期启蒙思想家还是继承和发展我国传统的元气自然观，到后期已经接受了西方资产阶级的庸俗进化论和机械唯物主义。虽然西方在19世纪中叶已经产生了马克思主义的辩证唯物主义，但是它传入中国，却已经在五四新文化运动前后。正如毛泽东（1893－1976）在《论人民民主专政》里所说的：“十月革命一声炮响，给我们送来了马克思列宁主义。”①

正是在伟大的五四运动前后，中国科学技术史也掀开了新的一页。

①《毛泽东选集·第四卷》，人民出版社1960年版，第1476页。

结　语

在“前言”中我们说过，这本书不仅叙述中国古代科学技术的成就，也要探索它的发展规律，探索近代中国科学技术落后的原因等等。虽然我们在前面四编中，在叙述各个历史阶段科学技术发展概况的时候，也分析有关的社会背景和科学技术发展的某些规律，但是一般还是就事论事，是局部性的。现在，在行将结束本书的时候，我们试图探索一些在中国科学技术发展史上带有全局性和规律性的问题。既是探索，提出的意见难免十分粗疏，甚至并不恰当。抛砖引玉，希望引起读者和关心我国科学技术发展历史的同志们更多的重视和兴趣，来共同探讨中国科学技术发展的历史经验，为发展我国现代科学技术提供有益的借鉴。

我们将探索如下四个问题。

第一，科学技术在中国历史发展上是否起过推动作用，或者说是怎样起推动作用的？

恩格斯在马克思葬仪上发表的讲话里说：“在马克思看来，科学是一种在历史上起推动作用的、革命的力量。”[①]这一论断，也完全符合中国的历史事实。

科学技术所以能成为在历史上起推动作用的革命力量，首先就在于它同社会生产力之间存在不可分割的关系，或者说，它自身就是生产力中最活跃的组成部分。它为生产力的发展不断提供新的生产工具，开辟新的生产资料领域，并且用新知识和新技能武装劳动者。

在原始社会，石器一直是我们的先民进行生产的主要工具。所以把原始社会统称做石器时代是十分贴切的。

①《马克思恩格斯全集·第十九卷》，人民出版社 1963 年版，第 375 页。

一开始是旧石器时代，使用的是打制石器。极迟到“北京人”时期，已经会使用火，然后又从利用天然火种进入到传说中的“燧人氏”钻木取火的人工取火时代，火对人类文明的推进作用是不可估量的。到距今大约2.8万年前的山西“峙峪人”，在他们的文化遗物中发现石箭头，说明这时已经发明了弓箭，它使狩猎生产得到很大发展。

在距今大约一万年前，我们的先民已经能制造更加合用并且有锋利刃口的磨光石器，于是从旧石器时代进入新石器时代。在新石器时代，我们的先民能在石器上钻孔而创造了牢固绑扎木柄的带柄石器如斧、耜、锄等，发明了陶瓷，普遍使用弓箭，并且出现了最初的纺织、建筑和医药等，更重要的是出现了原始农业和畜牧业。

这时科学还只是孕育在技术中。但是技术的这些进步推动了生产的发展，引起生产关系的改变，为阶级社会的到来准备了条件。

我国在距今4000多年前的夏代，从原始社会发展到奴隶社会，这正是从石器时代进入到青铜时代的转折时期。早在原始社会末期，已经开始出现铜器。以后随着青铜冶铸技术的发展，青铜工具的使用，促进了劳动生产率的增长，使剥削奴隶的剩余劳动变成可能，这才促成了从原始社会向奴隶社会的最终转化。我国青铜冶铸技术，到商代中晚期和周代，已经达到高度的成熟阶段。由于青铜工具的广泛使用和大规模的奴隶劳动，劳动分工的进一步实现等，农业和手工业生产更加发展。

这时科学开始从技术中分化出来，出现了萌芽状态的科学。这时期的重要的科学进步，有初步合用的历法和完备的十进位值制记数法的确立，对农业生产的发展和解决生产中提出的数学问题起了重要作用。科学一经从技术中分化出来以独立的形态出现，就返回头来对技术、对社会生产以至对整个社会的进步，起着明显的推进作用；而且时间越是往后，科学越是向前发展，这种作用就变得越来越大。

春秋战国时期是我国历史上从奴隶社会向封建社会过渡的时期。这也正是从青铜时代步入铁器时代的转折点。这时候由于铁工具的使用和铸铁技术的出现，生产力得以迅速发展，为奴隶社会的瓦解和封建社会的建立创造了物质基础。铁器的使用使生产工具发生重大变革，这就使农业和手工业可以更快地发展，可以兴修大规模的水利工程，得以开辟大量荒地，“私田”大量增加，使小农经济有可能成为社会基础。于是奴隶主所有制的井田制逐渐瓦解，新兴的地主阶级在经济上、政治上逐渐取得胜利，我国历史上封建社会的帷幕揭开了。[①]对铁的认识和使用，我国比其他文明古国晚，但是由于我国有高度发达的青铜冶铸技术作为基础，我国铁的冶铸技术和制钢技术发展迅速，使我国在钢铁生产技术方面后来居上，很快就远远超过同时代的其他文明古国。这大概是我国奴隶社会先于其他文明古国进入封建社会的重要原因之一。

科学技术是历史上起推动作用的革命力量，不仅表现在封建制度开始确立的时期，而且也表现在封建制度进一步巩固和发展的时期。秦汉时期，铁器的使用更加广泛，并且推广到边远地区；农业上精耕细作传统和轮作制已经确立；天文学的进步已经为农业生产提供了顺天时的可靠依据，又为它自身的发展开拓了新的道路；数学的进步为社会生产和封建统治的需要提供了有效的计算方法；纸的发明引起书写材料的革命，对推进中国文化和以后的世界文化都有重要意义；造船技术的进步促进了国内航运和海外贸易的发展；长城的兴建为遏止民族冲突保证社会安定起一定的作用，以及驰道、栈道和水利工程的兴修等对社会经济多方面发展产生有利的效益。总之，科学技术的发展对封建制度的巩固起了很大的作用。在当时世界上确实是最先进的中国科学技术推动着生产力，推动着中国社会不断向前发展，于是在世界的东方，早在公元前 3 世纪，就造就了一个封建的大帝国。这个封建的大帝国，在 10 多个世纪的长时期里，历汉、唐、宋、元各个朝代，始终保持世界上的领先地位。而科学技术取得的一系列成就正是它国力强盛的重要基础。中国的丝织、瓷器、漆器驰名世界；钢铁制品的产量和质量一直遥遥领先；纸、印刷术、指南针、火药四大发明是中

①我国学术界也有人认为我国古代夏商周不是奴隶社会，而是属于马克思所曾经指出的“亚细亚生产方式”，马克思认为在大多数基本的亚细亚形态里，公社集体占有土地，专制君主作为最高的或唯一的土地所有者高居在所有公社之上，以贡赋的形式获取剩余产品，并且主管灌溉、交通等公共事务，在各个公社范围里基本上是自给自足的经济。主张我国夏商周是属于“亚细亚生产方式”的，认为我国井田制就是这种生产方式的体现，当时社会的奴隶数量是很少的，生产中起主导作用的是公社农民、因而不是奴隶社会。但是也有人认为“亚细亚生产方式”可以看做是奴隶社会的一种形式，因为在公社的集体里，每一个单独的人事实上已经失去了财产，是最高所有者的奴隶。对于我国古代社会性质的这些不同见解，并不影响我们在这里所讨论的科学技术在历史上起推动作用这一主题。

国对人类的重大贡献；中国的天、算、农、医四大科技领域也独树一帜，居于世界领先地位。

科学技术对社会的促进作用还表现在意识形态方面，就是说，科学技术不但为新兴的阶级提供推翻旧制度的物质力量，而且伴随科学发展而兴起的新思想又成了为新制度开辟道路的精神武器。我国古代朴素的唯物主义和辩证法思想的产生和发展是以科学技术所取得的辉煌成就作为基础的，我国古代朴素唯物主义和辩证法思想都比同时代的西方更加优越。

总的说来，在中国历史上，不论是从一种社会形态到另一种社会形态的转化时期，还是在一种社会形态下的相对稳定发展时期，科学技术都是起推动作用的革命力量。

但是，科学技术在我国历史上起推动作用，在很长的时期里都是处在自发的状态。历代的封建王朝统治者并不认识这一点，更谈不上自觉地去运用这一规律，除了少数一部分人，从巩固封建统治的目的出发，看到了科学技术的作用和力量。所以到我国封建社会后期，当西方资产阶级认识到科学技术促进生产以至社会进步的巨大作用而且自觉运用这一规律使生产突飞猛进的时候，中国的封建社会就进入了停滞以至衰亡逆境，这又从反方面证明科学技术在历史上的作用。

第二，中国科学技术发展又是怎样受社会条件制约的？

科学技术促进生产的发展和社会的进步，但是科学技术的发展又不能脱离一定的社会条件，要受到社会的经济、政治、思想、教育，统治阶级的政策等等的制约。

首先，科学技术的发展在很大程度上是由社会生产发展状况决定的。社会生产对科学技术提出什么样的要求，能够提供什么样的经验和手段，这对于科学技术的发展是很重要的。

在我国的各个不同历史时期，科学技术发展的速度有很大的差异。占人类历史99.8%以上时间的原始社会，技术的发展极其缓慢，主要是受生产力水平十分低下的限制。在进入阶级社会以后，情况发生很大变化,越到后来,科学技术发展的步子越大。当然,这期间由于社会各种条件综合作用的结果,科学技术的发展也有起有伏,有快有慢,甚至有迂回曲折的情况出现。不过,科学技术发展的这种起伏快慢的变化,和社会生产发展的起伏变化状况基本上是同步的。

在漫长的我国封建社会里,小农经济是社会生产的基础,它所提供的经验往往是片面、零星而不是系统的,科学的抽象也只能是经验性的。社会生产所能提供的研究科学的物质条件也不充分,人们对于自然现象的观察受到限制,因而对于自然现象的本质的揭露只能停留在描述的阶段。中国古代科学技术具有经验性和描述性的特征,正是受到中国长期的小农经济生产水平制约的结果。

不过,中国古代科学的发展也并不完全由生产决定。如我国古代数学和天文学的发展就远远走在生产的前面,这和科学本身发展的固有规律有关。由于人类思维的发展,由于科学资料的积累和知识的丰富,科学也能为它本身的独立发展开拓道路。

社会的生产力是生产发展的决定因素,一定的生产关系必须和一定的生产力发展状况、发展水平相适应。反过来,每当一种新的生产方式代替旧的生产方式,生产力得到解放,也促使科学技术更快地发展到更高的水平。

在距今 4000 多年前,我们的先民从原始社会进入奴隶社会。这一新的社会制度使农业和手工业之间的更大规模的分工变成可能,出现了专门从事脑力劳动的人。只有到了这时,才有可能出现文字,使各种知识脱离“口传身授”的状态,有可能被记载下来,这就加快了知识的积累和传播过程,促使科学从技术中独立出来。这些都为科学技术得到比较快的发展创造了条件。

春秋战国时期,是我国从奴隶社会向封建社会转化的时期。这时新兴的地主阶级代表当时社会各被统治阶级、阶层的利益同奴隶主阶级进行长期复杂的阶级斗争,终于建立了封建制度。新的社会制度一旦建立,促使社会生产力和科学技术都得到比较快的发展,为中国古代天、算、农、医的科学技术的体系奠定了基础,在其他许多技术部门也都取得了比较大的成就。应当承认，中国奴隶社会的科学技术,和奴隶制度下的西方(包括巴比伦、埃及特别是古希腊)相比是略逊一筹的,但是中国不仅比较早地完成了向封建社会的过渡,而且在封建社会初期科学技术起点并不高的状况下,由于生产关系的变革和新的社会制度的优越性,科学技术得到迅速发展,而且在以后比较长的时期里保持着领先的势头。

中国封建社会延续的时间比较长,封建统治阶级为了巩固自己的统治,有时对封建社会内部的生产关系也作一些调整。比较大的一次调整是从唐代中叶开始直到北宋初年才完成。这种调整在一定程度上调动了社会各被统治阶级、阶层的生产积极性,使北宋时期的生产有了比较大的发展。整个宋元时期在天、算、农、医以及其他技术方面都取得了巨大的成就,指南针、火药、活字印刷术也出现在这一时期,形成了中国古代科学技术发展的高峰,同时这也是中世纪整个世界科学技术发展的高峰。

我国古代社会一直绵延不断,不曾发生像罗马帝国那样中断的历史悲剧。这使我国古代科学技术的发展世代相继,在不间断地积累的基础上,一步一步走向自己的高峰。这也是我国古代科学技术取得一系列辉煌成就的原因之一。

在中国历史上长时期地出现过中央集权的统一大帝国,但是也多次出现南北分裂、几个政权同时并立的局面。封建主义的中央集权的统一国家,特别是如秦汉封建社会初期,对科学技术发展起过促进作用。就在封建割据的分裂局面下，中国的科学技术也不一定停滞,甚至有比较发达的情况,例如春秋战国时期、南北朝时期以及宋辽金元时期就是这样。这一方面是因为在这些时期在一定的局部地区还是有相对稳定的情况,另一方面各个政权为了相互争斗的需要,也常对生产关系进行局部的变革或调整,同时对人们的思想束缚也有一定程度的放松,对知识分子和科学技术的作用也比较重视,目的都是为了增强各自的力量。

一般说来，思想解放和有比较多的自由研究、自由讨论的学术空气，对科学技术的发展来说，总是十分有利的。例如春秋战国时期的百家争鸣；三国魏晋南北朝时期的各种思想展开激烈的辩论，如谶纬和反谶纬、玄学和反玄学、佛学和反佛学、“神灭”和“神不灭”等；宋元时期，理学和反理学以及理学各学派之间的争论。这些时期的学术思想比较活跃，也是这些时期科学技术有比较大的发展的原因之一。这些思想斗争，虽然错综复杂，不能简单地对某一学派或某一学者的思想作出唯物主义或唯心主义的定性，但是归根结底，还是属于唯物主义和唯心主义之间的斗争。在这些思想斗争中，双方都吸收了当时科学技术的新成果并且不断采取新的形式，这就起到了不断解放思想、活跃学术空气的作用，这也就促进了科学本身的发展，成为科学发展必不可少的社会条件。

中国从奴隶社会出现了脑力劳动和体力劳动的分化，当时“学在官府”，脑力劳动者局限在奴隶主阶级。春秋战国时期出现了“士”这个十分活跃的社会阶层。“士”可以说就是知识分子，范围已经超出奴隶主阶级。中国对于士的教育，由私学而官学，隋唐时期创始科举取士制度，给知识分子队伍的不断扩大以很大的刺激。虽然士在全国人口中占的比例并不大，但是数量还是可观的，如果和中世纪的欧洲教育和文化完全掌握在教会和一些神职人员手里的情况相比，中国士的数量和教育面都要大得多。中国的士虽然主要任务是精通经籍，进而学会统治术，但是还是有不少知识分子认识到科学技术对发展社会生产的重要性，为了治国而重视科学技术。这又是中国古代科学技术长期处在世界领先地位的一个原因。

总之，中国古代发达的科学技术，显然是和中国独特的历史以及经济、政治、思想、教育等社会条件紧密地联系在一起的。

中国古代科学技术，到了明代中叶以后，随着封建社会的没落，而西方资本主义这种新的生产方式却促使科学技术突飞猛进，中国的科学技术才很快落在后面。关于中国科学技术在近代落后的原因,我们将在后面第四点再作探讨。

第三,怎样看待中国古代科学技术体系?

一般说来,人类对自然的认识,对不同的国家、民族和地区说来,虽然有先后高低的差别,但是不应该有本质上的不同。对自然现象的解释虽然可能有各种不同的学派,但是把科学技术分成各自不同的体系,却是不可想像的。

再说,我们在"前言"里说过,一般认为,所谓"体系"是指严密的理论体系,而中国古代科学技术在很大程度上带有经验性和实用性,恰好缺乏严密的理论体系。

但是,中国古代的科学技术,既然是在中国独特的历史条件和地理环境下、在中国各个历史时期的社会条件制约下发展起来的,它经历了独特的发展道路,有它鲜明的特点和别具一格的处理和解决问题的方法。中国古代在进入文明社会建立国家以来的几千年岁月中,疆界虽然有过变动,域内各民族之间虽然有不断的斗争和融合,但是作为一个国家总的说来基本上是稳定的。从地理环境来看,我国北面是寒冷的西伯利亚荒原,东面濒临浩瀚的大海,西南高耸着喜马拉雅山,西部有阿尔泰山、喀喇昆仑山以及沙漠、戈壁的阻隔,因而虽然和其他地区、其他民族、其他国家不断发生过接触和交流,但是大规模的经济、思想、文化和科学技术的相互交流几乎是不可能的。我们的祖先就绵延不断地繁衍生息在这样一个特定的地理环境之中,以农业生产和各种手工业生产作为主要的生产活动,比较早地建成了一个中央集权的统一国家,这就形成了独具一格的经济、政治、思想和文化传统,自然也形成了独具一格的传统的科学和技术。中国古代的科学技术,和古代印度、古代希腊以及中世纪阿拉伯国家的科学技术有明显的不同,不论是发展的道路,处理和解决问题的方法,以至所包括的内容,都是这样。正是从这个意义上,我们说中国古代科学技术有它自己的体系。

这一点，从中国古代科学技术的不同分支、不同学科来看，就更加明显。

中国古代天文学在历法、天文仪器、宇宙理论等方面都有自己的特色。中国自古以来以农为本，编制历法、授民以时是历代王朝都重视的，中国古代数学也为编制历法提供了计算工具。中国古代天文学对天体运动轨迹的几何模式不很关心，所以没有产生如古希腊的托勒玫体系或后来的哥白尼体系那样的天体运动理论，但是由天体测量和推算出来的各种天文数据，包括天体的位置、日月五星的运动和不同时刻的具体位置，却是相当精确的。它所应用的一套代数学方法和古希腊的几何学方法大不相同。中国古代历法一直采用阴阳合历的形式，包括节气、朔望、置闰、交食等一整套内容，随着经验的积累和观测手段的不断改进，历法从内容到形式都越来越完备、精确，而且历代各种历法的内容和沿革大都记载在正史里，延续时间这样长，也是世界上少见的。观测和有关天文仪器采用赤道坐标系统，把一周天按一年的日数划分成$365\frac{1}{4}$度，和古代巴比伦划分成360度不同。宇宙理论方面的“盖天”、“浑天”、“宣夜”三说，在世界古代天文史上也是独树一帜的。所以说中国古代天文学独具特色，自成体系，是比较明显的。

中国古代数学体系，从现存最早的算书《九章算术》或最近出土的《算数书》起，都以解决社会需要解决的各种实际问题作为主要内容，始终以计算见长，用算筹作为计算工具，后期又发明了算盘，有先进的十进位值制的记数系统，这些特点也是十分显著的。中国古代数学体系包括算术、代数、几何等各个方面，而以算术和代数方面的成就最突出。从秦汉时期奠定中国古代数学体系的基础，经过汉唐一千多年的发展，到了宋元时期，这个以算筹作为主要计算工具的体系达到了发展的高峰，在高次方程和高次方程组的数值解法、高阶等差级数求和、内插法、一次同余式等方面都取得了比西方早出几百年以上的优异成果。

中国传统农业的特点是在小农经济的基础上形成的，组成上农牧业并举而偏重于农作物的生产，耕作制度上重视连作复种，耕作技术上采用一整套精耕细作的措施。这也就是中国农学体系的特点。中国古代农学著作十分丰富，也居世界第一，《齐民要术》一书从理论上和技术上很好地概括了中国传统农业的特色，奠定了中国古代农学体系的基础。历代的政府部门和民间私人也多编写农书，体现了中国传统的农学体系的继承和发展。即使到了现在，中国传统的农业技术对小农经济的农业生产仍然在发挥作用。

中国古代的医药学体系，特色更加突出，而且延续2000多年，不断得到充实和提高，到现在依然保持着自己的体系。中国古代医药体系的特点是以阴阳五行学说来说明人体的生理现象和病理变化，着重整体观念，就是把人体的各部分以及人体和周围环境看做一个统一的整体。脏腑经络学说，“四诊”“八纲”的辩证施治，针灸技术，中草药的使用，都是独具特色的。虽然有关的机理从近代西方医学的角度看还有待探讨，但是中国传统医药学有本身的理论体系，特别是在实际运用中卓有成效。这是它在近代西方医学传入以后仍能保持体系并且和近代西方医学分庭抗礼的原因。

除了天、算、农、医这四大主门之外，其他如地理、地图、生物、炼丹以及造纸、丝织、制瓷、印刷、火药、钢铁冶铸、建筑、造船等技术，也都有自己的特点。总的说来，中国古代科学技术体系的一个特点是偏重于经验性和实用性。

正如我们在前一点所探讨的，中国古代科学技术是在中国封建社会条件下发展起来的，这些独具特色的中国古代科学技术体系正是这一特定社会条件的产物。

作为比较，我们来看一看古希腊的科学技术体系。所谓古代西方文明中心的希腊，也有自己特殊的地理环境和历史条件。古希腊除希腊本土外，还包括爱琴海岛屿以及一些地中海沿岸地区，如小亚细亚、埃及、北非等，海上交通发达。古希腊人以经商为主，并且依靠海上袭击，占领地中海沿岸城市，建立殖民的奴隶制的城邦国家。古希腊吸收了巴比伦和古埃及的文化，在公元前5世纪到公元前3世纪，它的文化达到了高峰。以后文化中心转移到埃及的亚历山大城，发展趋势持续到公元3世纪才停滞。古希腊科学技术体系的特点是重视理论探讨，当然，这种探讨也多属思辨性的，也还没有脱离经验性和描述性的古代科学形态的总特点。它之所以重视理论探讨，可能是因为古希腊科学发展是在奴隶制相对巩固的时期，他们着重探讨的核心问题是怎样巩固奴隶主的统治。在发达的奴隶制度下，知识分子有比较好的物质条件和充裕的时间去研究和物质生产的关系不那么直接的理论问题，而把这种研究和论证奴隶制的合法性、合理性结合起来。

而中国的古代科学技术体系却是在封建社会创建初期形成的，当时为了建立和巩固新的封建秩序，科学技术就带有更多的解决实际问题的特色。当然也不是说中国的科学技术完全没有理论因素。没有一定的理论思维，任何科学技术的发展都是不可想像的。只是这里理论大多数寓于实际之中，没有被抽象出来，形成独立的或系统的理论。也并不是完全没有人进行理论探索，如战国时期墨家的物理学和数学就具有理论特征，魏晋南北朝时期刘徽等关于极限的概念包含着很深的理论思维，但是这些探索被强大的“务实”传统所淹没，没有得到发展。

中国古代科学技术体系和古希腊体系不同的地方还在于：在中国，这个体系不断地得到发展，而古希腊体系虽然后来在阿拉伯人那里得以保存下来并且得到有限的发展，但是总的说来，在漫长的欧洲中世纪，它基本上陷于停顿。至于文艺复兴以后的西方近代科学体系，是伴随资产阶级的兴起而产生的，它适应于上升时期的资本主义社会的需要，它所应用的方法、思想武器以及所达到的理性科学的高级形态，已经不能和古希腊的体系同日而语。

第四，中国科学技术在近代为什么会落后？

中国古代的科学技术成就极其光辉灿烂，在一个相当长的历史时期里处在世界领先地位，对世界文明发展史作出过杰出的贡献。但是在近代，中国的科学技术落后了，而且随着时间的推移，和世界先进水平的差距越来越大。在有这样发达的科学技术的古代中国,为什么不能产生出近代科学技术？长期处在领先地位的中国,为什么从明代中叶(公元16世纪)之后科学技术却落在后起之秀的西方各国后面？

前面第二点我们已经探讨过，科学技术的发展是受社会条件制约的。所以,要回答这个问题,也有必要从社会整体,从社会的经济、政治、文化、思想等各方面进行综合的考虑。如果用简单的一句话来回答,那就是:近代中国科学技术落后的根本原因是受中国封建社会晚期旧生产方式的束缚而未能突破；而近代科学之所以能在欧洲产生,根本原因就在于新兴的资本主义社会制度首先在欧洲产生。

正如马克思在1861–1863年所写的《经济学手稿》里所指出的："资本主义生产第一次在相当大的程度为自然科学创造了进行研究、观察、实验的物质手段。"而且,"也只有这种生产方式下才第一次产生了只有用科学方法才能解决的实际问题。只有现在，实验和观察——以及生产过程本身的迫切需要——才第一次达到使科学的应用成为可能和必要的那样一种规模。""因此,随着资本主义生产的扩展,科学因素第一次被有意识地和广泛地加以发展、应用并体现在生活中,其规模是以往的时代根本想像不到的。"①马克思的这几段话,已经把近代科学为什么只能产生在资本主义的欧洲这个问题讲得十分清楚了。

而近代科学之所以不能在中国产生，固然也可以从中国古代科学技术体系内部去寻找原因，但是归根结底是和资本主义为什么在中国得不到发展这个问题紧密联系在一起的。因此,我们不能不对中国封建社会对中国科学技术发展所起的消极作用作一些分析。

中国是世界上最早完成了从奴隶制度向封建制度转化的国家，而且又是世界上封建社会经历时间最长的国家。在古代的中国社会，封建主义得到长足的发展,从经济基础到上层建筑,都具备了一整套使封建社会得以延续下去的种种功能,即使到现在,我们仍然可以感受到这种功能的顽固力量。在封建社会早期,这种封建制度固然曾经

①《马克思恩格斯全集·第四十七卷》，人民出版社1979年版,第570–572页。又见《机器·自然力和科学的应用》,人民出版社1978年版,第206–208页。

起过促进生产力发展的作用，但是到了晚期，却对生产力的发展，对任何新的社会制度包括资本主义的产生，形成了严重的障碍，同时，也必然妨碍了近代科学的产生。

首先，自给自足的小农经济一直是中国封建社会的经济基础。商品经济虽然有一定程度的发展，但是统治阶级一直采取重农抑商的政策。到了明清时期，随着工农业生产和商品经济的发展，在我国出现了资本主义生产方式的萌芽，这时封建统治阶级比以往任何时候都更感觉到它足以促使封建社会经济基础——小农经济解体的危险性，于是传统的重农抑商、重本抑末的政策变本加厉，结果是严重地限制了商业资本的发展和手工业进一步向工场手工业转化，使萌芽的资本主义不能成长到足以冲破封建主义的重压，新的资本主义的生产方式一直被扼杀在摇篮之中。社会生产就得不到发展，对科学技术发展也提不出迫切的要求，近代科学技术得不到生长的土壤，失去了它发展的最根本的推动力，因此中国的科学技术只能在日趋腐朽没落的封建制度的旧轨道上蹒跚而行。

其次，封建专制的思想统治，对科学技术的发展一直是阻碍的因素。如果说封建社会上升时期还曾经有过比较自由的学术空气，到了封建社会晚期，思想统治越来越严。明清时期，一方面，科举取士采用八股文体，命题限于四书五经，文章只许“代圣人立言”，进一步取消了士人自由思考的余地，禁锢了知识分子的思想；另一方面，又屡次兴起文字狱，对知识分子采取高压政策，清代的乾嘉学派正是这种高压政策的产物，使知识分子埋头在故纸堆中，把学术界引入脱离生产、脱离实际、脱离对自然的观察研究和厚古薄今的歧途，这样对于科学技术问题的研究就只有那些离经叛道的人偶尔涉足罢了。而这时期的西方却正是文艺复兴以后，思想解放的浪潮澎湃，知识分子一方面学习吸收古代希腊、罗马、阿拉伯(其中包含有印度和中国的成就)的科技文化，一方面热情地探索新的社会问题和自然界的奥秘，教育事业也从教会的垄断中摆脱出来，得到很大的发展，特别是专门的科学技术教育和机构的出现和发展,对科学技术的进步更注入了新的活力。这也是近代科学技术未能在中国产生而在欧洲产生的重要原因之一。

又次,中国的封建统治阶级虽然为了巩固统治的需要,也不得不依靠科学技术,但是主要是主张以经论治国,鄙薄科学技术,看做是"奇器淫巧"。虽然也有官办的科学技术机构,但是主要是为了满足封建统治者的需要,为了巩固封建统治,在很大程度上限制了科学技术成果对整个社会生产的促进作用。而且到封建社会晚期,主持官办科技机构的官僚本身不懂科学技术。如明清之际的司天监竟没有人知晓明初颁行的大统历(实际上就是元代的授时历)的缘由,对交食的推算连连失误。清末洋务运动时期的许多官办厂矿,总办督办都是官僚,营私舞弊,管理无能,虚靡国库,未见实效。中国的封建统治者,即使是比较爱好科学技术的,如清代的康熙帝,在对待科学技术上也没有能够站到资产阶级的高度,和同时代的西方法国国王路易十四、俄国沙皇彼得大帝等提倡科学技术不能相比,更不用说其他的中国封建统治者了。可以说,中国历代的封建统治者始终没有认识科学技术推动社会的作用,即使在洋务运动时期,提出的口号也不过是"中学为体,西学为用",想用西方的科学技术来巩固封建统治,而不是推动社会进步。中国科学技术到了封建社会晚期落在重视科学技术的资本主义的西方各国后面,也就并不奇怪了。

再次,我国文化发展史上虽然也不断吸收世界其他地区和国家的先进成就,但是,由于历史上长期处在先进的封建帝国的地位,形成了一种妄自尊大以至固步自封的惰性,尤其是封建社会晚期,天朝大国思想显得更加突出,对学习西方先进科学技术形成了严重思想障碍。同时,它又是这一时期长期奉行的闭关自守政策的思想基础。这一政策妨碍了中西科学技术交流,堵塞了可能给中国近代科学技术的发展提供外部刺激的渠道。这种天朝大国思想和闭关自守政策,都是封建制度的保守性和反动性的表现。因此可以说,垂死的封建制度不但消磨了中国近代科学技术产生的内在潜力，而且还力拒外部的积极因素的传入。既然内乏“粮草”，而又外拒“援兵”，中国近代科学技术又何从产生呢！

最后，也应该承认，前面也说过，不能排除中国古代科学技术体系的内部原因。中国古代科学技术体系一经产生，就形成一个无形的壁垒，具有一定的独立性、保守性和排他性。随着体系本身的充实和发展，这个问题也越来越突出。它使得和这个体系相违背的科学成果、科学思想很难出现，就是说，要突破原有体系的框框是很不容易的；同时对外来科学技术知识的吸收也具有很大的选择性和局限性。如数学方面笔算的方法早随佛教而从印度传入，但是由于筹算法的高度发展，没有被中国的数学家所重视，三角函数表早在唐代已经传入，但是由于我国代数法的高度发展，也被湮没在浩瀚的史籍中。这些对中国古代数学和天文学的发展不能不说是憾事。当然，如果外来的东西不影响体系本身，如农作物、药物的引进等，也可以顺利地被接受，融化在原有的体系之中。如果是和原来体系迥然异趣的理论，就难以吸收了。中国科学技术体系本身的这一特点，当明末清初传入和中国原有体系不同的西方近代科学技术知识的时候，就成为吸收这些新知识的一种障碍。不过这一障碍随后还是被冲破，除了中国医药学这一体系还保持到今天，其余的基本上都已经转上近代科学技术的轨道。所以，这一点应该说并不是近代科学技术在中国未能产生的主要原因。

上面所说的种种原因，大都是和中国封建社会的特点有关，到封建社会末期，就成为科学技术向前发展的严重障碍。再加上帝国主义的外来侵略，虽然也伴随着传入了近代科学技术，但是由于帝国主义的目的是要变中国成为它们的殖民地，中国很难独立自主地发展自己的科学技术。

总的说来，从长远的时间和整个社会的范围来观察，科学技术发展的迅速或滞缓，起决定作用的依然是社会的经济基础和政治制度。这是古往今来世界各国科学技术发展的历史所反覆证明了的，中国科学技术发展的历史也充分证明了这一点。中国的奴隶社会远不如古希腊和古罗马发达,但是,这却为中国得以及早完成向封建社会过渡和迅速发展创造了条件,使中国封建社会的科学技术在整个中世纪相当长的一段时期里大放异彩。欧洲的封建社会从各方面讲都远不如中国,但是封建势力的相对分散和软弱却又为它们迅速过渡到资本主义创造了条件,使西方的科学技术得以迅速发展,在近400年里处在领先的地位。先进在一定条件下可以转变成落后,落后在一定条件下又可以转变成先进。这就是历史的辩证法。

回顾中国科学技术从先进变落后的历史,探索中国科学技术从先进变落后的原因,也就向我们指出,要使中国的科学技术向世界的先进水平发展,必须走改革开放的道路。